Hans-Jörg Bullinger (Hrsg.)

Fokus
Technologie

Chancen erkennen –
Leistungen entwickeln

HANSER

Der Herausgeber:
Prof. Dr.-Ing. habil. Prof. e. h. mult. Dr. h. c. mult. Hans-Jörg Bullinger
Präsident der Fraunhofer-Gesellschaft zur Förderung der angewandten Forschung e.V.

Projektleiter:
Prof. Dr.-Ing. habil. Joachim Warschat
Fraunhofer-Institut für Arbeitswirtschaft und Organisation, Institutsdirektor

Bibliografische Information Der Deutschen Bibliothek:

Die Deutsche Bibliothek verzeichnet diese Publikation in der Deutschen Nationalbibliografie; detaillierte bibliografische Daten sind im Internet über <http://dnb.d-nb.de> abrufbar.

ISBN: 978-3-446-41793-9

© Carl Hanser Verlag, München 2008
Herstellung: Steffen Jörg
Buchkoordinator: Thorsten Rogowski
Coverconcept: Marc Müller-Bremer, www.rebranding.de, München
Titelillustration: Atelier Frank Wohlgemuth, Bremen
Coverrealisierung: Stephan Rönigk
Druck und Bindung: Kösel, Krugzell
Printed in Germany

Vorwort

Vorsprung durch Technologiemanagement

„Die Wahrheit ist ganz einfach: Wer das Tempo des Marktes nicht mithalten kann, ist unproduktiv. Wer dieses Tempo mithalten kann, ist produktiv. Wer aber dieses Tempo vorgibt, ist genial." (Herbert Hainer, Vorstandsvorsitzender der adidas AG)

Ist es innovativ, ein weiteres Buch über Innovation zu schreiben? Ja, denn wir sind überzeugt, dass noch nicht alles Wichtige dazu herausgefunden wurde. Wenn es so wäre, hätten wir uns nicht auf die Suche nach weiteren Erkenntnissen machen müssen. Doch wir erleben in der täglichen Praxis, dass die Geheimnisse um das „Kunststück Innovation" noch nicht ausreichend gelüftet sind. „Die nationale Innovationsoffensive, die wir so dringend brauchen, wird nicht in erster Linie ausgebremst durch einen Mangel an Doktorhüten, durch fehlendes Kapital oder eine zu geringe Kapazität der Funknetze. Das eigentliche Hindernis ist unser ungenügendes Wissen über Innovation. Unser derzeitiges Verständnis passt größtenteils nicht mehr zusammen mit den globalen Realitäten", schreibt der amerikanische Unternehmensberater John Kao in seinem Buch „Innovation". Was er der USA vorwirft, Selbstzufriedenheit und ein antiquiertes Verständnis von Innovation, lässt sich in vielen Punkten auf Deutschland übertragen. Der Innovator steht vor seinem klassischen Dilemma: Er muss den Übergang von einer erfolgreichen Art des Wirtschaftens zu einer anderen - konkurrierenden - meistern.

Auch wir müssen feststellen, dass die Bedeutung von Innovation für die künftige Wettbewerbsfähigkeit in Deutschland immer noch unterschätzt wird - trotz der wortreichen Bekenntnisse aller Politiker und Unternehmen. Die Politik hat zwar in den vergangenen Jahren mit der High-Tech-Strategie und der deutlichen Steigerung der Forschungsausgaben klare Schwerpunkte gesetzt, doch das reicht nicht aus, wenn wir die Innovationsstrategien von Ländern wie Finnland, Schweden, China, Singapur, Australien oder Kanada betrachten. Wir brauchen eine tief in der Gesellschaft verankerte Innovationskultur, die Neues nicht nur zulässt, sondern fordert und fördert. „Ubiquitious innovating" nennen die Soziologen das Phänomen, dass heute kaum noch ein Gesellschaftsbereich darauf verzichtet, sich unter dem generalisierten Handlungsmotiv Innovation zu erneuern. So entwickelt sich in den meisten führenden Ländern Innovation zum Symbol für Wandlungsprozesse aller Art. In der Folge erweitert sich der Begriff Innovation immer stärker von seinen technologisch-ökonomischen Ursprüngen hin zu den gesellschaftlichen Aspekten. Innovation ist überall. Die feste Überzeugung der Ingenieure, dass man immer etwas besser machen kann, wird zum wirksamen Antrieb von Erneuerung in allen gesellschaftlichen Bereichen.

Nach Robert Solow, Nobelpreisträger für Wirtschaftswissenschaften, gehen bis zu 80 Prozent des Bruttoinlandsprodukts zurück auf die Einführung neuer Technologien. Und für ein

Hochlohnland wie die Bundesrepublik, das über keine Rohstoffe sondern nur über gut ausgebildete Menschen verfügt, gibt es keine Alternative zu einer Innovationsstrategie. Wir müssen auf komplexe Produkte, Qualität und technischen Vorsprung setzen. Vor allem aber geht es darum, nicht nur Märkten zu folgen, sondern auch selbst Zukunftsmärkte zu gestalten. Neue Technologien liefern die Basis dafür.

Revolutionäre Technologien haben immer wieder mächtige Innovationswellen ausgelöst. Am Beginn des 21. Jahrhunderts stehen wir vor einer tiefgreifenden Umwälzung der Industriegesellschaften zu Dienstleistungs- und Wissensgesellschaften. Der Wandel wird gleichzeitig von gesellschaftlichen Herausforderungen wie auch von technologischen Durchbrüchen getrieben werden. Doch heute kommen die radikalen Innovationen, die unseren Alltag tiefgreifend verändern werden, nicht aus den Einzelwissenschaften oder -technologien, sondern liegen in deren Konvergenz, im Aufbrechen der klassischen Grenzen der Disziplinen und deren Verschmelzen zu einem neuen Ansatz der Gestaltung von Materie im Nanobereich. Die drei klassischen naturwissenschaftlichen Disziplinen Physik, Chemie und Biologie verschmelzen in der Nanodimension, in der ganz andere Gesetzmäßigkeiten gelten, miteinander und verbinden sich mit der Informationstechnologie und den Kognitionswissenschaften. Erstmals wird es auf Basis solider molekularer bis quanteneffektbezogener Kenntnisse möglich, die kleinsten Bausteine der Materie zu bearbeiten, zu manipulieren und neu zusammenzusetzen. „Nachdem die Wissenschaften die Grundbausteine unserer Welt entdeckt haben - Atome in der physikalischen Welt, Bits in der Welt der Information, Gene in der Welt des Lebendigen - , machen wir heute auf allen drei Ebenen den Schritt von der wissenschaftlichen Analyse zur technischen Synthese. Der Schwerpunkt verlagert sich von der Grundlagenforschung zur Ingenieurskunst, vom Verstehen zum Gestalten", schreibt Norbert Bolz im „BANG-Design. Ein Manifest des 21. Jahrhunderts". Durch die interdisziplinäre Zusammenarbeit eröffnen sich völlig neue Anwendungsgebiete von bisher unmöglichen Werkstoffen über unsichtbare elektronische Helfer und neue Mensch-Maschine-Interaktion bis hin zur regenerativen und personalisierten Medizin. Schon heute zeigen Beispiele wie Mechatronik, die mechanische mit elektronischen Funktionen vereint, Polytronik, die eine Elektronik auf Kunststoffbasis entwickelt, oder Adaptronik, wo Werkstoffe mit Elektronik verschmelzen, wie neuartige transdisziplinäre Technologien entstehen. Dadurch erhöht sich die Komplexität des technologischen Umfeldes. All diese Entwicklungen haben weitreichende Folgen für die Unternehmen.

In Zeiten schnellen Wandels ist Geschwindigkeit wichtiger als Größe. Mit einer Halbierung der Zykluszeiten lässt sich theoretisch eine Verdoppelung der Produktivität erreichen. Geschwindigkeit muss aber beherrschbar bleiben. Modernes Zeitmanagement richtet sich deshalb nicht auf Geschwindigkeitserhöhung um jeden Preis, sondern auf Elimination unnötiger Verzögerungen durch optimale Gestaltung und wechselseitige Abstimmung, auch Parallelisierung und Synchronisierung, von Prozessen.

Zur Beschleunigung sämtlicher Lebens- und Arbeitsbereiche - durch Steigerung der Geschwindigkeit der Kommunikationsübertragung, des Verkehrs, der Produktion - kommt zudem ein Rhythmuswechsel mit weitreichenden Folgen. Konnten Unternehmen früher lange Zeit mit einem neuen Produkt Gewinne produzieren, müssen sie heute ständig neue Generationen auf den Markt werfen, auch wenn das aktuelle noch gar nicht veraltet ist. Die Phasen des Festhaltens am Bewährten sind - wenn überhaupt zugelassen - sehr kurz. Das Neue wird erzeugt, um den Prozess des Veraltens im Gang zu halten. Dieses Spiel haben wir intensiv bei Computern und Software erfahren und erleben es heute alle neun Monate mit einer neuen Mobilfunkgeneration.

Zu Beschleunigung und Rhythmuswechsel kommt als drittes Problemfeld noch die Polytemporalität: Jede Einzelinnovation braucht seine spezifische Zeit für Forschung, Entwicklung, Serienproduktion und Nutzerakzeptanz. Diese unterschiedlichen Entwicklungszeiträume müssen aufeinander abgestimmt werden, wenn ein funktionales Wechselverhältnis wie bei Hard- und Software besteht. Da heute viele Innovationen gleichzeitig stattfinden, wird die Abstimmung immer schwieriger. Es geht nicht nur um die Synchronisierung der direkt am Projekt Beteiligten, sondern um die Koordination von Innovationsprozessen, die für einzelne Organisationen nicht mehr zu überblicken sind.

Dies führt zu einem Innovationsdilemma: Auf der einen Seite werden in immer kürzeren Abständen Innovationen gefordert, auf der anderen Seite nimmt aber das Risiko zu, dass eine Neuheit, ein verändertes Produkt, eine neue Technologie nicht zum wirtschaftlichen Erfolg führen. Wie lässt sich diesem Innovationsdilemma begegnen? Die Antwort darauf lautet: Wissen managen - Technologie entwickeln! Denn die Unsicherheiten sind begründet durch fehlendes Wissen, durch eine Lücke zwischen dem heutigen, innerhalb des Unternehmens bestehenden Wissen und dem zukünftigen, für Innovationen notwendigen Wissen. Der Innovator steht vor seinem klassischen Problem: Er muss den Übergang von einer erfolgreichen Art des Wirtschaftens zu einer anderen - konkurrierenden - meistern. Immer schneller, immer häufiger. Ein riskantes Unterfangen, das manche Innovatoren intuitiv beherrschen, das aber in jedem Fall gemanaged werden muss.

Der Schlüssel zum Erfolg ist die Steigerung der Technologieentwicklungsfähigkeit, denn in Zeiten weltweit verfügbaren Wissens kommt es darauf an, wer als erster neue Technologien in erfolgreiche Produkte umsetzt. Die Fraunhofer-Gesellschaft hat in den vergangenen Jahren Methoden und Werkzeuge entwickelt, um die Innovationsfähigkeit der Wirtschaft nachhaltig zu stärken. In diesem Buch stehen die zentralen Fragen des Technologiemanagements im Mittelpunkt. Es zeigt neue, innovative Ansätze und Vorgehensweisen zur Steigerung der Technologieentwicklungsfähigkeit, stellt Softwarelösungen und hilfreiche Werkzeuge vor, liefert konkrete Handlungsempfehlungen und stellt in zahlreichen Praxisbeispielen die Erfahrungen von längjährigen Experten zur Verfügung.

23 Autoren aus 8 Fraunhofer-Instituten haben ihre langjährigen Erfahrungen auf den Gebieten Innovationsmanagement und Produkt- und Technologieentwicklung in dieses Projekt eingebracht. Ihnen gilt unser Dank, vor allem aber dem Projektleiter, Prof. Dr.-Ing. habil. Joachim Warschat, Institutsdirektor am Fraunhofer-Institut für Arbeitswirtschaft und Organisation, und nicht zu vergessen dem Buchkoordinator Thorsten Rogowski, ebenfalls vom IAO.

Die Herausforderung bei der Technologieentwicklung besteht darin, dass die relevanten Informationen mannigfaltig, komplex und bis heute in keinem System umfassend integriert und transparent dargestellt sind. Es fehlt an einer einfach anwendbaren Systematik. Wer seine Chancen im technologieorientierten Wettbewerb besser erkennen und seine Leistungen optimal entwickeln will, muss seine eigenen Fähigkeiten kennen und Verbesserungspotenziale gezielt nutzen. Ausschlaggebend dafür sind Informationen über den Zustand der Technologieentwicklung und der prognostizierten Weiterentwicklung.

Die systematische Entwicklung von Technologien von der Entscheidung bis zur erfolgreichen Einführung in den Markt umfasst vier Phasen und dauert nach unseren Untersuchungen etwa zehn Jahre. In der ersten Phase werden technologische Möglichkeiten erfasst, identifiziert und bewertet. In der folgenden Phase Inkubation werden erste Prototypen entwickelt und der Forschungslandschaft und dem Anwendungsmarkt vorgestellt. Anforderungen der Kunden führen oft zu grundlegenden Modifikationen, die in der dritten Phase mit alternativen Konzepten gelöst werden. In der vierten und letzten Phase, der Applikation, geht es darum, die Technologie am Markt zu etablieren.

Für das systematische Technologiemanagement wurden von der Fraunhofer Gesellschaft neue Werkzeuge und Methoden entwickelt und in der Praxis erprobt:

Das TechnologieRadar hilft Unternehmen und Forschungseinrichtungen, alle für sie relevanten technologischen Trends frühzeitig zu erkennen und zu bewerten. Wenn Unternehmen von den neuesten Forschungsergebnissen profitieren wollen, müssen sie auch benachbarte und neu aufkeimende Disziplinen im Blick haben. Entscheidend ist dabei, Trends richtig zu bewerten und einzuschätzen, damit veränderte Marktbedingungen rechtzeitig antizipiert werden können. Zur Unterstützung dieser schwierigen Aufgabe wurde ein TechnologieRadar neuentwickelt. Ziel ist, externes Technologie-Know-how schnell und dauerhaft nutzen zu können. Durch das Screening neu aufkommender und das Monitoring priorisierter Technologien unterstützt das TechnologieRadar Unternehmen aktiv bei der Technologieplanung sowie bei der Generierung von technischen Innovationen.

Zur Bewertung der Technologien dient ein Technologiekompass: Er liefert Informationen über die Reife, die Zuverlässigkeit, die Attraktivität, die physikalische Kenntnis, die Patentsituation, den Nutzen, den Anwendungsbereich, die Konkurrenzsituation sowie über die Marktattraktivität der Technologie und macht diese Indikatoren durch Kennzahlen berechenbar und abbildbar. Die Informationsbeschaffung über das Internet, Patentdatenbanken und Wissensdatenbanken wird durch ontologiebasierte Crawler unterstützt. Mit diesem Wissen kann das Risiko beim Einstieg in neue Technologien reduziert werden.

Dann gilt es den Technologieentwicklungsprozess im Unternehmen zu optimieren. Dafür wurde ein Auditsystem entwickelt. Es legt systematisch die eigenen Stärken und Schwächen im Entwicklungsprozess im Vergleich mit einem Benchmark offen und gibt Handlungsempfehlungen.

Eine neue prototypische Software, das Methodencockpit, stellt Methoden zur Steigerung der Technologieentwicklungsfähigkeit bereit. Die Methoden adressieren die einzelnen Erfolgsfaktoren des entwickelten Audits.

Das Buch wendet sich - wie der Vorgänger in dieser Reihe - vorrangig an Praktiker. Insbesondere werden Mitarbeiterinnen und Mitarbeiter in Unternehmen angesprochen, die für Technologieentwicklung verantwortlich sind. In den meisten Büchern zum Technologiemanagement werden nur einzelne Sichtweisen, Methoden und Vorgehensweisen dargestellt, wie bspw. Szenarioanalyse oder Wissensmanagement. Für die Bewältigung der aktuellen Herausforderungen wird jedoch eine integrierte Betrachtung des Technologiemanagements mit dem Fokus auf schnelle Umsetzung notwendig. Der von uns entwickelte integrierte Ansatz stellt das in den Mittelpunkt, was den größten Vorteil im globalisierten Innovationswettbewerb bringt: die Steigerung der Technologieentwicklungsfähigkeit.

Denn das wird immer wieder als deutsche Schwäche kritisiert: Die mangelhafte oder zögerliche Umsetzung der Erfindungen „made in germany". Andere Länder nutzen oft schneller die in Deutschland erfundenen Technologien und entwickeln daraus erfolgreiche Produkte, Verfahren oder Geschäftsmodelle. Die hier vorgestellten, neu entwickelten Methoden können helfen dem beschleunigten Tempo der globalen Märkte zu folgen. Umsetzen müssen die Ideen Unternehmer, denn letztlich entscheidet der Markt, welche Innovation sich durchsetzt.

Der erfolgreiche Innovator braucht Risikobereitschaft und Marktakzeptanz ebenso wie Vorhersagbarkeit, Effizienz, Kontrolle und Gewinnmarge. Das Kunststück Innovation besteht darin, diese teilweise widersprüchliche Ziele im Gleichgewicht zu halten. Ob man dieses Gleichgewicht halten kann, hängt von geeigneten Integrationsinstrumenten, wie einer weitreichen Vision, aber auch von einem systematischen Technologiemanagement ab. Wir haben in Deutschland immer noch viele Unternehmen, die das Wagnis Innovation meisterhaft beherrschen. Aber wir müssen mehr zu Meistern der Innovation ausbilden.

Hans-Jörg Bullinger
Präsident der Fraunhofer-Gesellschaft

Autoren

ARDILIO, ANTONINO; Fraunhofer-Institut für Arbeitswirtschaft und Organisation (IAO), Nobelstraße 12, 70569 Stuttgart; antonino.ardilio@iao.fraunhofer.de

BAUER, ANTON J.; Fraunhofer-Institut für Integrierte Systeme und Bauelementetechnologie (IISB), Schottkystraße 10, 91058 Erlangen; anton.bauer@iisb.fraunhofer.de

BORCHERS, KIRSTEN, DR.; Fraunhofer-Institut für Grenzflächen- und Bioverfahrenstechnik (IGB), Nobelstraße 12, 70569 Stuttgart; kirsten.borchers@igb.fraunhofer.de

BÜGEL, ULRICH; Fraunhofer-Institut für Informations- und Datenverarbeitung (IITB), Fraunhoferstraße, 76131 Karlsruhe; ulrich.buegel@iitb.fraunhofer.de

DETTLING, MELANIE; Fraunhofer-Institut für Grenzflächen- und Bioverfahrenstechnik (IGB), Nobelstraße 12, 70569 Stuttgart; Melanie.Dettling@igb.fraunhofer.de

DIETSCH, REINER; AXO DRESDEN GMBH, Siegfried-Rädel-Str. 31, 01809 Heidenau; reiner.dietsch@axo-dresden.de

FISCHER, BERND, DR.; Fraunhofer-Institut für Integrierte Systeme und Bauelementetechnologie (IISB), Schottkystraße 10, 91058 Erlangen; bernd.fischer@iisb.fraunhofer.de

GRUBER-TRAUB, CARMEN, DR.; Fraunhofer-Institut für Grenzflächen- und Bioverfahrenstechnik (IGB), Nobelstraße 12, 70569 Stuttgart; Carmen.Gruber-Traub@igb.fraunhofer.de

HEUBACH, DANIEL; Fraunhofer-Institut für Arbeitswirtschaft und Organisation (IAO), Nobelstraße 12, 70569 Stuttgart; daniel.heubach@iao.fhg.de

HIRTH, THOMAS, PROF. DR.; Fraunhofer-Institut für Grenzflächen- und Bioverfahrenstechnik (IGB), Nobelstraße 12, 70569 Stuttgart; thomas.hirth@igb.fraunhofer.de

HOLLÄNDER, ANDREAS, DR.; Fraunhofer-Institut für Angewandte Polymerforschung (IAP), Wissenschaftspark Golm, Geiselbergstr. 69, 14476 Potsdam; andreas.hollaender@iap.fraunhofer.de

JANK, MICHAEL P. M., DR.; Fraunhofer-Institut für Integrierte Systeme und Bauelementetechnologie (IISB), Schottkystraße 10, 91058 Erlangen; michael.jank@iisb.fraunhofer.de

KNAF, HAGEN, DR.; Fraunhofer-Institut für Techno- und Wirtschaftsmathematik (ITWM), Fraunhofer-Platz 1, 67663 Kaiserslautern; hagen.knaf@itwm.fraunhofer.de

KÖNIG, ANTJE; Fraunhofer-Institut für Werkstoff- und Strahltechnik (IWS), Winterbergstr. 28, 01277 Dresden ; Antje.Koenig@iws.fraunhofer.de

LAIB, STEFANIE; Fraunhofer-Institut für Arbeitswirtschaft und Organisation (IAO), Nobelstraße 12, 70569 Stuttgart; stefanie.laib@iao.fraunhofer.de

LANG-KOETZ, CLAUS, DR.; Fraunhofer-Institut für Arbeitswirtschaft und Organisation (IAO), Nobelstraße 12, 70569 Stuttgart; claus.lang-koetz@iao.fraunhofer.de

LAUFS, UWE; Fraunhofer-Institut für Arbeitswirtschaft und Organisation (IAO), Nobelstraße 12, 70569 Stuttgart; uwe.laufs@iao.fhg.de

POTINECKE, THOMAS; Fraunhofer-Institut für Arbeitswirtschaft und Organisation (IAO), Nobelstraße 12, 70569 Stuttgart; thomas.potinecke@iao.fraunhofer.de

RÜGER, MARC; Fraunhofer-Institut für Arbeitswirtschaft und Organisation (IAO), Nobelstraße 12, 70569 Stuttgart; marc.rueger@iao.fraunhofer.de

SCHENKE, KLAUS; Fraunhofer-Institut für Nachrichtentechnik (HHI), Heinrich-Hertz-Institut, Einsteinufer 37, 10587 Berlin; klaus.schenke@hhi.fraunhofer.de

SLAMA, ALEXANDER; Fraunhofer-Institut für Arbeitswirtschaft und Organisation (IAO), Nobelstraße 12, 70569 Stuttgart; alexander.slama@iao.fraunhofer.de

SPATH, DIETER, PROF. DR.; Fraunhofer-Institut für Arbeitswirtschaft und Organisation (IAO), Nobelstraße 12, 70569 Stuttgart; dieter.spath@iao.fraunhofer.de

TOVAR, GÜNTER E.M., PD DR.; Fraunhofer-Institut für Grenzflächen- und Bioverfahrenstechnik (IGB), Nobelstraße 12, 70569 Stuttgart; guenter.tovar@igb.fraunhofer.de

TRINKAUS, HANS; Fraunhofer-Institut für Techno- und Wirtschaftsmathematik (ITWM), Fraunhofer-Platz 1, 67663 Kaiserslautern; hans.trinkaus@itwm.fraunhofer.de

WARSCHAT, JOACHIM; PROF. DR.; Fraunhofer-Institut für Arbeitswirtschaft und Organisation (IAO), Nobelstraße 12, 70569 Stuttgart; joachim.warschat@iao.fraunhofer.de

WEDEL, ARMIN, DR.; Fraunhofer-Institut für Angewandte Polymerforschung (IAP), Wissenschaftspark Golm, Geiselbergstr. 69, 14476 Potsdam; armin.wedel@iap.fraunhofer.de

ZIEMER, JULIA; Fraunhofer-Institut für Werkstoff- und Strahltechnik (IWS), Winterbergstr. 28, 01277 Dresden; Julia.Ziemer@iws.fraunhofer.de

Inhaltsübersicht

Inhaltsverzeichnis

3   Einsatz innovativer Informations- und Kommunikationstechnologien

ULRICH BÜGEL, UWE LAUFS

7   TechnologieRadar – Heute schon Technologien für morgen identifizieren   133

Claus Lang-Koetz, Antonino Ardilio, Joachim Warschat

8   Den Reifegrad einer Technologie mit dem Technologiekompass bestimmen   147

Hagen Knaf, Daniel Heubach

9   Technologiepotenzialanalyse – Vorgehensweise zur Identifikation von Entwicklungspotenzialen neuer Technologien   175

ANTONINO ARDILIO, STEFANIE LAIB

10   Technologierelevante Informationen bereitstellen   219

ULRICH BÜGEL

11   Ontologien zur Darstellung von
Technologieentwicklungswissen   251

UWE LAUFS

12   Softwarearchitektur

ULRICH BÜGEL, UWE LAUFS, HANS TRINKAUS

13   Molekular geprägte Polymere – der Natur auf der Spur

KIRSTEN BORCHERS, CARMEN GRUBER-TRAUB, MELANIE DETTLING, DANIEL HEUBACH, THOMAS HIRTH, GÜNTER E.M. TOVAR

17 Hightech-Materialien für die Elektronik von morgen   365

MICHAEL P. M. JANK, ANTON J. BAUER, BERND FISCHER, ALEXANDER SLAMA,
THOMAS POTINECKE

1 Innovation durch neue Technologien

Dieter Spath

Joachim Warschat

1.1 Technologieentwicklung als Treiber für Innovation

Innovationen sind für Unternehmen heute der sicherste Schutz gegen Konkurrenten (vgl. Bullinger 2006). Der Grund liegt auf der Hand. Sie ermöglichen höhere Preise und größere Marktanteile, weil sie die Kundenwünsche besser befriedigen als die bestehenden Produkte oder Dienstleistungen, eine verbesserte Produktqualität liefern oder eine Beschleunigung der Produktentwicklungszeit (vgl. Günther/Fischer 2000 und Fischer 2000 (Abbildung 1)) ermöglichen, die wiederum reinvestiert werden kann. Eine reine Kostenreduktion erlaubt dagegen nur einen Preisspielraum nach unten.

Ein wesentlicher Treiber für Innovationen sind neue Technologien, insbesondere Querschnittstechnologien, die eine Fülle von verschiedenen Anwendungen in unterschiedlichsten Branchen hervorbringen, wie z. B. die Informationstechnologie oder die Nanotechnologie.

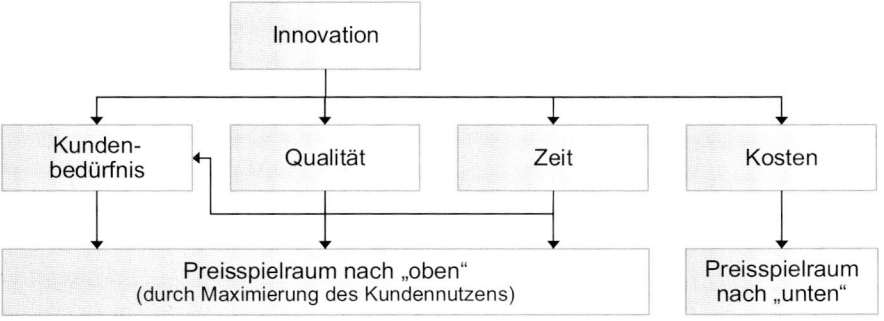

Abbildung 1:   Profitabilitätssteigerung durch Innovationen

Technologie-addition	Technologie-integration	Technologie-substitution
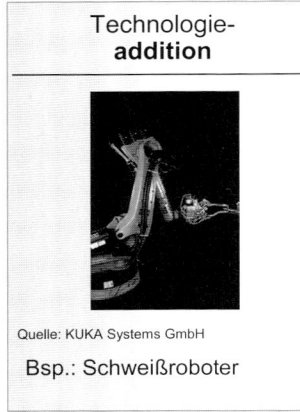	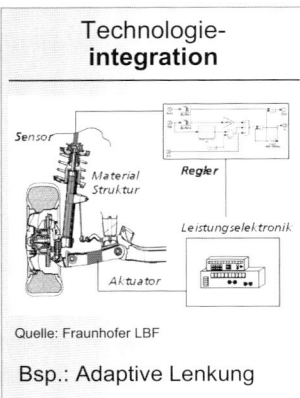	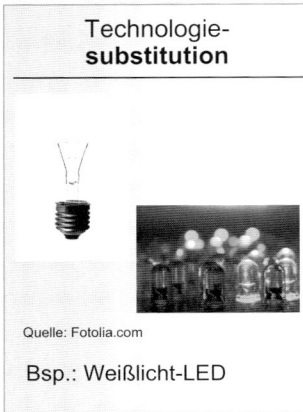
Quelle: KUKA Systems GmbH	Quelle: Fraunhofer LBF	Quelle: Fotolia.com
Bsp.: Schweißroboter	Bsp.: Adaptive Lenkung	Bsp.: Weißlicht-LED

Abbildung 2:   Drei Arten der Technologieentwicklung

Wir unterscheiden drei Arten der Technologieentwicklung bezogen auf ihre Wirkung in neuen Produkten (Abbildung 2).

Die additive Technologieentwicklung verbindet zwei oder mehrere Technologien zu einem neuen Produkt. So ermöglicht die Kombination von Roboter und Schweißzange z. B. die automatisierte Herstellung von Autokarosserien. Die Herausforderung für das Unternehmen, hier für den Roboterhersteller, besteht in der Kombination der Robotertechnologie mit der Schweißtechnologie. In der Regel wird sie mit Hilfe von Zulieferern gelöst. Falls größere Schnittstellenprobleme auftreten, kann auch die Einbeziehung von Forschung- und Entwicklungspartnern notwendig sein.

Die Integration mehrerer Technologien, in unserem Beispiel die Integration von Mechatronik (Mechanik, Elektronik, Software), Optoelektronik (Optik, Elektronik), Nanoelektronik und Biomimetik zur Adaptronik, ermöglicht ganz neue Funktionen, wie z. B. selbstanpassende Lenkung oder adaptive Fahrwerkscharakteristiken. Im Vergleich zur additiven Technologieentwicklung sind die gegenseitigen Abhängigkeiten der Teiltechnologien bedeutend vielfältiger und intensiver, so dass die integrative Technologieentwicklung ein höheres Maß an interdisziplinärer Kooperation erfordert und eine Beteiligung von mehreren Forschungs- und Entwicklungspartnern sowie Zulieferern voraussetzt.

Beide Entwicklungsarten, die integrative noch mehr als die additive, verlangen die Fähigkeit des Unternehmens in einem Open Innovation System erfolgreich neue Produkte zu entwickeln.

Da in beiden Fällen eine Komplexitätserhöhung der Produktfunktionalität stattfindet, erhöht sich zudem die Prozess- und letztendlich auch die Systemkomplexität bezüglich der Unternehmenskooperationen. Insbesondere der schnelle Aufbau neuer Kompetenzen ist häufig mit Schwierigkeiten verbunden und wird so zur Innovationsbarriere. Unter Innovation verstehen wir daher mehr als das Erfinden und Entwickeln einer neuen Technologie bzw. eines neuen Produktes, dies ist nur der erste Schritt, die Invention. Erst die erfolgreiche Vermarktung macht die Invention zur Innovation.

Die Risiken der beiden Technologieentwicklungsarten liegen also in der Erweiterung des Wissens und der Komplexitätsbeherrschung. Das bestehende Wissen wird aber in der Regel nicht entwertet. So können in unseren Beispielen auch die Teiltechnologien bzw. Teilprodukte wie Roboter, Schweißgeräte, Mechatronik, Optik etc. weiterhin erfolgreich vermarktet werden.

Anders liegt der Fall bei der dritten Art, der Technologiesubstitution. Hier wird eine Technologie bzw. ein darauf aufbauendes Produkt, in unserem Fall z. B. die Glühbirne, durch eine neue, hier die LED ersetzt. Dabei wird bestehendes Wissen teilweise oder ganz obsolet, so dass eine ernsthafte Bedrohung des Unternehmens existiert (vgl. Tushman/Anderson 1986). Ein besonderes Problem entsteht, wenn trotz des Erkennens der Bedrohung wegen der inhärenten Trägheit des Systems, der Prozesse etc. keine schnelle Neuausrichtung gelingt. Man nennt das Pfadabhängigkeit (vgl. Schreyögg et al. 2003) oder man könnte sagen „Erfolg macht blind".

Selbstverständlich sind die Übergänge zwischen diesen Technologieentwicklungsarten fließend. So ist denkbar, dass eine additive Entwicklung wie der Hybridmotor nach mehreren Entwicklungsschüben zu einer teilweise substitutiven Technologie wird, weil der Verbrennungsmotor eine geringere Rolle im Technologieverbund spielt als bisher. Auch die integrative Technologieentwicklung kann als einfache Addition beginnen und dann durch Erweiterung um elektronische Bauteile, Sensoren und Regelungstechnik zu einer vernetzten komplexen Entwicklung werden.

Ein weiteres Merkmal für den Einfluss einer neuen Technologie auf die Innovation ist die Reichweite innerhalb eines Produktes. So können a) neue Teile, Baugruppen oder Module entstehen, oder b) die Architektur des Produktes wird verändert (vgl. Henderson/Clark 1990) (Abbildung 3).

Am Beispiel eines Automobilantriebes ist leicht ersichtlich, dass die Weiterentwicklung eines 4-Zylinder Otto Motors zu einem 6-Zylinder Motor Baugruppen und Teile betrifft, die Architektur, d. h. der prinzipielle Aufbau und die prinzipielle Funktionsweise jedoch

Architektur-erhaltend

Quelle : DAIMLER

Bsp.: Motoren

Architektur-ergänzend

Quelle : DAIMLER

Bsp.: Hybridantrieb

Architektur-zerstörend

Quelle : DAIMLER

Bsp.: Brennstoffzelle

Abbildung 3:   Innovationsreichweite

erhalten bleibt. Der Hybridmotor stellt dagegen eine Architekturerweiterung dar. Durch die elektrischen und elektronischen Funktionen und die Brennstoffzelle schließlich verändert die Architektur vollständig, sie wirkt sich sogar auf den gesamten Antriebsstrang aus.

Je nach Zulieferebene sind unterschiedliche Unternehmen von der Technologieentwicklung verschieden stark betroffen. Bei der Architekturerhaltung muss sich an der Beziehung zwischen OEM und Zulieferer nichts ändern. Bei einer Architekturerweiterung tritt zumindest für den Motorenhersteller ein Technologieintegrationsproblem auf, das zusätzliche Partner erfordert. Die Architekturzerstörung führt für den Motorenhersteller zu einem Substitutionsproblem, das zu ganz neuen Entwicklungs- und Zulieferstrukturen führt. Für den OEM sind die beiden letztgenannten Änderungen nicht so radikal wie für z. B. die Zulieferer von Motoren bzw. Getriebeteilen oder -modulen, denn die Gesamtfunktionalität des Fahrzeugs wird nicht zerstört.

Welche Rolle spielt nun die Technologieentwicklung bei der Innovation im Unternehmen?

Wir unterscheiden vier Arten der Innovation (Abbildung 4):

Die inkrementelle Innovation verbessert in kleinen Schritten bekannte Technologien und bekannte Kundenbedürfnisse. Sie ist die am häufigsten vorkommende Innovationsart. Ihr Vorteil liegt im geringen Risiko, ihr Nachteil kann als „inkrementelle Falle" bezeichnet werden. Viele kleine technische Erweiterungen führen z. B. zu einer hohen Produkt-Komplexität, hervorgerufen durch eine Vielzahl von Funktionen, die zu hohen Kosten bzw. sinkender Benutzerakzeptanz führen. Beispiele sind komplexe Telekommunikations-produkte oder große Softwaresysteme.

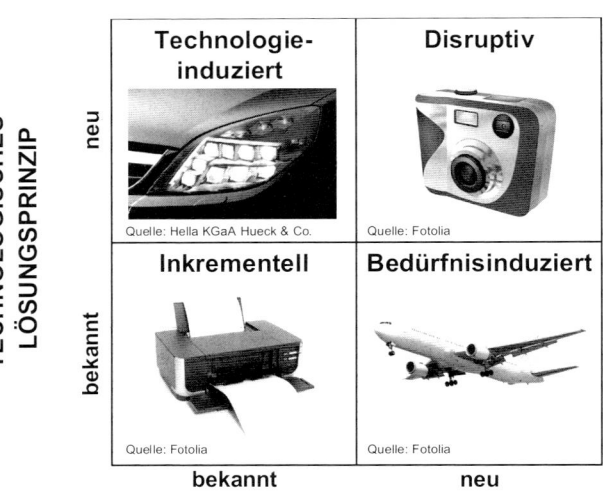

Abbildung 4:   Innovationsportfolio

Die bedürfnisinduzierte Innovation findet neue Kunden für bekannte Technologien z. B. durch ein neues Geschäftsmodell wie die Billigflieger. Beispiele hierfür sind auch das Leasen von Autos anstelle des Kaufens oder Betreibermodelle, in denen nicht Maschinen von Herstellern verkauft, sondern gefertigte Teile geliefert und verrechnet werden. Aber auch bei der bedürfnisinduzierten Innovation können Technologien entscheidend sein. So ist z. B. erst durch das Internet, das kostengünstige Online-Buchen der Flüge möglich.

Die technologieinduzierte Innovation findet neue technische Lösungen für bekannte Bedürfnisse. Beispiele sind das LED-Licht bei Automobilen oder der Plasma- und der LCD-Bildschirm, die den Röhrenbildschirm bei TV und Rechnern abgelöst haben. In diesem Fall ist die neue Technologie substitutiv und kann eine Bedrohung für Firmen darstellen, die der traditionellen Technologie zu sehr verhaftet sind.

Eine besondere Bedeutung kommt der disruptiven Innovation zu (vgl. Christensen 2000, Danneels 2004 und Christensen 2006). Sie ermöglicht es mit einer neuen Technologie neue Kundenbedürfnisse zu befriedigen. Damit ist sie radikaler als die anderen Innovationsarten. Wer sich frühzeitig mit ihr beschäftigt kann neue Märkte erschließen und sich einen großen Innovationsvorsprung erarbeiten. Ein Beispiel für disruptive Innovation ist die digitale Fotografie. Sie zerstörte die bestehende Herstellung von Fotoapparaten und zugleich die Wertschöpfungskette: Filmproduktion, Filmentwicklung, Herstellung von Abzügen. Anderseits entstanden neben der Produktion digitaler Fotoapparate Drucker zum Ausdrucken von Abzügen zu Hause. Zusätzlich wurden Handys zu Fotoapparaten mit der Möglichkeit Bilder direkt über das Internet zu verschicken.

Eine weit verbreitete Annahme ist, dass disruptive Innovationen immer am „oberen Ende" der technologischen Leistungsfähigkeit stattfinden. Anlass hierzu geben Beispiele wie die DVD, die leistungsfähiger als die Videokassette ist. Oft findet aber die Innovation am „unteren Ende" der Technologie statt. So war der erste PC sehr viel leistungsschwächer als die damals üblichen Main Frame Rechner und ist es noch heute. Die Innovation steckt in der Individualisierung. Ganz ähnlich wie bei den Technologieentwicklungsarten gibt es auch bei den Innovationsarten Übergänge. So kann eine additive Technologieentwicklung als inkrementelle Innovation geplant sein. Sie wird durch weitere Forschungs- und Entwicklungsergebnisse zu einer technologieinduzierten Innovation und bekommt schließlich den Status einer disruptiven Innovation, weil ganz neue Bedürfnisse und Märkte damit erschlossen werden (Abbildung 5).

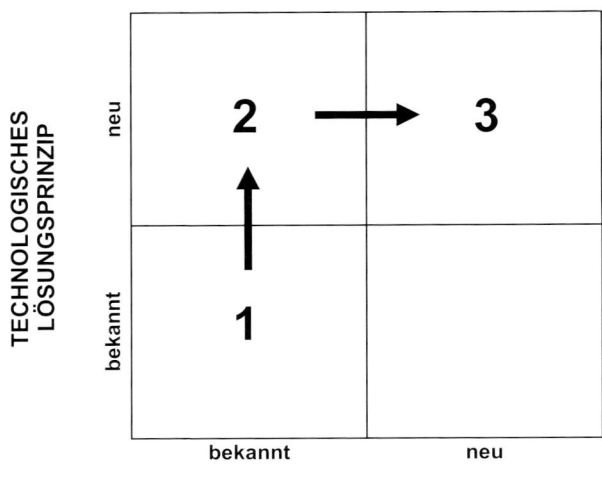

Abbildung 5:   Innovationspfade

Ein Beispiel hierfür ist der MP3 Standard. Ursprünglich für die Telefonie (1) entwickelt, wurden durch Kompression der Audio Daten neue Produkte wie der MP3 Player (2) möglich. Durch die Anwendung des Standards im Internet können Music Downloads realisiert werden, die auf die gesamte Musikbranche disruptiv wirken (3), weil ganz andere Wertschöpfungsprinzipien realisiert werden können bzw. müssen, da die ursprünglichen, z. B. der Verkauf von CDs, nicht mehr ausreichen.

Fassen wir die technologieorientierte, die disruptive und die bedürfnisorientierte Innovation unter dem Begriff radikale Innovation zusammen und setzen sie der inkrementellen entgegen und unterscheiden die Innovation von Produkten und die von Organisationen, so können folgende Zusammenhänge zwischen Innovations- und Technologieentwicklungsart sowie Organisationsentwicklung festgestellt werden (Abbildung 6).

Innovation	Produkt	Organisation
Radikal	▸ Integrative, architekturverändernde bzw. ▸ Substitutive, architekturzerstörende Technologieentwicklung	▸ Neue Geschäftsmodelle ▸ Neue Wertschöpfungsketten
Inkrementell	▸ Additive, architekturerhaltende Technologieentwicklung	▸ Geschäftsprozessverbesserung

Abbildung 6:   Inkrementelle versus radikale Innovationen

Die inkrementellen Produktinnovationen beschränken sich auf additive und architekture-haltende Technologieentwicklungen. Im Bereich Organisation werden Geschäftsprozess-verbesserungen durchgeführt.

Radikale Innovationen dagegen werden durch integrative oder substitutive, architekturver-ändernde oder –zerstörende Technologieentwicklungen erzeugt. Im Bereich Organisation werden neue Geschäftsmodelle und neue Wertschöpfungsnetze entwickelt.

Mit Hilfe dieser Klassifikation können nun typische Innovationsmuster von Unternehmen charakterisiert werden (Abbildung 7).

Inkrementeller „Me – too“ Innovator

Das Unternehmen beherrscht die inkrementelle Produktentwicklung und verbessert aus Kostengründen die Geschäftsprozesse kontinuierlich. Dem Unternehmen fällt es aber schwer die Linie zur radikalen Innovation zu überschreiten. Das Risiko besteht in abneh-mendem Wachstum und geringen Gewinnspannen (Abbildung 7a).

Einmaliger Innovator

Das Unternehmen wurde groß durch eine radikale Innovation und möglicherweise ein neues Geschäftsmodell die z. B. der Gründer des Unternehmens entwickelt hatte. Da nichts

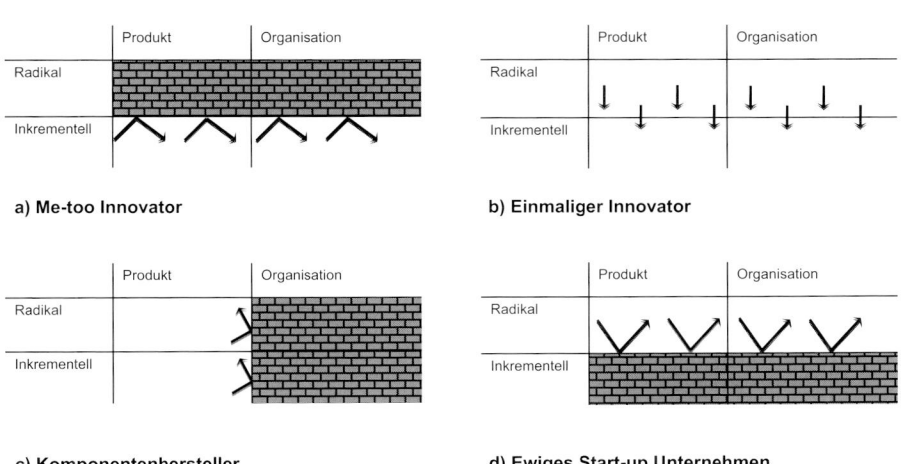

Abbildung 7:   Typische Innovationsmuster von Unternehmen

Vergleichbares nachkommt, fällt das Unternehmen bald auf den inkrementellen Status zurück und hat dieselben Probleme wie das Me – too Unternehmen (Abbildung 7b).

Der innovative Komponentenhersteller

Das Unternehmen hat sehr gute technologische Fähigkeiten und ist in der Lage radikale technologische Entwicklungen durchzuführen und diese auch kontinuierlich zu verbessern, aber es gelingt ihr nicht daraus entscheidend Kapital zu schlagen durch neue Geschäftsmodelle (Abbildung 7c).

Das ewige Start up – Unternehmen

Das Unternehmen erzeugt laufend radikale Innovationen, ist aber nicht fähig über Prototypen und erste Produktversionen hinaus zu einem kontinuierlichen Roll out in den Markt zu kommen. Es ist ein typischer Übernahmekandidat (Abbildung 7d).

1.2   Synchronisation von Innovations- und Technologieentwicklungsprozess

Wie können nun die Barrieren beseitigt, die Chancen in radikalen Innovationen erkannt und dennoch eine nachhaltige Technologie- und Innovationsstrategie erreicht werden?

Ein Schlüssel zum Erfolg ist die Synchronisation von Innovations- und Technologieentwicklungsprozess. Wenn wir den Innovationsprozess als vierstufigen Stage Gate Prozess (vgl. Cooper et al. 2002a/b) darstellen:

1. Ideenfindung und –selektion
2. Produktdefinition / Konzepterarbeitung / Produktplanung
3. Produkt- und Prozessentwicklung
4. Markteinführung

und für den Technologieentwicklungsprozess ebenfalls vier Stufen annehmen (vgl. Kapitel 2):

a. Technologiepotenziale identifizieren
b. Technologie entwickeln
c. Technologie in Produkte integrieren
d. Technologie im Produkt am Markt etablieren,

so muss ein Unternehmen das in Abbildung 8 dargestellte Synchronisationsproblem lösen.

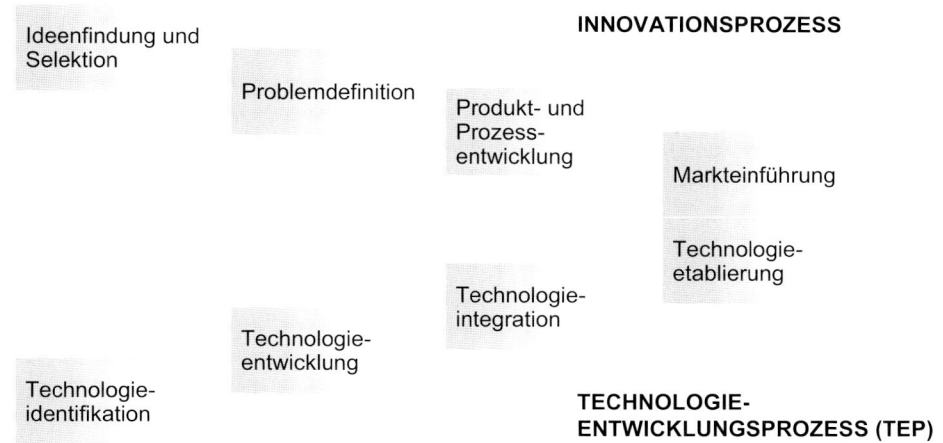

Abbildung 8:   Synchronisation von Innovations- und Technologieentwicklungsprozess

Die Schwierigkeit liegt in den unterschiedlichen Geschwindigkeiten der beiden Prozesse. Nur sehr selten gelingt eine zeitparallele Kopplung der beiden Prozesse. In der Praxis benötigt der Technologieentwicklungsprozess oft mehr Zeit als der Innovationsprozess. Dies führt dazu, dass der Technologieentwicklungsprozess häufig als Vorentwicklung dem Innovationsprozess vorangestellt wird. Anderseits muss die Zeitdifferenz mit fortschreitender Entwicklung gegen null gehen, sonst wird entweder eine unausgereifte Technologie im Produkt integriert oder die Markteinführung wird verzögert mit allen negativen Konsequenzen wie z. B. dem Verlust von Marktanteilen, Produktrückläufern etc.

Zur besseren Strukturierung des Technologieentwicklungsprozesses unterscheiden wir fünf Innovationsebenen (Abbildung 9):

- Markt,
- Produkt, Dienstleistung,
- Funktion,
- Technologie,
- Kompetenz.

ermöglicht

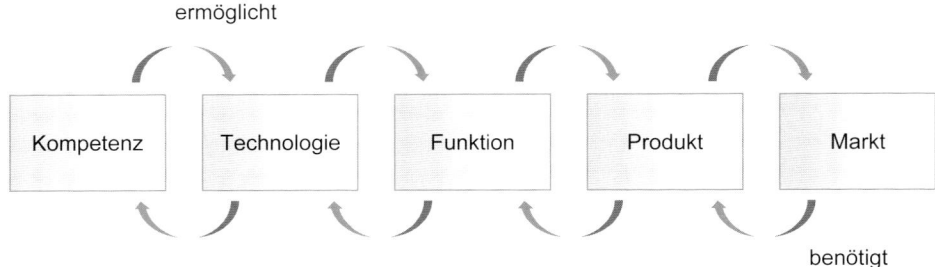

Abbildung 9:   Die Innovationsebenen

Die jeweils untergeordnete Innovationsebene stellt den „Enabler" für die darüberliegende Ebene dar und die jeweils übergeordnete Ebene benötigt als Input die Leistungen der darunterliegenden.

Ohne technologische Kompetenz kann keine neue Technologie im Unternehmen entwickelt werden, die wiederum Voraussetzung für ein neuartiges Produkt ist, das dann erfolgreich vermarktet werden kann. Eine Sonderstellung nimmt die Funktionsebene ein. Sie wurde eingeführt um das Übergangsproblem vom Technologie-Push zum Market-Pull analytisch betrachten zu können. Ausführlich dargestellt ergibt sich folgende Aufgabenstellung (Abbildung 10).

Vom Markt werden funktionale Anforderungen gestellt (Pull). Von der technologischen Seite werden dazu verschiedene funktionale Lösungen angeboten (Push). Welche technologische Lösung zur Innovationserfüllung in das Produkt integriert wird, hängt von den jeweiligen Randbedingungen ab.

Nimmt man nun die 4 Phasen der Technologieentwicklung als Ordinate und die fünf Innovationsebenen als Abszisse, so wird ein Rahmen aufgespannt, in dem Methoden für die Technologieentwicklung eingeordnet und miteinander verknüpft werden können: (Kapitel 6) (Abbildung 11).

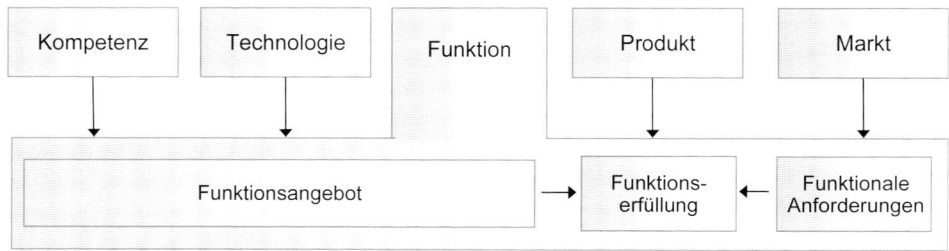

Abbildung 10:   Funktionale Kopplung von Technology Push und Market Pull

TEP Phasen / Inno Ebenen	Techologie-potenziale identifizieren	Technologie entwickeln	Technologie in Produkt integrieren	Technologie am Markt etablieren
Markt				
Produkt / Leistung				
Funktion				
Technologie				
Kompetenz				

Abbildung 11:   Methodischer Rahmen für die Technologieentwicklung

Eine grundlegende Voraussetzung für erfolgreiche Technologieentwicklung ist die Fähigkeit eines Unternehmens die Bedürfnisse des Marktes mit den Chancen, die in einer neuen Technologie potenziell vorhanden sind, schnell abgleichen und in ein Produkt umsetzen zu können, oder mit Hilfe unserer funktionalen Definition ausgedrückt: wie gut gelingt dem Unternehmen die funktionale Kopplung von Technology Push und Market Pull über die Innovationsebenen hinweg? Wir nennen diese Eigenschaft Technologieentwicklungsfähigkeit.

Sie kann durch einen eigens dafür entwickelten Test festgestellt werden (Kapitel 4 und 5), der ein detailliertes Stärken-Schwächen-Profil liefert und somit Ansatzpunkte für gezielte Verbesserungen bietet. Welche speziellen Fähigkeiten machen nun ein gutes Adaptionsverhalten aus und durch welche Methoden kann es unterstützt werden?

Am Anfang einer Technologieentwicklung steht die Identifikation geeigneter Technologien. Im Rahmen des Fraunhofer TechnologieRadars wird das unternehmensspezifische Technologiebedarfsprofil ermittelt, werden die relevanten Technologietrends und entsprechende Experten recherchiert, die Trends analysiert und daraus Ideen für Produkte und Dienstleistungen generiert (Kapitel 7). Anschließend wird der Reifegrad der Technologie mit dem Technologiekompass ermittelt (Kapitel 8). Sind die Technologien hinsichtlich des Reifegrads analysiert, muss die Frage nach dem Lösungspotenzial bezüglich der Kundenanforderungen beantwortet werden (Kapitel 9).

Dabei steht ein umfangreicher Methodenbaukasten zur Ermittlung des Technologiebedarfsprofil und des Wissenstransfers in das Unternehmen hinein zur Verfügung. Als

Grundlage für den Wissenstransfer aber auch für die Informationsbeschaffung und -bereit-stellung werden Informations- und Kommunikationstechnologien (Kapitel 3 und 10) und speziell Ontologien (Kapitel 11) einschließlich der Softwarearchitektur (Kapitel 12) bereit-gestellt.

Abgerundet wird das Buch durch 5 Praxisbeispiele aus der Fraunhofer Gesellschaft (Kapi-tel 13 – 17).

1.3   Literatur

Bullinger, Hans Jörg (Hg.) (2006): Fokus Innovation. Kräfte bündeln - Prozesse beschleunigen. München: Hanser.

Christensen, C. M. (2006): The Ongoing Process of Building a Theory of Disruption. In: Journal of Pro-duct Innovation Management, Jg. 23, H. 1, S. 39–55.

Christensen, C. M. (2000): The innovator's dilemma. The revolutionary national bestseller that changed the way we do business. 1. HarperBusiness ed. New York, NY: HarperBusiness.

Cooper, R. G.; Edgett, S. J.; Kleinschmidt, E. J. (2002): Optimizing the Stage-Gate Process. What Best-practice Companies Do I. In: Research-Technology Management, Jg. 45, H. 5, S. 21–27.

Cooper, R. G.; Edgett, S. J.; Kleinschmidt, E. J. (2002): Optimizing the Stage-Gate Process. What Best-practice Companies Do II. In: Research-Technology Management, Jg. 45, H. 5, S. 43–49.

Danneels, E. (2004): Disruptive Technology Reconsidered. A Critique and Research Agenda. In: Journal of Product Innovation Management, Jg. 21, H. 4, S. 246–258.

Fischer, J. (2001): Zeitwettbewerb. Grundlagen, strategische Ausrichtung und ökonomische Bewertung zeitbasierter Wettbewerbsstrategien. München: Vahlen.

Götze, Uwe; Backes, Matthias (Hg.) (2000): Management und Zeit. Heidelberg: Physica.

Günther, T.; Fischer, J. (2000): Zeitkostenrechnung. In: Götze, Uwe; Backes, Matthias (Hg.): Management und Zeit. Heidelberg: Physica. S. 269–296.

Henderson, R. M.; Clark, K. B. (1990): Architectural Innovation. The Reconfiguration of Existing Product Technologies and the Failure of Established Firms. In: Administrative Science Quarterly, Jg. 35, H. 1, S. 9–30.

Schreyögg, G.; Sydow, J.; Koch, J. (2003): Organisatorische Pfade-Von der Pfadabhängigkeit zur Pfad-kreation. In: Strategische Prozesse und Pfade, Jg. 13, S. 257–294.

Tushman, M. L.; Anderson, P. (1986): Technological Discontinuities and Organizational Environments. In: Administrative Science Quarterly, Jg. 31, H. 3, S. 439–465.

2 Der Technologieentwicklungsprozess

DANIEL HEUBACH

ALEXANDER SLAMA

MARC RÜGER

2.1 Grundlagen der Technologieentwicklung

Das Rennen um die besten Plätze bei der Erforschung und Nutzung von Spitzentechnologien ist in vollem Gange – weltweit in einem dynamischen Umfeld. Stillstand bedeutet schon Rückschritt, weil viele Schwellenländer aufholen und der Strukturwandel sich immer schneller vollzieht bei verkürzten Lebenszyklen von Produkten und Leistungen (vgl. BMBF 2006a; BMBF 2004). Forschung in Spitzentechnologien bedeutet aber auch hohe FuE-Intensität mit entsprechenden Investitionen. Eine effizientere – schnellere und zielführendere – Entwicklung von innovativen Produkten aus neuen technologischen Grundlagen ist deshalb ein wichtiges Ziel aller am Innovationsgeschehen Beteiligten. Ein wichtiger Aspekt dabei ist die Technologieentwicklung als die Fähigkeit, relevante Technologien zu identifizieren, aufzunehmen und zu verwerten (vgl. Cohen/Levinthal 1989).

Unternehmen, die in der Lage sind marktorientiert neue Technologien oder deren Kombinationen umzusetzen bzw. zu adaptieren, sind erfolgreicher. Unternehmen, die gezielt eine hohe Technologieentwicklungsfähigkeit haben, weisen mehr Wachstum, höhere Profitabilität und Wettbewerbsfähigkeit auf. Langfristig werden die Unternehmen am Markt bestehen oder sich nachhaltig etablieren können, die in der Lage sind, fortlaufend und schnell neue Produkte und Dienstleistungen mit neuen Funktionalitäten zu entwickeln.

Die Praxis zeigt aber, dass zwischen 85 und 95 Prozent aller Entwicklungen nie zur Marktreife gelangen (vgl. Schnabel 2004). Hauptgründe hierfür sind u. a. ein mangelndes Markt- und Technologiewissen. So sehen sich z. B. Unternehmen, die sich der Nanotechnologie nähern, mit zwei wesentlichen Herausforderungen konfrontiert (vgl. Kingon et al. 2004): Erstens erschwert die große und rasant wachsende Menge an Informationen sowie die neu verwendeten Termini eine zielführende und anwendungsorientierte Verarbeitung der Informationen. Zweitens fehlt damit auch das Wissen, welche Fragen in Bezug auf Anwendungen, Randbedingungen, Lösungsansätzen etc. zu stellen sind, d. h. welche Bedürfnisse im Unternehmen hinsichtlich der neuen Technologie bestehen. Darüber hinaus kommt es immer wieder zu Verzögerungen im Fortlauf der Produktentwicklung (vgl. Bullinger 2006). So führt unerwarteter technischer bzw. technologischer Anpassungsbedarf zu zeitlichen Verzögerungen der Entwicklung. Häufig ändern sich auch im Laufe des Projekts die Produktspezifikationen, was weitere Verzögerungspotenziale in sich birgt, indem unter Umständen zusätzliche oder neue Funktionalitäten und Eigenschaften des Produktes gewährleistet werden müssen. Und nicht zuletzt sorgen die Zieländerungen während des

Projektes dafür, dass der Entwicklungsfortschritt sich verlangsamt. Die zentralen Ursachen, sogenannte „Zeittreiber", sind der Mangel an technologischer Vorausschau, unzureichende Kenntnis der Kundenanforderungen und die verspätete Analyse der Wettbewerbssituation bzw. der Konkurrenzprodukte.

2.1.1   Triebkräfte der Technologieentwicklung

Die Integration marktgetriebener und kompetenzbasierter Entwicklungen ist keinesfalls trivial und muss strukturiert und methodisch unterstützt umgesetzt werden. Die Praxis zeigt jedoch, dass viele Unternehmen Schwierigkeiten haben, die für sie geeigneten Technologien und die damit verbundenen Chancen zu erkennen und ihre Leistungen besser zu entwickeln.

Die Industrie steht an der Schnittstelle der Anforderungen zwischen Markt und Technologie. Sie entdeckt und entwickelt selbst Technologien oder adaptiert neues Wissen aus der Grundlagenforschung und dem wissenschaftlichen Umfeld. Den Fraunhofer-Instituten kommt durch die Ausrichtung auf die industrielle Nutzbarkeit neuer Technologien als Bindeglied zwischen Forschung und Industrie eine Transferrolle zu (vgl. Warnecke/Bullinger 2003). Es genügt längst nicht mehr, allein der Durchbruchskraft des Technology-Push oder der Erfolgssicherheit des Market-Pull zu vertrauen. In Zeiten turbulenten technologischen Wandels stoßen die gängigen Modelle des Pushs und Pulls an ihre Grenzen (vgl. Zahn 2004). Die Entwicklung der bisher stark möglichkeitsgetriebenen Nanotechnologie zeigt beispielsweise, dass es nicht ausreicht, auf Durchbrüche in der Anwendung allein aufgrund der Wirkmächtigkeit der Nanotechnologie-Entwicklung zu vertrauen. Die Umsetzung der Erkenntnisse aus der Nanoforschung in Produkte und Verfahren findet – besonders in der mittelständischen Industrie Deutschlands – nur zögerlich statt, sodass von einem „Valley of Death" die Rede ist (vgl. Iden/Heubach 2007; Markham 2002; Spath et al. 2004; BMBF 2006c; Herstatt/Lettl 2000; Zweck 2005).

Die Annahme eines linear-sequentiellen Vorgehens der Technologieentwicklung hat zwar aufgrund seiner konzeptionellen Strukturierung seine Berechtigung. Einzelne Aktivitäten und Arbeitsinhalte werden definiert und so ein effektives und effizientes Vorgehen gewährleistet. Das Bild des linearen „Wissenschafts-Push" kann aber nicht als alleingültiges Modell herangezogen werden (vgl. Grupp 1997; Rosenberg 1992; Gerybadze 2004). Die Kritik betrifft eine Sichtweise, die die Gültigkeit des linearen Wissenschafts-Push Konzepts technologischer Innovationen übergeneralisiert – ein „entgegengesetzter Wissenschafts-Push" Mechanismus stellt aber wahrscheinlich die allgemeinere Form des Zusammenspiels von Wissenschaft und Technologie dar. D. h. der „Wissenschafts-Push" muss um Nachfrageaspekte erweitert und in einem Prozessmodell kombiniert werden. Zudem sind die Anwendungsszenarien von Technologien und deren technische Grundlagen komplexer: Laser werden in der Messtechnik, der Datenübertragung oder zum Bearbeiten von Werkstücken eingesetzt. Von der Nanotechnologie wird auch als Plattformtechnologie oder „Enabling Technology" gesprochen. Sie offeriert auf der Ebene der Materialeigenschaften eine große Bandbreite an neuen Eigenschaften und Kombinationsmöglichkeiten, die in einer Vielzahl unterschiedlicher Produkte und Märkte zur Anwendung kommen können (vgl. Spath et al. 2007).

Hinzu kommt, dass z. B. Technologien nicht immer so eingesetzt werden, wie ursprünglich vermutet oder geplant (vgl. Horx 2005). Die Funktion einer Technologie oder die Eigenschaften eines Produktes werden in einem anderen Nutzungszusammenhang eingesetzt als vorhergesehen. So wurde z. B. das Grammophon ursprünglich als Aufzeichnungsgerät für Telefongespräche unter Geschäftsleuten entwickelt – der Durchbruch gelang als Abspielgerät für Schallplatten. Horx spricht hier von der Exaption, der „Verbiegung des technologischen Pfades". Daraus wird deutlich, dass auf dem Weg von der Entdeckung bis zur Anwendung nicht nur *ein* Weg existiert, sondern *viele* sich Pfade mit Weggabelungen auftun (vgl. hierzu auch die Innovationspfade in Kapitel 1). Die Entscheidung, welcher Weg einzuschlagen und welche Weggabelung zu nehmen ist, wird durch folgende Fragen und Herangehensweisen bestimmt:

- Märkte verlangen durch neue Anforderungen an Funktionalitäten der Produkte und Dienstleistungen nach entsprechenden Technologien, die die geforderten Funktionalitäten ermöglichen. Doch welche Bedürfnisse haben zukünftige Kunden? Welche Technologien erlauben die Realisierung der geforderten Funktionen, welches sind die für das Unternehmen relevanten neuen Technologien? Welchen Einfluss haben diese Technologien auf die besonders kritischen Produkteigenschaften? Welches sind die aus unternehmerischer Sicht relevanten Forschungsgebiete? Und welche Kompetenzen müssen im Unternehmen frühzeitig entwickelt werden, um diese Technologien nutzen zu können?
- Neue Technologien oder neue Kombinationen aus Technologien wiederum stellen neue Problemlösungen zur funktionalen Erfüllung der Marktanforderungen dar. Doch welche sind die zukünftigen, für die Unternehmen relevanten funktionsbereitstellenden Technologien? Wie müssen Produkte gestaltet sein, um bestmöglich den Anforderungen zu entsprechen? Welches sind die kritischen bzw. erfolgsrelevanten Leistungsmerkmale? Und welche Kompetenzen müssen im Unternehmen frühzeitig aufgebaut werden, um diese Technologien nutzen zu können?

Aus diesem Grund muss das komplexe Zusammenwirken von Technology-Push und Market-Pull verbessert und beschleunigt werden. Konkrete Anwendungsmöglichkeiten können nur durch eine iterative Push-Pull-Strategie erkannt werden. Insbesondere die Identifikation möglicher Anwendungsfelder einer neu entstehenden Technologie in einem explorativen und kreativen Prozess bedingt vollkommen andere Kompetenzen, Methoden und Informationen – wie z. B. das Denken in abstrakten Funktionen – als „Optimierungs-Innovationen" in existierenden Produkt-Marträumen (vgl. Herstatt/Lettl 2000; Lynn/Heintz 1992; Wood/Brown 1998; Hamel/Prahalad 1991). Hierfür werden sowohl ein formaler Prozess als auch adaptive Fähigkeiten benötigt (vgl. Markham 2002; Zahn 2004): Die Herausforderung besteht darin, relevantes Wissen schnell und zielführend zu identifizieren und aufzunehmen, dieses aber auch effizient und effektiv verarbeiten zu können. Dies erfordert sowohl methodisches Handwerkszeug als auch ein systematisches, strukturiertes Vorgehen, in welches die Methodenanwendung eingebettet ist.

2.1.2   Methodeneinsatz in der Technologieentwicklung

Die Praxis zeigt, dass in Technologieentwicklungsprojekten oftmals die methodische Unterstützung entweder fehlt oder unspezifisch und wenig zielgerichtet erfolgt. Ein wesentlicher Grund ist die fehlende Methodenkenntnis sowie die Komplexität des Methodeneinsatzes (vgl. Paral 2003; Jakob et al. 2006; Schuh et al. 2005; Mahajan/Wind 1992). Zudem fehlt die Transparenz über das jeweilige Nutzenpotenzial eines Methodeneinsatzes zu einem bestimmten Zeitpunkt im Entwicklungsprozess. Aufwand und Ergebnis können nur schwer gegeneinander aufgerechnet werden. Methoden werden, dies zeigen auch Untersuchungen, erst dann in der Praxis angewandt, wenn die Aufgaben nicht mehr mit den routinemäßigen Abläufen bewerkstelligt werden können (vgl. Paral 2003). Gerade dann müssen aber nutzerfreundliche, flexible und aufwandsarme Methoden bereitgestellt werden, um im neuen Aufgabenfeld ein methodisch sicheres Arbeiten zu ermöglichen. Ein zentrales Problem, das hinter dem vermeintlichen Aufwand-Nutzen-Missverhältnis liegt, ist die fehlende umfassende Verknüpfung des Innovationsprozesses und seiner Aufgaben mit den unterstützenden Methoden (vgl. Paral 2003).

Ansätze wie die Produktklinik nach Wildemann (vgl. Wildemann 1999) greifen diese Problemstellung auf. Die Produktklinik kombiniert und integriert durch ihre Input- und Output-orientierte Anordnung Methoden für die Produktentwicklung (Abbildung 1). Der Schwerpunkt der einzelnen Methoden lässt sich je nach Anwendungsgebiet individuell festlegen. Der Grundgedanke der Produktklinik ist, dass Produkt- und Prozessleistungen möglichst in Verbindung von Kundenanforderungen und Wettbewerbsleistungen stehen. Um die Kundenanforderungen möglichst genau zu bestimmen, werden strategisch orientierte Ergebnisgrößen ermittelt, z. B. durch Kunden- oder Marktanalysen. Die Divergenz-Phase deckt den Bereich ab, in dem verschiedene (divergente) Kundenwünsche beobachtet, erhoben und analysiert werden. In der Konvergenz-Phase werden die zuvor eingegangenen Informationen und Kundenwünsche zusammengeführt und verarbeitet.

Das Konzept des „Axiomatic Design" von Suh strukturiert das „freie Feld" zwischen den Anforderungen des Kunden und der Realisierung in einem (Produktions-)Prozess (vgl. Suh 2001). Zwischen diesen Polen werden die vier Bereiche „Kundendomäne", „Funktionsdomäne", „physische Domäne" und „Prozessdomäne" eingeführt. Zwischen den Domänen werden Transformationsregeln für die jeweilige Übertragung der Anforderungen aus der einen Domäne in die nachfolgende definiert. Das Konzept baut – wie auch die Produktklinik von Wildemann – auf einer logischen Verknüpfung und zeitlich, hierarchischen Aneinanderreihung von Lösungsteilschritten vom Kunden zur Technologie auf.

Beide Konzepte von Wildemann und Suh zeigen für den Technologieentwicklungsprozess auf, wie einerseits Methoden auf sinnvolle Weise kombiniert werden können, um den Prozess, aus Kundenwünschen Produkte abzuleiten, zu unterstützen. Andererseits zeigen sie hilfreiche Ansätze, wie die Sichtweise der unterschiedlichen Domänen in der Produktentwicklung konkretisiert werden kann.

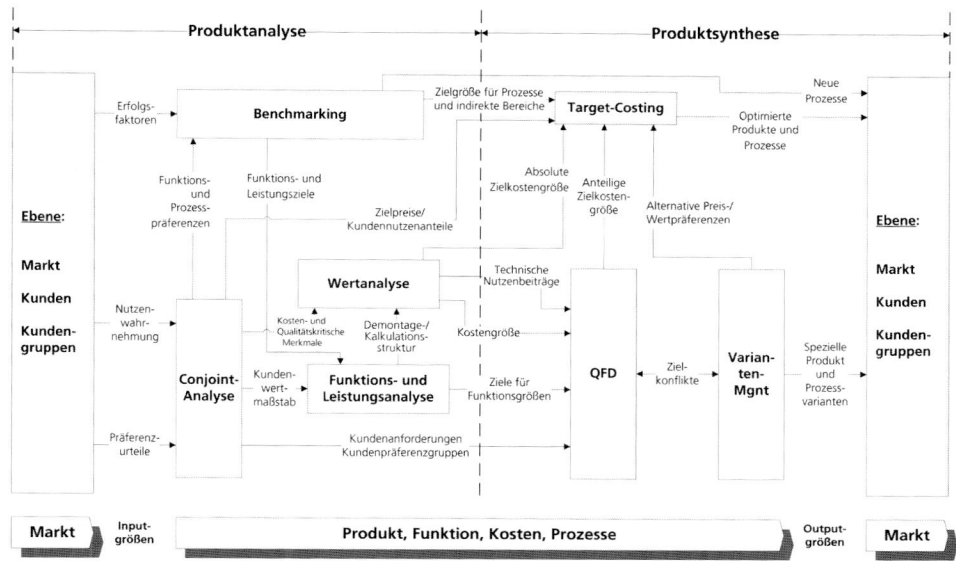

Abbildung 1:   Verknüpfung der Methoden in der Produktklinik (Wildemann 1999)

2.1.3   Prozessmodelle der Technologieentwicklung

Neben einer methodischen Unterstützung sind Prozessmodelle essentielle Bestandteile einer systematischen, zielgerichteten Entwicklung der Technologieentwicklung. Es findet sich eine Vielzahl an Prozessmodellen für die Beschreibung und Detaillierung der Phasen der Planung innovativer Produkte (vgl. Verworn/Herstatt 2003): Deskriptive Prozessmodelle beschreiben allein empirische Beobachtungen, während normative Prozessmodelle einen idealtypischen Ablauf des Planungs- bzw. Innovationsprozesses beschreiben, der auf praktischen Erfahrungen beruht und der Prozesssystematisierung und -strukturierung im Unternehmen dient.

In der Praxis können drei Arten von Prozessmodellen nach Zielrichtung und Betrachtungsgegenstand unterschieden werden:

- *„Klassische" Innovationsprozessmodelle:* Beispiel für ein etabliertes, „klassisches" Prozessmodell ist der Stage-Gate-Prozess von Cooper (vgl. Cooper 2001). Der Stage-Gate-Prozess teilt den Innovationsprozess in die einzelnen Stufen „Grobanalyse", „Business Case", „Produktentwicklung"; „Testen und Validieren" sowie „Markteinführung". Jeder Stufe folgt ein Tor: Hier kommt das interdisziplinär zusammengesetzte Projektteam zusammen und entscheidet auf Grundlage der gesammelten Informationen und anhand vorher definierter Muss- und Soll-Kriterien, ob das Projekt fortgeführt oder abgebrochen werden soll. Prioritäten

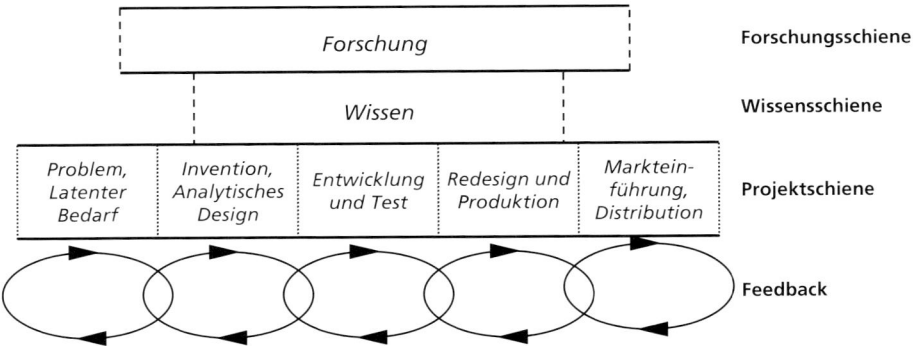

Forschung					Forschungsschiene
Wissen					Wissensschiene
Problem, Latenter Bedarf	Invention, Analytisches Design	Entwicklung und Test	Redesign und Produktion	Marktein-führung, Distribution	Projektschiene
					Feedback

Abbildung 2:   Chain-Link-Modell (Kline/Rosenberg 1986)

werden gesetzt und weitere Aktivitäten bestimmt. Ein ebenfalls praktisch erprob-
tes Modell ist die Produktplanung und Konstruktion gemäß dem VDI-Richt-
liniengerüst[1] 2220, 2221, 2222 und 2223.

• *Erweiterungen klassischer Innovationsprozessmodelle und spezifische Modelle für
neue Technologien:* Mittlerweile gibt es einige wenige Prozessmodelle, die auf
den etablierten Modellen aufbauen und Ergänzungen im Hinblick auf neue Tech-
nologien erfahren haben. Beispiele sind die Kombination eines Stage-Gate-
Prozesses mit einem Technologieentwicklungsprozess (vgl. Cooper et al. 2002),
der Technology-Stage-Gate (vgl. Ajamian/Koen 2002; Eldred/McGrath 1997), der
Technology Acquisition Process (vgl. Durrani et al. 1998) oder das Chain-Linked-
Modell (vgl. Kline 1985; Kline/Rosenberg 1986; Gerybadze 2004; Grupp 1997).
Kernstück des Chain-Linked-Modells ist die Verbindung der Handlungsebenen
Forschung und Wissen mit den innerbetrieblichen Abläufen des Innovationspro-
zesses (Abbildung 2).

• *Prozessmodelle der Technologieentwicklung:* Prozessmodelle für die Technologieentwicklung finden sich zum Beispiel bei Specht (vgl. Specht, Günter et al.
2002): Demnach baut der Prozess, der Technologie-, FuE- und Innovationsmanagement umfasst, auf den Phasen „Grundlagenforschung", „Technologieentwicklung", „Vorentwicklung", „Produkt- und Prozessentwicklung" sowie „Produkti-
ons- und Markteinführung" auf (Abbildung 3).

---

[1] Im Einzelnen sind dies die Richtlinien: VDI-Richtlinie 2220: Produktplanung - Ablauf, Begriffe und
Organisation (VDI-2220 1980), VDI-Richtlinie 2221: Methodik zum Entwickeln und Konstruieren
technischer Systeme und Produkte (VDI-2221 1993), VDI-Richtlinie 2222: Konstruktionsmethodik Blatt
1 und 2 (VDI-2222(Bl.1) 1997, VDI-2222(Bl.2) 1982) sowie die VDI-Richtlinie 2223: Methodisches
Entwerfen technischer Produkte (VDI-2223 2004).

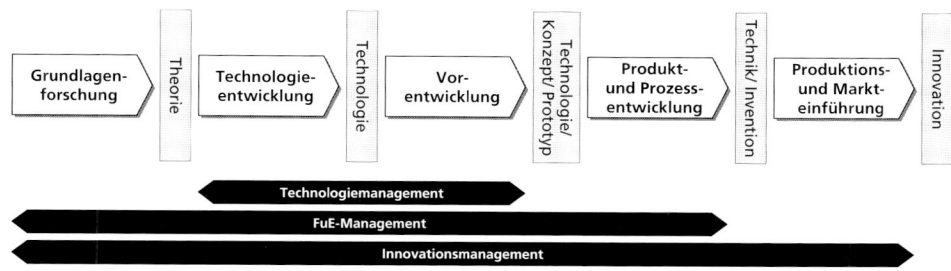

Abbildung 3:   Technologie-, F&E- und Innovationsmanagement (Specht, Günter et al. 2002)

2.2 Ein integriertes Konzept für den Technologieentwicklungsprozess

Um die Dynamik der Triebskräfte zwischen Markt und Technologie beschreib- und steuerbar zu machen, ist es notwendig, die einzelnen Schritte hin zur Einführung einer neuen Technologie am Markt in innovativen Produkten weiter zu spezifizieren. Ziel ist dabei nicht nur die zeitliche Verortung im Prozess, sondern auch im Kontinuum zwischen Technologie und Markt.

Dafür wurde der Technologieentwicklungsprozess systematisiert und ein Modell entwickelt, das den Handlungs- und Entwicklungsraum zwischen Technologie und Markt in fünf Ebenen unterteilt und die Entwicklung von der technologischen Entdeckung bis zum Produkt in vier Stages (Phasen) aufgliedert. Das Modell bildet den logischen Aufbau und Ablauf der Technologieentwicklung im Sinne einer Integration von Market-Pull und Technology-Push (siehe Tabelle 1). Die verschiedenen Ebenen werden im folgenden Kapitel 2.3 ausführlich erläutert, im Kapitel 2.4 werden die einzelnen Stages des Technologieentwicklungsprozesses vorgestellt.

Das Modell für den Technologieentwicklungsprozess verfolgt im Einzelnen die Ziele:

- Transparente Strukturierung des Technologieentwicklungsprozesses zur Verdeutlichung der Anknüpfungspunkte für einen besseren Technologie-, Wissens- und Produkttransfer zwischen Grundlagenforschung, angewandter Forschung, industrieller Forschung und Entwicklung und dem Markt.
- Bewertung der Technologieentwicklungsfähigkeit zur gezielten Maßnahmenbereitstellung und Steigerung der Technologieentwicklungsfähigkeit. Softwaregestützt werden interoperable Methoden und Werkzeuge entlang des Technologieentwicklungsprozesses und in den einzelnen Ebenen bereitgestellt. Dies erlaubt einen Informationsaustausch zwischen den einzelnen Methoden. Auf Grundlage des Modells wird die Informationsgrundlage umfangreicher und die Entschei-

EBENEN	STAGES	GATES
• Markt • Produkt/Dienstleistung • Funktion • Technologie • Kompetenz	Stage 1: Initiierung Stage 2: Inkubation Stage 3: Modifikation Stage 4: Applikation	Gate 1: Entscheidung für Einstieg in die Technologie Gate 2: Etablierung in Forschungslandschaft/ Industrie- landschaft Gate 3: Anwendungsreife der Technologie Gate 4: Technologie am Markt etabliert

Tabelle 1:   Ebenen, Stages und Gates des Technologieentwicklungsprozesses

dungssicherheit erhöht. Dies trägt zur Risiko-Minimierung bei der Entscheidung und Festlegung der strategischen Technologiefelder bei.

• Die Einteilung des Modells in Ebenen und Stages und der Abgleich mit bestehen-den Unterstützungsmethoden erlaubt es Handlungsbedarfe bei der Entwicklung neuer Methoden zu identifizieren. Zwei wichtige Beispiele für hier getätigte und im Folgenden dargestellte Neuentwicklungen sind das „TechnologieRadar" (siehe Kapitel 7) und die „Technologiepotenzialanalyse" (siehe Kapitel 9).

Die Entwicklung des Modells erfolgte anhand von untersuchten Fallanalysen durch das Fraunhofer IAO einzelner ausgewählter Technologiebeispiele der Fraunhofer-Gesellschaft. Im Detail wurden die Technologien „Molekular geprägte Polymere (MIPS)", „3D-Fernsehen", „Organic Light Emitting Diode (OLED)", „Multischicht-Röntgenoptiken" und „Hoch-ε Gatestapel" eingehend analysiert (siehe Tabelle 2). Hierfür wurden die Schritte der Technologieentwicklung (z. B. Machbarkeitsstudien, Patentanmeldung, Projekte) auf-genommen und daraufhin untersucht, welche Impulse zwischen Technologie und Markt beobachtet wurden, welche Informationsquellen bestanden und genutzt wurden, welche Methoden und Instrumente zur Unterstützung der Technologieentwicklung angewandt wurden. Um einen Technologieentwicklungsprozess mit Stages, Struktur sowie Methoden ableiten und verallgemeinern zu können, wurde die zeitliche Entwicklung der jeweiligen Technologie von der Erforschung bis zur Markteinführung bzw. zum dem heutigen Stand anhand folgender Sichtweisen aufgenommen.

Die Untersuchung der einzelnen Technologiebeispiele zeigte Ähnlichkeiten in vielen Be-reichen:

• Alle Beispiele durchliefen eine ähnliche Technologiegenese. Zwar waren die Zeit-räume der Entwicklung unterschiedlich lang (siehe Tabelle 2), jedoch zeigten alle Beispiele einen ähnlichen Durchlauf der verschiedenen Ebenen im Verlauf der Entwicklung. Aus diesem Verlauf wurden dann die vier Phasen der Technologie-entwicklung abgeleitet (siehe Kapitel 2.3).

• Der Start der Forschung vollzog sich in unfinanzierten Vorlaufuntersuchungen. Erst nach diesen ersten Untersuchungen wurde die Arbeit in finanzierten For-schungsprojekten (öffentliche Förderung wie z. B. durch das Bundesministerium für Bildung und Forschung (BMBF), Fraunhofer-interne Programme, Nachwuchs-forschergruppe) fortgeführt.

• Ab einem bestimmten Zeitpunkt wurden in der Technologieentwicklung das Pro-duktspektrum bzw. die Anwendungsmöglichkeiten erweitert.

- Alle Fraunhofer-Beispiele waren technologiegetriebene Entwicklungen, d. h. neue Erkenntnisse auf dem Gebiet der Elektronik, Biologie, Nanotechnologie oder IuK waren die treibende Kraft für Forschungsarbeiten.
- In allen Technologiebeispielen wurden eigene Patente angemeldet.
- Zu verschiedenen Zeitpunkten kamen Impulse von außerhalb des Entwicklungsteams und des Fraunhofer-Instituts, die die Technologieentwicklung unterstützten und voranbrachten oder behinderten und verzögerten.
- Zu Beginn der Entwicklung wurde eine mangelnde „aktive" Marktkenntnis beobachtet, z. B. fehlte eine Potenzialanalyse bzgl. Rentabilität sowie Nachfrage der erwarteten Nutzen.
- Jedoch wurden nach der zu Beginn technologiegetriebenen Entwicklung im weiteren Verlauf Unternehmen (Ebene „Markt") eingebunden die Produktentwicklung kundengetrieben gesteuert.

Technologie	Beschreibung	Fraunhofer-Institut	Betrachteter Zeitraum	Kapitel
Molekular geprägte Polymere (MIPS)	Herstellung von molekular geprägten Nano-Polymerpartikeln durch Abdruck eines Templates (Schlüssel-Schloss-Prinzip) während der Miniemulsions-Polymerisation im Nano-Polymer. Einsatz zur selektiven Abtrennung von (Stör)Stoffen aus einer Mischung oder Proteinaufreinigung.	Fraunhofer-Institut für Grenzflächen- und Bioverfahrenstechnik (IGB), Stuttgart	1998 bis heute	13
3D-Fernsehen	High-Resolution 3D Information Terminal für 3D Handbewegungserkennung. Einsatz in Berührungsloser Touch-Screens und Info-Kiosk-Systeme.	Fraunhofer-Institut für Nachrichtentechnik – Heinrich-Hertz-Institut (HHI), Berlin	Mitte 1980 bis heute	14
Organic Light Emitting Diode (OLED)	(Flexible) Dünne Displays aus organischen lichtemittierenden Dioden (OLEDs) für Display-Anwendungen (MP3-Player, Mobiltelefonen) und Beleuchtungstechnik.	Fraunhofer-Institut für Angewandte Polymerforschung (IAP), Potsdam	1993 bis heute	15
Multischicht-Röntgenoptik	Reflektierende Spiegel (sog. „Göbelspiegel") als „Linsensystem" zur Fokussierung der Röntgenstrahlung.	Fraunhofer-Institut für Werkstoff- und Strahltechnik (IWS), Dresden	1986 bis heute	16
Hoch-ε Gatestapel	Integration von Schichten hoher Dielektrizitätskonstante und metallischer Gateelektroden in den Gatestapel von MOS-Feldeffekttransistoren und deren elektrische Charakterisierung.	Fraunhofer-Institut für Integrierte Systeme und Bauelementetechnologie (IISB), Erlangen	1989 bis heute	17

Tabelle 2:   Ausgewählte Technologiebeispiele für Fallanalysen

Im Folgenden werden die verschiedenen Ebenen (Kapitel 2.3) und die einzelnen Phasen des Technologieentwicklungsprozesses (Kapitel 2.4) näher erläutert.

2.3   Ebenenmodell

Das Modell bezüglich der Ebenen ergänzt vertikal die bisherige horizontale Sichtweise der Technologieentwicklung entlang einzelner Stages. Hierfür werden die folgenden fünf Ebenen definiert:

- Ebene „Markt"
- Ebene „Produkt/Leistung"
- Ebene „Funktion"
- Ebene „Technologie"
- Ebene „Kompetenz"

Die folgende Abbildung 4 zeigt den Zusammenhang zwischen den Ebenen am Beispiel der Carbon Nano Tubes (CNT) erläutert (vgl. Innovationspfade in Kapitel 1). CNTs sind eine Materialklasse der Nanotechnologie. Charakteristische Merkmale der CNT auf „Technologie"-Ebene sind die unterschiedliche Geometrie, die Chiralität, die Dotierung, die Anzahl der Röhren (Multi-Wall CNT, Single-Wall CNT) oder der Aggregatzustand (Suspension, Bundles, Fibres, Paper). Diese Aspekte eröffnen vielfältige Eigenschaften auf der Ebene „Funktion", z.B. mechanische (Verbersserung des E-Moduls), elektrische (elektrische Leitfähigkeit), thermische (Wärmeleitfähigkeit), aktuatorische oder sensorische. Diese wiederum können in ganz unterschiedlichen Produkten (Elektronik-Bauteile, Displays, Sensoren, Polymer-Komposite/ Konstruktionswerkstoffe oder Heizelementen) und Märkten zum Einsatz kommen. Dabei bestehen vielfältige Verzweigungs- und Kombinationsmöglichkeiten beim Übergang von einer Ebene in die nächst höhere. Umgekehrt kann das „Durchpropagieren" der Anforderungen eines bestimmten Marktes oder Marktsegments zu unterschiedlichen Technologien führen, die die Anforderungen erfüllen können.

2.3.1   Ebene „Markt"

Der Markt beschreibt einen „abstrakten Ort, an dem der Verkäufer und Käufer bzw. Angebot und Nachfrage aufeinandertreffen" (Specht, Dieter/Möhrle 2002). Er besteht aus potenziellen Abnehmern mit einem Bedürfnis, das durch die Nutzung eines Produktes oder einer Dienstleistung befriedigt wird. Der Markt ist ausschlaggebend für den Unternehmenserfolg, Inventionen werden erst dann zu Innovationen, wenn sie sich am Markt behaupten. Märkte bestehen aus Kunden(gruppen), Lieferanten, den Wettbewerbern und weiteren Interessensgruppen.

> Zielsetzung der Ebene „Markt" ist es, innovative neue Produkte zu platzieren, und mehrere Leistungen zu einem nutzenstiftenden Leistungsbündel (hybride Produkte) zu kombinieren. Treibende Kräfte sind neue Kundenbedürfnisse, der Aufbau neuer Nutzenpotenziale für die Kunden, technologische Neuentwicklungen, die komparative Konkurrenz, die Vorteile auf dem Markt ermöglicht oder Zeit- (kürzere Innovationszyklen) und Qualitätsdruck.

Märkte werden in Marktsegmente oder auch (strategische) Geschäftsfelder (SGF) unterteilt. SGFs besitzen ein autonomes Erfolgspotenzial für Unternehmen, das durch Kombination von Kundengruppen (Bedarf), Kundenfunktionen (Nutzen) und Technologie umrissen wird (vgl. Bullinger 1994). Hierdurch lassen sich spezifische Wettbewerbsvorteile erzielen und die Attraktivität der unternehmerischen Aktivitäten beschreiben. Gleichzeitig werden die Erfolgspotenziale eines Geschäftsfeldes oder eines ganzen Marktes aber auch durch weitere Einflussfaktoren bestimmt, wie z. B. die Umwelt, Gesetzgebung oder Wettbewerbssituation. Nach Porter sorgt der Wettbewerb in der Branche, die Stellung der Lieferanten, die Substitution von Produkten, die Macht der Kunden und der Markteintritt neuer Bewerber – oftmals mit einer neuen Technologie oder Produktidee – für einen ständigen Veränderungsdruck (vgl. Porter 2000).

Unternehmen können verschiedene Marktstrategien verfolgen. Dabei bestimmt die Strategie auch, welche Technologien eingesetzt werden, inwieweit das Unternehmen Forschung und Entwicklung betreiben will oder wie groß das Suchumfeld für neue technologische Lösungen gesteckt wird (vgl. Reger 2006). So können Unternehmen die Kostenführerschaft, die Differenzierung (hinsichtlich Qualität, Flexibilität, Ökologie oder technischer Leistungsparameter) oder die Fokussierung anstreben oder halten (vgl. Porter 2000). Nach Moore orientieren sich die unternehmerischen Adaptionsstrategien am Lebenszyklus von

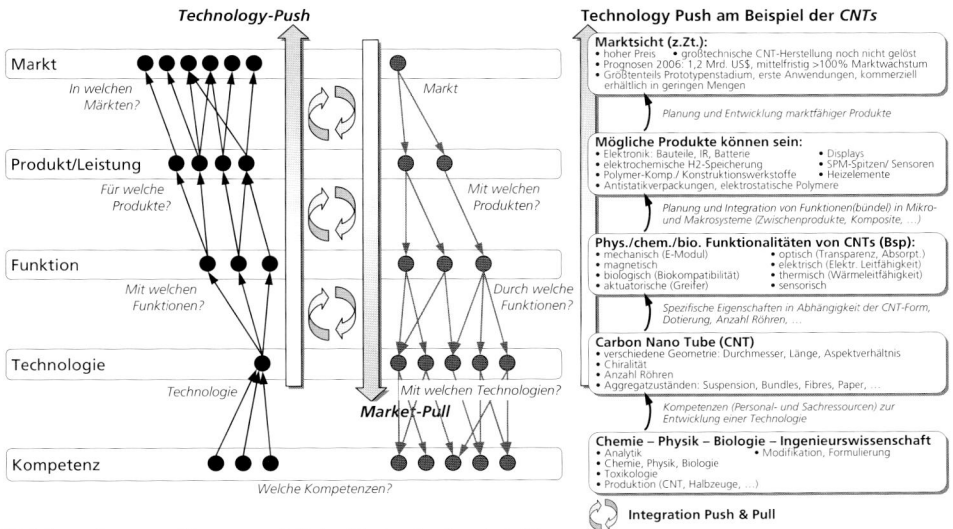

Abbildung 4:   Ebenenmodell der Technologieentwicklung

Technologien (vgl. Moore 2005). Demnach existieren fünf unterschiedliche Strategien:

- *Techies/ Innovatoren* – „Just try it"
- *Visionaries/ Early Adopters* – „Get ahead of the herd! "
- *Pragmatists/ Pragmatiker* – „Stick with the herd! "
- *Conservatives/ Konservative* – „Stick with what's proven"
- *Skeptics/ Nachzügler* – „Just say No! "

Die Strategien nach Moore machen deutlich, dass nicht jedes Unternehmen – und auch nicht jedes Marktsegment – gleichermaßen geeignet ist oder die Strategie formuliert hat, um z. B. auf emergente Technologien wie Nano- oder Biotechnologie zu setzen.

Aus Sicht des Technologieentwicklungsprozesses ist in der Ebene Markt z. B. eine zentrale Frage, welches die Lead-User oder Innovatoren/Early Adopters sind, die die Technologie einsetzen würden. Auch die Fragen nach Marktsegment und -größe sind wichtig, nicht nur weil sie den möglichen wirtschaftlichen Gewinn determinieren, sondern auch eine Ab-schätzung zulassen, ob die zur Technologie passende Strategie erreicht werden kann. Für die Technologieentwicklung besteht die Herausforderung darin, schnell Marktwissen in den Prozess einfließen zu lassen und bereits frühzeitig bei der Technologieentwicklung mögliche Märkte zu identifizieren und zu bewerten (siehe Kapitel 9 Technologiepotenzial-analyse).

Als Informationsquellen dienen, neben der direkten Einbindung von Lead Usern, die Aus-kunft über (zukünftigen) Nutzerbedürfnissen und -szenarien geben können, Roadmaps, Marktstudien, Umfeldanalysen, Zukunftsstudien zu (Mega-)Trends und Szenarien.

> Die Ebene Markt mit seinen Kunden verlangt von der darunterliegenden Ebene nach neuen, besseren Produkten/Leistungen entsprechend der Anforderungen bzw. nimmt diese auf. Die Marktbedürfnisse sind entweder explizit oder latent vorhanden, entwickeln sich dynamisch oder können induziert werden.

2.3.2   Ebene „Produkt/Leistung"

Produkte sind am Markt angebotene, umsatzgenerierende Leistungen, „die durch ihre spe-zifischen Funktionen und Eigenschaften geeignet sind, konkrete Bedürfnisse von Kunden nutzbringend zu befriedigen" (Pleschak/Sabisch 1996). Ein Produkt ist eine materielle, physisch abgrenzbare Sachleistung, während eine Dienstleistung immateriell und intangi-bel ist (vgl. Specht, Dieter/Möhrle 2002). Produkte können am Markt mittels Innovation (neue Produkteinführung oder Produktvariation), Differenzierung oder Diversifizierung eingeführt werden oder durch Elimination am Markt verschwinden bzw. durch Substitution ersetzt werden (vgl. Wöhe 2002).

Zielsetzung der Ebene „Produkt/Leistung" ist es, aus Sicht des Market-Pull, Marktbedürfnisse zu erfüllen und auf Änderungen bspw. gesetzlicher Art zu reagieren, Kundenprobleme zu lösen und strategische Wachstumsoptionen durch die Innovation (neues Produkt und alter Markt, altes Produkt und neuer Markt, neues Produkt und neuer Markt) zu nutzen. Aus Sicht des Technology-Push wird das Ziel verfolgt, innovative Produkte durch neue Technologien zu realisieren, bisherige Funktionen zu ergänzen oder einen neuen Stand der Technik zu realisieren bzw. das Wirkprinzip zu verändern. Treibende Kräfte sind einerseits immer kürzer werdende Lebenszyklen sowie das turbulente Umfeld in Bezug auf weltweite Konkurrenzsituation, andererseits aber auch neue Technologien (Nano-, Biotechnologie, etc.), engagierte Mitarbeiter, Mitarbeitermotivation, Human Resource Management oder Anreizsysteme.

Produkte bzw. Produktsysteme sind aus einem Bündel einzelner Technologien funktionslogisch zusammengesetzt und dienen als Träger des Kundennutzens. Dabei stellt der Markt bzw. der Kunde unterschiedliche Anforderungen und Erwartungen an das Produkt. Sie werden unterschieden in (vgl. Kano et al. 1984):

- *Basisanforderungen* (Musskriterien), deren Erfüllung vorausgesetzt wird und bei „Nicht-Erfüllen" zu extremer Unzufriedenheit führt. Durch Verbesserung oder Substitution des technischen Prinzips durch Nanotechnologie können z. B. die technischen Grundlagen von Basisanforderungen optimiert und damit kurzfristig eine Attraktivitätssteigerung herbeigeführt werden. Die Attraktivität ergibt sich hauptsächlich aus dem internen Nutzen, z. B. die Kostenreduktion durch Korrosionsschutz mit Nanotechnologie. Bei neuen Produkten können die Basisanforderungen möglicherweise überhaupt erst durch Nanotechnologie realisiert werden, z. B. durch Nano-Beschichtungen, die die Anforderungen an ein Bauteil erfüllen (z. B. Substitution von Glas durch Polycarbonat-Verscheibung mit nano-basiertem Schutzlack im Automotive Glazing).
- *Leistungsanforderungen*, die proportional zum Erfüllungsgrad zu einer Kundenzufriedenheit führen, sodass sie als Benchmark für Wettbewerbsanalysen dienen können. Das Ziel der Nanotechnologie bspw., einen Mehrwert und mehr Kundennutzen zu ermöglichen (vgl. Luther et al. 2004), betrifft hauptsächlich die Leistungsanforderungen. Dies kann durch die Verbesserung von Materialien (steifere Werkstoffe) oder Substitution des technischen Prinzips (z. B. neue Datenspeicherkonzepte) erfolgen.
- *Begeisterungsanforderungen*, die den höchsten Einfluss auf die Zufriedenheit haben, jedoch nicht explizit formuliert werden. Durch nanotechnologische Funktionen können z. B. Begeisterungsanforderungen dahingehend unterstützen werden, dass ganz neue Produktfunktionalitäten, bspw. im Bereich der Oberflächenfunktionalisierung mit Easy-to-Clean-Ausrüstung oder antimikrobiellen Eigenschaften, realisiert werden. Dies betrifft hauptsächlich den End-Consumer-Markt.

Produkte können aber nicht nur hinsichtlich ihrer Attraktivität für den Markt und dessen Anforderungen bewertet werden, sondern auch im Blick auf ihre technologischen Grundlagen (vgl. Peiffer 1992): So haben Technologien allgemein dann ein großes strategischtechnisches Potenzial, wenn sie für die relative Kostenposition und Differenzierung im Wettbewerb eine wichtige Rolle spielen oder wenn ihre Substitution sich auf weite Teile des Produktspektrums (Querschnittscharakter) auswirkt.

Im Rahmen des Technologieentwicklungsprozesses ist für die Ebene „Produkt" u. a. bereits in einem frühen Stadium zu analysieren, wie ein mögliches zukünftiges Produkt aufgrund der bekannten Funktionalitäten der Technologie aussehen könnte, um Nutzungsszenarien, alternative Produkte, Produktanforderungen von Kunden oder auch Fragestellungen komplementärer Technologien erfassen zu können. Hierfür können aus den technologischen Erkenntnissen mit Hilfe der funktionalen Sichtweise unscharfe bzw. grobe, aber funktionsbestimmende Vorstellungen zur Realisierung von Produkten als prinzipielle Lösungen beschrieben werden (vgl. VDI-2222 1997).

Relevante Informationsquellen sind Produkt-Roadmaps, Trends zu neuen Lebensweisen und Nutzungsszenarien, die neue Produkte verlangen, Patente, Messen, Analysen wie die Nutzwertanalyse, Lead-User, Anforderungslisten, Lasten- und Pflichtenheft oder Veröffentlichungen.

> Die Ebene „Produkt/Leistung" erfüllt oder induziert die Bedürfnisse der Ebene Markt. Die in der darunterliegenden Ebene Funktion angestrebte Funktionalität wird hier in ein wirtschaftlich nutzbares Gut umgesetzt.

2.3.3   Ebene „Funktion"

Der Ebene „Funktion" kommt in dem Modell der Innovationsebenen eine Scharnier- und Abstraktionsaufgabe zu. Die Identifikation, Bewertung und Auswahl einer Technologie für ein technisches System steht zunächst vor dem Problem, dass sich aus den individuellen Bedürfnisäußerungen „die zugehörigen technischen Objekte zu ihrer Befriedigung nicht direkt ableiten" lassen (Ewald 1989). Ebenso weist die Technologie als Problemlösungs-Know-how keinen unmittelbaren Bezug zu Bedarfs- und Nutzenkategorien von Kunden auf. Die Funktion führt deshalb die Brauchbarkeit aus Kundensicht mit der Machbarkeit und Wirksamkeit eines technischen Systems zusammen (vgl. VDI-3780 2000; Peiffer 1992).

> Zielsetzung der Ebene „Funktion" ist es deshalb, Funktionen durch Auswahl von Effekten und deren Wirkstrukturen zu realisieren und Funktionen in einem höheren System auf Makroebene (Bauteil, Produkt) zu integrieren oder zu kombinieren. Aus Marktsicht müssen geeignete Funktionen identifiziert, bewertet und ausgewählt werden. Treibende Kräfte für Funktionalitäten sind die Forschung und Entwicklung in den Technologien und gewonnene neue Erkenntnisse, neue geforderte Produkte sowie allgemeine Randbedingungen wie Umweltfreundlichkeit, Kostengünstigkeit etc., die bestimmte Produkteigenschaften erforderlich machen.

Über diese Scharnierfunktion hinaus kommt der Ebene „Funktion" die Aufgabe der Abstraktion und Übersetzung zwischen den unterschiedlichen Ebenen und zugehörigen Wissensdomänen zu. Das Paradigma „Denken in Funktionen" (Peiffer 1992) dient der Übersetzung zwischen Bedarfs- und Technologiekontexten und deren unterschiedlichen Sprachen. Durch Zugrundelegen des technischen Problems wird die Schnittstelle zwischen den technologieorientierten und bedarfsinduzierten Treibern der Technologieentwicklung geschaffen. Die Schnittstelle „Funktion" weist die geringste Komplexität auf. So wird das produkt-/marktseitige Problem auf die zu lösende Funktion reduziert und ein Modell von vernetzten Technologie- und Anwendungsfeldern mit Funktionen als Bindeglied aufgebaut. Beispiele hierfür sind die Produkt-Technologie-Verknüpfungen (vgl. Specht, Dieter/Behrens 1999; Bullinger 1994), das House of Technology (vgl. Bullinger et al. 2003) oder die Funktionenanalyse (vgl. VDI-2803 1996; Akiyama 1994).

Andererseits wird der Leistungsumfang einer Technologie allgemein verständlich und nutzbar übersetzt. So besteht die Funktion einer Technologie darin, unter definierten Randbedingungen eine gewünschte Wirkung herbeizuführen. Die Wirkung als Vorgang oder Ergebnis wird dabei lösungsneutral beschrieben (vgl. Hubka/Eder 1992). Beispiele für die Funktionalität als Übersetzungssystem sind die Konstruktionskataloge. Besonders bei neuen Technologien ist diese Übersetzungsfunktion besonders relevant, da häufig bisherige Erklärungs- und Erfahrungsmuster fehlen. Strukturierungswissen, codiert in einem genau vorgegebenen Schema, ist hier zunächst notwendiger als naturwissenschaftliches Grundlagenwissen (vgl. Christensen, Jens Froslev 1995; Kornwachs 2006; Cohen/ Levinthal 1990). Für die Nanotechnologie zeigen Studien beispielsweise, dass große Unternehmen die Nanotechnologie zwar adaptieren konnten, der Mittelstand hingegen teilweise nur durch populär-wissenschaftliche Darstellungen der Nanotechnologie informiert ist. Ein klares Bild darüber, was Nanotechnologie zu leisten vermag fehlt, sodass die Vertrautheit mit dem Thema Nanotechnologie und das Wissen über deren Grundlagen, beispielweise formuliert in technischen Regeln, noch steigerungsfähig ist (vgl. Festel Capital 2006; Hessen Agentur 2005; BMBF 2006c; Grunwald 2006; Mann 2006; Iden/Heubach 2007).

Abbildung 5 zeigt beispielhaft die Anwendungslandkarte für Funktionalitäten der Nanotechnologie in der Umwelttechnologie (vgl. Heubach et al. 2005). Darin werden die Funktionen, die Nanomaterialien und -strukturen prinzipiell ermöglichen, in einer Matrix den Anwendungsfeldern der Umwelttechnik gegenübergestellt und mögliche Produkte im Kreuzungsbereich benannt. Umwelttechnologie-Firmen können in ihrem Bereich erkennen, welche Funktionalitäten der Nanotechnologie Prozesse und Produkte unterstützen und optimieren. Nanoforscher können ersehen, welche der Funktionalitäten in der Umwelttechnologie in den jeweiligen Produkten zum Einsatz kommen können.

Eine Funktion wird in der DIN 1325 Blatt 1 aus Produktsicht als „Wirkung eines Produktes oder eines seiner Bestandteile" definiert.[2] Aus Technologiesicht ist eine Funktion eine „lösungsneutral beschriebene Beziehung zwischen Eingangs-, Ausgangs- und Zustandsgrößen eines Systems" (VDI-2221 1993). Die Terminologie der Methode der Wert- und Funktionenanalyse unterscheidet folgende Funktionen (DIN EN-1325(Bl.1) 1996):

---

[2] DIN EN 1325-1: Value Management, Wertanalyse, Funktionenanalyse, Wörterbuch – Teil 1: Wertanalyse und Funktionenanalyse (DIN EN-1325(Bl.1) 1996)

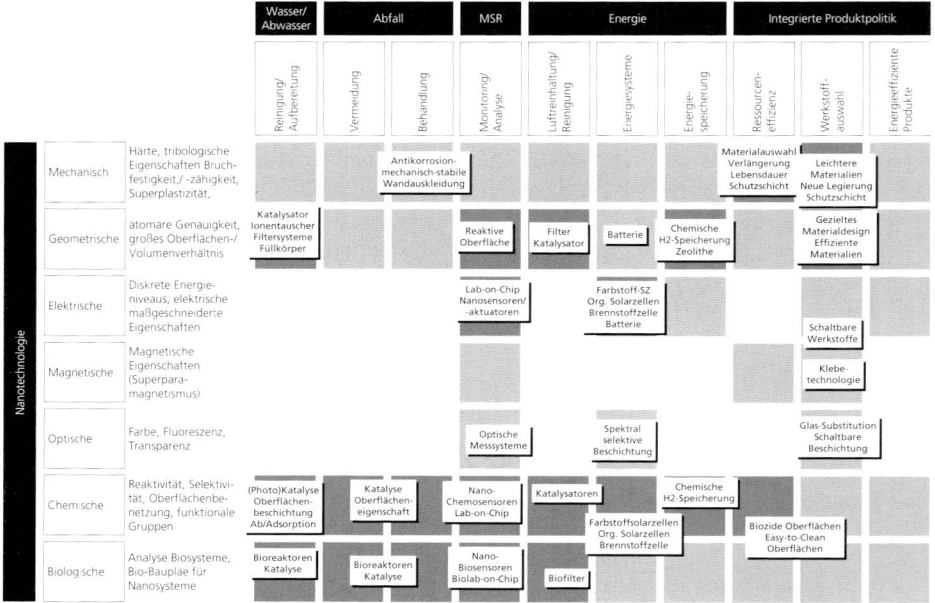

Abbildung 5:   Anwendungslandkarte für Funktionalitäten der Nanotechnologie in der Umwelttechnologie (Heubach et al. 2005)

- *Nutzerbezogene Funktion*: Erwartete oder erbrachte Wirkung eines Produktes, um einen Teil des Bedürfnisses eines bestimmten Nutzers zu erfüllen. Der Nutzer und der Markt sind nur an nutzerbezogenen Funktionen interessiert. Nutzerbezogene Funktionen sind entweder Gebrauchs- oder Geltungsfunktionen.
- *Produktbezogene Funktion*: Wirkung eines Bestandteiles oder zwischen den Bestandteilen eines Produktes zum Zweck der Erfüllung der nutzerbezogenen Funktionen. Bei der Auswahl einer Gesamtlösung bestimmt der Konstrukteur oder Organisator die produktbezogenen Funktionen, die gelegentlich interne Funktionen genannt werden. Die produktbezogenen Funktionen eines kompletten Produktes oder Systems können die nutzerbezogenen Funktionen eines Bestandteiles sein, die in die Zusammensetzung dieses Produktes eingehen. Die produktbezogenen Funktionen können in Beziehung zur verfügbaren Technologie gebracht werden.

Innerhalb der Innovationsebenen ist es sicherlich am schwierigsten, detaillierte und umfassende Informationen über die Funktionen einer Technologie zu erhalten. Dies würde einen strukturierten Zugang zu einer Technologie erfordern, der oftmals so nicht existiert (vgl. Spath et al. 2007). Besonders die neuen, emergenten Technologien unterliegen einer großen Entwicklungsdynamik mit rasant fortschreitendem Wissen über neue Effekte und technische Möglichkeiten. Die Interdisziplinarität und Konvergenz der naturwissenschaftlichen Grundlagen vereint physikalische Gesetzmäßigkeiten, chemische Stoffeigenschaften und biologische Prinzipien und führt neue Wissensgebiete zusammen, z. B. für die Nanomedizin die Bereiche Biologie, Chemie, Physik, Ingenieurswissenschaften, Medizin und IuK.

Methodische vergleichbare Ansätze zur Beschreibung von Eigenschaften technischer Systeme finden sich z. B. in Konstruktionskatalogen, die das Ermitteln von Funktionen und deren Strukturen sowie das Suchen nach Lösungsprinzipien und deren Strukturen durch Objekt- oder Lösungskataloge unterstützen (vgl. VDI-2222(Bl.2) 1982).

> Die Ebene „Funktion" liefert für den Kunden den Nutzen eines Produktes, einer Dienstleistung. Die Funktionalität basiert auf dem technischen Wirkprinzip.

2.3.4   Ebene „Technologie"

Die Ebene „Technologie" repräsentiert das Wissengebiet der naturwissenschaftlich-technischen Zusammenhänge einer Technologie, gespeist aus der Forschung und Entwicklung in einem spezifischen Technologie-Bereich. Eine Technologie „beschreibt die wissenschaftlichen Erkenntnisse über Ziel-Mittelbeziehungen, die sich auf praktische Probleme anwenden lassen" (Specht, Dieter/Möhrle 2002). Technologien sind Aussagesysteme über Ziel-Mittel-Relationen und stellen das Wissen von technologischen Problemlösungen und Funktionsprinzipien dar (vgl. Bullinger 1994; Zahn 2004; Vahs/Burmester 2005).

> Zielsetzung der Ebene „Technologie" ist der Erkenntnisgewinn und die Generierung von Wissen auf dem Gebiet der physikalischen, chemischen, biologischen Effekte und deren Ursache-Wirkungsbeziehungen. Diese müssen reproduziert und beschrieben werden. Treibende Kräfte sind der Erkenntnisgewinn, Forschungsprogramme, allgemeine Randbedingungen wie Effizienz, Kleinheit, u. a., Kompetenzen oder die Entwicklungen im Rand- und Grenzbereich zu anderen Technologie.

Technologien unterliegen einem an den Produktlebenszyklus angelehnten Lebenszyklus-Modell zur idealtypischen Beschreibung ihres Entwicklungsverlaufs (vgl. Pleschak/ Sabisch 1996). Demnach zeigt das technische Niveau eines Wirkprinzips ein S-förmiges Wachstum über die Zeit, bis eine gewisse Sättigungsgrenze erreicht wird (Reifephase) und es durch ein neues Wirkprinzip abgelöst wird (Technologiesprung, Technologiesubstitution). Dieses startet auf zunächst niedrigerem Niveau oder bereits höherem Niveau wie das alte Wirkprinzip. Der Lebenszyklus einer Technologie impliziert für Unternehmen, die Entwicklung einer Technologie genau zu beobachten, z. B. durch Technologie-Monitoring oder ein TechnologieRadar (vgl. Reger 2006, siehe auch Kapitel 9 Technologiepotenzialanalyse in diesem Buch). Abhängig von ihrer Strategie sind Unternehmen Treiber oder (früher/später) Nachfolger, wenn es darum geht, in ganz neue Wirkprinzipien zu investieren, alte zu substituieren oder neue Wirkprinzipien zu entwickeln (vgl. Zahn 2004; Christensen, Clayton 2003; Wolfrum 1994). Beispiel für die Ablösung einer Technologie ist die Substitution der Bildröhrentechnologie durch TFT- (thin-film transistor) und LCD- (liquid crystal display) Bildschirme. Als nächsten Technologiesprung werden OLED (organic light emitter display) und Nanoröhren-Feldemitterdisplays (CNT-FED) – beide auf Nanotechnologie basierend – erforscht. Erste OLEDs befinden sich bereist in der Anwendung.

Für das Verständnis von Technologien und ihrer wirtschaftlichen Bedeutung ist die Kombination von Technologielebenszyklus und Technologietyp hilfreich. Technologien werden nach ihrem gegenwärtigen Entwicklungsstand (Reife) und ihrer Bedeutung für Branchen, Kunden- oder Geschäftsfelder in Zukunfts-, Schrittmacher-, Schlüssel- und Basistechnologien eingeteilt (vgl. Bullinger 1994, Abbildung 6).

Schlüsseltechnologien kennzeichnen sich aus durch die zentrale wissenschaftliche Grundlagen, die Herausbildung einer Querschnittstechnologie mit übergreifendem Anwendungsprofil, den Niederschlag in einer Vielzahl innovativer Produkte mit besseren Leistungsmerkmalen sowie eine Relevanz für die Gesellschaft und deren Konsumverhalten und Lebensweise (vgl. Dolata 1993). Im Zusammenhang von hochinnovativen Schlüsseltechnologien, die auf besonders neuen technologischen Entwicklungen mit wissenschaftlichen Grundlagen aufbauen, wird auch von neuen Technologien oder emergenten Technologien gesprochen (vgl. Gerpott 2005). Z. B. zählt das Bundesministerium für Bildung und Forschung (BMBF) zu den sogenannten zukunftsträchtigen neuen Technologien in seiner Hightech-Strategie die Bereiche: Elektronik und Elektroniksysteme, Informationsgesellschaft, Mikrosystemtechnik, Nanotechnologie, Optische Technologien, Produktionsforschung, Werkstoffforschung und Sicherheitsforschung. Diese Charakterisierung dient weniger einer Zuordnung zu einer frühen Phase des Technologielebenszyklus. Sie drückt vielmehr das stark forschungsbasierte oder revolutionäre Technologiepotenzial und die besondere zukünftige gesellschaftliche und wirtschaftliche Relevanz aus (vgl. BMBF 2006b). Dieses Potenzial beruht auf neuen Paradigmen und Funktionsweisen, es entwickelt sich hochdynamisch, basiert auf wissenschaftlichen Erkenntnissen und hat eine große Hebelwirkung und Eindringtiefe in bestehende und neue Industrien (vgl. Day/Schoemaker 2000).

Technologiegetriebene Innovationen weisen nicht automatisch im Vornherein einen direkten Bezug zum Markt auf. Derartige Innovationen durchschreiten oft mehrere Reifestufen, bis schlussendlich ihre Funktion erkannt und in verkaufsfähigen Produkte oder Dienstleitungen umgesetzt wird. Der Lasertechnik ist heute ein großer Markterfolg attestierbar. Jedoch war zur Zeit der Entdeckung und des Bekanntwerdens dieser Technik die kommende Entwicklung noch nicht vorhersehbar. Ein Grund dafür war die damalige Komplexität und das daraus resultierende Unverständnis potenzieller Anwender, was zu keinen Nachfrageimpulsen führte. Erst die allmähliche Nutzung in beispielweise Laserdruckern, CD-Player und Schneidewerkzeuge führten zu einer steigenden Kundennachfrage.

Informationen über Technologien finden sich in vielfältigen Quellen, z. B. Technologie-Studien, Roadmaps, Forschungsberichte, wissenschaftliche Veröffentlichungen (Journals, Konferenzbeiträge, …) oder Patente.

Für Unternehmen besteht die Herausforderung darin, bereits früh schwache Signale über die Entwicklung und das mögliche Potenzial einzelner Technologien wahrzunehmen und diese kontext- und unternehmensspezifisch zu bewerten:

- Das Suchfeld liegt oftmals außerhalb des bisherigen Such- und Erfahrungsbereichs. Dieses Wissen liegt eher in externen, weitgehend unstrukturierten Quellen vor, statt in statischen, wie z. B. Katalogen mit konstruktiven Prinziplösungen für technische Produkte (vgl. Reger 2006).
- Oftmals fehlt ein operabler Zugang zur Technologie, wie am Beispiel der Nanotechnologie in Kapitel 2.3.3 näher erläutert wird. Es fehlt so zunächst eine fundierte Basis, um entscheiden zu können, ob Nanotechnologie überhaupt eine Relevanz besitzt, und wenn ja für welche Bereiche im Produkt oder der Produktion des Unternehmens (vgl. Kingon et al. 2004).

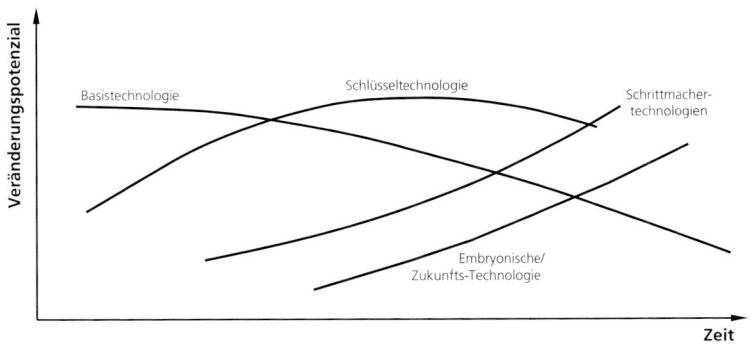

Technologietyp Merkmale	Embryonische/ Zukunfts-Technologie	Schrittmacher- technologie	Schlüsseltechnologie	Basistechnologie
Ertrag/ Wertschöpfungsbeitrag durch Einsatz der Technologie	Gering	Mittel-Hoch	Hoch	Gering-Mittel
Lebenszyklusphase	Forschungsstadium	Entstehung	Wachstum	Reife
Marktdynamik	Unabhänig von Branche	Einleitung/ Beschleunigung des Fortschritts der Markteinführung	Bestimmung/ Sicherung des Marktzuwachses	Beherrschung als Voraussetzung des Markterfolgs
Unsicherheit über technische Leistungsfähigkeit	Hoch	Hoch	Mittel	Niedrig
Investition in Technologie-entwicklung	Hoch	Niedrig	Maximal	Niedrig
Breite der poten-ziellen Einsatzgebiete	Unbekannt	Unbekannt	Groß	Etabliert
Typ der Entwicklungs-anforderung	Wissenschaftlich (Grundlagenforschung)	Wissenschaftlich	Anwendungsorientiert	Anwendungsorientiert
Zugangsbarrieren	Wissenschaftliche Fähigkeit	Wissenschaftliche Fähigkeit	Personal	Lizenzen
Verfügbarkeit	sehr eingeschränkt	sehr eingeschränkt	Restrukturierung	Marktorientiert

Abbildung 6:   Veränderungspotenzial und Merkmale von Technologietypen (vgl. Gerybadze 2004; Heinrich 1999; Gausemeier et al. 2001; Wolfrum 1994; Spur 1998)

- Zudem fehlt damit auch das Wissen, welche Fragen in Bezug auf Anwendungen, Randbedingungen, Lösungsansätzen etc. zur Analyse des technologischen Systems zu stellen sind. Die folgende Abbildung 7 zeigt ein Begriffsnetz zum Thema Brennstoffzelle, das zunächst unstrukturiert angrenzende Begriffe zu Brennstoffzelle, Membran und Methanol anzeigt und somit in Relation setzt.
- Und nicht zuletzt dienen leicht verfügbare und gut dokumentierte Informationsquellen zwar einer ersten Information, sie taugen aber kaum für die strategische Differenzierung und die Herausarbeitung von Wettbewerbsvorteilen, weil sie gewöhnlich allen Wettbewerbern zur Verfügung stehen (vgl. Gerybadze 2004). In diesem Zusammenhang wird die Bedeutung von Experten-Netzwerken für Unternehmen deutlich. Sie können dem Unternehmen hochspezifische und -aktuelle Informationen liefern.

> Durch die Technologie werden die Funktionalitäten ermöglicht. Die Beherrschung der Technologie und deren Entwicklung und Umsetzung in Produkten basiert auf der Ebene „Kompetenz".

2.3.5   Ebene „Kompetenz"

Die Entwicklung einer Technologie setzt die entsprechend benötigten Kompetenzen voraus. Im Zusammenhang mit dem Ebenenmodell wird unter Kompetenz das Leistungsvermögen verstanden, etwas zu tun, und weniger die Entscheidungs- und Weisungskompetenz. Die Kompetenz umfasst die „Kombination individueller sowie kollektiver Fertigkeiten und Fähigkeiten, die es ermöglichen, eine bestimmte Kategorie von Aufgaben bzw. Anforderungen zuverlässig und nachhaltig zu bewältigen" (vgl. Specht, Dieter/Möhrle 2002).

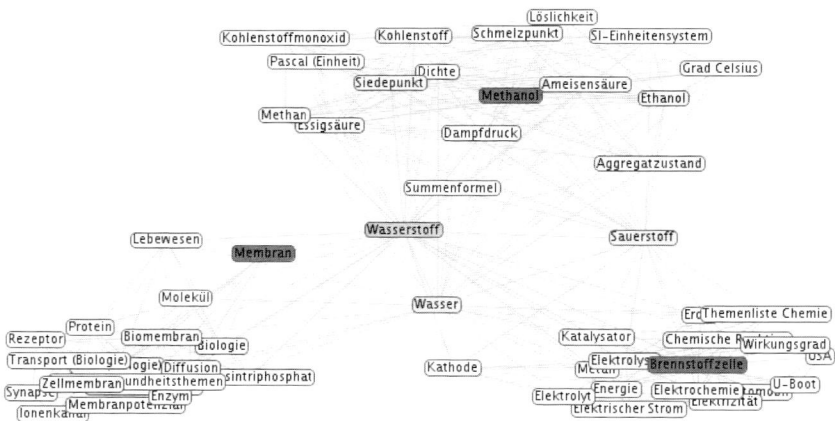

Abbildung 7:   Begriffsnetz zum Thema Brennstoffzelle (Kaiser et al. 2007)

Zielsetzung der Ebene „Kompetenz" ist der Aufbau der richtigen Kompetenzen in der richtigen qualitativen und quantitativen Ausprägung zur richtigen Zeit. Treibende Kräfte sind der Erkenntnisgewinn (Zusammenwachsen von verschiedenen Disziplinen), Forschungsprogramme, Qualifizierungsmaßnahmen oder Mergers and Acquisitions.

Hierzu gehört entsprechend einer personenbezogenen Sicht die fachspezifische Fach-, Methoden- und Handlungskompetenz eines Mitarbeiters. Die Kompetenz besteht in der Breite und Tiefe aus Wissen und Erfahrung innerhalb eines Themen- bzw. Technologiegebiets sowie an seinen Rand- und Schnittstellen zu angrenzenden Themenfeldern, der Fähigkeit, Probleme zu lösen, und Aufgaben in dem jeweiligen Fachgebiet methodisch kreativ zu lösen und umfassend selbstorganisiert zu arbeiten. Notwendig sind somit Fakten-Wissen („Know-What"), Wissen über Wirkungsmechanismen („Know-Why"), Wissen, wer was weiß („Know-Who") sowie Fähigkeiten und Fertigkeiten („Know-How") (siehe Lundvall/Johnson 1994; Zahn 1995).

Aus personenübergreifender Sicht setzen sich die Kompetenzen eines Unternehmens aus folgenden Fertigkeiten zusammen (vgl. Specht, Dieter/Möhrle 2002):

- *Unternehmenskompetenz*: Vorhandenes Mitarbeiter-Know-how, Wissensbasen des Unternehmens
- *Technologiekompetenz*: Personen- bzw. unternehmensbezogene Entwicklungs-, Produktions-, Logistik- und Servicefähigkeit über den gesamten Lebenszyklus hinweg, Integrationsfähigkeit neuer Technologien
- *Managementkompetenz*: Führungs-, Organisations- und Koordinierungsfähigkeit
- *Operative Kompetenz*: Personen- bzw. unternehmensbezogene Fähigkeit, laufende Leistungsprozesse zu bewältigen
- *Strategische Kompetenz:* Qualifizierungsmaßnahmen, Aktivitäten der Restrukturierung und Reorientierung

In der Ebene „Kompetenz" soll diese Sichtweise der Kompetenz dahingehend erweitert werden, dass auch die Schaffung geeigneter äußerer Rahmenbedingungen zu den Kompetenzen gezählt werden. Hierzu gehört vor allem die finanzielle Ausstattung, geeignete Projektkonstrukte oder die notwendige Infrastruktur (z. B. Räumlichkeiten, Labor, Mess- und Analytiktechnik). Die Betrachtung der Kompetenz umschließt in diesem Zusammenhang der Technologieentwicklung auch den Aspekt der Verantwortung mit ein. Ein sicherer Umgang mit der Technologie, die Gewährleistung der Nachhaltigkeit sind als Beispiele zu nennen, wenn es um die Entwicklung neuer Technologien geht. So macht z. B. die Erforschung und Abwehr möglicher Risiken von Nanopartikeln ein Teil der Nano-Forschung aus.

Die Ebene „Kompetenz" birgt die Fähigkeiten der Personal- und Sachressourcen, die Ebene „Technologie" zu nutzen und umzusetzen.

2.3.6   Nutzen des Ebenenmodells

Mit dem Ebenen- und Prozessmodell wird für die Technologieentwicklung ein Rahmen vorgegeben, der das Vorgehen aus Methoden-, Informations- und Prozesssicht unterstützen soll.

- Durch die Trennung in Ebenen können die Variationsmöglichkeiten des Technologieeinsatzes („Wo überall kann/soll die Technologie zum Einsatz kommen?") und der Technologieauswahl („Welche Technologie bietet die von mir geforderte Funktion/Lösung?") aufgezeigt werden. Dies kann besonders dann von Nutzen sein, wenn – wie bei emergenten Technologien oft der Fall – die Anwendung aufgrund der Unsicherheit über das Lösungspotenzial der Technologie noch nicht klar ist, oder wenn die Technologie aufgrund ihrer Breite (Querschnitts-, Plattform- oder Enabling-Charakter, wie z. B. Nanotechnologie oder Biotechnologie) viele Anwendungsmöglichkeiten offeriert.
- Durch die konsequente Aufteilung in Ebenen soll das in der Praxis zu beobachtende Problem umgangen werden, dass eine Technologie oftmals direkt einer Anwendung zugeordnet wird, weil dieses Produkt bzw. dieser Markt den Impuls für die Entwicklung gab oder weil eine bestimmte Anwendung besonders vielversprechend erscheint (vgl. Tschirky 1998). Dadurch kann aber der Problemraum, für den die Technologie eine Lösung bietet, unnötig verringert werden. Indem die Funktion als lösungsneutrale Wirkung beschrieben wird, werden nicht sofort bestimmte Lösungen (= Anwendungen) präjudiziert, sondern eine breite Suche in verschiedenen Produkten und Märkten unterstützt.
- Push und Pull können damit konsistent zusammengeführt werden und ihr Abgleich auf den unterschiedlichen Ebenen vollzogen werden.
- Den Ebenen können Methoden zugeordnet werden und so die Methodenanwendung nicht nur im zeitlichen Ablauf, sondern auch in ihrer Vorgehensweise operationalisiert werden.

2.4   Beschreibung der Stages und Gates

Der Technologieentwicklungsprozess besteht aus vier Stages. Diese wurden aus den Entwicklungsverläufen der Technologiebeispiele durch Betrachtung von Ähnlichkeiten der Entwicklung über die Ebenen abgeleitet und anschließend spezifiziert.

Abbildung 8 zeigt den typischen Verlauf am Beispiel der molekular geprägten Polymere (MIPS) entlang der Zeit und über die einzelnen Ebenen hinweg (siehe ausführlich Kapitel 13). Beginn der Entwicklung in einem Stadium der „Entdeckung" war die Idee auf „Technologie"- und „Kompetenz"-Ebene, das bereits bekannte Miniemulsionsverfahren mit den Erkenntnissen des molekularen Prägens zu kombinieren. In der anschließenden „vorwettbewerblichen Forschung" wurden – neben der Forschung im Labor, teilweise in einer Nachwuchsforschergruppe verankert – Machbarkeitsstudien auf „Funktions"-Ebene

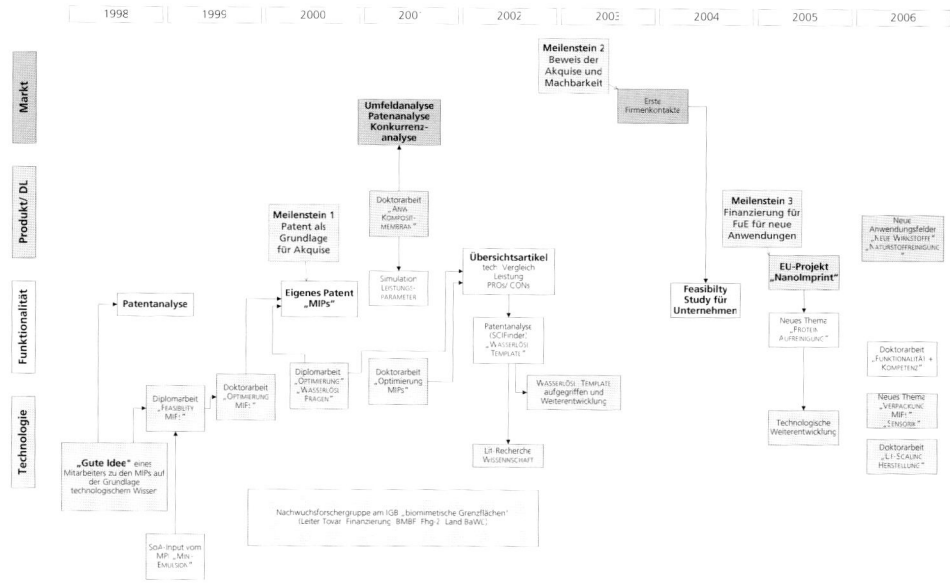

Abbildung 8:   Verlauf der Technologieentwicklung der MIPS über die Ebenen

durchgeführt, die Patentsituation analysiert, ein eigenes Patent angemeldet und schließlich auf „Produkt"-Ebene eine Umfeld- und Konkurrenzanalyse zu MIPS in Membrane durchgeführt. Diese führte zu weiteren Forschungs- und Analysearbeiten auf „Funktions"- und „Technologie"-Ebene in einer sogenannten „wettbewerblichen Forschung". Entsprechend wurden wissenschaftliche Artikel veröffentlicht, weitere Patentanalysen durchgeführt und Nebenrouten und weitere Funktionen der MIPS untersucht. Mit den ersten Firmenkontakten auf „Markt"-Ebene, Feasibilty-Studien sowie Lasten- und Pflichtenheften begann die strategische Entwicklung für konkrete Produkte und Anwendungen. Gleichzeitig wurde durch weitere Forschungsprojekte (EU, BMBF) die Finanzierung für weitere FuE-Aktivitäten für neue Anwendungen sichergestellt. Die einzelnen Schritte und das „Auf und Ab" zwischen den Ebenen Markt und Technologie mit markanten Meilensteinen konnte in dieser Weise bei allen untersuchten Beispielen erkannt werden, sodass hieraus die vier Stages abgeleitet werden:

    Stage 1: Initiierung – Erfassen und Erkennen
    Stage 2: Inkubation – Entwickeln und Aufbauen
    Stage 3: Modifikation – Anpassen und Integrieren
    Stage 4: Applikation – Etablieren und Diffundieren

Start und Ende der jeweiligen Stage orientieren sich nicht an einem festen zeitlichen Schema, sondern an dem Durchlaufen der einzelnen Ebenen. Dabei muss betont werden, dass nicht jede angefangen Technologieentwicklung automatisch bis zur letzten Stage umgesetzt werden kann. Abbruchkriterien wie z. B. fehlender Marktbedarf, unrentable industrielle Fertigung oder technische Nicht-Machbarkeit können zur dauerhaften oder zum längerfristigen Aussetzen des Prozesses führen.

2.4.1   Stage 1: Initiierung – erfassen und erkennen

Die Stage 1 ist geprägt durch die Identifikation der chancenreichsten Technologie. Neue technologische Chancen werden erkannt und ihr Potenzial erfassen. In einem oder mehreren kleinen Projekten werden die Möglichkeiten und Machbarkeiten der Technologie untersucht. Am Ende steht die Entscheidung für oder gegen den nachhaltigen Einstieg in die Technologie und eine Vision für die folgenden Entwicklungen. Für die Industrie spielen dabei vor allem die möglichen Produkte und Kundenbedürfnisse bereits eine große Rolle.

Hauptaufgabe ist es, die möglichen Potenziale der neuen Technologie zu erfassen und zu erkennen und Lösungsansätze abzuleiten. Dies erfordert die Offenheit für angrenzende Themen, die Erfassung des Themengebietes mit den relevanten Forschungsfragen sowie die Zusammenführung bzw. den Aufbau und die Nutzung vorhandener Kompetenzen fachlicher und technischer/infrastruktureller Art oder die Planung zum Aufbau dieser.

Die Entscheidung zum Einstieg in eine Technologie ist das Gate (Tor, Meilenstein) der Stage 1.

2.4.2   Stage 2: Inkubation – entwickeln und aufbauen

In Stage 2 „Inkubation" wird die Technologie tiefer erforscht und eine Leistungsvision aufgebaut, d. h. es werden erste Ideen gebildet, wie Anwendungen aussehen könnten. Diese Produkt-Vision besteht zunächst nur aus einem Bündel von Funktionen, die die Technologie bereitstellen könnte. Es werden erste Prototypen erzeugt und die Ergebnisse in die Forschungslandschaft bzw. in die industrielle Praxis eingebracht. Im Zentrum steht die Frage, was die Kernmerkmale der neuen Technologie sind, wie Produkte aussehen könnten und was der Stand des Wissens ist, z. B. durch Nutzung von Communities, Trendidentifikation, Patent- oder Literaturanalyse. In der angewandten Forschung erfolgt hauptsächlich eine Vernetzung innerhalb der wissenschaftlichen Community.

Anhand der Prototypen stellen Unternehmen am Ende der Phase konkrete industrielle Anforderungen an die angewandte Forschung. Aus Sicht der Technologie bietet sich die Chance, mögliche Anwendungssysteme mit allen Anforderungen, die direkt die Funktionalität der Technologie, aber auch Fragen der Bauteilgestaltung, Produktion, Integration, u. a. zu erkennen.

Gate 2 ist die Etablierung in der Forschungslandschaft bzw. in der Industrielandschaft mittels der Erkenntnisse oder der Prototypen auf Basis der Technologie.

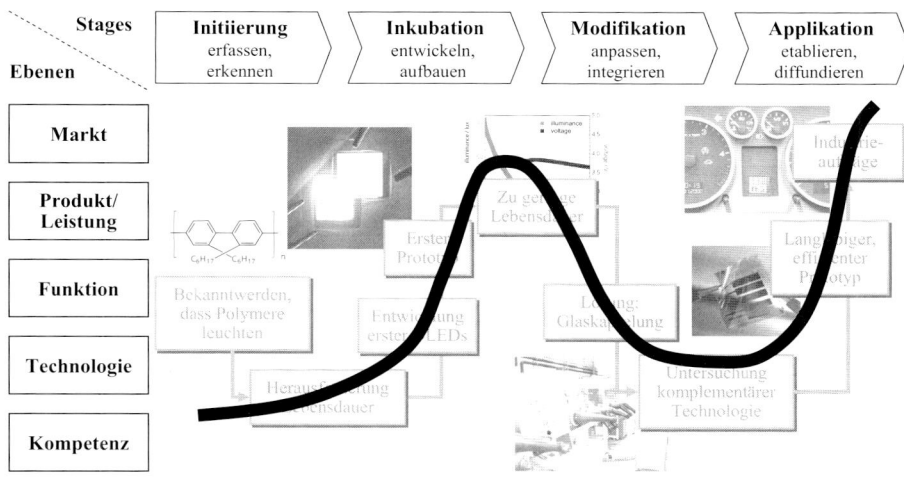

Abbildung 9:   Typischer Verlauf der Technologieentwicklung

2.4.3   Stage 3: Modifikation – anpassen und integrieren

Im Stage 3 „Modifikation" werden die Technologien beziehungsweise die Produkte gemäß den Anforderungen, der Umsetzbarkeit und den Kundenwünschen angepasst und z. B. in Systeme integriert. Gegebenenfalls werden alternative oder ergänzende Lösungswege genutzt. Ausgangsfrage ist, welche Technologie-Entwicklung für marktfähige Produkte notwendig sind und welche Anpassung der Technologie an Markt-/Kundenbedürfnisse vorgenommen werden müssen. Zu den Hauptaufgaben zählen, sich auf die erfolgverspre- chendsten Gebiete und Anwendungen zu konzentrieren, ergänzende Technologiebereiche für die Anwendung zu vernetzen und komplementäre Kompetenzen und Technologien aufzubauen. Aufbau von Communities, die Analyse des Wettbewerbs und Marktes, Paten- te, Literatur und Funktionen zählen zu den Methoden, die die Technologieentwicklung unterstützen. Stage 3 wird durch die Anwendungsreife der Technologie abgeschlossen und bildet das Gate 3.

2.4.4   Stage 4: Applikation – etablieren und diffundieren

In Stage 4 „Applikation" wird die Einführung der Technologie am Markt durch Produkte vollzogen. Die Anwendung der Technologie in weiteren Produkten führt zu einer Produkt- diversifizierung und nachhaltigen Etablierung am Markt mit Gewinnung weiterer Markt- segmente. Nachfrageinduzierte Leistungen werden entwickelt und Vernetzung mit Kunden und Anwendern erreicht. Neue Trends müssen erkannt werden.

Am Ende der Stage 4 steht die Etablierung der Technologie am Markt durch Produkte und gegebenenfalls damit zusammenhängender Dienstleistungen. Dieses vierte Gate markiert gleichzeitig den Abschluss des Technologieentwicklungsprozesses.

2.5   Unterstützungskonzepte für den Technologieentwicklungsprozess

Mit dem vorgestellten Prozess wird ein Rahmen für die Technologieentwicklung vorgegeben. Innerhalb dieses Rahmens können dann unterschiedliche Konzepte und Ansätze zur methodischen und informationstechnischen Unterstützung der Technologieentwicklung verort werden.

So dienen z. B. die Erfolgsfaktoren (Kapitel 4) und das Audit zur Steigerung der Technologieentwicklungsfähigkeit (Kapitel 5) dazu, im Laufe der Technologieentwicklung für jeden Stage und jede Ebene die entscheidenden Erfolgsfaktoren auszuprägen und hieraus erforderlichen spezifische Maßnahmen ableiten und umsetzen zu können. Mit der Entwicklung eines Methoden-Cockpits wird das Durchlaufen dieses Entwicklungsprozesses mit allen notwendigen unterstützenden Funktionen – z.B. Erfolgsfaktoren, SWOT-Analyse zur Steigerung der Technologieentwicklungsfähigkeit, Methoden des Technologiemanagements oder die Informationsversorgung – in einem Software-Tool abgebildet (Kapitel 6). Mit den beiden Methoden des TechnologieRadars (Kapitel 7) und der Technologiepotenzialanalyse (Kapitel 9) werden Konzepte vorgestellt, die speziell das Durchschreiten der Ebenen in der Stage 1 Initiierung und Stage 2 Inkubation zum Ziel haben. Ein weiterer Aspekt im Technologieentwicklungsprozess ist die Bestimmung der Technologiereife, also die Verortung der Technologie in den jeweiligen Stages. Hierzu wird mit dem Technologiekompass eine indikator-basierte Beschreibung der Entwicklung von Technologien anhand quantitativer Modelle und der Bestimmung des Entwicklungsstatus' einer Technologie vorgestellt (Kapitel 8).

2.6   Literatur

Ajamian, G.; Koen, P. (2002): Technology Stage Gate: A Structured Process for Managing High Risk, New Technology Projects. In: Belliveau, Paul; Griffin, Abbie; Somermeyer, Stephen (Hg.): The PDMA Toolbook 1 for New Product Development. New York: John Wiley & Sons , S. 267–295.

Akiyama, K. (1994): Funktionsanalyse. Deutsche Übersetzung Marc Pauwels. Landsberg/Lech: Verlag Moderne Industrie.

Banse, Gerhard; Grunwald, Armin; König, Wolfgang, et al. (Hg.) (2006): Erkennen und Gestalten - Eine Theorie der Technikwissenschaften. Berlin: Edition Sigma.

Belliveau, Paul; Griffin, Abbie; Somermeyer, Stephen (Hg.) (2002): The PDMA Toolbook 1 for New Product Development. New York: John Wiley & Sons.

BMBF (Hg.) (2004): Technologie und Qualifikation für neue Märkte - Ergänzender Bericht zur technologischen Leistungsfähigkeit Deutschlands 2003-2004. Bonn, Berlin: Bundesministerium für Bildung und Forschung (BMBF).

BMBF (Hg.) (2006): Bericht zur technologischen Leistungsfähigkeit Deutschlands 2006. Bonn, Berlin: Bundesministerium für Bildung und Forschung (BMBF).

BMBF (Hg.) (2006): Die Hightech-Strategie für Deutschland. Bonn, Berlin: Bundesministerium für Bildung und Forschung (BMBF).

BMBF (Hg.) (2006): Nanotechnologie - Innovationen für die Welt von morgen (3. Auflage). Bonn, Berlin: Bundesministerium für Bildung und Forschung (BMBF).

Bullinger, H.-J. (1994): Einführung in das Technologiemanagement: Modelle, Methoden, Praxisbeispiele. Stuttgart: Teubner Verlag.

Bullinger, Hans-Jörg (Hg.) (2006): Fokus Innovation: Kräfte bündeln - Prozesse beschleunigen. München, Wien: Hanser Verlag.

Bullinger, H.-J.; Richter, M.; Nohe, P.; Kröll, M. (2003): An approach to handle risk aspects by technology assessment. In: Jardim-Gonclaves, R.; Cha, J. (Hg.): Concurrent Engineering - The Vision for the Future Generation in Research and Applications. 10. ISPE International Conference, 26.-30. Juli 2003, Madeira/Portugal: Swets & Zeitlinger Publishers .

Christensen, C. (2003): The innovator's dilemma. New York: HarperBusiness.

Christensen, J. F. (1995): Asset profiles for technological innovation. In: Research Policy, Jg. 24, S. 727–745.

Cohen, W. M.; Levinthal, D. A. (1989): Innovation and Learning: The two Faces of R&D. In: Economic Journal, Jg. 99, H. 397, S. 569–596.

Cohen, W. M.; Levinthal, D. A. (1990): Absorptive Capacity: A New Perspective on Learning and Innovation. In: Administrative Science Quarterly, Jg. 35, H. 1, S. 128–152.

Cooper, R. G. (2001): Winning at New Products. Accelerating the process from idea to launch. Cambridge: Perseus Books Verlag.

Cooper, R. G.; Edgett, S. J.; Kleinschmidt, E. J. (2002): Optimizing the Stage-Gate Process: What Best-Practice Companies Do - I. In: Research Technology Management, Jg. 45, H. 5, S. 21–27.

Day, G.; Schoemaker, P. (2000): A Different Game. In: Day, George; Schoemaker, Paul (Hg.): Wharton on managing emerging technologies. New York, Chichester: John Wiley & Sons .

Day, George; Schoemaker, Paul (Hg.) (2000): Wharton on managing emerging technologies. New York, Chichester: John Wiley & Sons.

DIN EN 1325-1, 1996: Value Management, Wertanalyse, Funktionenanalyse, Wörterbuch - Teil 1: Wertanalyse und Funktionenanalyse.

Dolata, U. (1993): Nischen- oder Schlüsseltechnologie? - Technologische Entwicklungstrends und ökonomische Perspektiven der neuen Biotechnologie. In: WSI Mitteilungen, Jg. 46, H. 11, S. 736–746.

Dosi, Giovanni; Giannetti, Renato; Toninelli, Pier Angelo (Hg.) (1992): Technology and enterprise in a historical perspective. Oxford: Clarendon Press.

Durrani, T.; Forbes, S.; Broadfoot, C.; Carrie, A. (1998): Managing the technology acquisition process. In: Technovation, Jg. 18, H. 8-9, S. 523–528.

Eldred, E. W.; McGrath, M. E. (1997): Commercializing new technology - I. In: Research Technology Management, Jg. 40, H. 1, S. 41–47.

Ewald, A. (1989): Organisation des strategischen Technologiemanagements: Stufenkonzept zur Implementierung einer integrierten Technolgie- und Marktplanung. Erich Schmidt Verlag. Berlin: Erich Schmidt Verlag.

Festel Capital (Hg.) (2006): Marktstudie zu den Kommerzialisierungschancen der Nanotechnologie in Deutschland - Interviews, Schlussfolgerungen und Fazit (nichtveröffentlichte Studie von Festel Capital, VDI Technologiezentrum und Impulskreis "Nanowelten" der Initiative "Partner für Innovation"). Hünenburg: Festel Capital, VDI Technologiezentrum, Impulskreis "Nanowelten".

Gassmann, Oliver Kobe Carmen (Hg.) (2006): Management von Innovation und Risiko - Quantensprünge in der Entwicklung erfolgreich managen. Berlin, Heidelberg: Springer Verlag.

Gausemeier, J.; Ebbesmeyer, P.; Kallmeyer, F. (2001): Produktinnovation - Strategische Planung und Entwicklung der Produkte von morgen. München, Wien: Hanser Verlag.

Gerpott, T. (2005): Strategische Technologie- und Innovationsmanagement. Stuttgart: Schäffer-Poeschel Verlag.

Gerybadze, A. (2004): Technologie- und Innovationsmanagement: Strategie, Organisation und Implementierung. München: Vahlen Verlag.

Grunwald, A. (2006): Technisches Handeln. In: Banse, Gerhard; Grunwald, Armin; König, Wolfgang; Ropohl, Günter (Hg.): Erkennen und Gestalten - Eine Theorie der Technikwissenschaften. Berlin: Edition Sigma .

Grupp, H. (1997): Messung und Erklärung des technischen Wandels: Grundzüge einer empirischen Innovationsökonomik. Berlin, Heidelberg: Springer Verlag.

Hamel, G.; Prahalad, C. K. (1991): Corporate Imagination and Expeditionary Marketing. In: Harvard Business Review, Jg. 69, H. 4, S. 81–92.

Heinrich, L. (1999): Informationsmanagement: Planung, Überwachung und Steuerung der Informationsinfrastruktur. München, Wien: Oldenburg Verlag.

Herstatt, C.; Lettl, C. (2000): Management von technologie-getriebenen Entwicklungsprojekten. Herausgegeben von Technische Universität Hamburg-Harburg. Hamburg. (Arbeitspapier Nr. 5).

Herstatt, Cornelius; Verworn, Birgit (Hg.) (2003): Management der frühen Innovationsphasen: Grundlagen - Methoden - Neue Ansätze. Wiesbaden: Gabler Verlag.

Hessen Agentur (Hg.) (2005): Nanotechnologie in Hessen - Ein Bestandsaufnahme auf Basis von Unternehmensbefragungen. Wiesbaden: Hesssiches Ministerium für Wirtschaft, Verkehr und Landesentwicklung und HA Hessen Agentur GmbH.

Heubach, D.; Beucker, S.; Lang-Koetz, C. (2005): Einsatz von Nanotechnologie in der hessischen Umwelttechnologie - Innovationspotenziale für Unternehmen. Herausgegeben von HA Hessen Agentur GmbH. Wiesbaden.

Horx, M.: Innovation: Wie kommt das Neue in die Welt. In: P.M. Magazin, Ausgabe 2/2005, S. 46–52.

Hubka, V.; Eder, E. (1992): Einführung in die Konstruktionswissenschaft: Übersicht, Modell, Ableitungen. Berlin: Springer Verlag.

Iden, Rüdiger; Heubach, Daniel (Hg.) (2007): Große Potenziale der Nanowelt ergreifen - Brücken schlagen, Chancen umsetzen, verantwortlich Handeln. Impulskreis Nanowelten in der Initiative „Partner für Innovation" - Bilanz des Arbeitsjahres. Stuttgart: Fraunhofer IRB Verlag.

Jakob, M.; Kaiser, F.; Schwarz, H.; Beucker, S. (2006): Generierung von Webanwendungen für das Innovationsmanagement. In: Information Technology, Jg. 48, H. 4, S. 225–232.

Jardim-Gonclaves, R.; Cha, J. (Hg.) (2003): Concurrent Engineering - The Vision for the Future Generation in Research and Applications. 10. ISPE International Conference, 26.-30. Juli 2003, Madeira/Portugal: Swets & Zeitlinger Publishers.

Kaiser, F.; Schimpf, S.; Schwarz, H.; Jakob, M.; Beucker, Severin (2007): Internetgestützte Expertenidentifikation zur Unterstützung der frühen Innovationsphasen. nova-net Werkstattreihe. Stuttgart: Fraunhofer IRB Verlag.

Kano, N.; Seraku, N.; Takahashi, F.; Tsuji, S.-i. (1984): Attractive Quality and Must-be Quality. In: Hinshitsu: Journal of the Japanese Society for Quality Control, Jg. 14, H. 2, S. 39–48.

Kingon, A. I.; Collins, M. J.; Gentry, S. T.; Bean, A. S. (2004): Corporate Responses to Nanoscience and Nanotechnology. In: Research Technology Management, Jg. 47, H. 3, S. 6–8.

Kline, S. J. (1985): Research, Invention, Innovation and Production: Models and Reality. Standford University, Department of Mechanical Engineering. Stanford. (Report INN-1).

Kline, S. J.; Rosenberg, N. (1986): An Overview of Innovation. In: Landau, Ralph Rosenberg Nathan (Hg.): The positive sum strategy. Washington D.C.: National Academy Press .

Kornwachs, K. (2006): Technisches Wissen. In: Banse, Gerhard; Grunwald, Armin; König, Wolfgang; Ropohl, Günter (Hg.): Erkennen und Gestalten - Eine Theorie der Technikwissenschaften. Berlin: Edition Sigma .

Landau, Ralph Rosenberg Nathan (Hg.) (1986): The positive sum strategy. Washington D.C.: National Academy Press.

Lundvall, B.-Ä.; Johnson, B. (1994): The Learning Economy. In: Journal of Industry Studies, Jg. 1, H. 2, S. 23–42.

Luther, W.; Malanowski, N.; Bachmann, G.; Hoffknecht, A.; Holtmannspötter, Dirk; Zweck, Axel (2004): Nanotechnologie als wirtschaftlicher Wachstumsmarkt: Innovations- und Technikanalyse. Herausgegeben von VDI Technologiezentrum. Düsseldorf.

Lynn, F.; Heintz, S. (1992): From Experience: Where Does Your New Technology Fit into the Marketplace. In: Journal of Product Innovation Management, Jg. 9, H. 1, S. 19–25.

Mahajan, V.; Wind, J. (1992): New Product Models: Practice, Shortcomings and Desired Improvements. In: Journal of Product Innovation Management, Jg. 9, H. 2, S. 128–139.

Mann, S. (2006): Nanotechnology and Construction. Herausgegeben von Nanoforum Konsortium. o.O.

Markham, S. K. (2002): Moving Technologies from Lab to Market. In: Research Technology Management, Jg. 45, H. 6, S. 30–41.

Moore, G. (2005): Dealing with Darwin: How Great Companies Innovate at Every Phase of Their Evolution. New York: Portfolio Verlag.

o.V. (Hg.) (2007): Design for Society - Innovation, Sustainability and Knowledge. 16th International Conference on Engineering Design - ICED07, 28.-31. August 2007. Paris, Frankreich.

Paral, T. (2003): Integrierter Methodeneinsatz im Produktinnovationsprozess. Aachen: Shaker Verlag (zugl. RWTH Aachen, Dissertation).

Peiffer, S. (1992): Technologie-Frühaufklärung. Hamburg: S+W Steuer- und Wirtschaftsverlag.

Pleschak, F.; Sabisch, H. (1996): Innovationsmanagement. Stuttgart: Schäffer-Poeschel Verlag.

Porter, M. (2000): Wettbewerbsvorteile - Spitzenleistung erreichen und behaupten (Competitive Advantage). Frankfurt, New York: Campus Verlag.

Reger, G. (2006): Technologie-Früherkennung: Organisation und Prozess. In: Gassmann, Oliver Kobe Carmen (Hg.): Management von Innovation und Risiko - Quantensprünge in der Entwicklung erfolgreich managen. Berlin, Heidelberg: Springer Verlag .

Rosenberg, N. (1992): Science and Technology in the Twentieth Century. In: Dosi, Giovanni; Giannetti, Renato; Toninelli, Pier Angelo (Hg.): Technology and enterprise in a historical perspective. Oxford: Clarendon Press .

Schäppi, Bernd Andreasen Mogens Kirchgeorg Manfred Radermacher Franz-Josef (Hg.) (2005): Handbuch Produktentwicklung. München, Wien: Hanser Verlag.

Schnabel, U.: Gut gemeint ist schlecht erfunden. In: ZEIT ONLINE, Ausgabe 23, S. 48. Online verfügbar unter http://www.zeit.de/2004/23/I-Floppologie.

Schuh, G.; Schröder, J.; Rosier, C. (2005): Trends im Technologiemanagement. Aachen: Fraunhofer Institut für Produktionstechnik (IPT).

Spath, Dieter (Hg.) (2004): Forschungs- und Technologiemanagement: Potenziale nutzen - Zukunft gestalten. München, Wien: Hanser Verlag.

Spath, D.; Heubach, D.; Beucker, S.; Kühne, C. (2004): Zukunftspotenziale der Mikro- und Nanotechnologie als Schlüsseltechnologie für die Umwelttechnik in Baden-Württemberg. Herausgegeben von Ministerium für Umwelt und Verkehr Baden-Württemberg. Stuttgart.

Spath, D.; Warschat, J.; Heubach, D. (2007): An Approach for a Relevance Analysis of Nanotechnology. In: o.V. (Hg.): Design for Society - Innovation, Sustainability and Knowledge. 16th International Conference on Engineering Design - ICED07, 28.-31. August 2007. Paris, Frankreich .

Specht, D.; Behrens, S. (1999): Systematisch Erfolg vorbereiten: Die Produkt-Technologie-Analyse ermöglicht eine anwendungsorientierte Technologieanalyse und -bewertung. In: Wissenschaftsmanagement, Ausgabe 6, 1999, S. 32–35.

Specht, D.; Möhrle, M. (2002): Gabler Lexikon Technologiemanagement. Wiesbaden: Gabler Verlag.

Specht, G.; Beckmann, C.; Amelingmeyer, J. (2002): F&E-Management: Kompetenz im Innovationsmanagement. Stuttgart: Schäffer-Poeschel Verlag.

Spur, G. (1998): Technologie und Management: zum Selbstverständnis der Technikwissenschaft. München, Wien: Hanser Verlag.

Suh, N. P. (2001): Axiomatic design: advances and applications. New York: Oxford University Press.

Tschirky, H. (1998): Konzept und Aufgaben des Integrierten Technologie-Managements. In: Tschirky, Hugo; Koruna, Stefan (Hg.): Technologie-Management: Idee und Praxis. Zürich: Verlag Industrielle Organisation .

Tschirky, Hugo; Koruna, Stefan (Hg.) (1998): Technologie-Management: Idee und Praxis. Zürich: Verlag Industrielle Organisation.

Vahs, D.; Burmester, R. (2005): Innovationsmanagement: Von der Produktidee zur erfolgreichen Vermarktung. Stuttgart: Schäffer-Poeschel Verlag.

VDI-Richtlinie 2220, 1980: Produktplanung - Ablauf, Begriffe und Organisation.

VDI-Richtlinie 2222, 1982: Konstruktionsmethodik - Erstellung und Anwendung von Konstruktionskatalogen, Blatt 2.

VDI-Richtlinie 2221, 1993: Methodik zum Entwickeln und Konstruieren technischer Systeme und Produkte.

VDI-Richtlinie 2803 Blatt 1, 1996: Funktionenanalyse - Grundlagen und Methoden.

VDI-Richtlinie 2222, 1997: Konstruktionsmethodik - Methodisches Entwickeln von Lösungsprinzipien, Blatt 1.

VDI-Richtlinie 3780, 2000: Technikbewertung - Begriffe und Grundlagen.

VDI-Richtlinie 2223, 2004: Methodisches Entwerfen technischer Produkte.

Verworn, B.; Herstatt, C. (2003): Prozessgestaltung der frühen Phasen. In: Herstatt, Cornelius; Verworn, Birgit (Hg.): Management der frühen Innovationsphasen: Grundlagen - Methoden - Neue Ansätze. Wiesbaden: Gabler Verlag .

Warnecke, Hans-Jürgen; Bullinger, Hans-Jörg (Hg.) (2003): Kunststück Innovation: Praxisbeispiele aus der Fraunhofer-Gesellschaft. Berlin, Heidelberg: Springer Verlag.

Wildemann, H. (1999): Produktklinik: Wertgestaltung von Produkten und Prozessen - Methoden und Fallbeispiele. München: TCW Transfer-Centrum.

Wöhe, G. (2002): Einführung in die allgemeine Betriebswirtschaftslehre. München: Vahlen Verlag.

Wolfrum, B. (1994): Strategisches Technologiemanagement. Wiesbaden: Gabler Verlag.

Wood, S. C.; Brown, G. S. (1998): Commercializing Nascent Technology: The Case of Laser Diodes at Sony. In: Journal of Product Innovation Management, Jg. 15, H. 2, S. 167–183.

Zahn, Erich (Hg.) (1995): Handbuch Technologiemanagement. Stuttgart: Schäffer-Poeschel Verlag.

Zahn, E. (2004): Strategisches Technologiemanagement. In: Spath, Dieter (Hg.): Forschungs- und Technologiemanagement: Potenziale nutzen - Zukunft gestalten. München, Wien: Hanser Verlag .

Zukersteinova, Alena (Hg.) (11.-12. Juli 2005): Identification of skill needs in nanotechnology: overview based on the secondary analysis. Skill needs in Emerging Technologies: Nanotechnology. Stuttgart: European Centre for the Development of Vocational Training (Cedefop), Skillsnet.

Zweck, A. (2005): Technologiemanagement - Technologiefrüherkennung und Technikbewertung. In: Schäppi, Bernd Andreasen Mogens Kirchgeorg Manfred Radermacher Franz-Josef (Hg.): Handbuch Produktentwicklung. München, Wien: Hanser Verlag.

3 Einsatz innovativer Informations- und Kommunikationstechnologien

Ulrich Bügel

Uwe Laufs

3.1 Moderne IuK-Technologie – Triebfeder für einen neuen Ansatz

Die Grundlage für gegenwärtig praktizierte Technologieentwicklungsprozesse bilden in der Praxis erprobte und bewährte Methoden und Werkzeuge, deren Fokus auf den verschiedenen Ebenen „Markt", „Produkt/Leistung", „Funktion", „Technologie" bzw. „Kompetenz" des Technologieentwicklungsprozesses liegt (vgl. Kapitel 2.3). Beispielsweise zeigen Szenario-Analysen und Delphi-Studien zukünftige Entwicklungstrends auf, Quality Function Deployment (QFD) oder Conjoint-Analyse bewerten Produktleistungen, TRIZ wird zur Analyse und Bewertung von Funktionalitäten eingesetzt, Technologie-Roadmaps unterstützen die Relevanzbewertung und die Suche nach alternativen Technologien.

Die Anwendung dieser bekannten Methoden und Werkzeuge wird in der heute gängigen Praxis oft durch Informations- und Kommunikationstechnologie (IuK-Technologie) unterstützt. Eine große Barriere bei der Technologieentwicklung in der Industrie ist jedoch die fehlende Interoperabilität der Methoden innerhalb und zwischen den Ebenen. Die verfügbare IuK-Technologie besteht in erster Linie aus dedizierten stand-alone Werkzeugen. Die Eingabedaten für diese Werkzeuge werden mit Hilfe von – meist separat durchgeführten – Recherchen beschafft, beispielsweise durch Suche in Datenbanken oder Internetrecherchen.

Der hier vorgestellte Ansatz verfolgt ein integriertes Technologieentwicklungsmanagement auf Basis einer über die Ebenen hinweg durchgängigen Vorgehensweise. Dazu wird eine Integrationsplattform entwickelt, in der die verschiedenen Methoden und Werkzeuge je Ebene bzgl. ihrer Input-Output Beziehungen integriert und durch ein semantisches Netz verknüpft werden. Ziel dieser Integrationsplattform ist die Beherrschung des markt- und technologiegetriebenen Entwicklungsprozesses über alle Ebenen hinweg mit Unterstützung durch moderne IuK-Technolgie. Es wird daher ein informationstechnisch unterstütztes Technologieentwicklungsmanagement angestrebt, das Daten aller Ebenen miteinander vernetzt und ein Durchpropagieren mittels Ursache-Wirkungsbeziehungen über mehrere Ebenen hinweg erlaubt.

Während die Methoden der einzelnen Ebenen in sich selbst seit vielen Jahren beschrieben werden und in der Regel entsprechende Modelle vorliegen, müssen nun Möglichkeiten entwickelt werden, die Beziehungen zwischen diesen unterschiedlichen Ebenen erlauben.

Die aktuellen Ansätze der Wissensrepräsentation, die in der Entwicklung des „Semantic Web" (vgl. Berners Lee 2001) eingesetzt werden, stellen geeignete Mechanismen bereit, um mit Hilfe einer Formalisierung dieser Beziehungen ein komplexes, semantisch beschriebenes Netz aufzubauen, das zudem durch explizite Beschreibung der Verbindungen navigierbar wird.

Entscheidende Bedeutung bei der Umsetzung dieses Vorhabens kommt letztendlich der intelligenten Beschaffung der Information zu. Die in den Methoden und Werkzeugen benötigte Information steht oft nicht direkt in der gewünschten Repräsentation und maschinell verarbeitbarer Form zur Verfügung. Werden beispielsweise aktuelle Werte von Frühindikatoren oder Hintergrundwissen mit Bezug zur Technologieentwicklung zur Verarbeitung benötigt, muss diese Information erst aus verfügbarer Basisinformation gewonnen werden, die in vielfältigen Informationsmedien und in unterschiedlicher Form gespeichert ist, beispielsweise in Textdokumenten, auf Webseiten, in Tabellen oder in Datenbanken. Eine intelligente Beschaffung der Nutzinformation sieht daher eine automatisierte, in die gewohnten Arbeitsabläufe integrierte Durchforstung verschiedener Informationsquellen vor, mit anschließender Aufbereitung der gefundenen Dokumente zur Erzeugung einer maschinell verarbeitbaren, anwendungsbezogenen Wissensrepräsentation, wie sie in den Methoden und Werkzeugen benötigt wird.

Für diese Aufgabe kann ein Spektrum innovativer IuK-Technologien aus verschiedenen Disziplinen genutzt werden, die in jüngster Vergangenheit entwickelt wurden bzw. einen enormen technologischen Schub erfahren haben. Von besonderer Bedeutung sind hier die verbesserten Möglichkeiten zur Verarbeitung von Texten in natürlicher Sprache, der Einsatz statistischer Methoden des Data- und Text Minings zur automatischen Klassifikation und zum Clustering von Dokumenten sowie die Extraktion formalen Wissens aus unterschiedlichsten Quellen auf Basis von Ontologien mit Methoden aus dem Bereich des Semantic Web.

Diese innovativen IuK-Technologien werden derzeit weltweit in vielen Forschungsprojekten vorangetrieben und ihre Entwicklung ist bei weitem noch nicht abgeschlossen. Andererseits ist inzwischen bereits eine ganze Reihe (auch kommerzieller) Produkte entstanden, die für den praktischen Einsatz sorgfältig selektiert, angepasst und genutzt werden müssen. Unter Einbezug dieser innovativen Technologien als Triebfeder ist die Zeit durchaus reif für die Definition und Entwicklung eines neuen Ansatzes: eine Integrationsplattform für ein innovatives, integriertes Technologieentwicklungsmanagement.

3.2   Integrierte und automatisierte Informationsunterstützung

Die angestrebte Integrationsplattform soll die Bearbeitung von Aufgaben in allen Ebenen des Technologieentwicklungsprozesses möglichst durchgängig unterstützen. Die Idealvorstellung entspricht der eines Informationssystems, das den Benutzer durch alle anfallenden Aufgaben führt und ihm den Umgang mit der benötigten Information erleichtert. Im Gegensatz zu den heute gängigen informationstechnischen Hilfsmitteln, stellt sich das angestrebte System als integriertes Werkzeug mit einem hohen Grad an automatischer Erledigung der anfallenden Aufgaben dar.

Bei der technischen Realisierung eines hoch integrierten und automatisierten Informationssystems sieht sich der Entwickler besonderen Herausforderungen gegenüber:

- *Integration dynamischer Informationen*
  Ein großer Teil der in der Plattform verarbeiteten Informationen ist unveränderlich bzw. wird nur selten an neue Gegebenheiten angepasst. Dazu gehört z.B. das Wissen über Prozesse und Methoden der Technologieentwicklung sowie Hintergrundwissen zu Technologien, zu Produkten, Branchen, Regionen, etc. Demgegenüber steht die Notwendigkeit zur Verarbeitung hoch dynamischer Informationen. Dazu gehört die Bestimmung von Frühindikatoren, die eine technologische Entwicklung kennzeichnen, z.B. die Entwicklung bei Patentschriften, Konferenzen und Stellenangeboten. Ein weiteres Beispiel ist die Nutzung von aktuellem Wissen über Produktneuheiten, Firmengründungen und -fusionen oder neu aufgelegte Förderprogramme. Ein Ziel der integrierten Plattform ist die Verbesserung des Einbezugs dynamischer Information in die Steuerung des Technologieentwicklungsprozesses, so dass ein möglichst medienbruchfreier Umgang mit *allen* verfügbaren Informationen ermöglicht und eine integrierte Sichtweise bereitgestellt wird.
- *Integration von Arbeitsschritten*
  Die Verarbeitung dynamischer Informationen in einem integrierten System erfordert eine Reihe von Prozessschritten, die durch spezialisierte Komponenten abgearbeitet werden. Beginnend mit der Beschaffung von Rohinformationen bis zur letztendlichen Auswertung und benutzerfreundlichen Präsentation liegen die Informationen jeweils in unterschiedlichen Formaten und Detaillierungsgraden vor.

Die folgende Aufstellung gibt einen Überblick über die typischen Verarbeitungsschritte und ihre vorteilhafte Auslegung durch Einbezug innovativer IuK-Technologien.

1. *Informationen beschaffen:* Ein Ziel bei der Realisierung der Integrationsplattform ist die Nutzung aller möglichen Quellen, die relevante Informationen bereithalten, welche zur Beurteilung des Technologiestatus und zur Erstellung von Handlungsempfehlungen beitragen können. In der Regel sind die meisten relevanten Informationen wie „verborgene Schätze" auf unterschiedlichsten Medien „versteckt", z.B. als Aussagen inmitten von Dokumenten oder in Form von sich einander referenzierenden Tabellen in Datenbanken. In einem ersten Schritt zur Erfassung dieser Informationen im Kontext eines „Radars" müssen zunächst diese Basisdokumente erfasst und zur weiteren Bearbeitung bereitgestellt werden. Moderne IuK-Technologien stellen hierfür eine Palette von Möglichkeiten zur Verfügung, wie z.B. Web Crawler, Softwareagenten, Newsfeeds oder Onlinedatenbanken. Die Integration solcher Onlinewerkzeuge erlaubt das systematische Scannen von Informationsräumen und die regelmäßige Informationsbeschaffung durch automatisch startende Hintergrundprozesse. Darüber hinaus muss auch die manuelle Erfassung

von Information weiterhin als Option zur Verfügung stehen, da nicht alle von der Anwendung benötigte Informationen automatisch aus Datenträgern oder Onlinequellen berechnet werden können.

2. *Informationen aufbereiten:* Nachdem im ersten Schritt die Plätze, an denen sich die „Schätze" befinden ausgemacht und die Rohinformationen in Form von Dokumenten, Tabellen etc. beschafft wurden, können die Schätze nun gehoben werden, d. h. aus der Masse der verfügbaren Informationen muss die von der Anwendung benötigte Information extrahiert werden. Dazu werden vorwiegend Technologien des Data- und Text Mining oder die ontologiebasierte semantische Annotation (siehe Kapitel 3.3.1) eingesetzt. Als Ergebnis dieser Extraktion können beispielsweise numerische Werte erhalten werden, die zur Berechnung von Indikatorwerten benötigt werden, wie z.B. die „Anzahl offener Stellen" oder „ausgegebene Fördersummen". Auch die Ermittlung konkreter Fakten oder Einzelheiten, die in ihrer Summe bestimmte Erkenntnisse liefern, kann Gegenstand der Aufbereitung sein. Es könnte bspw. von Interesse sein, dass ein bestimmtes Unternehmen sich neuerdings mit einer bestimmten Technologie beschäftigt.

3. *Informationen speichern:* Die Ermittlung der Nutzinformationen aus den Rohinformationen im vorigen Schritt erlaubt nicht notwendigerweise bereits deren unmittelbare Nutzung. In der Integrationsplattform kommen vielfältige Methoden und Werkzeuge der Technologieentwicklung zum Einsatz, welche die Informationen in individuellem Zuschnitt, Umfang und Format erwarten. Dazu müssen die extrahierten Informationen in eine anwendungsgerechte Form gebracht und gespeichert werden.

Neben den eigentlichen Nutzinformationen fallen bei der Aufbereitung auch Metainformationen an, die für verschiedene Aufgaben in der Plattform benötigt werden. Beispielsweise müssen ermittelte Kennzahlen über eine Technologie über einen Zeitraum mit der entsprechenden Ermittlung über einen früheren Zeitraum abgeglichen werden, um bestimmte Trends feststellen zu können. Bei einer erneuten Erhebung über den gleichen Informationsraum können natürlich auch Dokumente gefunden werden, die in der vorigen Erhebung schon ausgewertet wurden. Aus Optimierungsgründen müssen daher Ergebnisse früherer Erhebungen gespeichert werden.

4. *Informationen vernetzen:* Eine Besonderheit bei der Speicherung von Informationen ist deren Vernetzung. In heutigen Systemen werden bestimmte Sachverhalte meist in Form hierarchischer Strukturen dargestellt, man denke beispielsweise an die vom Microsoft Windows Explorer her bekannte Darstellung eines Dateibaumes.

Diese Form der Einordnung stößt schnell an ihre Grenzen, wie an dem folgenden Beispiel deutlich wird:

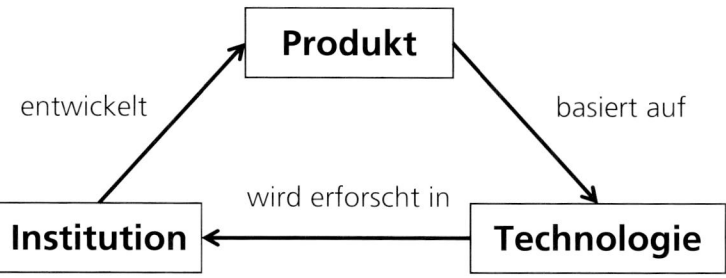

Abbildung 1:   Beispiel einer einfachen Vernetzung

Der in Abbildung 1 dargestellte Sachverhalt – Institutionen entwickeln Produkte, Produkte basieren auf Technologien, Technologien werden in Institutionen erforscht – lässt sich nicht in Form einer Hierarchie darstellen, die dem Beziehungsgeflecht gerecht wird. Es besteht daher die Anforderung zur Vernetzung der Information. Für komplexe Netzstrukturen, in denen aktuelle Fakten und Hintergrundinformationen über Technologien gespeichert werden können, stehen vor allem ontologiebasierte Werkzeuge aus Entwicklungen im Kontext des Semantic Web (vgl. Berners Lee 2001) zur Verfügung.

5. *Informationen auswerten*: Die Integrationsplattform stellt eine Palette von Methoden und Werkzeugen zur Verfügung, welche die beschafften und aufbereiteten Informationen in Bezug auf konkrete Fragestellungen hin auswerten. Dazu gehören bekannte Standardmethoden wie QFD oder TRIZ, aber auch spezialisierte, neu zu entwickelnde Anwendungen, die sich auf die verbesserten Methoden zum Einbringen dynamischer Informationen stützen, beispielsweise der Vergleich von Technologieentwicklungen durch Mustererkennung in Zeitreihen oder die Modellierung von Entwicklungsverläufen am Beispiel von Gartners Hype Cycle (vgl. Kapitel 8 zum Technologiekompass).

6. *Informationen visualisieren*: Die angestrebte Integrationsplattform für das Management von Technologieentwicklungsprozessen soll mit Hilfe einer einheitlichen, intuitiv zu bedienenden grafischen Oberfläche interaktiv gesteuert werden. Basierend auf der Verwendung von Erfahrungswissen aus Vorläuferinnovationsprozessen soll die Benutzerschnittstelle die Beschleunigung der Abfolge von Methoden in der Prozesskette erlauben. Darüber hinaus soll sie aber auch – basierend auf dynamisch in das System eingebrachter Informationen – eine Anpassung der Abfolge von Methoden durch frühzeitige Reaktion auf aktuell auftretende Veränderungen, Technologieperspektiven oder Evaluierungskriterien ermöglichen. Die Nutzung der vernetzten Wissensstruktur bringt dem Anwender einen weiteren Mehrwert gegenüber der konventionellen Vorgehensweise, beispielsweise die kontextbezogene Generierung und den Einbezug von Hintergrundinformationen zur Unterstützung der Entscheidungsfindung für das weitere Vorgehen.

3.3   Einsatz von Werkzeugen und Techniken

3.3.1   Ontologien zur Beschreibung von Wissen und Information

Ein geeignetes und zwischenzeitlich häufig eingesetztes Werkzeug zur Beschreibung von Wissensdomänen sind Ontologien. Der Ursprung des Begriffs Ontologie findet sich im Bereich der Philosophie, genauer gesagt in der Metaphysik. Aus dem Griechischen abgeleitet bedeutet Ontologie soviel wie „die Lehre des Seienden" (vgl. Sandtner 2000).

Die Bedeutung des Begriffs im Umfeld der Informationstechnik ist jedoch zwangsläufig wesentlich enger gefasst, da hier lediglich auf die Beschreibung, die Vermittlung und den Austausch von Wissen bezüglich Teilen der realen Welt, sprich der expliziten Repräsentation „realer Dinge" Bezug genommen werden kann. Ontologien dienen also dazu, Wissen über ein definiertes Sachgebiet formal abzubilden, um die Nutzung sowohl durch den Menschen als auch durch Maschinen möglich zu machen. Im Umfeld der Informatik werden unter dem Begriff Ontologien darüber hinaus auch unterschiedliche Techniken zur Modellierung von Begriffssystemen zusammengefasst (vgl. Voß 2003).

Einsatz von Ontologien in der Technologieentwicklung

Im Bereich der informationstechnischen Unterstützung des Technologieentwicklungsprozesses lässt sich der Einsatzbereich von Ontologien in drei wesentliche Bereiche unterteilen:

1. *Formale und systemunabhängige Beschreibung von Wissen und Information*
    Darunter ist das formale Beschreiben von Technologie- und Prozesswissen mit einer einzigen, gemeinsamen Sprache zu verstehen. Auf Basis dieses formal abgebildeten Wissens kann dann eine Umwandlung für die entsprechenden Zielsysteme vorgenommen werden. Ziele hierbei sind eine bessere Wiederverwendung und Wartbarkeit auf Basis des einheitlichen Informationsbestands.

2. *Gemeinsamer Zugang zu Informationen*
    Der Schwerpunkt in diesem Einsatzbereich liegt bei der Nutzung von Informationen durch mehrere Personen oder Anwendungen. Die Informationen sind jedoch im Gegensatz zum vorherigen Bereich nicht bereits von Beginn an unter Verwendung eines gemeinsamen, wohl definierten Vokabulars erstellt worden. Ontologien finden hierbei Einsatz, um ein gemeinsames Verständnis zu bilden, beispielsweise durch Bereitstellung von Metainformationen oder durch das Zuordnen von unterschiedlich genutzten Begriffen mit identischer Bedeutung. Der Ansatz kann so zur besseren Interoperabilität und zur besseren Nutzung von Informationsquellen beitragen.

3. *Erweiterte Suchfunktionalitäten auf Basis von Ontologien*
   Zur Unterstützung des Auffindens von für die Technologieentwicklung relevanten Informationen können durch formale Abbildung der hierfür relevanten Informationen und deren Beziehungen bessere Suchergebnisse erzielt werden, als dies bei rein auf Volltextsuche basierenden Suchverfahren möglich ist. Durch die Abbildung von Beziehungen zwischen formal beschriebenen Informationen, kann eine breitere Grundlage für Suchfunktionalitäten bereitgestellt werden als das bloße Vorkommen von Worten innerhalb eines Textes. Die ontologiebasierte Suche dient somit dem schnelleren Zugriff auf relevante Informationen sowie der besseren Nutzung verfügbarer Informationsquellen.

Ontologiebeschreibungssprachen

Ontologiebeschreibungssprachen stellen den benötigten Sprachumfang zur Erstellung von Ontologien in standardisierter Form dar. Sie lassen sich neben ihrer Beschreibungsmächtigkeit auch dadurch unterscheiden, ob sie auf XML basieren oder nicht. Während ältere, nicht XML-basierte Sprachen vornehmlich auf eine gute Lesbarkeit durch den Menschen ausgelegt sind, so ist die Syntax XML-basierter Ontologiesprachen für Menschen eher schlecht lesbar. Besondere Relevanz kommt hierbei seit einigen Jahren, aufgrund der großen Verbreitung, den Semantic Web-Standards Web Ontology Language (OWL) sowie deren Basis, dem Resource Description Framework (RDF(S)) zu.

OWL

Die Webontologiesprache (OWL) (vgl. McGuinness 2004; Smith 2004) ist eine XML-basierte Ontologiebeschreibungssprache, die verglichen mit RDF(S) über eine umfangreichere Beschreibungsmächtigkeit verfügt. Die OWL-Spezifikation liegt seit Februar 2004 als Empfehlung des World Wide Web Consortium (W3C, Gremium zur Standardisierung der das World Wide Web betreffenden Techniken) vor und wird hierbei im Zusammenhang mit der Verwendung im Umfeld des Semantic Web empfohlen. OWL stellt eine Sprachenfamilie dar, mit der Wissensdomänen abgebildet und klassifiziert werden können und ermöglicht, Gegenständen eine eindeutige Bedeutung zuzuweisen.
Die OWL-Sprachenfamilie besteht hierbei aus drei Sprachvarianten, welche sich in Aspekten wie der Beschreibungsmächtigkeit sowie der informationstechnischen Verarbeitbarkeit deutlich unterscheiden. OWL Full stellt hierbei den vollen Sprachumfang von OWL zur Verfügung und bietet das höchste Maß an syntaktischer Freiheit. Durch die hohen Freiheitsgrade ist jedoch bei Verwendung vieler Sprachkonstrukte von OWL Full keine Berechenbarkeit mehr garantiert.

Sprachen für Abfragen und logisches Schlussfolgern

Um abgebildetes Wissen im Bereich der Technologieentwicklung entsprechend der vorhandenen Fragestellungen nutzen zu können spielen erweiterte Auswertungs- und Suchmöglichkeiten eine wesentliche Rolle. Eine Sprache zur gezielten Abfrage aus dem

RDF(S) und OWL-Umfeld ist die Abfragesprache SPARQL (vgl. Prud'hommeaux 2008), welche seit Anfang 2008 als Empfehlung des W3C vorliegt.

Über das reine Abfragen bestehender Informationen existieren auch Sprachen zur Abbildung formaler Logik, mit denen komplexere, logische Zusammenhänge formuliert werden können. Eine solche Sprache aus dem Umfeld der Standards RDF(S) und OWL ist SWRL (vgl. Horrocks 2004).

Formale Beschreibung von Wissen

Die wesentliche Aufgabe von Ontologiebeschreibungssprachen ist es, die Erstellung eines formalen Vokabulars zur Beschreibung von Wissensdomänen zu unterstützen. Hierzu werden Sprachelemente definiert, mit deren Hilfe Dinge aus dem zu beschreibenden Bereich hinreichend genau repräsentiert werden können. Diese Sprachelemente dienen im Wesentlichen der Beschreibung von Dingen (abgebildet als sogenannte Instanzen) sowie den Eigenschaften von Instanzen beziehungsweise den Beziehungen zwischen Instanzen (siehe Abbildung 2).

Bilden von Klassen, beschreiben von Eigenschaften und Vernetzung

Ein gängiges, auch aus der Objektorientierung bekanntes Mittel im Umfeld der Wissensbeschreibung ist die Klassenbildung. Hierbei werden Dinge entsprechend ihrer Eigenschaften in Klassen (also Mengen von Instanzen) unterteilt, um diese dann gezielt anhand der entsprechenden Eigenschaften und anhand der Beziehungen zu anderen Klassen beschreiben zu können. Klassen können hierbei auch weiter unterteilt werden. Beispielsweise handelt es sich sowohl bei Firmen als auch bei Forschungsinstituten um Organisationen. Klassen-

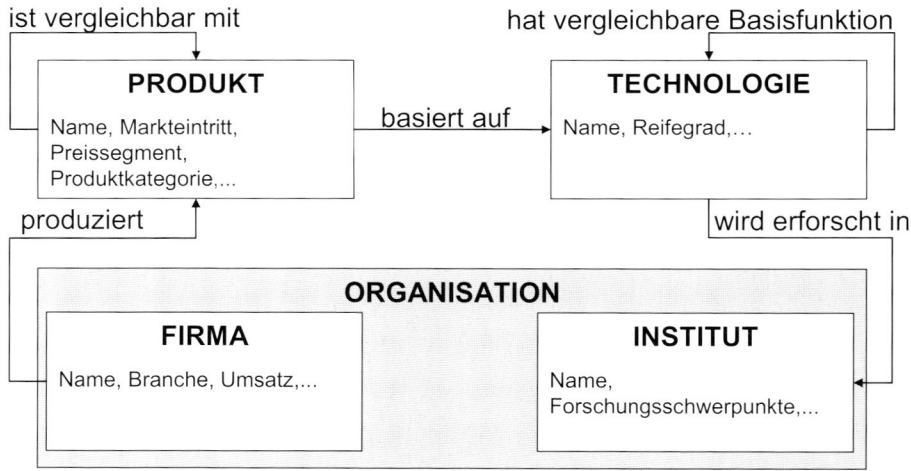

Abbildung 2:   Beispiel einfacher Zusammenhänge im Umfeld der Technologieentwicklung

hierarchien können beliebig verfeinert werden. Es ist auch möglich, dass Instanzen zu mehr als einer Klasse zugehörig sind. Durch das Hinzufügen von Attributen können die Eigenschaften von Instanzen einer Klasse genauer beschrieben werden. Aufbauend auf der Klassenhierarchie kann auch definiert werden, welche Beziehungen zwischen den Instanzen der einzelnen Klassen bestehen können.

Abbildung von logischen Zusammenhängen

Wesentlich weitreichendere Möglichkeiten ergeben sich durch den Einsatz von Mitteln aus dem Bereich der formalen Logik. Hierdurch ergeben sich auch weitere Ansätze, konkrete Fragestellungen im Umfeld der Technologieentwicklung zu beantworten. Etwa durch die aussagenlogische Beschreibung bestehender Zusammenhänge in der Wissensdomäne könnte im oben genannten Beispiel auch definiert werden, dass neue Technologien, welche die selben Basisfunktionalitäten bereitstellen wie andere, etablierte Technologien diese Technologien potentiell ersetzen können. Aufbauend darauf könnte definiert werden, dass Produkte, die auf solchen Technologien beruhen potenzielle Einsatzbereiche der neuen Technologie sind, ebenso auch als vergleichbar definierte Produkte, wenn auch in der Regel in geringerem Maße.

Semantische Annotation

Die Verschlagwortung von nicht oder nur teilweise strukturierten Informationen, wie bspw. von Dokumenten, Grafiken oder Multimediainhalten, ist ein gängiges Verfahren um ansonsten nur schwer wieder auffindbare Informationen zu kategorisieren oder deren Inhalt näher zu beschreiben. Hierbei ist nicht zwingend die Verwendung informationstechnischer Methoden erforderlich. Ähnliche Verfahren sind beispielsweise im Bibliothekarswesen seit langem auch unter Verwendung „analoger" Arbeitsmittel wie Karteikarten üblich.

Wesentlich breitere Nutzungsmöglichkeiten im Sinne informationstechnischer Verarbeitung ergeben sich, wenn statt der freien und somit potentiell mehrdeutigen Verschlagwortungen auf ein eindeutiges, formales und rechnerverständliches Vokabular zur Beschreibung der Inhalte zurückgegriffen wird. Die Anreicherung von Inhalten mit „Anmerkungen" aus einem wohldefinierten Vokabular wie einer Ontologie wird als semantische Annotation bezeichnet.

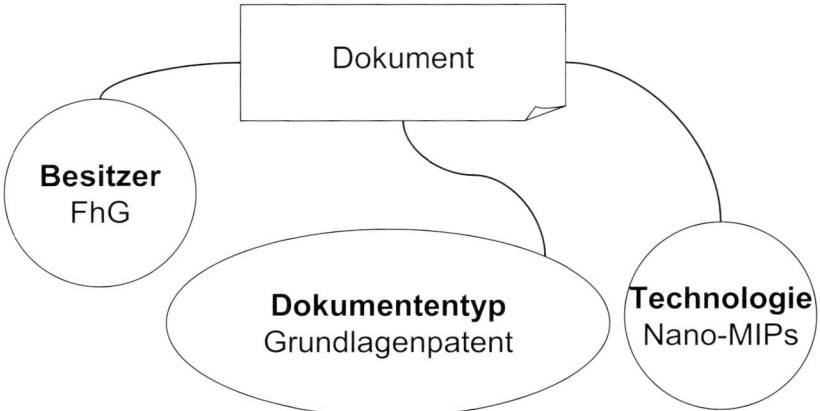

Abbildung 3:   Semantische Annotation von Dokumenten

Im skizzierten Beispiel wird ein Freitextdokument als Grundlagenpatent im Bereich der Technologie Nano-MIPs beschrieben sowie der entsprechende Halter des Patents zugeordnet.

Neben der semantischen Annotation ganzer Dokumente, ist oft auch das Annotieren einzelner Textpassagen nötig und sinnvoll, da sich innerhalb eines Dokuments oft mehrere Abschnitte mit völlig unterschiedlichem Inhalt befinden.

1. *Manuelle semantische Annotation*
   Die Erstellung von semantischen Annotationen kann durch die Benutzer eines entsprechenden IT-Systems unter Verwendung einer geeigneten Nutzungsoberfläche direkt durchgeführt werden. Um semantische Annotationen tatsächlich sinnvoll nutzen zu können, ist jedoch wesentlich, dass vorhandene Informationen tatsächlich in großem Umfang mit semantischen Annotationen versehen werden. Dies stellt in der Praxis ein nicht unwesentliches Problem dar. Problematisch hierbei ist der recht hohe Aufwand, der für Benutzer solcher Systeme entsteht. Besonders bei bereits bestehenden, großen Informationsmengen oder dynamischen, schnell veraltenden Wissensdomänen ist oft fraglich, ob hier bei einem manuellen Vorgehen das Verhältnis von Nutzen und Aufwand in einem sinnvollen Verhältnis steht.

2. *Automatische und semiautomatische semantische Annotation*
   Aufgrund des hohen Aufwands bei manuellen Annotationsverfahren kommt automatischen Verfahren zur Erzeugung semantischer Annotationen eine große Bedeutung zu. Bei den hier einsetzbaren Verfahren handelt es sich um Verfahren zur Verarbeitung natürlichsprachiger Texte. Da die Trefferquote im Bezug auf die korrekte Erstellung semantischer Annotationen je nach Einsatzgebiet stark variieren kann, existieren auch semiautomatische Verfahren, welche manuelles Eingreifen beziehungsweise Nacharbeit durch den Anwender erfordern.

Softwarewerkzeuge

Die Erstellung und Nutzung von Ontologien erfordert neben dem Vorhandensein einer geeigneten Ontologiesprache auch softwaretechnische Unterstützung zur Modellierung des abzubildenden Anwendungsgebiets. Erforderlich hierfür sind beispielsweise Softwarean-wendungen zur Erstellung und Validierung von Ontologien sowie der Eingabe, Haltung und Verwaltung der entsprechenden Ontologieinformationen.

1. *Ontologieeditoren*
    Ontologieeditoren sind Softwarewerkzeuge, welche die Erstellung und Bearbei-tung von Ontologien mittels einer grafischen Benutzerschnittstelle unterstützen. Die meisten Werkzeuge in diesem Bereich bieten darüber hinaus noch weitere Funktionalitäten, die bei der Modellierung von Ontologien hilfreich sind. Beispie-le hierfür sind formularbasierte Eingabefunktionalitäten zur Erstellung von Instan-zen, da hierdurch die Validität der erstellten Ontologien unkompliziert während der Entwicklung überprüft werden kann. Weitere häufig vorhandene Funktionali-täten liegen beispielsweise im Bereich der Visualisierung der oft komplexen Netzstrukturen von Ontologien.

    Ein Ontologieeditor mit hohem Verbreitungsgrad ist das von der Stanford Univer-sity entwickelte Werkzeug Protégé (vgl. Protégé 2008). Dieses unterstützt die W3C-Standards RDF(S) und OWL, ist trotz der kostenlosen Verfügbarkeit sehr ausgereift und wird kontinuierlich weiterentwickelt.

2. *Werkzeuge für Zugriff auf Informationen und Informationsverwaltung*
    Um Ontologien auch außerhalb von Editoren wie Protégé zu nutzen und von An-wendungssoftware aus direkt auf die modellierten Strukturen sowie auf Instanzen zugreifen zu können, werden weitere Softwarekomponenten benötigt.

    Ein Beispiel für eine solche Softwarekomponente ist das HP Jena–Framework (vgl. Jena 2008), ein Open Source Java-Framework, das unter Mitwirkung der HP Labs Semantic Web Programme entstanden ist.

    Das Jena Framework setzt eine Ontologie, die beispielsweise in RDFS, DAML+OIL oder einer der verschiedenen OWL-Varianten vorliegt, in ein Jena-Modell um und bietet auf dieser abstrakteren Ebene eine Schnittstelle zum Zugriff auf die Struktur und die Instanzen der Ontologie.

    Über das Jena-Modell kann sowohl in der Klassenstruktur als auch durch die kon-kreten Instanzen navigiert werden. Es können Eigenschaften von Klassen und In-stanzen sowie Ontologie-Metadaten abgefragt werden. Des Weiteren bietet Jena Funktionalitäten zur Modifikation von Ontologiestrukturen auf Modellebene. Durch die Bereitstellung der Abfragesprachen RDQL und SPARQL wird die Su-che im Instanzdatenbestand unterstützt.

    Außer der Haltung der Instanzdaten im Arbeitsspeicher bietet Jena die Möglich-keiten der persistenten Datenhaltung in einer relationalen Datenbank.

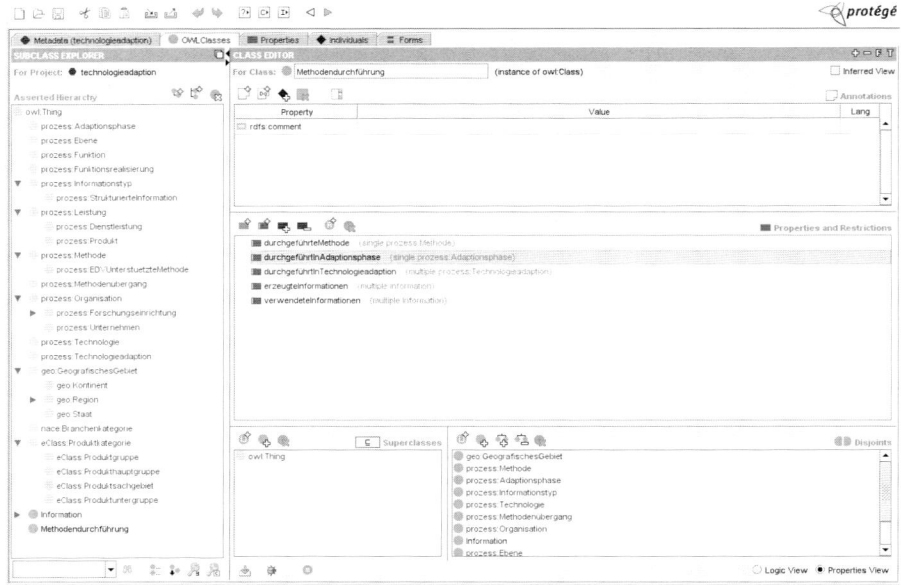

Abbildung 4:   Benutzerschnittstelle des Ontologieeditors Protégé

3.3.2   Verarbeitung von Texten in natürlicher Sprache

Mit Hilfe von Ontologien kann ein Fachgebiet begrifflich strukturiert werden. In einer ontologiebasierten Wissensbasis orientiert sich die interne Wissensrepräsentation an dieser thematischen Struktur: die Ontologie bildet das Schema für das Wissen über konkrete Instanzen und Relationen. Beispielsweise ist „OLED" eine Instanz des Begriffs „Techno-logie", „Fraunhofer erforscht OLED" ist ein Beispiel für eine Relation.

Doch wie kommt das konkrete Wissen in die Wissensbasis? Um sich über aktuelle Trends und Entwicklungen im Bereich einer bestimmten Technologie kontinuierlich auf dem Laufenden zu halten, kann man heute Internetrecherchen durchführen oder Datenbanken abfragen. Das Wissen ist dort in unzähligen Webseiten, Dokumenten und Datenbanktabel-len gespeichert. Die Konvertierung dieses Wissens in eine formale Repräsentation, deren Struktur durch eine Ontologie vorgegeben ist, ist jedoch für einen Menschen eine sehr aufwändige Aufgabe, für die er meist auch wenig motiviert ist. Moderne IuK-Technologie kann hier Unterstützung leisten: Konkretes, formales Wissen kann heute mit Hilfe von IuK-Werkzeugen maschinell aus Dokumenten extrahiert werden.

Das Fachgebiet, das sich hiermit auseinandersetzt, ist „Natural Language Processing" (NLP) (vgl. Manning/Schütze 2002). NLP ist ein Spektrum von Methoden und Techniken zur Verarbeitung gesprochener oder geschriebener Texte in natürlicher Sprache auf der

Basis verschiedener Ebenen der linguistischen Analyse in einer Qualität nahe der menschlichen Sprachverarbeitung. Dieses anspruchsvolle Fachgebiet wird seit dem Ende der 40er Jahre erforscht. Der Einbezug semantischer Analyse in den 70er Jahren und die Verfügbarkeit großer Textcorpora und großer Rechenleistung in den 80er Jahren trugen zu einer beschleunigten Entwicklung bei. Später brachten dann Initiativen wie „Künstliche Intelligenz" und zuletzt die Entwicklung im Bereich des Semantic Web neue Fortschritte. Heute verfügbare Werkzeuge basieren auf einem exakten Verständnis der die Performanz beeinflussenden Parameter und deren Beherrschbarkeit in beliebigen Anwendungskonfigurationen. Sie stellen Funktionen für die lexikalische, morphologische, syntaktische, semantische und pragmatische Verarbeitung zur Verfügung.

Ein Teilgebiet von NLP ist „Information Extraction" (IE) (vgl. Kaiser/Miksch 2005), eine Technologie, die auf das Herausfiltern von relevanten und disambiguierten Informationen aus großen Textvolumina spezialisiert ist. Welche Informationen relevant sind, wird durch vorgegebene domänenspezifische Lexika, Thesauri oder neuerdings auch Ontologien festgelegt. Dieses – für die vorliegende Aufgabenstellung wichtigste – Teilgebiet von NLP erfuhr in den 90er Jahren enormen Anschub durch Wettbewerbsinitiativen der Defence Adavanced Research Projects Agency (DARPA), die sog. „Message Understanding Conferences" (vgl. Grishman/Sundheim 1996), und des (von mehreren Trägern geförderten) „Automatic Content Extraction Program" (vgl. National Institute of Standards 2007). Typische IE-Aufgaben sind das Erkennen von Namen, Plätzen etc. („Named Entity Recognition"), die Auflösung von Koreferenzen, die Konstruktion von attributierten Entitäten, das Erkennen von Beziehungen zwischen Entitäten und das Erkennen von Szenarien.

Heutige IE-Werkzeuge basieren auf zwei verschiedenen Ansätzen:

Regelbasierte Systeme stützen sich auf die Nutzung von Grammatiken, die von Wissensingenieuren zur Konfiguration des Systems erstellt werden müssen. Der Ingenieur muss dazu sowohl Kenntnisse des Systems als auch der Anwendungsdomäne einbringen. Der regelbasierte Ansatz wird vor allem dann eingesetzt, wenn linguistische Ressourcen – z. B. Lexika oder Wortlisten aus der Anwendungsdomäne – verfügbar sind. Ein bekannter Vertreter dieser Gattung ist die Open Source Software „General Architecture for Text Engineering (GATE)" (vgl. Cunningham/Maynard 2007) der Universität Sheffield.

Trainingsbasierte Systeme nutzen Beispieltexte, welche vom Wissensingenieur in Bezug auf die zu extrahierende Information annotiert werden. In einer (iterativen) Phase des maschinellen Lernens wird das System dazu antrainiert, diese Extraktionen später selbstständig auf neue Texte anzuwenden.

Eine neuere, im Kontext des Semantic Web entwickelte Methode ist die ontologiebasierte Informationsextraktion (OBIE) (vgl. Maynard/Yankova 2005). Die extrahierte Information wird dabei zu den beschreibenden Elementen in der Ontologie (Konzepte, Instanzen, Relationen) in Beziehung gesetzt, d.h. die Texte werden automatisch „semantisch annotiert". OBIE-Werkzeuge können somit zur direkten Population einer ontologiebasierten Wissensbasis mit aus Texten extrahiertem Wissen eingesetzt werden.

3.3.3   Klassifikation von Dokumenten

Die Beurteilung des Status einer Technologie erfolgt – wie in weiteren Kapiteln dieses Buches detailliert erläutert – auf der Berechnung und Auswertung von statistischen Kennzahlen, sogenannten Indikatoren, die – einzeln oder in ihrer Gesamtheit – den bisherigen Verlauf der Technologieentwicklung charakterisieren und den zukünftigen Verlauf durch Vergleich mit bekannten Verläufen von Referenztechnologien prognostizieren können. Viele dieser Indikatoren beruhen auf der Abzählung aktuell verfügbarer Texte oder Dokumente eines bestimmten Typs. Dazu gehören z.B. Indikatoren zur Beobachtung der Entwicklung von Stellenanzeigen, Patentschriften oder Literatur mit Bezug zu einer bestimmten Technologie (vgl. Kapitel 8). Die Fragestellung, die ein konkreter Indikator aufwirft, kann dabei durchaus sehr spezifisch sein. Beispielsweise interessiert bei der Beobachtung der Patententwicklung nicht nur die einfache Erfassung der absoluten Anzahl verfügbarer Patente, sondern auch, wie viele der Patente sich auf Grundlagen bzw. auf eine konkrete Anwendung der Technologie beziehen.

Ziel der Integrationsplattform ist es, den Wert möglichst vieler Indikatoren *automatisch* zu bestimmen. Nachdem die dazu erforderlichen Basisdokumente (z. B. Patentschriften) beschafft sind (siehe dazu auch Kapitel 10), müssen diese zunächst klassifiziert werden. Dazu sind unter Umständen mehrere Klassifikationsschritte notwendig, beispielsweise

1. Hat ein gefundenes Dokument, z. B. eine Patentschrift, Bezug zu einer bestimmten Technologie?
2. Handelt es sich um ein eher grundlagen- oder eher anwendungsbezogenes Patent?

Fragestellung (1) lässt sich oft bereits mit Hilfe einer Suche im Dokumentenbestand erledigen. Ein systematisches Durchforsten des ganzen Bestandes mit anschließender automatischer Klassifikation hätte aber den Vorteil, wirklich *alle* Dokumente einer Klasse zu erfassen und nicht von der genauen Wahl der Suchparameter abhängig zu sein. Fragestellung (2) lässt sich kaum mit einer Suchanfrage beantworten.

Die automatische Klassifikation von Dokumenten – d. h. die Zuordnung eines Objekts zu einer Kategorie entsprechend seinen Eigenschaften – ist somit eine essentielle Grundfunktion bei der Bestimmung von Kennwerten einer Technologie. Doch wie kann diese technisch umgesetzt werden? Dazu sind zwei Ansätze überlegenswert:

- *Auswertung semantischer Annotationen*
  In Kapitel 3.3.2 wurde der Einsatz der automatischen Informationsextraktion und semantischen Annotation von Quelldokumenten zum Füllen von Wissensbasen beschrieben. Die Klassifikation von Texten kann sich auf eine Auswertung erstellter Annotationen stützen. Hier eröffnen – von semantischen Suchmaschinen her bekannte - Algorithmen für ontologiebasiertes Ranking durch Gewichtung von Annotationen (vgl. Vallet/Fernández 2005) die Möglichkeit, die Klasse eines Dokumentes zu berechnen. Ein Nachteil dabei ist, dass sich diese Verfahren auf die Verfügbarkeit von fachspezifischen Lexika, Thesauri oder Ontologien stützen, die zu diesem Zweck verfügbar sein müssen.

- *Einsatz statistischer Verfahren des maschinellen Lernens zur Textanalyse*
  Diese Verfahren stützen sich nicht auf formal spezifiziertes Wissen, sondern basieren auf der Erstellung eines Trainingskorpus bestehend aus einer (meist großen) Menge von Beispieldokumenten. Eine Lernsoftware wird dann mit Hilfe dieses Korpus antrainiert, d. h. sie lernt die Klassen selbstständig zu unterscheiden und versetzt sich in die Lage, für neu hinzukommende Dokumente vollautomatisch die Klasse zu bestimmen. Solche Werkzeuge werden bereits in anderen Aufgabenstellungen erfolgreich eingesetzt, beispielsweise bei der Überprüfung der Kreditwürdigkeit von Kunden im Bankgeschäft oder beim Ausfiltern von Spamnachrichten in Emailsystemen.

Der Vorgang des Lernens verläuft in folgenden Schritten: Zunächst wird der Trainingskorpus erstellt und die Korpusdokumente händisch von einem Fachexperten klassifiziert. Durch linguistische und statistische Analyse werden dann alle Dokumente durch ihre „Merkmale" beschrieben. Ein Merkmal ist dabei ein im Dokument vorkommendes Wort. Anschließend werden die Merkmale durch verschiedene Algorithmen reduziert und aufgrund der Häufigkeit ihres Auftretens gewichtet. Dokumente werden vollständig als gewichtete Vektoren in einem Vektorraum beschrieben. Diese Darstellung wird für vielfältige Klassifikationsaufgaben eingesetzt, d.h. sie wird nicht nur bei der Klassifikation von Texten erzeugt. Aus der Vektorrepräsentation lässt sich ein Modell generieren, mit dem neue Dokumente selbsttätig automatisch klassifiziert werden können.

Für die Durchführung von Klassifikationsaufgaben mittels statistischer Verfahren steht eine Palette von Methoden und Werkzeugen zur Verfügung, die für das Data Mining (und neuerdings auch für das Text Mining) (vgl. Ferber 2003) entwickelt wurden. Die bekanntesten bei der Klassifikation benutzten Algorithmen sind Support Vector Machines (SVM), Naïve Bayes, Entscheidungsbäume, Lazy Learners oder Neuronale Netze. Besonders SVM haben sich bei der Klassifikation von Texten, bei denen – im Unterschied zu anderen Klassifikationsgegenständen – sehr große Merkmalsräume entstehen, besonders bewährt.

3.3.4   Informationsquellen systematisch durchforsten

Um Dokumente zu klassifizieren und Informationen daraus extrahieren zu können, müssen diese zunächst beschafft werden. Dabei sollte der Dokumentenscan grundsätzlich alle Wege, auf denen Dokumente in die Integrationsplattform eingebracht werden können, einbeziehen, z. B. manuelles Hochladen, Einlesen von Datenträgern oder der direkte Zugriff auf Onlinequellen. Wichtig bei der Nutzung der erfassten Dokumente für die Kennzahlberechnung ist die Determiniertheit der Erfassung: Um Trends bei einer Technologieentwicklung auf Basis der Anzahl vorhandener Dokumente erkennen zu können, müssen solche Scans mit den Ergebnissen von vorherigen Scans vergleichbar sein, d. h. der Informationsraum, in dem nach Dokumenten gesucht wird, muss mit bei früheren Scans verwendeten Informationsräumen abgestimmt werden.

Für das automatische Auffinden von Dokumenten in einem Informationsraum durch Hintergrundprozesse, die in der Integrationsplattform ablaufen, stehen vielfältige IuK-Werkzeuge zur Verfügung. Die wichtigsten sind:

- *Onlinedatenbanken*: Oft können die benötigten Dokumente durch Abfragen von Onlinedatenbanken erhalten werden, z. B. Patentdatenbanken oder Stellenanzeigendienste.
- *Web Crawler*: Web Crawler werden von Suchmaschinen zur Auffindung und anschließenden Indizierung von Internetinhalten eingesetzt. Beginnend mit konfigurierbaren Startseiten verfolgt ein Web Crawler automatisch Verweise auf weitere Quellen bis zu einer vorgegebenen Suchtiefe.
- *Newsfeeds*: Das Abonnieren bestimmter Webseiten ermöglicht – ähnlich einem Nachrichtenticker – das direkte, empfängergesteuerte Erhalten von Neuigkeiten, die auf diesen Seiten zu bestimmten Themen erscheinen.
- *Softwareagenten*: Softwareagenten sind autonom arbeitende Programme mit eigenständigem Verhalten, Migrierbarkeit und Lernfähigkeit, die auch zur gezielten Recherche in Informationsräumen eingesetzt werden können.
- *Suchmaschinen*: Dokumente lassen sich selbstverständlich auch mit Hilfe von Suchmaschinen mit geeigneten Suchbefehlen finden. Zu beachten sind vor allem spezialisierte Suchdienste wie z. B. der Patentsuchdienst von Google.

Das Ergebnis des Dokument-Radars kann – je nach Beschaffungsquelle, Formulierung der Abfragen und verfügbaren Metadaten der Dokumente – unterschiedliche Qualität in Bezug auf die Trefferliste aufweisen. Bestenfalls erhält man bereits klassifizierte oder teilklassifizierte Dokumente, oft aber sind zunächst unbrauchbare Dokumente durch Klassifikation auszufiltern und eine mehrstufige Feinklassifikation vorzunehmen.

3.3.5   Serviceorientierte Architekturen und Web Services

Die Integrationsplattform besteht aus einer Reihe von Diensten, die Aufgaben im Kontext der Beschaffung, Aufbereitung, Visualisierung, Vernetzung und Auswertung aktueller, relevanter Informationen erledigen. Je nach Aufgabenstellung kommen dabei unterschiedliche Dienste zum Einsatz und es muss eine sequentielle Abfolge der Dienstaufrufe erstellt werden. Die Plattform soll sich dabei nicht als eng gekoppeltes, monolithisches System präsentieren, vielmehr soll sie offen gegenüber dem Einbezug beliebiger Dienste sein, die auch von externen Anbietern zur Verfügung gestellt werden können.

Serviceorientierte Architekturen stellen vielfältige Möglichkeiten für die Entdeckung, die Orchestrierung, den Aufruf und die Zusammenarbeit von Diensten mit loser Kopplung zur Verfügung. Die „Web Service Architecture (WSA)" (vgl. World Wide Web Consortium 2004) definiert Regeln für das Erstellen solcher Dienste auf der Basis von Internettechnologie.

3.4   Literatur

Berners-Lee, T.; Hendler, J.; Lassila, O. (2001): The Semantic Web. In: Scientific American, Jg. 284, H. 5, S. 28-37.

Cunningham, D. H.; Maynard, D. D.; Bontcheva, D. K.; Tablan, M. V. (2002): GATE: A Framework and Graphical Development Environment for Robust NLP Tools and Applications: Proceedings of the 40th Anniversary Meeting of the Association for Computational Linguistics (ACL'02). Philadelphia, Juli 2002 .

Ferber, R.; Ferber, R. (2003): Information Retrieval: Suchmodelle und Data-Mining-Verfahren für Text-sammlungen und das Web. 1. Aufl. Heidelberg: dpunkt; dpunkt-Verl.

Grishman, R.; Sundheim, B. (1996): Message Understanding Conference-6: a brief history. In: Grishman, R.; Sundheim, B. (Hg.): Proceedings of the 16th International Conference on Computational Linguistics (COLING), I, Kopenhagen , S. 466–471.

Horrocks, I.; Patel-Schneider, P. F.; Boley, H.; Tabet, S.; Grosof, B.; Dean, M. (2004): SWRL: A Semantic Web Rule Language Combining OWL and RuleML. In: W3C Member Submission, Jg. 21.

Jena, A.: Semantic Web Framework for Java. Online verfügbar unter http://jena.sourceforge.net, zuletzt geprüft am 23.06.2008.

Kaiser, K.; Miksch, S. (2005): Information Extraction. A Survey. Technical report, Vienna University of Technology, Institute of Software Technology and Interactive Systems, Asgaard-TR-2005-6, May 2005.

Manning, C. D.; Schütze, H. (2002): Foundations of statistical natural language processing. Cambridge: MIT Press.

Maynard, D.; Yankova, M.; Kourakis, A.; Kokossis, A. (2005): Ontology-based information extraction for market monitoring and technology watch: Ontology-based information extraction for market monitoring and technology watch. ESWC Workshop End User Apects of the Semantic Web), Heraklion, Crete, 2005.

McGuinness, D. L.; van Harmelen, F.: OWL Web Ontology Language Overview, W3C Recommendation 10 February 2004. Online verfügbar unter http://www.w3.org/TR/owl-features, zuletzt geprüft am 03.09.2008.

National Institute of Standards; Technology (2007): Automatic Content Extraction (ACE) Evaluation. Online verfügbar unter http://www.nist.gov/speech/tests/ace/2007, zuletzt geprüft am 03.09.2008.

Protégé: The Protégé Ontology Editor and Knowledge Acquisition System. Online verfügbar unter http://protege.stanford.edu, zuletzt geprüft am 03.09.2008.

Prud'hommeaux, E.; Seaborne, A.: SPARQL Query Language for RDF W3C Candidate Recommendation 14 June 2007. Online verfügbar unter http://www.w3.org/TR/rdf-sparql-query, zuletzt geprüft am 03.09.2008.

Sandtner, O. (2000): Business Rules, Diplomarbeit. AIFB Karlsruhe. Online verfügbar unter http://www.aifb.uni-karlsruhe.de/WBS/sst/Teaching/MastersTheses/oliver.sandtner.pdf, zuletzt geprüft am 03.09.2008.

Smith, M. K.; Welty, C.; McGuinness, D. L. (2004): OWL Web Ontology Language Guide. Online verfügbar unter http://www.w3.org/TR/owl-guide, zuletzt geprüft am 03.09.2008.

Vallet, D.; Fernandez, M.; Castells, P. (2005): An Ontology-Based Information Retrieval Model: The Semantic Web: Research and Applications. Berlin [u.a.]: Springer (Lecture Notes in Computer Science), 3532/2005, S. 455–470.

Voß, J. (2003): Modellierung von Ontologien. Humboldt Universität. Online verfügbar unter http://www.dbis.informatik.hu-berlin.de/dbisold/lehre/WS0203/SemWeb/artikel/9/Voss_ontologien-modellieren2003.pdf, zuletzt geprüft am 03.09.2008.

World Wide Web Consortium (2004): Web Services Architecture Requirements. World Wide Web Consortium (W3C). Online verfügbar unter http://www.w3.org/TR/wsa-reqs, zuletzt geprüft am 03.09.2008.

4 Erfolgsfaktoren der Technologieentwicklungsfähigkeit

Alexander Slama

Die Steigerung der Technologieentwicklungsfähigkeit setzt die Kenntnis über die richtigen und wichtigen Erfolgsfaktoren im Technologieentwicklungsprozess voraus. Dadurch können zielgerichtet entsprechende Maßnahmen abgeleitet und umgesetzt werden. Die Erfolgsfaktoren zur Steigerung der Technologieentwicklungsfähigkeit wurden anhand der Erfahrungen von fünf Fraunhofer-Instituten, zahlreichen Experteninterviews im Themenfeld Technologie- und Innovationsmanagement und der einschlägigen Literatur erhoben. Anhand eines Pretests wurden daraus die 41 entscheidenden Erfolgsfaktoren ermittelt.

Die Fraunhofer-Gesellschaft ist heute die größte Einrichtung für Forschungs- und Entwicklungsdienstleistungen in Europa. Das zentrale Ziel ist die anwendungsorientierte Forschung und damit der Transfer von technologischen, methodischen und organisatorischen Neuheiten in die industrielle Praxis. Durchbruchinnovationen wie etwa die Erfolgsgeschichte von MP3 sind nur ein gutes Beispiel für die exzellente Forschungsleistung.

In einer Breitenerhebung wurden Erfahrungsträger der Fraunhofer-Gesellschaft zur Relevanz und Ausprägung der Erfolgsfaktoren in den vier Stages des Technologieentwicklungsprozesses befragt (zu den Stages siehe Kapitel 2.4). Vierzig beantwortete Fragebögen von Instituts- und Abteilungsleitern der Fraunhofer-Gesellschaft bilden die Grundlage der im Folgenden dargestellten Studienergebnisse. Für die Einschätzung der Industrie zu den 41 Erfolgsfaktoren gaben 17 Unternehmensvertreter Auskunft. Wegen der eher geringen Fallzahl der Fraunhofer- und Industriebefragung, sind die Darstellungen als Tendenzen zu verstehen.

4.1 Der Zeitfaktor im Technologieentwicklungsprozess am Beispiel der Fraunhofer-Gesellschaft

Kurze Innovationszyklen sind immer dann gefordert, wenn es im adressierten Markt einen erhöhten Wettbewerb gibt, es die Marktnachfrage verlangt oder dies der schnelle technologische Wandel bedingt (vgl. Studinka 1997). Das Ziel einer schnellen Umsetzung von Innovationen liegt in der Erhaltung bzw. Verbesserung der Wettbewerbsposition der Unternehmung und damit auch des Unternehmenserfolgs (vgl. Kubik 1994). So gewinnt der Faktor Zeit im Wettbewerb zunehmend an Bedeutung neben den Erfolgsfaktoren Kosten und Qualität (vgl Günther/Fischer 2000). Forschungseinrichtungen oder technologieorientierte Unternehmen, denen es gelingt frühzeitig mit der erfolgversprechenden Neuerung in den Markt einzutreten, können eine Monopolstellung einnehmen und ausnutzen. So können zum Beispiel Kostenvorteile realisiert, Standards gesetzt oder das Image eines innovativen Unternehmens geprägt werden (vgl Vedder 2001; Krüger 1998).

Bei der Frage nach der Dauer des Technologieentwicklungsprozesses, also die Zeit von der Identifikation der Technologie bis zur Einführung des marktfähigen Produktes, gaben 92 Prozent der 40 Befragten der Fraunhofer Gesellschaft eine Zeitspanne von drei bis acht Jahren an. Im Mittel ergab sich eine Dauer von 4,8 Jahren. Technologieentwicklung ist ein zeitintensiver Prozess.

Eine deutliche Mehrheit von 85 Prozent bestätigt eine hohe Relevanz der schnellen Umsetzung einer Technologieentwicklung für den Erfolg des Endproduktes, (Abbildung 1). Nur 15 Prozent halten eine schnelle Umsetzung für weniger wichtig. Trotz dieser hohen Relevanz bestätigen 70 Prozent der Befragten, dass der Technologieentwicklungsprozess langsamer als geplant war. Es gibt zwei mögliche Gründe für diese hohe Einschätzung. Zum einen kann eine Überschreitung der geplanten Dauer an einer zu ambitionierten Zeitplanung gelegen haben. Davon ist hier eher nicht auszugehen, da nur etwa ein Viertel die Überschreitung damit begründet. Hier liegt die Ursache in sogenannten Zeittreibern (vgl. Slama et al. 2006) die den Ablauf verzögern. Zeittreiber sind Ansatzpunkte zur Beschleunigung von Prozessen.

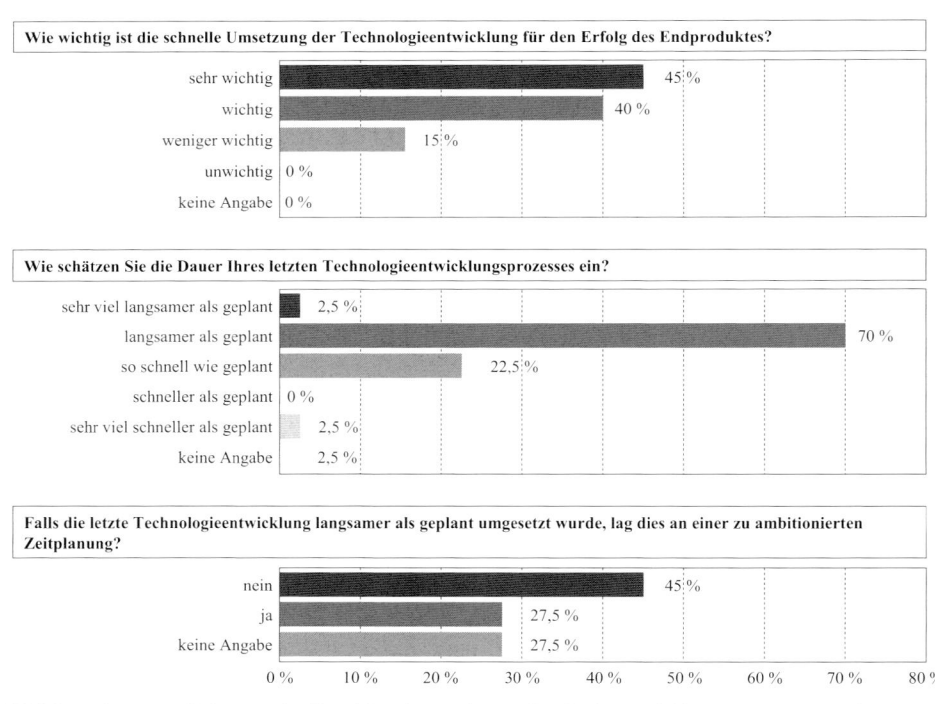

Abbildung 1:   Relevanz der Beschleunigung des Technologieentwicklungsprozesses nach Einschätzung der Fraunhofer-Institute

Es besteht ein großer Handlungsbedarf bei der Beschleunigung des Technologieentwicklungsprozesses, da die Dauer des Entwicklungsprozesses ein erfolgsentscheidender Faktor ist. Im Durchschnitt dauert dieser aber länger als geplant. Wichtig dabei ist die Kenntnis über die Faktoren, die direkten Einfluss auf die Dauer des Technologieentwicklungsprozesses haben. Die Regressionsanalyse ergab, dass acht der 41 Erfolgsfaktoren einen direkten Einfluss auf die Dauer haben. Die Beschleunigungsfaktoren in den einzelnen Stages sind im Folgenden beschrieben.

Die Stage 1 „Initiierung" ist geprägt durch die Identifikation der chancenreichsten Technologie. In einem oder mehreren kleinen Projekten werden die Möglichkeiten und Machbarkeiten der Technologie erfasst. Am Ende steht die Entscheidung für oder gegen den nachhaltigen Einstieg in die Technologie und eine Vision für die folgenden Entwicklungen. In der Stage 1 haben die drei Ebenen „Produkt/Leistung", „Funktion" und „Technologie" mit folgenden Faktoren beschleunigende Wirkung, siehe dazu Abbildung 2. Durch regelmäßige Kontakte zu den Kunden und den Geschäftspartnern herrscht eine umfassende Kenntnis über deren heutige und zukünftige Bedürfnisse und Produktanforderungen. Gerade diese informellen Kommunikationskanäle geben Aufschluss über latent vorhandene Wünsche. Getragen von Offenheit und Vertrauen können strategische Technologieentscheidungen mit Kunden oder Geschäftspartner ausgetauscht und diskutiert werden. Zudem gilt es, Kundenanforderungen systematisch und methodengestützt zu ermitteln und in den Entwicklungen umzusetzen. Dies liefert ein verlässliches Bedarfsprofil über zu erfüllende Funktionalitäten im anvisierten Technologiethema. Die gesammelten Informationen aus den Gesprächen und den systematischen Erhebungen liefern eine wichtige Entscheidungsgrundlage für den Bewertungsprozess von in Frage kommenden Technologien. Sie beschleunigen den Einstieg in neue Technologien durch mehr Zuverlässigkeit, bessere Transparenz, umfangreicheres Wissen, und durch ein geringeres Risiko am Markt vorbei zu entwickeln.

Um die angestrebte Funktionalität erfüllen zu können, wirkt über alle Stages hinweg die vorhandene Systemkompetenz beschleunigend. Sie ist für die Erstellung des Gesamtsystems notwendig, um die Kundenanforderungen zu erfüllen. In der frühen Stage des Technologieentwicklungsprozesses herrscht eher eine vage Vorstellung über das Endprodukt beziehungsweise das System. Wer hier frühzeitig nicht nur die in Frage kommende Technologie auf ihre Möglichkeiten hin untersucht, sondern auch das Gesamtsystem mit der Technologie betrachtet, vermeidet Produktfehler und Fehlentscheidungen, die Folgeaktivitäten beeinflussen und verzögernd wirken oder bis zum Projektabbruch führen können.

Klare Ziele und deren Kommunikation zu Beginn der Technologieentwicklung erlauben eine bessere Ablaufplanung, ein gemeinsames Verständnis, die Vermeidung von schleichenden Eigenschaften und damit eine zielorientierte und schnelle Umsetzung. Die Ziele orientieren sich an der definierten und kommunizierten Vision als übergeordnete Richtung und sorgen für eine nachhaltige Bearbeitung durch den anhaltenden Bestand der Vision. Die Ziele fungieren als Auswahlkriterium bei der Entscheidung zur Adaption neuer Technologien.

In Stage 2 „Inkubation" wird die Technologie tiefer erforscht, erste Prototypen erzeugt und die Ergebnisse in die Forschungslandschaft eingebracht. Die Systemkompetenz und die an der Vision orientierten Einstiegsentscheidung haben weiterhin beschleunigende Wirkung.

Speziell in dieser zweiten Stage wirkt die Erstellung eines Prototyps zur Veranschaulichung der Laborergebnisse und der damit verbundenen Fachkompetenz beschleunigend. Der „Kompetenz"-Bereich birgt in der zweiten Stage wichtige Beschleunigungsfaktoren. Zum einen können durch vorhandene eigene Fachkompetenzen schnell alternative Lösungen umgesetzt werden, um neu aufkommende Anforderungen umsetzen zu können. Zum anderen ist entscheidend, dass die Mitarbeitenden überzeugt von der Notwendigkeit der Technologie, deren Adaption und dem gewonnen Wissen sind. Dies sichert die Motivation, Akzeptanz und vermeidet Ängste und konträre Ziele.

In Stage 3 „Modifikation" wird die Technologie, die durch prototypische Darstellungen am Markt gespiegelt wurde, gemäß den Anforderungen angepasst und gegebenenfalls in ein System integriert. Auf dem Weg zur marktreifen Technologie wirken vor allem marktorientierte Aspekte beschleunigend. Die systematische Ermittlung der Trends und Entwicklungsrichtungen der Unternehmen im behandelten Themenfeld ermöglicht frühzeitiges Reagieren auf Wettbewerber, Zielkonkretisierung und Impulsaufnahme für die Modifikation. Durch systematisches Marketing werden die eigenen Ergebnisse und Kompetenzen in den Außenraum kommuniziert, um frühzeitig Marktzugänge zu schaffen.

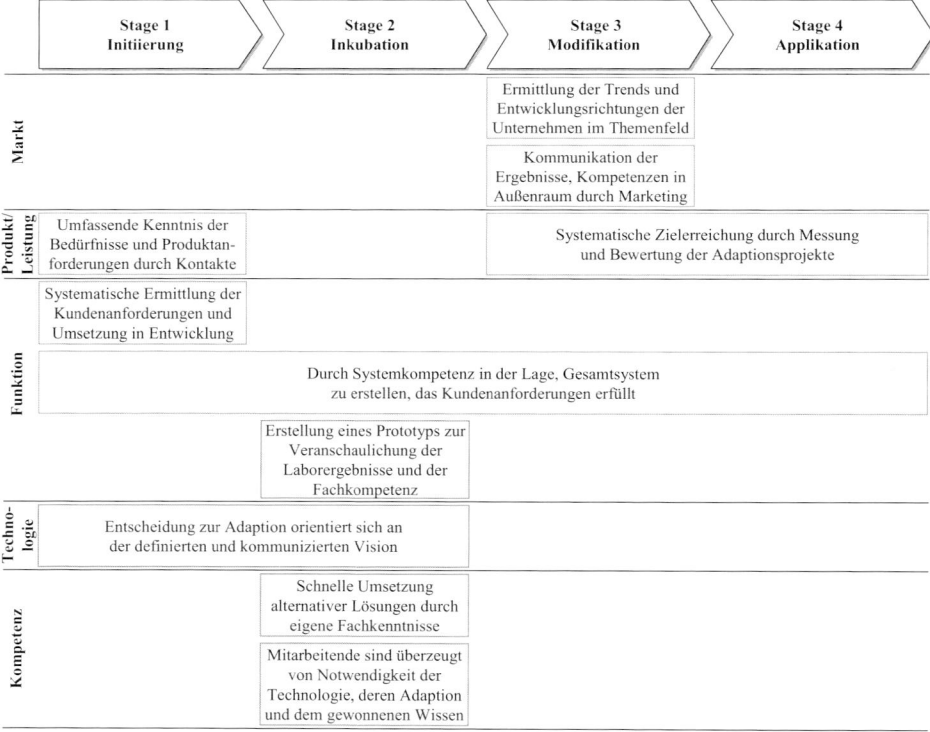

Abbildung 2:   Beschleunigungsfaktoren im Technologieentwicklungsprozess in der angewandten Forschung

Ab der dritten Stage werden die Entwicklungsziele vor allem dadurch systematisch erfüllt, dass die Adaptionsprojekte ständig gemessen und bewertet werden. Dies erlaubt die Identifikation von Stärken und Schwächen, Maßnahmenableitung, Umplanung, Prüfung der Anforderungserfüllung und eine zielorientierte transparente Umsetzung.

In der Stage „Applikation" findet die Technologie Anwendung in weiteren Produkten. Dies führt zu einer Produktdiversifizierung und nachhaltigen Etablierung am Markt. Auch hier wirkt die systematische Zielerreichung durch Messung und Bewertung sowie die Systemkompetenz beschleunigend.

4.2   Der Wettbewerbsfaktor Zeit im industriellen Technologieentwicklungsprozess

Von den befragten technologieorientierten Industrieunternehmen halten 58,6 Prozent die schnelle Umsetzung der Technologieentwicklung für mindestens wichtig. Die Beschleunigung des Technologieentwicklungsprozesses ist auch bei den Industrieunternehmen eine Erfolgsgröße. Dennoch sind die industriellen Technologieentwicklungsprozesse bei 41,4 Prozent der Befragten langsamer als geplant. So bestätigen 31 Prozent der Befragten, die die Technologieentwicklung langsamer als geplant umgesetzt haben, dass dies auf eine zu ambitionierte Zeitplanung zurückzuführen ist, siehe Abbildung 3. Ambitionierte Zeitplanungen werden vor allem dann angesetzt, wenn der Wettbewerbsdruck hoch ist, Kosten durch kürzere Ressourcenbindungen eingespart werden sollen oder aus strategischen Gründen eine frühzeitige Umsetzung erfolgen muss. Für Industrieunternehmen herrscht bei der Technologieentwicklung ein enormer Zeitwettbewerb. Auf Grund der geringen Stichprobe konnte keine Regressionsanalyse zur Identifikation von Beschleunigungsfaktoren durchgeführt werden.

4.3   Zum richtigen Zeitpunkt das Richtige tun

Um besonders gut in der Lage zu sein, neue Technologien zu identifizieren, zu adaptieren und so zu entwickeln, dass technische Innovationen entstehen, müssen zum richtigen Zeitpunkt im Entwicklungsprozess die entscheidenden Erfolgsfaktoren ausgeprägt sein. Die Fraunhofer-Institute gaben Auskunft darüber, wie erfolgsrelevant die 41 identifizierten Faktoren in den vier Stages sind. Abbildung 4 stellt pro Stage die zehn relativ wichtigsten Faktoren dar. Dabei wird deutlich, dass einige Faktoren immer oder fast immer wichtig sind und andere speziell in einer oder zwei Stages auszuprägen sind. Die Relevanz der Erfolgsfaktoren ist abhängig von den Herausforderungen in den einzelnen Stages.

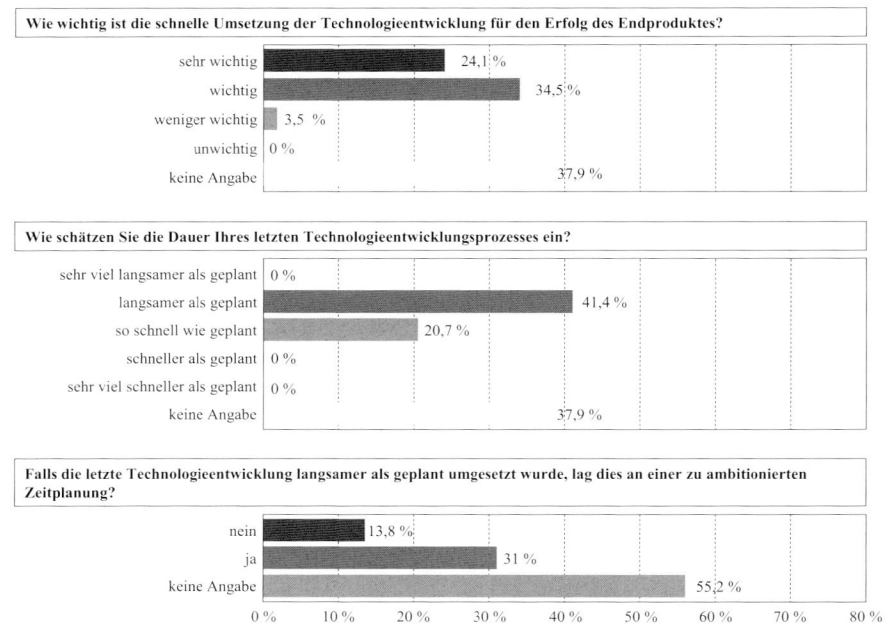

Abbildung 3:   Relevanz der Beschleunigung des Technologieentwicklungsprozesses nach
                      Einschätzung der Industrieunternehmen

Über den gesamten Technologieentwicklungsprozess weisen die meisten Erfolgsfaktoren eine Dynamik auf. In den ersten drei Stages liegen die meisten Erfolgsfaktoren im Bereich „Kompetenz". Ab der dritten Stage werden mehr marktbezogene Faktoren wichtig und in Stage vier sind dort die meisten Erfolgsfaktoren.

Marktbezogener Erfolgsfaktor in den ersten drei Stages ist die nachhaltige Finanzierung der Technologieentwicklung durch die Analyse der Förderlandschaft und durch die Kontaktpflege zu potenziellen Geldgebern. Geld ist das „Schmiermittel" des Vorhabens zur Finanzierung der Personalressourcen, Sachressourcen und dem Aufbau der Organisation und Infrastruktur. Ab Stage drei ist die Bereitschaft zu neuen Kooperationsmodellen und in Stage vier die Bereitschaft zur Anwendung neuer Geschäftsmodelle erfolgsrelevant. Zudem kommt es darauf an, die Ergebnisse und Kompetenzen durch ein systematisches Marketing in den Außenraum zu kommunizieren und ausreichend Personalressourcen dafür bereitzustellen. Zur Applikation der technischen Innovation ist es wichtig, systematisch konkrete Zielmärkte zu identifizieren und sich umfangreiche Kenntnisse über die dort gegebenen Rahmenbedingungen, Preisstrukturen und Kundenwünsche zu verschaffen.

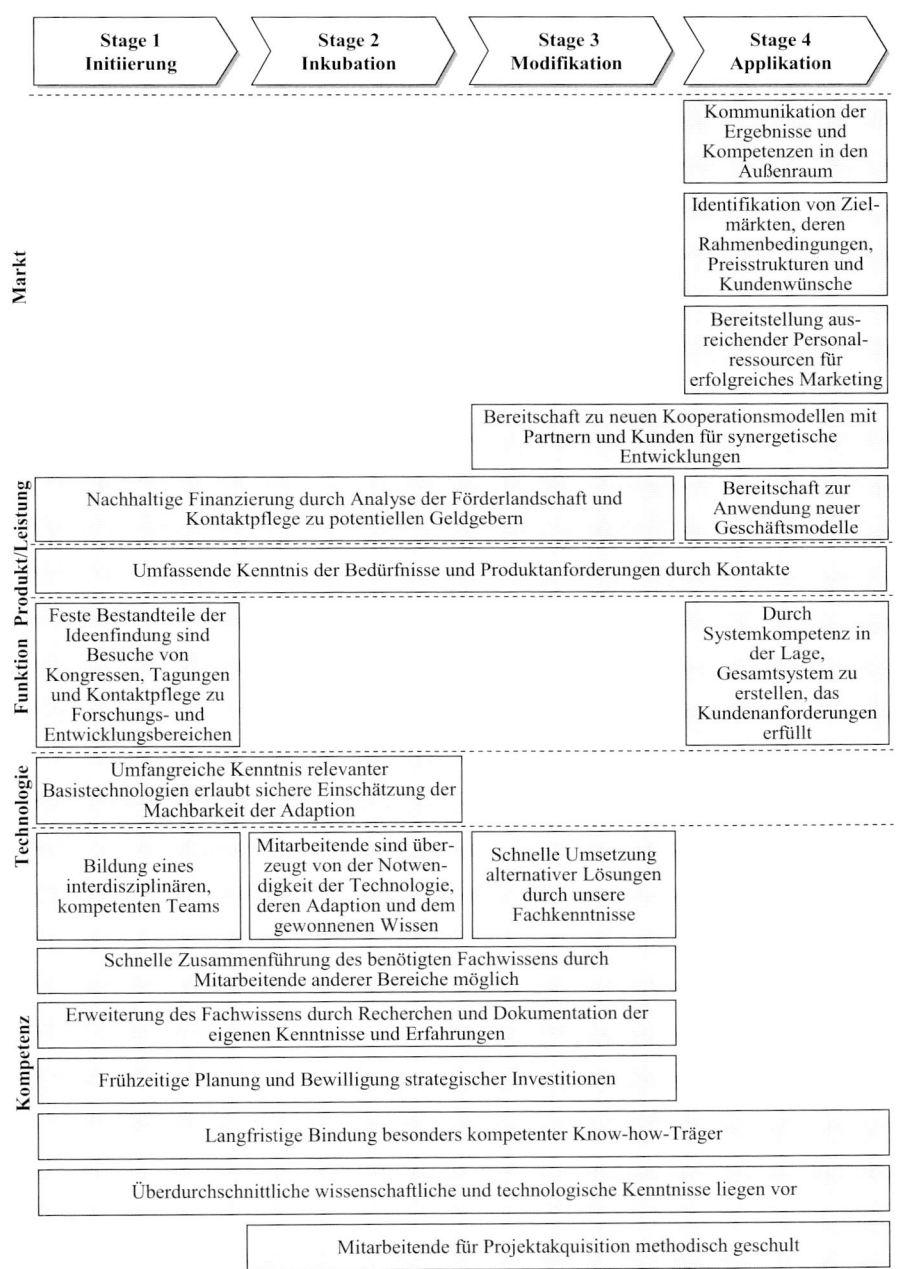

Abbildung 4:   Ebenen- und Stage-spezifische Einteilung der wichtigsten zehn Erfolgsfaktoren für exzellente Technologieentwicklungsfähigkeit in der angewandten Forschung

Der produktbezogene Erfolgsfaktor *„Umfassende Kenntnis der Bedürfnisse und Kunden-anforderungen durch Kontakte"* gehört in allen Stages zu den wichtigsten zehn Faktoren.

Im Bereich „Funktion" sollten in der ersten Stage Besuche von Kongressen, Tagungen und die Kontaktpflege zu Forschungs- und Entwicklungseinrichtungen fester Bestandteil der Ideenfindung sein. Hierbei handelt es sich um Anregungen zu benötigten Funktionalitäten der Produkte und um mögliche Funktionalitäten durch neue Technologien. Am Ende des Entwicklungsprozesses soll ein Gesamtsystem erstellt werden, das die Kundenanforderungen durch die Produktfunktionalitäten erfüllt. Systemkompetenz ist gefragt.

Im Bereich „Technologie" bedarf es einer sicheren Einschätzung der Machbarkeit der technischen Unternehmung. Dies ist besonders in den ersten beiden Stages wichtig.

Die Kompetenz ist das Rückgrat der Technologieentwicklungsfähigkeit in der angewandten Forschung. Für den gesamten Prozess bedarf es überdurchschnittlicher wissenschaftlicher und technischer Kenntnisse. Das Fachwissen sollte durch regelmäßige Recherchen und Dokumentationen der eigenen Kenntnisse und Erfahrungen erweitert werden. Speziell in der Stage „Modifikation" wird die exzellente Fachkenntnis zum Schlüsselfaktor bei der schnellen Umsetzung alternativer Lösungen. Für den Aufbau, den Erhalt und der Befähigung der exzellenten Kompetenzen ist es strategisch wichtig, besonders kompetente Know-how-Träger langfristig binden zu können und für die Bewilligung der Investitionen in hervorragende Sachressourcen frühzeitig zu planen. Für die Finanzierung der einzelnen Projekte im Technologieentwicklungsprozess ist nach der Stage „Initiierung" die methodische Schulung der Mitarbeitenden für die Projektakquisition erfolgsrelevant. In der Regel ist für die Adaption und Entwicklung neuer Technologien die Zusammenarbeit mehrerer Fachdisziplinen gefordert, die häufig in der gewünschten Konstellation so nicht vorliegt. Um die Technologie zu beherrschen und ein Gesamtsystem umzusetzen, bedarf es in den ersten drei Stages vor allem einer flexiblen Aufbauorganisation, die es erlaubt schnell das benötigte Fachwissen durch Mitarbeitende anderer Bereiche einzubinden. Bei der „Initiierung" ist die organisatorische Herausforderung die Bildung eines interdisziplinären, kompetenten Teams, um die Grundlage für eine nachhaltige Bearbeitung des Technologieentwicklungsvorhabens zu ermöglichen.

Die 17 befragten Technologieunternehmen bewerteten aus Industriesicht die Relevanz der 41 identifizierten Faktoren in den vier Stages. Abbildung 5 stellt pro Stage die zehn relativ wichtigsten Faktoren dar. Nach Einschätzung der Forschungsinstitute sind die Erfolgsfaktoren der Industrie uneinheitlich und dynamisch. Jedoch liegen die Schwerpunkte in den ersten beiden Phasen vor allem in den Bereichen Markt, Produkt und Kompetenz. In den letzten beiden Phasen sind Faktoren der Ebenen „Markt", „Produkt/Leistung" und „Funktion" besonders erfolgsrelevant.

Für mehr Leitungsfähigkeit im Technologieentwicklungsprozess ist im Bereich „Markt" in der ersten Stage die Bereitschaft zu neuen Kooperationsmodellen mit Partnern und Kunden für synergetische Entwicklungen besonders wichtig. Dies bildet einen wichtigen Transferpunkt zwischen Forschung und Industrie, der auch bei der angewandten Forschung in Stage drei und vier als wichtig erachtet wird. Darüber hinaus ist das Wissen über Trends und Entwicklungsrichtungen der Unternehmen im Themenfeld, beispielsweise durch regelmäßige Kontakte zu Marktexperten, in den ersten zwei beziehungsweise drei Stages entscheidend. In Stage zwei wird gezielt auf die Erstellung von Patenten und Normen zur Sicherung Ergebnisse und Wettbewerbsposition gesetzt. Nach fortgeschrittener Technologieentwicklung gilt es, die Zwischenergebnisse durch potenzielle Kunden regelmäßig zu bewerten. Sobald das Unternehmen in die Stage „Applikation" eintritt spielen die Identifikation der Zielmärkte mit deren Rahmenbedingungen, Preisstrukturen und Kundenwünschen sowie die Kommunikation der Ergebnisse und Kompetenzen in den Außenraum eine große Rolle.

Die Industrie steht zu allen Stages unter einem enormen Wettbewerbsdruck. So bedarf es einer ständigen Weiterentwicklung der Produktlandschaft zur Sicherung und Stärkung der Marktstellung („Produkt/Leistung"). Wie für die Forschung ist auch für die Industrie zu jedem Zeitpunkt eine umfassende Kenntnis der Bedürfnisse und Produktanforderungen durch Kontakte besonders wichtig. Für die Industrie gehört die systematische Identifikation von Alleinstellungsmerkmalen der Produkte und Leistungen im Abgleich mit zukünftigen Marktbedarfen zu den wichtigsten Faktoren der ersten Stage. Die Wirtschaftlichkeitsbetrachtung der Produkte und Leistungen ist ein besonders wichtiger Erfolgsfaktor für die Industrie und ein Unterscheidungskriterium zur angewandten Forschung. Dazu zählen beim Technologieeinsatz die Beachtung der kostengerechten Produzierbarkeit und die kontinuierliche Verbesserungen der Entwicklungen zur Steigerung der Qualität und der Wirtschaftlichkeit der Produkte und Leistungen.

Im Bereich „Funktion" setzt sowohl die Industrie wie auch die angewandte Forschung in der ersten Stage auf Besuche von Kongressen, Tagungen und Kontaktpflege zu Forschungs- und Entwicklungseinrichtungen für Ideen, um durch neue Technologien entweder neue Funktionalitäten zu ermöglichen oder alte Prinzipien durch bessere zu ersetzen. Danach kommt es vor allem darauf an, durch einen Prototypen die Funktionalitäten aufzuzeigen. In den letzten beiden Stages kommt es auf die vorhandene Systemkompetenz an, um ein Gesamtsystem zu erstellen, das die Kundenanforderungen erfüllt. Die Kundenanforderungen werden dazu systematisch ermittelt und in der Entwicklung umgesetzt.

Im Bereich „Technologie" ist die Einschätzung der Machbarkeit der Adaption erfolgskritisch. Erreichbar ist dies durch die umfangreichen Kenntnisse der relevanten Basistechnologien. Bei der „Modifikation" und der „Applikation" wird durch klare und feste Ziele eine schnelle Umsetzung verfolgt. Die Ziele sind dafür in technologische und kommerzielle Teilziele unterteilt.

Für die „Kompetenzen" in der Industrie gelten wie in der angewandten Forschung die Erfolgsfaktoren: Schnelle Zusammenführung, langfristige Bindung, Fortbildung und Interdisziplinarität der Kompetenzen. Die Industrie setzt vor allem auf Aspekte der Open Innovation. Durch persönliche Kontakte und Netzwerkaktivitäten können schnell kompetente Industrie- und Forschungspartner zusammengeführt werden. Hier kann die angewandte Forschung gezielt ansetzen, um den Transfer der wissenschaftlichen Ergebnisse voranzutreiben und in die industrielle Praxis einzuführen.

72   A. Slama

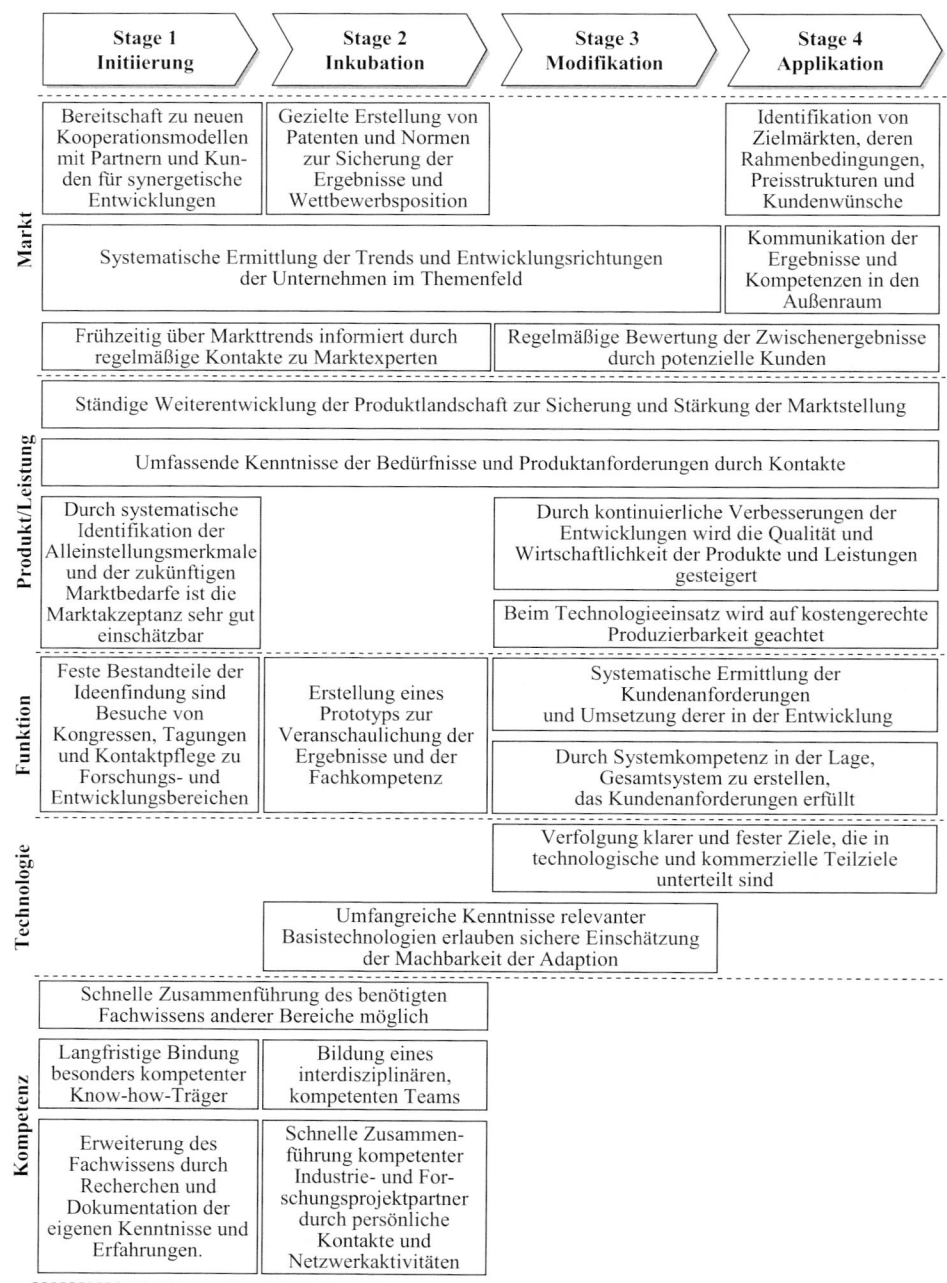

Abbildung 5:   Ebenen- und Stage-spezifische Einteilung der wichtigsten zehn Erfolgsfaktoren für
exzellente Technologieentwicklungsfähigkeit in der Industrie

4.4   Handlungsbedarfe in der angewandten Forschung und Industrie

Die befragten Fraunhofer-Institute und Industrieunternehmen gaben neben der Relevanz der 41 Faktoren in den einzelnen Stages an, wie stark diese Faktoren im Unternehmen ausgeprägt sind. Faktoren, die als besonders wichtig eingeschätzt wurden aber eher gering ausgeprägt sind, weisen einen hohen Handlungsbedarf auf. Die Abbildungen 6 und 7 stellen pro Stage in absteigender Reihenfolge die durchschnittliche Relevanz und die gemittelte Ausprägung der wichtigsten zehn Erfolgsfaktoren in den befragten Instituten und Unternehmen dar.

Abbildung 6 zeigt die Ergebnisse für die angewandte Forschung. Die meisten Erfolgsfaktoren liegen im Bereich „Kompetenz". Hier besteht auch der größte Handlungsbedarf in fast allen Stages. Enorme Schwachstellen in der angewandten Forschung liegen bei der langfristigen Bindung besonders kompetenter Know-how-Träger und der frühzeitigen Planung und Bewilligung strategischer Investitionen. Weitere Handlungsbedarfe liegen in der Personalqualifizierung durch methodische Schulungen für die Projektakquise und der Erweiterung des eigenen Fachwissens durch Recherchen und der Dokumentation des Erfahrungswissens.

Gerade in den frühen Aktivitäten einer möglichen Technologieentwicklung und gegebenenfalls Adaption neuer Technologien, bedarf es vielversprechender Ideen und einem definierten Prozess zu deren Nutzung. Impulse von außen für neue Ideen werden in der angewandten Forschung zwar für sehr wichtig erachtet aber es fehlt an einem tatsächlichen Praktizieren der Ideenfindung durch Besuche von Kongressen, Tagungen und der Kontaktpflege zu anderen Forschungs- und Entwicklungseinrichtungen. In den späten Aktivitäten des Technologieentwicklungsprozesses spielen marktorientierte Faktoren eine überwiegende Rolle. Ein großer Handlungsbedarf herrscht bei der Identifikation der Zielmärkte und der damit zusammenhängenden Beschaffung des Wissens über die Rahmenbedingungen, Preisstrukturen und Kundenwünsche. Für ein erfolgreiches Marketing fehlt es an der Bereitstellung ausreichender Personalressourcen.

Abbildung 7 stellt die Auswertung der Industrieunternehmen dar. Mit Beginn der Technologieentwicklung weisen produktbezogene Erfolgsfaktoren einen relativ großen Handlungsbedarf auf. In der Industrie mangelt es an einer systematischen Identifikation der Alleinstellungsmerkmale der Produkte. Besonders in den ersten beiden Stages fehlt es an einer umfassenden Kenntnis der Bedürfnisse und Produktanforderungen durch Kontakte.

Bei der Initiierung der Technologieentwicklung steht die Industrie im Bereich Kompetenz vor der Herausforderung, eine schnellere Zusammenführung des benötigten Fachwissens durch Mitarbeitende anderer Bereiche zu ermöglichen. Im Bereich Markt fehlt es an mehr Bereitschaft zu neuen Kooperationsmodellen mit Partnern und Kunden.

In den beiden letzten Stages besteht bei der Ermittlung der Kundenanforderungen und deren Umsetzung in die Entwicklung relativ großer Handlungsbedarf. Wie in der angewandten Forschung weist auch die Industrie bei der Identifikation der Zielmärkte keine große Ausprägung trotz hoher Relevanz auf.

Abbildung 6:   Relevanz und Ausprägung der wichtigsten zehn Erfolgsfaktoren pro Stage in der angewandten Forschung

Abbildung 7:   Relevanz und Ausprägung der wichtigsten zehn Erfolgsfaktoren pro Stage in der Industrie

4.5   Literatur

Bullinger, Hans Jörg (Hg.) (2006): Focus Innovation, Kräfte bündeln. Prozesse beschleunigen. München: Hanser.

Götze, Uwe (Hg.) (2000): Management und Zeit. mit 18 Tabellen. Heidelberg: Physica; Physica-Verl. (Beiträge zur Unternehmensplanung).

Günther, T.; Fischer, J. (2000): Zeitkostenrechnung. In: Götze, Uwe (Hg.): Management und Zeit. mit 18 Tabellen. Heidelberg: Physica; Physica-Verl. (Beiträge zur Unternehmensplanung), S. 269–296.

Krüger, D. (1998): Zeitcontrolling in der industriellen Forschung und Entwicklung: eine empirische Untersuchung der Akzeptanz des F&E-Zeitcontrollings am Beispiel der pharmazeutischen Industrie. Dissertation. Univ. I.A.P.

Kubik, C. (1993): Beschleunigung von Entwicklungsprozessen.

Salma, A.; Korell, M.; Warschat, J.; Ohlhausen, P. (2006): Auf dem Weg zu schnelleren Innovationsprojekten. In: Bullinger, Hans Jörg (Hg.): Focus Innovation, Kräfte bündeln. Prozesse beschleunigen. München: Hanser , S. 111–136.

Studinka, C. (1998): Integratives Management der Produktentwicklung: durch Anwendung des Systemansatzes zum integrativen Management der zeitorientierten Produktentwicklung.

Vedder, G. (2001): Zeitnutzung und Zeitknappheit im mittleren Management. München: Hampp, (Personalwirtschaftliche Schriften, 18).

5 Audit zur Steigerung der Technologieentwicklungsfähigkeit

ALEXANDER SLAMA

THOMAS POTINECKE

JOACHIM WARSCHAT

Neue Technologien oder deren Kombination treiben durch ihre funktionale Erfüllung der Marktanforderungen den Innovationsprozess voran. Damit Forschungseinrichtungen und Industrieunternehmen in der Lage sind, neue Technologien oder Technologiekombinationen systematisch schneller und besser umzusetzen, bedarf es eines Verfahrens zur Steigerung der Technologieentwicklungsfähigkeit.

Die Adaption von neuen Technologien, d. h. die Integration und Aufnahme neuer Technologien in Produkte und Prozesse, ist innerhalb des Technologieentwicklungsprozesses von zentraler Bedeutung. So wurde auf Basis der Studienergebnisse zu den Erfolgsfaktoren im Technologieentwicklungsprozess (siehe Kapitel 4) ein praxistaugliches Verfahren entwi-

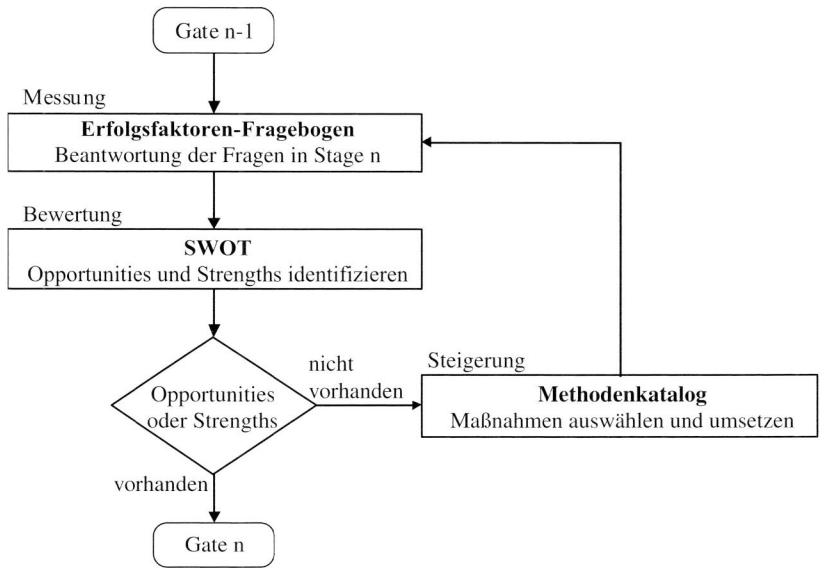

Abbildung 1:   Ablauf des Audits zur Steigerung der Technologieentwicklungsfähigkeit

ckelt, das die Technologieentwicklungsfähigkeit gerade auch unter der Berücksichtigung der Technologieadaption in den einzelnen Stages (Initiierung, Inkubation, Modifikation und Applikation) misst, bewertet und durch Handlungsempfehlungen eine gezielte Leistungssteigerung ermöglicht (Abbildung 1).

Auf dem Weg zur gesteigerten Technologieentwicklungsfähigkeit in einer Stage erlaubt der stage-spezifische Erfolgsfaktoren-Fragebogen (Tabelle 1) im ersten Schritt die Messung der Fähigkeiten in einer der vier Stages, sowohl im Bereich der Forschung als auch im Bereich der Industrie. Dazu sind die zehn Fragen einer Stage zu wählen, die mit einem Kreuz gekennzeichnet sind.

Anhand einer SWOT-Analyse (vgl. Ehrmann 2006; Fueglistaller/Wiedmann 2003) wird die Leitungsfähigkeit bewertet und Verbesserungspotenziale identifiziert. Im dritten Schritt des Ablaufs zur Steigerung der Technologieentwicklungsfähigkeit bietet ein Methodenkatalog Hinweise auf Maßnahmen zur Verbesserung der Technologieentwicklung. Nach der Umsetzung der Maßnahmen werden die einzelnen Erfolgsfaktoren erneut gemessen und bewertet. Sollte danach kaum noch Verbesserungspotenzial vorhanden sein, sind die Voraussetzungen für ein Technologiemanagement gegeben, um das Gate schneller und besser zu erreichen, damit in die nächste Stage übergegangen werden kann.

5.1   Fitnesscheck durch messen und bewerten

Die Bewertung der Messgrößen in einer Stage können mit der Prüfung der Leistungsfähigkeit eines Zehnkämpfers verglichen werden. Es kommt nicht darauf an, in nur einer Disziplin herausragend zu sein, sondern in möglichst vielen gut genug zu sein. Gut genug bedeutet, keine Risiken oder Schwächen in einzelnen Disziplinen aufzuweisen. Das Ziel muss sein, in möglichst allen zehn Bereichen, die in einer Stage erfolgsrelevant sind, Chancen und Stärken zu zeigen.

Zur Messung der Technologieentwicklungsfähigkeit wurden für jede Stage die wichtigsten zehn Erfolgsfaktoren der angewandten Forschung und der Industrie operationalisiert und in einem Fragenkatalog vorgelegt. Für die vier Stages ist der entsprechende Erfolgsfaktoren-Fragebogen anzuwenden. Um Redundanzen zu vermeiden, sind die Fragen aus dem Methodenkatalog zu entnehmen. Das Unternehmen beantwortet die zehn Fragen beziehungsweise Aussagen auf einer Skala von eins „trifft gar nicht zu" bis sieben „trifft voll zu".

Nr.	Frage	Bereich: Forschung				Industrie			
	Stage:	1	2	3	4	1	2	3	4
1	Zur nachhaltigen Finanzierung unseres langfristigen Adaptionsvorhabens analysieren wir systematisch die Förderlandschaft und pflegen regelmäßig Kontakt zu potenziellen Geldgebern	x	x	x					
2	Um synergetische Entwicklungen mit unseren Partnern oder Kunden optimal zu nutzen, sind wir neuen Kooperationsmodellen aufgeschlossen.		x	x	x				
3	Durch systematisches Marketing kommunizieren wir unsere Ergebnisse und Kompetenzen in den Außenraum.				x				x
4	Wir identifizieren systematisch konkrete Zielmärkte. In diesen verschaffen wir uns umfangreiche Kenntnis über Rahmenbedingungen, Preisstrukturen und Kundenwünsche.				x				x
5	Für ein erfolgreiches Marketing werden ausreichend Personalressourcen bereitgestellt.				x				
6	Zur wirtschaftlichen Nutzung unserer Ergebnisse sind wir bereit auch neue Geschäftsmodelle anzuwenden.				x				
7	Zur Sicherung unserer Ergebnisse und unserer Wettbewerbsposition erstellen wir gezielt Patente und Normen.						x		
8	Die Zwischenergebnisse unseres Adaptionsvorhabens werden regelmäßig mit potenziellen Kunden bewertet.							x	x
9	Durch unsere regelmäßigen Kontakte zu Marktexperten sind wir frühzeitig über Markttrends informiert.						x	x	
10	Wir ermitteln systematisch die Trends und Entwicklungsrichtungen der Unternehmen in unserem Themenfeld.						x	x	x
11	Zur Sicherung und Stärkung unserer Marktstellung entwickeln wir unsere Produktlandschaft ständig weiter.						x	x	x	x
12	Durch regelmäßige Kontakte zu unseren Kunden und den Geschäftspartnern haben wir umfassende Kenntnis über deren heutige und zukünftige Bedürfnisse und Produktanforderungen.	x	x	x	x	x	x	x	x
13	Die systematische Identifizierung der Alleinstellungsmerkmale unserer Produktideen und die Kenntnis über zukünftigen Bedarf des Marktes ermöglichen uns, die Marktakzeptanz sehr gut einzuschätzen.						x		
14	Durch kontinuierliche Verbesserungen unserer Entwicklungen steigern wir die Qualität und Wirtschaftlichkeit unserer Produkte und Leistungen.							x	x
15	Zur Ermöglichung der industriellen Fertigung achten wir beim Technologieeinsatz auf kostengerechte Produzierbarkeit.							x	x
16	Der Besuch von Kongressen und Tagungen sowie die Kontaktpflege zu anderen Forschungs- und Entwicklungsbereichen sind feste Bestandteile bei der Ideenfindung.							x	x

Nr.	Frage	Bereich: Forschung				Industrie			
	Stage:	1	2	3	4	1	2	3	4
17	Zur Verbreitung und Veranschaulichung unserer Laborergebnisse und Fachkompetenzen erstellen wir einen Prototyp.						x		
18	Wir ermitteln systematisch und methodengestützt Kundenanforderungen, z. B. durch regelmäßige Kontakte zu unseren Kunden und den Geschäftspartner, und setzen diese in unseren Entwicklungen um.							x	x
19	Durch unsere Systemkompetenz können wir ein Gesamtsystem erstellen, das die Kundenanforderungen erfüllt.				x			x	x
20	Unsere umfangreichen Kenntnisse aller relevanten Basistechnologien erlauben uns eine sichere Einschätzung der technischen Machbarkeit der Adaption.	x	x				x	x	
21	Unser Adaptionsvorhaben verfolgt klare und feste Ziele. Der Weg dorthin ist durch technologische und kommerzielle Teilziele festgelegt.							x	x
22	Durch Anreizsysteme oder langfristige Anstellung sind wir in der Lage, besonders kompetente Know-how-Träger langfristig zu erhalten.	x	x	x	x	x			
23	Überdurchschnittliche wissenschaftliche und technologische Kenntnisse sind vorhanden.	x	x	x	x				
24	Zur Zusammenführung des benötigten Fachwissens können Mitarbeiter auch über Bereichsgrenzen hinweg schnell zusammengezogen werden.	x	x	x		x	x		
25	Zur Durchführung der Technologieadaption werden strategische Investitionen frühzeitig geplant und bewilligt, damit uns die optimale technische Ausstattung rechtzeitig zur Verfügung steht.	x	x	x					
26	Durch regelmäßige Recherchen von Fachinformationen und die Dokumentation unserer Kenntnisse und Erfahrungen erweitern wir unser umfangreiches Fachwissen.	x	x	x		x			
27	Durch unsere persönlichen Kontakte und Netzwerkaktivitäten können wir für Projekte schnell kompetente Industrie- und Forschungsprojektpartner zusammenführen.						x		
28	Unsere verantwortlichen Mitarbeiter sind für die Akquisition von neuen Projekten methodisch geschult.		x	x	x				
29	Zur nachhaltigen Bearbeitung des Adaptionsvorhabens wird ein interdisziplinäres, kompetentes Team gebildet.	x					x		
30	Unsere Mitarbeiter sind von der Notwendigkeit der Technologie, deren Adaption und dem gewonnenen zusätzlichen Wissen überzeugt.		x						
31	Zur Umsetzung neuer Anforderungen können wir durch unsere Fachkenntnisse schnell alternative Lösungen entwickeln.			x					

Tabelle 1:   Erfolgsfaktoren Fragebogen

Zur Bewertung der beantworteten Fragen wird zur inhaltlichen und visuellen Unterstützung eine SWOTAnalyse angewendet, siehe Abbildung 2. SWOT ist ein Akronym für die englischen Begriffe: strengths, weaknesses, opportunities und threats, die ins Deutsche als: Stärken, Schwächen, Chancen und Risiken übersetzt werden können. Die SWOT-Analyse ist ein Instrument des strategischen Managements und integriert die Stärken-Schwächen-Analyse des Unternehmens, hier als interne Faktoren bezeichnet, und die Chancen-Risiken-Analyse, hier als externe Faktoren bezeichnet. Externe Faktoren sind alle Faktoren der drei Ebenen: Markt, Produkt/Leistung und Funktionalität. Die beiden Ebenen Technologie und Kompetenz beinhalten die internen Faktoren.

Weist ein Erfolgsfaktor für die angestrebte Technologieentwicklung im Unternehmen eine Ausprägung auf, die unter der Grenze der schlechtesten Vergleichsunternehmen liegt, so wird bei den externen Faktoren von Risiken (Threats) und bei den internen Faktoren von Schwächen (Weaknesses) gesprochen. In diesen Faktoren besteht ein sehr großes Verbesserungspotenzial und ein dringender Handlungsbedarf. Faktoren, die über den Besten liegen, sind bei externen Faktoren Chancen (Opportunities) und bei internen Faktoren Stärken (Strengths) und weisen im Vergleich kaum noch Verbesserungspotenzial auf. Faktoren zwischen diesen beiden Grenzen verweisen ebenfalls auf Verbesserungspotenzial. Die Dringlichkeit einer Maßnahmenumsetzung ist bei einer Faktorenausprägung links der Schlechtesten generell gegeben. Rechts davon ist diese eingeschränkt und hängt von der individuellen Unternehmenssituation ab.

Das Ziel eines Unternehmens muss es sein, nahezu alle Faktoren möglichst gut ausgeprägt zu haben, um schnell das Gate einer Stage zu erreichen. In dem Stage „Initiierung", bei der es um das Erfassen und Erkennen von Technologien geht, steht am Ende das Gate „Entscheidung für Einstieg in die Technologie". In der folgenden Stage „Inkubation", die sich mit dem Entwickeln und Aufbauen einer Technologie befasst, wird das Ziel „Etablierung

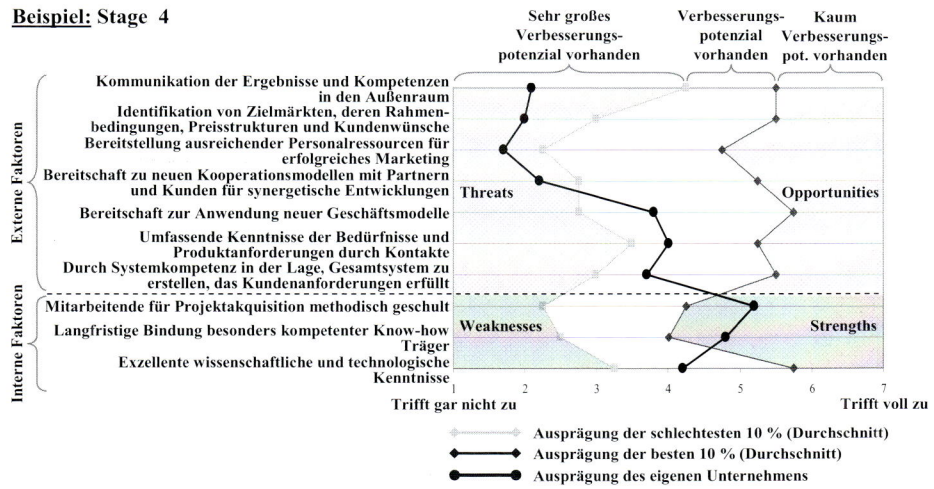

Abbildung 2:   Bewertung der Technologieentwicklungsfähigkeit durch die SWOT-Analyse

in Forschungslandschaft/Industrielandschaft" angestrebt. Das Gate „Anwendungsreife der Technologie" ist der Abschluss des Stage „Modifikation", deren Herausforderungen die Anpassung und Integration sind. Das Gate „Technologie am Markt etabliert" beendet die vom Etablieren und Diffundieren gekennzeichneter Stage „Applikation" und damit den Technologieentwicklungsprozess.

Für den Vergleich des eigenen Unternehmens mit der angewandten Forschung oder der Industrie wurden die Grenzen der besonders guten und nicht so guten Unternehmen identifiziert. Dadurch lassen sich die Stärken, Schwächen, Chancen und Risiken lokalisieren. Für die angewandte Forschung bildet die obere Grenze die zehn Prozent der befragten Institute, die im Durchschnitt die höchste Ausprägung und die geringste Varianz in allen zehn Erfolgsfaktoren aufweisen. Die untere Grenze wird durch die schlechtesten zehn Prozent gebildet. Auf Grund der geringen Fallzahl der Industrie stehen als Grenzen das beste und schlechteste Drittel zum Vergleich. Abbildung 3 stellt pro Stage die Vergleichswerte der schlechtesten und besten 10 Prozent der angewandten Forschung dar. Die gestrichelte Linie trennt darin die externen von den internen Faktoren in einer Stage. In Abbildung 4 sind die Vergleichswerte für die Industrieunternehmen dargestellt.

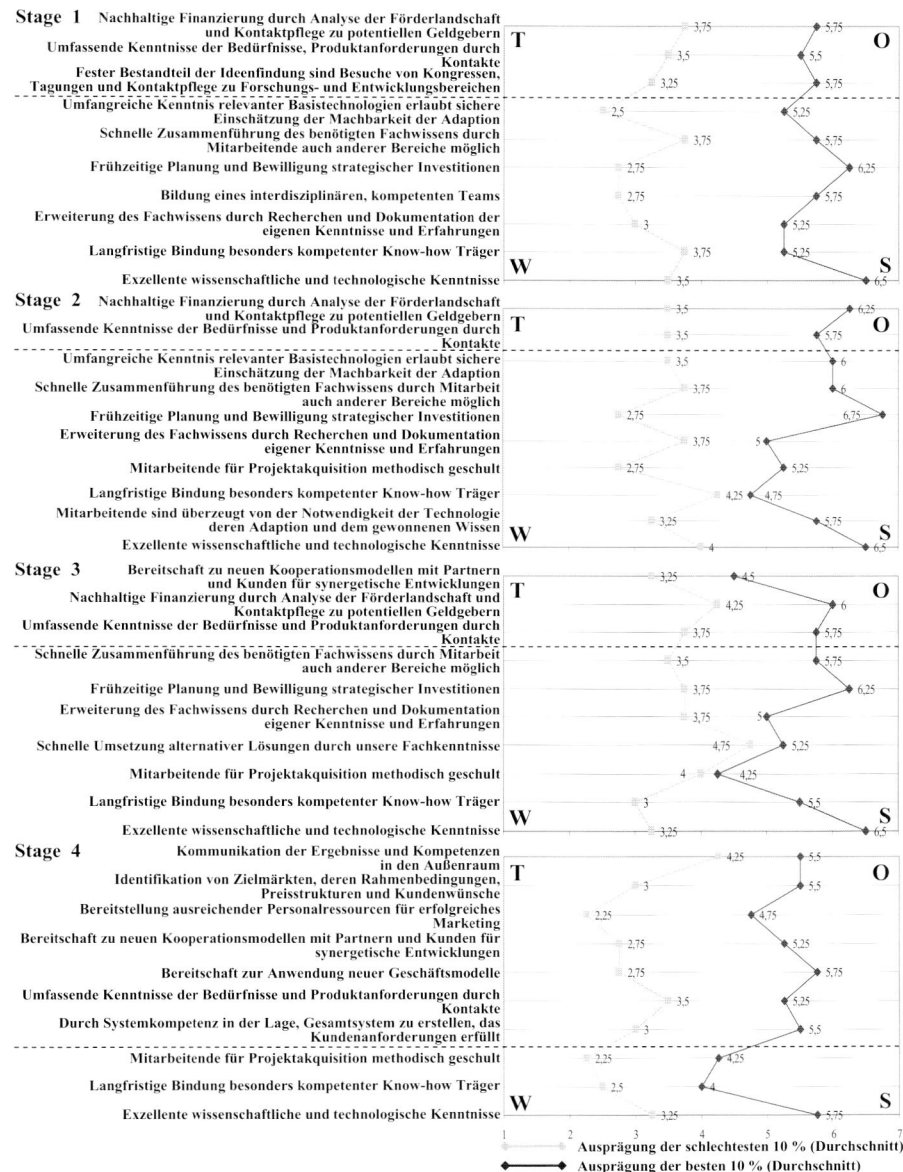

Abbildung 3:   Stage-spezifische Erfolgsfaktorenausprägungen mit Vergleichswerten der schlechtesten und besten 10 Prozent der angewandten Forschung

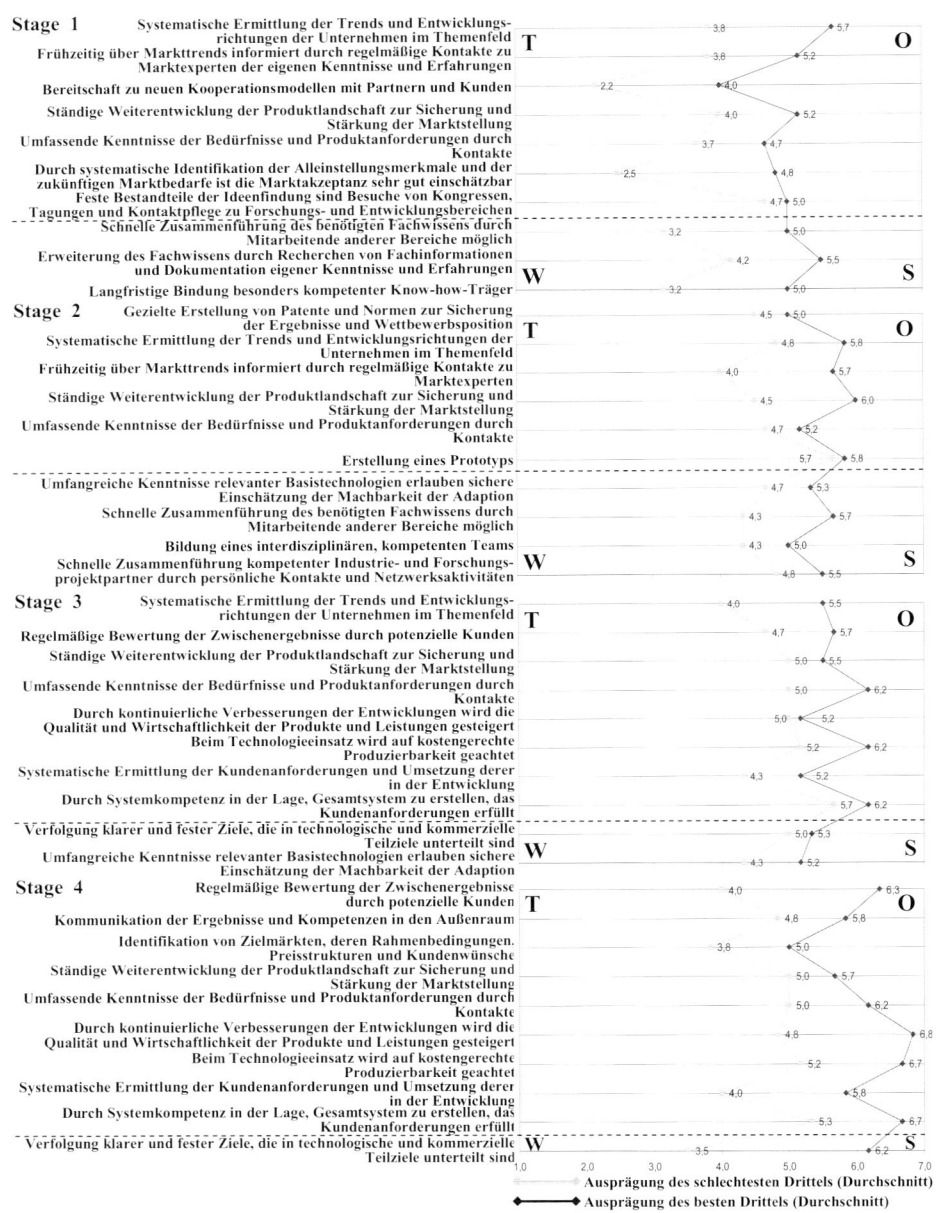

Abbildung 4:   Stage-spezifische Erfolgsfaktorenausprägungen mit Vergleichswerten des schlechtesten und besten Drittel der Industrieunternehmen

5.2   Leistungssteigerung anhand des Methodenkatalogs

Für Erfolgsfaktoren, die in der SWOT-Analyse unter der Grenze der Besten liegen, bedarf es Handlungsempfehlungen, die zu einer gesteigerten Erfüllung der Erfolgsfaktoren beitragen können. Faktoren, die sogar unter der Grenze der Schlechtesten liegen, sind vordringlich zu verbessern. Dabei sind die Handlungsempfehlungen, die auf der Grundlage von Methoden bestehen, als Anregungen zu verstehen und müssen gegebenenfalls an die individuelle Unternehmenssituation angepasst werden.

Im Folgenden sind alle relevanten Erfolgsfaktoren der vier Stages in der angewandten Forschung und der Industrie in ihrer operationalisierten Form aufgelistet, das heißt, wie sie im Fragenkatalog abzufragen sind. Zu jedem Faktor ist angegeben, in welchen Stages und ob dieser Faktor für die angewandte Forschung und bzw. oder die Industrie wichtig ist. Daran lässt sich auch ablesen, wo die Gemeinsamkeiten und Unterschiede der Relevanz einzelner Erfolgsfaktoren für die angewandte Forschung und Industrie liegen.

Im Folgenden sind zunächst die Erfolgsfaktoren genannt, die zu den externen Faktoren zählen in der Reihenfolge: Markt, Produkt/Leistung und Funktionalität. Danach sind die internen Faktoren der Ebenen Technologie und Kompetenz dargestellt. Für die Anwendung des Audits zur Steigerung der Technologieentwicklungsfähigkeit sind alle zehn Fragen einer Stage für entweder die angewandte Forschung oder die Industrie auszuwählen und zu beantworten.

Externe Erfolgsfaktoren

Operationalisierter Erfolgsfaktor	Zur nachhaltigen Finanzierung unseres langfristigen Adaptionsvorhabens analysieren wir systematisch die Förderlandschaft und pflegen regelmäßige Kontakte zu potenziellen Geldgebern. (Stages: 1, 2, 3; angewandte Forschung)
Handlungsempfehlung	Durch eine regelmäßige und systematische Ermittlung von Förderprogrammen können potenzielle Ankündigungen frühzeitig wahrgenommen werden. Direkte Forschungsaufträge können durch regelmäßige Kontakte zu potenziellen Kunden und dem damit verbundenen Informationsaustausch über vielversprechende Produktideen mit neuen Technologien erzielt werden. Zudem können Veranstaltungen, wie zum Beispiel ein Tag der offenen Tür oder Tagungen, zur Akquise auf dem neuen Technologiefeld führen.

Operationalisierter Erfolgsfaktor	Um synergetische Entwicklungen mit unseren Partnern oder Kunden optimal zu nutzen, sind wir neuen Kooperationsmodellen aufgeschlossen. (Stages: 3, 4; angewandte Forschung) (Stage: 1; Industrie)
Handlungsempfehlung	Nicht immer sind alle benötigten Kompetenzen oder Sachressourcen im Unternehmen vorhanden. Beispielsweise durch die Gap-Analyse (vgl. Large 2006) oder die SWOT-Analyse (vgl. Ehrmann 2006; Fuglistaller/Wiedmann 2003) werden die Handlungsbedarfe ermittelt. Durch die systematische Analyse dieser eigenen Bedarfe und der Möglichkeiten des Umfeldes anhand einer Effizienzanalyse lassen sich rentable Kooperationen identifizieren. Durch die Offenheit für alternative Zusammenarbeit erweisen sich die Kooperationspartner als flexible Partner, um schnell und effektiv die Ziele zu erreichen. Beispielsweise kann eine Vorort-Kooperation als alternatives Kooperationsmodell kurze und schnelle Entscheidungswege und Informationsflüsse begünstigen.

Operationali-sierter Erfolgsfaktor	Durch systematisches Marketing kommunizieren wir unsere Ergebnisse und Kompetenzen in den Außenraum. (Stage: 4; angewandte Forschung, Industrie)
Handlungs empfehlung	Zur Verbreitung der eigenen Fähigkeiten und Produktleistungen für den Markt ist eine Marketing- und Kommunikationsstrategie definiert und den Beteiligten bekannt. Darin sind vor allem Aufmerksamkeit zu erregen, Relevanz zu bestätigen sowie die Glaubwürdigkeit und Merkfähigkeit zu adressieren. Dazu erfolgen Konzeption, Planung, Gestaltung und Realisierung von Werbe- und Kommunikationsmaßnahmen. Wissenschaftliche Veröffentlichungen, Internetwerbung und die Präsentation von Prototypen auf Messen oder bei einem Tag der offenen Tür können hilfreiche Instrumente dafür sein.

Operationali-sierter Erfolgsfaktor	Wir identifizieren systematisch konkrete Zielmärkte. In diesen verschaffen wir uns umfangreiche Kenntnis über Rahmenbedingungen, Preisstrukturen und Kundenwünsche. (Stage: 4; angewandte Forschung, Industrie)
Handlungs empfehlung	Die zu entwickelnde Technologie mündet in neuen Produkten, Verfahren und/oder Dienstleistungen. Die sich daraus ergebenden Kundennutzen werden mit den Bedürfnissen des Gesamtmarktes abgeglichen, um die Marktsegmente mit dem größten Bedarf zu identifizieren. Zur weiteren Fokussierung können beispielsweise die Auswahlkriterien Kundenanzahl und finanzielle Kaufkraft dienen. Für diese Zielmärkte wird eine Wettbewerbsanalyse (vgl. Marschner 2004) durchgeführt. Diese schafft Transparenz über die Wettbewerbsintensität und die agierenden Unternehmen mit ihren Stärken und Schwächen und deren Produkte mit ihren Leistungen, Alleinstellungsmerkmalen und Preisen. Markttests mit ersten Prototypen zeigen die Funktionalität auf und ermöglichen Kundenbefragungen zur Prototypenbewertung und liefern Informationen über Kundenwünsche und für die Preisfindung. Um frühzeitig dazu Informationen einzuholen sollten potenzielle Kunden oder externe Experten, sogenannte Lead-User (vgl. Ernst 2004; Springer (Hrsg,)/Beuker(Hrsg.) 2006) in den Technologieentwicklungsprozess für Bewertungen und Ausrichtung der Leistungen mit eingebunden sein.

Operationali-sierter Erfolgsfaktor	Für ein erfolgreiches Marketing werden ausreichend Personalressourcen bereitgestellt. (Stage: 4; angewandte Forschung)
Handlungs empfehlung	Für das Marketing muss es klare Verantwortlichkeiten geben. Professionelle Texter und Gestalter werden durch die Fachkompetenzen inhaltlich unterstützt. Im Unternehmen wird durch die entsprechende Personalpolitik auf ausreichend Marketingfachkräfte geachtet beziehungsweise Finanzmittel für Dienstleitende bereitgestellt. Das Projektmanagement plant ausreichend Personalressourcen zum richtigen Zeitpunkt in der Entwicklung für Marketingmaßnahmen ein und setzt bei Überlastung entsprechende Prioritäten beziehungsweise reduziert die Aufgaben auf die rentabelsten und dringlichsten.

Operationali-sierter Erfolgsfaktor	Zur wirtschaftlichen Nutzung unserer Ergebnisse sind wir bereit auch neue Geschäftsmodelle anzuwenden. (Stage: 4; angewandte Forschung)
Handlungs empfehlung	Zur wirtschaftlichen Nutzung der Ergebnisse werden nicht nur Umsätze durch neue Produkte in Betracht gezogen sondern auch wirtschaftliche Potenziale durch damit zusammenhängende Dienstleistungsangebote.

Operationali-sierter Erfolgsfaktor	Zur Sicherung unserer Ergebnisse und unserer Wettbewerbsposition erstellen wir gezielt Patente und Normen. (Stage: 2; Industrie)
Handlungs empfehlung	Innerhalb des Wettbewerbs mit anderen Unternehmen ist es wichtig, die erzielten Ergebnisse der Entwicklungen und deren Schutzrechte für das eigene Unternehmen zu schützen und vor Nachahmungen durch Konkurrenten zu sichern. Dies erfolgt durch die Erstellung und Einreichung von nationalen und internationalen Patenten. Für die Einreichung müssen alle Funktions- und Wirkungsweisen bekannt sein und beschrieben werden. Zudem muss eine Darstellung des Produktes vorhanden sein, und alle Produktinformationen und -daten sind die Grundlage für eine genaue Beschreibung der Sachverhalte innerhalb eines Patentes. Durch die genaue Beschreibung können Patentverletzungen durch andere Untenehmen identifiziert und angemahnt werden. Durch die Mitarbeit in Normungsausschüssen besteht für ein Unternehmen die Möglichkeit, gezielt Einfluss auf die Erstellung von Normen zu nehmen. Die Normen dienen nicht nur der Qualitätssicherung, sondern auch der Sicherheit und Verständigung bezüglich der Produkte. Die Normung ist ein strategisches Instrument für das Unternehmen. Durch die Beteiligung an Normungsverfahren können gezielt Vorteile durch einen Wissens- und Zeitvorsprung erzielt werden. Forschungsrisiken und Entwicklungskosten können damit gesenkt werden.

Operationali-sierter Erfolgsfaktor	Die Zwischenergebnisse unseres Adaptionsvorhabens werden regelmäßig mit potenziellen Kunden bewertet. (Stages: 3, 4; Industrie)
Handlungs empfehlung	Die Kundenbefragung und Bewertung von Ergebnissen des Entwicklungsvorhabens sind Ausdruck der Service- und Kontaktqualität eines Unternehmens. Die Einbindung und damit das Wissen über Wünsche und Bedürfnisse des Kunden führen zu einer langfristigen Bindung. Durch den Kontakt und die regelmäßige Einbindung der Kunden können die Ziele eines Vorhabens marktorientiert umgesetzt werden. Dazu erfolgt eine Kundenbefragung. Diese hat zwei Zielstellungen. Einerseits erhält das Unternehmen Rückmeldungen wie das Produkt oder die Leistung beim Kunden ankommt. Andererseits wird die Bindung des Kunden an das Unternehmen gestärkt. Dem Kunden wird durch die Integration in den Entwicklungsprozess gezeigt, dass seine Meinung wichtig ist und eine Auseinandersetzung mit der Kundenmeinung erfolgt.

Operationali-sierter Erfolgsfaktor	Durch unsere regelmäßigen Kontakte zu Marktexperten sind wir frühzeitig über Markttrends informiert. (Stages: 1, 2; Industrie)
Handlungs empfehlung	Ein regelmäßiger Kontakt zu Marktvertretern ist eine wichtige Notwendigkeit, um frühzeitig über aufkommende Trends am Markt informiert zu sein. Die Kenntnis über Trends erlaubt, wichtige Informationen über mögliche Veränderungen am Markt und damit über die Erfolgschancen von Produkten am Markt zu bekommen. In den frühen Aktivitäten der Technologieentwicklung sind erste Markttrends eher latent vorhanden und am besten über informelle Kommunikationskanäle identifizierbar. Gegenseitige Offenheit und Vertrauen, das sich oft nur über lange Zeit und gute Zusammenarbeit aufbauen lässt, fördern den Zugang zu den Wissensträgern.

Operationali-sierter Erfolgsfaktor	Wir ermitteln systematisch die Trends und Entwicklungsrichtungen der Unternehmen in unserem Themenfeld. (Stages: 1, 2, 3; Industrie)
Handlungs empfehlung	Über den persönlichen Kontakt hinaus können Trends und Entwicklungsrichtungen im Themenfeld durch die Sammlung von öffentlich zugänglichen Informationen systematisiert werden. In den frühen Aktivitäten sind beispielsweise wissenschaftliche Publikationen, neue Netzwerke oder Unternehmenskooperationen im Themenfeld erste Indizien für Trends. Äußerungen von Wettbewerbern zur technologischen Vision oder Projektzielen des Unternehmens sowie neue Produkte im Themenfeld lassen Entwicklungsrichtungen konkreter erscheinen. Zur systematischen Entwicklung von Zukunftsszenarien ist die Delphi-Studie (vgl. Häder 2002) eine mögliche aber oft auch sehr aufwändige Methode. Zudem sind Informationen über Anzahl potenzieller Nachfrager, Kaufbereitschaft und Präferenzstruktur der Nachfrager, konkrete Anwendungsbereiche, Einsatzmöglichkeiten des Produktes, Statistiken, Marktforschungsuntersuchungen, Expertenmeinungen, Marktvolumen, Wettbewerbsdichte, Kundenpotentiale und Kaufkraft zu erheben.

Operationali-sierter Erfolgsfaktor	Zur Sicherung und Stärkung unserer Marktstellung entwickeln wir unsere Produktlandschaft ständig weiter. (Stages: 1, 2, 3, 4; Industrie)
Handlungs empfehlung	Um im Wettbewerb mit anderen Unternehmen bestehen zu können, ist das Wissen über die Produkte am Markt unumgänglich. Mit Hilfe der Methode des Benchmarkings (vgl. Diller 2003; Füser 2001) werden Produkte, Dienstleistungen und Prozesse über mehrere Unternehmen hinweg verglichen. Der Vergleich erfolgt immer nur mit den Besten am Markt. Durch die Kenntnis der Produkte und seiner einzelnen Funktionen kann ein Vergleich mit den eigenen Produkten durchgeführt werden. Daraus lassen sich Stärken und Schwächen der angebotenen Produkte mit Hilfe einer SWOT-Analyse (vgl. Ehrmann 2006; Fuglistaller/Wiedmann 2003) ermitteln. Die gewonnen Informationen sind die Basis für Neu- oder Weiterentwicklungen der bestehenden Produkte. Nur durch die ständige Marktübersicht und eine daraus resultierende ständige Entwicklung von neuen Innovationen kann die Marktstellung dauerhaft gesichert werden.

Operationali-sierter Erfolgsfaktor	Durch regelmäßige Kontakte zu unseren Kunden und den Geschäftspartnern haben wir umfassende Kenntnis über deren heutige und zukünftige Bedürfnisse und Produktanforderungen. (Stages: 1, 2, 3, 4; angewandte Forschung, Industrie)
Handlungs empfehlung	Persönliche Kontakte erlauben Informationen aus erster Hand. Durch ein aufgebautes Vertrauensverhältnis, zum Beispiel über länger bestehende Geschäftsbeziehungen, können latent vorhandene Bedürfnisse und strategische Entwicklungen in Erfahrung gebracht und offen diskutiert werden. Für eine umfassendere Informationsgewinnung zu Trends kann im Rahmen einer Delphi-Studie (vgl. Häder 2002) eine strukturierte Expertenbefragung durchgeführt werden. Darin erfolg eine mehrstufige Befragung der Experten in Bezug auf künftige technologische Durchbrüche und deren voraussichtlichen Realisierungszeitpunkt durch die Trend-Analyse. Für eine systematisch Informationsgewinnung zu Wünschen und Bedürfnisse der Kunden kann durch gezielte Kundenbefragungen und ein Beschwerde-Management der Kontakt zu den Kunden stetig beibehalten werden. Diese Informationen sind die Basis für die Kundenzufriedenheitsanalyse (vgl. Homburg 2008).

Operationali-sierter Erfolgsfaktor	Die systematische Identifizierung der Alleinstellungsmerkmale unserer Produktideen und die Kenntnis über zukünftigen Bedarf des Marktes ermöglichen uns die Markt-akzeptanz sehr gut einzuschätzen. (Stage: 1; Industrie)
Handlungs empfehlung	Durch die Kenntnis von Alleinstellungsmerkmalen der Produktideen kann eine Abgrenzung zu anderen am Markt vorhandenen Produkten erfolgen. Die Ermittlung der Alleinstellungsmerkmale ist notwendig, da nur so eine Unterscheidung von anderen Angeboten am Markt für den Kunden ersichtlich werden kann. Für den Kunden sind der Nutzen und die Erfüllung seiner Bedürfnisse wichtig. Die Allein-stellungsmerkmale und damit die Unverwechselbarkeit und Besonderheit durch die Produktidee sind Kriterien, die eine Auszeichnung gegenüber Mitbewerbern ermög-licht und die Gewinnung von Marktanteilen erlaubt. Bei Alleinstellungsmerkmalen handelt es sich um: Neuartige Produkteigenschaften, neuartige Konzepte, Qualitäts-merkmale, Lebensdauer, Kundendienstleistungen, Abmessungen, Tragbarkeit, Ein-zigartigkeit, Umweltverträglichkeit, niedrigster Preis oder ein unschlagbares Preis-/Leistungsverhältnis.

Operationali-sierter Erfolgsfaktor	Durch kontinuierliche Verbesserungen unserer Entwicklungen steigern wir die Quali-tät und Wirtschaftlichkeit unserer Produkte und Leistungen. (Stages: 3, 4; Industrie)
Handlungs empfehlung	Eine ständige Verbesserung des Entwicklungsprozesses und die Analyse bezie-hungsweise Optimierung von Produkten führt zu einer optimalen Qualität, die für die Akzeptanz und die Marktstellung der Produkte und des Unernehmens wichtig ist. Dies kann durch einen kontinuierlichen Verbesserungsprozess (KVP) (vgl. Howaldt 1998; Wahren 1998) erfolgen. Darin wird der Ist-Zustand aufgenommen und der Soll-Zustand festgelegt. Die Bewertung erfolgt anhand von spezifischen Kennzahlen. In einer Problemanalyse werden Probleme beschrieben und bewertet. Dazu werden Lösungsideen ermittelt (Brainstorming) und bewertet. Darauf aufbauend können Maßnahmen abgeleitet und Entscheidungen getroffen werden. Durch einen KVP kann der Ressourceneinsatz verbessert, Synergien entdeckt und eine Reduzierung von Verschwendungen erfolgen. Durch die Optimierung von Arbeitsabläufen und Prozessen können die Produkte verbessert und die Kundenzufriedenheit gesichert werden. Zudem werden die Fähigkeiten, Kreativität und Engagement der Mitarbeiter geweckt und die Teamarbeit sowie die Unternehmenskultur verbessert.

Operationali-sierter Erfolgsfaktor	Zur Ermöglichung der industriellen Fertigung achten wir beim Technologieeinsatz auf kostengerechte Produzierbarkeit. (Stages: 3, 4; Industrie)
Handlungs empfehlung	Für den wirtschaftlichen Erfolg und die Akzeptanz durch den Käufer eines neuen Produktes kann der Preis ausschlaggebend sein. Wenn das Preis-Leistungsverhältnis den Kundenvorstellungen entspricht, kann der Produkterfolg eintreten. Die kostenge-rechte Produzierbarkeit ist dabei eine wichtige Einflussgröße. Sie wird auch durch die einzusetzende Technologie bestimmt. Um einen kostengerechten Technologie-einsatz zu ermöglichen, arbeiten diesbezüglich die Entwicklungs- und Produktions-bereiche eng zusammen. Dadurch kann ein Austausch an Informationen und Ent-scheidungen über den Einsatz und die Produktion von neuen Technologien zielge-richtet und erfolgversprechend unterstützt werden.

Operationalisierter Erfolgsfaktor	Der Besuch von Kongressen und Tagungen sowie die Kontaktpflege zu anderen Forschungs- und Entwicklungsbereichen sind feste Bestandteile bei der Ideenfindung. (Stage: 1; angewandte Forschung, Industrie)
Handlungsempfehlung	Impulse für radikale Innovationen durch neue Technologien können vor allem aus dem wissenschaftlichen Umfeld aufgenommen werden. Der Besuch von Kongressen und Tagungen sowie die Kontaktpflege zu anderen Forschungs- und Entwicklungsbereichen sollte fester Bestandteil der Ideenfindung sein. Die Ideenfindung ist als Prozess zu definieren, der die Aufnahme beziehungsweise Generierung, Bewertung, Auswahl und Initiierung umfasst. Zur Ausbildung der Ideen können unterstützend Kreativitätsmethoden wie die Galerie-Methode (vgl. Hellfritz 1978; Pahl et al. 2003), die 6-3-5-Methode (vgl. Rohrbach 1969), TRIZ (vgl. Orloff 2006) oder Brainstorming (vgl. Clark 1970) zum Einsatz kommen. Mit einer Patentanalyse, die eine Sammlung und Auswertung von Schutzrechten beinhaltet, lässt sich frühzeitig der Entwicklungsstand einer Technologie ermitteln. Ein ausgedehntes Benchmarking (vgl. Diller 2003; Füser 2007) von Produkten, Dienstleistungen und Prozessen liefert grundlegende Informationen für die Bildung neuer, vor allem inkrementeller Ideen. Radikale innovative Ideen entstehen vor allem durch die Kombination verschiedener Disziplinen, was bei den Kreativitätsmethoden zu berücksichtigen ist. Zur systematischen Bewertung der Ideen kommen Anforderungslisten und Auswahllisten zum Einsatz. Die Bewertung und Auswahl der Ideen orientiert sich an der Innovationsstrategie und deren Ziele, der vorhandenen Kompetenzen oder gegebenenfalls der Kompetenzen durch Kooperation oder Zukauf sowie an der Wirtschaftlichkeit beziehungsweise Rentabilität, Marktattraktivität und Erfolgswahrscheinlichkeit.

Operationalisierter Erfolgsfaktor	Zur Verbreitung und Veranschaulichung unserer Laborergebnisse und Fachkompetenzen erstellen wir einen Prototyp. (Stage: 2; Industrie)
Handlungsempfehlung	Durch physische oder virtuelle Prototypen lassen sich anschaulich die Funktionalitäten des angestrebten Produktes vermitteln. Zudem können potenzielle Missverständnisse und Fehler von vornherein vermieden werden. Für physische Prototypen kann durch Rapid Prototyping (vgl. Bertsche/Bullinger 2007) schnell, automatisiert und kostengünstig ein Prototyp beispielsweise durch Stereolithographie erstellt werden.

Operationalisierter Erfolgsfaktor	Wir ermitteln systematisch und methodengestützt Kundenanforderungen, z. B. durch regelmäßige Kontakte zu unseren Kunden und den Geschäftspartner, und setzen diese in unseren Entwicklungen um. (Stages: 3, 4; Industrie)
Handlungsempfehlung	Ergänzend zu den gewonnen Informationen durch Kontakte kann zur weiteren methodischen Unterstützung die Conjoint-Analyse (vgl. Schneider 1998; Mayers et al. 1997) zur Anwendung kommen. Durch Ermittlung der wichtigsten Produktmerkmale aus Kundensicht werden mit dieser Analyse die Kundenanforderungen gewichtet. Ausgehend von ganzheitlichen Produktbeurteilungen werden Detailergebnisse ermittelt. Um die Kundenanforderungen zu strukturieren und ihren Einfluss auf die Zufriedenheit der Kunden zu bestimmen, kann die Kano-Methode (vgl. Buhl 2007) verwendet werden. Die Anforderungen werden im Kano-Modell in Basis-, Leistungs- und Begeisterungsanforderungen eingeteilt und bieten durch ihre Gewichtung und grafische Darstellung einen transparenten Überblick. Zur Ermittlung der Relevanz von Kundenanforderungen sollten die Befragten generierte Eigenschaften unterschiedlicher Marken oder Produkte nach Präferenzen zuordnen. Diese Positionierungsentscheidung kann methodisch durch die Multidimensionale Skalierung (MDS) (vgl. Schmidt 1996; Eversheim et al. 1994) systematisch unterstützt werden.

Operationali-sierter Erfolgsfaktor	Durch unsere Systemkompetenz können wir ein Gesamtsystem erstellen, das die Kundenanforderungen erfüllt. (Stage: 4; angewandte Forschung) (Stage: 3, 4; Industrie)
Handlungs empfehlung	Zur Systemkompetenz bedarf es sehr guter Kenntnisse der benötigten Einzeldiszipli-nen und deren Zusammenspiel in der Technologieentwicklung. Durch eine Funkti-onsanalyse (vgl. VDI2803) werden die Funktionalitäten und Möglichkeiten der Einzelelemente zusammengeführt und das Gesamtsystem verdeutlicht. Im Abgleich mit den angestrebten Nutzen beziehungsweise Funktionalitäten des Gesamtsystems und den Kundenanforderungen können Optimierungsbedarfe zur besseren Erfüllung identifiziert werden. Zudem kann durch Frontloading, wie zum Beispiel digitale Simulationen des Gesamtsystems, in der frühen Konzept- oder Konstruktionsphase Funktionalitäten abgeprüft werden und zu mehr Erfolgs- und Qualitätssicherung beitragen.

Interne Erfolgfaktoren

Operationali-sierter Erfolgsfaktor	Unsere umfangreichen Kenntnisse aller relevanten Basistechnologien erlauben uns eine sichere Einschätzung der technischen Machbarkeit der Adaption. (Stages: 1, 2; angewandte Forschung) (Stages: 2, 3; Industrie)
Handlungs empfehlung	Die Adaption neuer Technologien birgt neue, oft unerwartete Risiken. Durch erfah-rene Experten, in zumindest den angrenzenden Basistechnologien des Technologie-entwicklungsvorhabens, lassen sich mögliche technische Probleme beziehungsweise Machbarkeiten grob einschätzen. Die umfangreichen Basiskenntnisse fließen in eine Analogiebetrachtung ein, sodass die Einschätzung der gewonnen Denkanstöße und Lösungskonzepte sicherer eingeschätzt werden können. Zur Analyse möglicher Hindernisse und frühzeitigen Abschätzung der Machbarkeit kann beispielweise die System-FMEA eingesetzt werden. Außerdem kann mit Hilfe des Ishikawa-Diagramms (vgl. Syska 2006), der Zerlegung eines Problems in seine Ursachen (Ursachen-Wirkungs-Diagramm), die Abschätzung unterstützt werden. Für mehr Klarheit können kleine Vorlaufprojekte dienen, die insbesondere die technisch kriti-schen Problemstellungen als Schwerpunkt aufweisen. Daraus lässt sich eine verläss-lichere Aussage über die Machbarkeit der Adaption ableiten.

Operationali-sierter Erfolgsfaktor	Unser Adaptionsvorhaben verfolgt klare und feste Ziele. Der Weg dorthin ist durch technologische und kommerzielle Teilziele festgelegt. (Stages: 3, 4; Industrie)
Handlungs empfehlung	Durch die Formulierung und Festlegung von klaren und sich lohnenden technologi-schen Zielen ist die Entwicklungsrichtung besser kommunizierbar. Die Unterteilung in Teilziele zur Erlangung des Gesamtzieles ist für die Planung, die Transparenz, die Kontrolle sowie für die kontinuierliche Anpassung und Steuerung des Entwicklungs-verlaufes notwendig. Unklare Ziele zu Projektbeginn müssen frühzeitig und kontinu-ierlich konkretisiert werden. Je nach Schwerpunkt müssen beispielsweise Marktanaly-sen oder Kundenbefragungen durchgeführt werden. Bei unklaren technischen Teil-zielen können Technologie-Roadmaps aufgestellt werden, nach denen systematisch notwendige Technologien für zukünftige Produkte vorbereitet werden können. Zur Aufstellung von Technologie-Roadmaps (vgl. Möhrle/Isenmann 2008) kann die Methode der Technologieanalyse (vgl. Kröll 2007; Rezagholi 20004) eingesetzt werden. Darin werden frühzeitig technologische Entwicklungen und Potentiale von neuen Technologien identifiziert sowie die Folgen einer Veränderung abgeleitet. Mögliche zukünftige Technologien und Lösungen zur Nutzung im Unternehmen können mit Hilfe eines Technologie-Portfolio (vgl. Pfeiffer 1983) analysiert werden.

Operationali-sierter Erfolgsfaktor	Durch Anreizsysteme oder langfristige Anstellung sind wir in der Lage, besonders kompetente Know-how-Träger langfristig zu erhalten. (Stages: 1, 2, 3, 4; angewandte Forschung) (Stage: 1; Industrie)
Handlungs empfehlung	Für die nachhaltige Umsetzung der Technologieentwicklung bedarf es exzellenter, erfahrener Wissenschaftler. Der Weggang dieser Know-how-Träger ist in der Regel schwer oder nur langwierig zu kompensieren. Anreizsysteme, die auf die individuel-len Bedürfnisse eingehen, wie zum Beispiel monetäre Anreize oder nichtmonetäre Anreize durch Anerkennung, Sonderurlaub oder bessere Arbeitsbedingungen, können besonders kompetente Know-how-Träger langfristig binden. Grundvoraussetzung sind die politischen Regularien und firmenpolitischen Richtlinien, die eine langfristi-ge Anstellung erlauben.

Operationali-sierter Erfolgsfaktor	Überdurchschnittliche wissenschaftliche und technologische Kenntnisse sind vor-handen. (Stages: 1, 2, 3, 4; angewandte Forschung)
Handlungs empfehlung	Ein Kompetenzmanagement mit einer gezielten Bildungsbedarfsanalyse (vgl. Hum-mel 2001) zur Spezifizierung der notwendigen Kompetenzen in Verbindung mit einem KompetenzMonitoring (vgl. Steinmann 2002) gibt Aufschluss über das Vor-handensein der notwendigen Kompetenzen. Durch die genaue Kenntnis der notwen-digen Kompetenzen und den sich ergebenden fehlenden Kompetenzanteilen können unter anderem Kompetenzen durch E-Learning, Schulungen oder Mentoring aufge-baut und erweitert werden. Durch den Zukauf oder die Ausbildung von Hochschul-absolventen durch Praktika, Diplomarbeiten oder Doktorandenstipendien kann ein strategisches Kompetenzreservoir aufgebaut werden, um für den notwendigen poten-ziellen Bestand vorzusorgen. In Kombination mit einem Target Budgeting (vgl. Diller 2003) und Investment können die finanziellen Rahmenbedingungen analysiert und geplant werden. Damit werden die Voraussetzungen vorbereitet, um überdurch-schnittliche Kompetenzen akquiriert und binden zu können. Überzeugende Gründe bei der Akquise besonders kompetenter Wissensträger sind attraktive Arbeitsbedin-gungen wie zum Beispiel exzellente Laborausstattung, innovative Unternehmenskul-tur und Anreize. Außerdem wirken ein innovatives Image und eine vorhandene wissenschaftlich exzellente Personalstruktur überzeugend.

Operationali-sierter Erfolgsfaktor	Zur Zusammenführung des benötigten Fachwissens können Mitarbeiter auch über Bereichsgrenzen hinweg schnell zusammengezogen werden. (Stages: 1, 2, 3; angewandte Forschung) (Stages: 1, 2; Industrie)
Handlungs empfehlung	Ein auf die umzusetzende Technologie abgestimmtes Bedarfsprofil der Kompetenzen bildet den Ausgangspunkt. Je nach Unternehmensgröße herrscht bei den Verantwort-lichen Transparenz über die vorhandenen Kompetenzen, oder diese ist bei größeren Einheiten durch eine Kompetenzdatenbank gegeben. Mit Hilfe einer Kompetenzmat-rix werden die einzelnen Kompetenzen und Bedarfe gegenübergestellt und es kann die beste Konstellation an Kompetenzen zu einzelnen Teams zusammengestellt werden. Flexible Strukturen und ausreichend Personal erlauben ein schnelles Agie-ren. Bei Personalengpässen müssen entsprechende Prioritäten der Aufgaben festge-legt werden. Eventuell können Routinetätigkeiten oder nicht die Kernkompetenz betreffende Aufgaben ausgelagert werden.

Operationali-sierter Erfolgsfaktor	Zur Durchführung der Technologieadaption werden strategische Investitionen frühzeitig geplant und bewilligt, damit uns die optimale technische Ausstattung rechtzeitig zur Verfügung steht. (Stages: 1, 2, 3; angewandte Forschung)
Handlungs empfehlung	Zur Umsetzung der neuen Technologie bedarf es einer optimalen technischen Ausstattung. Um diese rechtzeitig zur Verfügung zu haben, wird frühzeitig eine Anforderungsliste an die Ausstattung erstellt. Die einzelnen Punkte werden bewertet und priorisiert, Kalkulationen und Kostenvoranschläge eingeholt und der Kapitalbedarf für Gründungskosten, langfristige Investitionen, kurzfristige Investitionen oder eine Vorfinanzierung werden ermittelt. Bei strategischen Investitionen müssen die Investoren, interne oder externe, frühzeitig in den Auswahlprozess der Ressourcen einbezogen werden. Die Notwendigkeit und Rentabilität aus technischer und aus ökonomischer Sicht muss schlüssig begründet werden. Durch die Methode des Target Costing (vgl. Diller 2003) wird der zu erzielbare Preis eines Produktes bestimmt und auf der Grundlage dieser Vorgabe wird die Forschung, Entwicklung und Produktion optimiert.

Operationali-sierter Erfolgsfaktor	Durch regelmäßige Recherche von Fachinformationen und die Dokumentation unserer Kenntnisse und Erfahrungen erweitern wir unser umfangreiches Fachwissen. (Stages: 1, 2, 3; angewandte Forschung) (Stages: 1; Industrie)
Handlungs empfehlung	Eine regelmäßige und systematische rechnergestützte Literaturrecherche in Online-Datenbanken und Bibliotheken liefern aktuelle Informationen über Veränderungen und Neuerungen im Fachgebiet. Fachzeitschriften, Patentanmeldungen und Fachkonferenzen sind weitere externe Wissensquellen. Dazu werden im Vornherein die Problemstellungen detailliert beschrieben und zum Beispiel mittels einer Mind Map (vgl. Buzan/Buzan 2002) in Bereiche gegliedert und ein Ablaufplan für die Suche abgeleitet. Die internen Erfahrungen werden nach einzelnen Project-Reviews durch Lessons-learnt dokumentiert und zugänglich gemacht.

Operationali-sierter Erfolgsfaktor	Durch unsere persönlichen Kontakte und Netzwerkaktivitäten können wir für Projekte schnell kompetente Industrie- und Forschungsprojektpartner zusammenführen. (Stages: 2; Industrie)
Handlungs empfehlung	Persönliche Kontakte beispielsweise über Netzwerkaktivitäten und ein aufgebautes Vertrauensverhältnis sind die Grundlage, um schnell mit notwendigen kompetenten Industrie- und Forschungsprojektpartnern in Kontakt zu kommen und fehlende oder ergänzende Kompetenzen einzubinden.

Operationali-sierter Erfolgsfaktor	Zur nachhaltigen Bearbeitung des Adaptionsvorhabens wird ein interdisziplinäres, kompetentes Team gebildet. (Stage: 1; angewandte Forschung; Stage: 2; Industrie)
Handlungs empfehlung	Durch eine Kompetenz-Analyse (vgl. Schröder 2007) können die Kenntnisse, Fähigkeiten und Erfahrungen im eigenen Unternehmen ermittelt werden, die eine hohe Erfolgsrelevanz für die Technologieentwicklung erlaubt. Damit die Informationen in großen Einheiten über die einzelnen Kompetenzen schnell zur Verfügung stehen und analysiert werden können, ist eine Kompetenzdatenbank zu empfehlen. In der Kompetenz-Matrix werden die einzelnen Kompetenzen, deren Verfügbarkeit und die Anforderungen gegenübergestellt. Damit kann die optimale Teamzusammensetzung erstellt werden.

Operationalisierter Erfolgsfaktor	Unsere verantwortlichen Mitarbeiter sind für die Akquisition von neuen Projekten methodisch geschult. (Stages: 2, 3, 4; angewandte Forschung)
Handlungsempfehlung	Die verantwortlichen Mitarbeitenden für die Akquisition von neuen Projekten kennen die Förderlandschaft mit ihren aktuell in Frage kommenden Ausschreibungen und pflegen Kontakte über Netzwerke und persönliche Kontakte zu potenziellen Auftraggebern. Die Mitarbeitenden kennen die strategischen Ziele und die Vision des langfristig angelegten Technologieentwicklungsvorhabens. Durch ihre Kenntnis über den aktuellen Stand der Technologieentwicklung, deren Herausforderungen und Marktbedarfe treten sie als fachlich kompetente Akquisiteure auf. Ihr Verhandlungsgeschick ist getragen von hoher sozialer Kompetenz, Erfahrung in der Preisbildung und methodischem Wissen im Bereich Rhetorik, Präsentations- und Moderationstechniken. Die Etablierung von beispielsweise Arbeitskreisen, Technologiezentren und Seminaren und die Bereitstellung von überzeugendem Marketingmaterial zeichnen ebenfalls die verantwortlichen Mitarbeitenden aus. Diese Vorhaben begründen sich in der definierten Marketing- und Kommunikationsstrategie. Die übergeordneten Ziele sind: Aufmerksamkeit zu erregen, Relevanz zu transportieren sowie die Glaubwürdigkeit und Merkfähigkeit zu bestätigen. Dazu erfolgen die Konzeption, Planung, Gestaltung und Realisierung von Werbe- und Kommunikationsmaßnahmen.

Operationalisierter Erfolgsfaktor	Unsere Mitarbeiter sind von der Notwendigkeit der Technologie, deren Adaption und dem gewonnenen zusätzlichen Wissen überzeugt. (Stage: 2; angewandte Forschung)
Handlungsempfehlung	Durch einen den Mitarbeitenden bekannten und gelebten Strategieplan sind allen beteiligten Mitarbeitenden die Vision und die Ziele der Unternehmung bekannt. Zukunftsbilder der Technologie werden beispielweise durch eine Szenario-Analyse (vgl. Wilms 2006) aufgestellt und tragen zur Akzeptanz der Strategie bei. Zudem wird durch Trendforschung und TechnologieRoadmaps (vgl. Möhrle/Isenmann 2008) die Notwendigkeit des technologischen Wandels nachvollziehbar und trägt zur Überzeugung der Mitarbeitenden bei. Ängste der etablierten Mitarbeitenden in den eventuell abzulösenden Technologien sind abzubauen. Die Mitarbeitenden müssen frühzeitig attraktive Rollen in Aussicht gestellt bekommen.

Operationalisierter Erfolgsfaktor	Zur Umsetzung neuer Anforderungen können wir durch unsere Fachkenntnis schnell alternative Lösungen entwickeln. (Stage: 3; angewandte Forschung)
Handlungsempfehlung	Die fundierten Kenntnisse über die Funktionalitäten und Möglichkeiten der Einzelelemente werden durch eine Funktionsanalyse (vgl. VDI2803) aufgeteilt, eingeordnet und bestimmt. Damit kommt es zur Unterscheidung von wichtigen und nichtwichtigen oder unnötigen Funktionen. Um neue Lösungen und Ideen zu finden, können Kreativitätstechniken wie zum Beispiel der Morphologische Kasten (vgl. Schulte-Zurhausen 2005) oder TRIZ (vgl.Orloff 2006) eingesetzt werden. Ausgangspunkt sind die hochqualifizierten Mitarbeitenden, die schnell bereichsübergreifend durch entsprechende flexible Organisationsstrukturen zusammengezogen werden können. Durch Schulungen, Tagungs- und Konferenzbesuche und dem regelmäßigen Studium von wissenschaftlichen Publikationen, teilweise auch fachfremder Themen, weisen die Mitarbeitenden aktuelles Fachwissen auf.

5.3   Literatur

Bertsche, Bernd; Bullinger, Hans-Jörg (Hg.) (2007): Entwicklung und Erprobung innovativer Produkte - Rapid Prototyping. Grundlagen, Rahmenbedingungen und Realisierung. Berlin, Heidelberg: Springer.

Buhl, U.; Kundisch, D.; Schackmann, N.; Renz, A. (2005): Spezifizierung des Kano-Modells zur Messung von Kundenzufriedenheit im e-Finance. Diskussionspapier WI-142 des Lehrstuhls für Betriebswirtschaftslehre der Universität Augsburg. Herausgegeben von Lehrstuhls für Betriebswirtschaftslehre der Universität Augsburg. Universität Augsburg. Augsburg.

Buzan, T.; Buzan, B. (2002): Das Mind-Map-Buch. Die beste Methode zur Steigerung Ihres geistigen Potenzials. 5., aktualisierte Aufl. Frankfurt am Main: mvg-Verl.

Clark, C. (1970): Brainstorming. Methoden der Zusammenarbeit und Ideenfindung. 3. Aufl. München: Verl. Moderne Industrie.

Diller, H. (2003): Handbuch Preispolitik. Strategien, Planung, Organisation, Umsetzung. 1. Aufl. Wiesbaden: Gabler.

Ehrmann, H. (2006): Kompakt-Training Strategische Planung. Ludwigshafen am Rhein: Kiehl.

Ernst, H.; Soll, J. H.; Spann, M. (2004): Möglichkeiten der Lead User-Identifikation in Online-Medien. In: Herstatt, Cornelius (Hg.): Produktentwicklung mit virtuellen Communities. Kundenwünsche erfahren und Innovationen realisieren. 1. Aufl. Wiesbaden: Gabler , Bd. 1, S. 121–140.

Eversheim, W.; Schmidt, R.; Saretz, B. (1994): Systematische Ableitung von Produktmerkmalen aus Marktbedürfnissen. In: io Management Zeitschrift, Jg. 63, H. 1, S. 66–70.

Füglistaller, U.; Wiedmann, T. (Hg.) (2003): Neue Trends in der Managementlehre - Konsequenzen für KMU: Steinbeis-Edition, Stuttgart.

Füser, K. (2007): Modernes Management. Business Reengineering, Benchmarking, Wertorientiertes Management und viele andere Methoden. 4., überarb. Aufl., Orig.-Ausg. München: Dt. Taschenbuch-Verl.

Häder, M. (2002): Delphi-Befragungen. Ein Arbeitsbuch. 1. Aufl. Wiesbaden: Westdt. Verl.

Hellfritz, H. (1978): Innovation via Galeriemethode. Königstein/Ts.: Eigenverlag.

Homburg, C. (2008): Kundenzufriedenheit. Konzepte, Methoden, Erfahrungen. 7., überarb. Aufl. Wiesbaden: Gabler.

Howaldt, J.; Kopp, R.; Winther, M. (1998): Kontinuierlicher Verbesserungsprozeß. KVP als Motor lernender Organisation. Köln: Wirtschaftsverl. Bachem.

Hummel, T. R. (2001): Erfolgreiches Bildungscontrolling. Praxis und Perspektiven ; mit 7 Tabellen. 2., überarb. Aufl. Heidelberg: Sauer.

Kröll, M. (2007): Methode zur Technologiebewertung für eine ergebnisorientierte Produktentwicklung. Heimsheim: Jost-Jetter-Verl. (IPA-IAO Forschung und Praxis, 468).

Large, R. (2006): Strategisches Beschaffungsmanagement. Eine praxisorientierte Einführung. 3., vollständig überarbeitete und erweirte Auflage. Wiesbaden: Gabler.

Marschner, K. (2004-11): Wettbewerbsanalyse in der Automobilindustrie: Ein branchenspezifischer Ansatz auf Basis strategischer Erfolgsfaktoren. 1. Aufl. Wiesbaden: Gabler.

Mayers, B.; Pfeifer, T.; Steins, D. (1997),: Wie man ein Produkt erfolgreich entwickelt. Die Conjoint-Analyse als Verfahren zur kundenorientierten Produktinnovation - QZ 42 H. 3, 1997.

Möhrle, M. G.; Isenmann, R. (2008): Technologie-Roadmapping. Zukunftsstrategien für Technologieunternehmen. 3., neu bearbeitete und erweiterte Auflage. Berlin, Heidelberg: Springer.

Orloff, M. A. (2006): Grundlagen der klassischen TRIZ. Ein praktisches Lehrbuch des erfinderischen Denkens für Ingenieure. 3., neu bearbeitete und erweiterte Auflage. Berlin, Heidelberg: Springer.

Pahl, G.; Beitz, W.; Feldhusen, J. (2003): Konstruktionslehre. Grundlagen erfolgreicher Produktentwicklung ; Methoden und Anwendung. 5., neu bearb. und erw. Aufl. /. Berlin: Springer.

Pfeiffer, W. (1983): Strategisch-orientiertes Forschungs- und Technologiemanagement. In: Blohm, Hans; Danert, Günter (Hg.): Forschungs- und Entwicklungsmanagement. Stuttgart: Poeschel (Berichte aus der Arbeit der Schmalenbach-Gesellschaft, Deutsche Gesellschaft für Betriebswirtschaft e.V.).

Rezagholi, M. (2004): Prozess- und Technologiemanagement in der Softwareentwicklung. Ein Metrik basierter Ansatz zur Bewertung von Prozessen und Technologien. München: Oldenbourg.

Rohrbach, B. (1969): Kreativ nach Regeln - Methode 635, eine Neue Technik zum Lösen von Problemen. In: Absatzwirtschaft, Jg. 12, H. 19, S. 73–75.

Schmidt, R. (1996): Marktorientierte Konzeptfindung für langlebige Gebrauchsgüter. Messung und QFD-gestützte Umsetzung von Kundenforderungen und Kundenurteilen. Wiesbaden: Gabler (Schriftenreihe Unternehmensführung und Marketing, 29).

Schneider, D. (1998): Produktoptimierung und zielorientierte Kostengestaltung mit Conjoint Measurement. In: Zeitschrift für Unternehmensentwicklung und Industrial Engineering, Jg. 47, H. 1, S. 24–27.

Schröder, M. (2007): IT-gestützte Kompetenzanalyse als Voraussetzung für ein ganzheitliches Kompetenzmanagement. Eine prozessorientierte Betrachtung. Hamburg: Kovac (Studien zur Wirtschaftsinformatik, 22).

Schulte-Zurhausen, M. (2005): Organisation. 4., überarb. und erw. Aufl. München: Vahlen.

Springer, S.; Beucker, S.; Lang-Koetz, C.; Bierter, W. (2006): Lead User Integration. Stuttgart: Fraunhofer IRB Verlag. Online verfügbar unter http://publica.fhg.de/eprints/N-39443.pdf.

Steinmann, H.; Schreyögg, G.; Steinmann-Schreyögg (2002): Management. Grundlagen der Unternehmensführung ; Konzepte, Funktionen, Fallstudien. 5., überarb. Aufl., Nachdr. Wiesbaden: Gabler.

Syska, A. (2006): Produktionsmanagement. Das A - Z wichtiger Methoden und Konzepte für die Produktion von heute. Wiesbaden: Gabler.

VDI Richtlinie, 2803, 1996-10: Funktionenanalyse - Grundlagen und Methode.

Wahren, H.-K. E.; Bälder, K.-H. (1998): Erfolgsfaktor KVP. Mitarbeiter in Prozesse der kontinuierlichen Verbesserung integrieren. München: Beck.

Wilms, F. E. (2006): Szenariotechnik. Vom Umgang mit der Zukunft. 1. Aufl. Bern: Haupt.

6 Methoden-Cockpit
Ein integriertes Werkzeug zur systematischen Technologieentwicklung

HANS TRINKAUS

6.1 Schneller die richtige Technologie entwickeln!

Wie in Kapitel 2 bereits diskutiert, besteht eine wesentliche Herausforderung darin, Hilfestellungen, d. h. konkrete Methoden und Vorgehensweisen, integriert und systematisch über alle Ebenen und über alle Phasen des Technologieentwicklungsprozesses hinweg bereitzustellen. In Bullinger (2006) wird ein Methodenbaukasten zur Steigerung der Innovationsfähigkeit und zur Beschleunigung von Innovationsvorhaben beschrieben, der eine Menge bewährter Verfahren zur Verfügung stellt, jeweils passend zum aktuellen Prozessstatus. Als übergeordnete Phasen werden dabei differenziert:

- Das *strategische Management*, d. h. die kontinuierliche strategische Situationsanalyse (intern und extern), deren Ergebnisse einen Innovationsanstoß geben können,
- das *Ideenmanagement*, das die Gewinnung, Klassifikation und Bewertung von neuen Ideen beinhaltet,
- und das *Projektmanagement* zur strukturierten Planung und Umsetzung der ausgewählten Alternative(n).

Es gibt zahlreiche IT-Lösungen, die auf einzelne oder eine Gruppe von Aspekten des Innovationsprozesses eingehen. Eine integrierte Lösung für den gesamten Innovations- beziehungsweise Produktentwicklungsprozess, angefangen vom strategischen Management bis hin zum Projektmanagement, konnte in der Studie *IT-Unterstützung im Innovationsprozess* (vgl. Spath et al. 2004) nicht identifiziert werden.

Ein Ansatz zur softwaretechnischen Unterstützung des Innovationsgeschehens ist der Einsatz von Ontologien. Bei Laufs et al. (2006) wird ein ontologiebasiertes Modell für die formale Repräsentation von Innovationsprojekten entwickelt, um die verschiedenen, zur Analyse, Bewertung und Steuerung von Projekten notwendigen Daten zu integrieren, damit Innovationen insgesamt effektiver und effizienter realisierbar werden. Für den Bedarf an solchen Lösungen sprechen mehrere Gründe:

Innovationsprojekte sind dynamische komplexe Gebilde, die von zahlreichen inneren und äußeren Faktoren beeinflusst werden. Typischerweise wird das Wissen über solche Projekte, wenn überhaupt, nur teilweise explizit und in schriftlicher Form festgehalten. Ein großer Teil des Wissens existiert nur implizit in den Köpfen der Projektteilnehmer und wird informal, z. B. in direkter Kommunikation, ausgetauscht. Eine weitergehende Nutzung solchen Wissens ist meistens nicht möglich.

Projektleiter stehen vor der Problematik, dass das Wissen über das jeweilige Anwendungsgebiet nicht verbunden ist mit dem Wissen über die Projektstruktur, was zwangsläufig dazu führen muss, dass zeittreibende Konstellationen erst sehr spät oder überhaupt nicht erkannt werden.

Die Befähigung, Neuerungen möglichst schnell und effektiv zu entwickeln und in den Markt ein-zuführen, hängt maßgeblich vom Wissen und der kreativen Leistung des Mitarbeiters längs des gesamten Innovationsprozesses ab. Derzeit fehlt jedoch noch eine entsprechende Softwareunterstützung zur Innovationsbeschleunigung.

Obwohl inzwischen ein standardisierter Sprachumfang zur formalen Beschreibung von Semantik zur Verfügung steht, stößt die endanwendergerechte Nutzbarmachung von Ontologien schnell an ihre Grenzen, etwa gemessen an den von Standardanwendungen wie Microsoft Office gesetzten Maßstäben bezüglich Bedien-komfort. Ferner ist die Struktur der Benutzeroberfläche heutiger Ontologieeditoren insgesamt recht starr und nur unzureichend anpassbar. Verfügbare Visualisierungsmöglichkeiten sind aufgrund des Ziels der allgemeinen, ontologieübergreifenden Einsetzbarkeit ebenfalls sehr allgemein gehalten. Darüber hinaus wird die Anpassung an die Bedürfnisse unterschiedlicher Benutzergruppen, beispielsweise durch das Anbieten spezieller Oberflächen für Manager oder Fachexperten, nicht oder nur unzureichend unterstützt.

Aufgrund dieser Einschränkungen wurde bisher davon ausgegangen, dass die Akzeptanz eines solchen Systems für die oben beschriebenen Anwendungsfälle eher gering und der Einsatz in solchen Szenarien noch nicht ausreichend zielführend wäre. Bestehende Softwarelösungen, bei denen diese Einschränkungen nicht bestehen, sind nicht bekannt.

Das oben für den Innovationsprozess eines Produktes Gesagte trifft auch für eine „höhere Ebene", d. h. für die Entwicklung kompletter, neuer Technologien zu. Eine erste Brücke dazu wird mit dem mehr-dimensionalen Innovationspfad (vgl. Meyer-Kramer/Dreher 2004) skizziert, längs dem sich sogenannte Meso-Technologien in der Zeit entwickeln. Mindestens zwei weitere Aspekte von „Unbestimmtheit" kommen dann hinzu und werfen zusätzliche Fragen auf:

Wo und wie ist eine aktuell fokussierte Technologie auf dem Innovationspfad überhaupt zu lokalisieren?

Welche Wechselwirkungen zwischen „Innen" (Unternehmens-Sicht) und „Außen" (Markt, FuE, Wettbewerb, Politik,...) existieren, und wie sind diese identifizierbar und steuerbar?

Antworten darauf oder zumindest Anregungen dazu finden sich in den in diesem Buch neu vorgestellten Konzepten zur systematischen Technologieentwicklung. Der *Technologiekompass* in Kapitel 8 zeigt beispielsweise, wie die Platzierung von Technologien auf dem Innovationspfad, d. h. zumindest ihre jeweilige Zuordnung zu einer Entwicklungsphase, durch die Analyse und Prognose von Indikatoren unterstützt werden kann. Die SWOT-Gates-Methodik, ausführlich vorgestellt in den Kapiteln 2 und 5, überwacht, bewertet und steuert dann das Fortschreiten der Technologieentwicklung, insbesondere in ihren entscheidenden Übergangsphasen.

Die im Gegensatz zur Produktentwicklung ungleich höhere Komplexität des Technologieentwicklungsprozesses stellt natürlich auch weitaus höhere Anforderungen bezüglich der Identifikation und Verfügbarkeit benötigter Daten. Um nun für solche Prozesse ein integriertes Managementsystem aufsetzen zu können, müssen weitere Grundsatzfragen beantwortet werden:

Wie kann Information aus den unterschiedlichsten Quellen, wie beispielsweise verfügbares Hintergrundwissen über relevante Technologien, beschafft und aufbereitet werden?

Gibt es ein hinreichend flexibles Modell zur Abbildung der vielfältigen, a priori nicht bekannten Aspekte von Technologieentwicklungen, das an den jeweiligen Anwendungsfall schnell adaptierbar ist?

In Kapitel 10 zur *Informationsbeschaffung und -bereitstellung* wird eine Antwort auf die erste Frage gegeben: Der Klassifikationsserver ermöglicht die automatische Berechnung von Indikatoren durch semiautomatische Klassifikation und die Generierung von Wissen zum Eintrag in die Wissensbasis durch semantische Annotation. Kapitel 11 schließlich erläutert die *Wissensrepräsentation*, für deren Basis eine ontologiebasierte Struktur definiert wurde, um die hohen Anforderungen bezüglich Vernetzung und übergreifendem Faktenwissen erfüllen zu können.

Die Methoden aus den oben referenzierten Kapiteln sind während des gesamten Entwicklungsprozesses „virulent", d. h. sie kommen bei Bedarf wiederholt und zu beliebigen Zeitpunkten zur Anwendung, sie weisen somit einen „globalen" Charakter auf – bis auf eine Ausnahme: Die SWOT-Gates-Methoden haben die Eigenschaften von „Meilensteinen", sie müssen jeweils bei „Phasenübergängen passiert" werden. Darüber hinaus gibt es jedoch noch zusätzlich eine Fülle von „lokalen Methoden", die im Allgemeinen nur in gewissen Phasenabschnitten und auf gewissen Innovationsebenen „aktiv" sind, auf die bereits im vorigen Kapitel über das Audit zur Steigerung der Technologieentwicklungsfähigkeit detailliert eingegangen wurde.

Die Herausforderung lautet nun zusammengefasst:

Gegeben ist mindestens eine neue Technologie.

Gesucht wird ein integriertes Werkzeug zur systematischen Technologieentwicklung.

Dieses Werkzeug muss Folgendes beinhalten:

- Globale Methoden (Informationsbeschaffung, Wissensrepräsentation, Verortung/Analyse/Prognose)
- SWOT-Gates (Entwicklungs-Meilensteine)
- Lokale Methoden (Phasen/Ebenen-spezifische Aktivitäten)
- Vernetzung der Daten aller Innovationsebenen
- Verknüpfung der Methoden
- Anleitung/Unterstützung beim Fortschreiten auf dem Entwicklungspfad, einen „roter Faden"

Einige Argumente und der Weg zur Lösungsfindung werden nachfolgend vorgestellt.

6.2   „Mein Projektmanagementtool versagt" – Warum?

Beim Bau eines Einfamilienhauses mag ein solches Werkzeug hilfreich sein, da die Anzahl der Gewerke, die dabei benötigten Materialien, die beteiligten Akteure, etc. überschaubar und z. B. mit Gantt-Diagrammen auch zeitlich schön planbar sind. (Dies sagt zumindest die graue Theorie, doch die Praxis widerspricht.)

Technologieentwicklungsprozesse sind dagegen vollkommen anders einzuordnen. Dazu skizziert beispielsweise Abbildung 1 industrielle bzw. wirtschaftliche Entscheidungsfelder nach zwei Kriterien: Struktur und Komplexität, deren Bedeutung anhand exemplarisch angegebener Attribute (Parallelität, Planbarkeit, Ablaufkette, Kausalität) ersichtlich ist. Im Portfolio sind, ebenfalls exemplarisch, vier „Hauptgeschäftsprozesse" dargestellt, zusammen mit einer jeweils entsprechenden Softwareunterstützung, mit der zugehörigen Entscheidungsqualität und dem zeitlichen Planungshorizont.

Drei Elemente in diesem Portfolio, nämlich Enterprise Ressource Planning, Auftragsabwicklung und Personaleinsatz, stellen bekannte Beispiele dar, zu deren „Bewältigung" bereits zahlreiche Anwendungsprogramme existieren. Vollkommen anders verhält es sich mit dem vierten Portfolioeintrag. Theoretische und insbesondere praktische Werkzeuge für schwach strukturierte, hoch komplexe Geschäftsprozesse sind heute noch Mangelware, in besonderem Maße gilt dies natürlich für den Technologieentwicklungsprozess. Die wenigen bereits existierenden Tools beschränken sich zumeist auf betriebswirtschaftliche Aspekte und die isolierte Betrachtung verschiedener „Disziplinen". Woran liegt das?

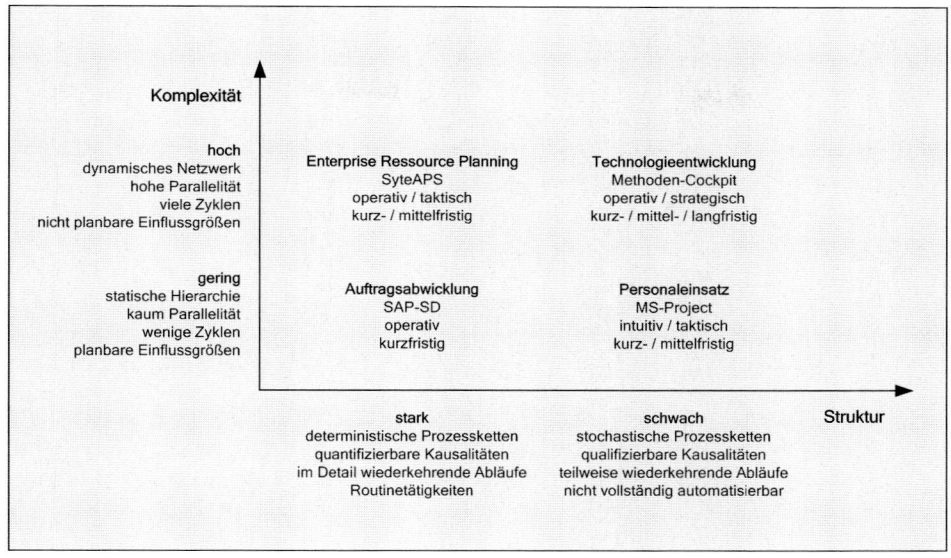

Abbildung 1:   Komplexität vs. Struktur

6.2.1   Komplexität

Nach Wikipedia bedeutet Komplexität, dass mehr Elemente in einem System vorliegen als dieses präzise (eindeutig) verknüpfen kann. Allein dies trifft schon für den Technologie-entwicklungsprozess zu, wenn nur die (weiter oben eingeführten) Methoden selbst als Elemente (im weiter unten einzuführenden Cockpit) betrachtet werden. Bei genauerer Betrachtung offenbaren sich aber noch weitere Komplexitätsaspekte

sowohl allgemeiner Art:

- Das Systemverhalten und die zukünftigen Systemzustände sind nicht determinis-tisch.
- Die Elemente des Systems, deren Beziehungen zueinander und auch die äußeren Rahmenbedingungen ändern sich dynamisch.
- Mehrkriterielle, naturgemäß teilweise konkurrierende Zielvorgaben sind mehrfach zu revidieren.
- Ursache/Wirkungs-Zusammenhänge verlaufen nicht-linear, rückgekoppelt, mehr-fach vernetzt – und sind oftmals unbekannt.
- Menschen (als Prozessentwicklungsbeteiligte) fällen (bisweilen unwägbar) ihre systembeeinflussenden Bewertungen und Entscheidungen.

als auch konkreter Art, bezogen auf den Technologieentwicklungsprozess:

- Der Prozessverlauf folgt einer schwach strukturierten, a priori nicht vorhersehbaren Kette (selten) sequenzieller und (häufig) paralleler Methoden-Anwendungen.
- Im Prozessverlauf involviert sind viele, oft wechselnde Methoden-Anwender, wie etwa Geschäftsführer, Forscher, Entwickler und Techniker.
- Die Methoden-Bearbeitung beinhaltet unterschiedlichste Typen von Arbeitsschritten und Tätigkeiten: Erfindung, Entwurf, Konzeption, Entwicklung, Design, Analyse, Diskussion oder Präsentation.

Nach diesen Kriterien ist Technologieentwicklung offensichtlich ein komplexer Prozess. Daher nachfolgend ein paar Empfehlungen zum Umgang mit Komplexität im Allgemeinen, aber auch schon im Hinblick auf ein zu entwickelndes Software-Werkzeug:

- Entwicklungsziele definieren und kommunizieren, Zwischenzielerreichungen überprüfen, Zielvorgaben aktualisieren
- Selbststeuernde Netzwerke zulassen oder installieren, Selbststeuerung fördern und einfordern
- Impulse (Motivatoren/Attraktoren) setzen, dem System grobe Entwicklungsrichtungen (Pfade/Gates) vorgeben
- Komplexität des Gesamtsystems reduzieren, durch Verminderung von Anzahl und Verschiedenartigkeit der Elemente und Beziehungen, durch Vereinfachung, Linearisierung, etc.
- Kompetenzmanagement einführen, höhere Eigenkomplexität der Bearbeitungsmethoden forcieren
- Methoden der Informationsgewinnung und -verarbeitung erweitern
- Gesamtsystem durch „Lernschleifen" steuern, einfache Zugriffe auf Erfahrungswissen ermöglichen, assoziatives „Querdenken" fördern
- Flexible, dynamische, interaktive, selbstorganisierende Systeme auf objektorientierter Architektur entwickeln

Zusammenfassend ist festzustellen, dass ein Standard-Projektmanagementtool allein schon den Komplexitätsansprüchen nicht gewachsen sein dürfte. Es gibt aber noch weitere („Ausschluss-") Kriterien.

6.2.1   Symbiose von Wissensmanagement und Innovationsmanagement

- *Wissen* bezeichnet das Netz aus Kenntnissen, Fähigkeiten und Fertigkeiten, die jemand zum Lösen einer gestellten Aufgabe einsetzt. Das Wissen eines Unternehmens findet sich in Dokumenten, Verfahrensanweisungen, Schichtbüchern, Notizen und nicht zuletzt in den Köpfen der Mitarbeiter. Entscheidend für den Erfolg des Unternehmens ist, dass solches Wissen zum richtigen Zeitpunkt und am richtigen Ort dem Mitarbeiter zur Verfügung steht.

- *Innovationen* sind Ideen, die auch erfolgreich am Markt umgesetzt wurden, wobei bis dahin eine Kette von Prozessschritten absolviert werden muss: Markt- und Technologiebeobachtung, Problemanalyse, Ideengewinnung, Strategiebildung, Variantenentwicklung, Evaluierung, Markteinführung. Auch hier ist entscheidend für den Unternehmenserfolg, dass innovative Produkte zum richtigen (d. h. geplanten, idealerweise frühen) Zeitpunkt und an den richtigen Orten (Märkten) platziert werden können.

Wissens- und Innovationsmanagement sind Themen, die für den Standort Deutschland in den nächsten Jahren zwar immer mehr an Bedeutung gewinnen, in vielen Unternehmen jedoch nach wie vor unsystematisch und ad hoc erfolgen. Naheliegend ist daher die Forderung, diese Disziplinen zu integrieren.

Das Anforderungsprofil für eine solche Symbiose könnte folgendermaßen formuliert werden, quasi als *Lastenheft für ein integriertes Wissens-/Innovations-Management*:

- *Ziel:*
  Ein integriertes Software-System zum umfassenden Management beliebiger Wissens-/Innovations-Entwicklungsprojekte. Erfahrungswissen aus bereits durchgeführten Projekten dient der adaptiven Optimierung aktueller Projekte.
- *Situation und Begründung:*
  Computergestütztes Wissens-/Innovations-Management ist in den heute am Markt verfügbaren Projektmanagementtools nur teilweise bzw. überhaupt nicht realisiert. Die gängigen Werkzeuge lassen sich nur schwer auf den komplexen Projektkontext adaptieren, sie sind oftmals nur auf „niedrig-dimensionale" Problemstellungen anwendbar. Wissensbasierte Softwaresysteme, die Erfahrungen im Unternehmen zur Verlaufsoptimierung der Folgeprojekte zu nutzen versuchen, sind quasi nicht existent.
- *Eigenschaften des Softwaresystems:*
  - Eine intuitiv bedienbare und schlank gestaltete *Benutzeroberfläche* bietet dem Anwender eine schnelle und übersichtliche Gestaltung der Phasen des Entwicklungsprojektes. Der Schwerpunkt liegt hierbei auf der Bereitstellung eines generischen Baukastens, der eine Anpassung an die individuelle Unternehmensstruktur ebenso unterstützt wie spezifische Eigenheiten des Entwicklungsprojektes.
  - Die Flexibilität in der Gestaltung des Entwicklungsprojekts gestattet insbesondere auch die Modellierung hoch komplexer Prozesse mit schwachen Strukturen. Benötigte Dokumente können, nach Eingangs- und Ausgangskriterien geordnet, den Projektabschnitten zugewiesen und im Stil einer Checkliste im Projektverlauf abgehakt werden. Einzelpersonen und Personengruppen erhalten gesonderte Zugriffsrechte auf die definierten Dokumente der jeweiligen Projektabschnitte, um zu gewährleisten, dass die Bearbeitung der Dokumente ausschließlich den Personen vorbehalten bleibt, die im Projektabschnitt involviert und im Projektplan definiert sind.

- Eine *Wissensdatenbank* mit offener Schnittstelle ermöglicht, das meist stark diversifizierte Angebot an Dokumenten, die für den Verlauf des Projekts notwendig sind zu speichern und bei Bedarf zugänglich zu machen. Im Vordergrund steht dabei insbesondere die Möglichkeit der Verknüpfung von Dokumenten aus dem Bereich Standardsoftware mit proprietären Formaten der eventuell im Unternehmen eingesetzten Legacy- und Individualsoftware über die Wissensdatenbank. Diese spielt darüber hinaus die entscheidende Rolle für Analyse- und Optimierungsmodule, die sich auf die in der Datenbank enthaltenen Dokumente stützen.
- Die Dokumente werden in geeigneter Weise mit frei definierbaren, zusätzlichen Eigenschaften versehen, die eine Zuordnung zu Projekten und Projektabschnitten, sowie deren Gewichtung im Hinblick auf die Bedeutung im Gesamtkomplex des Entwicklungsprojektes, ermöglichen. Eine Schnittstelle zum Einpflegen bereits bestehender Projektdaten ist ebenfalls vorhanden. Diese kann bei Bedarf genutzt werden, um die Datenbasis für Analyse und Optimierung durch bereits durchgeführte Projekte zu verbreitern.
- *Analyse-, Optimierungs- und Visualisierungsmodule* unterstützen den Anwender bei der Bewertung bereits durchgeführter Projekte, insbesondere durch grafische Techniken, die auf aktuellen und zurückliegenden Projektdaten basieren. Die Module erleichtern damit die Entscheidungsfindung im weiteren Fortgang des aktuellen Projekts, optimieren so zukünftige Projekte und führen dadurch insgesamt zur evolutionären Verbesserung der Innovativität und Produktivität des Unternehmens.
- Die Wissensdatenbank liefert sowohl statistische Analysewerte als auch visualisierte multikriterielle Vergleichsdaten. Hierzu werden spezielle Metriken verwendet, die vergleichende und qualifizierende Aussagen auf den stark divergenten Datenbeständen der bereits durchgeführten Entwicklungsprojekte zulassen. Die Visualisierung adressiert die kognitiven Fähigkeiten des Betrachters, so dass selbst überaus komplexe Zusammenhänge mit Hilfe grafischer Darstellungen schnell erfassbar und dadurch korrekte Entscheidungen für den weiteren Verlauf des Projekts impliziert werden.

Nach diesem „theoretisch formulierten Lastenheft" seien abschließend noch einige pragmatische Argumente genannt, welche für die betriebliche Praxis essenziell sind:

- Neue und insbesondere zusätzlich in einem Unternehmen einzuführende Software leidet oft daran, dass deren Nutzung einen höheren Aufwand an Ressourcen (Mitarbeiter, Zeit, Materialien) erfordert. Die Folgen sind mangelnde Akzeptanz seitens der Mitarbeiter und mangelhafte Qualität der eingegebenen Daten.
- Ein Software-System (wie das nachfolgend entworfene) wird nur dann angenommen und sinnvoll eingesetzt, wenn sich sein Design durch schlanke, den unternehmerischen Prozessen folgende Interaktionen auszeichnet, wenn ein komfortabler und vergleichsweise geringer Aufwand bei der Datenerfassung und -pflege zu automatisierter Wissensspeicherung und zu höherer Transparenz verfügbarer In-

formation und daraus abgeleitetem Wissen führt, und wenn die Anbindung bzw. intelligente Verknüpfung von verschiedenen internen und externen Wissensquellen bei der Generierung neuen Wissens signifikante Beiträge leistet.

- Ein solches Werkzeug muss durch eine flexible Benutzerschnittstelle die Möglichkeit bieten, die Projektentwicklung frei zu adaptieren und somit die Bedienungskomplexität auf das gewünschte Maß zu reduzieren. Die Software hat den Vorgaben des Anwenders bei der Planung des Projektes zu folgen, nicht die Projektbeteiligten den Bedienungszwängen der eingesetzten Software.

- Besondere Betonung schließlich hat bei allen entwickelten Modulen auf interaktiven, aussagekräftigen, aber dennoch einfach interpretierbaren und bedienbaren Visualisierungen zu liegen.

Durch den generischen Ansatz, der nach dem oben vorgestellten „Lastenheft" für das Software-Werkzeug gefordert wurde, ist eine Übertragung auf andere Anwendungsbereiche ebenfalls denkbar – und naheliegend. Die Flexibilität in der Wissens-/Prozess-/Projekt-Gestaltung sowie die freie Definierbarkeit der Oberflächenelemente schaffen nämlich die Möglichkeit, Anpassungen für eine Vielzahl von Kontexten vorzunehmen.

- Eine erste Anwendung könnte somit darin bestehen, nach diesen Vorgaben ein allgemeines Softwarepaket zur Unterstützung des Managements „einfacher" Projekte zu realisieren, wobei dann mit vertretbarem Aufwand die spezifischen Anforderungen eines konkreten Unternehmens durch „Customizing" erfüllbar wären.

- Aufbauend auf den Erfahrungen mit solchen Standardprojekten könnten dann in einer zweiten Anwendung „komplexere" Produktinnovationsprozesse abgebildet werden, die sich in Abhängigkeit von Parametern, wie etwa Unternehmensgröße, Branche oder Geschäftsfeld, weitaus stärker differenzieren dürften.

- Eine dritte, noch aufwändigere Anwendung ist jedoch hier von besonderem Interesse. Was in diesem Abschnitt zur Integration von Wissens- und Innovationsmanagement aufgeführt wurde, gilt mutatis mutandis (Fraunhofer-Institut := Unternehmen; Technologieentwicklung := Produktentwicklung) auch für ein Werkzeug zur systematischen Technologieentwicklung.

Dies soll nun weiter verfolgt werden.

6.3   Intuitives, grafisches, interaktives Wissensmanagement

„Defeat complexity", „Fight information overkill", „Drowning in information, and thirsting for knowledge". Dies sind alles wohlbekannte Phrasen, die dennoch die aktuelle Situation adäquat beschreiben. Etwa eine Million Terabyte an Daten werden jährlich erzeugt, und in den nächsten Jahren wird die Informationsmenge weltweit mehr zunehmen als in der gesamten Menschheitsgeschichte zuvor (vgl. Keim 2002). Somit ist alles willkommen, was bei diesem „Komplexitäts-/Informations-Dilemma" Hilfe verspricht.

Schon vor 25 Jahren formulierte Ben Shneiderman (Shneiderman 1983) *as a must, what direct manipulation interfaces for database retrieval should support:*

- *continuous visual representation of objects and actions of interest,*
- *physical actions or labelled button presses instead of complex syntax,*
- *rapid, incremental, reversible operations whose impact is immediately visible,*
- *layered / spiral approach to learning that permits usage with minimal knowledge.*

Sämtliche Forderungen haben sich als berechtigt erwiesen, ohne die geringste Änderung, und sie sollten gleichermaßen auch gelten für das zu entwickelnde Werkzeug zur systematischen Technologieentwicklung. Vorab jedoch noch als Hintergrundinformation zwei kurze Ausflüge:

6.3.1   Informationswahrnehmung

In *knowCube: A Visual and Interactive Support for Multicriteria Decision Making* (Trinkaus 2005) werden ein paar einfache „Tests" zur menschlichen Informationswahrnehmung vorgestellt, zusammen mit einigen Beobachtungen und Schlussfolgerungen. Hier ein Beispiel – aus Prägnanzgründen gleich in englisch:

Let A, B, C, D, E be natural persons, sections in business enterprises, departments of universities, states, ...

- A is positively affected by B and affects B, C and E positively.
- B is affected by A and C positively and affects D negatively and A positively.
- C is positively affected by A, negatively by E, and affects B positively.
- B and E negatively affect D.
- E affects C and D negatively and is positively affected by A.

What's going on?

  Solution – to be presented interactively with slowly moving arrows, where the thick ones coloured red, and the thin ones coloured green:
  Conclusion: The human visual system has a highly efficient information processing architecture. It allows inferences to be drawn based on visual spatial relationships – extremely fast and with hardly any demands on „working space capacity", and it is also very sensitive for moving objects and changing shapes.

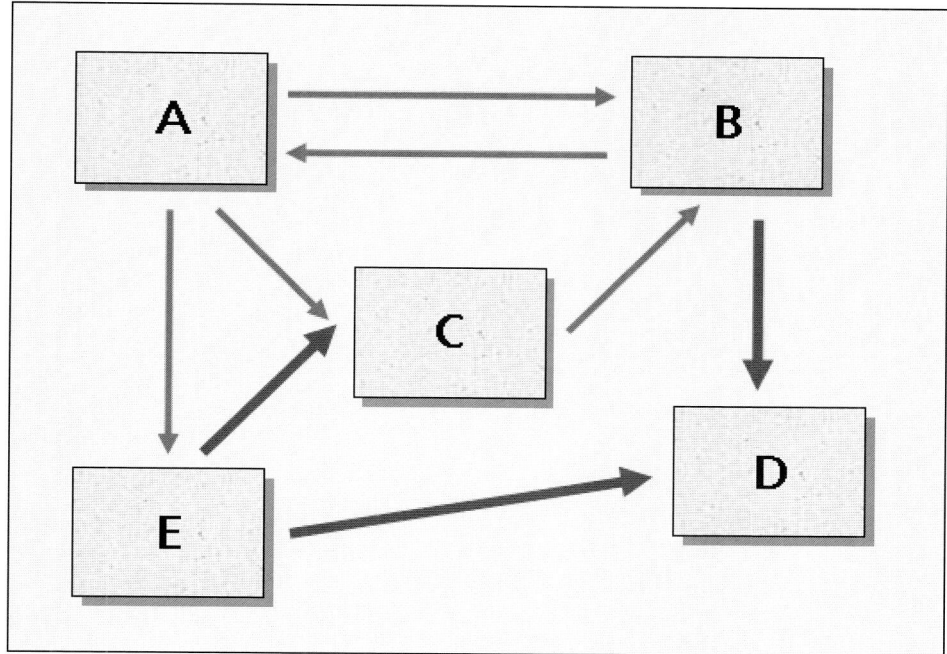

Abbildung 2:   A Little Graphics Helps a Lot

6.3.2   Neues zum Sehvorgang

Oben wurde „motiviert", dass geeignete Werkzeuge zur Verarbeitung komplexer Information die überragende visuelle Wahrnehmungsfähigkeit des Menschen adressieren sollten.
Warum diese so effizient ist, wird durch neuere Forschungsergebnisse aus der Neuroana-
tomie mehr und mehr nachvollziehbar.

Das Auge ist eine Fotokamera mit zehn bis fünfzehn verschiedenen Filmen, sagt Heinz
Wässle vom Max-Planck-Institut für Hirnforschung (Wässle 2001 – woraus auch die Abbildungen 3 bis 6 entnommen sind). Was das Auge dem Gehirn meldet, ist nämlich nicht
nur ein einziges Bild, sondern es sind viele verschiedene Sinneseindrücke gleichzeitig: Es
informiert getrennt über Hell und Dunkel, über grobe Formen und feine Konturen, über
Kontraste und Farbverteilungen und über Bewegungen. Aus den vielen verschiedenen
Eindrücken, die von der Netzhaut übermittelt werden, konstruiert das Gehirn dann ein
zusammenhängendes, eindeutiges Bild von der Welt.

Am Anfang dieser Informationskette stehen die lichtempfindlichen Zellen der Netzhaut,
das sind die (aus der Schule bekannten) Stäbchen und Zapfen, welche die Lichtquanten
einfangen und in elektrische Signale umwandeln. Die resultierenden Informationen werden

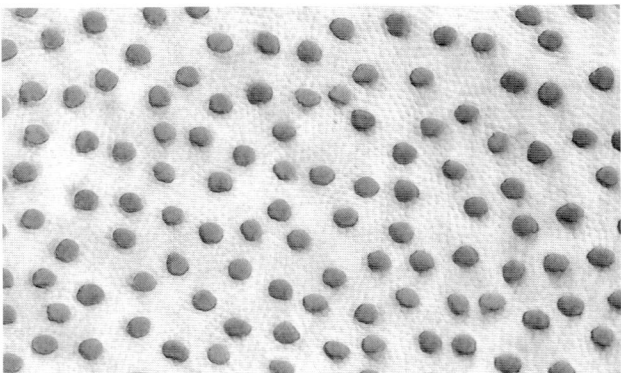

Abbildung 3:   Mosaik der Zapfen und Stäbchen in der Primatennetzhaut

an übereinander liegende Netzwerke von Nervenzellen in der Retina weitergereicht und weiterverarbeitet.

Die letzte Verarbeitungsinstanz sind die Ganglienzellen, die ihre Informationen über den Sehnerv an das Zwischenhirn und die Großhirnrinde leiten. Heute sind bis zu fünfzehn verschiedene Klassen von Ganglienzellen bekannt. Nahezu die Hälfte der Großhirnrinde befasst sich mit den Meldungen, die von den Augen kommen – ein weiteres Indiz dafür, wie dominant das Sehen im Vergleich zu anderen Sinneswahrnehmungen ist. Auch im Gehirn selbst werden Form, Farbe und Bewegung zunächst in unterschiedlichen Zentren analysiert.

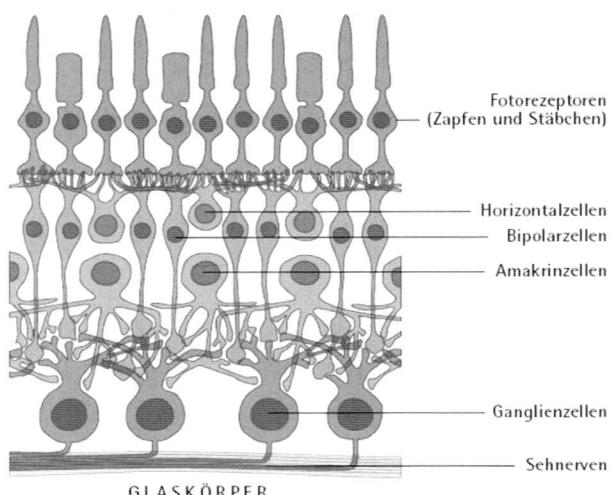

Abbildung 4:   Nervenzellen und ihre Verbindungen in der Netzhaut

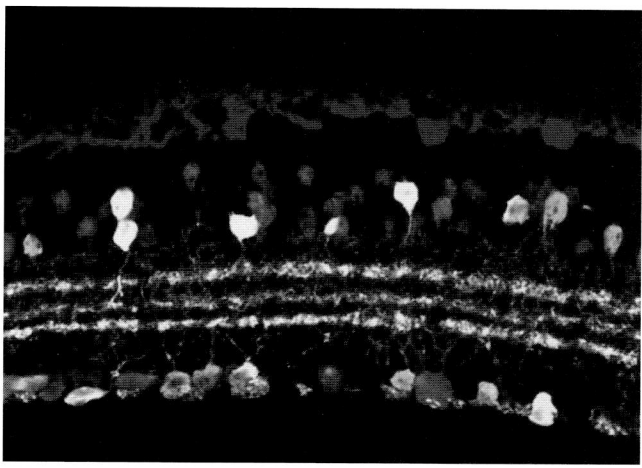

Abbildung 5:   Schnitt durch die Netzhaut (einer Ratte)

Und alsbald fiel es von seinen Augen wie Schuppen. (Apostel. 9, 18.) Die Objekte in Abbildung 2 und ihre Eigenschaften finden exakte Entsprechungen in den Verarbeitungsebenen des visuellen Systems! Wie zu Beginn dieses Abschnitts aufgeführt, informiert es getrennt über Hell (= Vordergrund) und Dunkel (= Hintergrund), über grobe Formen (= Rechtecke) und feine Konturen (= Linien, insbesondere mit Spitzen), über Kontraste und Farbverteilungen (= verschiedenfarbige Linien vor andersfarbigem Hintergrund) und ferner auch über Bewegungen (= animierte Pfeile, die jeweils in Pfeilrichtung „eingewischt" werden, z. B. zur Vermittlung von Kausalität oder zeitlicher Entwicklung).

Was alleine schon die vergleichsweise primitive Grafik in Abbildung 2 illustriert, gewinnt erst recht bei komplexeren Sachverhalten an Bedeutung, insbesondere dann, wenn Grafiken aus mehreren überlagerten Layern (= Netzwerke von Nervenzellen) aufgebaut werden – und wenn der Anwender schließlich interaktiv in die Grafik einsteigen kann.

Weiteres über die „moderne Verwendung klassischer Malwerkeuge" wird in *Information Exploration via Pen, Brush and Text Marker* (Trinkaus 2007) vorgestellt.

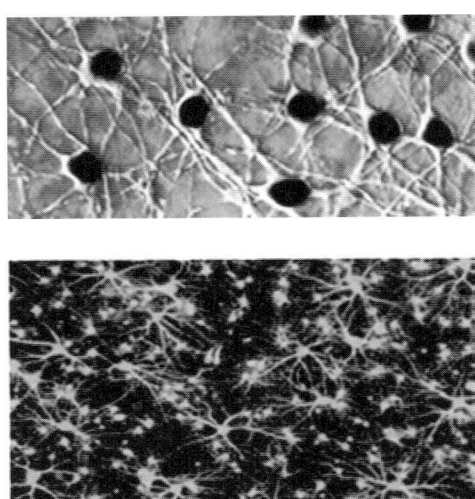

Abbildung 6:   Horizontalzellen (oben) und Ganglienzellen (unten)

6.4   100 Methoden auf 5 Ebenen in 4 Phasen – ein roter Faden

In den ersten Buchkapiteln wurde die Einbettung des Methoden-Cockpits in den Rahmen der systematischen Technologieentwicklung bereits mehrfach angesprochen und insbesondere in Kapitel 2 (*Technologieprozess*) und Kapitel 5 (*Audit und Methoden-Katalog*) vorbereitet. Zusätzliche Beiträge werden die nachfolgenden Kapitel 7, 8 und 9 (*Technologie-Radar, Technologiekompass, Technologiepotenzialanalyse*) liefern.

Zu Beginn dieses Kapitels erfolgte eine Gruppierung der Methoden hinsichtlich verschiedener Kriterien. Damit konnten dann die Anforderungen an ein integriertes Werkzeug zur systematischen Technologieentwicklung als zusammengefasster Bedarf „mathematisch" formuliert werden.

Im zweiten Abschnitt wurden die gewünschten Eigenschaften eines zu erstellenden Softwaresystems näher konkretisiert, insbesondere unter Berücksichtigung von Aspekten der betrieblichen Praxis.

Das „Intermezzo" im vorigen Abschnitt vermittelte ein paar Anregungen, die zum Entwurf des Prototyps geführt haben, der jetzt in mehreren Schritten vorgestellt wird:

- Ausgangssituation
- Evolution und Abstraktion

- Top View
- General Data, Indicators, Global Methods
- Local Methods, SWOT-Gates – der rote Faden

6.4.1   Ausgangssituation

Am Anfang stand das sogenannte „Big Picture" des Technologieentwicklungsprozesses. Etwa 100 Methoden unterschiedlichster Art können dabei prinzipiell zur Anwendung kommen, mit gewissen Prioritäten auf jeweils einer der fünf identifizierten Ebenen. Alles ist mit allem vernetzt, der Verlauf des Prozesses ist a priori nur näherungsweise bekannt. Eine durchgängige Softwareunterstützung des Prozessmanagements existiert nicht.

Nachfolgend skizziert ist ein stark vereinfachter Ausschnitt des Gesamtbildes. Die exemplarisch dargestellten Werkzeuge stehen für den jeweiligen Kern (bspw. das nach außen sichtbares Hauptresultat) einer Methode.

Details zu den Methoden wurden in einer umfangreichen Excel-Tabelle (vgl. auch Kapitel 5) zusammengestellt. Abbildung 8 zeigt einen Auszug daraus: 16 von 100 Methoden, zusammen mit ihren Ebenen-Zuordnungen. Offensichtlich können manche Methoden auf mehreren Ebenen, und durchaus auch mehrfach wiederholt, zum Einsatz kommen.

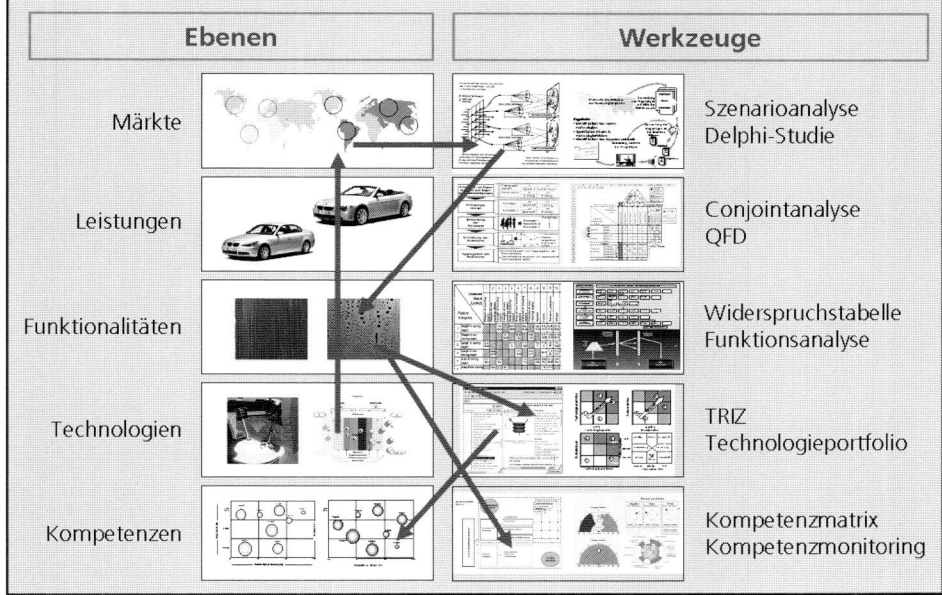

Abbildung 7:   Big Picture (Auszüge)

	Methode	Markt	Produkt & DL	Funktionalitäten	Technologien	Kompetenzen
1	635 - Methode		PDL	F	T	
2	ABC Analyse		PDL			
3	Aktives Semantisches Netz (ASN)		PDL			
4	Anforderunganalyse und -Prognose		PDL			
13	Brainstorming	M	PDL	F	T	
14	Brainwriting		PDL			
15	Conjoint Analyse		PDL			
16	Delphi-Befragung	M	PDL		T	
91	TIE S (Technology Identification and Selection)				T	
92	Trendforschung	M			T	K
93	Trendsscouting	M			T	
94	TRIZ		PDL	F	T	
97	Wettbewerbsanalyse	M				
98	Widerspruchstabelle			F		
99	Wirtschaftlichkeitsrechnung		PDL			
100	YellowPages					K

Abbildung 8:   Methodenkatalog (Auszüge)

6.4.2   Evolution und Abstraktion

Die Anwendungsbeispiele (nano MIPS, OLED, etc.; vgl. dazu auch die Kapitel 13 ff.) dienten als „Versuchskaninchen", um typische Muster von Prozessverläufen zu finden. Daraus resultierten folgende, speziell in Kapitel 2 bereits vertiefte Erkenntnisse:

- Der Technologieentwicklungsprozess lässt sich in 4 Phasen gliedern:
  1. Initiierung
  2. Inkubation
  3. Modifikation
  4. Applikation
- „Think big, start small":
  - Anfangs: Beschränkung auf dominante Methoden
  - Option: Problemloses Upgrade, z. B. von 15 auf 50 Methoden
- Es gibt (mindestens) zwei Grundtypen des Prozessverlaufs:
  - Fraunhofer-Typ
  - Unternehmens-Typ

Die nachfolgenden Ausführungen und Abbildungen beschränken sich auf den ersten Prozesstyp, wären aber problemlos auch auf die speziellen Anforderungen eines Unternehmens übertragbar.

In Abbildung 9 sind die Hauptschritte des OLED-Technologieentwicklungsprozesses dargestellt. „Fraunhofer-typisch" startet der Prozess auf den Technologie/Kompetenz-Ebenen und bewegt sich erst später in Richtung des Marktes. Abbildung 10 zeigt eine erste Abstraktion des Entwicklungspfades, die Quintessenz aus allen bisher analysierten Fraunhofer-Anwendungsprojekten.

Die Grafik ist mit ihren 17 abgebildeten Methoden noch einigermaßen erfassbar, doch die (unvollständig) eingetragenen Verknüpfungen bereiten schon erste Schwierigkeiten hinsichtlich einfacher, klarer Visualisierung. Spätestens ab 30 involvierten Methoden inklusive ihrer Abhängigkeiten dürfte diese statische Darstellungsweise jedoch vollkommen un-

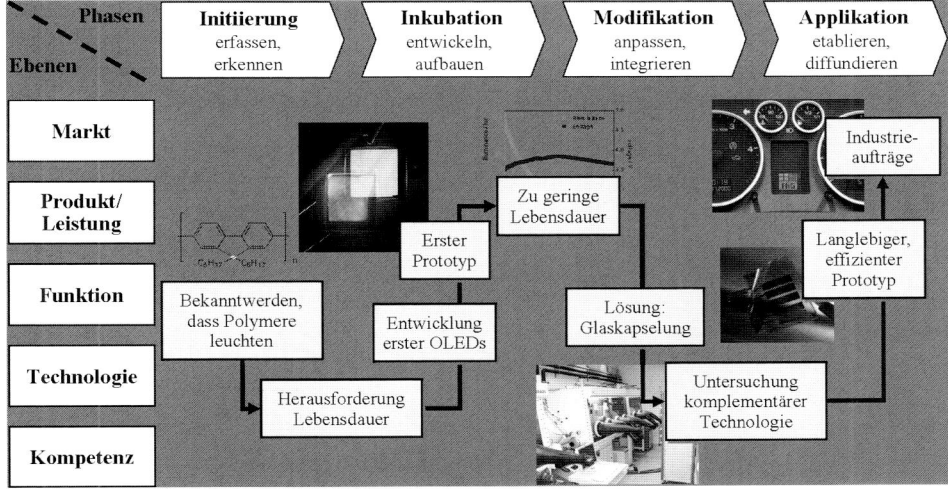

Abbildung 9:   OLED-Entwicklung

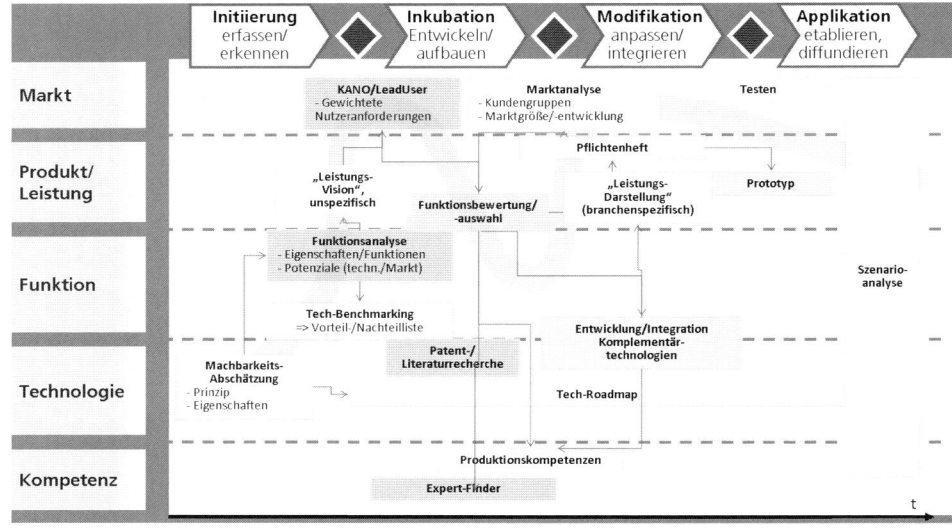

Abbildung 10:   Fraunhofer-Technologieentwicklung

übersichtlich geworden sein.

Eine weitere Abstraktion ist somit erforderlich, die sich nach kurzem Betrachten geradezu aufdrängt:

- Der gesamte Technologieentwicklungsprozess findet auf einem Spielbrett (Memory, Monopoly,...) statt.
- Jede Methode wird mit einer verdeckt abgelegten Spielkarte (Bild, Aufgabe, Ereignis) assoziiert.
- Nur die jeweils aufgedeckten Karten sind aktuell relevant.
- Der Spielverlauf folgt gewissen Vorgaben, ist jedoch nicht streng deterministisch.

Die Vorteile des in Wirklichkeit „dynamischen Spielbretts" werden erst bei interaktiver Benutzung ersichtlich, etwa durch Ereignisse wie *MouseOver* (Anzeigen von Vorgänger/Nachfolger/Verknüpfungen), *MouseClick* (Fokussieren der Methode, Priorisieren nach vorne/hinten), *MouseDown* (Verschieben der Methode), *MouseDoubleClick* (Aufdecken der Karte, Ausführen der Methode). Festzuhalten ist dabei, dass der gesamte, komplexe Prozessverlauf im Prinzip (teilweise im Hintergrund) stets sichtbar oder erahnbar ist, jedoch nur die momentan wichtigen Objekte in den Vordergrund treten und beliebig detailliert präsentiert und bearbeitet werden können.

Die Grenze dieses Konzeptes hinsichtlich technischer Darstellung (gute Lesbarkeit bei heute üblicher Bildschirmauflösung) und menschlicher Wahrnehmung (signifikante Unterscheidbarkeit von Informationen) liegt bei etwa 7^3 Objekten. Dies entspricht ungefähr 350 Methoden/Karten, verteilt auf sieben Ebenen/Zeilen und sieben Phasen/Spalten, was auch

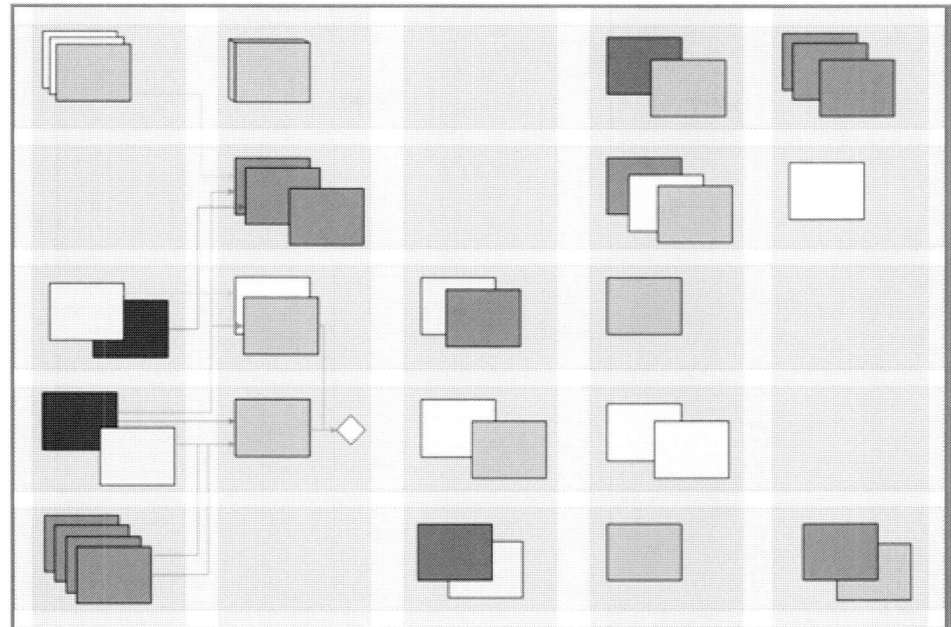

Abbildung 11:   „Alles auf einer Seite"

für die interaktive Präsentation, Überwachung und Steuerung von dynamischen Prozessen noch höherer Komplexität ausreichen sollte.

Übrigens kommt die Zahl 7 nicht „von ungefähr". In der oft zitierten Arbeit *The Magical Number Seven, Plus or Minus Two: Some Limits on Our Capacity for Processing Information* von George A. Miller (Miller 1956) findet sich dazu mehr.

Parallel zur Evolution des Cockpits haben sich auch die zugehörigen Anforderungen konkretisiert, einerseits hinsichtlich zu beachtender Prinzipien, andererseits bezüglich zu realisierender Software-Features – hier aus Prägnanzgründen wieder gleich in englisch zusammengefasst:

- *All on One Screen*
  - *using layers, popUp-windows, animations*
- *Improvement by Association*
  - *looking into other projects' documents*
- *Information-KANBAN*
  - *pulling what's needed*
- *Global, Local and Gates Methods*
  - *offering unified outlook and behaviour*
- *Information Input/Output via Microsoft Office Documents*
  - *giving well-known look&feel to the Cockpit User*

- *Customizing via Microsoft Access Data Base*
  - *easily done by the Cockpit Master*

Gemäß diesen Anforderungen und unter Beachtung der Anregungen aus den vorhergegangenen Abschnitten wurde ein Prototyp des Methoden-Cockpits realisiert, der nun nachfolgend vorgestellt wird.

6.4.3   Top View

Beim Programmstart füllt das Methoden-Cockpit den kompletten Bildschirm aus, mit Ausnahme der Windows-Taskleiste, die ein schnelles Wechseln zu anderen Office-Dokumenten oder externen Programmen ermöglicht.

Die Top View zeigt fünf Hauptkomponenten:

- Cockpit-Menüleiste
  - weitgehend analog zu den üblichen Windows-Anwendungsprogrammen aufgebaut

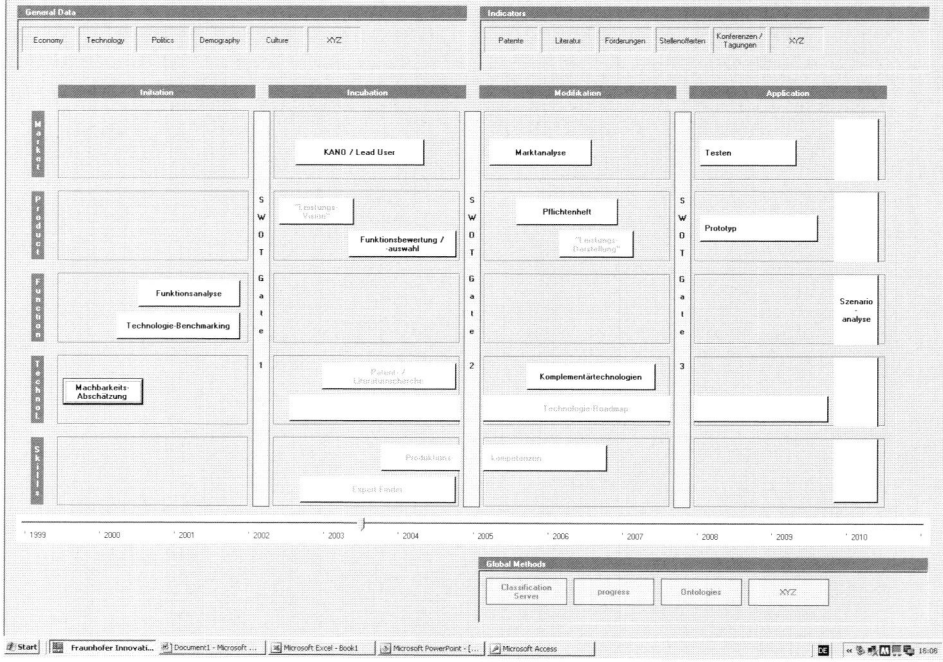

Abbildung 12:   Methoden-Cockpit

- General Data-Block
  - für den direkten Zugriff auf projektunabhängige Rahmenbedingungen allgemeiner Art
- Indicators-Block
  - zur Anzeige aktueller Werte von projektspezifischen Indikatoren
- Global Methods-Block
  - für die Interaktion mit den adjungierten Anwendungsprogrammen
- Cockpit-Kern
  - mit dem Ebenen/Phasen-Raster als „Spielbrett" (Hintergrund)
  - mit den lokalen Methoden als „Aufgaben-Karten" (zum Anstoß methodenspezifischer Aktivitäten)
  - mit den SWOT-Gates als „Check-Karten" (für das Meilenstein-Monitoring des Projektfortschrittes)
  - mit der TimeLine zur Referenz auf das jeweilige Bearbeitungsdatum

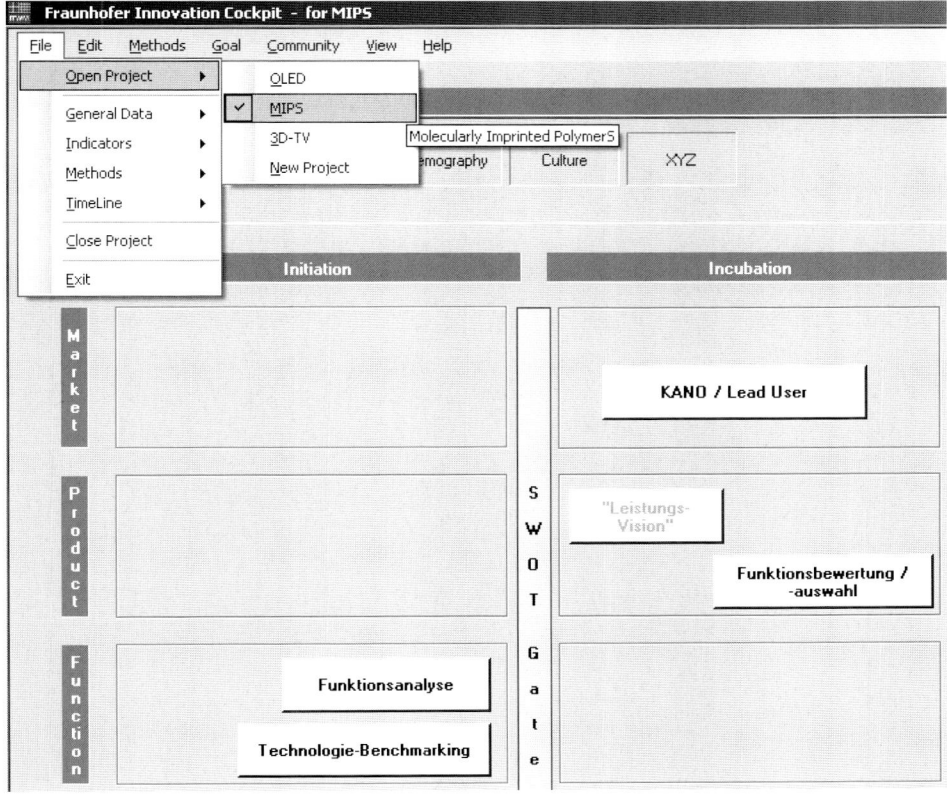

Abbildung 13:   Projekt öffnen / wechseln / neu anlegen

Der Prototyp enthält zunächst 20 Methoden, zusätzliche können aber durch das Programm selbst eingefügt werden. Entsprechendes gilt für die XYZ-Buttons in den anderen Haupt-komponenten.

Bei der Auswahl eines aktuellen Projektes (hier: MIPS) wird dessen Name in die Menü-leiste übernommen, im Hintergrund erfolgt gleichzeitig die Anbindung des entsprechenden Projektordners. Zwischen den Projekten kann jederzeit gewechselt werden. Beim Anlegen eines neuen Projektes wird automatisch eine zugehörige Ordnerstruktur aufgebaut und mit standardisierten Dokumenten gefüllt.

Das Hauptmenü bietet (alternativ zum Zugang über den Cockpit-Kern ebenfalls) den Zugriff auf Methoden an, insbesondere aber die Möglichkeit, eine neue Methode in das Cockpit einzufügen.

Ferner ermöglicht das Hauptmenü, zur Vereinfachung und Förderung der Kommunikation, alle Projektbeteiligten in die *Community* aufzunehmen, so wie hier einige Fraunhofer-Institute. Es könnten aber auch sonstige Partner (Unternehmen, Experten oder Berater) integriert werden.

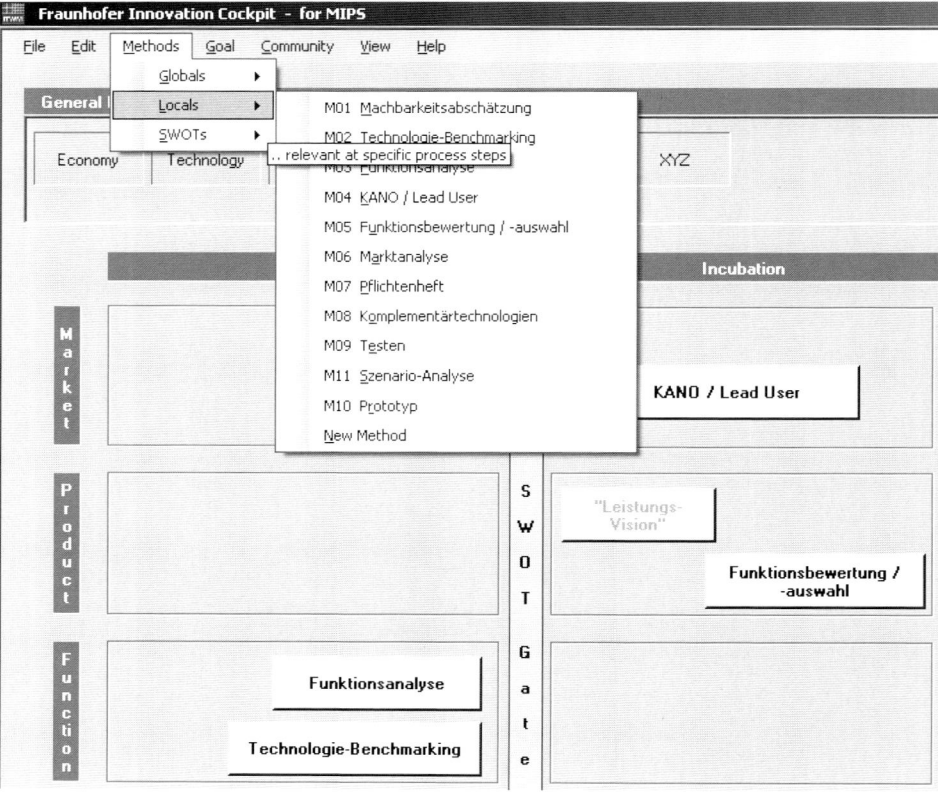

Abbildung 14:   Methode auswählen / wechseln / neu anlegen

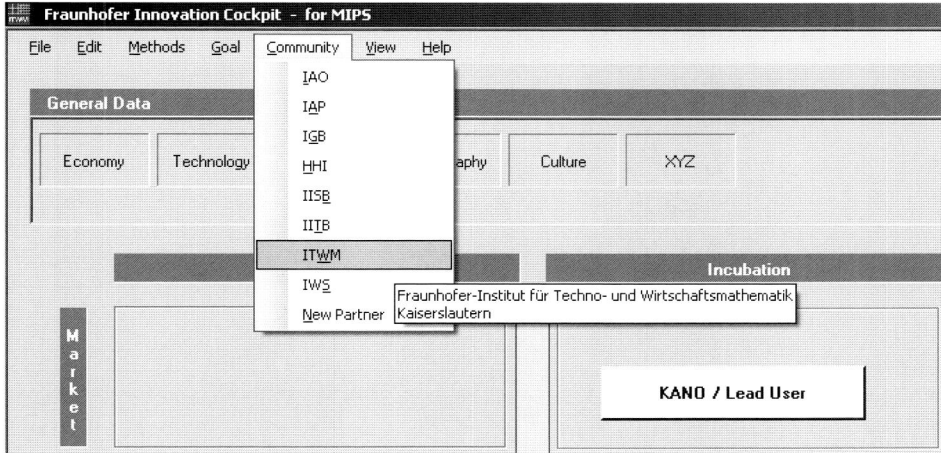

Abbildung 15:   Kommunikation mit den Projektpartnern

Über den Menüpunkt *Help* kann ein interaktiver *Guide* aufgerufen werden, der den An-wender durch exemplarische Hauptfunktionen des Cockpits führt. Detaillierte Hinter-grundinformation zum gesamten Forschungsprojekt bietet der direkte Zugriff auf die pdf-Version des hier vorliegenden Buches.

Die weiteren Menüpunkte sind selbsterklärende, deshalb wird hier auf eine Erläuterung verzichtet.

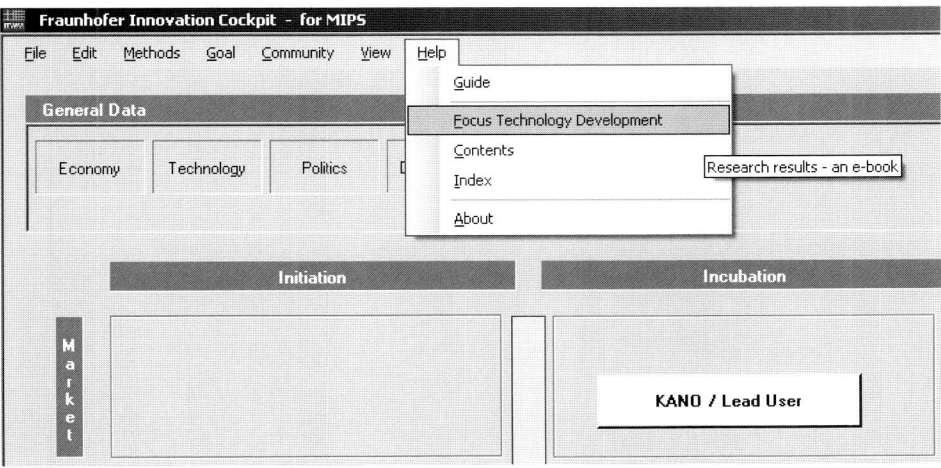

Abbildung 16:   Diverse Angebote zur Information

6.4.4   General Data, Indicators, Global Methods

Die Hülle des Cockpit-Kerns bilden drei *Knowledge Container*, d. h. Blöcke von interaktiven *Labels*, über die die jeweiligen Wissensbereiche oder Rubriken via *Mouse* angesprochen werden. Das Ereignis *MouseClick* fokussiert dabei das darunter befindliche Label.
Durch *MouseDoubleClick* öffnet sich jeweils ein Fenster, das für alle Rubriken bezüglich
(sichtbarem) Erscheinungsbild und (verdeckter) Struktur gleich ist – wie beispielsweise in
Abbildung 17. Werden in diesen Fenstern dann vom Anwender gewisse Aktionen ausgelöst, unterscheiden sich die im Hintergrund resultierenden Datenzugriffe oder angestoße-
nen Programme oft grundlegend. Dies bleibt dem Anwender natürlich verborgen, er erhält
die gewünschte Information im ihm vertrauten look&feel.

Im *GeneralData*-Block werden allgemeine, projektübergreifende Informationen angesprochen. Diese haben den Charakter von Rahmenbedingungen, sie sind zeit- und ortsabhän-
gig, prinzipiell beobachtbar, aber im Allgemeinen nicht direkt beeinflussbar. Sie unterscheiden sich beispielsweise an verschiedenen Märkten (z. B. ökonomisch, ökologisch,
demographisch) und an den jeweiligen F&E-Standorten (z. B. politisch, kulturell). Die
Rahmenbedingungen beeinflussen zwar die Technologieentwicklungen, diese werden
jedoch die Rahmenbedingungen (bis auf wenige Ausnahmen) nicht (oder nur mit großer

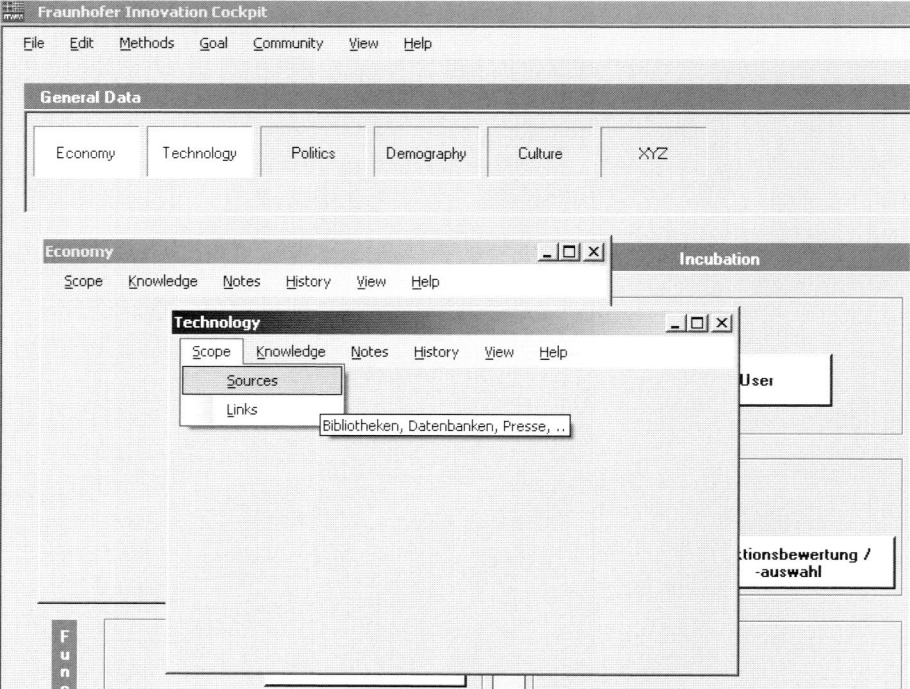

Abbildung 17:   Zwei geöffnete *GeneralData*-Rubriken – sehr übersichtlich!

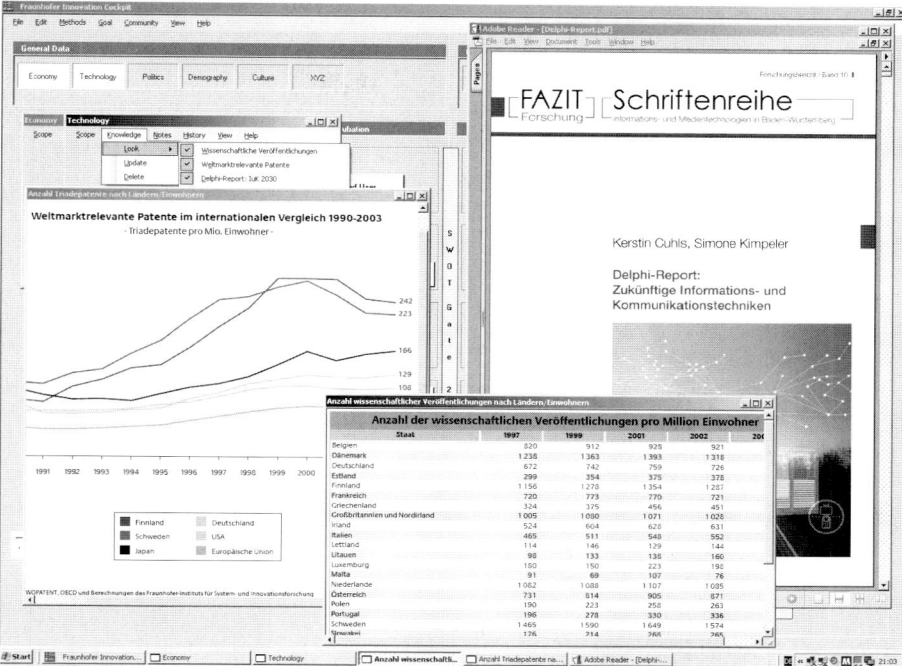

Abbildung 18:   *Technology*-Rubrik – mit viel Information auf einmal, falls so gewünscht

Zeitverzögerung) verändern. Abbildung 18 zeigt exemplarische Informationen der *Technology*-Rubrik, präsentiert als Tabelle, als Grafik oder als komplette pdf-Datei.

Zugriffe auf den *GeneralData*- und auf den *Indicators*-Block erfolgen im Projektverlauf immer wieder, unabhängig vom aktuellen Status der betrachteten Technologieentwicklung. Im Gegensatz zum *GeneralData*-Block sind die durch den *Indicators*-Block adressierten Daten jedoch abhängig vom Entwicklungsprojekt, was bei den Rubriken Patente, Literatur, Konferenzen/Tagungen wohl offensichtlich ist. Die Bereitstellung entsprechender Indikatorwerte kann aktiv durch den Anwender selbst erfolgen, und auch hier helfen die standardisierten „Einstiegsfenster" weiter. In Abbildung 19 ist dies am Beispiel von Patent-Informationen mit einigen exemplarischen Links illustriert. (Die Darstellung soll natürlich nur das Zugriffsprinzip und die Möglichkeiten erläutern. Normalerweise wird man nicht in mehr als drei Quellen gleichzeitig suchen.)

Eine automatische oder zumindest semi-automatische Generierung von Indikatorwerten ist unter Verwendung von Elementen aus dem *GlobalMethods*-Block möglich. Dazu werden, entweder nach (aktuellem) Bedarf oder (automatisch) in vorgegebenen Zeitintervallen, spezielle Programme gestartet, wie etwa der *Classification Server*, vorgestellt in Kapitel 10.

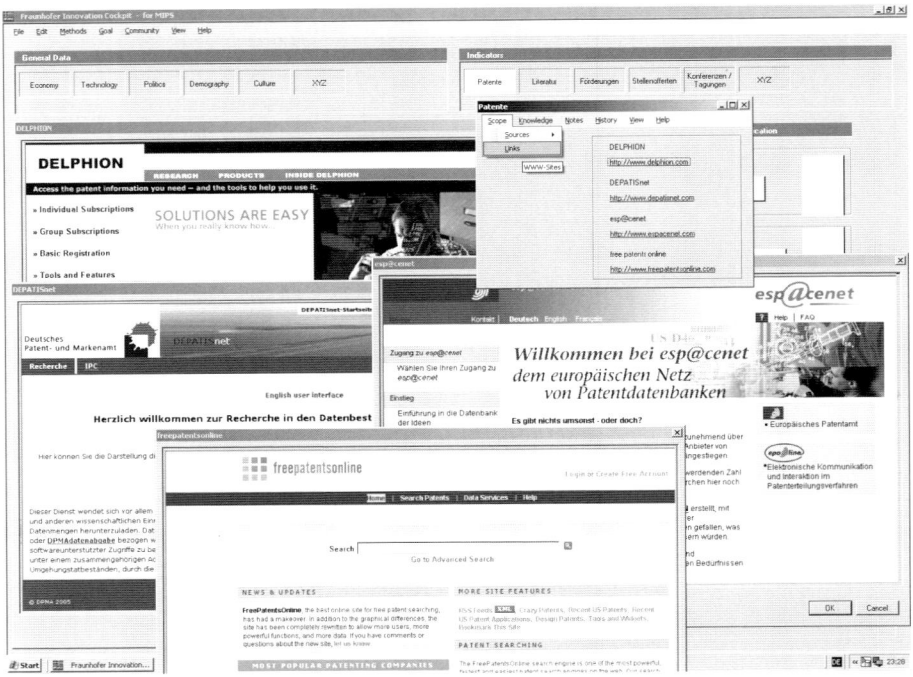

Abbildung 19:   Diverse Quellen für Patent-Information

Die gelieferten Resultate fließen in die Cockpit-Datenbasis. Darauf aufbauend kann dann der Technologiekompass progress, ein weiteres Programm aus dem GlobalMethods-Block, für die aktuell betrachtete Technologie eine Positionierung auf dem Innovationspfad schätzen und zusätzlich Prognosen für die weitere Technologieentwicklung erarbeiten. Diese Vorgehensweise ist in Kapitel 8 detailliert beschrieben.

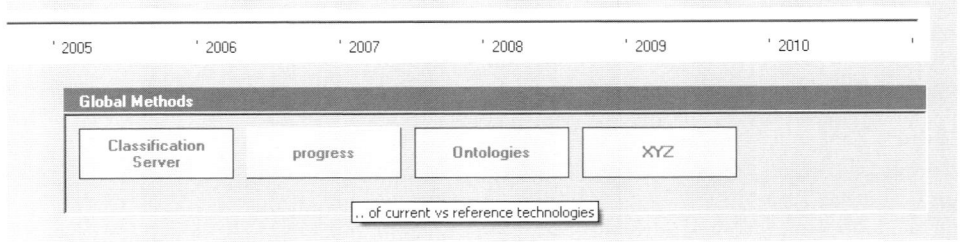

Abbildung 20:   Zugriff auf integrierte Programme (in der rechten, unteren Ecke des Cockpits

6.4.5   Local Methods, SWOT Gates – der rote Faden

Nun zum Kern des Cockpits. Wie eingangs bereits erwähnt, wurden für den Software-Prototyp (o.B.d.A.) zunächst nur 20 Methoden (= Karten = Buttons) „gezogen" und auf das Ebenen/Phasen-Raster (= Spielbrett) „gelegt".

Die Auswahl und die Platzierung dieser lokalen Methoden entsprechen den gemittelten Erfahrungen aus den Projekten der Anwenderinstitute (vgl. etwa Abbildungen 9 oder 10). In einem Industrieunternehmen könnten die „Karten" natürlich ganz woanders liegen. Jedenfalls kann ein *Cockpit User*, d. h. ein nur mit der Arbeit im Projekt beschäftigter Anwender, diese vorgegebenen Platzierungen nicht verändern, wohl aber der Cockpit Master. Bei Bedarf wird er mit geringem Aufwand eine Umplatzierung vornehmen, lediglich durch Pflege des zugehörigen Eintrages in einer Access-Tabelle, das Cockpit-Programm selbst bleibt dabei unverändert. Genauso einfach ist das Ergänzen oder Löschen einer Methode.

Für das „Weiterrücken auf dem Spielbrett" macht das Programm nun Vorschläge, die ebenfalls aus den Erfahrungen der Anwendungsprojekte gewonnen wurden. Der *User* kann den Vorgaben folgen, er muss es aber nicht. Auch diese Empfehlung ist in einer Access-Tabelle codiert und kann vom Cockpit Master einfach, falls gewünscht, unternehmens- oder sogar projektspezifisch, modifiziert werden. Das von Hand gezeichnete Band in Abbildung 10 veranschaulicht einen solchen Pfad, dem im Cockpit auf zwei Arten gefolgt werden kann: Durch Betätigen der *Tab*-Taste treten die Methoden-Karten sukzessive hervor, der *TimeLine*-Pfeil wandert dabei entsprechend mit – und umgekehrt.

Zusätzliche Information wird vermittelt, wenn im Hauptmenü der Eintrag *View\Connections* auf *Show* gesetzt ist. Dann tritt die jeweils fokussierte Methoden-Karte farbig hervor.

In einer zweiten Farbe erscheinen die zugehörigen wichtigsten „Vorgänger"-Methoden (MachbarkeitsAbschätzung, Technologie-Benchmarking) als Informations-Lieferanten. Die hauptsächlich nachfragenden „Nachfolger"-Methoden (Funktionsbewertung/-auswahl, Pflichtenheft, Komplementärtechnologien) tragen als Informations-Kunden eine dritte Farbe.

Die Fokussierung selbst kann auf drei Arten erfolgen: durch *MouseClick* auf die gewünschte Karte, durch Auswahl der Methode im Hauptmenü (*Methods\Locals\xyz*; vgl. Abbildung 14) oder durch Starten von *Help\Guide* (vgl. Abbildung 16) zur Präsentation eines dynamisch durchlaufenen Entwicklungspfades.

Zu erwähnen wäre hier ebenfalls noch, dass nicht nur die Auswahl, die Platzierung und die (grobe) Abfolge der Methoden, sondern auch die Deklarierung bzw. Aktualisierung jeweiliger Vorgänger und Nachfolger durch d*en Cockpit Master mittels* Access-Eintragungen einfach umsetzbar ist.

Somit ist das Cockpit zunächst einmal auf seiner obersten Ebene mit anderen Worten *der rote Faden*, schnell und intuitiv auf beliebige, spezifische Fraunhofer-Instituts- bzw. Fraunhofer-Kundenwünsche adaptierbar.

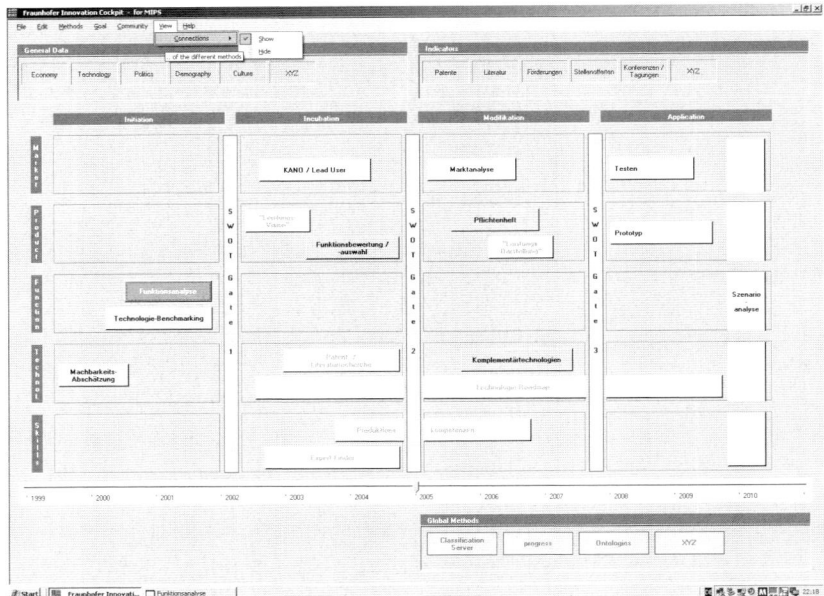

Abbildung 21:   Station auf dem Entwicklungspfad mit fokussierter *Funktionsanalyse*-Methode

Die SWOT-Gates spielen eine gewisse Sonderrolle unter den Methoden: Sie geben den Takt vor, in dem sich der Projektfortschritt überprüfen lassen muss. Einem Vorwärtsschreiten auf dem Evolutionspfad in die jeweils nächste Phase wird nur dann zugestimmt, wenn die Technologieentwicklung die jeweiligen Meilensteinkriterien erfüllt hat. Kapitel 5 behandelt dieses Thema im Detail.

Vertrautes look&feel ist für einen Anwender vielleicht die wichtigste Eigenschaft einer Software-Funktionalität. Dieses Prinzip wurde bereits beim Design der *Knowledge Container* (*GeneralData, Indicators*) im vorigen Abschnitt verfolgt, und es wird auch hier auf die Interaktion mit den lokalen Methoden angewendet.

Durch *MouseDoubleClick* auf eine Methoden-Karte wird diese, sofern noch nicht geschehen, fokussiert und gegebenenfalls farblich hervorgehoben. Gleichzeitig öffnet sich ein Methoden-Fenster in unmittelbarer Nachbarschaft, die „Karte wird aufgedeckt". Auch hier sind die Fenster aller Methoden wieder gleich gestaltet bezüglich ihres sichtbaren Erscheinungsbildes und ihrer verdeckten Struktur. Abbildung 22 zeigt *Funktionsanalyse* und *KANO / Lead User* und soll damit auch gleich demonstrieren, dass im Prinzip beliebig viele Methoden-Karten zur selben Zeit geöffnet und bearbeitet werden können – sofern der Bearbeiter dies für sinnvoll erachtet.

Mit den bekannten Windows-Funktionen lassen sich geöffnete Fenster wie üblich manipulieren, d. h. verschieben, vergrößern, verkleinern, minimieren, maximieren, schließen.

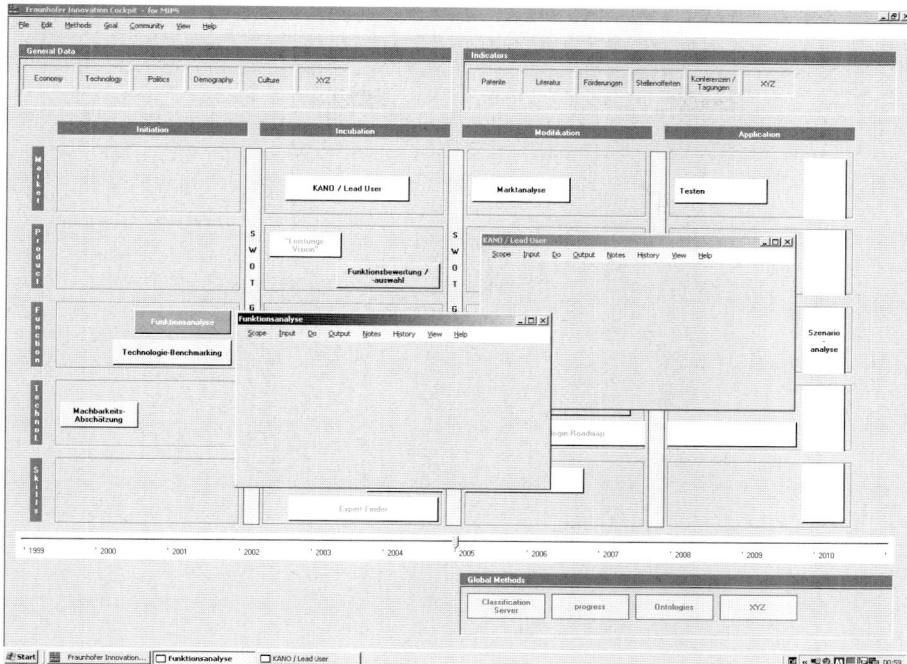

Abbildung 22:   *Funktionsanalyse* (mit Fokus) an Standard-Position, *KANO / Lead User* beliebig
frei platziert

Jede Methode erklärt sich selbst: In *Scope* (vgl. Abbildung 23) gibt es einen kurzen Überblick, *Help* (vgl. Abbildung 24) geht ins Detail. Ein Nutzer wird dieses Angebot anfangs
öfter, später nur sporadisch nutzen.

Der spezifische Kern jeder Methode ist in den Menüpunkten *Input*, *Do* und *Output* enthalten.

Input referenziert auf sämtliche, zur Durchführung der aktuellen Methode erforderliche
Informationen. Der Nutzer findet hier eine Übersicht zu allen Unterlagen (z. B. Checklis-
ten, Prüfberichte, Besprechungsprotokolle, Tabellen, Grafiken), die er für seine Arbeit
benötigt. Darüber hinaus kann er erkennen, welche Dokumente noch fehlen oder unvollständig sind, von welcher Funktionseinheit (Unternehmen, Institut, Abteilung), eventuell
auch von welcher Person, „Nacharbeit" zu erbringen ist, und wo im jeweiligen *Output*
relevanter Methoden dieses Wissen gespeichert ist.

Input und *Output* sind somit die standardisierten Schnittstellen für die Interaktion der Methoden. Jede Methode verfährt dabei nach einem *Info-KANBAN-Prinzip*. Sie holt sich
selbst aus dem jeweiligen *Output* ihrer „Vorgänger", was sie für ihre Arbeit in *Do* benötigt,
und legt ihre Arbeitsergebnisse im eigenen *Output* ab, der wiederum für die Zugriffe ihrer
„Nachfolger" zur Verfügung steht.

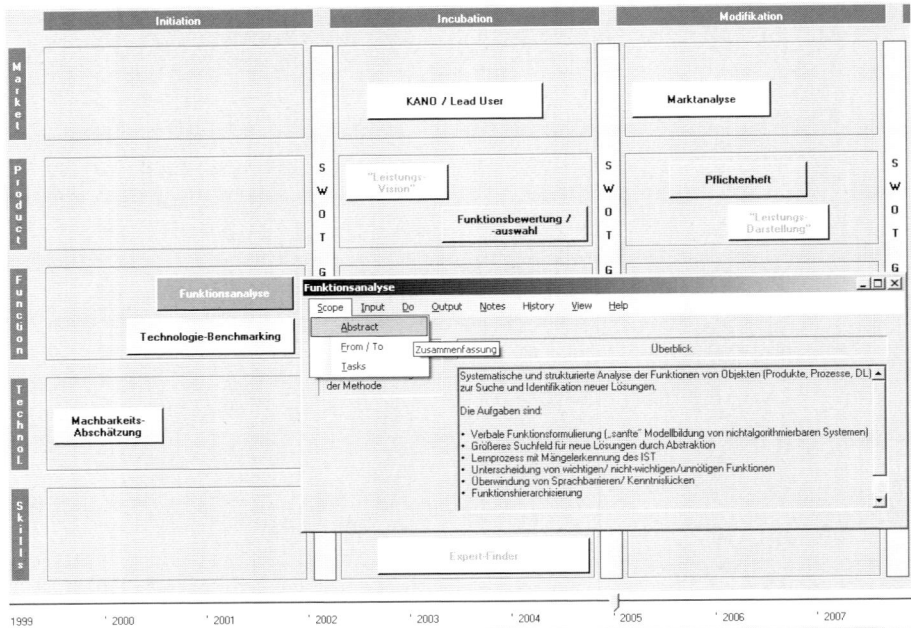

Abbildung 23:   *Scope\Abstract* für einen kurzen Überblick – mit verbreitertem Fenster besser
lesbar

In *Do* ist endlich etwas zu tun. Dazu bietet die jeweilige Methode spezielle Hilfen an, wie
bei der *Funktionsanalyse* beispielsweise

- *Technische Verben*
- *TRIZ*
- *New Tool*

Technische Verben sind standardisierte Begriffe, die als „Assoziationsstütze" beim Aufbau
eines sogenannten „Funktionsbaumes" dienen. Das Methoden-Modul hält Kataloge solcher
Begriffe bereit, aus denen die zum speziellen Projekt passenden Verben per *MouseClick*
ausgewählt und diskutiert werden können. Ferner unterstützt das Modul den Konstrukti-
onsprozess selbst durch interaktive Werkzeuge zum Zeichen eines Funktionsbaumes. Darüber hinaus erhält der Nutzer noch weitere Hilfe, wenn er beispielsweise unter dem Menüpunkt *History* auf bereits existierende Funktionsbäume (z. B. früherer, ähnlicher Projekte)
vergleichend zugreift. (Abbildung 25 zeigt einen Ausschnitt des Arbeitsprozesses, mit
einer vom Nutzer verkleinerten Methoden-Karte.)

TRIZ, die „Theorie des erfinderischen Problemlösens", ist ein von G. Altshuller in den
Nachkriegsjahren entwickeltes Verfahren zur Unterstützung des Erfindungsprozesses. Es
umfasst eine Reihe methodischer Werkzeuge, die es erleichtern, ein vorgegebenes technisches Problem besser zu analysieren, um systematisch zu kreativen Lösungen zu gelangen,
wie z. B. zu einer Funktionsstruktur.

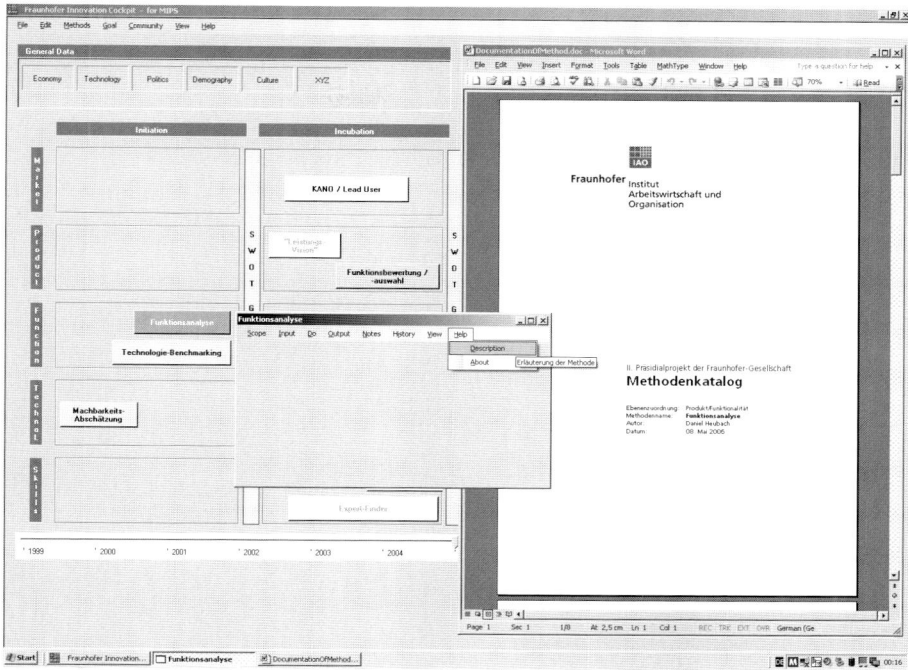

Abbildung 24   *Help\Description* öffnet die ausführliche Methodenbeschreibung, z. B. mit Microsoft Word

Die „Arbeitsmaterialien" für eine Durchführung des *TRIZ*-Verfahrens können in einer
einfachen Excel-Mappe abgebildet werden, woraus Abbildung 26 Ausschnitte zeigt. Das
linke Fenster vermittelt einen Einblick in die „40 innovativen Prinzipien", das rechte zeigt
einen Teil der „Widerspruchsmatrix".

Die Fenster zu Technische Verben und MIP - Version 1999 sind nach den in Abbildung 25
illustrierten Aktivitäten auch in Abbildung 26 immer noch „aktuell", aus Gründen besserer
Übersicht zwar zur Zeit im Hintergrund, jedoch jederzeit zusätzlich darstellbar – wie an
der Taskleiste ersichtlich.

Die Abbildungen 25 und 26 geben ferner einen Hinweis auf das Zusammenspiel des
Cockpit-Kerns mit seiner Peripherie. So sind in diesen Bildern die Rubriken Technology
(in General Data) und Patente (in Indicators) als bereits aktiviert erkennbar, ein Hinweis
darauf, dass der Nutzer gegebenenfalls auch auf allgemeine Information bei seiner aktuellen „Wissensarbeit" zugegriffen hat.

New Tool schließlich, als jeweils letzter Eintrag im Do-Menüpunkt einer Karte, eröffnet
die Möglichkeit, die Methode um weitere Funktionalitäten zu ergänzen. Dies sollte jedoch
dem Cockpit Master oder einem „erfahrenen" Nutzer vorbehalten sein.

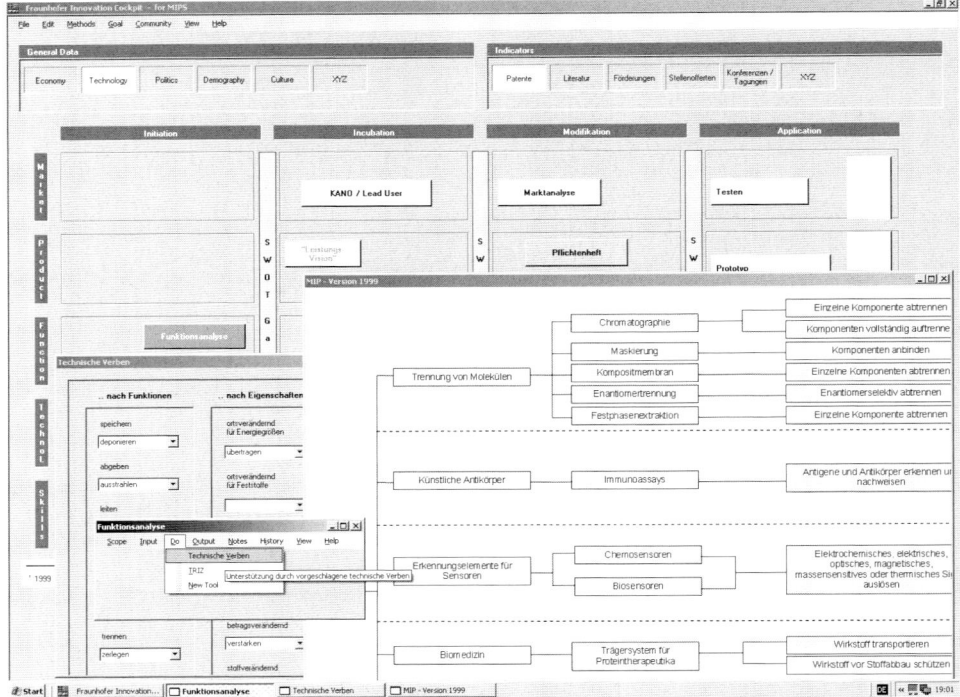

Abbildung 25:   *Do* mit dem Werkzeug *Technische Verben*, ein Funktionsbaum aus der *History* im Hintergrund

Generell bietet es sich für einen „normalen" Anwender an, sich vom Cockpit nicht nur den „großen Weg" (von Methode zu Methode), sondern auch den „kleinen Weg" (innerhalb jeder Methode) weisen zu lassen. Dazu wird beim Aufruf des Menüpunktes Scope\Tasks (vgl. auch Abbildung 23) eine Tabelle mit methoden-spezifischen Aufgaben im Methoden-Fenster selbst angezeigt, zusammen mit Prozentangaben bezüglich der bereits absolvierten Arbeiten. Somit weiß der Nutzer, was bei dieser Methode überhaupt zu tun ist – und was er oder ein Kollege bereits erledigt hat.

Noch mehr Details werden bei der Auswahl von einer (oder auch mehreren) Aufgabe(n) mitgeteilt. Dann öffnet sich eine Liste (oder auch mehrere) mit sogenannten Aktivitäten, die sukzessive abzuarbeiten sind. Bei einem MouseDoubleClick auf eine Aktivität folgt dann eine kontextabhängige Reaktion der Methode: Präsentiert wird eine Checkliste zum Bearbeiten, eine Grafik zum Analysieren, eine Tabelle zum Prüfen, ein Fragebogen zur Beantwortung, eine Datei zur Auswahl, ein Dokument zum Schreiben, etc. Die Implementierung solcher Reaktionen erledigt wiederum der Cockpit Master durch einfache Einträge in eine Microsoft Access-Tabelle, die der jeweiligen Karte zugeordnet ist.

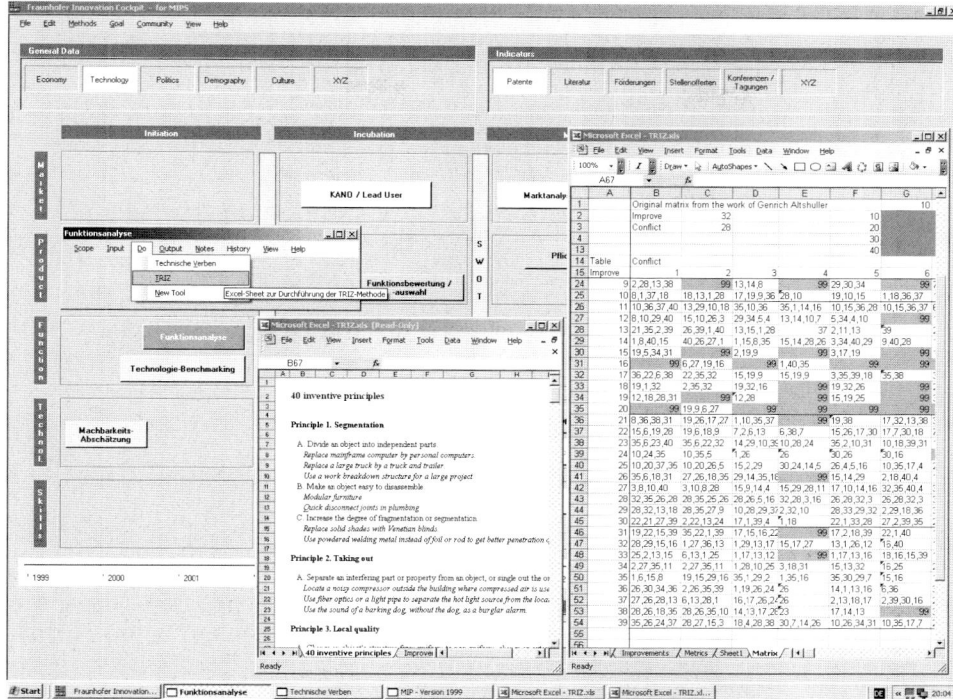

Abbildung 26:   *Do* mit dem Werkzeug *TRIZ*, Microsoft Excel wurde dabei (indirekt) zweimal aufgerufen

Als letzten Eintrag enthält jeder Aktivitäten-Block eine Aufforderung zur Aktualisierung des Arbeitsfortschrittes, so dass auf der übergeordneten Task-Ebene jederzeit der richtige Erfüllungsgrad angezeigt werden kann.

In Abbildung 27 hat momentan die Methode KANO / Lead User den Fokus, unterhalb der Karte befindet sich das Methoden-Fenster mit der zugehörigen Aufgaben-Liste.

Mit der Bearbeitung wurde wahrscheinlich erst begonnen, wie an der Verteilung der Prozentwerte in der Done-Spalte ersichtlich ist. In einem der nachfolgenden Schritte wurden dann Details zu den beiden ersten Tasks aufgerufen, die zugehörigen Aktivitäten-Listen sind neben der Methoden-Karte platziert. Zu zwei aktuellen Aktivitäten werden Informationen (Tabelle, Grafik) angezeigt.

Abbildung 28 zeigt den Bearbeitungsstatus der Methode zu einem späteren Zeitpunkt.

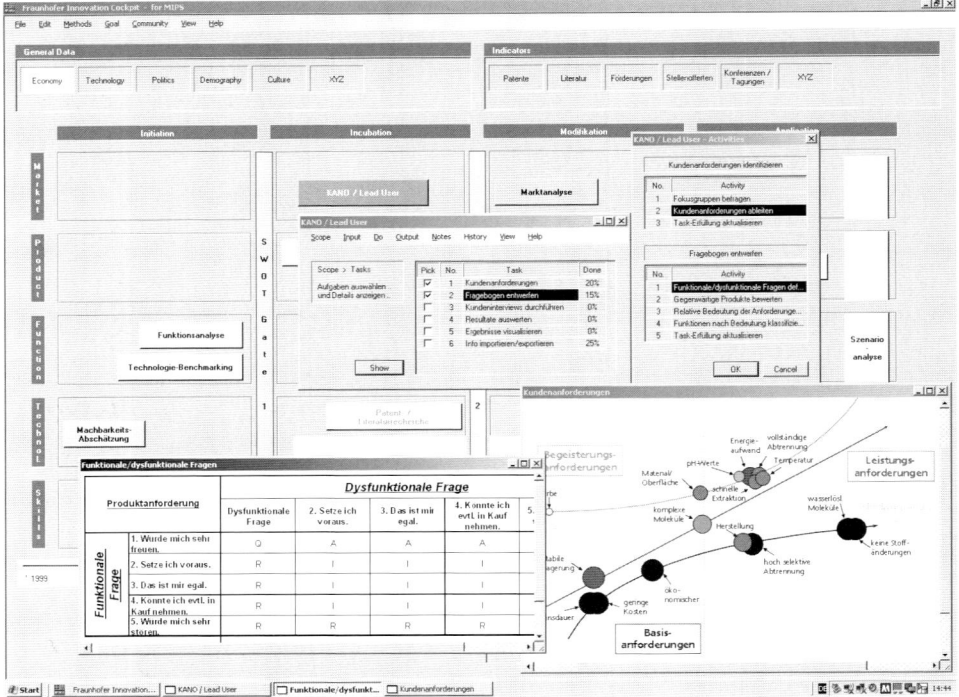

Abbildung 27:   *Scope\Tasks* öffnet die Aufgabenliste, *Activities* zeigen Details

Zunächst wurde eine Expertenrunde identifiziert. Nach dem Entwurf und der endgültigen Festlegung des Fragebogens erfolgte dann eine aufwändige Befragungsaktion. Die Ergebnisse wurden statistisch aufbereitet, analysiert, diskutiert und dann unter Verwendung spezieller Programme visualisiert. Einige dieser Resultate werden im Cockpit aktuell präsentiert.

Damit ist der Kreis geschlossen: Das *Cockpit* – als *Interactive Guided Workpath* – bietet eine durchgängige Unterstützung für das Management einer Technologieentwicklung an. Die Mischung aus Vorgabe, Führung, Forderung und Flexibilität sollte dem komplexen Anspruch genügen.

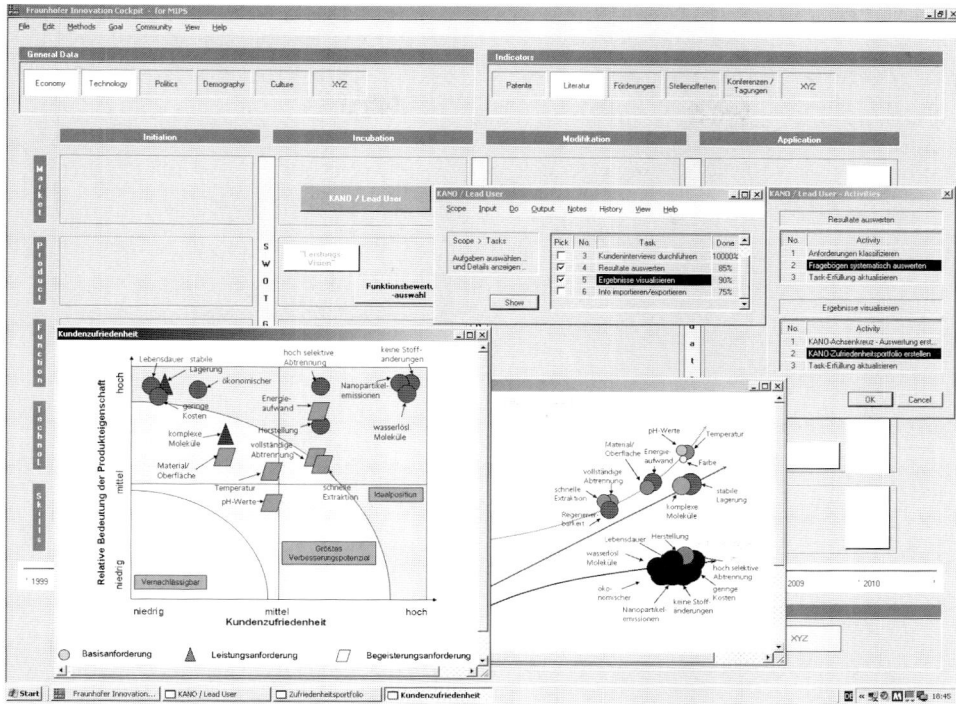

Abbildung 28:   *Scope\Tasks* mit der Aufgabenliste zu einem späteren Zeitpunkt, *Activities* zeigen Details

6.5   Literatur

Bullinger, Hans Jörg (Hg.) (2006): Fokus Innovation. Kräfte bündeln - Prozesse beschleunigen. München: Hanser.

Keim, D. A. (2002): Information Visualization and Visual Data Mining. In: IEEE Transactions on Visualization and Computer Graphics, Jg. 8, H. 1, S. 1–8.

Laufs, U.; Niederée, C. (2006): Neue Ansätze zum softwaregesützten Innovationsprojektmanagement. In: Bullinger, Hans Jörg (Hg.): Fokus Innovation. Kräfte bündeln - Prozesse beschleunigen. München: Hanser.

Meyer-Krahmer, F.; Dreher, C. (2004): Neuere Betrachtungen zu Technikzyklen und Implikationen für die Fraunhofer-Gesellschaft. In: Spath, Dieter (Hg.): Forschungs- und Technologiemanagement. Potenziale nutzen - Zukunft gestalten. 1. Aufl. München: Hanser Fachbuchverlag; Hanser , S. 27–35.

Miller, G. A. (1956): The magical number seven, plus or minus two: Some limits on our capacity to process information. In: Psychological Review, Jg. 63, H. 2, S. 81–97.

Shneiderman, B.; Maryland, C. P.; Science, D. o. (1983): Direct Manipulation: A Step Beyond Programming Languages. In: IEEE Computer, Jg. 16, H. 8, S. 57–69.

Spath, D.; Ardilio, A.; Auernhammer, K.; Kohn, S. (2004): Marktstudie Innovationssysteme - IT Unterstützung im Innovationsmanagement. Stuttgart: Fraunhofer IRB Verlag.

Trinkaus, H. L. (2007): Information Exploration via Pen, Brush and Text Marker – Multi Criteria Knowledge Management by Standard Drawing Tools: Proceedings of I-KNOW '07. Graz, Austria , S. 160–167.

Trinkaus, H. L.; Hanne, T. (2005): knowCube: a visual and interactive support for multicriteria decision making. In: Computers and Operations Research, Jg. 32, H. 5, S. 1289–1309.

Wässle, H. (2001): Das Fotolabor in der Netzhaut. In: MaxPlanckForschung, H. 3, S. 38–43.

7 TechnologieRadar – Heute schon Technologien für morgen identifizieren

Claus Lang-Koetz

Antonino Ardilio

Joachim Warschat

7.1 Technologie-Push als Chance in den frühen Phasen des Innovationsprozesses

Unternehmen nutzen einerseits Technologien zur Produktion und in Form von Infrastrukturen, andererseits bieten sie technologische Produkte und Systeme an. Daher beeinflusst die technologische Innovationsfähigkeit auch direkt die Weiterentwicklung und die Existenz vieler Unternehmen. Dies beinhaltet immense Chancen, aber auch vielfältige Risiken: Neue Technologien und technologische Kompetenzen stellen in nahezu allen Industriebranchen einen entscheidenden Wettbewerbsfaktor dar.

Die Identifikation und Bewertung neuer Technologien in einer systematischen und methodisch fundierten Technologiefrühaufklärung kann einen wichtigen Beitrag zu einem dauerhaften Wettbewerbsvorteil leisten und dazu beisteuern, die Technologieentwicklung und -planung im Unternehmen auf neue technologische Herausforderungen anzupassen.

Eine entscheidende Rolle spielen hier die sogenannten frühen Phasen des Innovationsprozesses, auch als „Fuzzy-front-end" bezeichnet. Diese frühen Phasen sind kennzeichnend für den Beginn eines Innovationsprozesses und beinhalten die eigentliche Invention (vgl. Khurana 1998). Sie umfassen die Aktivitäten, die im Rahmen der Chancenidentifikation und der Ideengenerierung ablaufen. Einzelaufgaben können in der Praxis sehr unterschiedlich sein, und lassen sich idealisiert auf einige Grundaktivitäten reduzieren (Fichter/Paech 2003):

- Die Chancenidentifikation dient der Innovationsfindung und lässt sich in Problemerkennung, deren Analyse, eine Suchfeldbestimmung sowie die eigentliche Strategieentwicklung gliedern. Dies soll letztlich dazu führen, für die Innovationssuche Felder festzulegen, die den strategischen Zielen des Unternehmens entsprechen und mögliche attraktive Geschäftspotenziale bieten.
- Die Ideengenerierung orientiert sich an den in der Chancenidentifikation erstellten strategischen Leitlinien und Suchfeldern. Sie kann durch Kreativ-Workshops oder verschiedene Kreativitätstechniken unterstützt werden und Ideen aus verschiedenen Quellen zusammenführen (z. B. freie Ideensammlung, Technologieanalysen, Workshops). Hier gilt es zunächst, eine Vielzahl von Ideen zu sammeln, die dann

anschließend gefiltert werden müssen – zunächst auf Basis grober qualitativer Einschätzungen. Diese Ideenbewertung und -auswahl wird in der Praxis oft in mehreren Stufen, anhand eines festgelegten Bewertungssystems, durch Bewertungsgremien vorgenommen. Am Ende der Ideenauswahl entstehen Vorschläge für konkrete Innovationsprojekte[1].

Die Identifikation und Bewertung neuer Technologien leistet hierbei einen wichtigen Beitrag für die frühen Phasen des Innovationsprozesses. So können in der Chancenidentifikation neue Technologiefelder als Basis für neue Geschäftsfelder identifiziert werden (Ebene „Markt"). In der Ideengenerierung können, durch die Verknüpfung von Informationen über neue technologische Entwicklungen (Ebene „Technologie" und „Funktion") und Wissen über Marktanforderungen, neue Produkt- und Dienstleistungsideen (Ebene „Produkt/Leistung") entstehen.

7.2   Identifikation und Bewertung neuer Technologien im Rahmen der Technologiefrühaufklärung

Die Technologiefrühaufklärung (TFA) soll Unternehmen ermöglichen, Chancen zu nutzen und Gefährdungen abzuwehren, indem Informationen über technologische Trends im Umfeld des Unternehmens bereitgestellt werden (vgl. Lichtenthaler 2002)[2].

Die TFA kann als Grundlage dafür dienen, die vorhandenen Geschäftsaktivitäten anhand technologischer Verbesserungen auszuweiten, neues technologisches Wissen für die Entwicklung neuer Geschäftsfelder zu nutzen und Diskontinuitäten und Veränderungen im Umfeld des Unternehmens zu identifizieren (vgl. Reger 2005).

Folgende Aspekte sind bei der TFA einzubeziehen (Bürgel et al. 2002):

- Identifikation und Bestimmung der wettbewerbsrelevanten Technologiebereiche für das Unternehmen, Diagnose und Bewertung der eigenen Technologiekompetenz,
- intensive Beobachtung von Wettbewerbern, wissenschaftlichen und industriellen FuE-Aktivitäten,
- Abschätzung der zukünftigen Entwicklung von Wissenschaft und Technologie,
- weltweite Suche nach neuen Technologietrends, die in den bisherigen Bereichen des Unternehmens liegen,

---

1 Diese werden in der nächsten Phase (Ideenakzeptierung) in Vorprojekten vertieft untersucht, z. B. durch technische Vorversuche, Verdichtung der Informationsbasis, Ermittlung von Anforderungen, Erstellung von Pflichtenheft, Marketingstrategien und Geschäftsplan und ggf. in der Phase Ideenrealisierung realisiert, also in den Markt eingeführt.
2 Für eine Abgrenzung der Begriffe Technologiefrühaufklärung, Technologiefrüherkennung und Technology Foresight vgl. Gomeringer (2007).

Abbildung 1:   Ablauf der Technologiefrühaufklärung nach Lichtenthaler (2002)

- ungezielte Suche nach für das Unternehmen ‚exotischen Dingen' und Identifizieren von neuen ‚weißen Feldern',
- Identifikation von noch nicht allgemein wahrnehmbaren ‚schwachen Signalen',
- Abschätzung von Risiken und Folgen des Einsatzes neuer Technologien (‚Risikoreduzierung')
- Integration der durch die Technologiefrüherkennung gewonnenen Informationen in das konzernweite strategische FuE- Management.

Die Herausforderung besteht darin, unterschiedliche Akteure und Aktivitäten zu integrieren und markt- und technologieseitige Frühaufklärung miteinander zu vereinen (vgl. Rohrbeck/Gemünden 2006). TFA-Aktivitäten in der Unternehmenspraxis können nach Lichtenthaler in einem Ablaufprozess dargestellt werden, der aus der Formulierung des Informationsbedarfs, der Informationsbeschaffung, der Informationsbewertung sowie der Informationskommunikation besteht (vgl. Lichtenthaler 2002). Diese Phasen sind in der Praxis iterativ und zum Teil auch parallel durchzuführen (vgl. Abbildung 1).

Phase 1: Formulierung des Informationsbedarfs

Zur Formulierung des Informationsbedarfs wird zunächst das Such- oder Beobachtungsfeld für Informationen definiert, um den Aufwand für die weiteren Phasen zu begrenzen. Es lassen sich zwei Strategien bei der Identifikation neuer Technologieentwicklungen bzw. -trends unterscheiden:

- In der *Inside-Out-Überwachung* werden bekannte Technologiefelder innerhalb und außerhalb des Unternehmens beobachtet.
- In der *Outside-In-Exploration* wird ungerichtet nach Entwicklungen und Trends zu neuen bisher nicht bekannten Technologien gesucht, auch unter Einbeziehung von Feldern, die sich außerhalb der Unternehmensaktivitäten befinden.

	Ziel	Beobachtungs-objekt	Perspektive		
Scanning	Identifikation relevanter Technologietrends und -entwicklungen	Gesamtes technologisches Umfeld	**Outside-In-Exploration** ungerichtet & unfokussiert		
			Bestehende KT neu entwickelte KT Weiße Felder		
Monitoring	Beobachtung und Verfolgung der Entwicklung in relevan- ten Technologiefeldern	Bestimmte Technologiefelder, bekannte/ etablierte Technologien	**Inside-Out-Überwachung** gerichtet & schwach fokussiert		
			Bestehende KT neu entwickelte KT Weiße Felder		

Abbildung 2:   Beobachtungsperspektiven in der Technologiefrühaufklärung (in Anlehnung an Ashton/Klavans 1997). KT: Kerntechnologien

Die Aktivitäten Monitoring und Scanning können als Basis dieser Strategien betrachtet werden (vgl. auch Abbildung 2):[3]

- Im *Scanning* werden zukünftig relevante Technologien und Technologietrends für ein Unternehmen identifiziert. Diese Identifikation geschieht losgelöst von unternehmensspezifischen, lösungsorientierten oder produktspezifischen Überlegungen. Das Scanning ist demzufolge eine ungerichtete Suche und hat zum Ziel, frühzeitig sogenannte schwache Signale zu erkennen. Durch eine solche unspezifische und breitgefächerte Technologieexploration können technologiebedingte Chancen und Risiken jenseits des Unternehmens wahrgenommen werden. Es ergibt sich jedoch die Schwierigkeit, die Wirkung solcher Erkenntnisse auf Zukunftsfelder und Zukunftsaktivitäten zu beurteilen. Werden bedeutsame Aspekte identifiziert, so können diese im Monitoring fokussierter untersucht werden.

- Im *Monitoring* werden erkannte Entwicklungstrends von etablierten und geplanten Technologien vertieft beobachtet und systematisch verfolgt. Diese Aktivität ist durch eine gerichtete Betrachtung gekennzeichnet und basiert auf einer problemgebundenen Inside-Out-Perspektive.

Phase 2: Auswahl von Informationsquellen und Methoden der Informationsbeschaffung

Für die Technologiefrühaufklärung lassen sich formale und informelle Informationsquellen unterscheiden. In nachfolgender Tabelle findet sich eine Übersicht in Anlehnung an Reger (2001). Je nach Untersuchungszweck und -schwerpunkt sind passende Informationsquellen auszuwählen (vgl. Tabelle 1).

---

[3] Vgl. Reger 2001 und Gerpott 1999. In der Literatur werden die beiden Begriffe oft auch synonym verwendet.

Formale Informationsquellen	Informelle Informationsquellen
• Statistiken	• Konferenzen, Messen, Seminare
• Zeitschriften, Literatur, Geschäftsberichte	• Öffentliche FuE-Programme
• Vorausschauberichte	• Kundeninterviews, -umfragen
• Beobachtung von Start-Ups und des Venture Capital Markts	• Persönliche Kontakte und Kommunikation
• Externe Auftragsstudien	• Internes Netzwerk
• Internet und Intranet	• Expertenrunden
• Interne und externe Datenbanken	• Standardisierungskomitees, Allianzen mit Unternehmen
• Patente und Lizenzierungen	• FuE-Kooperationen
• Standards	• Wissensgemeinschaften
• Interne und externe Bibliotheken	• …
• …	

Tabelle 1:   Formale und informelle Informationsquellen für die Technologiefrühaufklärung i. A. a. Reger (2001)

Bei der Analyse formaler Informationsquellen kann mittlerweile auf eine Vielzahl von Datenbanken und Informationsquellen im Internet zurück gegriffen werden. Die Herausforderung hierbei ist, mit einer Flut von Informationen umzugehen. Ansätze wie das sogenannte „Tech Mining" erlauben, mit Hilfe von Text Mining-Software, eine größere Anzahl von Textdokumenten automatisiert zu untersuchen (Porter 2005, siehe Einsatz innovativer IuK-Technologien in Kapitel 3).

Informelle Informationen sind insbesondere bei Beobachtungsfeldern mit hoher Dynamik wertvoll, da sie in der Regel aktueller sind als formale Information (vgl. Gerpott 1999). Bei ihrer Nutzung steht die Interaktion mit internen und externen Netzwerken im Vordergrund. Generell können soziale Netzwerke eine wichtige Quelle für Informationen darstellen. Untersuchungen zeigen, dass die Größe eines sozialen Netzwerks einer unternehmerischen Persönlichkeit eine direkte Auswirkung auf deren Fähigkeit hat, Geschäftsideen zu erkennen. So zeigten z. B. Ozgen und Baron, dass die Wahrscheinlichkeit, dass ein Unternehmer eine Geschäftsidee erkennt, steigt, je mehr er informelle Netzwerke und berufliche Foren wie Konferenzen, Seminare usw. nutzt (vgl. Ozgen/Baron 2007).

Generell ist die zeitliche Dimension ein wichtiger Aspekt für die Quellenauswahl. Das Experteninterview kann als der am frühesten ansprechende Indikator angesehen werden, während die Analyse von Patentanmeldungen als „Spätübermittler" angesehen werden kann. Grundsätzlich ist es vorzuziehen, mehrere Informationsquellen parallel auszuwerten (vgl. Lichthaler 2002).

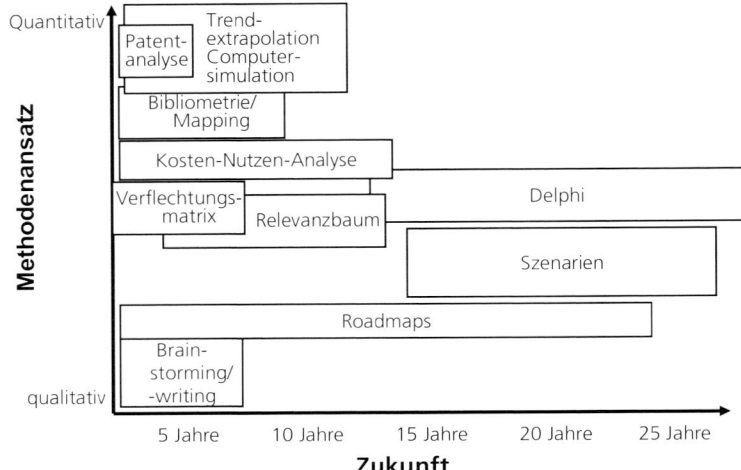

Abbildung 3:   Bewertungsmethoden in der Technologiefrühaufklärung (Quelle: Reger 2006 und
Drachsler 2007)

Phase 3: Informationsbewertung
In der Informationsbewertung werden die beschafften Informationen im Kontext der technologischen Unternehmensstrategie gefiltert, analysiert und interpretiert, um somit zu einer Bewertung zu gelangen. Methoden- und Fachspezialisten können in einer Einzelbewertung genaue und objektive Zukunftsauskünfte generieren. In einer Gruppenbewertung kann eine Intersubjektivität geschaffen werden und differierende Standpunkte können diskutiert und ggf. in Deckung gebracht werden. Eine Übersicht zu Bewertungsmethoden und deren Einordnung findet sich in Abbildung 3.

Phase 4: Kommunikation der Informationen
Schließlich sind die erhaltenen Ergebnisse im Unternehmen zu verteilen und verbreiten, bspw. durch persönliche Gespräche, schriftliche Kommunikation, Telefon, Email oder Wissensmanagementsysteme.

Einbindung von Experten aus Forschungseinrichtungen
In der Technologiefrühaufklärung können Experten aus Einrichtungen der angewandten Forschung einen wichtigen Beitrag leisten. Im Folgenden ist dies anhand der einzelnen Phasen kurz skizziert:

- *Informationsbedarf*: Experten können weltweite Technologietrends ermitteln und bei der Erstellung eines Technologiebedarfsprofils, der Identifikation und der Bestimmung der für das Unternehmen wettbewerbsrelevanten Technologiebereiche unterstützen.

- *Informationsbeschaffung*: Experten können informelle Informationen beschaffen und Einblicke in aktuelle F&E-Themen sowie den Stand von Wissenschaft und Technik ermöglichen.
- *Informationsbewertung*: Experten können die technische Machbarkeit und die Anwendungsreife neuer Technologien bewerten, Risiken und Folgen des Einsatzes neuer Technologien abschätzen und Aussagen zur Zukunftsbewertung (Abschätzung der zukünftigen Entwicklung von Wissenschaft und Technik) treffen.
- *Informationskommunikation*: Experten können bei der Aufbereitung komplexer Sachverhalte unterstützen.

Insbesondere in der Informationsbeschaffung und -bewertung können Experten mit breitem technologischem Wissen einen Beitrag leisten, der aus anderen Informationsquellen nur unter hohem Aufwand zu decken ist. Generell können sie damit aktiv bei der Identifikation und Bewertung neuer Technologien unterstützen.

7.3 Das Fraunhofer TechnologieRadar als Instrument der Technologiefrühaufklärung

7.3.1 Ziele und Nutzen des TechnologieRadars

Die Fraunhofer-Gesellschaft als Einrichtung der angewandten Forschung mit 13.000 Mitarbeiterinnen und Mitarbeitern und mehr als 80 Forschungseinrichtungen verfolgt das Ziel, Forschung zum direkten Nutzen für Unternehmen und zum Vorteil der Gesellschaft zu betreiben. Der Transfer von Forschungsergebnissen in die Industrie ist daher ein zentraler Teil der Aktivitäten der Fraunhofer-Gesellschaft.

In diesem Kontext wird das Fraunhofer TechnologieRadar als Beratungsdienstleistung für Unternehmen mit folgenden Zielen angeboten:

- Die frühzeitige Identifikation und praxisnahe Bewertung neuer Technologien für Unternehmen auf Grundlage des spezifischen Bedarfsprofils des Unternehmens,
- die Ermöglichung des direkten Zugangs zu ausgewählten, in der Fraunhofer-Gesellschaft entwickelten Technologien zur Entwicklung von Innovationen für das Unternehmen und
- die enge Vernetzung zwischen der Fraunhofer-Gesellschaft und dem Unternehmen zum beiderseitigen Nutzen.

Das Fraunhofer TechnologieRadar wurde bereits als Projekt mit einigen Unternehmen durchgeführt. Im Folgenden wird eine typische Vorgehensweise beschrieben und anhand eines Projekts mit der Fujitsu Siemens Computers GmbH illustriert.

7.3.2   Vorgehensweise

Die methodische Basis des TechnologieRadars beruht auf einem erweiterten Verständnis des Technologiescannings und -monitorings, welches insbesondere das Themenfeld der emergenten Technologien sowie die explizite Betrachtung von Marktpotenzialen und Umfeldtrends mit einschließt. Der oben beschriebene generische Prozess der Technologiefrühaufklärung liegt dem TechnologieRadar zu Grunde (vgl. Abbildung 1). In der Anwendung unterteilt sich das Fraunhofer TechnologieRadar in die folgenden drei Phasen, die typischerweise in einem Zeitraum von sechs bis zwölf Monaten durchlaufen werden:

1. Ermittlung des unternehmensspezifischen Technologiebedarfsprofils,
2. Trendrecherche und Expertenidentifikation auf der Grundlage des Technologiebedarfsprofils sowie
3. Trendaufbereitung und -analyse.

Diese Phasen werden im Folgenden kurz beschrieben.

Phase 1: Ermittlung des unternehmensspezifischen Technologiebedarfsprofils
Zunächst werden in einem Workshop die Projektziele festgelegt. Es werden relevante Technologiefelder und Themengebiete für das Unternehmen gemeinsam identifiziert und das unternehmensspezifische Technologiebedarfsprofil abgeleitet. Dieses dient als Grundlage für die Ermittlung des Informationsbedarfs sowie Informationsbeschaffung und Informationsbewertung. Es berücksichtigt sowohl das vorhandene Technologie- und Anwendungswissen im Unternehmen als auch extern vorhandene Trendstudien, Zukunftsprojektionen und Expertenwissen.

Phase 2: Trendrecherche und Expertenidentifikation
Auf Grundlage des Technologiebedarfsprofils werden Trends recherchiert und Experten (innerhalb und ggf. außerhalb der Fraunhofer-Gesellschaft) identifiziert. Dabei werden folgende Arbeiten ausgeführt:

- Scanning der Technologielandschaft innerhalb der Fraunhofer-Gesellschaft und ggf. auch außerhalb,
- Ermittlung und Abschätzung aktueller Zukunftstrends, u. a. durch Nutzung von Zukunfts- und Szenariostudien,
- Identifikation von potenziell interessanten Technologien und Lösungsansätzen (z. B. Geschäftsmodelle, Leistungsbündel, Grenzflächentechnologien, etc.),
- Ermittlung von führenden Experten und Leitprojekten in der angewandten Forschung,
- Befragung der identifizierten Experten, dabei auch Identifikation von „weißen Feldern"[4] und Detektion von weiteren, interessanten Themen und Experten,
- Auswertung der Ergebnisse und Diskussion mit dem Auftraggeber.

---

[4] Themen, die nicht im ursprünglichen Fokus des Auftragsgebers gestanden sind, aber eine Nähe zum Technologiebedarfsprofil aufweisen.

Phase 3: Trendaufbereitung und -analyse

Ziel dieser Phase ist, Technologien und Themen im Kontext des Unternehmens zu bewerten und einzuordnen. Dazu werden auf Grundlage der vorherigen Arbeiten die ermittelten Trends aufbereitet und unter Einbeziehung der Marktseite analysiert. Hierbei wird u. a. unter Einbeziehung einer Technologiepotenzialanalyse eine Marktabschätzung vorgenommen (zur Technologiepotenzialanalyse siehe Kapitel 9). Das Ergebnis stellt eine unternehmensspezifische Abschätzung der Anwendungsreife von Technologien und eine visuelle Aufbereitung in einem TechnologieRadar-Bild dar. Die für das Unternehmen identifizierten und bewerteten neuen Technologien können so detailliert in Form eines Erkennungs- und Abstandmessungssystems (Radars) dargestellt werden. Weiterhin können die Informationen zur Erstellung von Technologie-Roadmaps für das Unternehmen genutzt werden.

Workshops zur Generierung von Ideen für neue Produkte und Dienstleistungen

Optional können moderierte Ideen-Workshops mit ausgewählten Experten durchgeführt werden. Die Auswahl der Experten erfolgt auf der Grundlage der Ergebnisse aus den vorherigen Phasen. Generierte Ideen können dann in Zusammenarbeit mit den Experten im Rahmen von bilateralen Projekten umgesetzt werden.

Methodenbaukasten zur unternehmensspezifischen Anpassung

Im Rahmen eines TechnologieRadar-Projekts werden Daten zu Branche, Märkte, Entwicklung des Kunden etc. untersucht und unter Nutzung eines Methodenkatalogs strukturiert aufbereitet. Dieser Katalog (vgl. Tabelle 2) beinhaltet sowohl bekannte Methoden aus der Fachliteratur, spezifisch auf die Bedürfnisse des TechnologieRadars angepasste Methoden, als auch neuartige Ansätze wie die Technologiepotenzialanalyse (vgl. Kapitel 9).

Das Konzept des TechnologieRadars ist offen gestaltet und kann unternehmensspezifisch angepasst werden. Je nach Unternehmen müssen dazu einzelne Phasen detaillierter oder weniger detailliert ausgestaltet werden. Es besteht auch die Möglichkeit das Technologie-Radar rollierend, z. B. im jährlichen Zyklus, durchzuführen.

Methoden zur Ermittlung des Tech- nologiebedarfsprofils	Methoden zum Wissenstransfer
• Trendscouting • Szenariomethode • Use Case Methode • Funktionsanalyse • Cross Impact-Analyse • Technologieeinfluss-Analyse • Technolgieverflechtungsmatrix • Wertschöpfungsketten-Analyse • Kernkompetenzanalyse • Lead-user-Befragung • Markt-Recherche • Stärke-Schwäche-Checklisten	• Expertenidentifikation • Technologiepotenzialanalyse • Marktpotenzialanalyse • Kreativitätsmethoden • Technologie-Roadmapping • Delphi-Studien • Experten-Interviews • Moderationstechniken

Tabelle 2:   Methodenbaukasten des Fraunhofer TechnologieRadars

7.4   Anwendungsbeispiel Fujitsu Siemens Computers GmbH

Die Fujitsu Siemens Computers GmbH wurde 1999 gegründet und ist ein Full-Line-Anbieter für IT-Infrastrukturen. Die Produktpalette erstreckt sich von hochleistungsfähigen Servern und unternehmensweiten Storage-Lösungen der Enterprise-Klasse bis hin zu PCs, Notebooks, Workstations, Tablet-PCs, Handhelds (PDA und Navigationssysteme) sowie Digital Home-Technologien. Fujitsu Siemens Computers ist mit ca. 10.700 Beschäftigen und einem Umsatz von 6,6 Mrd. Euro (Stand 2007) einer der führenden europäischen IT-Anbieter und Marktführer in Deutschland. Das Unternehmen wird weltweit unterstützt durch die globale Präsenz der beiden Mutterfirmen Fujitsu und Siemens.

Zielsetzung des Fraunhofer TechnologieRadar-Projekts bei Fujitsu Siemens Computers (FSC) waren:

• Identifikation von zukunftsorientierten Technologie-Themenfeldern für FSC (Technologiebedarfsprofil).

- Erstellung des auf die Bedürfnisse von FSC abgestimmten Fraunhofer-Technologie-Partner-Profils und Verzahnung beider Profile zur Herstellung eines kontinuierlichen Ideenflusses im FSC-Innovationsprozess.
- Identifikation relevanter Experten der Fraunhofer Gesellschaft und Aufbau eines Netzwerks als Grundlage für ein Kooperationsmodell.
- Identifikation neuer Technologietrends und Generierung neuer Ideen für innovative Produkte zur Füllung der „Idea Pipeline" von FSC.

Im Fokus standen hierbei zunächst die beiden Themenfelder Digital Home und Mensch-Maschine-Interaktion.

Vorgehen
In einem Workshop erarbeitete das Projektteam des Fraunhofer IAO gemeinsam mit einem fachübergreifenden Team des Unternehmens den Ist-Zustand des Unternehmens in den Bereichen Digital Home und Mensch-Maschine-Interaktion. Daraus wurde unter Einbeziehung zukünftiger technologischer Entwicklungen das unternehmensspezifische Technologiebedarfsprofil für die beiden Bereiche abgeleitet und so der Informationsbedarf zu neuen Technologien dargestellt (vgl. Abbildung 4).

Im zweiten Schritt wurden von den Projektbearbeitern des Fraunhofer IAO anhand des Technologiebedarfprofils relevante technologische Trends ermittelt und in einer Potenzialanalyse bewertet. Die Bewertung erfolgte nach Kriterien wie bspw. „erwartetes Marktvolumen", „technische Machbarkeit" oder „vorhandener technologischer Wissensstand".

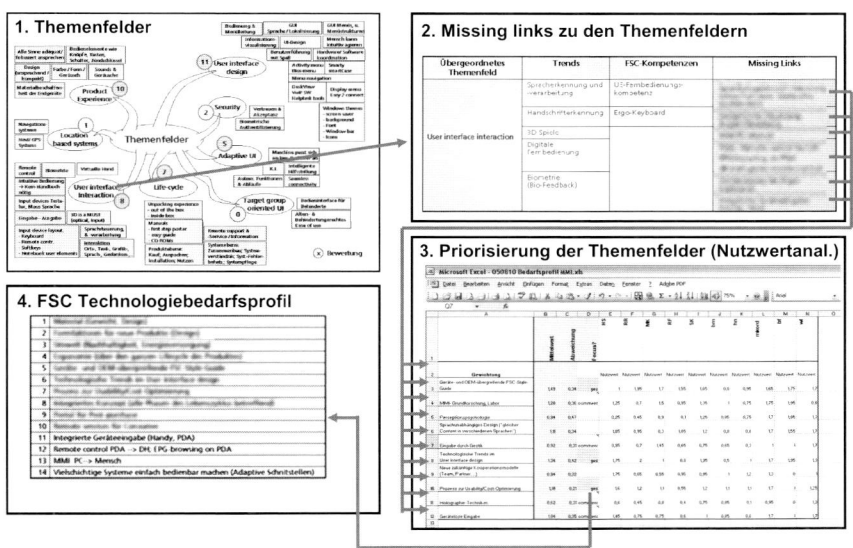

Abbildung 4:   Ermittlung des Technologiebedarfsprofils bei der Fujitsu Siemens GmbH

Darauf folgend identifizierte das Fraunhofer IAO, anhand einer Potenzialanalyse, für das Unternehmen relevante Technologie-Experten. Dabei wurde auf das dichte Netzwerk von Wissenschaftlern und Forschungsinstituten in der Fraunhofer-Gesellschaft zurück gegriffen. So konnte für die Bereiche Digital Home und Mensch-Maschine-Interaktion eine Verzahnung des Technologiebedarfsprofils von FSC mit dem Technologiekompetenzprofil der Fraunhofer-Gesellschaft erreicht werden.

Schließlich wurden Expertenworkshops mit dem Ziel organisiert, einen Wissenstransfer zu ermöglichen und gemeinsam Ideen für Innovationen zu entwickeln, zu bewerten und auszuarbeiten. In den gemeinsamen FSC-Fraunhofer-Workshops präsentierten zunächst die Fraunhofer-Experten ihre jeweiligen Arbeitsgebiete. Die Fujitsu Siemens Computers GmbH stellte aktuelle Herausforderungen im Innovationsprozess dar. Aktuelle Fragestellungen des Unternehmens wurden danach in einem vertraulichen Rahmen diskutiert und analysiert. So wurden offen die Bedarfe des Unternehmens erörtert und gemeinsam Ideen für Produkte, Dienstleistungen und gemeinsame FuE-Projekte entwickelt.

Ergebnis

Ergebnisse des TechnologieRadar-Projekts bei der Fujitsu Siemens Computer GmbH waren einerseits konkrete Ideen für neue Produkte und Dienstleistungen. Ein Teil davon wurde in den FSC-Innovationsprozess eingespeist. Schließlich wurde eine Idee, ein sogenannter „PC on a stick" direkt weiterverfolgt und umgesetzt (vgl. Darstellung in Abbildung 5). Andererseits wurde eine Vernetzung zwischen Fujitsu Siemens Computers und Experten aus 17 Fraunhofer-Instituten erreicht, welche als Basis zum weiteren Austausch über aktuelle technologische Entwicklungen dient.

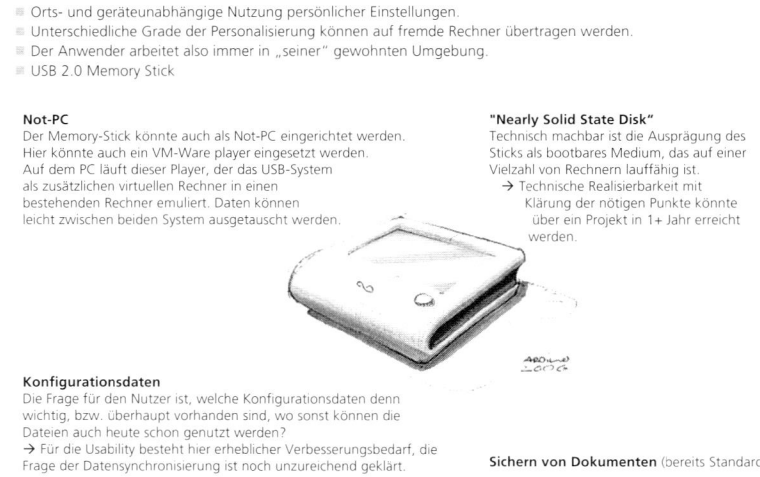

Abbildung 5:   Ermittlung des Technologiebedarfsprofils bei der Fujitsu Siemens GmbH

7.5   Zusammenfassung und Fazit

Mit dem Fraunhofer TechnologieRadar wurde ein Beratungskonzept entwickelt, das Unternehmen bei der Identifikation, Bewertung und Einführung neuer Technologien im Rahmen der Technologiefrühaufklärung unterstützt.

Im Rahmen des TechnologieRadars erfolgt die Integration der Outside-In-Exploration in eine Inside-Out Überwachung durch die frühe Einbindung von Experten. In der Praxis stellen hierbei Experten dem Unternehmen „weiße Felder" vor, die für das Unternehmen bisher unbekannt waren. Das Technologiebedarfsprofil liefert hierzu die methodische Anleitung und gibt Hinweise für weiße Felder. Diese Einbindung der Außensicht stellt eine wesentliche Erweiterung für viele Unternehmen dar, welche bisher oftmals eine sehr stark gerichtete Inside-Out-Überwachung betreiben. Bei der Bewertung neuer Technologien wird die Marktseite explizit einbezogen und versucht, zukünftige mögliche Märkte abzuschätzen.

Die beteiligten Experten aus Forschungseinrichtungen wie der Fraunhofer-Gesellschaft identifizieren auf Basis des Technologiebedarfsprofils für das Unternehmen relevante Technologien und bewerten diese. In einem gemeinsamen Workshop können konkrete Produktideen, Vorschläge und Handlungsempfehlungen als Basis für unternehmerische und produktorientierte Entscheidungen für die Zukunft erarbeitet werden. Weiterhin wird eine Vernetzung mit potenziellen Kooperationspartnern aus Forschungseinrichtungen erreicht. Dies ermöglicht den Zugang zu dort vorhandenem Technologie-Know-how und bildet die Basis für FuE-Kooperationen. Die Nutzung von Methoden des Innovations- und Technologiemanagements unterstützen ein strukturiertes Vorgehen unter Einbeziehung von Marktaspekten. Daneben bestehen weitere Nutzenpotenziale für den Kunden:

- Ableitung von unternehmensspezifischen Technologie-Roadmaps für ausgewählte Technologien zur Nutzung in der Technologieplanung.
- Frühwarnung und -aufklärung möglicher Gefahren aus dem Unternehmensumfeld (aus technologischer Sicht).
- Sicherung von längeren Planungszyklen und flexiblere Reaktionsfähigkeit auf technologische Veränderungen.
- Identifikation von „strategischen Fenstern", um temporär begrenzte Konstellationen, z. B. in Bezug auf das Marktumfeld, zu nutzen.

Das TechnologieRadar lässt sich auch dauerhaft begleitend einsetzen, um Technologietrends kontinuierlich identifizieren und bewerten zu können.

7.6   Literatur

Ashton, W. B.; Klavans, R. A. (1997): Keeping Abreast of Science and Technology: Technical Intelligence for Business. Columbus, Ohio: Battelle Press.

Bürgel, H. D.; Reger, G.; Ackel-Zakour, R. (2005): Technologie-Früherkennung in multinationalen Unternehmen: Ergebnisse einer empirischen Untersuchung. In: Möhrle, Martin G.; Isenmann, Ralf; Müller-Merbach, Heiner; Möhrle-Isenmann (Hg.): Technologie-Roadmapping. Zukunftsstrategien für Technologieunternehmen. 2., wesentlich erw. Aufl. Berlin: Springer, S. 19–45.

Drachsler, K. (2007): Bewertung von Produktideen. Vorgehen in frühen Phasen des Innovationsprozesses ; ein Leitfaden. Stuttgart: Fraunhofer IRB-Verl.

Fichter, K. P. (2003): Nachhaltigkeitsorientiertes Innovationsmanage-ment – Prozessgestaltung unter besonderer Berücksichtigung von Internet-Nutzungen. Endbericht der Basisstudie 4 des vom BMBF geförderten Vorhabens „SUstainable Markets eMERge" (SUMMER). Berlin, Oldenburg.

Gerpott, T. J. (1999): Strategisches Technologie- und Innovationsmanagement. Eine konzentrierte Einführung. Stuttgart: Schäffer-Pöschel (UTB für Wissenschaft, 2017).

Gomeringer, A.: Eine integrative, prognosebasierte Vorgehensweise zur strategischen Technologieplanung für Produkte. Heimsheim, Stuttgart: Jost-Jetter-Verl.; Univ. (IPA-IAO Forschung und Praxis, 460).

Khurana, A.; Rosenthal, S. R. (1998): Towards Holistic Front Ends In New Product Development. In: Journal of Product Innovation Management, Jg. 15, H. 1, S. 57–74.

Lichtenthaler, E. (2003): Technology Intelligence- Improving Technological Decision-Making. In: Technology and Innovation Management on the move. Orell Füssli Verlag AG. Zürich.

Ozgen, E.; Baron, R. A. (2007): Social sources of information in opportunity recognition: Effects of mentors, industry networks, and professional forums. In: Journal of Business Venturing, Jg. 22, H. 2, S. 174–192.

Porter, A. L. (2005): TECH Mining. In: Competitive Intelligence Magazine, Jg. 8, H. 1, S. 30–36. Online verfügbar unter http://www.thevantagepoint.com/resources/articles/CI%20Jan-Feb%2005%20Porter.pdf.

Reger, G. (2001): Risikoreduzierung durch Technologie-Früherkennung. In: Gassmann, Oliver; Kobe, Carmen; Voit, Eugen (Hg.): High-Risk-Projekte. Quantensprünge in der Entwicklung erfolgreich managen. Berlin: Springer , S. 251–277.

Reger, G. (2006): Technologie-Früherkennung: Organisation und Prozess. In: Gassmann, Oliver; Kobe, Carmen (Hg.): Management von Innovation und Risiko. Quantensprünge in der Entwicklung erfolgreich managen. Zweite, überarbeitete Auflage. Berlin, Heidelberg: Springer, S. 303–330.

Rohrbeck, R.; Gemuenden, H. G. (2006): Strategische Frühaufklärung. Modell zur Integration von markt- und technologieseitiger Frühaufklärung. In: Gausemeier, J. (Hg.): Vorausschau und Technologieplanung. Paderborn: Universität Paderborn Heinz Nixdorf Institut (2), Bd. 2, S. 159–176.

8 Den Reifegrad einer Technologie mit dem Technologiekompass bestimmen

HAGEN KNAF

DANIEL HEUBACH

8.1 Einleitung

Eine für die Innovationsforschung grundlegende Beobachtung besteht darin, dass sich auch unterschiedliche Technologien häufig nach ähnlichen zeitlichen Mustern entwickeln. In der Vergangenheit wurden daher verschiedene Vorschläge für allgemeine Technologieentwicklungsmodelle gemacht. Die Hauptschwierigkeit bei der Erstellung solcher Modelle besteht darin, dies quantitativ zu tun und das Modell in messbaren Größen zu verankern (vgl. Specht/Möhrle 2002). Solche Größen können zum Beispiel die Anzahl der wissenschaftlichen Publikationen in einem für die betrachtete Technologie relevanten Bereich, oder die Anzahl der Anwendungspatente, die in wesentliche Komponenten diese Technologie nutzen, sein. Durch die integrierte Betrachtung und Analyse mehrerer dieser Technologieindikatoren kann man hoffen, die Technologieentwicklung wenigstens näherungsweise beschreiben zu können.

Die Betrachtung der Technologieentwicklung erfolgt aus zwei Richtungen: Auf der einen Seite sind Unternehmen interessiert, welchen Reifegrad eine Technologie hat und welche Zeitverläufe zu erwarten sind, beispielsweise bis die Technologie anwendungsreif ist (vgl. Tschirky 1998). Technologie-Monitoring oder Foresight-Prozesse greifen auf solche Ansätze zurück, mit dem Ziel, Zustand, aber auch Dynamik einer Technologie abzubilden und möglichst frühzeitig relevante Informationen über die Technologieentwicklung zu erfassen. Gerade die Abweichung der tatsächlichen von der erwarteten Entwicklung gibt Hinweise über Veränderungen, z. B. von technischen Parametern (vgl. Specht et al 2002). Einzelne Verfahren der Früherkennung wie indikatoren-, informations- oder netzwerkorientierter Ansatz, müssen jedoch immer kombiniert angewandt werden, um eine umfangreiche Recherche mit validen Ergebnissen zu erhalten. Auf der anderen Seite ist die Beobachtung der Technologieentwicklung auch für die auf dem Gebiet forschenden wissenschaftlichen Institutionen von Interesse. Dahinter steht die eigene Verortung in einem sich teilweise weltweit entwickelnden Gebiet. Darüber hinaus erhält die Institution – bei entsprechender Zusammenstellung der Indikatoren – weitere wertvolle Informationen. So bietet beispielsweise die Analyse von Konferenzen (Art, Themen, Präsentatoren) nicht nur einen Überblick über das Gebiet. Die Auswertung der Instituts- und Unternehmenszugehörigkeit der Präsentatoren liefert auch Informationen über z.B. interessierte oder forschende Unternehmen.

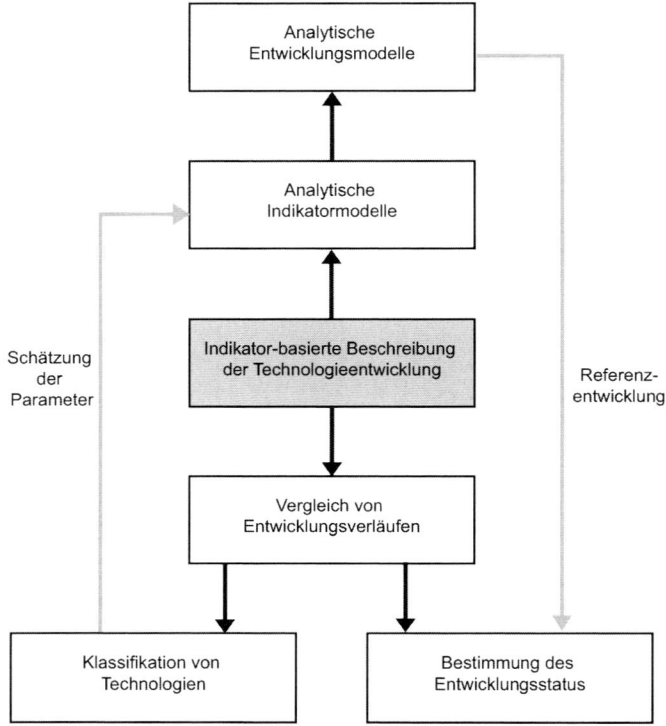

Abbildung 1:   Verwendung von Entwicklungsindikatoren

Im vorliegenden Kapitel wird anhand zweier Probleme erläutert, wie die indikator-basierte Beschreibung der Entwicklung von Technologien konkret genutzt werden kann. Dabei geht es einerseits um die Aufstellung quantitativer Modelle für die Technologieentwicklung und andererseits um die Bestimmung des Entwicklungsstatus einer Technologie. Eine Lösung des zweiten Problems liefert im konkreten Fall Informationen, die zur Unterstützung in strategischen, planerischen Unternehmensentscheidungen herangezogen werden können. Der auf den ersten Blick eher theoretische Charakter des ersten Problems entspricht nicht der wahren Situation: Die Angabe eines Entwicklungsstatus muss sich stets auf eine Referenz beziehen. Dies kann eine reale, vollständig entwickelte Technologie sein oder aber ein quantitatives, theoretisch ermitteltes Entwicklungsmodell. Damit besteht eine enge Beziehung zwischen den beiden genannten Problemen, was sich auch an dem gemeinsamen Ausgangspunkt für mögliche Lösungen zeigt: Werteverläufe zweier Indikatoren können unter Zuhilfenahme eines mathematisch definierten Ähnlichkeitsbegriffes quantitativ miteinander verglichen werden. Diese Vergleichsmöglichkeit kann im Fall der Entwicklungsstatusbestimmung direkt eingesetzt werden, um Zeiträume maximaler Ähnlichkeit zwischen der betrachteten Technologie und einer Referenz zu ermitteln. Wie bereits erwähnt, kann die Referenz dabei eine geeignete reale Technologie oder ein Modell-entwicklungsverlauf sein. Die verschiedenen in der Beschreibung benutzten Indikatoren liefern allerdings eventuell unterschiedliche Ergebnisse. Deren sinnvolle Zusammenführung stellt ein wesentliches Teilproblem dar. Bestehen im Endergebnis hinreichend große Ähnlichkeiten zwischen der zu beurteilenden Technologie und der Referenz, so kann man die bekannte Entwicklung der Referenz als Anhaltspunkt für die voraussichtliche weitere Entwicklung betrachten.

Ein Weg zur Aufstellung eines analytischen Entwicklungsmodells besteht in der Aggregation von analytischen Verlaufsmodellen für die Werte der verschiedenen Indikatoren. Man wird allerdings kaum erwarten können, dass die Werteverläufe der einzelnen Indikatoren allgemeinen, technologieunabhängigen Gesetzmäßigkeiten folgen. Durch Anwendung von Data Mining Verfahren lassen sich aber eventuell Klassen von Technologien mit ähnlichem Werteverlaufsverhalten innerhalb einer Klasse festlegen, wobei wiederum der oben erwähnte Ähnlichkeitsbegriff zum Einsatz kommt. Dies ermöglicht es für jeden Indikator ein klassenspezifisches Verlaufsmodell festzulegen – und damit auch ein für diese Klasse gültiges analytisches Entwicklungsmodell. Abbildung 1 stellt die eben erläuterten Zusammenhänge in einem Diagramm dar und kann als Leitfaden für das vorliegende Kapitel gesehen werden.

8.2   Entwicklung von Technologien messen

8.2.1   Zustandsgrößen der Entwicklung

Um die zeitliche Entwicklung eines physikalischen Systems zu beschreiben, muss man zunächst einen Satz von Größen festlegen, deren Werte zu jedem Zeitpunkt in ihrer Gesamtheit den Zustand des Systems zu diesem Zeitpunkt vollständig festlegen. Betrachtet man beispielsweise die Kugeln auf einem Billardtisch von einem rein dynamischen Standpunkt, so wird dieses System durch die Angabe der Kugelpositionen und -geschwindigkeitsvektoren vollständig beschrieben. Die Erstellung einer solchen Zustandsraumbeschreibung eines physikalischen Systems wird umso schwieriger, je komplexer das zu beschreibende System ist. Es ist daher nicht verwunderlich, dass für viele physikalische Systeme Zustandsraumbeschreibungen nicht zur Verfügung stehen. Man behilft sich in einem solchen Fall, indem man das System mittels einer beherrschbaren Kombination von Zustandsgrößen nur näherungsweise beschreibt. Eine analoge Situation liegt im Hinblick auf die quantitative Erfassung der zeitlichen Entwicklung einer Technologie vor: Eine präzise Beschreibung der Technologieentwicklung würde es erfordern, einen Satz von Größen festzulegen, der den Zustand der Technologie zu jedem Zeitpunkt vollständig wiedergibt. Beim aktuellen Stand der Innovationsforschung ist das einerseits unmöglich und wegen des Komplexitätsproblems andererseits auch nicht anstrebenswert. Stattdessen verfolgt man den bescheideneren Weg den Zustand einer Technologie hinreichend genau durch eine überschaubare Kombination von gut erfassbaren Größen abzubilden. Diese Größen werden im vorliegenden Buch als „Indikatoren" bezeichnet, ein Begriff der in Weber J. (1998) folgendermaßen definiert wird: *Ein Indikator ist eine Messgröße, die einen bestimmten Sachverhalt, der sich wegen seiner Komplexität einer umfassenden, exakten Messung entzieht, ausschnittsweise bzw. stellvertretend abbildet.*

Indikatoren lassen sich entsprechend der Werte, die sie annehmen, in drei Gruppen einteilen:

- Metrische Indikatoren nehmen Zahlwerte an. Beispiel: „Anzahl der im Bereich Robotik pro Quartal publizierten wissenschaftlichen Artikel".
- Ordinale Indikatoren nehmen Werte an, die auf einer Rangskala miteinander verglichen werden können. Beispiel: „Ungefähre Ausgaben von Unternehmen des Automotive-Sektors für Forschung und Entwicklung", angegeben auf der Skala „sehr wenig", „wenig", „viel" und „sehr viel".
- Nominale Indikatoren nehmen Werte an, die nicht ohne Weiteres miteinander vergleichbar sind. Beispiel: „Vorwiegende Herkunft der Präsentatoren auf Konferenzen zum Thema *Molekulares Prägen*" mit den möglichen Werten „Akademischer Bereich", „Kleine und mittelständische Unternehmen", „Forschung und Entwicklung im Großunternehmen".

Im gesamten Kapitel wird im Wesentlichen der Fall metrischer Indikatoren diskutiert. Die Einbeziehung anderer Indikatortypen ist prinzipiell möglich, erfordert aber je nach Kontext zusätzliche Methoden.

Gemäß ihrem Verwendungszweck sind Indikatoren zeitabhängige Größen. Für eine konkrete Technologie besitzt ein Indikator also einen Werteverlauf. Die Thematik des vorliegenden Kapitels erfordert es, einige der verwendeten Begriffe und Sachverhalte in eine formale, mathematische Form zu bringen. In diesem Sinne ist der Werteverlauf eines Indikators I der Technologie A eine Abbildung

$$I_A : T \to W, \ t \mapsto I_A(t),$$

die jedem Zeitpunkt $t \in T$ in einem bestimmten Zeitraum T den Wert des Indikators $I_A(t) \in W$ zu diesem Zeitpunkt zuordnet. Der Zeitraum T wird durch inhaltliche Vorgaben festgelegt: Beispielsweise kann es sein, dass die Werte des Indikators vor einem bestimmten Zeitpunkt nicht existieren, weil sich der Indikator auf eine Technologie bezieht, die es vor diesem Zeitpunkt noch nicht gab.

Um den Status der Entwicklung einer Technologie näherungsweise zu erfassen, ist die integrierte Betrachtung eines Satzes von relevanten Indikatoren notwendig. Die Zusammensetzung dieses Satzes ist zwar insgesamt technologiespezifisch, man kann aber davon ausgehen, dass einige Indikatoren ,bis auf eventuelle Modifikationen, in jedem solchen Indikatorsatz auftreten. Die folgende Tabelle 1 enthält eine beispielhafte Zusammenstellung von Indikatoren zur Bestimmung der Technologiereife. Die Werte werden dabei jeweils für ein bestimmtes Zeitintervall erfasst. Da die Entwicklung einer Technologie ein

Vorgang ist, der sich auf einer Zeitskala von Jahren oder Jahrzehnten bewegt, ist eine quartalsweise, halbjährliche oder sogar jährliche Erfassung der Indikatorwerte ausreichend.

Des Weiteren können Indikatoren wie zum Beispiel „Anzahl der Publikationen in der Primärliteratur pro Zeiteinheit" durch zusätzliche Spezifikation einer „Art" bei Bedarf in mehrere Indikatoren zerlegt werden. Im Fall der Publikationen kämen als Arten zum Beispiel „Wissenschaftlicher Artikel", „Buchbeitrag" oder „Tagungsposter" in Betracht.

Vor dem Hintergrund der Reifegradbestimmung einer Technologie im Entwicklungsprozess, wie er in Kapitel 2 dargestellt wurde, können zumindest zum Verlauf einzelner Indikatoren in einem quantitativen, theoretisch ermittelten Entwicklungsmodell theoretische Überlegungen angestellt werden. Es ist dabei zu erwarten, dass die Werte der einzelnen Indikatoren einen charakteristischen Verlauf entlang der einzelnen Stages im Technologieentwicklungsprozess nehmen (siehe Abschnitt 2.4, vgl. Grupp 1993). Im Folgenden werden erste Gedanken für ein solches Modell beispielhaft für einzelne Indikatoren vorgestellt, welches die Dynamik der Indikatorenverläufe zur Verortung im Technologieentwicklungsprozess heranzieht, statt absoluter quantifizierbarer Werte (Tabelle 2, siehe auch Abbildung 2). Zur Bestimmung der Indikatoren muss auf innovative IuK-Technologien wie Data-Mining, Semantische Annotation oder Klassifikation von Dokumenten zurückgegriffen werden (siehe dazu die Kapitel 3, 10 und 11). In Abschnitt 8.2.2 wird ein konkreter Ansatz zur optimalen Anpassung theoretischer Verlaufsmodelle an beobachtete Werteverläufe von Indikatoren vorgestellt.

In Abbildung 2 ist der zeitliche Verlauf dreier Indikatoren aus der Tabelle für die beiden Technologien „Affinitätschromatographie" und „Molekulares Prägen" dargestellt. Die

Gruppe	Indikator	Typ
Publikationen	Anzahl der Publikationen in der Primärliteratur	metrisch
	Anzahl der Publikationen in der Sekundärliteratur	metrisch
	Dominante Art der Publikationen	nominal
	Anteil einer Art an der Gesamtzahl der Publikationen	metrisch
	Anzahl der Zitate der Technologie (mit Anwendungsfeld)	metrisch
Patente	Anzahl der Patente	metrisch
	Dominante Art der Patente	nominal
	Anteil anwendungsbezogener Patente an der Gesamtzahl	metrisch
Veranstaltungen (Konferenzen, Messen etc.)	Anzahl Veranstaltungen	metrisch
	Anteil einer Art an der Gesamtzahl der Veranstaltungen	metrisch
	Überwiegende Herkunft der Präsentatoren	nominal
Kapazitäten	Anzahl existierender Forschungsgruppen	metrisch
	Anzahl von Stellenausschreibungen bestimmten Typs	metrisch
Finanzen	Anzahl existierender Forschungsprogramme bestimmten Typs	metrisch
	FuE-Ausgaben von Forschungseinrichtungen bestimmten Typs	metrisch

Tabelle 1:   Zusammenstellung von Indikatoren zur Bestimmung der Technologiereife

Affinitätschromatographie ist ein leistungsfähiges, chemisches Verfahren zur Trennung biochemischer Stoffgemische, das im Jahr 1968 erfunden wurde. Die aus dem flüssigen Gemisch abzutrennende Komponente wird mit Hilfe eines geeigneten Bindungspartners reversibel an ein festes Medium gebunden und kann später daraus ausgewaschen werden.

Als „Molekulares Prägen" wird die Erzeugung von Polymernanopartikeln mit spezifischen Andockstellen für andere Moleküle bezeichnet (siehe auch Kapitel 13). Die produzierten Nanopartikel können zur Verbesserung vieler biotechnologischer, biomedizinischer und chemischer Verfahren eingesetzt werden. Unter anderem können molekular geprägte Polymere zum Trennen chemischer Gemische eingesetzt werden. Das Molekulare Prägen stellt also teilweise eine Konkurrenztechnologie zur Affinitätschromatographie dar. Obwohl der Vorgang des molekularen Prägens bereits in den 1930er Jahren bekannt war und von Chemikern eingesetzt wurde, setzte ein dem Potential der Methode entsprechendes

Indikator	Wertausprägung	Verlauf des Indikators im Technologieentwicklungsprozess			
		Stage 1 Initiierung	Stage 2 Inkubation	Stage 3 Modifikation	Stage 4 Applikation
Anzahl Patente	Summenkurve f „Absolute Anzahl Patente"; Steigung der Summenkurve f' (2. Ableitung)	Anzahl gering;	Anzahl gering; starkes Wachstum (Steigung >0)	Anzahl hoch; Wachstum nimmt ab (Steigung =0)	Anzahl hoch; Wachstum nimmt ab (Steigung =0)
Anzahl Veröffentlichungen Sekundärliterartur	Summenkurve f „Absolute Anzahl Publikationen"; Steigung der Summenkurve f' (2. Ableitung)	Anzahl gering;	Anzahl gering;	Anzahl gering; starkes Wachstum (Steigung >0)	Anzahl hoch; starkes Wachstum (Steigung >0)
Art der Veröffentlichung	Art (Grundlagen zur Technologie; Nutzung der Technolgie (Technologie-/ Marktstudien); Umsetzung/ Produktion)	--	Grundlagen Technologie	Nutzung der Technolgie (Technologie-/ Marktstudien)	Umsetzung/ Produktion
Herkunft Präsentatoren auf Veranstaltungen	Art (Grundlagenforschung, Angewandte Forschung, Industrie)	Grundlagenforschung	Angewandte Forschung	Angewandte Forschung; Industrie	Industrie
Veranstaltungsart und Anzahl	Art (Wissenschaftliche Veranstaltung; Veranstaltung mit Anwender-Slots; Anwendungsspezifische Veranstaltung) und Anzahl	Wissenschaftliche Veranstaltung	Wissenschaftliche Veranstaltung	Veranstaltung mit Anwender-Slots	Anwendungsspezifische Veranstaltung
Art der Dissertationen	Art (Grundlagen; Technologieoptimierung; Produktionsfragestellungen; Diversifikation)	Grundlagen	Technologieoptimierung	Produktionsfragestellungen	Diversifikation

Tabelle 2:   Verlauf einzelner Indikatoren im Technologieentwicklungsprozess

wissenschaftliches und wirtschaftliches Engagement erst ab etwa 1977 ein.

In Abbildung 2 sind von oben nach unten die folgenden Indikatoren dargestellt:

- Die Anzahl der publizierten Artikel im Bereich der analytischen Chemie, in deren Titel, Abstract oder Schlüsselworten der Begriff „affinity chromatography" bzw. „molecular imprinting" vorkommt.
- Die Anzahl der publizierten Artikel im Bereich der Biotechnologie und angewandten Mikrobiologie, in deren Titel, Abstract oder Schlüsselworten der Begriff „affinity chromatography" bzw. „molecular imprinting" vorkommt.
- Die Anzahl der Abstracts zu Konferenzbeiträgen in denen der Begriff „affinity chromatography" bzw. „molecular imprinting" vorkommt.

Alle Indikatoren wurden mit Hilfe der Suchmaschine „ISI Web of Knowledge" (http://isiwebofknowledge.com/, Thomson Reuters, New York) ermittelt. Der stark unterschiedliche zeitliche Verlauf für eine Technologie demonstriert die teilweise komplementäre Information, die in den Indikatoren enthalten ist und die eine näherungsweise Erfassung des Entwicklungsstatus erst ermöglicht. Man beachte, dass in der Visualisierung der Verläufe, jeweils abhängig von der Technologie, unterschiedliche Werteskalen verwendet werden. Die im Diagramm jeweils links zu sehende Skala bezieht sich auf die Affinitätschromatographie, die rechts stehende dagegen auf das Molekulare Prägen. Man er-

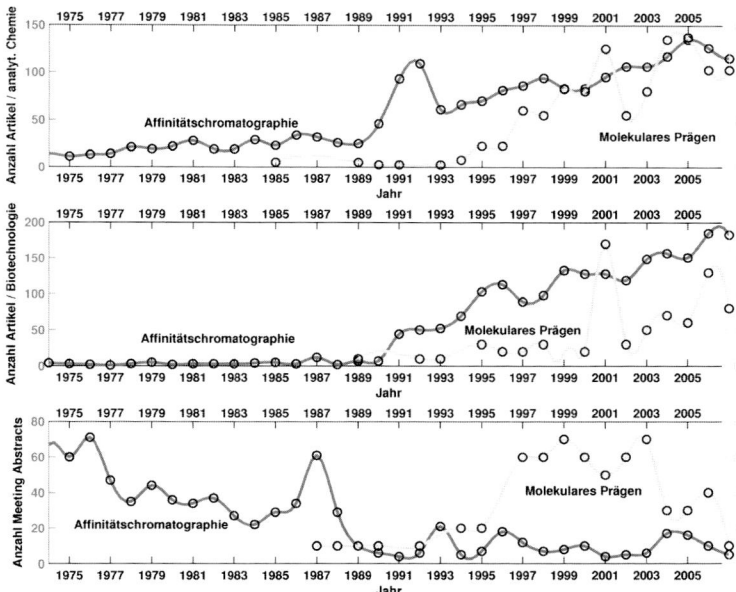

Abbildung 2:   Indikatorverläufe für die Affinitätschromatographie und das Molekulare Prägen

kennt, dass sich die Werte des ersten Indikators zwischen den beiden Technologien etwa um einen Faktor 2,5, die des zweiten und dritten gar um das bis zu Zehnfache unterscheiden. Die Verläufe wurden mittels simpler Polynominterpolation geglättet. Die mit einem Kreis markierten Verlaufspunkte stellen die vorliegenden Messwerte dar. Eine detailliertere Diskussion solcher Verläufe findet sich in Bullinger (2006).

8.2.2   Entwicklungsmodelle

Motiviert durch die Beobachtung ähnlicher zeitlicher Entwicklungsmuster bei unterschiedlichen Technologien befasst sich die Innovationsforschung unter anderem mit der theoretischen Begründung dieses Phänomens in Form von Entwicklungsmodellen. Ein Vorschlag für ein solches Modell mit allgemeiner Gültigkeit wurde von dem Consulting-Unternehmen Gartner Inc. mit dem sogenannten „Hype Cycle" gemacht und nachfolgend von verschiedenen Autoren weiterentwickelt. In der erweiterten Form stellt der Hype-Cycle den zeitlichen Verlauf des technologierelevanten „Aktivitätsniveaus" und dessen „Breite" dar. Die prinzipielle Form der Hype-Cycle-Kurve des Aktivitätsniveaus sowie eine Zuordnung zu den vier Phasen der Technologieentwicklung, die in Kapitel 2 vorgestellt werden, sind in Abbildung 3 wiedergegeben. Hintergrundinformationen finden sich in Bullinger (2006).

Will man Gartner's Hype Cycle nicht nur zur qualitativen Beschreibung der Technologieentwicklung benutzen, sondern zu einem quantitativen Werkzeug weiterentwickeln, so tritt das schwierige und bislang nach Kenntnis der Autoren des vorliegenden Buches ungelöste Problem auf, das Niveau und die Breite der technologierelevanten Aktivität präzise zu definieren. Die Analyse der Werteverläufe von Indikatoren könnte einen ersten Schritt zur Lösung dieses Problems darstellen. Die in Bullinger (2006) publizierten Untersuchungen von Indikatoren scheinen nämlich anzudeuten, dass deren Werteverläufe für Technologien auf einem hohen Aggregationsniveau (sogenannte Makro- und Mesotechnologien) häufig einem Doppel-Boom-Muster folgen: Der Werteverlauf besitzt zwei klar unterscheidbare Phasen, in denen die Indikatorwerte signifikant ansteigen. Entsprechend dieser Beobachtung kann man hoffen, dass sich (Mikro-)Technologien in Klassen mit jeweils ähnlichem Entwicklungsmuster innerhalb der Klasse einteilen lassen. Liegen für hinreichend viele voll entwickelte Technologien und einen festen Satz von Indikatoren $I^{(1)}, I^{(2)}, \ldots, I^{(r)}$ jeweils deren Werteverläufe über den gesamten Entwicklungszeitraum der Technologie vor, so kann man solche Klassen durch Clusteranalyse ermitteln. Dazu stattet man die Menge E der vorliegenden Technologieentwicklungsverläufe, repräsentiert durch die Verläufe der Indikatorwerte, mit einem Ähnlichkeitsmaß aus, also einer Abbildung

$$s : E \times E \rightarrow [0,1], \ (e_A, e_B) \mapsto s(e_A, e_B) \, ,$$

die den Entwicklungsverläufen e_A, e_B zweier Technologien A, B einen Ähnlichkeitswert $s(e_A, e_B)$ zwischen Null und Eins zuordnet. Große Ähnlichkeit der Entwicklungsverläufe wird durch einen Ähnlichkeitswert nahe Eins, ausgeprägte Unähnlichkeit dagegen durch einen Wert nahe Null ausgedrückt. Die Definition des Ähnlichkeitsmaßes s beruht auf dem in Abschnitt 8.3.1 eingeführten Ähnlichkeitsbegriff für Werteverläufe von Indikatoren. Insbesondere wird dort für die Werteverläufe I_A und I_B des Indikators I der Technologien A und B ein Ähnlichkeitswert $s(I_A, I_B)$ definiert. Bedenkt man, dass ein Entwicklungsverlauf $e_A \in E$ nichts anderes ist als die Kollektion $(I_A^{(1)}, I_A^{(2)}, \ldots, I_A^{(r)})$ der Werteverläufe der gewählten Indikatoren, so liegt die Festlegung der Ähnlichkeit zweier Entwicklungsverläufe e_A, e_B als Mittelwert der indikatorweisen Ähnlichkeiten nahe:

$$s(e_A, e_B) := \frac{1}{r}\Big(s(I_A^{(1)}, I_B^{(1)}) + s(I_A^{(2)}, I_B^{(2)}) + \ldots + s(I_A^{(r)}, I_B^{(r)})\Big).$$

Natürlich sind wie stets in der mathematischen Modellierung andere Definitionen möglich und vielleicht sogar passender.

Wie auch immer das Ähnlichkeitsmaß s festgelegt wird, die Anwendung eines Verfahrens zur Clusteranalyse liefert eine Unterteilung

$$E = E_1 \cup E_2 \cup \ldots \cup E_L$$

der Menge der Entwicklungsverläufe in Klassen E_k einander stark ähnelnder Verläufe, sowie einen typischen Repräsentanten $e_k \in E_k$ jeder Klasse (vgl. Kaufman/Rousseeuw 1990). Innerhalb einer Klasse E_k ist der Werteverlauf eines Indikators $I^{(j)}$ im Wesentlichen nicht mehr von der spezifischen Technologie abhängig. Daher kann man eine Funktion

$$M_k^{(j)} : \ T \to \mathbb{R}, \ t \mapsto M_k^{(j)}(t)$$

finden, deren Schaubild allen Werteverläufen $I_A^{(j)}$ von Technologien $A \in E_k$ ähnelt. Die Funktion $M_k^{(j)}$ kann folglich als analytisches Verlaufsmodell für den Indikator $I^{(j)}$ von Technologien der Klasse E_k gedeutet werden. Das ursprüngliche Ziel einer präzisen Definition des Aktivitätsniveaus wird für die Technologien der Klasse E_k durch Aggregation der Verlaufsmodelle $M_k^{(j)}$, etwa mit der im Abschnitt 8.3.3 vorgestellten Methode, erreicht. Bei einfacher additiver Aggregation erhält man beispielsweise das Aktivitätsniveau:

$$A_k(t) = \frac{1}{L}\left(M_k^{(1)}(t) + M_k^{(2)}(t) + \ldots + M_k^{(L)}(t)\right).$$

Prinzipiell können die Funktionen $M_k^{(j)}$ durch Interpolation bzw. Regression aus den vorliegenden Verlaufsdaten des Repräsentanten $e_k \in E_k$ berechnet werden. In der Praxis wird man jedoch versuchen, inhaltlich interpretierbare, parametrisierte Funktionsgleichungen aufzustellen, aus denen sich die $M_k^{(j)}$ durch Festlegung der Parameter gewinnen lassen. Ohne hier zu sehr ins Detail zu gehen, soll anhand des in Abbildung 3 dargestellten Hype-Cycle-Verlaufs erläutert werden was das bedeutet. Es wird also angenommen, der Werteverlauf eines Indikators $I^{(j)}$ werde für Technologien der Klasse E_k durch diese Doppel-Boom-Kurve repräsentiert. Sie kann anschaulich als Schaubild eines gewöhnlichen logistischen Wachstumsprozesses gedeutet werden, der aber durch einen Hype zu Anfang der Entwicklung mit einer nachfolgenden Depressionsphase modifiziert wird. Das logistische Wachstum lässt sich mathematisch durch die Funktion

$$l_{(S,K,t_0,l_0)}(t) := l_0 + \frac{S}{1 + e^{-\frac{1}{2}SK(t-t_0)}}$$

wiedergeben, deren vier Parameter eine direkte inhaltliche Interpretation besitzen. So ist $l_0 + S$ der Sättigungswert, dem die Größe $l_{(S,K,t_0,l_0)}(t)$ im Lauf der Zeit entgegenstrebt. Die Konstante K gibt die Wachstumsgeschwindigkeit an und über die Konstante t_0 kann die Wachstumskurve auf der Zeitachse positioniert werden. Hype und Depression können mathematisch mit Hilfe Gauß'scher Glockenkurven realisiert werden:

$$d_{(t_P,A_H,h_H,t_H,A_D,h_D)}(t) = 1 + A_H e^{-\frac{(t-t_H)^2}{2h_H^2}} - A_D e^{-\frac{(t-t_D)^2}{2h_D^2}}.$$

Die insgesamt sechs Parameter besitzen auch hier eine klare Bedeutung: t_H, A_H, h_H geben in der Reihenfolge ihres Auftretens den Zeitpunkt maximalen Hypes, die Amplitude des Hypes und seine zeitliche Ausdehnung an. Analoges gilt für die Depressionsphase. Die Hype-Cycle-Kurve selbst ergibt sich dann als Schaubild der zehn-parametrigen Funktion

$$f_{(p_1,p_2,\ldots,p_{10})}(t) := d_{(t_H,A_H,h_H,t_D,A_D,h_D)}(t) \cdot l_{(S,K,t_0,l_0)}(t).$$

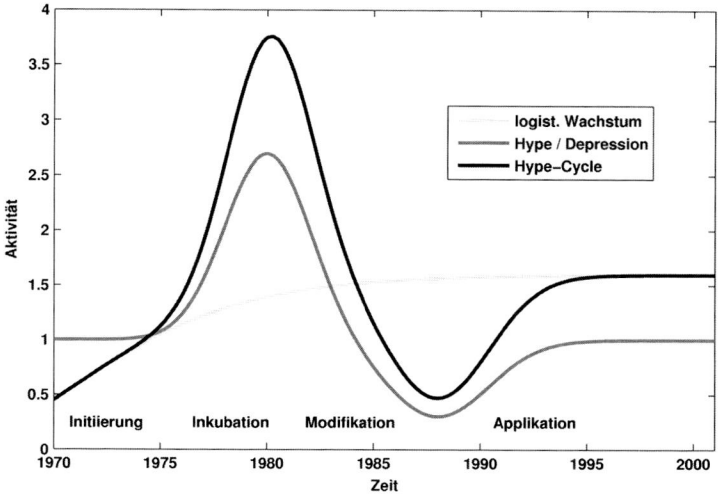

Abbildung 3:   Analytisches Hype-Cycle-Modell

Anstatt wie oben beschrieben die gesamte Funktion $M_k^{(j)}$ aus den Verlaufsdaten e_k zu berechnen, müssen nun die Werte der Parameter $p_1, \ldots, p_{10}$ so bestimmt werden, dass sich der Kurvenverlauf den gegebenen Daten bestmöglich anschmiegt. Die Lösung dieser im Allgemeinen nichtlinearen Regressionsaufgabe kann mittels Standardverfahren der numerischen Optimierung erfolgen (vgl. Seber/Wild 1989).

8.3   Entwicklungsverläufe vergleichen

Im vorigen Abschnitt wurde dargelegt, dass man die Entwicklung einer Technologie durch den zeitlichen Verlauf der Werte einer Kollektion von Indikatoren widerspiegeln und mit dieser Beschreibung unter Umständen sogar zu analytischen Entwicklungsmodellen gelangen kann. Die hierfür notwendige quantitative Vergleichsmethode für die Werteverläufe zweier Indikatoren wird in diesem Abschnitt beschrieben. Sie führt auch direkt zu einem Lösungsansatz für das Problem der Bestimmung des Entwicklungsstadiums einer Technologie in Bezug auf eine Referenz, welcher ebenfalls detailliert dargestellt wird.

8.3.1 Was ist Ähnlichkeit?

Im Folgenden werden die Werteverläufe $I_A : T \rightarrow \mathbb{R}$ und $J_B : S \rightarrow \mathbb{R}$ zweier metrischer Indikatoren I und J im Hinblick auf Ähnlichkeit diskutiert. Die Indikatoren beziehen sich dabei auf die beiden Technologien A und B. In einer realen Situation sind die Indikatorwerte nicht zu jedem Zeitpunkt $t \in T$ beziehungsweise $s \in S$ bekannt, sondern nur zu den endlich vielen Zeitpunkten $t_1 < t_2 < \ldots < t_m$ und $s_1 < s_2 < \cdots < s_n$, an denen die Werte von I_A und J_B gemessen wurden. Der einzuführende Ähnlichkeitsbegriff bezieht sich daher auch nur auf den Verlauf der Werte $w_1 = I_A(t_1), \ldots, w_m = I_A(t_m)$ und $v_1 = J_B(t_1), \ldots, v_n = J_B(t_n)$, wobei vorausgesetzt wird, dass die Anzahl der erfassten Werte für beide Indikatoren gleich ist: $m = n$. Zur Vereinfachung wird weiter angenommen, dass die zeitlichen Abstände $\Delta t = t_{k+1} - t_k$ und $\Delta s = s_{k+1} - s_k$ zwischen den Erfassungszeiten gleich sind und außerdem $\Delta t = \Delta s$ gilt. Das hat zur Folge, dass in der Diskussion des Ähnlichkeitsbegriffs die absoluten Erfassungszeiten ignoriert werden können. Die Annahme selbst ist häufig bereits durch die Art der Datenerfassung gewährleistet, kann aber gegebenenfalls auch durch eine Transformation der Daten erreicht werden – siehe hierzu auch die Ausführungen im Abschnitt 8.4.

In der nun vorliegenden Situation ist es einleuchtend zu sagen, die Werteverläufe $w_1, w_2, \ldots, w_m$ und $v_1, v_2, \cdots, v_m$ seien ähnlich zueinander, falls die Beträge $|w_1 - v_1|, |w_2 - v_2|, \ldots, |w_m - v_m|$ der Wertdifferenzen zeitlich einander entsprechender Verlaufswerte klein sind. Das Wort „klein" bedeutet hier „kleiner als eine vom Beurteilenden vorgegebene Schranke". Die in Abbildung 4 dargestellten Verläufe 1 und 2 zeigen ein solches Verhalten. Für die folgenden Betrachtungen ist es allerdings nützlich, einen etwas abstrakteren Standpunkt einzunehmen und die beiden Werteverläufe als Elemente des (hier) m-dimensionalen Raums aufzufassen:

$$w := (w_1, w_2, \ldots, w_m), \ v := (v_1, v_2, \cdots, v_m) \in \mathbb{R}^m .$$

Abstände zwischen den Punkten des Raums $\mathbb{R}^m$ lassen sich auf verschiedene Weise definieren. Mathematisch geschieht dies durch formelmäßige Angabe eines Distanzmaßes

$$d : \mathbb{R}^m \times \mathbb{R}^m \rightarrow \mathbb{R}^{\geq 0} , \ (w, v) \mapsto d(w, v) ,$$

das jedem Paar (w, v) von Punkten ihre Distanz $d(w, v)$ zuordnet. Die Symbole $\mathbb{R}$ und $\mathbb{R}^{\geq 0}$ stehen für die Mengen der reellen Zahlen und nicht negativen reellen Zahlen. Drei häufig verwendete Distanzmaße sind:

- „Taxifahrerdistanz": $d_1(w,v) := |w_1 - v_1| + |w_2 - v_2| + \ldots + |w_m - v_m|$

- „Euklidische Distanz": $d_2(w,v) := \sqrt{|w_1 - v_1|^2 + |w_2 - v_2|^2 + \ldots + |w_m - v_m|^2}$

- „Maximumsdistanz": $d_\infty(w,v) := \max(|w_1 - v_1|, |w_2 - v_2|, \ldots, |w_m - v_m|)$.

Falls die Verläufe w und v im Sinne einer dieser drei Abstandsmaße nahe beieinander liegen, dann sind auch alle Beträge $|w_1 - v_1|, |w_2 - v_2|, \ldots, |w_m - v_m|$ klein. Die Umkehrung dieses Schlusses gilt ebenfalls.

Hat man sich für ein bestimmtes Distanzmaß d entschieden, so kann daraus auf folgende Weise ein Ähnlichkeitsmaß s, also eine quantitative Ähnlichkeitsdefinition, gewinnen:

    I. $s : \mathbb{R}^m \times \mathbb{R}^m \to [0,1], \; (w,v) \mapsto 2^{-d(w,v)}$.

Die Werte des Ähnlichkeitsmaßes liegen zwischen Null und Eins. Genauer gilt: Der Ähnlichkeitswert $s(w,v)$ liegt nahe beim Wert Eins, wenn die Verläufe w und v ähnlich zueinander sind und nahe beim Wert Null im Fall großer Unähnlichkeit. Da die verschiedenen Distanzfunktionen zum Teil erhebliche Verhaltensunterschiede aufweisen, gilt dasselbe auch für die abgeleiteten Ähnlichkeitsbegriffe. So ist etwa die Maximumsdistanz aufgrund ihrer Definition insensitiv gegenüber bestimmten kleinen Änderungen der Werteverläufe, während solche Änderungen in der Taxifahrer- oder euklidischen Distanz durchaus zu Buche schlagen. Letztlich ist die Wahl eines geeigneten Distanzmaßes auch vom jeweiligen Anwendungskontext abhängig.

Die Definition I ist zu restriktiv für die Anwendung, wie man an folgendem Beispiel erkennt: Beim Vergleich der Werteverläufe des Indikators „Anzahl relevanter Publikation pro Quartal" für verschiedene Technologien kommt es viel stärker auf die Form der Verlaufskurve als auf die tatsächlich erreichten Publikationszahlen an. Es ist zum Beispiel wichtig zu erkennen, dass die Publikationszahlen in einem bestimmten Zeitraum auf das Zehnfache des bisherigen Durchschnittswertes ansteigen, um danach wieder auf das frühere Niveau abzusinken. Ob dabei im Maximum 1000 Publikationen pro Quartal erreicht wurden oder nur 200 ist eher uninteressant, man spricht in diesem Zusammenhang auch von „Skalenunabhängigkeit" des Ähnlichkeitsbegriffes. Der Ähnlichkeitsbegriff I ist in hohem Maß skalenabhängig wie man in Abbildung 4 deutlich erkennen kann: Der Verlauf 3 ähnelt den Verläufen 1 und 2 stark, was sich aber nicht in einem entsprechenden Ähnlichkeitswert nahe Eins niederschlägt, weil die Distanzen $d(w,v)$ (gleichgültig welches der drei Distanzmaße benutzt wird!) zwischen den Verläufen nicht klein sind. Auch eine einfache mathematische Überlegung zeigt dies sofort: Sind nämlich die Verläufe w und v bis auf eine Umskalierung ihrer Werte gleich, haben also insbesondere dieselbe Verlaufsform, so gelten die Gleichungen

$$w_1 = Sv_1, w_2 = Sv_2, \ldots, w_m = Sv_m$$

oder kürzer $w = Sv$ mit einer Zahl $S > 0$, dem sogenannten Skalenfaktor. Damit kann aber im Allgemeinen $d(w,v)$ nicht klein sein.

Der vorliegende Artikel eignet sich nicht für eine detailliertere Darstellung skalenunabhängiger Ähnlichkeitsmaße. Immerhin soll aber die Formel für ein häufig verwendetes solches Maß hier angegeben werden: Die Ähnlichkeit $s(w,v)$ der beiden Werteverläufe berechnet sich dabei gemäß

$$\text{II.}\quad s(w,v) = \frac{1}{2}(1 + \frac{w_1 v_1 + w_2 v_2 + \ldots + w_m v_m}{\|w\|\|v\|}),$$

wobei $\|w\| := \sqrt{w_1^2 + w_2^2 + \ldots + w_m^2}$ ist und Analoges für $\|v\|$ gilt. Die Skalenunabhängigkeit kann in Gleichungsform durch $s(Sw,v) = s(w,Sv) = s(w,v)$ ausgedrückt werden und lässt sich so direkt nachprüfen.

Wie bereits deutlich gemacht wurde, kann man in einer realen Situation nicht ausschließlich mit einem stark skalenabhängigen Ähnlichkeitsmaß arbeiten. Alleiniges Benutzen eines skalenunabhängigen Maßes führt aber ebenfalls zu Problemen: So können zum Beispiel kleine und unbedeutende Werteverlaufsschwankungen überbewertet werden, wenn man die Größe der Werte völlig außer Acht lässt. Eine gewichtete Kombination beider Typen erscheint daher als geeigneter Weg zur Vermeidung der Nachteile: Sind die Ähnlichkeitsmaße s_I und s_{II} durch die Definitionen I und II gegeben, so definiert man ein neues Ähnlichkeitsmaß durch die Formel

$$\text{III.}\quad s(w,v) = w_I s_I(w,v) + (1 - w_I)s_{II}(w,v).$$

Über das Gewicht $w_I \in [0,1]$ kann man steuern, wie stark der Einfluss der skalenabhängigen Ähnlichkeitskomponente s_I (und damit auch der skalenunabhängigen) sein soll. Ein Gewicht $w_I = \frac{1}{2}$ führt zu einer Gleichgewichtung der beiden Komponenten, $w_I = 1$ ergibt ein rein skalenbasiertes Ähnlichkeitsmaß und $w_I = 0$ schließlich liefert völlige Skalenunabhängigkeit.

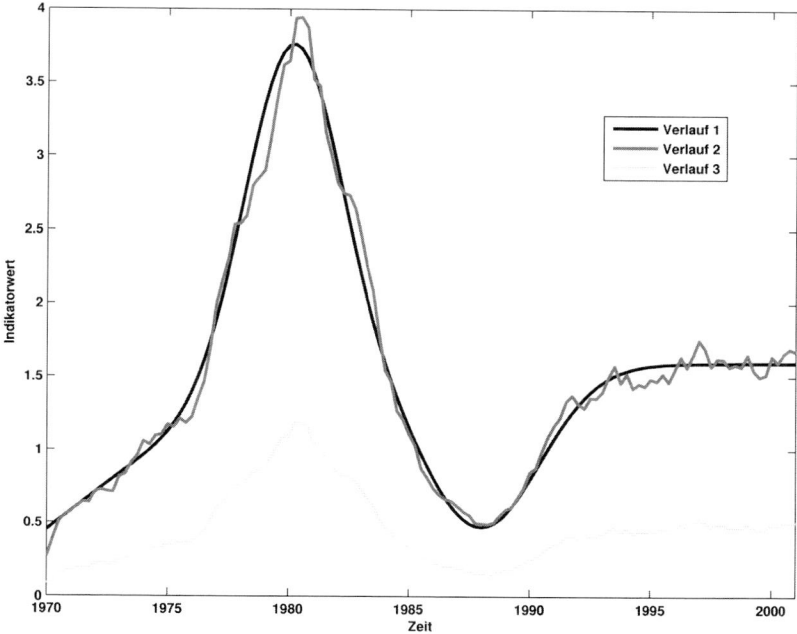

Abbildung 4:   Ähnlichkeitstypen von Werteverläufen

8.3.2   Ein Vergleichsverfahren

Im Fokus der folgenden Ausführungen steht die Bestimmung des Entwicklungsstadiums einer Technologie A in Bezug auf eine Referenztechnologie R die Technologie A wird häufig auch als „Testtechnologie" bezeichnet. Damit dieses Unterfangen überhaupt einen Sinn hat, wird angenommen, dass die Referenztechnologie ihre gesamte Entwicklung im Wesentlichen bereits durchlaufen hat. Zur Lösung des Problems wird ein Verfahren vorgeschlagen, das auf dem Vergleich der Ähnlichkeiten in Indikator-basierten Beschreibungen der Entwicklungen von A und R beruht.

Daten

Im Weiteren wird angenommen, dass für die Test- wie auch für die Referenztechnologie Messungen der Werteverläufe einer Kollektion metrischer Indikatoren vorliegen. Im Fall der Testtechnologie seien dies die Werteverläufe $I_A^{(1)}, I_A^{(2)}, \ldots, I_A^{(r)}$ und im Fall der Referenztechnologie $J_R^{(1)}, J_R^{(2)}, \ldots, J_R^{(r)}$; insbesondere ist also die Anzahl der zur Beschreibung benutzten Indikatoren für beide Technologien gleich. Es ist jedoch nicht erforderlich, dass in den Beschreibungen auch dieselben Indikatoren verwendet werden.

Im Idealfall decken die Messwertverläufe der verschiedenen Indikatoren für jede der Technologien das gleiche Zeitintervall ab. Für die Testtechnologie werde dieses Intervall mit T_A und für die Referenz mit T_R bezeichnet. Um die Ergebnisse aus Abschnitt 8.3.1 direkt verwenden zu können wird in der Verfahrensbeschreibung sogar vorausgesetzt, dass die Erfassungszeiten $t_1, t_2, \ldots, t_m \in T_A$ für die Werteverläufe $I_A^{(1)}, I_A^{(2)}, \ldots, I_A^{(r)}$ jeweils dieselben sind, dass das selbe für $s_1, s_2, \ldots, s_n \in T_R$ und $J_R^{(1)}, J_R^{(2)}, \ldots, J_R^{(r)}$ gilt und dass die in Abschnitt 8.3.1 eingeführte Bedingung $\Delta t = \Delta s$ erfüllt ist. Da die Referenztechnologie als bereits voll entwickelt vorausgesetzt wird, kann man schließlich voraussetzen, dass das Zeitintervall T_R erheblich länger als T_A und damit die Anzahl n der Messwerte zur Referenz erheblich größer als die Anzahl m der Messwerte zur Testtechnologie ist – siehe aber den Paragraphen zum Thema Entwicklungsgeschwindigkeit.

Der Einschluss von nominalen Indikatoren in die Betrachtung ist bei moderater Erweiterung der Methodik möglich.

Paarung der Indikatoren
Der Technologieentwicklungsvergleich wird durchgeführt, indem die Ähnlichkeiten im Werteverlauf zwischen jeweils einem Indikator der Testtechnologie und einem dazu inhaltlich passenden Indikator der Referenz quantifiziert werden. Die Paarungen (Indikator, Referenzindikator) müssen auf der Basis von technologiespezifischem Fachwissen vom Anwender vorgenommen werden, sofern sie sich nicht von selbst anbieten. Im vorliegenden Fall sei die Nummerierung der Indikatoren bereits so gewählt, dass die Paare $(I_A^{(k)}, J_R^{(k)})$ gerade das Ergebnis der Indikatorpaarung darstellen.

Ähnlichkeitsverläufe
Nach Wahl eines Ähnlichkeitsmaßes $s : \mathbb{R}^m \times \mathbb{R}^m \to [0,1]$ wird jedem Indikatorpaar $(I_A^{(k)}, J_R^{(k)})$ ein Ähnlichkeitsverlauf zugeordnet, indem man den Werteverlauf $w_1 = I_A^{(k)}(t_1), \ldots, w_m = I_A^{(k)}(t_m)$ des Indikators der Testtechnologie sukzessive mit gleich langen Stücken des Werteverlaufs $v_1 = J_R^{(k)}(s_1), \ldots, v_n = J_R^{(k)}(s_n)$ der Referenztechnologie vergleicht. Der Ähnlichkeitsverlauf ist also durch die Formel

$$f_k(s_i) := s((w_1, w_2, \ldots, w_m), (v_i, v_{i+1}, \ldots, v_{i+m-1}))$$

definiert. In der Regel wird man allerdings den Verlauf zwischen aufeinander folgenden Punkten zum Beispiel linear interpolieren und so einen Polygonzug erhalten. Dieser ist das Schaubild einer etwas ungenau ebenfalls mit f_k bezeichneten Funktion

$$f_k : \quad T_R^\circ \to \mathbb{R} \; .$$

Definitionsgemäß ist dabei das Zeitintervall T_R°, für das Ähnlichkeiten definiert sind, kleiner als das gemeinsame Definitionsintervall T_R der Indikatoren der Referenztechnologie. Genauer entsteht T_R° aus T_R durch Weglassen eines Intervalls der Länge von T_A auf der rechten Seite, weil jeweils Werteverlaufsstücke dieser Länge zur Definition von f_k benutzt werden.

Das Maximum oder die Maxima des Ähnlichkeitsverlaufs entsprechen den Zeitintervallen größter Ähnlichkeit zwischen Testtechnologie und Referenz, wenn man nur den einen gerade betrachteten Indikator $I^{(k)}$ zugrunde legt. Natürlich erwartet man nur ein Maximum vorzufinden, das ist aber in der Realität nicht immer der Fall. Gründe hierfür können zum Beispiel ein zu kurzer und daher unstrukturierter Verlauf $I_A^{(k)}$ oder eine schlechte Datenerfassung sein. In Abbildung 5 ist das Ergebnis eines solchen sukzessiven Ähnlichkeitsvergleiches dargestellt. Der größeren Klarheit wegen sind die dabei verwendeten Werteverläufe künstlich erzeugt worden. Die Verläufe der Testtechnologien A und B sind beide ähnlich zum Referenzverlauf im Zeitintervall 1978 bis 1981. Allerdings ähnelt Technologie A der Referenz auch wertemäßig während dies für Technologie B nicht gilt. Entsprechend fällt der Ähnlichkeitsvergleich mit einem skalenabhängigen Maß aus: Für die Technologie A erreicht der Ähnlichkeitsverlauf (hellgraue Kurve) sein Maximum von ca. 0,55 zwischen 1977 und 1978, was praktisch dem wahren Startwert des Entwicklungsverlaufs von Technologie A im Jahr 1978 entspricht. Das gleiche skalenabhängige Maß liefert für die Technologie B im Zeitraum 1975 bis 1983 den Ähnlichkeitswert Null – das Maß versagt hier also völlig. Die in den Jahren (etwa) 1973 und 1989 angenommenen Maxima im Ähnlichkeitsverlauf (dunkelgraue Kurve) sind mehr den Werten als der Verlaufsform geschuldet; das im Entwicklungsverlauf von Technologie B sichtbare Maximum wird in der Referenz zu den genannten Zeitpunkten nicht widergespiegelt. Anders die Situation bei Verwendung eines skalenunabhängigen Maßes (schwarze Kurve): Hier wird im Jahr 1978 völlig korrekt der Ähnlichkeitswert Eins angenommen. Allerdings gibt es ein zweites Maximum dieses Wertes im Jahr 1991, was bei der nur leichten Ausprägung des Maximums in der Verlaufsform von Technologie B verständlich erscheint. Dieses Phänomen der Mehrdeutigkeit von Vergleichsergebnissen zwischen einzelnen Indikatoren zeigt die Wichtigkeit der Absicherung durch andere Indikatoren.

Aggregation

Die im vorigen Verfahrensschritt ermittelten Ähnlichkeitsverläufe variieren in aller Regel in ihrer Verlaufsform und liefern daher kein eindeutig bestimmtes Zeitintervall maximaler Ähnlichkeit zwischen den Technologien A und R. Dies ist schon aufgrund von statistischen Schwankungen im Werteverlauf von Indikatoren zu erwarten. Qualitätsmängel der konkret verwendeten Daten verstärken den Effekt besonders für solche Indikatoren, deren Werteverlauf nur schwach strukturiert ist, so dass Ähnlichkeiten a priori schwer zu entdecken sind. Die Aggregation aller Ähnlichkeitsverläufe zu einem „Gesamtähnlichkeitsverlauf" stellt hier ein systematisches Mittel der Abhilfe dar. Dieser kann beispielsweise durch „gewichtetes Mitteln" gebildet werden:

$$f(s_i) := g_1 f_1(s_i) + g_2 f_2(s_i) + \ldots + g_r f_r(s_i), \quad g_i \geq 0, \quad g_1 + g_2 + \ldots + g_r = 1.$$

In die Gewichte g_i sollten mindestens die folgenden Faktoren eingehen:

- Stellenwert des Indikators als Spiegel der Technologieentwicklung,
- Qualität der für diesen Indikator vorliegenden Daten.

Das Maximum des durch f gegebenen Verlaufs liegt zeitlich genau am Beginn desjenigen Zeitintervalls, in dem sich Testtechnologie und Referenz am ehesten gleichen. Die nachfolgende Entwicklung der Referenz stellt dann den gewünschten Anhaltspunkt für die voraussichtliche weitere Entwicklung der Testtechnologie dar.

Neben der gewichteten Mittelung existieren andere durch die so genannte Fuzzylogik motivierte Möglichkeiten der Aggregation der Ähnlichkeitsverläufe f_k. Fuzzylogik ist eine Erweiterung der Aussagenlogik, in welcher eine logische Aussage nicht nur „wahr" oder „falsch" sein kann, sondern einen Wahrheitswert zwischen Null und Eins besitzt. Ein Wahrheitswert nahe Null bedeutet, dass die betrachtete Aussage wahrscheinlich falsch ist, ein Wert nahe Eins deutet entsprechend auf eine höchstwahrscheinlich wahre Aussage hin. Der Ähnlichkeitswert $f_k(s_i)$ kann in diesem Sinn als Wahrheitswert $W(a_k(s_i)) \in [0,1]$ der Aussage

$a_k(s_i)$: „Die Entwicklung der Testtechnologie hinsichtlich des Indikators $I^{(k)}$

ähnelt ab dem Zeitpunkt s_i der Entwicklung der Referenz hinsichtlich des Indikators $J^{(k)}$."

aufgefasst werden. Im Hinblick auf die Aufgabenstellung, einen Zeitpunkt zu identifizieren, ab dem die Entwicklung der Testtechnologie der Entwicklung der Referenz möglichst stark gleicht, muss nun also der Wahrheitswert der logischen Und-Verknüpfung

$$b(s_i) := a_1(s_i) \wedge a_2(s_i) \wedge \ldots \wedge a_r(s_i)$$

der Aussagen $a_k(s_i)$ ermittelt werden. Das Kalkül der Fuzzy-Logik lässt dafür viele Möglichkeiten zu (vgl. Bothe 1993), von denen zwei gebräuchliche hier angegeben werden:

- *Die pessimistische Und-Verknüpfung:*
  $$W(a_1(s_i) \wedge a_2(s_i) \wedge \ldots \wedge a_r(s_i)) := \min(W(a_1(s_i)), W(a_2(s_i)), \ldots, W(a_r(s_i))) \,.$$
  Der Wahrheitswert der Und-verknüpften Aussage wird also durch den niedrigsten Wahrheitswert einer Teilaussage festgelegt. Im vorliegenden Fall bedeutet das, dass der Wahrheitswert der Aussage

  $b(s_i)$: „Die Entwicklung der Testtechnologie hinsichtlich der Indikatoren $I^{(1)}, I^{(2)}, \ldots, I^{(r)}$ ähnelt ab dem Zeitpunkt t_i der Entwicklung der Referenz hinsichtlich der Indikatoren $J^{(1)}, J^{(2)}, \ldots, J^{(r)}$."

  durch das am schlechtesten zusammenpassende Indikatorpaar $(I^{(k)}, J^{(k)})$ bestimmt wird – eine sehr vorsichtige Bewertungsstrategie.

- *Die probabilistische Und-Verknüpfung:*
  $$W(a_1(s_i) \wedge a_2(s_i) \wedge \ldots \wedge a_r(s_i)) := W(a_1(s_i)) \cdot W(a_2(s_i)) \cdot \ldots \cdot W(a_r(s_i)) \,.$$

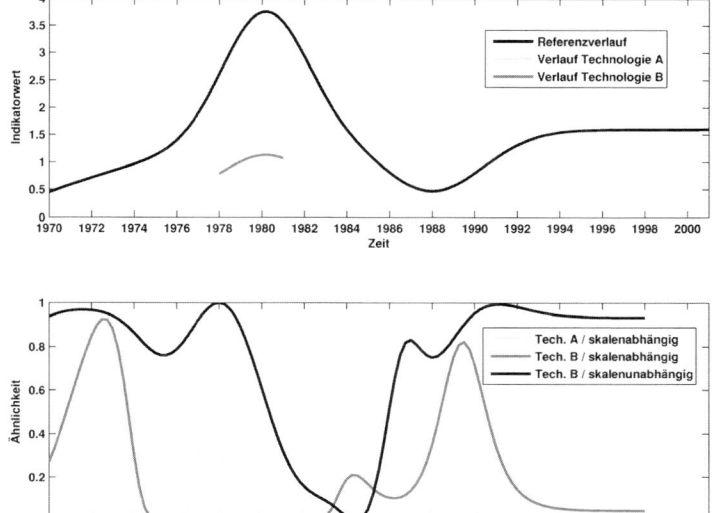

Abbildung 5:   Ähnlichkeitsverläufe und Skalenabhängigkeit

Wahrheitswerte werden hier als „Wahrscheinlichkeit dafür wahr zu sein" interpretiert. Unter der Annahme, dass die Einzelaussagen $a_k(s_i)$ voneinander unabhängig sind, ist dann die Wahrscheinlichkeit der Aussage $b(s_i)$ nach einem grundlegenden stochastischen Resultat tatsächlich gleich dem Produkt der Einzelwahrscheinlichkeiten $W(a_k(s_i))$.

Hat man sich für eine bestimmte Definition des Und-Operators entschieden, so kann man sämtliche Wahrheitswerte $W(b(s_1)), W(b(s_1)), \ldots, W(b(s_n))$ berechnen, und dasjenige s_i, bei dem $W(b(s_i))$ maximal wird, liefert wiederum die Lösung der gestellten Aufgabe.

In Abbildung 6 ist die Aggregation zweier künstlicher Ähnlichkeitskurven für den pessimistischen und den probabilistischen Und-Operator dargestellt. Anzumerken ist noch, dass auch in diesen beiden Und-Operatoren Gewichte für die Beiträge der verschiedenen Indikatoren verwendet werden können.

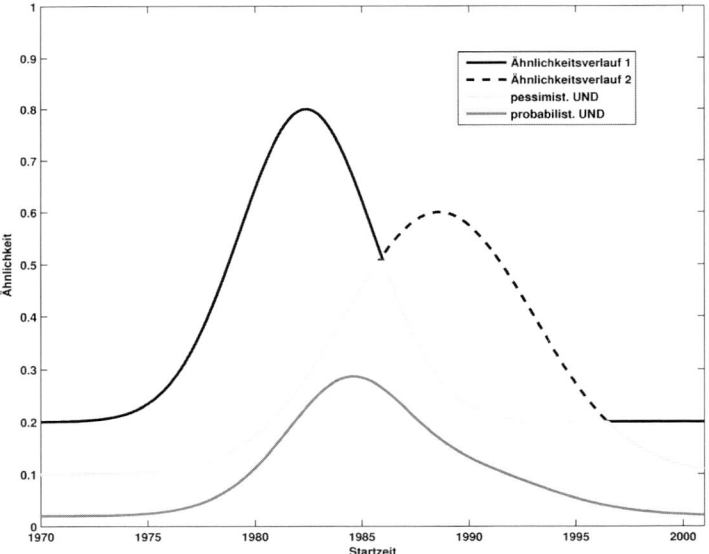

Abbildung 6:   Aggregation von Ähnlichkeitskurven

Entwicklungsgeschwindigkeit

Es ist angemessen, den vorliegenden Überblick mit einem Wort der Vorsicht abzuschließen. Das beschriebene Verfahren ist bislang nicht auf einer breiten Basis realer Daten getestet worden. Es ist daher als experimentelles Werkzeug anzusehen, das bis zu einer gewissen Anwendungsreife sicher noch Verbesserungszyklen durchlaufen muss. Als wichtiges Beispiel eines noch ungelösten Verfahrensproblems ist die Bestimmung der Entwicklungsgeschwindigkeit zu nennen: Test- und Referenztechnologie verändern sich mit

möglicherweise unterschiedlichen Geschwindigkeiten. Die Kenntnis der Geschwindigkeit, mit der sich die Testtechnologie im Verhältnis zur gewählten Referenz entwickelt, ist für den Vergleich von Zeitverläufen wesentlich. Andererseits kann aktuell keine Vorgehensweise vorgeschlagen werden, mit der sich diese Geschwindigkeit datenbasiert bestimmen ließe. Der Anwender muss daher durch eine Schätzung Abhilfe schaffen. Diese kann zum Beispiel anhand der jährlich von Gartner Inc. veröffentlichten Hype-Cycle-Kurven erfolgen, sofern die interessierende Technologie dort gelistet ist.

8.4   progress – ein Vergleichswerkzeug

Die Abschnitte 8.1 bis 8.3 zeigen, dass die Mathematik nützliche Methoden für den Bereich des Technologieentwicklungsmanagements liefern kann. Als Beitrag zu der im vorliegenden Buch diskutierten integrierten Informationsplattform wurde daher unter Verwendung der mathematischen Entwicklungsumgebung und Programmiersprache Matlab (The Mathworks inc., Natick, USA) das Software-Werkzeug progress entwickelt, das die in Abschnitt 8.3 beschriebene, für den Vergleich von Technologieentwicklungen relevante Funktionalität zusammenfasst. Die in diesem Abschnitt gelieferte Beschreibung von progress kann auch als eine Darstellung der konkreten Vorgehensweise beim Technologievergleich gelesen werden.

8.4.1 Voraussetzungen für den Technologievergleich mit progress

Die Software progress soll den Anwender darin unterstützen den Entwicklungsstand einer Technologie in Bezug auf eine bestimmte Referenztechnologie zu ermitteln, wobei die in Abschnitt 8.3.2 beschrieben Methode des paarweisen Indikatorvergleichs benutzt wird. Es ist folglich zunächst notwendig zu der zu beurteilenden Technologie – wie früher auch als Testtechnologie bezeichnet – eine geeignete Referenztechnologie zu finden. Deren Wahl ist eine anspruchsvolle Aufgabe und die Lösung hängt stark vom Kontext der Testtechnologie ab. Obwohl daher auf die inhaltliche Seite der Referenzauswahl an dieser Stelle nicht eingegangen werden kann, muss betont werden, dass die Interpretierbarkeit der erhaltenen Vergleichsergebnisse entscheidend von der Referenz abhängt.

Im nächsten Schritt müssen die für die Entwicklungsbeschreibung verwendeten Familien von metrischen Indikatoren jeweils für die Test- und die Referenztechnologie ausgewählt werden, wobei eine paarweise Zuordnung, wie in Abschnitt 8.3.2 beschrieben, möglich sein sollte: Jedem Indikator der Testtechnologie wird ein aus inhaltlicher Sicht analoger Indikator der Referenz (Referenzindikator) zugeordnet. Für jeden vorkommenden Indikator müssen Zeitverläufe seiner Werte beschafft werden. Die Daten können dabei durchaus aus verschiedenen Quellen stammen – siehe Kapitel 10 – man sollte jedoch auf eine vergleichbare Datenqualität achten. Um sinnvolle und verlässliche Ergebnisse zu gewährleisten, sollten die erfassten Zeitverläufe der Indikatorwerte außerdem die folgenden Eigenschaften besitzen:

1. Die Referenztechnologie befindet sich in einem späten Entwicklungsstadium und die vorliegenden Indikatorwerte decken für jeden Indikator den gesamten Entwicklungszeitraum der Referenz zeitlich ab.
2. Die durch die einzelnen Indikatoren der Testtechnologie abgedeckten Zeiträume sollten im Wesentlichen übereinstimmen.
3. Die zeitlichen Abstände zwischen aufeinander folgenden Werten eines Indikators sind für alle Indikatoren von der gleichen Größenordnung. Beispielsweise könnten alle Indikatoren quartalsweise bestimmt werden, wobei es auf Schwankungen von wenigen Tagen nicht ankommt. Die Entwicklung einer Technologie ist ein Vorgang, der sich auf einer Zeitskala von Jahren oder Jahrzehnten bewegt. Daher ist eine quartalsweise, halbjährliche oder sogar jährliche Erfassung von Indikatorwerten ausreichend.
4. Für jeden Indikator der Testtechnologie sollten mindestens 10 bis 15 Werte zur Verfügung stehen.

In dem Thema „Voraussetzungen" muss abschließend das bereits erwähnte Problem der unterschiedlichen Entwicklungsgeschwindigkeiten von Test- und Referenztechnologie angesprochen werden: Die Kenntnis der Geschwindigkeit mit der sich die Testtechnologie im Verhältnis zur gewählten Referenz entwickelt ist für den Vergleich von Zeitverläufen wesentlich. Die aktuelle Version der Software progress arbeitet mit einem vom Anwender anzugebenden Schätzwert des Faktors um den die Testtechnologie sich schneller oder langsamer entwickelt als die gewählte Referenz („Zeitskalenfaktor"). Ein Zeitskalenfaktor von 2,0 zum Beispiel bedeutet, dass sich die Testtechnologie doppelt so schnell entwickelt wie die Referenz, während ein Wert von 0.5 für die halbe Geschwindigkeit gegenüber der Referenz steht. Beim Faktor 1,0 entwickeln sich beide Technologien gleich schnell. Konkret führt die Angabe eines Zeitskalenfaktors verschieden von 1,0 zu einer Umrechnung der Zeitpunkte, zu denen die Indikatorwerte der Testtechnologie erhoben wurden.

8.4.2 Vorbereitung der Daten

In einer konkreten Anwendungssituation (für progress) werden die Verlaufsdaten der Indikatoren noch nicht in einem direkt verarbeitbaren Format vorliegen. Typischerweise müssen in einem Arbeitsschritt der Datenvorverarbeitung die folgenden Probleme bearbeitet werden:

- **Fehlende Werte:** Aus dem einen oder anderen Grund fehlen Indikatorwerte zu bestimmten Zeitpunkten. Um die Anforderung 3 an die Daten zu erfüllen, müssen diese Fehlstellen gefüllt werden.
- **Ungleiche Erfassungsintervalle eines Indikators:** Die Erfassung der Indikatorwerte wurde nicht annähernd periodisch durchgeführt, wodurch (ebenfalls) die Anforderung 3 verletzt ist.
- **„Ausreißer":** Ein Ausreißer in einem Verlauf von Indikatorwerten ist ein stark vom sonstigen Verhalten des Verlaufs abweichender Wert, der daher wahrscheinlich durch eine fehlerhafte Datenerfassung erzeugt wurde. Ausreißer sollten korrigiert beziehungsweise ersetzt werden, da das in Absatz 8.3.2 vorgestellte Verfahren sensibel auf die Anwesenheit von Ausreißern reagiert.

Der vorliegende Beitrag stellt nicht den geeigneten Rahmen für eine auch nur halbwegs genaue Darstellung der Arbeitsschritte, die zu einer Behebung der genannten Probleme notwendig sind, dar. Die folgenden Bemerkungen mögen dem interessierten Leser aber immerhin als erste Orientierung dienen. In den praxisorientierten Büchern von Janacek (2001) und Schlittgen (2001) finden sich detaillierte Ausführungen zur Lösung der Probleme.

Fehlende Werte und ungleiche Erfassungsintervalle eines Indikators können beide mit dem mathematischen Werkzeug der Interpolation bearbeitet werden. Im einfachsten Fall der linearen Interpolation wird dabei die Annahme gemacht, dass die Werte des betrachteten Indikators zwischen zwei erfassten Werten linear von der Zeit abhängen. Ein zu einem bestimmten Erfassungszeitpunkt fehlender Indikatorwert kann damit direkt berechnet werden. Komplexere Interpolationsmethoden nutzen nicht nur die Indikatorwerte, die der Wertelücke angrenzen, und spiegeln daher den tatsächlichen Zeitverlauf eher wieder als ein lineares Verfahren.

Ungleiche Erfassungsintervalle eines Indikators können durch Einfügen interpolierter Werte ausgeglichen werden. Dabei ist allerdings zu beachten, dass das Einfügen einer im Verhältnis zur ursprünglichen Anzahl großen Menge neuer Werte nicht sinnvoll ist, da der so entstehende Zeitverlauf mit hoher Wahrscheinlichkeit nichts mehr mit der Realität gemein hat.

Zu dem aus statistischer Sicht heiklen Thema der Ausreißerbehandlung soll an dieser Stelle nur gesagt werden, dass die Identifikation von Ausreißern auf der Erfahrung im Umgang mit Daten des spezifischen Bereichs beruht. Ausreißerwerte können dann durch Werte ersetzt werden, die beispielsweise durch Interpolation oder durch gewichtetes Mitteln der zeitlich angrenzenden Indikatorwerte gewonnen werden.

Bei der Datenvorbereitung abschließend ist noch die **Normierung des Zeitdatenformates** zu nennen. Für die Arbeit mit der Software progress müssen für alle zu einer Technologie gehörenden Werteverläufe die Zeitdifferenzen zwischen aufeinander folgenden Werten („Sampling-Zeit") gleich sein. Nach Behebung der oben genannten Probleme, kann das durch entsprechendes Verdichten der Daten stets erreicht werden. progress bietet als Standard die Sampling-Zeiten „Quartal", „Halbjahr" und „Jahr" an. Intern wird dann auch nicht

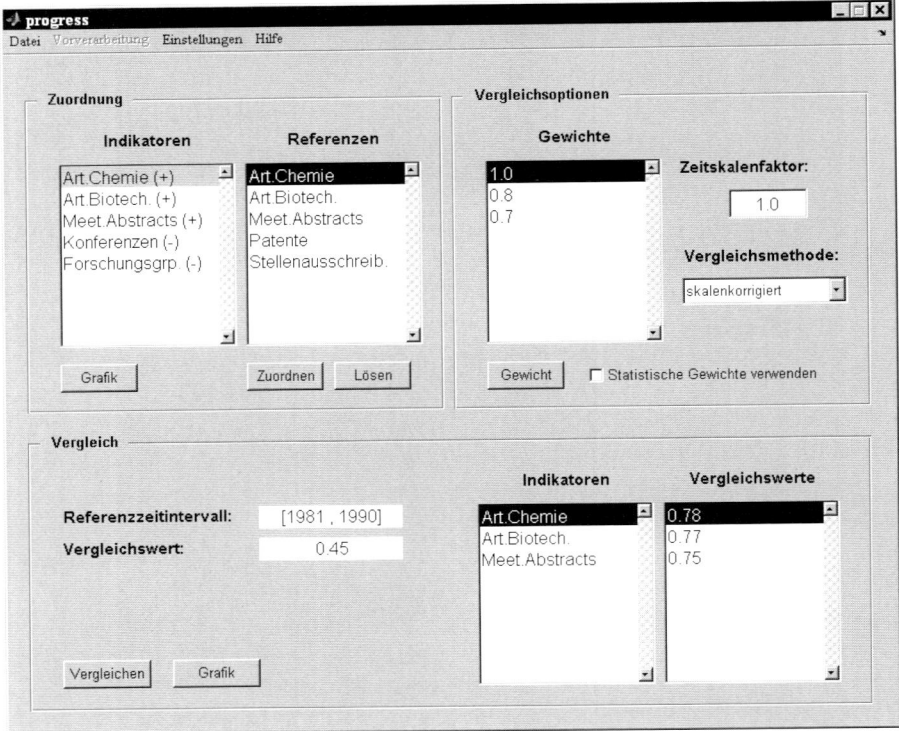

Abbildung 7:   Screenshot von progress

mehr explizit mit den Erfassungszeiten gearbeitet. Vielmehr wird ein Werteverlauf wird durch die folgenden Angaben eindeutig charakterisiert:

- Startzeitpunkt als Jahr und ggf. Vielfaches der gewählten Sampling-Zeit
- Sampling-Zeit
- Zeitlich geordnete Werteliste

Diese Angaben müssen in Form eines Bündels von ASCII-Dateien einfacher Struktur vorliegen. Dabei werden die Wertelisten der Indikatoren in jeweils separaten Dateien abgelegt. Eine Indexdatei enthält übergeordnete Informationen, wie die Namen aller zur Technologie gehörenden Wertelistendateien und die Sampling-Zeit.

8.4.3 Datenanalyse

Um die einzelnen Schritte der Analyse von Technologieentwicklungsdaten (mit progress) zu beschreiben, wird im Folgenden das in Abbildung 7 gezeigte Hauptfenster von progress als Leitfaden benutzt.

Zunächst sind die Werteverlaufsdaten zur Testtechnologie und zu einer potenziellen Referenztechnologie zu laden. Im Frame „Zuordnung" links oben im Hauptfenster werden die Namen der Indikatoren, zu denen Daten vorhanden sind, für beide Technologien separat aufgelistet. Der Anwender kann nun durch einfaches Markieren in den beiden Listen Paarungen der Indikatoren (vgl. Abschnitt 8.3.2) anlegen und löschen. Zur Unterstützung der Entscheidung, welche Indikatoren einander zugeordnet werden sollen, können die Werteverläufe separat oder in einer Grafik kombiniert geplottet werden. Die Abbildungen 2 und 8 wurden mit dieser Funktionalität erzeugt. Es müssen nicht alle Indikatoren der Testtechnologie einer Referenz zugeordnet werden; nicht zugeordnete Indikatoren werden in der Analyse ignoriert.

Als nächster Schritt erfolgt die Festlegung von Steuergrößen für das Vergleichsverfahren, repräsentiert durch das Frame „Vergleichsoptionen". Hier können die Gewichte, mit denen die zugeordneten Indikatoren in das Gesamtergebnis eingehen, manuell oder automatisch definiert werden (vgl. Abschnitt 8.3.2, Aggregation). Die automatische Gewichtung eines Indikators I_A der Testtechnologie erfolgt, indem man seine Werte mit einem künstlich erzeugten, zufälligen „Rauschen" stört und für den gestörten Werteverlauf

$$w_1 = I_A(t_1) + r_1, \ldots, w_m = I_A(t_m) + r_m$$

die Ähnlichkeitskurve $f_k(s_i) := s((w_1, w_2, \ldots, w_m), (v_i, v_{i+1}, \ldots, v_{i+m-1}))$ (vgl. Abschnitt 8.3.2, Ähnlichkeitsverläufe) bestimmt. Dieser Vorgang wird ca. $100m$ mal wiederholt. Aus der Varianz der verschiedenen so erhaltenen Ähnlichkeitskurven lässt sich auf die statistische Robustheit des Vergleichsergebnisses mit den ungestörten Daten schließen und ein Gewicht berechnen, das den Einfluss wenig robuster Teilergebnisse reduziert.

Zu den Steuergrößen gehört auch der in Abschnitt 8.3.2 eingeführte Zeitskalenfaktor, für den ein Schätzwert vom Anwender einzugeben ist. Dabei ist zu beachten, dass Faktorwerte größer als 10 oder kleiner als 0,1 abhängig von der Datenlage kaum sinnvolle Ergebnisse liefern werden: Die entsprechende Reskalierung der Zeitachse erzeugt dann eventuell große Wertelücken, die durch Interpolation gefüllt werden müssen (siehe Abschnitt 8.4.2).

Schließlich kann im Frame „Vergleichsoptionen" das verwendete Ähnlichkeitsmaß (Abschnitt 8.3.1) durch Angabe des Gewichtsfaktors des skaleninvarianten Anteils angegeben werden.

Weitere Vergleichsoptionen, die der Anwender voraussichtlich nicht so häufig umstellt, sind über einen Menüpunkt einstellbar. Hierzu gehört auch die Auswahl des verwendeten Und-Operators.

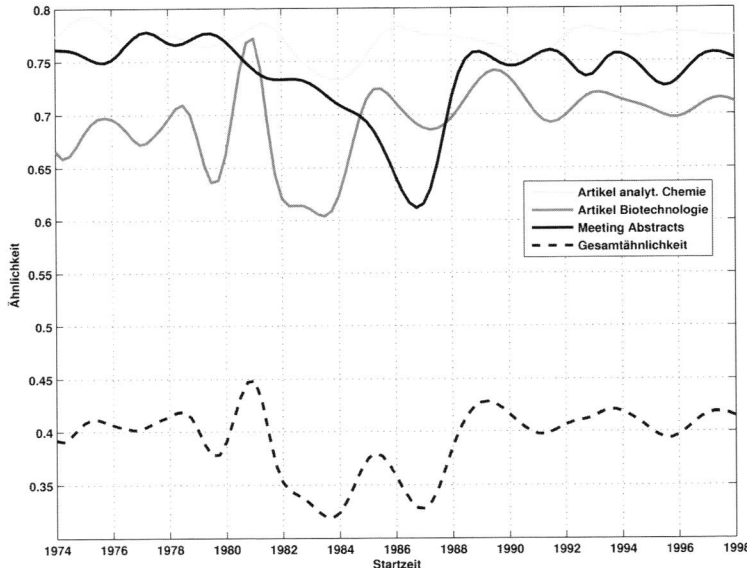

Abbildung 8:   Vergleich von Molekularem Prägen mit Affinitätschromatographie

Im Frame „Vergleich" werden die Ergebnisse der Analyse ausgegeben: Für jeden zugeordneten Indikator der Testtechnologie wird der maximale im Ähnlichkeitsverlauf vorkommende Wert ausgegeben. Dies liefert einen ersten Eindruck davon, wie sich das Gesamtergebnis aus den Einzelvergleichen zusammensetzt. Die zeitliche Lage und der Wert des
Maximums der aggregierten Ähnlichkeitsverläufe (vgl. Abschnitt 8.3.2, Aggregation)
werden in den Feldern auf der linken Seite des Frames dargestellt. Eine grafische Ausgabe
ausgewählter Ähnlichkeitskurven in Kombination mit der Gesamtähnlichkeit rundet die
Ausgabemöglichkeiten an dieser Stelle ab.

Im Abschnitt 8.2 wurden die drei Indikatoren „Anzahl publizierter Artikel im Bereich
analytische Chemie", „Anzahl publizierter Artikel im Bereich Biotechnologie" und „Anzahl Meeting Abstracts" für die Technologien Affinitätschromatographie und Molekulares
Prägen dargestellt (vgl. Abbildung 2). Motiviert durch die dort erwähnte Konkurrenzsituation wurde beispielhaft ein einfacher Technologievergleich unter Benutzung der drei oben
erwähnten Indikatoren mit progress durchgeführt. Die Affinitätschromatographie diente
dabei als Referenztechnologie zum Molekularen Prägen, wobei die Entwicklung des Molekularen Prägens nur in dem strukturell am interessantesten wirkenden Zeitraum 1995 bis
2004 betrachtet wurde. Als Ähnlichkeitsmaß wurde das in Abschnitt 8.3.1, III. definierte
Maß mit dem Gewicht $w_l = 0.2$ verwendet, das heißt das Maß ist nur moderat skalenab-

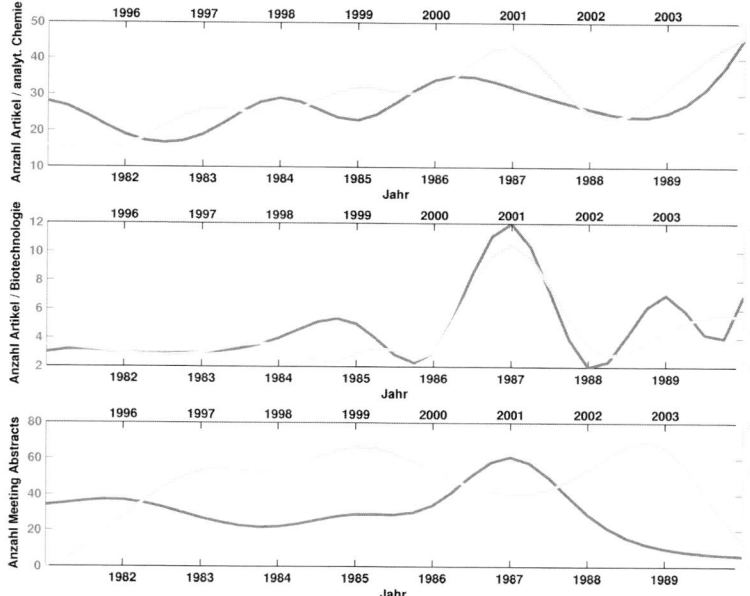

Abbildung 9:   Vergleich von molekularem Prägen mit Affinitätschromatographie

hängig. Die Entscheidung für ein solches Maß wurde durch die erheblichen Skalenunter-schiede (zum Teil um den Faktor 10) zwischen den beiden Technologien motiviert. Die drei erhaltenen Ähnlichkeitsverläufe für den Zeitraum 1974 bis 1998 – man beachte, dass der gewählte Entwicklungszeitraum für das Molekulare Prägen 9 Jahre lang ist – wurden mittels des probabilistischen Und-Operators (siehe Abschnitt 8.3.2) zur Gesamtähnlichkeit aggregiert. Diese besitzt ein deutliches Maximum für das Startjahr 1981, so dass sich der Zeitraum 1981 bis 1990 als entwicklungsmäßig ähnlichster ergibt. Der Verlauf der drei Indikatoren in diesem Zeitraum ist in Abbildung 9 dargestellt, wobei die gleiche Darstel-lungsweise verwendet wird wie in Abbildung 2: Die dunkelgraue Kurve stellt den jeweili-gen Werteverlauf für die Affinitätschromatographie dar, mit der unteren Zeitskala und der linken Hochachse als zugehörigem Koordinatensystem. Hellgraue Kurve, obere Zeitskala und rechte Hochachse dagegen gehören zur Technologie Molekulares Prägen.

Der Vergleich der Ähnlichkeitskurven in Abbildung 8 unter Berücksichtigung der Defini-tion des verwendeten Und-Operators zeigt, dass der Gesamtähnlichkeitspeak im Jahr 1981 wesentlich durch den Indikator „Anzahl publizierter Artikel im Bereich Biotechnologie" verursacht wird. Ein Blick auf die mittlere Grafik in Abbildung 9 zeigt den Grund der grossen Ähnlichkeit für dieses Startjahr: Im Verlauf des Indikators erhebt sich für beide

Technologien ein Peak gleicher Breite (ca. 2 Jahre) und ähnlicher Höhe aus dem sonst relativ flachen Werteumfeld. Im Fall der Affinitätschromatographie wird dieser Peak wahrscheinlich durch eine in der zweiten Hälfte der 1980er Jahre eingeführten Bindungsmatrix (Nitrilotriessigsäure, NTA-Matrix) verursacht. Mit Hilfe dieser Matrix konnte eine neue, leistungsfähige Methode zur Proteinreinigung (Hexhistidin-Methode) in der Biotechnologie entwickelt werden. Im Fall des Molekularen Prägens wurde der Peak wahrscheinlich durch die erste grosse, internationale Konferenz im Jahr 2000 in Cardiff induziert, an der wohl die Mehrzahl der Forscher in dem damals in bezug auf die Anzahl der Arbeitsgruppen noch überschaubaren Bereich teilnahmen.

8.5   Literatur

Bothe, H.-H. (1993): Fuzzy logic. Einführung in Theorie und Anwendungen. Berlin: Springer.

Bullinger, H. J. (2006): Fokus Innovation. Kräfte bündeln - Prozesse beschleunigen. München: Hanser.

Durkin, J. (1994): Expert systems. Design and development. Englewood Cliffs, NJ: Prentice-Hall.

Fahrmeir, L.; Brachinger, H. W. (1996): Multivariate Statistische Verfahren. New York: Walter de Gruyter.

Grupp, H. (1993): Technologie am Beginn des 21. Jahrhunderts. Heidelberg: Physica.

Janacek, G. J. (2001): Practical time series. London: Arnold.

Kaufman, L.; Rousseeuw, P. J. (1990): Finding Groups in Data: An Introduction to Cluster Analysis. New York: John Wiley & Sons.

Klir, G. J.; Yuan, B. (1995): Fuzzy Sets and Fuzzy Logic: Theory and Applications. New Delhi: Prentice Hall India.

Schlittgen, R. (2001): Angewandte Zeitreihenanalyse. München: Oldenbourg.

Seber, G. A.; Wild, C. J. (2003): Nonlinear regression. Hoboken, NJ: Wiley.

Specht, D.; Möhrle, M. G. (2002): Gabler Lexikon Technologiemanagement. Management von Innovationen und neuen Technologien im Unternehmen. Wiesbaden: Gabler.

Specht, G.; Beckmann, C.; Amelingmeyer, J. (2002): F&E-Management. Kompetenz im Innovationsmanagement. 2. Aufl. Stuttgart: Poeschel Verlag.

Tschirky, H. (1998): Konzept und Aufgaben des Integrierten Technologie-Managements. In: Tschirky, Hugo; Koruna, Stefan (Hg.): Technologie-Management. Idee und Praxis. Zürich: Orell Füssli Verl. Industrielle Organisation (Technology, innovation and management), S. 193–395.

Weber, J. (1998): Einführung in das Controlling. 7., vollst. überarb. Aufl. Stuttgart: Schäffer-Poeschel.

9 Technologiepotenzialanalyse – Vorgehensweise zur Identifikation von Entwicklungspotenzialen neuer Technologien

Antonino Ardilio

Stefanie Laib

9.1 Von der neuen Technologie zur Anwendung – ein weiter Weg?

Die steigende Dynamik auf den Weltmärkten führt vor allem in technologiebasierten Branchen zu einer verschärften Wettbewerbssituation. Laut Bullinger bedeutet dies für Unternehmen gerade in Hochlohnländer – getrieben vom globalen Wettbewerb – eine zunehmend stärkere Verpflichtung Innovationen in möglichst schnellen Zyklen auf den Markt zu bringen, um dauerhaft wettbewerbsfähig zu bleiben (vgl. Bullinger 2006). Emergente Technologien bilden hierfür die Grundlage bei der Entwicklung und Einführung solcher innovativer Produkte sowie bei der Erschließung neuer Anwendungsfelder. Werden die Potenziale einer neuen Technologie frühzeitig erkannt und strategisch richtig genutzt, kann ein Unternehmen den ständig wachsenden Ansprüchen des Marktes sowie der Anwender gerecht werden.

Die fortschreitende technologische Integration in die Unternehmensprozesse und -produkte in der Inkubationsphase (siehe Kapitel 2.4) stellt indes immer höhere Anforderungen an die interdisziplinären Kenntnisse und die fachgebietsübergreifende Zusammenarbeit. Zwischen der Technologieinnovation und der Produktinnovation besteht ein äußerst komplexes Beziehungsnetz hinsichtlich des Nutzens, der Realisierbarkeit und der Wirkung aufeinander. Bei der Entwicklung neuer Technologien sind meist mehrere Disziplinen (wie z. B. Mechanik, Elektronik, Biologie, etc.) mit steigender Komplexität involviert, so dass potenzielle Möglichkeiten für die Umsetzung in Produkte ohne methodische Unterstützung kaum mehr beurteilbar sind. Hierfür ist es nötig Zusammenhänge und Beziehungen zwischen den Disziplinen und deren Wirkung aufeinander, transparent und nachvollziehbar darzustellen, um Lösungsansätze und mögliche Auswirkungen mittels eines Bewertungsprozesses abschätzen zu können. Auf Basis des in Kapitel 2.2 beschriebenen Technologieentwicklungsprozesses werden hierfür insbesondere die drei Ebenen Markt, Funktion und Technologie einbezogen.

Um diese Komplexität überschaubar und die Entwicklungsrisiken so klein wie möglich zu halten, ist ein Wissenstransfer zwischen Forschungseinrichtungen, Hochschulen oder anderen Technologieanbietern und den Unternehmen unumgänglich. Der Aufbau eines strategischen Technologie- und Adaptionsmanagements ermöglicht dem Technologieanbieter – in Kooperation mit dem Unternehmen – eine ganzheitliche Bewertung der Potenziale neuer Technologien im Hinblick auf mögliche zukünftige Marktstrategien und Anwendungsfelder.

Technologieanbieter lassen sich grob in drei Gruppen mit unterschiedlicher Ausrichtung aufteilen. Während in der Grundlagenforschung (z. B. Universitäten, Max-Planck-Institute, etc.) ein nur geringer Anwendungsfokus vorherrscht, ist dieser aber ein wesentlicher Bestandteil der angewandten Forschung, wie sie beispielsweise in der Fraunhofer Gesellschaft praktiziert wird. Technologieentwicklungen in Forschungsabteilungen von Unternehmen wiederum sind zum größten Teil Market-Pull getrieben und orientieren sich berechtigterweise sehr stark an der Applikationsebene.

Die Relevanz für den Einsatz einer Technologiepotenzialanalyse liegt vor allem im Bereich der angewandten Forschung, da hier die Ergebnisse aus der Grundlagenforschung eingebracht werden, die anschließend in die Industrie transferiert werden sollen. Zur Unterstützung dieses Adaptionsprozesses mit dem Ziel erfolgreiche Innovationen auf bestehende oder neue Märkten zu bringen, bietet die Technologiepotenzialanalyse im Bereich der angewandten Forschung mit ihren methodischen Ansätzen den größtmöglichen Nutzen. Abbildung 9.1 zeigt die Notwendigkeit einer Technologiepotenzialanalyse für die unterschiedlichen Forschungsbereiche auf.

Die im Nachfolgenden dargestellte Methode soll vor allem Technologieanbieter aus dem Bereich der angewandten Forschung unterstützen, die offenkundigen, aber auch latenten Bedürfnisse des Technologiemarktes zu identifizieren, aufzunehmen, zu bewerten und die Erkenntnisse – basierend auf den relevantesten Märkten – zur strategischen Weiterent-

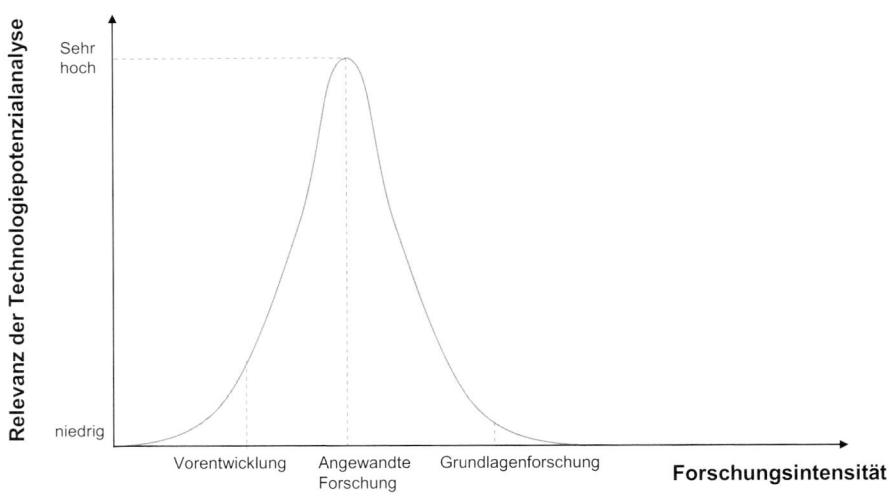

Abbildung 1:   Relevanz der Technologiepotenzialanalyse in Bezug auf die Forschungsintensität der Einrichtungen

wicklung der Technologie zu nutzen. Durch das Zusammenspiel zwischen Technologiean-bieter und Unternehmen wird die Basis für eine erfolgreiche und vor allem langfristige Innovationsstrategie gelegt.

9.2   Das Instrument der Technology Intelligence

In der Literatur gibt es im Rahmen der Technology Intelligence verschiedene Ansätze, die alle das Ziel verfolgen ein möglichst umfassendes Bild des technologischen Umfeldes als strategische Entscheidungsgrundlage zu generieren (vgl. Lichtenthaler 2000; Schöning 2006; Zinser 2000; Savioz 2004, uvm.). Diese Ansätze stützen sich auf verschiedene Kon-zepte, wie z. B. dem szenariobasierten Konzept oder auch aufbauend auf Fall-studienanalysen.

Die Technologiepotenzialanalyse kann als ein Instrument der Technology Intelligence gesehen werden, bei der es u.a. um die systematische Beschaffung, Bewertung und Kom-munikation von Informationen über technologische Trends geht. Sowohl die existierenden Technology Intelligence-Ansätze als auch die nachfolgend beschriebene Technologiepo-tenzialanalyse verfolgen das Ziel, Chancen und Gefahren für künftige Entwicklungen rechtzeitig zu erkennen, um die Möglichkeit zu erhalten, zeitnah auf Veränderungen zu reagieren.

Die Technologiepotenzialanalyse fokussiert sich hierbei – im Gegensatz zu den anderen Technology Intelligence-Ansätzen – auf Fragestellungen, die im Besonderen für Techno-logieanbieter von Interesse sind. Es geht also primär um die Verortung der Einflüsse von Rahmenbedingungen[1] auf die Technologieentwicklung einer Institution als um die Klärung des Einflusses einer Technologie bzw. Technologieentwicklung auf das Unternehmen und dessen Umfeld.

Unternehmen verfolgen bei der Technologierecherche mangels entsprechender Kapazitäten oder vorhandener Kompetenzen vornehmlich eine Inside-out-Betrachtung (Monitoring; siehe Kapitel 7. Technologieradar), also mit dem primären Fokus auf spezifische, zumeist bereits bekannte und etablierte Technologiebereiche. Um die Potenziale einer Technologie aber richtig einschätzen zu können, müssen Unternehmen auch eine Outside-In-Betrachtung verfolgen und in der Breite nach Technologien recherchieren (Scanning; siehe Kapitel 7. Dadurch wird unterstützt, dass auch Informationen identifiziert werden, die erst auf den zweiten Blick für das Unternehmen relevant werden könnten. Zudem muss sowohl innerhalb als auch außerhalb des eigenen Technologiefeldes, neben dem Potenzial der existierender Technologien, auch jenes der neuen, sich gerade in Entwicklung befindlichen Technologien abgeschätzt werden (Forecasting), um eine möglichst ganzheitliche Daten-basis zur Entscheidungsfindung zur Verfügung zu haben.

---

[1] Technologische, gesellschaftliche, legislative, politische und marktinduzierte Rahmenbedingungen

Hierbei auftretende redundante Informationen sind wünschenswert, da durch die mehrfache Abdeckung der Suchbereiche gewährleistet werden kann, dass keine „blinde Flecken" unentdeckt bleiben oder zu spät entdeckt werden.

Zur Potenzialbestimmung von emergenten Technologien weisen die existierenden Technology Intelligence-Ansätze – hinsichtlich des hohen Unsicherheitsgrades einer emergenten Technologie sowie ihrer potenziellen Märkte – einige Schwächen auf (vgl. Gomeringer 2007):

- Die Betrachtungsweise herkömmlicher Technologie-Intelligence-Ansätze orientiert sich an den Fragestellungen eines Unternehmens („Unternehmen sucht neue Technologie"), und nicht explizit an jene der Technologieanbieter (Technologie sucht Unternehmen"). In den existierenden Ansätzen werden meist nur technische Perspektiven betrachtet, während Informationen über potenzielle neue Märkte und die offenkundigen bzw. latenten Bedürfnisse des Technologieanwenders und des letztendlichen Endkunden nicht explizit berücksichtigt werden.
- Es fehlt an einer systematischen Integration von technischen und nicht-technischen Zukunftsinformationen in den Gesamtprozess der Technologiepotenzialermittlung oder zukünftige Technologietrends werden von vorne herein vernachlässigt.
- Ebenfalls ist die Einbindung allgemeiner Umfeldtrends (Politik, Gesellschaft, Umfeld, etc.) nur vereinzelt umgesetzt.
- Ein weiteres Defizit ist die mangelnde Verknüpfung der eingesetzten Methoden. Die Schnittstellen sind unzureichend definiert, sodass die Zusammenführung der erlangten Teilergebnisse in einem Gesamtergebnis nur schwer zu erreichen ist.

In der praktischen Umsetzung der Ansätze ist insgesamt zu beobachten, dass sich die systematische und strukturierte Einbindung von Experten nur als unzureichend darstellt. Dadurch können Ergebnisse einen stark subjektiven Charakter aufweisen, auf Basis derer das Risiko einer Fehlentscheidung bedeutend höher liegt. Auch können durch die fehlende Einbindung von Kompetenzträgern wichtige Informationen falsch interpretiert oder auch vollständig vergessen werden.

Die in diesem Kapitel vorgestellte Technologiepotenzialanalyse des Fraunhofer IAO bietet eine methoden-gestützte Vorgehensweise speziell zur Potenzialermittlung emergenter Technologien und bietet damit Lösungsansätze für die genannten Defizite alternativer Verfahren der Technology Intelligence.

9.3   Ziele und Nutzen der Technologiepotenzialanalyse

Das Technologiepotenzial ist ein Maß für die Attraktivität einer Technologie für ein Unternehmen und definiert sich im Allgemeinen über den Erfüllungsgrad einer Funktion oder eines Funktions-Sets durch eine bestimmte Technologie. Da gewöhnlich mehrere Technologien zur Erfüllung einer Funktion (oder Funktionen-Sets) zur Verfügung stehen, wird dieses Maß von Unternehmen oft zur Auswahl der zu fokussierenden Technologien im Unternehmen herangezogen.

Die Technologiepotenzialanalyse ermöglicht eine bewertete Aussage darüber, mit welcher strategischen Ausrichtung die Weiterentwicklung einer neuen Technologie von Technologieanbietern gestaltet werden muss, um für Unternehmen heute und in Zukunft den größtmöglichen Nutzen zu liefern. Durch den Wissenstransfer von Forschungseinrichtungen kann sich ein Unternehmen bereits frühzeitig auf künftig relevante Technologien zur Erfüllung von Kunden- und Marktbedürfnissen einstellen und hat ausreichend Zeit entsprechend notwendige Kompetenzen aufzubauen, spezifische Problemlösungsansätze aufzustellen und somit eine schnelle Integration der Technologie in die Unternehmensprozesse herbeizuführen (vgl. Zweck 2003). Um die Erfolgsaussichten dieses Adaptionsprozesses so hoch wie möglich zu gestalten, dürfen nicht allein die Merkmale und Fähigkeiten der Technologie betrachtet werden. Vielmehr bedarf es einer Verknüpfung der aus der Technologie abgeleiteten Funktionen mit den Marktanforderungen an potenziellen Produkten der Technologie (Hall 2002; Specht und Behrens 1999). Aus diesem Ansatz heraus ergibt sich nicht nur die Möglichkeit bestehende Märkte zu analysieren, sondern auch neue Anwendungsfelder abzuleiten und deren Potenziale zu bewerten.

Existierende Methoden zur Ermittlung von Technologiepotenzialen leiten das Technologiepotenzial meist direkt vom Marktpotenzial ab. Speziell für die Potenzialermittlung von emergenten Technologien sind diese sehr marktbezogenen Methoden aber nur bedingt geeignet, da

- die Leistungsbeschreibung emergenter Technologien (Parameter der Funktion und der Attribute) teilweise noch unbekannt sind (und oft in deren Entwicklung noch beeinflussbar),
- die Funktionsparameter von Konkurrenztechnologien in deren Ausprägung teilweise auch noch unbekannt sind und
- die Einsatzfelder („Märkte") der neuen Technologien noch nicht eindeutig geklärt sind.

Die am IAO entwickelte Methode zur Bestimmung des Potenzials einer Technologie berücksichtigt diese Schwachpunkte. So werden z. B., im Gegensatz zur Betrachtung der statischen Funktionsausprägungen von Technologien, Elemente der Fuzzy-Logik integriert, welche es erlauben Parameter einer Technologie und deren Einfluss auf das Technologiepotenzial zu simulieren.

Die hier vorgestellte Methode ermöglicht damit eine breite und flexibel handhabbare Bestimmung des Technologiepotenzials. Es soll ein effizienter und verbesserter Adaptionsprozess emergenter Technologien - sowohl anwender- als auch technologiegetrieben - erreicht werden. Am Anwendungsbeispiel „Inertialsensorik" wird dieses Vorgehen in Kapitel 9.5 exemplarisch vorgestellt.

9.4   Das Vorgehen der Technologiepotenzialanalyse

Bei der Ermittlung der Technologiepotenziale stehen zwei Ebenen im Mittelpunkt, die über den gesamten Bewertungsprozess gleichwertig mit einbezogen werden müssen:

- **Markt**: Etablierte sowie neue potenzielle Märkte
- **Technologie**: Existente sowie neue potenzielle Technologien

Zusätzlich dazu werden entsprechende Rahmenbedingungen in Bezug auf die betrachteten Märkte und Technologien miteinbezogen, die die politischen, ökonomischen, ökologischen und gesetzlichen Umfeldbedingungen, sowohl gegenwärtig als auch in Zukunft, darstellen.

Um im Rahmen der Technologiepotenzialanalyse die Marktinformationen mit den technischen Eigenschaften einer emergenten Technologie verknüpfen zu können, wird als Bindeglied für die Übersetzung zwischen Markt und Technologie die „Funktion" gewählt (Abbildung 9.2). Durch die Abstrahierung der Anforderungen aus den beiden Feldern auf die Ebene der Funktionen, wird eine Schnittstelle hergestellt, die eine gesamtheitliche Bewertung einer emergenten Technologie ermöglicht. Um beispielsweise von einer Technologie auf relevante Märkte zu stoßen, müssen zuerst die durch die Technologie realisierbaren Funktionen und die dazugehörigen Anforderungen ermittelt werden. Zum Beispiel bietet die Technologie „Optisches Tracking" die Hauptfunktion „Positionsermittlung im Raum", woraus sich das Marktfeld „3D-Vermessung im Bau" ableiten lassen kann.

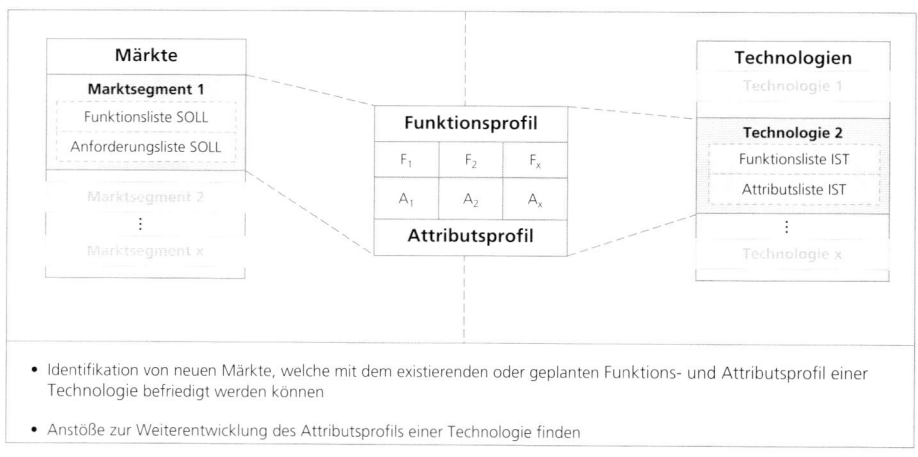

Abbildung 2:   Funktionen und Attribute als Bindeglied zwischen Markt und Technologie

Auch Rahmenbedingungen die aus dem Umfeld kommen, können in Anforderungen über-setzt werden. So lässt sich z. B. aus der gesetzlichen Vorgabe „E4-Konformität" die An-forderung „CO$_2$-arm" ableiten. Diese kann dann den entsprechenden aus der Technologie abgeleiteten Funktionen zugeordnet werden.

9.4.1   Vorgehensweise

Die Vorgehensweise zur Ermittlung von Technologiepotenzialen gliedert sich in drei Pha-sen und wird in der nachfolgenden Abbildung dargestellt (Abbildung 9.3):

- **Technologieanalyse-Phase**
- **Applikationsanalyse-Phase**
- **Potenzialermittlungs-Phase**

In der **Technologieanalyse-Phase** wird eine Funktionenanalyse der Technologie und ba-sierend auf den identifizierten Funktionen eine Technologiekonkurrenzanalyse durchge-führt. Neben den zukünftigen Entwicklungen des aktuellen Technologieportfolios werden auch sich neu abzeichnende Technologien identifiziert.

In der **Applikationsanalyse-Phase** werden neben den etablierten Märkten vor allem aber neue Märkte auf Applikationsebene ermittelt. Für die ermittelten potenziellen Märkte und Applikationen werden Anforderungsprofile ermittelt (Kunden-, Unternehmens- und soziale Anforderungen).

Die häufig große Anzahl an identifizierten Applikationen (meist aus unterschiedlichen Branchen) und die in der Regel große Vielzahl an Anforderungen erschweren einen Ver-gleich der Daten. Deshalb werden in der **Potenzialermittlungs-Phase** die Applikationen bezüglich ihrer „Selbstähnlichkeit" zusammengefasst, z. B. um daraus Stoßrichtungen der Technologieentwicklung ableiten zu können. Diese Darstellung selbstähnlicher Applikati-onsfelder in Bezug auf die relevanten Faktoren, wird z. B. durch eine Hauptfaktorenanaly-se erreicht.

Für die Durchführung der Technologiepotenzialanalyse müssen für die beiden Ebenen Markt und Technologie die relevanten Informationen bereits frühzeitig beschafft werden. Für Technologieanbieter sind die den Funktionen zugeordneten Attribute ein zentrales Element des Ergebnisses und müssen deshalb - im Gegensatz zu bisherigen Ansätzen – schon in der Technologieanalyse-Phase identifiziert werden.

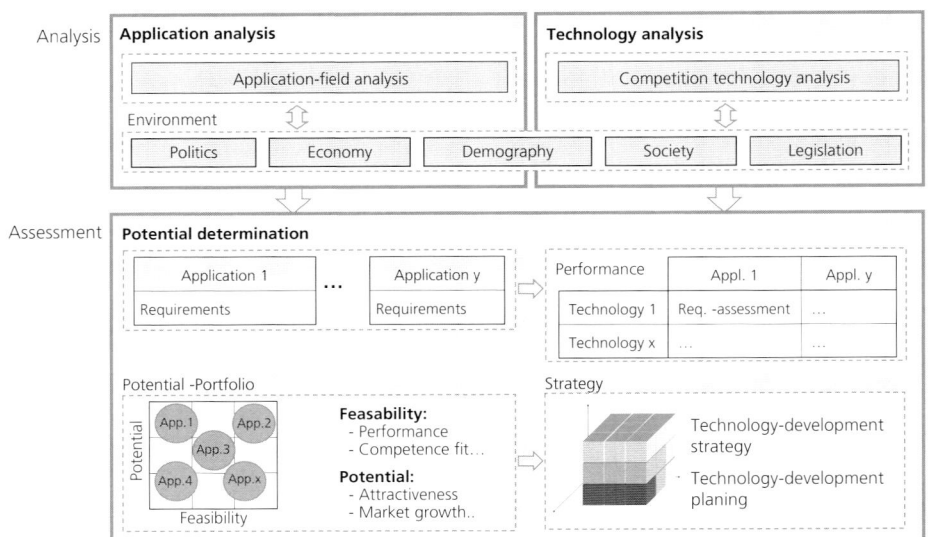

Abbildung 3:   Überblick über die Vorgehensweise zur Ermittlung von Technologiepotenzialen
                Funktionen und Attribute als Bindeglied zwischen Markt und Technologie

9.4.2   Technologieanalyse-Phase

Laut Gerpott (1999) hat sich eine Auswahl an relevanten Technologiefeldern an der Wettbewerbsstrategie der Institution, seinen internen Stärken und Schwächen sowie den externen Chancen und Risiken jeder Technologie zu orientieren.

Mit der Technologieanalyse werden relevante Informationen identifiziert und verarbeitet, welche dem Technologieanbieter Aufschluss über den gegenwärtigen Stand geben, sowie der möglichen technologischen Entwicklungen aktueller und potenzieller Konkurrenten. So wird eine fundierte Basis geschaffen, um die strategischen Entwicklungsmöglichkeiten einer Technologie aufzuzeigen.

Vorab ist das strategische Zeitfenster zu definieren, für welches Aussagen getroffen werden sollen. Der Betrachtungszeitraum sollte nicht zu eng gewählt werden, da sonst abhängig von der Technologie Änderungen nur im geringen Maße zu erwarten sind, aber auch nicht zu weit davon entfernt. Denn je ferner in die Zukunft geblickt wird, desto unsicherer und ungenauer werden die Prognosen und somit auch das Ergebnis. In den meisten Fällen werden Zeitfenster zwischen 5 und 10 Jahren gewählt.

Die Technologieanalyse-Phase erfolgt in drei Ebenen:

- **1. Ebene - Ermittlung der relevanten Funktionen:** Erfassung aller relevanten Funktionen die durch die betrachtete Technologie erfüllt werden können („Welche Funktionen erfüllt die Technologie?")
- **2. Ebene - Ermittlung der Konkurrenztechnologien:** Ermittlung und Beschreibung der Technologien, die funktionell mit der eigenen in Konkurrenz stehen bzw. zukünftig stehen könnten („Welche anderen Technologien stehen mit der eigenen Technologie in Konkurrenz?")
- **3. Ebene - Ermittlungen der Konkurrenzinstitutionen:** Ermittlung und Beschreibung von Institutionen, welche die gleiche Technologie „bearbeiten" („Welche Unternehmen und Institutionen sind innerhalb des eigenen Technologiefeldes tätig?")

1. Ebene: Ermittlung der relevanten Funktionen

Um zeitintensive Entwicklungsschleifen zu vermeiden, ist es wichtig bereits in der ersten Analysephase die betrachtete Technologie basierend auf ihren Merkmalen und Eigenschaften, umfassend zu beschreiben. Dies lässt sich auf der Ebene der Funktionen gut abbilden, da diese unabhängig vom Technologiefeld Gültigkeit besitzen. Zur systematischen Beschreibung, Einteilung und Analyse von Funktionen ist ein strukturiertes Vorgehen notwendig, um keine grundlegenden Technologiemerkmale für die Gesamtpotenzialbewertung zu vergessen. Damit kann gewährleistet werden, dass über eine vollständige Abstrahierung der Technologie auf funktionaler Ebene ein breites potenzielles Anwendungsspektrum eröffnet wird. Diese Funktionen bilden somit die Grundlage für die weitere Technologiepotenzialanalyse und die Ableitung weiterer Anwendungsfelder.

Als besonders geeignet hat sich hierfür die Vorgehensweise der Funktionenanalyse gezeigt, bei der die Funktionen und deren Beziehungen nach dem Wirkungsprinzip systematisch darstellt, klassifiziert und bewertet werden können (vgl. Birkhofer 1980; DIN EN 1325-1). Die Durchführung der Funktionenanalyse gestaltet sich je nach Technologie unterschiedlich umfangreich, da sie abhängig von der Komplexität und Breite des Feldes ist. Das allgemeine Vorgehen kann aber prinzipiell in drei Schritte unterteilt werden.

1. Im ersten Schritt werden zur Erfassung des Technologiefeldes Informationen und Daten gesammelt, die die zweckgerichteten Wirkungen und Eigenschaften der Technologie wiedergeben. Die Informationen müssen dabei objektiv sein und dürfen nicht mit Vermutungen, Vorurteilen oder eigener Meinung der Experten belegt sein.
2. Die Benennung der Funktionen geschieht durch eine einfache Substantiv-Verb-Kombination, die das Zusammenwirken der Funktionen mit dem Gesamtsystem wiedergibt und möglichst allgemein, ohne spezielle Bezeichnungen formuliert ist. Je nach Detaillierungsgrad der Funktionenanalyse können den Funktionen Kriterien oder Einschränkungen zugeordnet werden.
3. Zur Zuordnung der in Wechselbeziehungen zueinander stehenden Funktionen, werden diese anschließend in Haupt- und Nebenfunktionen strukturiert. Die Beziehungsstränge werden in einem Diagramm, dem Funktionenbaum, mit dem Prinzip der Zweck-Mittel-Logik bzw. mit der Wie-Warum-Logik dargestellt. Daraus lässt sich die Art und Weise der Wechselwirkung der Funktionen erkennen

und es wird eine vollständige, visualisierte und schriftlich niedergelegte Wiedergabe ermöglicht (vgl. DIN EN 1325-1). Für die Beschreibung der Gesamtfunktion müssen alle relevanten Größen und Eigenschaften bekannt sein. Je nach Komplexität der Technologie kann die Gesamtfunktion, teilweise auch ohne Zwischenschritte, in die relevanten Teilfunktionen gegliedert werden. Allerdings ist zu beachten, dass Teilfunktionen auch einer wechselseitigen Abhängigkeit unterliegen, also sich auch z. B. gegenseitig ausschließen können oder an eine zeitliche Reihenfolge gebunden sind (vgl. Pahl/Beitz et al. 2007). Abbildung 9.4 zeigt das grundlegende Prinzip des Aufbaus eines Funktionenbaums auf. Dabei werden Rangstufen so definiert, dass in Richtung der 1. Rangstufe die Frage „wozu" (Zweck) gestellt werden kann, und in Richtung der 2., 3. und nachfolgenden Rangstufen nach dem „wie" (Mittel) gefragt werden kann. Dabei werden die jeweils links stehenden Funktionen als höher eingestufte, die rechts stehenden als niedriger eingestufte Funktionen bezeichnet.

Die Darstellung einer Technologie mit Hilfe eines Funktionenbaums soll dem Technologieanbieter die Möglichkeit geben, auch komplexe Systeme und Zusammenhänge durch die strukturierte Gliederung zu verstehen. Durch den Aufbau können ausgehend vom ersten Zweig die jeweiligen Mittel abgelesen werden, mit denen ein bestimmter Zweck erfüllt wird oder umgekehrt. Dies ist besonders dann wichtig, wenn nur mangelnde Kenntnisse

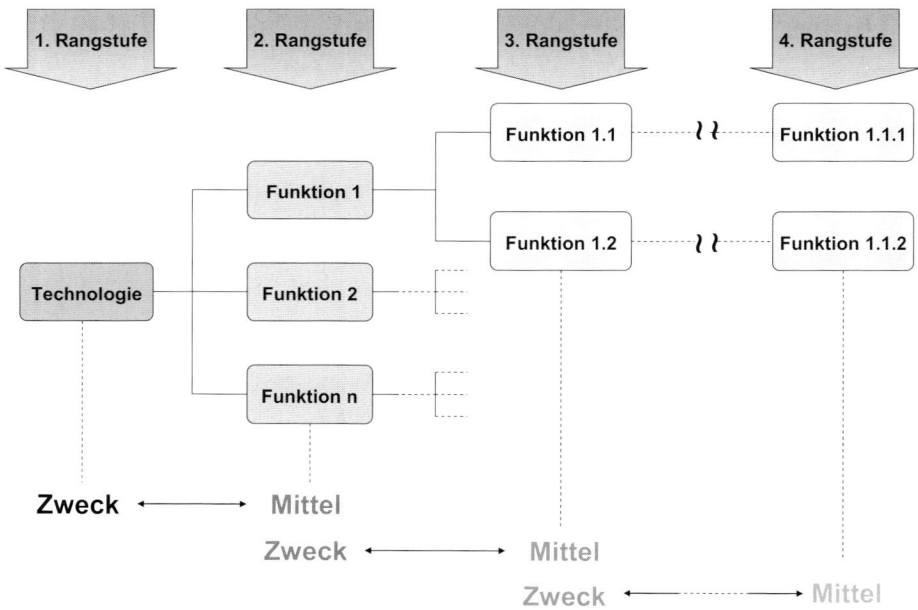

Abbildung 4:   Gliederung eines Funktionenbaums (nach Akiyama 1994)

über die Technologie vorhanden sind und somit über die erwünschte Funktion ein Zugang gefunden werden kann.

2. Ebene: Ermittlungen der Konkurrenztechnologien

Basierend auf den ermittelten Funktionen in der Funktionenanalyse werden im zweiten Schritt jene Technologien identifiziert, welche dasselbe Funktionsprofil aufweisen oder Schnittmengen des Funktionsprofils abdecken.

Da Funktionsbeschreibungen von Technologien oft auf unterschiedlichen Synonymen basieren und somit meist nicht eindeutig sind, ist es bei der Suche nach Konkurrenztechnologien wichtig, die gefundenen Informationen in weiteren Suchzyklen nach anders formulierten Funktionsbeschreibungen zu durchsuchen. Basierend auf diesen alternativen Funktionsbeschreibungen können eventuell weitere relevante Technologien identifiziert werden (iterativer Suchprozess).

Zur Identifikation der Konkurrenztechnologien kann einschlägige Literatur im Forschungsfeld der Technologie herangezogen und die weltweite Forschungslandschaft nach neuartigen Technologiekonzepten mit derselben oder einem ähnlichen Funktionsprofil abgesucht werden. Hilfreich sind auch Besuche von einschlägigen Messen und Konferenzen. Es empfiehlt sich zudem eine weltweite Suche (vor allem im angelsächsischen Raum), da vor allem neue Technologien zunächst meist in englischer Sprache veröffentlicht werden. Eine Übersetzung der funktionalen Beschreibung der Technologie ins Englische ist dafür erforderlich.

Die gefundenen Konkurrenztechnologien (sowie die betrachtete Ausgangstechnologie) werden im nächsten Schritt unter Performanz-Gesichtspunkten beschrieben. Aufgrund der Beschreibungen können Attribute der Technologien abgeleitet werden, welche sich direkt aber auch indirekt von den Funktionen ableiten lassen, wie z. B. spezifischer Energieverbrauch, Größe oder Gewicht. Basierend auf diesen Attributen können für die jeweiligen Technologien die Stärken und Schwächen identifiziert werden.

Durch die Ermittlung der Konkurrenztechnologien erhält man so einen fundierten Überblick über die Technologielandschaft und den Stand der eigenen Technologie im Vergleich zu den Wettbewerbstechnologien.

3. Ebene: Ermittlung der Konkurrenzinstitutionen

Das Ziel der technologieinternen Wettbewerbsanalyse besteht darin, das eigene technologische Potenzial besser einzuschätzen und die Weiterentwicklungspotenziale der Technologie für die eigene Institution richtig abzuschätzen.

Zu diesem Zweck werden die nationalen sowie auch internationalen Wettbewerber innerhalb desselben Technologiefeldes identifiziert, der Stand der Technik der weltweiten Wettbewerber abgeschätzt und Erkenntnisse über deren Technologieentwicklungsstrategie gesammelt. Diese Informationen liefern wichtige Hinweise für die eigenen Stärken und Schwächen und machen Chancen und Risiken einer Technologie bei der Weiterentwicklung und im Markt ersichtlich. Des Weiteren liefern sie die Rahmenbedingungen für das Agieren im Wettbewerb und die Formulierung der strategischen Ausrichtung. Laut Lange (1994) gibt es zwei Arten von Konkurrenzinstitutionen:

- *Aktuelle Konkurrenten*: Institutionen die aktuell als Mitstreiter dieselbe Technologie am Markt vertreiben
- *Potenzielle Konkurrenten*: Institutionen, welche in Zukunft dieselbe Technologie am Markt vertreiben könnten

Die aktuellen Konkurrenten innerhalb des eigenen Technologiefeldes sind meist hinreichend bekannt. Schwieriger wird es mit der Identifikation der potenziellen Konkurrenten, da diese ja noch nicht als Wettbewerber auf dem Markt in Erscheinung getreten sind.

Es gibt aber gewisse Anhaltspunkte, welche für die Identifikation von Institutionen als potenzielle zukünftige Konkurrenten dienlich sein können:

- Prinzipiell gilt, dass je marktreifer eine Technologie ist, desto höher ist auch die Wahrscheinlichkeit, dass sich potenzielle, noch nicht bekannte Konkurrenten bilden (z. B. durch Abwerbung von Technologieexperten, etc.).
- Potenzielle Konkurrenten agieren oft schon im selben Markt. Institutionen für die sowohl die Technologie als auch der Markt unbekannte Felder sind haben es „doppelt" schwer sich zu etablieren.
- Oft entwachsen Konkurrenten innerhalb der Wertschöpfungskette (z. B. Systemanbieter, die die Komponententechnologie in Zukunft selbst entwickeln möchten).
- Unternehmen, die Technologien vertreiben, welche der eigenen Technologie funktional sehr ähnlich sind, könnten in die neue Technologie investieren und damit in Zukunft als direkter Mitstreiter auftreten.
- Ein potenzieller Wettbewerber kann sich durch den Kauf oder die Lizenznahme von relevanten Patenten als potenzieller Wettbewerber ankündigen.
- Bei sehr unreifen Technologien – sprich bei Technologien die noch sehr weit weg von der Applikation stehen – ist die Suche nach Konkurrenz-Instituten meist zu vernachlässigen, da diese Technologien meist staatlich gefördert werden und die involvierten Institutionen schon als aktuelle Konkurrenten bekannt sind.

Für die aktuellen – und wenn möglich auch für die potenziellen – Konkurrenzinstitutionen wird im nächsten Schritt die Leistungsfähigkeit ihrer Technologie aufgenommen, in eine sogenannte Stärken-Schwächen-Analyse überführt und der eigenen Technologieleistung gegenübergestellt.

Neben der bloßen Existenz des aktuellen und potenziellen Wettbewerbs und dessen aktuelle Leistungsfähigkeit, ist natürlich vor allem dessen Technologiestrategie sehr interessant für eine objektive Einschätzung der Konkurrenzlandschaft heute und in Zukunft, sowie für die Einordnung der eigenen Institution.

Für aktuelle wie auch für potenzielle Konkurrenten gilt, dass gerade bei Technologien die Informationsbeschaffung oft sehr mühevoll ist. Allgemeine Daten über ein Unternehmen wie Standorte, Mitarbeiterzahl oder die aktuelle Produktpalette sind meist öffentlich zugänglich. Die für die Analyse interessanteren Details über die Forschung und Entwicklung, den Stand der Technik oder die verfolgte Strategie bekommt man meist nicht direkt vom Unternehmen. Dieses Know-how und Wissen wird von den Unternehmen streng geheim gehalten, um sie für den eigenen Vorteil zu sichern. Mögliche Ableitungen und Annahmen zur Unternehmens- und Technologiestrategie der Konkurrenten können durch folgende Punkte getroffen werden:

- Kontinuierliche Analyse des Produkt- / Serviceportfolios
- Kontinuierliche Analyse des Kunden- / Branchenspektrums
- Monitoring des Patentportfolios der Konkurrenten
- Analyse der Allianzen und Partnerschaften der Konkurrenten
- Befragung gemeinsamer Kunden
- Identifikation von wissenschaftlichen Veröffentlichungen
- Teilnahme an relevante Konferenzen
- Identifikation von öffentlich geförderten Projekten mit der Teilnahme von Konkurrenten[2]

9.4.3 Applikationsanalyse-Phase

Um für emergente Technologien relevante existierende und potenzielle Märkte identifiziert zu können, werden nach einem Bottom-up-Ansatz aktuelle und potenziell mögliche Applikationen für die Technologie identifiziert und in der später beschriebenen Potenzialermittlungs-Phase zu relevanten Märkten zusammengefasst. Aktuelle Applikationen sind hierbei Applikationen, welche mit der zu untersuchenden Technologie schon am Markt angeboten werden, während potenzielle Applikationen jene sind, die entweder bislang durch eine Konkurrenztechnologie erfüllt werden oder so noch gar nicht auf dem Markt existieren.

Vor allem bei emergenten Technologien – die in ihrem frühen Stadium oft nur in sehr abgegrenzten Bereichen eingesetzt werden und dessen zukünftige Einsatzgebiete noch nicht klar sind – ist es sinnvoll den Bottom-Up-Ansatz anzuwenden.

Die Suche nach Applikationen für die Technologie orientiert sich an den Methoden der Ideengenerierung. Zur Identifikation von möglichen Applikationen, bei denen die Ausgangstechnologie Anwendung findet bzw. zukünftig finden könnte, liefert der NACE-Code zunächst wichtige Anhaltspunkte und einen Überblick über die bestehende Branchen (Abbildung 5).

Der NACE-Code (Nomenclature statistique des Activités économiques dans la Communité Européenne) ist ein System zur Klassifizierung von Wirtschaftszweigen innerhalb (und auch außerhalb) der europäischen Gemeinschaft. Entwickelt wurde der NACE-Code mit der Zielsetzung, die Volkswirtschaften der einzelnen Staaten durch die Zuteilung von Unternehmen in Branchengruppen besser vergleichen zu können.

---

2 z. B. Projektfördermaßnahmen, Forschungs- und Entwicklungsaufträgen sowie Studien des Bundesministeriums für Bildung und Forschung (BMBF) unter www.foerderkatalog.de/

Sektion C:	Bergbau und Gewinnung von Steinen und Erden	
Sektion CA:	**Kohlenbergbau, Torfgewinnung, Gewinnung von Erdöl & Erdgas, Bergbau auf Uran- und Thoriumerze**	
10	**Kohlenbergbau, Torfgewinnung**	
	...	
11	**Gewinnung von Erdöl & Erdgas, Erbringung damit verbundener Dienstleistungen**	
	11.1	Gewinnung von Erdöl und Erdgas
		11.11 Gewinnung von Erdöl
		11.12 Gewinnung von Erdgas
		11.13 Gewinnung von bituminösen Schifern und Sanden
	11.2	Erbringung von Dienstleistungen bei der Gewinnung von Erdöl und Erdgas
		11.20 Erbringung von Dienstleistungen bei der Gewinnung von Erdöl und Erdgas
12	**Bergbau auf Uran- und Thoriumerze**	
	....	

Abbildung 5:   Ausschnitt des NACE-Codes

Zur Ermittlung der aktuellen und potenziellen Applikationen wurde folgende Vorgehensweise angewandt:

1. Sammlung aktueller Applikationen
Ausgehend von den existierenden Applikationsportfolios der eigenen Institution und jene der identifizierten Konkurrenten und Konkurrenztechnologien, können aktuelle Applikationen abgeleitet werden.
Je marktferner die Technologie ist, desto schwieriger gestaltet sich dies, da vorwettbewerbliche Entwicklungsprojekte von Unternehmen mit den Konkurrenten (welche Rückschlüsse auf mögliche Applikationen geben) nur indirekt identifiziert werden können. Möglichkeiten, die Sammlung aktueller Applikationen zu unterstützen finden sich auch im Kap 9.4.2.1 „Ermittlung der Konkurrenzinstitutionen".

2. Identifikation potenzieller Applikationen aus interner Sicht
Basierend auf dem oben genannten NACE-Branchenkatalog werden potenzielle Applikationen mit Institutions-internen Mitarbeitern identifiziert. Hierbei werden die jeweiligen Branchen nacheinander auf dem obersten Level (in Abbildung 9.5. z. B. „11. Gewinnung von Erdöl und Erdgas, Erbringung damit verbundener Dienstleistungen") in der Runde kurz beschrieben, diskutiert und nachfolgend werden durch die Anwendung einer Kreativitätsmethode (z. B. Brainstorming, visuelle Synektik, etc.) mögliche Applikationsideen innerhalb dieser Branche generiert. Der detaillierte Branchenlevel (z. B. 11.1. in Abbildung 9.5) kann als Kreativitätsstimulus herangezogen werden, liefert in den meisten Fällen aber keine essentiellen weiteren Informationen.

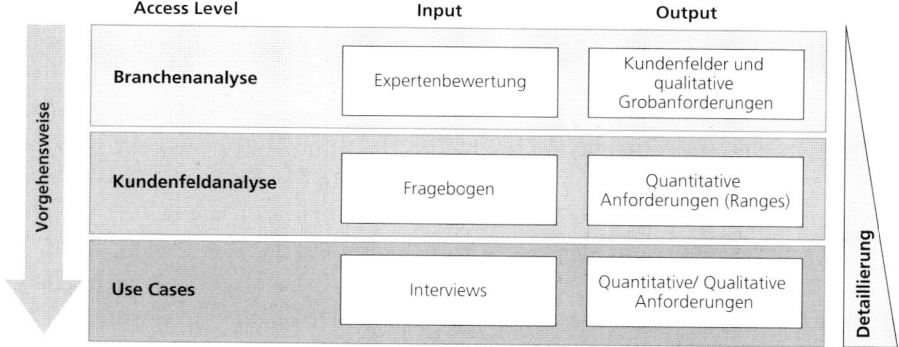

Abbildung 6:   Top-Down-Vorgehen zur Ermittlung potenzieller Applikationen aus externer Sicht

Es ist sinnvoll, auch „technologiefremde" Mitarbeiter (z. B. Marketing-Mitarbeiter) oder externe Personen (z. B.: Werksstudenten) bei diesem Kreativitätsschritt einzubeziehen, um die Divergenz und Unkonventionalität des Outputs zu erhöhen. Prinzipiell sind auch Applikationen mit extremen technologischen Anforderungen mit aufzunehmen.

3. Identifikation potenzieller Applikationen aus externer Sicht

Zur Anreicherung der bisher identifizierten potenziellen Applikationen, werden im nachfolgenden Institutions-externe Branchen-Experten befragt. Hierbei hat sich ein Top-Down-Vorgehen als besonders zielführend erwiesen (Abbildung 9.6).

Beginnend mit den Branchen, bei denen in der internen Kreativitätsrunde auffällig viele oder auffällig interessante Applikationen identifiziert wurden, werden Branchenexperten identifiziert (in Deutschland: z. B. über Wirtschafts- und Branchenverbände und Handelskammern). Diese werden dann nach interessanten Kundenfeldern (z. B. Sub-Branchen, etc.) für den Technologieeinsatz sowie nach weiteren Experten (auf gleicher oder auf Kundenfeldebene) befragt. Innerhalb der von den Branchenexperten als relevant deklarierten Kundenfelder werden nun Kundenfeld-Experten nach spezifischen Einsatzmöglichkeiten der Technologien in ihrem Umfeld befragt.

Generell haben sich in dieser Phase persönlich geführte Interviews vor Telefoninterviews und weit vor Fragebögen bewährt. Basierend auf den gewonnenen Erkenntnissen kann die Applikationsliste vervollständigt werden.

Die Identifikation potenzieller Applikationen aus externer Sicht ist ein aufwendiger und zeitintensiver Prozess und es ist vorab unklar, wie viel weitere Applikationsideen hierbei identifiziert werden können. Allerdings kann durch diesen Austausch neben der Applikationsidentifikation zudem noch ein Netzwerk auf Verband- und/oder Unternehmensebene entstehen, welches die Technologie-Institution bei späteren Schritten, z. B. bei der Aufnahme von Anforderungen oder der Validierung von Technologiekonzepte, unterstützen kann.

4. Zusammenfassung aller Applikationsideen

Die identifizierten aktuellen und potenziellen Applikationen werden im Nachgang in eine Applikationsliste (siehe Tab. 9.1) übertragen.

Dopplungen dürfen nur dann eliminiert werden, wenn diese dem gleichen Zweck dienen und den gleichen Markt adressieren. Diese Unterscheidung muss getroffen werden, da aus den Applikationsideen im nächsten Schritt potenzielle Märkte ermittelt werden und dadurch die Marktzahlen jeder einzelnen Applikation in die Technologiepotenzialbetrachtung mit einfließen.

5. Vervollständigung und Quantifizierung der Attribute bzw. Anforderungen

Die Attribute aus Technologiesicht, welche im Kapitel 9.4.2 „Ermittlungen der Konkurrenztechnologien" ermittelt wurden, werden nun um die Anforderungen des Marktes ergänzt. Die meisten Anforderungen sind durch die technologischen Attribute schon beschrieben. Trotzdem sollten die identifizierten Applikationen nach eventuell fehlenden Anforderungen untersucht werden.

Oft werden besonders bei der Marktsicht Anforderungen identifiziert, die mit der Leistung der Technologie im eigentlichen Sinne nichts zu tun haben. Diese richten sich eher auf physikalische Eigenschaften der Technologie (z. B. Größe, Volumen, Energieverbrauch etc.).

Im nächsten Schritt werden für jede Applikation die Anforderungen analysiert und – je nach Anforderung und Wissenstand über die Applikation – quantifiziert. Da es sich bei vielen der Applikationen um erste Ideen handelt, ist eine genaue Spezifizierung der Anforderungen oft nur bedingt möglich. Vielmehr macht es Sinn, in diesem Stadium die Anforderungen an die Technologie in qualitativen Intervallen (z. B.: klein; mittel; groß) oder quantitativen Intervallen (z. B. < 1 KWh; 1–5 KWh; > 5 KWh) anzugeben. Die Intervalle müssen die Leistung der Anforderung in sinnvolle Skalierungen abbilden, die nicht immer gezwungenermaßen linear verlaufen müssen.

Die Anforderungsanalyse der Applikationen findet in einem Workshop statt. Hier sollen die Anforderungen der Applikationen an die Technologie abgeschätzt und eingeordnet werden. Da die Einschätzungen und Aussagen der Teilnehmer durch Wissen, aber auch Vermutungen und Erfahrungen geprägt sind, kann eine gewisse Objektivität der Bewertung erreicht werden, indem über die Ausprägungen der einzelnen Kriterien diskutiert und ein gemeinsames Ergebnis aller Meinungen gesucht wird. Gegebenenfalls kann auch auf das oben erwähnte Verbands- bzw. Unternehmensnetzwerk zurückgegriffen werden.

6. Ermittlung von Marktkennzahlen für die Applikationen

Für das Potenzial einer Technologie ist neben den technischen Anforderungen einer Applikation auch dessen prognostizierter Markt relevant. Laut (Diller 1998) wird dieser maßgeblich durch die Marktgröße und dem erwarteten künftigen Wachstum errechnet. In vielen Fällen ist die zu erwartende Marge eine weitere relevante Marktkennzahl. Da die Differenz zwischen An- und Verkaufspreis oft umgekehrt proportional zur erwartenden Stückzahl ist, können ggf. Applikationen mit geringeren Stückzahlen, aber höheren Margen finanziell lukrativer für den Technologieanbieter sein als Applikationen mit hohen Stückzahlen und geringen Margen.

NACE-Code	Branche	Applikation	Anforderungen				Markt		
			Anforderung 1	Anforderung 2	Anforderung 3	Anforderung x	Marktgröße	Marktwachstum	Marge

Abbildung 7:   Applikationsliste (beispielhaft)

Die genaue Ermittlung der Marktkennzahlen für jede der identifizierten Applikation stellt eine kaum zu lösende Aufgabe dar, weswegen es zweckmäßig ist, sowohl die Marktgröße als auch den Marktwachstum und die Marge nur qualitativ zu erfassen bzw. in Intervalle anzugeben (z. B.: Marktgröße: 10^1 Stück/a; 10^2 Stück/a; 10^3 Stück/a; etc.; Marktwachstum: stark sinkend – sinkend – gleichbleibend – steigend – stark steigend; Marge: sehr gering – gering – mittel – hoch – sehr hoch). Dies macht vor allem bei potenziellen Applikationen emergenter Technologien Sinn, da es hierfür oft noch gar keine dedizierten Märkte gibt.

9.4.4   Potenzialermittlungs-Phase

Grundsätzlich sollen durch die Potenzialermittlungs-Phase folgende Fragestellungen beantwortet werden:

- **Fragestellung zur aktuellen Technologievermarktung:** „Gibt es attraktive Applikationen, dessen Anforderungsprofil sich mit den Leistungsparametern der heutigen Technologie schon erfüllen lassen?"
- **Fragestellung zur Technologieentwicklung:** „Welche zukünftigen Anforderungen an die Technologie haben die attraktivsten Applikationen?"

Zur Beantwortung dieser Fragestellungen werden neben den Technologien und deren Performanz auch die identifizierten Applikationen benötigt. Allerdings können nicht alle Applikation zu beiden Fragestellungen mit einbezogen werden.

Die identifizierten Applikationen unterscheiden sich maßgeblich durch zwei Parameter. Dies ist zum einen der Anwendungshorizont („schon als Applikation auf dem Markt verfügbar" vs. „erst in 5 Jahren marktreif") und zum anderen der Erfüllungsgrad der Anforderungen über die Zeit („die Anforderungen an die Technologie kann schon erfüllt werden und ändert sich nicht in Zukunft" vs. „die Anforderungen kann noch nicht erfüllt werden und die Anforderungen verschärfen sich zunehmend"). Alle identifizierten Applikationen können in ein Portfolio mit diesen Parameterachsen übertragen werden (siehe Abbildung 7).

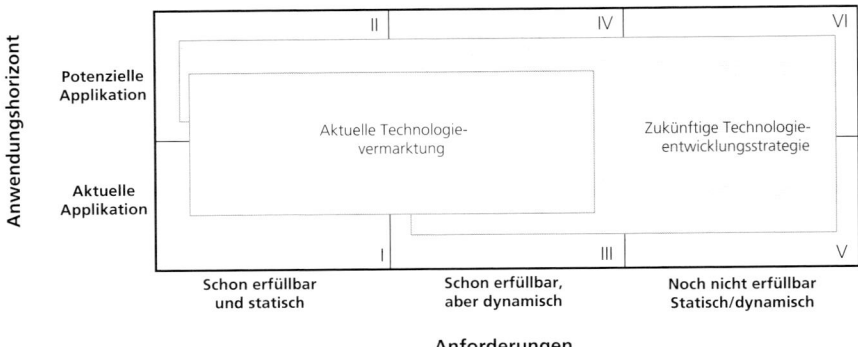

Abbildung 8:   Einordnung der Applikationen für die Technologievermarktung und -weiter-
entwicklungsstrategie

Jene Applikationen, deren technologische Umsetzung innerhalb des Betrachtungszeitrah-
mens im höchsten Maße unrealistisch ist, werden für die weitere Betrachtung zurückgestellt. Je nach dem, in welchem Feld sich die Applikation innerhalb des Portfolios befindet,
kann diese zur Beantwortung der Fragestellung zur Technologievermarktung und/oder der
Fragestellung zur Technologieentwicklung herangezogen werden.

Zur Fragestellung zur aktuellen Technologievermarktung werden jene Applikationen berücksichtigt, die mit der aktuellen Technologie schon erfüllt werden können (Feld I bis IV
in Abbildung 7). Ein besonderes Augenmerk sollte hierbei auf die potenziellen Applikationen gelegt werden, deren Anforderungen heute zwar schon durch die Technologie erfüllt
werden können, welche aber technologisch entweder noch gar nicht („new to the world")
oder durch andere Technologien („new to the company") adressiert werden (Feld II und IV
in Abbildung 7). Hier könnten sich hohe Einsatzpotenziale für die aktuelle Technologie
ergeben.

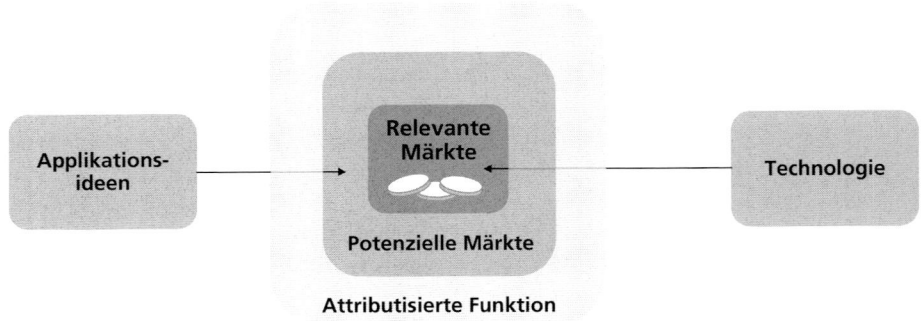

Abbildung 9:   Funktion als Bindeglied zwischen Technologie und Applikation

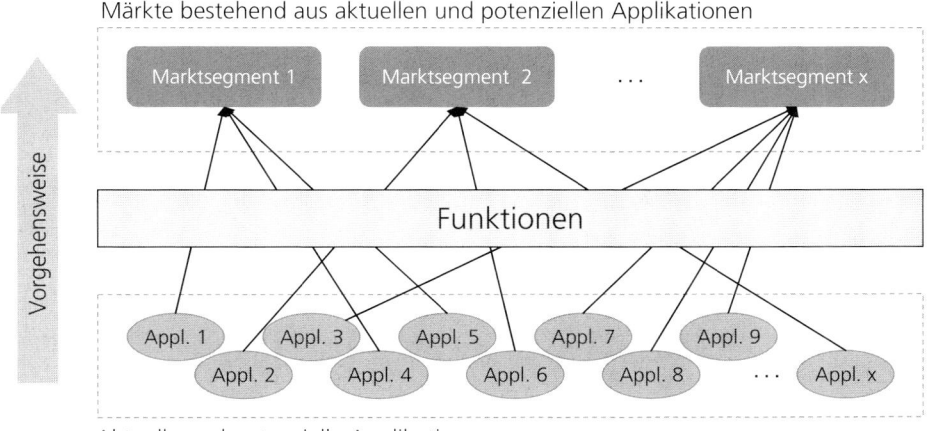

Abbildung 10:   Vorgehensweise Identifikation relevanter Märkte

Zur Fragestellung zur Technologieentwicklung sind alle Applikationen interessant außer den aktuellen Applikationen, deren Anforderungen durch die Technologie schon erfüllt werden können und sich über den Betrachtungshorizont nicht ändern werden (Feld I).

Um aus der Vielzahl an Applikationen relevante Marktsegmente zu identifizieren, fungieren wie in Kapitel 9.4.2 beschrieben die Funktionen als Bindeglied zwischen der Technologie und den Applikationen (Abbildung 9.8).

In dieser Phase der Technologiepotenzialanalyse werden vornehmlich zwei Schritte durchgeführt:

- **1. Schritt: Zusammenfassung der Applikationen in Marktsegmente:** Die identifizierten aktuellen und potenziellen Applikationen werden über die Funktionen und den Attributen in Marktsegmente zusammengefasst (Abbildung 9.9).

- **2. Schritt: Identifikation von relevanten Märkten:** Über die Funktionen und Attribute werden die einzelnen Marktsegmente nach heutiger und zukünftiger technologischer Realisierbarkeit untersucht und sowohl Anwendungen für die „sofortige" Technologievermarktung identifiziert wie auch eine Weiterentwicklungsstrategie auf Basis der attraktivsten Märkten und „realistischer Technologieentwicklung" formuliert.

1. Schritt: Zusammenfassung der Applikationen in Marktsegmente

Für die eingangs erläuterten Fragestellungen ist es nötig, die Vielzahl der Applikationen in eine handhabbare Anzahl von Marktsegmenten zu verknüpfen. Sinnvoll ist eine Zusammenfassung der Applikationen bezüglich ihres selbstähnlichen Anforderungsprofils, da die Technologievermarktung und die Weiterentwicklung der Technologie bezogen auf die Anforderungen stattfindet.

Eine branchenspezifische Zusammenfassung der Applikationen macht wenig Sinn, da sich Applikationen verschiedener Branchne zum Teil selbstähnlicher sind bezüglich ihrer Anforderungen als Applikationen innerhalb einer Branche selbst.

Im Regelfall ergibt sich bei der Applikationsanalyse eine große Anzahl an Applikationen. Diese werden nun in Bezug auf ihre technologische Realisierbarkeit innerhalb des angesetzten Strategie-Zeitrahmens untersucht. Bei der ersten Filterung werden jene Applikationen, deren technologische Umsetzung im höchsten Maße unrealistisch ist, für die weitere Betrachtung zurückgestellt.

In den meisten Fällen bleibt dennoch eine Vielzahl an Applikationen im Fokus. Die verbliebenen Applikationen werden nun bezüglich ihres Anforderungsprofils zusammengefasst. Je größer die Anzahl von Anforderungen ist, desto größer ist die Gefahr, dass sich mit einer Clusteranalyse[3] keine verwertbaren Marktsegmente bilden lassen. Hier bietet sich laut Backhaus et al. (1989) die Hauptkomponentenanalyse an, da sie auf Grund ihrer Vorgehensweise zunächst den Zusammenhang zwischen den Anforderungen untersucht und diese schließlich in eine handhabbare Anzahl von Einflussfaktoren einteilt. Die Hauptkomponentenanalyse wendet (im Gegensatz zur Faktorenanalyse) ein rein numerisches Verfahren an. Dabei geht man direkt von der Korrelationsmatrix (Applikationen vs. Attribute) aus. Merkmalseigene Varianzen gibt es nicht. So fällt eine kausale Interpretation der Hauptkomponenten weg. Eine Konstruktion dieser Komponenten findet nicht statt. Es handelt sich um eine formale Analyse, wodurch komplizierte Beziehungen auf eine einfache Form reduziert werden können.

Um eine sinnvolle Visualisierung zu gewährleisten, werden die Anforderungen auf drei Einflussfaktoren reduziert, was eine dreidimensionale und damit überschaubare Darstellung ermöglicht. Die Applikationen werden innerhalb des aufgespannten „Raumes" platziert (Abbildung 9.10). Jedes der sich dort abzeichnenden Cluster entspricht einem Marktsegment und stellt ein Ausprägungsprofil bezüglich der Anforderungen dar, d. h. jede Applikation innerhalb eines Clusters (oder Marktsegment) hat ein ähnlich geartetes Anforderungsprofil.

---

[3] Laut Brosius (1999) stellt die Clusteranalyse ein Verfahren zur Gruppenbildung dar, wobei Objekte mit verwandter Eigenschaftsstruktur und hoher Ähnlichkeit zusammengefasst werden.

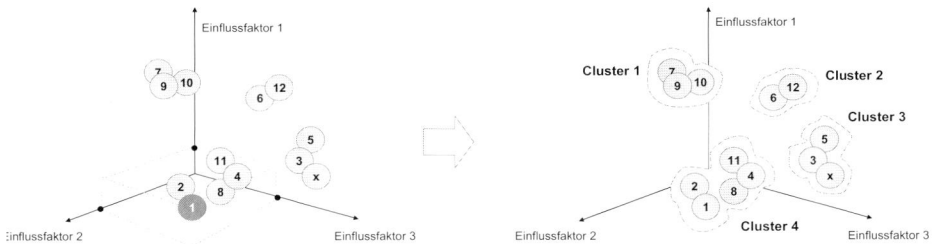

Abbildung 11:   Einordnung der Applikationen bezüglich der Anforderungen

2. Schritt: Identifikation von relevanten Märkten

Zur Identifikation der relevanten Cluster erfolgt in Bezug auf die technischen Leistungsparameter, die Marktkennzahlen auf Applikationsebene und die interne und externe Konkurrenzanalyse.

Hierfür werden die Applikationen in ein dreidimensionales Portfolio (Abbildung 9.11) übertragen, das durch die folgenden Achsen definiert wird:

- **Marktattraktivität:** Kennzahl basierend auf dem aktuellen Marktvolumen und dessen prognostiziertem Wachstum
- **Wettbewerbsintensität:** Die Wettbewerbsintensität gibt Auskunft, inwieweit das Marktsegment nur durch die eigene Technologie adressiert oder auch durch externe Technologie erfüllt werden kann. Eine geringe Wettbewerbsintensität besteht dann, wenn die Applikation nur mit der eigenen Technologie adressiert werden kann, eine mittlere, wenn sowohl die eigene als auch andere Technologien die Applikation adressieren. Eine hohe Wettbewerbsintensität zeichnet sich dadurch aus, dass sich die Applikation innerhalb des festgelegten strategischen Zeitfensters nur durch andere Technologien adressieren lässt.
- **Weiterentwicklungsintensität der Technologie:** Auf dieser Achse wird aufgetragen wie viele Leistungsparameter zu optimieren sind und wie hoch der „Sprung" zur benötigten Performanz ist

Mit der Zusammenführung und Auswertung aller ermittelten Größen ist ein Technologieanbieter nun in der Lage, in Bezug auf Marktpenetration und Weiterentwicklung der technologischen Leistungsparameter, strategische Optionen zur Technologieweiterentwicklung zu generieren.

Zur Fragestellung der aktuellen Technologievermarktung

Innerhalb der identifizierten Applikationen können all jene zusammengefasst werden, welche durch die heute schon verfügbaren Leistungsparameter erfüllt werden können (entspricht den hellgrauen linken Feldern im Strategie-Portfolio, Abbildung 9.11).

Für die Vermarktung der aktuellen Technologie sind jene Applikationen zu favorisieren, die eine hohe Marktattraktivität aufweisen und nur durch die eigene betrachtete Technolo-

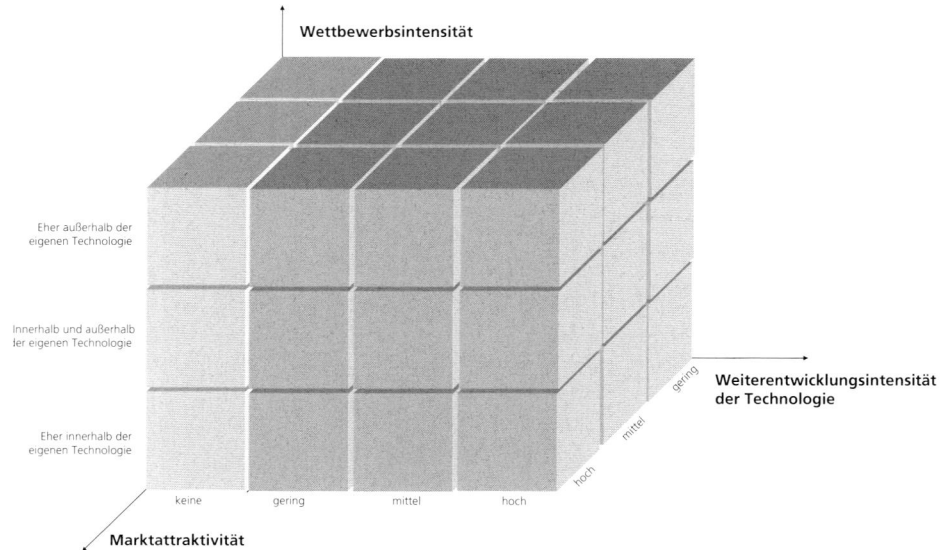

Abbildung 12:   Strategie-Portfolio

gie erfüllt werden können (Feld I in Abbildung 9.12). Applikationen im Feld II bedürfen einer sorgfältigen Diskussion und Auswahl, während Applikationen im Feld III – sowohl durch die geringe Marktattraktivität wie auch durch die hohe Wettbewerbsintensität – nicht weiter zu verfolgen sind.

Um den endgültig relevanten Markt für die aktuelle Technologievermarktung zu identifizieren, müssen die Applikationen innerhalb der Felder I und II im Nachfolgenden noch nach strategischer Relevanz (eigene Strategie vs. Konkurrenzstrategie) eingeordnet werden.

Zur Fragestellung der Technologieentwicklungsstrategie
Zur Ermittlung der Technologieentwicklungsstrategie-Fragestellung werden alle potenziellen Applikationen berücksichtigt. Die aktuellen Applikationen, die durch den aktuellen Stand der Technologie schon adressiert werden können, sind nur dann einzubeziehen, wenn sich deren Anforderungen über die Zeit ändern werden (siehe dazu Abbildung 9.7).

Basierend auf dem Strategie-Portfolio (Abbildung 9.11) wird im nächsten Schritt die Technologieentwicklungsstrategie formuliert. Für die Weiterentwicklung der Technologie sind jene Anforderungen zu favorisieren, die aus Marktsegmenten mit einer hohen Marktattraktivität und einer niedrigen Wettbewerbintensität stammen (Feld I in Abbildung 9.13). Die Anforderungen aus den Marktsegmenten in Feld II bedürfen einer sorgfältigen Diskussion und Auswahl, während Marktsegmente aus Feld III – sowohl von der geringen Markt-

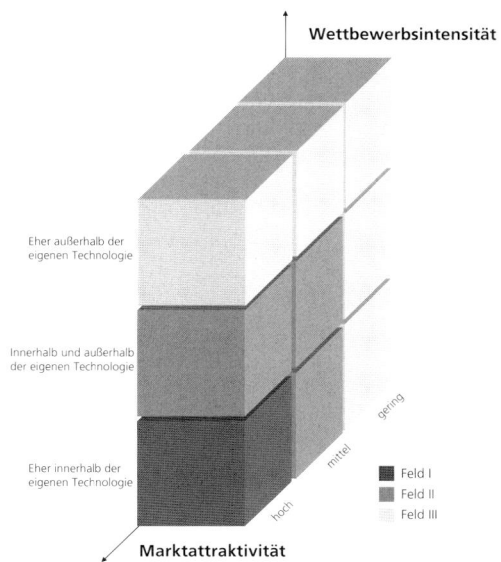

Abbildung 13:   Portfolio zur Auswahl relevanter Märkte für die aktuelle Technologievermarktung

attraktivität wie auch von der hohen Wettbewerbsintensität – nicht weiter zu verfolgen sind.

Meist gibt es bei der Formulierung der Technologieentwicklungsstrategie mehrere Optionen. Die wichtigsten Aspekte sind dabei, welche Technologie auf welche Art strategisch positioniert wird, wann sie mit welcher Leistung auf den Markt kommt und wie man sie am besten verwertet. Je nach Situation des Unternehmens, der Gegebenheiten des Marktes und der Beschaffenheit des Angebots sollte eine passende Strategie gewählt werden.

Als ersten Schritt werden verschiedene Technologieentwicklungsoptionen abgeleitet (z. B. 1. Technologieentwicklungsoption: Größe und Energieverbrauch als zu verbessernde Leistungsparameter; 2. Technologieentwicklungsoption: Größe und längere Messdauer als zu verbessernde Leistungsparameter). Diese Technologieentwicklungsoptionen leiten sich direkt aus den identifizierten Marktsegmenten ab (Abbildung 9.14).

Meist besteht die Strategie aus einer Verknüpfung mehrere Technologieentwicklungsoptionen. Damit soll mit den zur Verfügung stehenden finanziellen Mittel für die Technologieentwicklung ein möglichst breites Anwendungsspektrum adressiert werden („Balanced risk"). Da für die Applikationscluster zur Performanzsteigerung meist mehrere Leistungsparameter gleichzeitig verbessert werden müssen, kann durch diese Vorgehensweise sichergestellt werden, dass auch alle Applikationen außerhalb desselben Clusters bei partieller Kompatibilität adressiert werden.

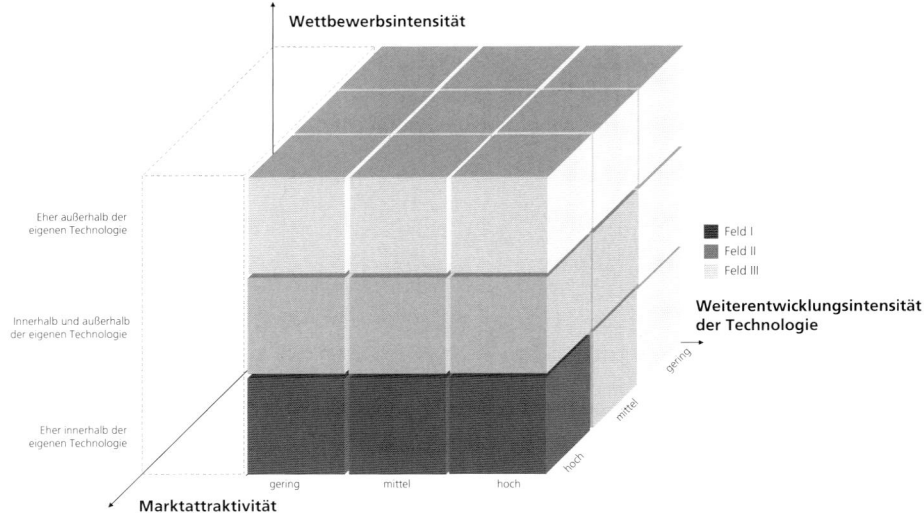

Abbildung 14:   Strategie-Portfolio zur Auswahl relevanter Märkte für die künftige Technologievermarktung

Per Definition sind die Applikationen eines Marktsegmentes aus Anforderungssicht selbst-ähnlich. Dies bedeutet, dass die Marktsegmente innerhalb des Strategie-Portfolios in verti-kalen Schichten verteilt sind (die Weiterentwicklungsintensität innerhalb des Marktseg-mentes unterscheidet sich nur geringfügig, während die Marktkennzahlen bzw. Wettbe-werbsintensität z. T. stark variieren kann). Diesem Sachverhalt wird bei den nachfolgenden Schritten Rechnung getragen.

Ausschluss irrelevanter Applikationen
Alle Applikationen im Feld III (hellgraue Felder in Abbildung 9.12) werden für die nach-folgende Betrachtung ausgeblendet, weil diese durch Konkurrenztechnologien besser ad-ressiert werden können und/oder die Marktattraktivität zu gering ist.

Analyse relevanter Applikationen
Die Applikationen im Feld II (mittelgraue Felder in Abbildung 9.15) werden hinsichtlich der Technologieentwicklungsoptionen des technologieexternen Wettbewerbs und bezüg-lich der Marktattraktivität diskutiert, mit dem Ziel, die Applikationen bezüglich der „inter-nen Machbarkeit" sinnvoll zu bewerten.

Anforderung	Heute	Marktsegment 1	Marktsegment 2
A1: Volumen	15 cm³	<10 cm³ =	<10 cm³
A2: Messgenauigkeit	50 cm	25 cm	10 cm
A3: Energieverbrauch	200 Wh	<150 Wh =	<150 Wh
A4: Gewicht	0,07 Kg	< 0,02 Kg	< 0,01 Kg
...			

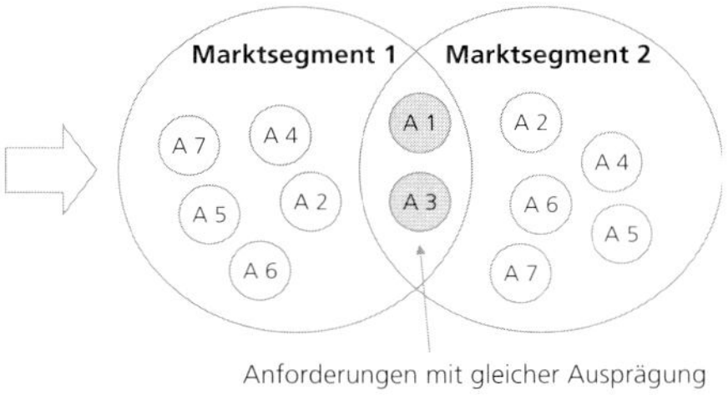

Anforderungen mit gleicher Ausprägung

Abbildung 15:   Überschneidungen bei den Ausprägungen der Anforderungen

Alle Applikationen in Feld I (dunkelgraue Felder in Abbildung 9.15) werden hinsichtlich der Technologieentwicklungsoptionen des technologieinternen Wettbewerbs diskutiert, mit dem Ziel die Technologieentwicklungsoptionen unter dem Fokus der Konkurrenzsituation zu validieren.

Innerhalb der Diskussionen des Feldes I und des Feldes II werden die aus den Marktsegmenten abgeleiteten Technologieentwicklungsoptionen miteinander verglichen, um daraus die sinnvollste Kombination (Markt- vs. Konkurrenz- vs. Technologie-Sicht) für eine Technologieentwicklungsstrategie zu formulieren. Auf Basis der Technologieentwicklungsstrategie wird die Technologieentwicklungsplanung erarbeitet.

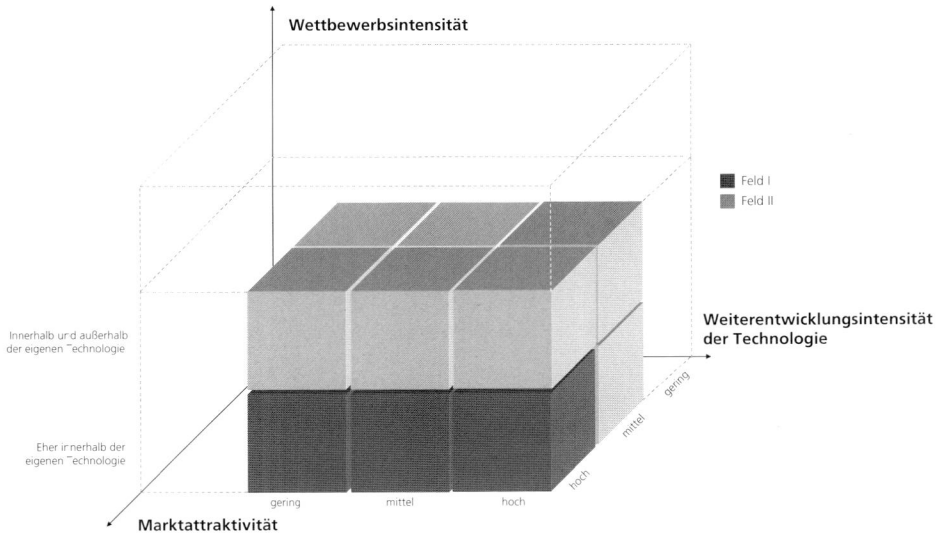

Abbildung 16:   Strategisch interessante Felder für potenzielle Applikationen

Zur Darstellung einer Technologieentwicklungsplanung eignet sich eine Roadmap-basierte Darstellung, da diese die heutigen Technologieinvestitionsentscheidungen und die zukünftigen Applikationen miteinander verknüpft (vgl. Bucher 2003). Laut Specht/Behrens (2002) stellt das Roadmapping ein kreatives Analyseverfahren dar, mit dem die Entwicklungsrichtungen von Applikationen und Technologien in die Zukunft prognostiziert, analysiert und visualisiert werden können.

Die Abbildung der Technologieplanung erfolgt in zeitabhängigen Planungshorizonten (Abbildung 9.16):

- **Kurzfristige Technologieplanung:** Geringfügige Optimierung von Leistungsparametern zur Adressierung von Marktsegmenten mit geringem Performanz-Zuwachs
- **Mittelfristige Technologieplanung:** Mittlere Optimierung von Leistungsparametern zur Adressierung von Marktsegmenten mit mittlerem Performanz-Zuwachs
- **Langfristige Technologieplanung:** Massive Optimierung von Leistungsparametern zur Adressierung von Marktsegmenten mit großem Performanz-Zuwachs

Generell kann gesagt werden, dass je performanter die Leistungsparameter einer Technologie in Zukunft werden müssen, desto zeitintensiver (oder ressourcenintensiver) wird auch die Entwicklung dieser Technologie werden. Wenn davon ausgegangen wird, dass auch mit erhöhten Ressourcen geringere Leistungsverbesserungen schneller von statten gehen als hohe Leistungsverbesserungen, kann abgeleitet werden, dass sich die Weiterentwicklungsintensität proportional zu der Zeit gestaltet. Die Achse der Weiterentwicklungsintensität kann somit als Zeitachse für die kurz-, mittel- und langfristige Technologieplanung herangezogen werden.

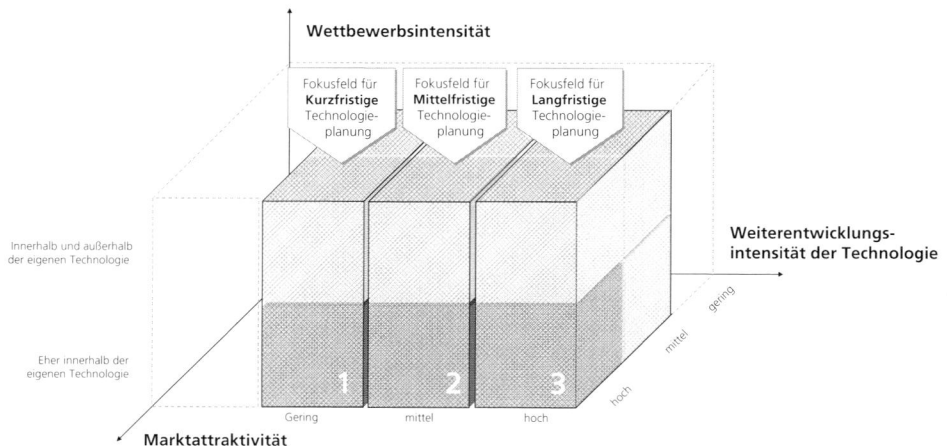

Abbildung 17:   Technologieplanung

Natürlich müssen die Planungsschritte untereinander konsistent und aufeinander aufbauend gestalt werden um Entwicklungssynergien zu nutzen. Die Hauptfragestellung heißt daher: „Gibt es Leistungsparameter innerhalb der Technologie, die für die Adressierung der attraktivsten Marktsegmente mit jeweils geringer, mittlerer aber auch hoher Performancesteigerung in den Fokus der Technologieentwicklung kommen können?"

9.5   Anwendungsbeispiel: Das Projekt WISA Inertialsensorik

Die Zielsetzung der „Wirtschaftsorientierten Strategischen Allianz Inertialsensorik (WISA INS) zwischen fünf Fraunhofer Instituten bestand in der Bündelung von Aktivitäten und Ressourcen der beteiligten Institute zur Bereitstellung und konzertierten Entwicklung und anschließender Vermarktung eines Mikro-elektro-mechanischen inertialen Sensorsystems.

Unter einem inertialen Sensorsystem wird ein System verstanden, mit dem – basierend auf der Massenträgheit – eine relative Bewegung gemessen werden kann. Als Sensoren werden primär Beschleunigungssensoren und Drehratensensoren (sogenannte Inertialsensoren) verwendet. Mit einem solchen System ist es möglich, z. B. die Position eines Objektes bezüglich aller 6 Freiheitsgrade im Raum zu bestimmen.

Durch die Integration verschiedenartiger Sensoren in das System, die Anwendung intelligenter Algorithmen, die redundante Auslegung des Sensorsystems und die effiziente Kalibrierung sollten aus technischer Sicht die angestrebten Funktionalitäten erbracht werden (Abbildung 9.17).

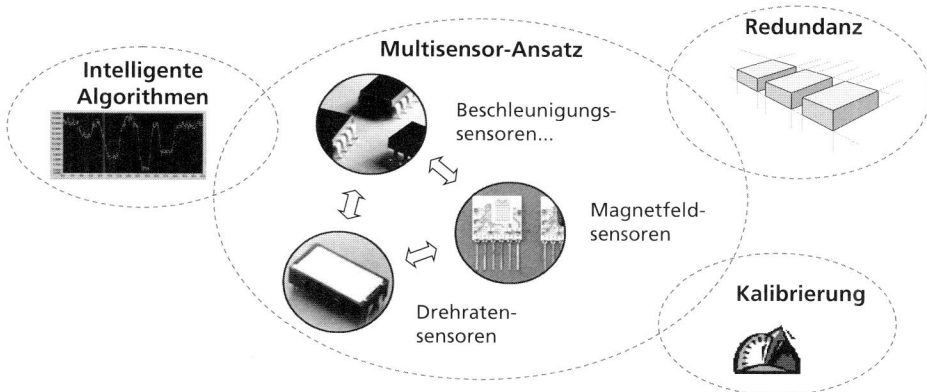

Abbildung 18:   Projektansatz der WISA Inertialsensorik

Um für das zu entwickelnde System einen möglichst weitreichenden Markt zu adressieren, wurde vorab eine Technologiepotenzialanalyse durchgeführt. Zielsetzung dieser Technologiepotenzialanalyse war es, die Verwertungsstrategie der aktuellen Technologie und die Technologieentwicklungsstrategie der Inertialsensorik bis 2011 zu formulieren.

Wie schon im Kapitel 9.4.2 erwähnt, sind im ersten Schritt relevante Daten für die zwei Ebenen Markt und Technologie zu identifizieren. Politische, ökonomische, ökologische und gesetzliche Rahmenbedingungen wurden über die Technologie und Märkte berücksichtigt und flossen als Anforderungen in die Potenzialermittlung mit ein.

9.5.1   Technologieanalyse-Phase

Ermittlung der relevanten Funktionen
Im Anwendungsfall „Inertialsensorik" war die Durchführung einer Funktionenanalyse für die Ermittlung der relevanten Funktionen nicht notwendig, da sich diese direkt aus der Hauptfunktion eines Inertialsensors – „Bewegungsmessung" – ableiten lassen. Integriert man die gemessenen Beschleunigungen einfach bzw. zweifach über die Zeit, so erhält man die beiden weiteren Funktionen „Geschwindigkeitsmessung" und „Positionsermittlung". Weitere relevante Funktion, die durch den Inertialsensors mittels der Drehratensensoren erfüllt werden kann, sind die „Winkelgeschwindigkeitsmessung" und die „Winkelmessung".

Ermittlungen der Konkurrenztechnologien
Basierend auf den oben ermittelten Funktionen wurde nach Konkurrenztechnologien zur Beschleunigungs-, Geschwindigkeits-, Positions-, Winkelgeschwindigkeits- und Winkelermittlung gesucht (Abbildung 9.18). Über die identifizierten Technologien fanden sich

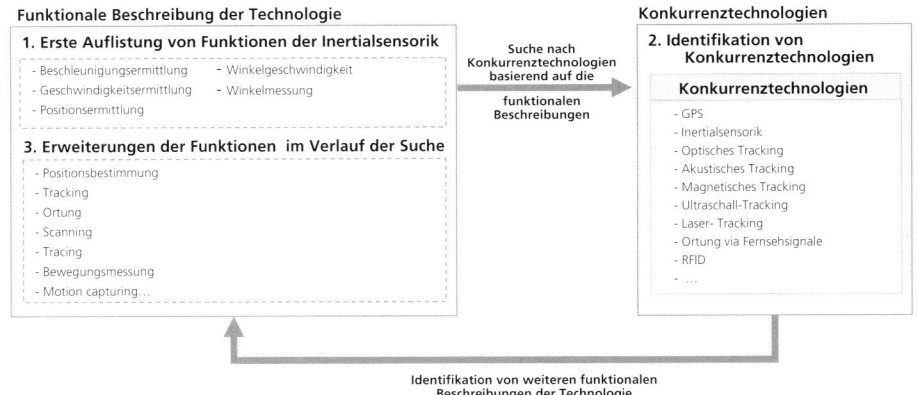

Abbildung 19:   Vorgehensweise zur Identifikation von Konkurrenztechnologien

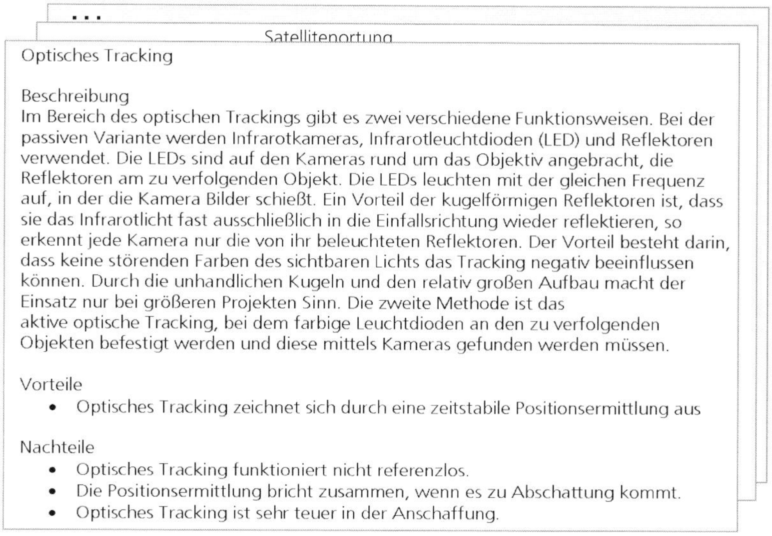

...

Satellitenortung

Optisches Tracking

Beschreibung
Im Bereich des optischen Trackings gibt es zwei verschiedene Funktionsweisen. Bei der passiven Variante werden Infrarotkameras, Infrarotleuchtdioden (LED) und Reflektoren verwendet. Die LEDs sind auf den Kameras rund um das Objektiv angebracht, die Reflektoren am zu verfolgenden Objekt. Die LEDs leuchten mit der gleichen Frequenz auf, in der die Kamera Bilder schießt. Ein Vorteil der kugelförmigen Reflektoren ist, dass sie das Infrarotlicht fast ausschließlich in die Einfallsrichtung wieder reflektieren, so erkennt jede Kamera nur die von ihr beleuchteten Reflektoren. Der Vorteil besteht darin, dass keine störenden Farben des sichtbaren Lichts das Tracking negativ beeinflussen können. Durch die unhandlichen Kugeln und den relativ großen Aufbau macht der Einsatz nur bei größeren Projekten Sinn. Die zweite Methode ist das aktive optische Tracking, bei dem farbige Leuchtdioden an den zu verfolgenden Objekten befestigt werden und diese mittels Kameras gefunden werden müssen.

Vorteile
- Optisches Tracking zeichnet sich durch eine zeitstabile Positionsermittlung aus

Nachteile
- Optisches Tracking funktioniert nicht referenzlos.
- Die Positionsermittlung bricht zusammen, wenn es zu Abschattung kommt.
- Optisches Tracking ist sehr teuer in der Anschaffung.

Abbildung 20:   Beschreibung der Konkurrenztechnologien (beispielhaft)

weitere Beschreibungen (Synonyme) derselben funktionalen Eigenschaften. Durch mehrere Recherchezyklen – basierend auf den gefundenen funktionalen Beschreibungen – wurden die relevanten Technologien identifiziert.

Alle identifizierten Technologien (siehe Abbildung 9.18, rechtes Feld) wurden kurz beschrieben und die wesentlichen Stärken und Schwächen herausgearbeitet (Abbildung 9.19)

Ermittlung der Konkurrenzinstitutionen

Anhand einer Befragung der Partnerinstitute konnten die wichtigsten aktuellen Konkurrenten identifiziert werden. Zur Identifikation von potenziellen Konkurrenten wurde eine Internet-Recherche durchgeführt. Zudem wurde die Patentlandschaft, bezogen auf das nähere Technologieumfeld nach „Unregelmäßigkeiten" hinsichtlich der Patentanmelder untersucht. Einschlägige Messen mit Schwerpunkt Messtechnik wurden besucht und nach potenziellen Wettbewerbern (aber auch Märkten) durchleuchtet. Schließlich wurden bei nationalen und internationalen Fördergebern nach relevanten Projekten und den dazu assoziierten Konsortiumsteilnehmern gesucht (Abbildung 9.20).

Die identifizierten aktuellen Konkurrenten wurden beschrieben und bezüglich ihrer Anwendungsfelder, der Leistungsparameter und ihrer Stärken und Schwächen detailliert dargestellt (Abbildung 9.21).

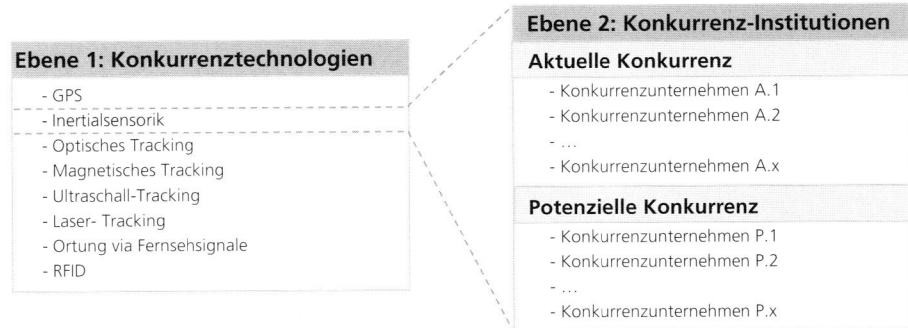

Abbildung 21:   Konkurrenzanalyse für die WISA Inertialsensorik

Die potenziellen Konkurrenten wurden bezüglich folgender Kriterien beschrieben:

- Was ist der Anreiz für die Institution, sich in das Themenfeld der Inertialsensorik einzuarbeiten?
- Wo befindet sich die Institution momentan in der Wertschöpfungskette?
- Was sind derzeitige Produkte/Dienstleistungen des potenziellen Konkurrenten?
- Welchen Markt könnten die potenziellen Konkurrenten in Zukunft bedienen?

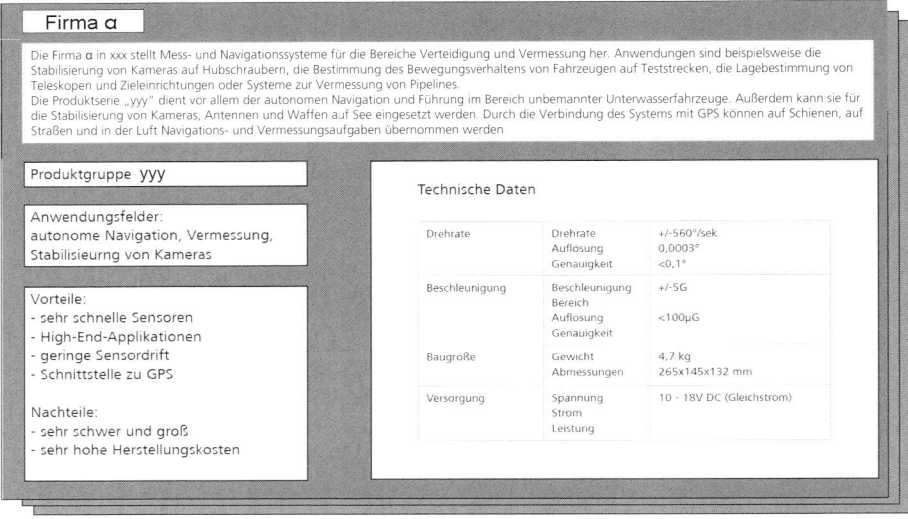

Abbildung 22:   Beschreibung der Konkurrenzinstitutionen (beispielhaft)

Als potenzielle Akteure innerhalb des Inertialsensorik-Umfeldes wurden Unternehmen der Automobilzuliefer-Industrie identifiziert. Einige dieser Unternehmen entwickeln selbst Inertial-Sensoren und konkurrieren im Automotive-Sektor als Anbieter von Inertialsystemen bereits. Es ist deshalb nicht auszuschließen, dass sich zukünftig Unternehmen aus der Automobilzuliefer-Industrie aus ihrem vertikalen Markt heraus in einen horizontalen begeben und so direkt mit der WISA INS in Konkurrenz treten.

Bezüglich der eigenen Technologie und der ermittelten Konkurrenztechnologien konnte eine erste Attributsliste (aus Technologie-Sicht) ermittelt werden (Tab. 9.2).

Attribute für die Funktion „Positionsermittlung"
• Messgenauigkeit
• Winkelgenauigkeit
• Anzahl der Messachsen
• Drehachse
• Baugröße
• Messdauer

Tabelle 2:   Technologie-Attribute (Technologiesicht)

Positionierung der eigenen Institution innerhalb der Konkurrenz
Um für die WISA INS den unternehmensstrategischen Rahmen zu formulieren, wurden alle am Markt ersichtlichen Player in der Entwicklung von inertialen Systemen in ein Portfolio mit den Achsen „Marktzugang" und „Systemperformanz" eingeordnet.

Der unternehmensstrategische Rahmen der WISA INS wurde in den oberen linken Quadranten eingeordnet. Da das WISA-Konsortium maßgeblich an bilaterale Entwicklungsprojekten mit der Industrie interessiert ist, wurde die Marktstrategie „Möglichst viele Applikationen in möglichst vielen Branchen" gewählt, um ein Maximum an möglichen Projektpartnern zu adressieren.

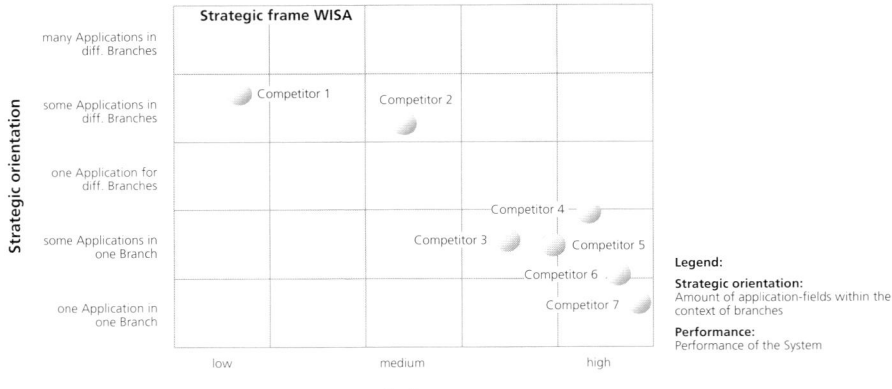

Abbildung 23:   Marktpositionierung der WISA INS Beschreibung der Konkurrenzinstitutionen
(beispielhaft)

Da viele Wettbewerber eher im „High-Cost"-Bereich angesiedelt sind – meist im Militär-
bzw. Luft- und Raumfahrtbereich – wurde vom WISA-Konsortium bewusst die Sparte
„Low-Cost" gewählt, um innerhalb des eigenen Technologiefeldes auf wenig Konkurrenz
zu stoßen und durch kostengünstige Systeme vermehrt die Industrie für dessen Anwendungsgebiete anzusprechen (Abbildung 23).

Die potenziellen Märkte für die WISA INS sind daher eher im Bereich kleiner Stückzahlen
und hoher Werthaftigkeit der Sensorik innerhalb der Applikation zu sehen. Daher haben
die oben genannten potenziellen Konkurrenten aus der Automobilindustrie – welche standardisierte Systeme in großen Stückzahlen entwickeln bzw. entwickeln könnten – keine
strategische Relevanz und wurden nicht weiter betrachtet.

9.5.2   Applikationsanalyse-Phase

Sammlung aktueller Applikationen

Die WISA INS internen Applikationen sowie die jeweiligen Applikationen innerhalb der
Anwendungsfelder der Konkurrenzinstitutionen wurden aufgenommen. Des Weiteren
wurden eine Internetrecherche und eine Patentrecherche (vor allem im Bereich Anwendungspatente) durchgeführt, um schon existierende Applikationen für die Inertialsensorik
zu identifizieren.

Jene aktuelle Applikationen, welche aus Performanz-Gründen heute von Konkurrenztechnologien adressiert werden, da die Inertialsensorik noch nicht die benötigte Leistung liefert, wurden den „potenziellen Applikationen" zugeteilt, ebenso aktuelle Applikationen,
bei denen sich in Zukunft eine Änderung beim Anforderungsprofil abzeichnet.

Abbildung 24:   Beispielhafte Applikationsideen

Identifikation potenzieller Applikationen aus interner Sicht
Anhand eines WISA INS internen Kreativitätsworkshops wurde nach potenziellen Applikationen für die Inertialsensorik gesucht.

Die WISA INS- Partnerinstitute (als technologievertrauter Part der Kreativitätsgruppe) und eingeladene Studenten (als technologiefremder Part) diskutierten, anhand des NACE-Branchen-Codes, die jeweiligen Einzelbranchen an und entwickelten Applikationsideen für den potenziellen Einsatz der Inertialsensorik innerhalb der verschiedenen Branchen (Abbildung 24).

Vor allem im Bereich „Freizeit", „Medizin", „Produktion" und „Logistik" wurden viele interessante Applikationsideen generiert.

Identifikation potenzieller Applikationen aus externer Sicht
Die acht Mitglieder des WISA INS Beraterkreises und 22 interessierte Unternehmen (vornehmlich aus den Bereichen Maschinenbau, Medizin und Produktion) wurden als Quelle für weitere Applikationen genutzt. Diese hatten die Möglichkeit, ihre Applikationen und deren Anforderungen an ein Inertialsystem per Fragebogen einzureichen (Abbildung 9.24).

Durch den Fragebogen sollten zunächst Aussagen über die potenziellen Anwendungen der Inertialsensorik im Unternehmen getroffen werden. Es wurden zudem technische Anforderungen, heute und für die Zukunft (fünf Jahre), und wirtschaftliche Aspekte (z. B. Zielkosten, etc.) abgefragt. Um die Daten besser einordnen zu können, wurden abschließend allgemeine Angaben über das Unternehmen und die befragte Person aufgenommen.

Frage 2.1	Welche Anforderungen würden Sie an das inertiale Sensor-System in technischer Hinsicht stellen?					
	Größe	Min. Breite	_____ cm	Max. Breite	_____ cm	
		Min. Tiefe	_____ cm	Max. Tiefe	_____ cm	
		Min. Höhe	_____ cm	Max. Höhe	_____ cm	
	Gewicht	Minimal	_____ g	Max.	_____ g	
	Translatorische Messgenauigkeit	Minimal	_____ mm	Max.	_____ mm	
	Rotatorische Messgenauigkeit	Minimal	_____ °	Max.	_____ °	
	Messdauer	Min	_____ sec	Max.	_____ sec	
		Min	_____ min	Max.	_____ min	
		Min	_____ std	Max.	_____ std	
	Lebensdauer	Min	_____ Monate	Max	_____ Monate	
	Schnittstellen	☐ USB	☐ Firewire	☐ seriell		
		☐ Infrarot	☐ Bluetooth	☐ WLan/WiMAX		

Abbildung 25:   Ausschnitt des Fragebogens

Zusammenfassung aller Applikationsideen

Aus diesem NACE-Code-basierten Brainstorming resultierten knapp über 100 potenzielle Applikationen, welche – zusammen mit den aktuellen Applikationen und den extern zugetragenen Applikationen – kurz beschrieben und nach Branchen gegliedert in einer Tabelle zusammengestellt wurden (Tab. 9.6).

Vervollständigung und Quantifizierung der Attribute

Die Attribute aus technologischer Sicht wurden im Nachgang durch Anforderungen aus Marktsicht abgeglichen und erweitert (Tab. 9.3). Hierbei hat sich herausgestellt, dass sich die Anforderung „Energieverbrauch" für viele Applikationen als ein wesentlicher Faktor hinsichtlich des Einsatzes von Inertialsystemen aus Marktsicht darstellt.

Attribute für die Funktion „Positionsermittlung"
• Messgenauigkeit
• Winkelgenauigkeit
• Anzahl der Messachsen
• Drehachse
• Baugröße
• Messdauer
• Energieverbrauch

Tabelle 3:   Erweiterte Technologie-Attribute (Technologie- und Marktsicht)

	Skalierungsintervalle	
Max. wirtsch. Baugröße:	0: Münze	2: Zigarettenschachtel
	1: Streichholzschachtel	3: Größer als Zigrattensch.
Messgenauigkeit:	1: 0 - 10 mm	4: 0,5 - 5 m
	2: 1 - 10 cm	5: > 5m
	3: 10 - 50 cm	
Winkelgenauigkeit	1: 0 - 0,5 Grad	3: 1 - 5 Grad
	2: 0,5 - 1 Grad	4: >5 Grad
Anzahl der Messachsen	1: 1-D	3: 3-D
	2: 2-D	
Drehachse Lot	0: nein	1: ja
Messdauer o. Ref.	1: 0 - 5 s	4: 1 - 5 min
	2: 5 - 10 s	5: 5 - 30 min
	3: 10 - 60 s	6: 0,5 - 2 std
		7: > 2 std
...	...	...

Tabelle 4:   Bewertungsintervalle für die Anforderungen

Im nächsten Schritt wurden für alle aktuellen und potenziellen Applikationen die Anforderungen abgeschätzt. Dies war wegen der Unschärfe und der Vielzahl an Applikationen nur durch die Einteilung der Anforderungskennzahlen in Intervalle möglich. Tab. 9.4 zeigt die der Bewertung zugrunde gelegte Skalierung der Anforderungskennzahlen.

Basierend auf dieser Skalierung wurden die Applikationen aus technologischer Sicht in einem diskussionsintensiven Workshop bewertet.

Ermittlung von Marktkennzahlen für die Applikationen
Die Marktattraktivität für die Beratungsdienstleistungen der WISA ergibt sich im Wesentlichen aus der Anzahl der potenziellen „Inanspruchnehmer" solcher Dienstleistungen und der Werthaftigkeit der Sensorik innerhalb der Applikation. Deshalb wurde die Marktattraktivität für das WISA-Projekt durch folgende drei Kriterien definiert:

- Potenzielle Partner-Unternehmen (wichtig für die Fraunhofer-Institute für evtl. anwendungsorientierte Forschungs- und Umsetzungsprojekte)
- Werthaftigkeit der Inertialsensorik für die Applikationen (Hauptfunktion vs. Nebenfunktion)

- Stückzahl (gibt Rückschlüsse auf die Anzahl der potenziell benötigten Inertial-
sensor-Systeme)

Die potenziellen Stückzahlen der einzelnen Applikationen wurden mit aufgenommen, da diese Rückschluss darauf geben können, ob es für einen potenziellen Kunden Sinn macht die Technologiekompetenz selbst aufzubauen. Bei hohen Stückzahlen ist der Aufbau einer Technologiekompetenz sicherlich sinnvoller als bei geringen Stückzahlen, vor allem wenn dazu die Werthaftigkeit der Technologie innerhalb des Produktes gering ist.

Die Kriterien für die Markattraktivität wurden unterschiedlich hoch gewichtet. Auch für die Marktkennzahlen wurden – wie für die technologischen Leistungsparameter – Intervalle definiert (Tab. 9.5).In einem WISA INS internen Workshop wurden die aktuellen und potenziellen Applikationen bezüglich der Kriterien für die Marktsattraktivität diskutiert, eingeordnet und in die Applikationsliste übertragen. Die nachfolgende Tab. 9.6 zeigt einen Ausschnitt aus der Applikationsliste beispielhaft auf.

Kriterien	Ausprägungen		Gewichtung
Stückzahl	1: $>10^6$ 2: $<10^5$ 3: $<10^4$	4: $<10^3$ 5: $<10^2$ 6: $<10^1$	10 %
potenzielle Partner-Unternehmen	1: wenige gleiche Akteure mit einer Lösung 2: wenige gleiche Akteure mit verschiedenen Lösungen 3: mittlere Anzahl gleicher Akteure mit einer Lösung	4: mittlere Anzahl gleicher Akteure mit verschiedenen Lösungen 5: viele verschiedene Akteure mit einer Lösung (hohe Konkurrenz) 6: viele verschiedene Akteure mit verschiedenen Lösungen	60 %
Werthaftigkeit der Inertialsensorik für die Applikationen	1: <1 € 2: 1-10 € 3: 11-100 €	4: 101-1000 € 5: 1001-10000 € 6: > 10000 €	30 %

Tabelle 5:   Bewertungsintervalle für die Marktattraktivität

NACE Code	Betitelung Branche	Applikation	Technische Anforderungen							Marktkennzahlen		
			Max. wirtsch. Baugröße:	Messgenauig-keit:	Winkel-genauigkeit	Achsen	Drehachse Lot	Messdauer o. Ref.	Energie-versorgung	Wert-haftigkeit	pot. Partner-Unternehmen	Stückzahlen pro Jahr
63.2	Hoch- und Tiefbau	Maut: Δs wird an eine Zentrale durchgegeben (Einsatz für GPS, Funk); Mautrechnung am Monatsende	3	5	4	0	0	7	3	2	3	3
92.72	Erbringung von sonstigen Dienstleistungen für Erholung, Unterhaltung und Freizeit	INS-geführte Taucheruhr zur autarker Tauchroutenführung	0	3	4	1	1	3	1	1	1	3

Tabelle 6:   Applikationsliste (beispielhaft)

9.5.3   Potenzialermittlungs-Phase

Identifikation von potenziellen Märkten

Im Zuge einer Hauptkomponentenanalyse wurden die acht ermittelten Anforderungen (Tabelle 9.3) aus Gründen der besseren Handhabung zu drei Faktoren zusammengefasst. Die Korrelationen der Variablen zu den Faktoren (Kommunalität) wird in Tabelle 6 deutlich. Sie beschreibt, welche Variablen die Faktoren hauptsächlich bestimmen. Für die Faktoren wurden anschließend beschreibenden Überbegriffe ermittelt (Tabelle 7).

Variablen	Faktor 1	Faktor 2	Faktor 3
Baugröße			||||||||||		
Messgenauigkeit	||||||||				||||
Winkelgenauigkeit	||||||||||	||	||||
Anzahl der Messachsen	||||||||||||				
Drehachse	|||||||||		|||		
Messdauer				|||||||||||||
Energieverbrauch	||	||||||||	||||

Tabelle 7:   Balkendiagramm der Kommunalitäten aus der Hauptkomponentenanalyse

Faktor 1: Leistung	Faktor 2: Wirtschaftlich-keit	Faktor 3: Messdauer
• Messgenauigkeit • Winkelgenauigkeit • Anzahl der Messachsen • Drehachse	• Baugröße • Energieverbrauch	• Messgenauigkeit • Messdauer • Energieverbrauch

Tabelle 8:   Zusammenfassung der Faktoren aus der Hauptkomponentenanalyse

Mit den drei Faktoren Leistung, Wirtschaftlichkeit und Messdauer wurde ein Raum aufgespannt, in den die potenziellen Applikationen übertragen wurden (Abbildung 26).

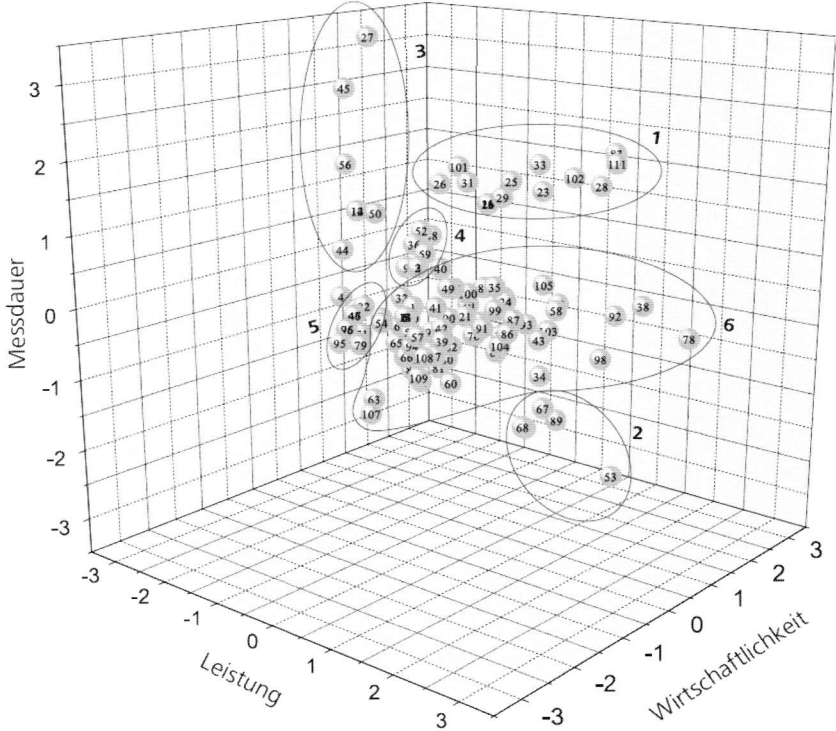

Abbildung 26:   Portfolio zur Ermittlung von Marktsegmenten für die Inertialsensorik

Aus dieser Darstellung konnten 6 Cluster (Marktsegmente) identifiziert werden, wobei innerhalb der Cluster 1, 3 und 6 die Applikationen bezüglich der Anforderungen teilweise stark differenzieren. Die Zusammenfassung wurde dennoch beibehalten, um die Komplexität der weiteren Schritte in einem annehmbaren Maße zu halten.

9.5.4   Technologiemarketing und Technologieentwicklungsstrategie

Relevante Märkte für die Vermarktung der aktuellen Technologie

Zur Erstellung der Vermarktungsstrategie wurden jene Applikationen gegenübergestellt, welche mit dem aktuellen Technologiestatus schon adressiert werden konnten. Ziel war es, die attraktivsten Applikationen für die Technologievermarktung zu identifizieren. In nachfolgender Abbildung 9.26 sind die aktuell erfüllbaren Applikationen bezüglich ihrer Marktattraktivität und der Wettbewerbsintensität dargestellt. Die Nummern sind Platzhalter für die einzelnen Applikationen. Die Applikation 27 beispielsweise ist die „Extra Sensory Protection" für Festplatten. Diese arbeitet mit einem inertialen System, welche einen

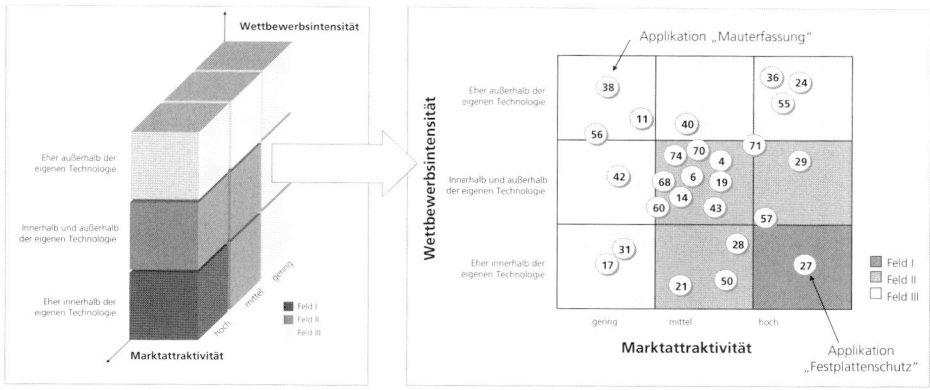

Abbildung 27:   Portfolio Wettbewerbsintensität - Marktattraktivität

Sturz ab zehn Zentimeter Fallhöhe erkennt und den Lese- oder Schreibvorgang bis zum Aufprall stoppt. Im Portfolio wurde diese Applikation unten rechts platziert, weil diese Applikation durch keine externe Technologie (wie z. B. GPS oder RFID, etc.) erfüllt werden kann und weil der Markt für mobile Geräte mit Festplatten groß ist und weiteres Wachstumspotenzial aufweist. Die Applikation „Maut erfassen mit Inertialsensorik" (Applikation 38) befindet sich am anderen Ende. Die Inertialsensorik wird die Anforderungen auch in ferner Zukunft nur bedingt erfüllen können und die Marktattraktivität ist als eher als gering zu betrachten, weil diese Applikation sehr infrastrukturlastig ist und sich am Markt schon alternative Systeme etabliert haben.

Die Applikationen innerhalb der Felder I und II wurden im Nachfolgenden noch mit der WISA- Unternehmensstrategie abgeglichen, um für die Technologievermarktung jene Applikationen zu identifizieren, die am besten in den WISA-Rahmen passten.

Formulierung der Technologieentwicklungsstrategie
Zur Formulierung der Technologieentwicklungsstrategie wurden erst die Technologieentwicklungsoptionen formuliert, welche sich aus der Ausprägung des Anforderungsprofils der jeweiligen Marktsegmente ergaben. Für die langfristige Technologieentwicklungsstrategie war es zudem wichtig nach möglichen Überschneidungen der Leistungsparameter zwischen den Marktsegmenten zu suchen. Leistungsparameter in der Schnittmenge mehrerer Cluster (Anforderungen die von mehreren Marktsegmenten gleichermaßen benötigt werden) können als Basisentwicklung synergetisch in mehreren Marktsegmenten Eingang finden und sind deshalb für die Formulierung der Technologieentwicklungsstrategie relevant.

Innerhalb des Projektes wurden schließlich zwei Technologieentwicklungsoptionen identifiziert, die aufbauend aufeinander die Performanz der Technologie in Zukunft konsistent abbilden können, deren Märkte attraktiv sind und bei denen sich die Konkurrenten vornehmlich innerhalb der Technologie befinden.

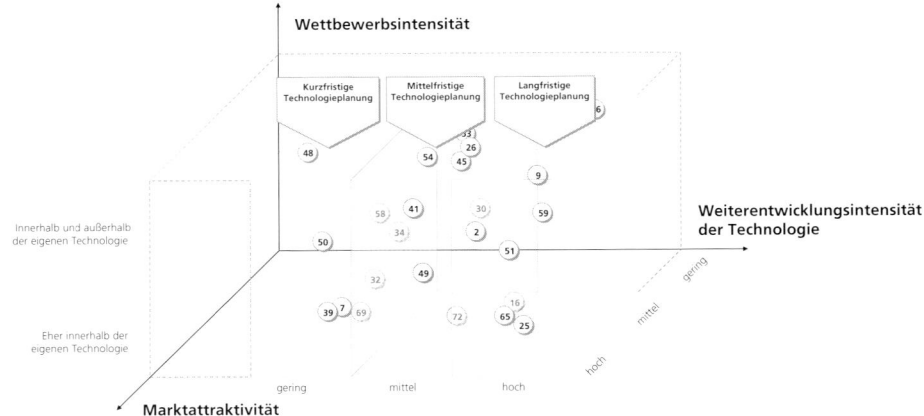

Abbildung 28:   Technologieentwicklungsplanung

Erstellung der Technologieentwicklungsplanung

Für die Technologieentwicklungsplanung wurden jene Applikationen ausgeblendet, welche eine geringe Marktattraktivität aufweisen, durch vorhandene Technologien besser
adressiert werden können oder welche mit dem heutigen Stand der Inertialsensorik schon
abgedeckt werden können (siehe Abbildung 9.27).

Aufgrund der Weiterentwicklungsintensität wurden die Applikationen (und deren Leistungsanforderungen) in kurz-, mittel- und langfristige Planungshorizonte eingeteilt.

Beim WISA wird die Inertialsensorik bezüglich kurz- und mittelfristig nach synergetischen
Anforderungen weiterentwickelt (Anforderungen, die von zwei oder mehreren Marktsegmenten gefordert werden). Für die langfristige Planung ergeben sich (durch die zwei Tech-
nologieoptionen) zwei verschiedene Entwicklungsrichtungen. Aufgrund der ermittelten
Marktzahlen lässt sich zwar sagen, welche der beiden Entwicklungsrichtungen momentan
die attraktivere ist, dennoch werden im weiteren Verlauf des Projektes beide Richtungen
beobachtet, um subjektive Annahmen die bisher getroffen wurden zu verifizieren und mit
der Technologieentwicklung in Zukunft ein möglichst breites Anwendungsspektrum zu
adressieren.

9.6   Fazit

Ziel der Technologiepotenzialanalyse ist es zum einen, Technologieanbieter methodisch
bei der Vermarktung der aktuellen Technologie zu unterstützen, zum anderen die strategische Ausrichtung für die Weiterentwicklung einer neuen Technologie zu formulieren, um
für heute und für die Zukunft den größtmöglichen Nutzen aus der Technologie zu generieren.

Die entwickelte Vorgehensweise basiert auf der Analyse der aktuellen bzw. potenziellen Technologien, Konkurrenten und Märkte für eine weiterzuentwickelnde Technologie und ist in drei Phasen unterteilt. In der **Technologieanalyse-Phase** werden basierend auf einer Funktionenanalyse aktuelle und potenzielle Konkurrenztechnologien und die Konkurrenten identifiziert und beschrieben. In der **Applikationsanalyse-Phase** werden neben den etablierten Märkten vor allem neue Märkte auf Applikationsebene ermittelt. In der **Potenzialermittlungs-Phase** werden die Applikationen in ein dreidimensionales Strategieportfolio überführt, um für beide Fragestellungen – der aktuellen Technologievermarktung und der Formulierung der Technologieentwicklungsstrategie – befriedigende Antworten zu finden.

Zentraler Bestandteil der Vorgehensweise ist die Methodik zur Applikationsanalyse und das Strategie-Portfolio. Insbesondere hat sich gezeigt, dass bei der Applikationsanalyse durch die Nutzung des NACE-Codes als roter Faden, eine Vielzahl an Applikationsideen generiert werden konnten. Zudem konnten die generierten Applikationsideen durch den Bottum-Up-Ansatz (Formulierung von relevanten Marktsegmenten auf Basis der identifizierten aktuellen und potenziellen Applikationen) in konsistente Marktsegmente zusammengefasst werden. Es zeigte sich, dass das Strategie-Portfolio bei der Potenzialermittlungs-Phase eine übersichtliche Visualisierung der komplexen Zusammenhänge zwischen aktuellen bzw. potenziellen Technologien, Konkurrenten und Märkte bietet und dadurch für das Beantworten der oben genannten Fragestellungen sehr hilfreich war.

Damit der Technologieanbieter in die Lage versetzt wird, seine Technologievermarktungs- und/oder Technologieentwicklungsstrategie in gewissen Zeitabständen zu überprüfen bzw. anzupassen, bietet es sich an, die Technologiepotenzialanalyse regelmäßig durchzuführen. Hierbei werden immer neue potenzielle Technologien, Wettbewerber und/oder Applikationen identifiziert und gleichzeitig die oft subjektiv ermittelten Technologie- und Marktkennzahlen der schon identifizierten Applikationen verifiziert bzw. angepasst.

Die Erhebung der notwendigen Daten sowohl für die Erstaufnahme der Daten als auch für das kontinuierliche Erweitern und Anpassen gestaltet sich als sehr ressourcenintensiv. Allerdings hat die Anwendung der Methode beim Anwendungsbeispiel „WISA Inertialsensorik" gezeigt, dass vor allem bei Technologien, deren Einsatzfelder noch unscharf sind, eine Vielzahl an attraktiven potenziellen Applikationen identifiziert werden konnten und die Weiterentwicklungsstrategie der Technologie basierend auf der Attraktivität des Marktes und der Konkurrenzsituation für einen kurz-, mittel- und langfristigen Zeitrahmen planbar wurde.

Der Bedarf nach einem Instrument zur Unterstützung des Technologietransfers von der Forschung in die Unternehmen wird auch in Zukunft durch die zunehmende Komplexität, das Zusammenwachsen von Technologiedisziplinen und die steigende Dynamik bei der Technologieentstehung wachsen. Durch die Anwendung dieses Adaptionsprozesses mittels der vorgestellten Technologiepotenzialanalyse wird dem Technologieanbieter aus der angewandten Forschung eine Methode an die Hand gegeben, die ihn in der zukunftssicheren Allokation seiner begrenzten FuE-Ressourcen unterstützt. Aus Sicht der Wissenschaft und Praxis muss die Vorgehensweise zur Verbreiterung des Einsatzgebietes neben der angewandten Forschung auch hinsichtlich der unternehmerischen Vorentwicklung (Schrittmacher- und Schlüsseltechnologiefeldern) und der Grundlagenforschung noch erprobt und validiert werden.

9.7   Literatur

EN 1325-1, 1996: Value Management, Wertanalyse, Funktionenanalyse, Wörterbuch - Teil 1: Wertanalyse und Funktionenanalyse.

EN 1325-2, 2004: Value Management, Wertanalyse, Funktionenanalyse, Wörterbuch - Teil 2: Value Management.

Akiyama, K. (1994): Funktionenanalyse. Der Schlüssel zu erfolgreichen Produkten und Dienstleistungen. Landsberg/Lech: Verl. Moderne Industrie Japan-Service.

Backhaus, K. (1989): Multivariate Analysemethoden eine anwendungsorientierte Einführung. 5., rev. Auflage. Berlin [u.a.]: Springer.

Birkhofer, H. (1980): Analyse und Synthese der Funktionen technischer Produkte. Düsseldorf: VDI-Verlag.

Brosius, F. (1999): SPSS 8.0. Professionelle Statistik unter Windows . 1. Aufl., 1. Nachdr. Bonn: MITP-Verl.

Bucher, P. E. (2003): Integrated technology Roadmapping: Design and implementation for technology-based multinational enterprises. Dissertation. Zürich. ETH.

Bullinger, H. J. (2006): Fokus Innovation. Kräfte bündeln - Prozesse beschleunigen. München: Hanser.

Diller, H.; Diller, H.; Bauer, H. (1998): Planung und Marketing. In: Diller, Hermann; Bukhari, Imaan (Hg.): Marketingplanung. 2., vollst. neu bearb. und erg. Aufl. München: Vahlen .

Diller, Hermann; Bukhari, Imaan (Hg.) (1998): Marketingplanung. 2., vollst. neu bearb. und erg. Aufl. München: Vahlen.

Gerpott, T. J. (1999): Strategisches Technologie- und Innovationsmanagement. Eine konzentrierte Einführung. Stuttgart: Schäffer-Pöschel.

Gomeringer, A.: Eine integrative, prognosebasierte Vorgehensweise zur strategischen Technologieplanung für Produkte. Heimsheim, Stuttgart: Jost-Jetter-Verl.; Univ. (IPA-IAO Forschung und Praxis, 460).

Hall, K. (2002): Technologische Potenziale sichtbar machen. In: NEW MANAGEMENT, H. Januar/Februar, S. 49–57.

Lange, V. (1994): Technologische Konkurrenzanalyse. Zur Früherkennung von Wettbewerberinnovationen bei deutschen Grossunternehmen. Wiesbaden: Deutscher Universitäts- Verlag.

Lichtenthaler, E. R. (2002): Organisation der Technology Intelligence. Eine empirische Untersuchung der Technologiefrühaufklärung in technologieintensiven Grossunternehmen. Zürich: Verlag Industrielle Organisation.

Pahl, G.; Beitz, W.; Feldhusen, J. (2003): Konstruktionslehre. Grundlagen erfolgreicher Produktentwicklung ; Methoden und Anwendung. 5., neu bearb. und erw. Aufl. /. Berlin: Springer.

Savioz, P. (2004): Technology Intelligence: Concept Design and Implementation in Technology-based SMEs. New York: Palgrave.

Schöning, S. (2006): Potenzialbasierte Bewertung neuer Technologien. Aachen: Shaker (Berichte aus der Produktionstechnik, 2006,7).

Specht, D.; Behrens, S. (2001): Strategische Planung mit Roadmaps, Möglichkeiten für das Innovations-management und die Personalbedarfsplanung. In: Möhrle, Martin G.; Isenmann, R. (Hg.): Technologie-Roadmapping. Zukunftsstrategien für Technologieunternehmen. München: Springer.

Zinser, S. (2000): Eine Vorgehensweise zur szenariobasierten Frühnavigation im strategischen Technolo-giemanagement. Heimsheim: Jost-Jetter-Vlg.

Zweck, A. (2003): Zur Gestaltung technischen Wandels- Integriertes Technologie-und Innovationsmana-gement (ITIM) begleitet Innovationen ganzheitlich. In: Wissenschaftsmanagement, Jg. 9, H. 2, S. 25–32.

10 Technologierelevante Informationen bereitstellen

ULRICH BÜGEL

10.1 Ziele und Aufgaben

In den bisher vorgestellten Etappen auf dem Weg zur Verbesserung des Technologieentwicklungsprozesses wurden bereits wesentliche Aspekte im Umgang mit verfügbarer Information aufgezeigt:

- Durch Nutzung struktureller und aktueller Informationen in der Integrationsplattform wird dem Benutzer eine Einschätzung des Ist-Zustandes einer Institution in Bezug auf eine Technologie ermöglicht, ergänzt durch Handlungsempfehlungen für das weitere Vorgehen.
- Die dazu erforderliche Navigation durch Methoden und Werkzeuge muss übersichtlich und intuitiv gestaltet werden.
- Anstehende Entscheidungen im Technologieentwicklungsprozess werden durch verfügbares Hintergrundwissen (Fakten, Aussagen) unterstützt, das durch leistungsfähige Beschreibungstechniken, z. B. Ontologien, modelliert wird.

Die Integrationsplattform für das Technologieentwicklungsmanagement sieht Methoden zur Beschaffung der benötigten Information vor, die den Anwender selbst möglichst wenig belasten. Die Informationsbeschaffung muss möglichst nahtlos in die Abläufe zur Verarbeitung und Darstellung der Information integriert werden. Es wird daher ein möglichst hoher Grad an maschineller, automatischer Beschaffung der Information angestrebt. Allerdings steht die zu beschaffende Information nicht direkt in maschinell verarbeitbarer Form zur Verfügung. Sie muss vielmehr aus verfügbarer Basis-Information gewonnen werden, die in vielfältigen Informationsquellen, z. B. in Form von Dokumenten, Web-Seiten, Tabellen oder Datenbanken, gespeichert ist. Eine intelligente Informationsbeschaffung besteht daher in einer automatisierten, in die Arbeitsabläufe integrierten Durchforstung verschiedener Informationsquellen, mit anschließender Aufbereitung zur Erzeugung der maschinell verarbeitbaren und anwendungsbezogenen Informationsrepräsentation, die in den Methoden und Werkzeugen benötigt wird.

Welche Art der Informationsrepräsentation wird nun konkret von den Verarbeitungswerkzeugen erwartet? Die Anforderungen ergeben sich aus den – an verschiedenen Stellen in Vorgängerkapiteln ersichtlichen – konkreten Aufgabenstellungen zum Umgang mit Information; sie sind in Abbildung 1 zusammengefasst:

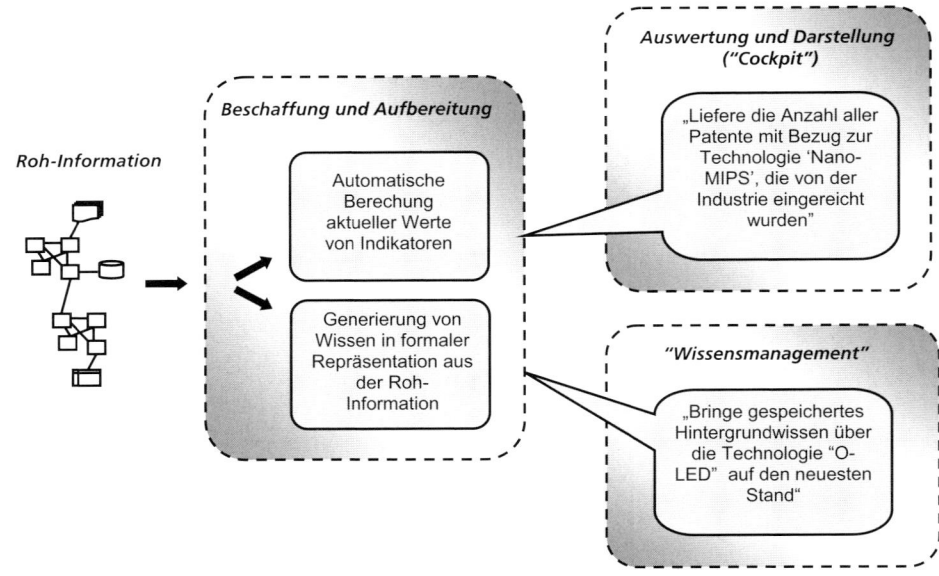

Abbildung 1:   Integrierte, automatisierte Informationsbeschaffung

Im ersten Schritt wird die Roh-Information beschafft. Dabei handelt es sich um Texte oder Daten, die auf höchst unterschiedlichen Medien gespeichert sind, ggf. erst mit dedizierten Suchverfahren in Netzen lokalisiert und schließlich mit spezifischen Zugangsmethoden beschafft werden müssen.

Die beschaffte Roh-Information wird dann ausgewertet, zur Ermittlung der von den Anwendungswerkzeugen benötigten Information. Folgende Information wird von den Anwendungswerkzeugen verarbeitet:

- Werte von *Indikatoren*, z. B. die Entwicklung bei Patenten, Veröffentlichungen oder Stellenanzeigen, geben Auskunft über den Status einer Technologie. Eine exakte Definition des Indikatorbegriffes sowie deren Einteilung in Gruppen werden in Kapitel 8.1.1 eingeführt. Für einen Teil dieser Indikatoren kann eine automatische Berechnung des Wertes über einen bestimmten Zeitraum durchgeführt werden. Über das Methoden-Cockpit können dazu solche Berechungsläufe angefordert werden, z. B. in Form eines Auftrages zur Lieferung der aktuellen Anzahl von Patenten mit Bezug zu einer bestimmten Technologie. Die Messung von Indikatoren kann über verschiedene Skalentypen erfolgen (metrische Skala, Ordinalskala, Verhältnisskala).

- Aktuelles *Wissen* über Entwicklungen und Veränderungen des Technologiestatus kann automatisch aus Texten und Daten extrahiert werden und bereits vorhandenes Hintergrundwissen auf den neuesten Stand bringen. Die Wissensmanagement-Komponente erteilt dazu entsprechende Aufträge.

Diese beiden Aufgaben der Informationsbeschaffung und –aufbereitung werden in den folgenden Unterkapiteln im Detail dargestellt. Um die Ablaufsequenzen möglichst genau, aber dennoch allgemeinverständlich darzustellen, wurden sie in Form von Aktivitätsdiagrammen der Unified Modelling Language (UML) modelliert (vgl. Booch/Rumbough 1999).

10.2   Werte von Indikatoren bestimmen

10.2.1   Wie wird die Basis-Information beschafft?

Der erste Schritt zur Bestimmung des aktuellen Wertes eines Indikators ist die Beschaffung der Roh-Information. Dazu steht ein breites Spektrum an Informationsquellen zur Verfügung. Die Art der Quellen ist spezifisch für jede Technologie und für jeden zu berechnenden Indikatorwert, als Beispiele seien stellvertretend genannt:

- Patente:
  Online Patentdatenbanken (z. B. Patbase, Delphion, DEPATISnet, esp@cenet, SciFinder) sowie spezialisierte Suchdienste wie Google-Patents.
- Forschungsprogramme:
  Internet-Quellen des BMBF, der Helmholtzstiftung, der Europäischen Union, der VW-Stiftung oder diverser Landesstiftungen.
- Stellenanzeigen:
  Internet Stellenanzeigendienste z. B. der Arbeitsagentur, des VDI, der Forschungseinrichtungen, der Zeitungen/Zeitschriften oder Jobbörsen wie monster.de oder JobScout24.
- Literatur, Konferenzen:
  Datenbanken von Fachinformationszentren (z. B. INSPEC des FIZ Karlsruhe), Verlagen (z. B. Science Direct von Elsevier oder SpringerLink), IEEE-Publikationen, Google Scholar.

Liegen die Basisdokumente auf frei zugänglichen Informationsmedien in elektronischer Form vor, können diese automatisch beschafft werden. Dazu werden Methoden und Algorithmen der in Kapitel 3 beschriebenen Informations- und Kommunikationstechnologie verwendet. Abbildung 2 zeigt die grundsätzliche Vorgehensweise.

Wird die Beschaffung neuer Dokumente im Zuge einer Indikatorberechung angefordert, werden zunächst die für die Beschaffung konfigurierten Quellsysteme selektiert und aufgerufen. Die gefundenen Dokumente werden gesammelt und den Komponenten zur Aufbereitung (siehe nachfolgende Unterkapitel) übergeben.

Entscheidend für die Berechnung von Indikatorwerten ist nicht etwa eine vollständige Recherche über alle möglichen Quellen, sondern vielmehr die periodische, deterministische Recherche über einen relevanten Ausschnitt der Quellen. Der festzulegende Informationsraum sollte folgenden Kriterien genügen:

- Zeitbezug:
  Kennzahlen werden i. d. R. für einen bestimmten Zeitraum ermittelt. Dieser muss korrekt bestimmbar sein, d.h. der Informationsraum muss relevante Werte für gewünschte Zeiträume zur Verfügung stellen.
- Vergleichbarkeit:
  Ein über einen Zeitraum ermittelter Indikatorwert muss mit Werten über frühere Zeiträume vergleichbar sein, um Trends feststellen zu können.
- Repräsentativität:
  Der gewählte Informationsraum muss repräsentativ sein, d. h. die Erhebung der Basis-Information muss Berechnungen von Kennzahlen ermöglichen, die man auch unter Nutzung des gesamten Informationsraumes erhalten würde.
- Verlässlichkeit:
  Die erfasste Information muss möglichst verlässlich und stabil sein. Idealerweise sollte bei wiederholter Erfassung über denselben Informationsraum und im gleichen Zeitraum auch dieselbe Information erhalten werden. Dieses Kriterium ist bei unregelmäßiger, dynamischer Einstellung und Pflege der Information, wie es z. B. bei dynamischen Web-Seiten, News-Feeds oder Online-Datenbanken der Fall ist, nicht vollständig zu erfüllen. Für eine Trendbeobachtung sind aber Ungenauigkeiten bis zu einem gewissen Maß tolerierbar.
- Zugänglichkeit:
  Bei einer systematischen Suche in einem Informationsraum, z. B. mit Hilfe eines Web-Crawlers, müssen alle benötigten Zugangsdaten und – Berechtigungen konfiguriert sein. Der Crawler kann sich z. B. bei bestimmten Datenbanken anmelden und Suchanweisungen durchführen. In vielen Fällen ist die Beschaffung jedoch nur in Form einer ersatzweisen Bereitstellung lokaler Kopien durch den Besitzer der Quellen möglich.

Diese Kriterien für den Informationsraum sind bei der Beschaffung der Basis-Information zur Beurteilung des aktuellen Status einer noch in der Entwicklung befindlichen Technologie für viele Indikatoren erfüllbar. Bei der Beschaffung von Indikatordaten für eine Referenztechnologie (vgl. Kapitel 8.2), deren Entwicklung bereits abgeschlossen ist, muss häufig über einen viel längeren und ggf. weit zurückliegenden Zeitraum recherchiert werden.

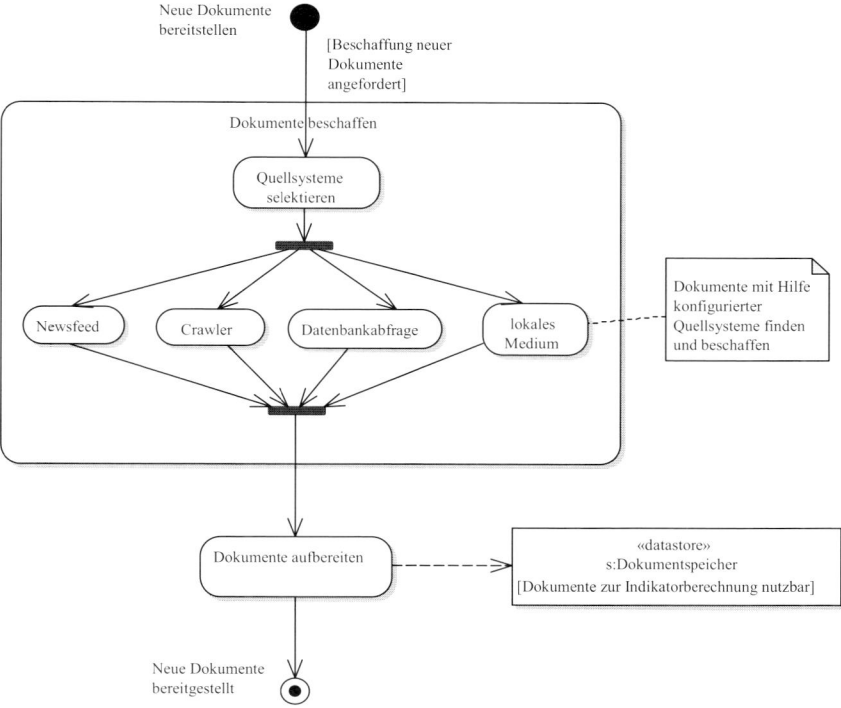

Abbildung 2:   Beschaffung von Dokumenten

 Es ist daher davon auszugehen, dass die benötigte Information oft nicht (mehr) vollständig auf aktuellen Medien (z. B. im Internet) zur Verfügung steht. Unter Umständen waren für diesen Zeitraum sogar noch gar keine elektronischen Medien verfügbar und die Daten liegen aktuell nur teilweise in elektronischer Form vor. Die Berechnung von Indikatorver-läufen für Referenztechnologien bleibt daher in vielen Fällen eine weitgehend manuell durchzuführende Aufgabe.

10.2.2   Wie wird die Basis-Information aufbereitet?

Im nächsten Schritt müssen die beschafften Dokumente und Daten für die Berechnung des Indikatorwertes aufbereitet werden.

Die Berechnung eines Indikatorwertes basiert oft auf einer Zählung von Dokumenten eines bestimmten Typs (z. B. absolute Anzahl verfügbarer Patente mit Bezug zu einer bestimmten Technologie) oder einer Auswertung von Dokumentinhalten (z. B. Summierung aller Angaben in Dokumenten zu den FuE Ausgaben einer Organisation). Nachdem die Dokumente beschafft sind, müssen zunächst diejenigen herausgefiltert werden, die zu dieser Zählung bzw. Summenbildung überhaupt herangezogen werden: welche der Dokumente sind überhaupt Patentschriften? Welche enthalten Angaben über Forschungsausgaben?

In beiden Fällen ist zunächst eine Typbestimmung aller beschafften Dokumente notwendig. Der Dokumenttyp wird oft bei der Beschaffung bereits mitgeliefert. Beispielsweise liefert die Abfrage in einer Patentdatenbank natürlich nur Patente, bei entsprechend gezielt formulierter Abfrage sogar Patente mit Bezug zu einer bestimmten Technologie. In anderen Beschaffungsszenarien, beispielsweise bei der systematischen Durchforstung von Internet-Domänen nach Dokumenten oder bei sehr spezifischem Dokumenttyp (z. B. Patente von Firmen/Institutionen, Stellenanzeigen für Grundlagenforscher/Anwendungs-Ingenieure), ist der Typ der beschafften Dokumente zunächst unklar. Jedes beschaffte Dokument muss daher erst kategorisiert werden. Um den Menschen von dieser Aufgabe zu entlasten, sollte diese Kategorisierung möglichst automatisch durch IuK-Werkzeuge durchgeführt werden, siehe dazu Kapitel 10.2.3 zur (semi-) automatischen Klassifikation.

Abbildung 3 zeigt die notwendigen Schritte zur Aufbereitung von Dokumenten.

Bevor eine inhaltsorientierte Analyse durchgeführt werden kann, muss zunächst der verarbeitbare Dokumenttext gewonnen werden. Eventuell muss das Dokument erst in ein Textformat konvertiert werden. Über die Analyse des Inhaltes hinaus können auch verfügbare Metadaten analysiert werden, beispielweise kann in Online-Patentdatenbanken die Institution, die ein Patent eingereicht hat, bereits aus den Metadaten gewonnen werden.

Da Indikatorwerte über bestimmte Zeiträume ermittelt werden, wird für jedes Dokument das Entstehungsdatum ermittelt und gespeichert (siehe Abbildung 4).

Oft kann der Zeitstempel aus der Meta-Information extrahiert werden. Für diese Aufgabe wird ein Algorithmus zur Informationsextraktion entsprechend konfiguriert und ausgeführt. Ist das Entstehungsdatum nicht als Meta-Information verfügbar, wird versucht, die Information aus dem Inhalt zu extrahieren; im ungünstigsten Fall kann das Datum überhaupt nicht beschafft werden; es muss dann festgelegt werden, indem man beispielsweise den Zeitpunkt der Beschaffung einträgt.

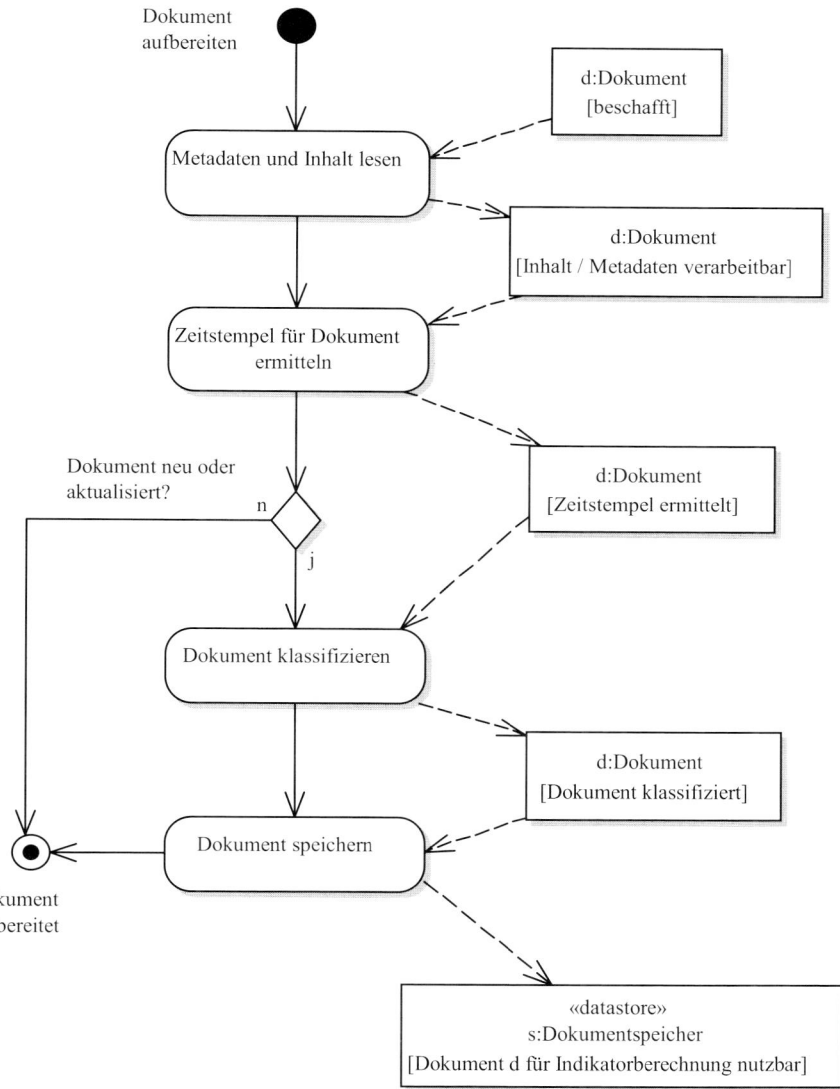

Abbildung 3:   Aufbereitung von Dokumenten

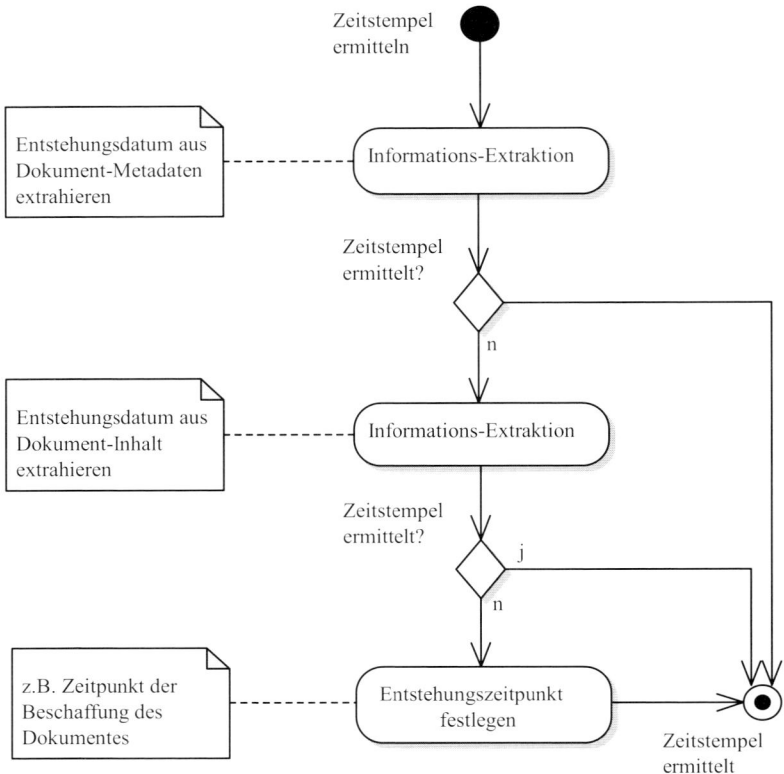

Abbildung 4:   Ermittlung des Entstehungsdatums von Dokumenten

Der Zeitstempel dient auch zur Kontrolle, ob ein Dokument im Zuge einer früher durchge-führten Indikatorberechnung schon einmal verwendet wurde (siehe Abbildung 3). Hat sich das Dokument nicht verändert, kann aus Optimierungsgründen die Klassifikation einge-spart werden, da die früher durchgeführte Klassifikation noch gültig ist.

Nach diesen Vorarbeiten wird das Dokument dann schließlich klassifiziert und das Ergeb-nis der Klassifikation abgespeichert. Die grundsätzlichen Methoden zur Dokumentklassifi-kation werden in den nächsten Kapiteln erläutert.

10.2.3   Wie können Dokumente klassifiziert werden?

Wie in den Kapiteln 3.3.3 und 10.2.2 ausgeführt, ist die Klassifikation der beschafften Basis-Dokumente eine essenzielle Voraussetzung für die Berechnung von Indikatorwerten. Der Betrieb einer Komponente zur automatischen Dokumentklassifikation erfordert nicht nur die Beherrschung der dazu benötigten IuK-Technologie, sondern auch organisatorische Maßnahmen.

Bei einer Klassifikation sind – im Gegensatz zum sogenannten „Clustering" – die zu bestimmenden Dokumentklassen fest vorgegeben (vgl. Hoffmann 2002). Die zur Bestimmung eines Indikators wichtigen Klassen können intuitiv aus der Indikatordefinition abgeleitet werden, als Beispiel seien die typischen Klassen für den Indikator „Anzahl und Herkunft der Stellenanzeigen mit Bezug zur Technologie OLED" genannt:

„Stellenanzeige", „Stellenanzeige mit Bezug zur Technologie OLED", „Stellenanzeige einer FuE-Institution", „Stellenanzeige einer FuE Einrichtung mit Bezug zur Technologie OLED"

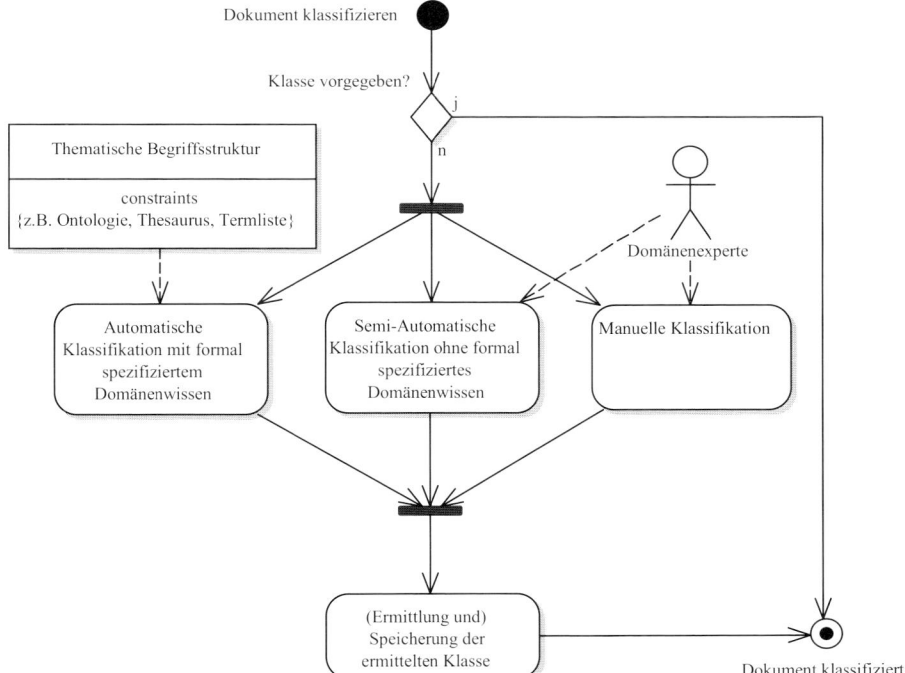

Abbildung 5:   Klassifikation von Dokumenten

Die Kombination von Eigenschaften (z. B. Technologiebezug und Herkunft) kann eine mehrstufige Klassifikation erfordern: eventuell muss zuerst erkannt werden, dass ein gefundenes Dokument überhaupt eine Stellenanzeige ist, dann der Bezug zur Technologie hergestellt und anschließend die Herkunft geklärt werden.

In der Integrationsplattform sind mehrere Klassifikationsverfahren vorgesehen (siehe Abbildung 5). Im einfachsten Fall wird die Klasse eines Dokumentes bereits bei dessen Beschaffung erhalten oder sie wird durch einen Fachexperten manuell durchgeführt. Die Anwendung von automatischen Verfahren geht von unterschiedlichen Voraussetzungen aus:

- Eine *automatische Klassifikation* kann dann durchgeführt werden, wenn eine thematische Begriffsstruktur über das Fachgebiet vorliegt, auf das die zu klassifizierenden Dokumente sich inhaltlich beziehen. Das Spektrum an Darstellungsmöglichkeiten reicht von einfachen Wortlisten-Hierarchien über Fachthesauri bis zu formal spezifizierten Ontologien. Die Klassifikation basiert auf dem Abgleich der Begriffsstruktur mit den Dokumentinhalten (Kapitel 10.2.3.1).
- Eine *semi-automatische Klassifikation* ist das Mittel der Wahl, wenn kein formal spezifiziertes Fachwissen vorliegt. Dies ist der weitaus häufiger auftretende Fall, da es für neue, aufstrebende Technologien meist noch keine gut strukturierte thematische Gliederung gibt. Die Idee der semi-automatischen Klassifikation ist, einen Teil des verfügbaren Dokumentenbestandes durch Fachexperten manuell vorzuklassifizieren; mit Hilfe einer speziellen Lernsoftware wird aus den vorklassifizierten Dokumenten ein Modell erzeugt, das in der Lage ist, neu hinzukommende Dokumente automatisch zu klassifizieren (Kapitel 10.2.3.2).

Wird die Begriffsliste in Form einer Ontologie repräsentiert, können – über die Annotation von Begriffen hinaus – wesentlich leistungsfähigere Formen der Annotation angewendet werden, beispielsweise das Annotieren von Fakten oder Aussagen, die im Text enthalten sind. Man spricht dann von semantischer Annotation (vgl. Kapitel 3.3.1); dieses Verfahren wird bei der Generierung von Wissen aus Dokumenten eingesetzt (siehe Kapitel 10.2). Für die Klassifikation von Dokumenten ist die vollständige Nutzung der komplexen Ausdrucksfähigkeit von Ontologien nicht unbedingt erforderlich.

10.2.3.1   Automatische Klassifikation

Die grundsätzliche Vorgehensweise zeigt Abbildung 6. Die vorgegebene thematische Begriffsstruktur verkörpert Wissen, das für die Klassifikation von Dokumenten mit Bezug zum vorgegebenen Thema nutzbar ist. Zunächst werden Vorkommen der Begriffe im Text mit Methoden der Informationsextraktion (Kapitel 3.3.2) annotiert. Anschließend werden die gefundenen Annotationen ausgewertet und die am wahrscheinlichsten für dieses Dokument zutreffende Klasse bestimmt.

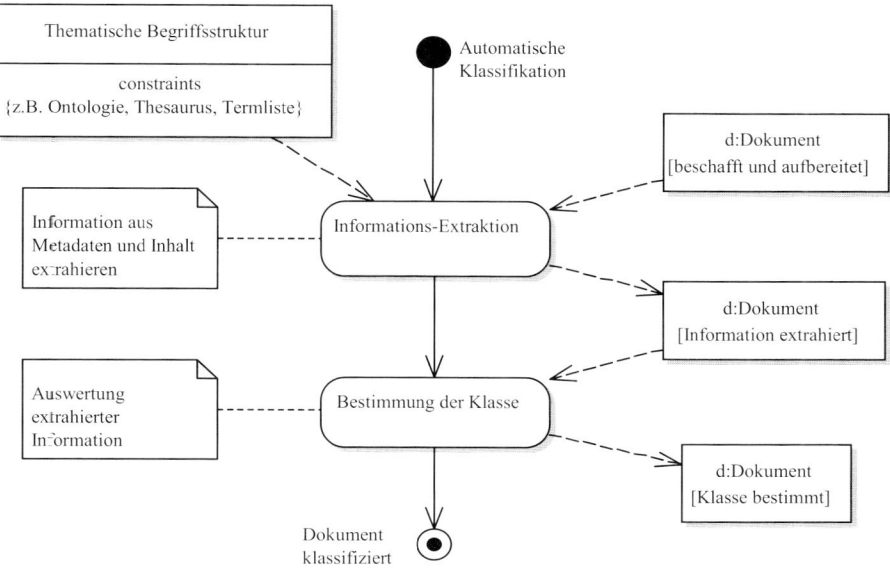

Abbildung 6:   Automatische Klassifikation von Dokumenten

Wie wird die Information extrahiert?

Begriffslisten über eine Technologie enthalten Begriffe auf differenziertem sprachlichen Level, wie hier am Beispiel einer Begriffsliste zur Technologie „Molecular Imprinting" illustriert:

- Einfache Begriffe, z. B. „Polymer", „Monomer", „Nanopartikel"
- Zusammengesetzte Begriffe, z. B. „supramolekulare Struktur", „sphärische Polymerpartikel", „molekulares Prägen"
- Phrasen, z. B. „Funktionalisierung von Oxidoberflächen", „Änderung der Leitfähigkeit"
- Konkrete Instanzen von Begriffen (sogenannte „named entities"), beispielsweise sind „Acrylate", „Acrylamide", „Polysterol" und „Kieselerde" Entitäten des Begriffs „funktionelle Monomere".

Erschwerend kommt hinzu, dass diese Begriffe in natürlichsprachigen Texten, z. B. Patentschriften oder wissenschaftlichen Artikeln, nicht nur in ihrer Grundform auftreten, sondern beispielsweise im Plural, in unterschiedlicher Kasusform, als Synonym usw. Diese Vielfalt verdeutlicht, dass Begrifflichkeiten in natürlichsprachigen Texten nicht durch exakten

Vergleich ermittelt werden dürfen, sondern eine linguistische Aufbereitung des Textes mit Stammformreduktion, Koreferenzauflösung, Synonymbehandlung etc. erforderlich ist.

Für eine detaillierte Darstellung der Problematik sei auf die einschlägige Literatur verwiesen, z. B. Manning/Schütze (2002). Wissenschaftliche Arbeiten, vor allem in den letzten 20 Jahren, haben die Grundlage geschaffen für das Engineering praktischer Systeme; entsprechende Werkzeuge sind verfügbar und können für diese Aufgabe eingesetzt werden. Die Qualität heutiger Systeme zur Informationsextraktion liegt nahe an der des Menschen, beispielsweise haben Evaluierungen im Kontext der MUC-Initiativen (vgl. Grishman/Sundheim 1996) ergeben, dass Named Entity Recognition mit 90% Genauigkeit arbeiten kann; menschliche „Annotierer" erreichen ebenfalls keine 100%.

Wie kann die Klasse bestimmt werden?

Die thematische Begriffsstruktur ist üblicherweise als Hierarchie organisiert. Eine zu bestimmende Klasse kann im Prinzip durch einen beliebigen, in der Hierarchie auftretenden Begriff vorgegeben sein. Je mehr Begriffe nun ein Dokument enthält, die in unmittelbarer Nachbarschaft dieses Begriffes eingeordnet sind – z. B. in einer tieferen oder parallelen Ebene – desto wahrscheinlicher kann das Dokument dieser Klasse zugeordnet werden. Bereits durch einen relativ einfachen Algorithmus, der die Annotationen nach dem Grad ihrer Verwandtheit zur bestimmenden Klasse gewichtet, kann ein Dokument klassifiziert werden. Es können auch mehrere Klassen vorgegeben werden, der Algorithmus bestimmt dann die am wahrscheinlichsten zutreffende Klasse.

Mit Hilfe dieses einfachen Algorithmus können Klassen bestimmt werden, die durch einen einzigen Begriff vorgegeben sind, beispielsweise ob ein Dokument einer bestimmten Technologie zugeordnet werden kann. Häufig sind zur Bestimmung von Indikatoren Klassen vorgegeben, die durch mehrere Kriterien festgelegt sind. Beispielsweise müssen Patentschriften zu einer Technologie gefunden werden, die von Firmen eingereicht wurden. Neben der eingangs schon erwähnten Möglichkeit einer mehrstufigen Klassifikation, können dazu auch neue Forschungsergebnisse aus dem Bereich des „Information Retrieval" genutzt werden. Hier besteht die Anforderung, dass Suchergebnisse einer Anfrage in Bezug auf eine Ontologie nach ihrer Relevanz geordnet werden müssen („Ontology Based Ranking"). Suchanfragen können dabei mehrere Suchbegriffe enthalten. Nach dem Vektorraummodell (vgl. Ferber 2003) wird dazu ein Dokument als Vektor mit gewichteten Annotationen beschrieben und mit Hilfe eines Ähnlichkeitsmaßes die Nähe zu dem Suchvektor, bestehend aus den Suchbegriffen, bestimmt (vgl. Vallet/Fernández 2005). Auf diese Weise kann auch eine Dokumentklassifikation für formal - beispielsweise in einer Abfragesprache - spezifizierte Klassen durchgeführt werden.

Was leistet die automatische Klassifikation?

Einfache Klassifikationen, beispielsweise die Zuordnung eines Dokumentes zu einer Technologie – lassen sich relativ leicht automatisch klassifizieren. Zur direkten Bestimmung komplexer Klassen (s.o.) gibt es bisher noch wenig praktische Erfahrungen.

Der Nachteil bei der automatischen Klassifikation besteht in der Notwendigkeit, eine thematische Begriffsstruktur erstellen zu müssen. Die Genauigkeit der Klassifikation steht und fällt mit der Leistungsfähigkeit dieser Struktur. Die ontologiebasierte Informationsextraktion – als die am meisten fortgeschrittene Methode – befindet sich derzeit noch in der Erprobungsphase; die verfügbaren Werkzeuge sind bei weitem noch nicht ausgereift.

Darüber hinaus wurde beobachtet, dass jeder Indikator spezifische Probleme mit sich bringt. Thematische Begriffsstrukturen werden i. d. R. von Experten gemeinsam für ein Fachgebiet erstellt, sind aber je nach Definition eines Indikators hinsichtlich ihres Nutzens bei der Klassifikation von Dokumenten mehr oder weniger geeignet. Beispielsweise können aus Fachaufsätzen oder Patentschriften wesentlich mehr technische Begriffe extrahiert werden als etwa aus Stellenanzeigen, in denen sehr selten der Bezug zu einer bestimmten Technologie hergestellt wird. Thematische Begriffsstrukturen haben oft auch wenig Übereinstimmung mit den zur Unterscheidung der Klassen typischen Begriffe und Redewendungen, beispielsweise helfen sie nicht bei der Beantwortung der Frage, ob mehr Grundlagenwissenschaftler oder Anwendungsingenieure gesucht werden. Als Konsequenz aus dieser Beobachtung lassen sich die von Fachexperten unabhängig erstellen Begriffsstrukturen oft nicht direkt verwenden, sondern müssen indikatorspezifisch angepasst werden. Da solche Anpassungen eher auf sprachliche und weniger auf fachliche Aspekte ausgerichtet sind, können sie nicht von den Fachexperten vorgenommen werden. Darüber hinaus sind die Begriffe, die zur Unterscheidung spezifischer Klassen geeignet sind, generell nur sehr schwer zu finden, die Unterscheidung findet meist auf höherer sprachlicher Ebene (Semantik, Pragmatik) statt. Für die Unterscheidung komplexer Klassen sind daher statistische Verfahren – wie in Kapitel 10.2.3.2 beschrieben – vorzuziehen.

Es sei noch angemerkt, dass einfache Begriffsstrukturen zunächst nur zur Klassifikation von Dokumenten taugen, die in der gleichen Sprache abgefasst sind. Der Einbezug von Mehrsprachigkeit erfordert einen beträchtlichen Aufwand. Ontologien dagegen leisten einen Beitrag zur Überwindung dieser Probleme. Ein pragmatischer Ansatz ist, die Beschaffung der Basis-Information auf einen Sprachraum zu begrenzen, was für eine Trendbeobachtung in vielen Fällen ausreichend ist. Andererseits ist die Verfügbarkeit der Art von Basis-Dokumenten, die zur Berechnung eines Indikators benötigt werden, oft nicht sehr hoch: Es gibt beispielsweise recht wenig Stellenanzeigen, die einen konkreten Bezug zu aufkommenden Technologien aufweisen. Aufgrund dieser Beobachtung ist der Einbezug von Dokumenten in verschiedener Sprache zur Bestimmung eines Indikators oft notwendig.

10.2.3.2   Semi-automatische Klassifikation

Bei der semi-automatischen Klassifikation werden die zu klassifizierenden Dokumente mit bereits vorhandenen und manuell (von Fachexperten) vorklassifizierten Dokumenten (sogenannte Trainingsdokumente) verglichen. Aus einem solchen Trainingsdatensatz wird ein Klassifikationsmodell erstellt, anhand dessen neu hinzukommende Dokumente automatisch klassifiziert werden können (vgl. Klinkenberg 1998).

Abbildung 7 zeigt die grundsätzliche Vorgehensweise in der Phase des Antrainierens der Lernsoftware. Zunächst wird der Trainingskorpus erstellt und die selektierten Dokumente manuell klassifiziert.

Wie erhält man einen Trainingskorpus?

Aus verschiedenen Fachbereichen sind – z. T. sehr große, zigtausende von Dokumenten umfassende – Trainingskorpora verfügbar. Ein sehr bekannter Korpus, der häufig zur Erprobung von Textklassifikatoren eingesetzt wird, ist beispielsweise der Reuters-Datensatz (vgl. Rose/Stevenson 2002). Für die hier benötigten, sehr technologie- und indikatorspezifischen Klassen sind jedoch keine dieser vorgefertigten Korpora direkt verwendbar: sie müssen, in enger Zusammenarbeit zwischen Fachexperten und IT-Spezialisten erstellt werden. Je nach Komplexität der zu bestimmenden Klasse definiert sich der Umfang dieser Aufgabe: Während beispielsweise für die Erkennung von OLED-Stellenanzeigen Trainingskorpora mit weniger als 100 Beispielen bereits ausreichten, hat sich die Unterscheidung von Patenten zur NanoMIP-Technologie in Grundlagen- und Anwendungspatente als sehr schwierig erwiesen: Eine Patentschrift umfasst nicht selten mehrere hundert Seiten und die Abgrenzung ist oft selbst für Experten nicht eindeutig durchführbar. Die Erstellung eines Trainingsdatensatzes in der benötigten Größe ist daher nicht praktikabel. In solchen Fällen ist zu überlegen, ob nicht ein Indikator mit gleicher Aussage einfacher zu handhaben wäre; in diesem Falle wurde daher ausgewichen auf die Bestimmung der Institution, die das Patent eingereicht hat. Aufgrund der Beobachtung ist es möglich, dass Grundlagenpatente zur NanoMIP-Technologie fast ausschließlich von FuE-Einrichtungen eingereicht werden; somit kann diese Klasse auch durch gezielte Informationsextraktion (die einreichende Institution) bestimmt werden.

Unterstützung bei der Korpuszusammenstellung bieten auch semi-automatische Verfahren. Allerdings ist die erfolgreiche Gewinnung von Korpora aus Web-Seiten ebenfalls mit einem erheblichen Aufwand an Nachbearbeitung verbunden (vgl. Träger 2005).

Wie müssen die Trainingsdokumente aufbereitet werden?

Damit ein Softwarewerkzeug Dokumente automatisch klassifizieren kann, müssen diese in eine maschinell verarbeitbare Form gebracht werden. Aus dem Dokument-Korpus wird dazu zunächst eine Wortliste extrahiert (sogenannte „Merkmale" oder „Features"), die alle im Text vorkommenden Begriffe, die für eine Klassifikation nutzbar sind, enthält.

Diese Aufgabe kann weitgehend maschinell erledigt werden. Eine Textaufbereitungs-Software führt dazu sowohl eine linguistische, als auch eine statistische Analyse der Texte durch. Die linguistische Analyse ermittelt die Stammformen der Wörter, löst Wortkompositionen auf usw. Die statistische Analyse besteht hauptsächlich aus einer Wortfrequenz-Analyse (Auftretenshäufigkeit in verschiedenen Dokumenten) mit anschließender Rauschmaß-Bestimmung (Entfernen gleichmäßig über die Dokumente verteilter Wörter). Auch Stoppwortlisten können hier eingesetzt werden.

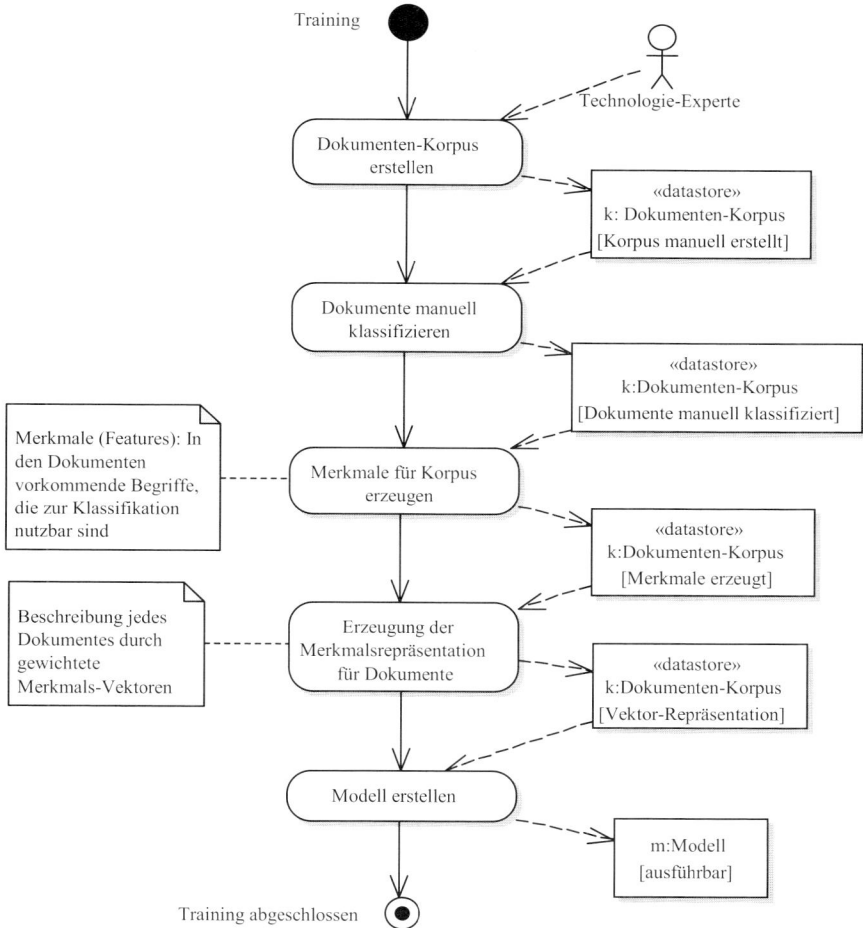

Abbildung 7:   Semi-automatische Klassifikation: Trainingsphase

Die generierte Wortliste kann von einem Fachexperten in einem Nachbearbeitungsschritt optimiert werden. Alternativ könnte die Wortliste auch – korpusunabhängig – von Fach-Experten manuell erstellt werden, was jedoch ein sehr aufwändiges Unterfangen ist und sich als Basis für ein Produkt zur automatischen Indikatorberechnung als kaum praktikabel herausgestellt hat.

Jedes Dokument (Trainingsdokumente und später automatisch zu klassifizierende Dokumente) wird in eine Merkmalsrepräsentation transformiert, d. h. es wird formal als Vektor dargestellt. Ein solcher Vektor gibt für jeden im Dokument vorkommenden Begriff eine Gewichtung an. Es steht eine Palette von Gewichtungsmethoden zur Verfügung, bei-spielsweise gewichtet die Methode *Term-Frequency * Inverted Document Frequen-*

cy (TFIDF) die Häufigkeit eines Wortes im Dokument (Termfrequenz) und reduziert das Gewicht, je öfter ein Wort in verschiedenen Dokumenten vorkommt (invertierte Dokument-Frequenz).

Das Vektorraummodell (vgl. Ferber 2003) sieht ferner eine Ähnlichkeitsfunktion (z. B. Skalarprodukt, Cosinusmaß) vor, mit der Dokumente letztendlich vergleichbar werden und mit Hilfe eines generierten Modells automatisch klassifiziert werden können.

Nachdem im letzten Schritt das Trainingsmodell durch die Lernsoftware generiert wurde, können neu hinzukommende Dokumente nun automatisch klassifiziert werden, indem das Modell ausgeführt wird (Abbildung 8).

Wie in der Trainingsphase wird jedes zu klassifizierende Dokument dazu in eine Vektorrepräsentation überführt und dem Modell zur Bestimmung der Klasse zugeführt.

Wie leistungsfähig ist die semi- automatische Klassifikation?

Das Vektorraummodell wurde in der Vergangenheit für verschiedene Anwendungen eingesetzt. Gute Erfolge wurden vor allem beim Information Retrieval erzielt. Ob die Nutzung des Vektorraummodells für die Textklassifikation brauchbare Ergebnisse liefert, hängt von vielen Faktoren ab. Bei der Anwendung zur automatischen Berechnung von Indikatoren hat sich herausgestellt, dass eine sorgfältige Abstimmung mit den Fachexperten bei der Erstellung des Trainingskorpus sowie eine auf den jeweiligen Anwendungsfall abgestimmte Konfiguration zur Aufbereitung der Dokumente und des Entscheidungsalgorithmus zu brauchbaren Ergebnissen führen. Ein großer Vorteil dieser Methode besteht darin, dass – nach anfänglichem Aufwand für das Training – die Software vollkommen automatisch die Klassifikation durchführt. Da die Klassifizierung ohne aufwändige Analyse der Semantik auskommt und ausschließlich auf statistischer Basis klassifiziert, ist die Klassifikation sehr performant, was bei großen Informationsräumen mit vielen Basis-Dokumenten von großer Bedeutung ist.

Die Resultate einiger im Kontext eines Projektes durchgeführten Experimente zur semi-automatischen Klassifizierung von Stellenanzeigen, Patentschriften und Publikationen sind (Frank, 2008) beschrieben. Als Grundlage diente eine Implementierung der in Kapitel 12.1 beschriebenen Software-Architektur. Die Tests ergaben eine Fülle von Teilergebnissen, deren Darstellung den hier vorgegebenen Rahmen sprengen würde. Als wesentliches Resultat der Untersuchungen steht die Aussage, dass der Aufbau einer IuK-Lösung mit Komponenten zur automatischen Ermittlung von Indikatoren nicht mechanisch durch einfaches Konfigurieren einer allumfassenden Software-Lösung zu bewerkstelligen ist, sondern für jede neu hinzukommende Technologie und jeden zusätzlichen Indikator neu projektiert werden muss.

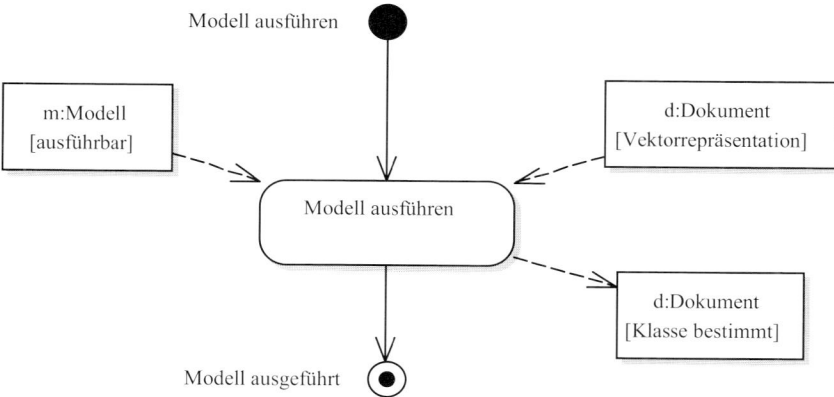

Abbildung 8:   Semi-automatische Klassifikation: Ausführungsphase

10.2.4   Indikatorwert berechnen

Sind die beschafften Basis-Dokumente nun indikatorspezifisch klassifiziert, kann schließlich der Indikatorwert berechnet werden (Abbildung 9).

Nachdem eine Anfrage zur Berechnung eines Indikatorwertes über einen bestimmten Zeitraum gestellt wurde, werden zunächst alle Dokumente mit indikatorspezifischer Klasse aus dem Dokumentenbestand selektiert. Die weitere Vorgehensweise hängt nun von der für den Typ des Indikators (siehe Kapitel 8.1.1) vorgesehenen Skala ab. Ist lediglich die Anzahl von Dokumenten eines bestimmten Typs zu bestimmen (z. B. Anzahl von Patenten, Stellenanzeigen etc.), kann der Wert auf einer metrischen Skala über die Anzahl dargestellt werden, d.h. die selektierten Dokumente sind lediglich zu zählen.

In vielen Fällen ist die zur Wertberechnung erforderliche Information jedoch im Dokument enthalten und muss zunächst daraus gewonnen werden. Mit Hilfe von Methoden zur Informationsextraktion kann in vielen Fällen die Ziel-Information automatisch extrahiert werden. Bei bestimmten Indikatoren gestaltet sich diese Aufgabe schwierig. Beispielsweise ist bei einem Indikator vom Typ „absolute Anzahl technischer Kenngrößen" die Menge der Dokument-Klassen, in denen Basis-Information enthalten sein kann, nicht begrenzt; außerdem ist die Information, die aus den Dokumenten extrahiert werden muss, schwierig zu definieren. Eine wesentlich einfachere Aufgabe ist beispielsweise das Herausfiltern der „Herkunft der Präsentatoren auf Konferenzen". Hier kann der Informationsraum für die Beschaffung der Basis-Dokumente (z. B. CDs oder Internetseiten mit relevanten Konferenz-Inhalten) leichter abgegrenzt werden; auch die aus den Dokumenten zu extrahierende Information (der Autor und seine Herkunft) ist klar definiert.

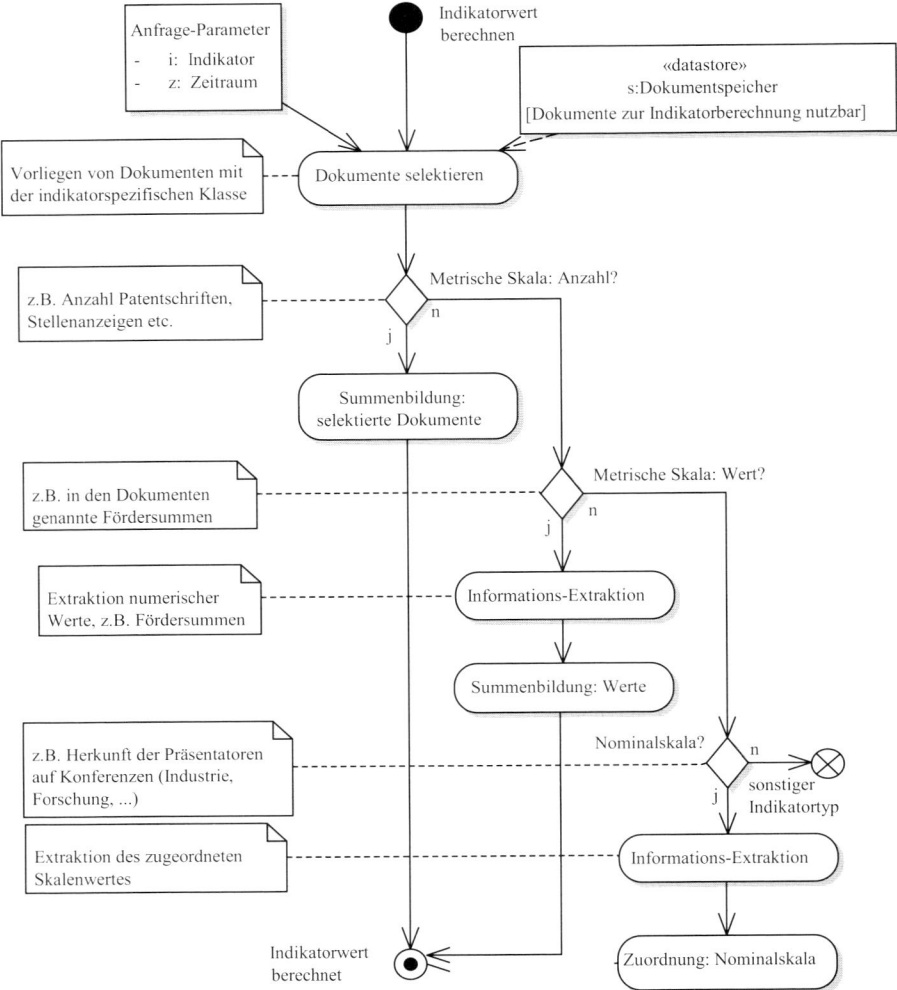

Abbildung 9:   Berechnung des Indikatorwertes mit klassifizierten Dokumenten

10.2.5   Welche Indikatorwerte können semi-automatisch bestimmt werden?

Zusammenfassend lässt sich feststellen, dass zwar nicht für alle, aber doch für einige Indikatorwerte Automatismen für deren Berechnung entworfen werden können. Aus der Menge der Indikatoren zur Bestimmung der Technologieentwicklungsphase bieten sich nach genauerer Untersuchung der Kriterien in erster Linie folgende Indikatoren für eine automatische Berechnung an:

- Absolute Anzahl der Patente
- Anzahl der Patente nach Herkunft (Forschung, Unternehmen)
- Anzahl Forschungsprogramme nach Art (Grundlagen oder Anwendung)
- Mittel in Forschungsprogrammen nach Art (Grundlage oder Anwendung)
- Anzahl Stellenanzeigen nach Herkunft (Forschung, Unternehmen)
- Anzahl Gesamtprimärliteratur / Gesamtsekundärliteratur
- Anzahl der Präsentatoren auf Konferenzen nach Herkunft (Industrie oder Forschung)

10.3   Wissen generieren

10.3.1   Ontologiebasierte Wissensgenerierung

In Kapitel 3.3.1 wurden Ontologien eingeführt als leistungsfähiges Werkzeug zur Beschreibung von Wissen über ein bestimmtes Fachgebiet, z. B. eine Technologie, eine regionale Struktur oder einen Markt mit Produkten, Herstellern und Kunden. Ontologien sind das Werkzeug der Wahl zur formalen Beschreibung von Konzepten (z. B. „Technologie"), konkreten Instanzen (z. B. „Molecular Imprinting Polymers") und Relationen/Fakten (z. B. „Fraunhofer IGB erforscht die Technologie Molecular Imprinting Polymers").

Diese formale Repräsentation von Wissen ist eine essenzielle Grundlage im Kontext von vielen Aufgabenstellungen zur Technologieentwicklung. Allerdings liegt dieses Wissen oft nicht á priori vor, sondern muss aus verschiedensten Quellen extrahiert werden. Beispielsweise muss bei der automatischen und semi-automatischen Berechnung von Indikatoren (Kapitel 10.2) Wissen aus Dokumenten (oder aus Metadaten über Dokumente) gewonnen werden, z. B. :

- Ist der Autor eines bestimmten Konferenzbeitrages eine Firma oder eine FuE-Einrichtung?
- Welche Fördersummen wurden für eine bestimmte Technologie ausgegeben?
- Welche Firmen entwickeln eine bestimmte Technologie?
- Welche Veranstaltungen wurden zu einem bestimmten Thema im letzten Jahr durchgeführt?

Eine besondere Anforderung stellt dabei die automatische Ermittlung vernetzen Wissens dar, d. h. das Auffinden konkreter Relationen in Quelldokumenten. Die Ermittlung von Fakten, ihre Speicherung in einer Wissensbasis und ihre Nutzung als Hintergrundwissen als Grundlage für Entscheidungen stellt einen erheblichen Mehrwert dar und kann zur Verbesserung des Technologieentwicklungsprozesses in einer Institution beitragen.

Die Aufgabe der Wissensgenerierung besteht darin, den strukturbeschreibenden Elementen der Ontologie (z. B. der Aussage „Institutionen erforschen Technologien") konkrete Elemente zuzuordnen, die in der Quelle ausgedrückt werden (z. B. „Fraunhofer IGB erforscht OLED"). In diesem Fall spricht man von *semantischer Annotation* (vgl. Kapitel 3.3.1) der Quelle in Bezug auf die Ontologie. Das konkrete Element muss dazu in der Quelle erst entdeckt werden: Es kann beispielsweise in einem Nebensatz eines Textes erwähnt werden. Jedes identifizierte Element wird dann in eine formale, maschinenverarbeitbare Form umgewandelt. Abhängig vom Typ der Quelle bringt die semantische Annotation ganz unterschiedliche informationstechnische Herausforderungen mit sich:

Unstrukturierte Quellen sind in erster Linie Texte oder Dokumente in natürlicher Sprache. Die Generierung der Annotationen nutzt IuK-Komponenten zur Informationsextraktion.

Semi-strukturierte Quellen können Text in natürlicher Sprache enthalten, aber auch Meta-Information in Form syntaktischer Elemente einer formalen Sprache. Typische Vertreter dieser Gattung sind z. B. Web-Seiten. Über die Analyse der natürlichsprachigen Texte hinaus können die syntaktischen Elemente zur gezielten Extraktion bestimmter Informationen genutzt werden, etwa zum Herausfinden von Erstelldatum und Autor.

Strukturierte Quellen sind beispielsweise Datenbanken oder andere IuK-Anwendungen. Die verarbeitete Information ist intern bereits formal repräsentiert, z. B. in Form von Datenbanktabellen. Die semantische Annotation bildet ontologische Elemente auf Struktur, Inhalt und Anfragen der strukturierten Quelle ab.

10.3.2   Dienste im Kontext der semantischen Annotation

Mit Hilfe der semantischen Annotation wird formale Meta-Information aus strukturierten, semi-strukturierten oder unstrukturierten Quellen generiert und den Elementen einer Ontologie zugeordnet. Der automatische, semantische Annotationsdienst arbeitet im Kontext einer Serviceorientierten Architektur (SOA) (siehe Kapitel 3.3.5) mit anderen Diensten zusammen, wie in Abbildung 10 illustriert. Den gezeigten kooperativen Diensten sind folgende Aufgaben zugeordnet:

Informationsbeschaffung: Die zu annotierenden Dokumente werden von den Quellsystemen beschafft und für die Annotation aufbereitet.

Ontologiemanagement: Das Erzeugen von Annotationen stützt sich auf Ontologien, es wird deshalb ein Dienst zur Erzeugung und Verwaltung von Ontologien benötigt.

Informationsextraktion: Bei der Annotation unstrukturierter Quellen leistet ein Dienst für die Informationsextraktion die Verarbeitung natürlichsprachiger Texte.

Wissensbasis: Der Annotationsdienst benötigt Hintergrundwissen, z. B. welche Technologien, Regionen oder Institutionen es gibt. Dieses Wissen ist in einer Wissensbasis untergebracht. Umgekehrt kann der Annotationsdienst aus den Quellen neues Wissen generieren

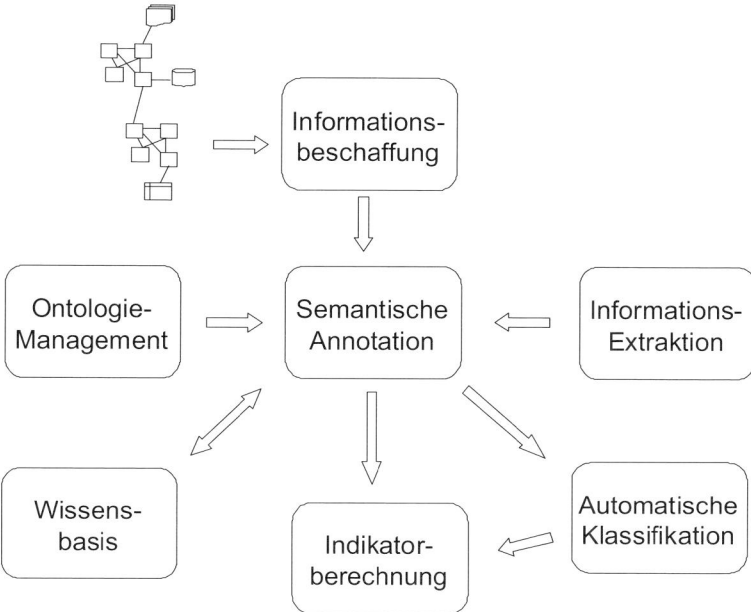

Abbildung 10:   Dienste im Kontext der automatischen Klassifikation

und der Wissensbasis zuführen. Damit die neu gefundene Information verlässlich ist, kann sie zuvor redaktionell bearbeitet werden. Der Annotationsdienst arbeitet in diesem Falle semi-automatisch, er unterbreitet dem Redakteur Vorschläge für neu einzufügendes Wissen.

Indikatorberechnung: Gefundene Annotationen können in vielen Fällen direkt zur automatischen Berechnung von Indikatoren verwendet werden, wie in Kapitel 10.2 näher ausgeführt.

Automatische Klassifikation: Alternativ zur in Kapitel 10.2 vorgestellten statistischen Methode zur automatischen Klassifikation von Dokumenten können die Annotationen gewichtet und als Basis für eine nachfolgende Klassifikation verwendet werden.

10.4   Anwendungsbeispiel: Semantisch unterstützte Literaturrecherche

10.4.1   Einführung

In allen Phasen des Technologieentwicklungsprozesses stellt die Literaturrecherche und -analyse eine wichtige Basis für fundierte Entscheidungen dar. Zum einen wird das Risiko vermindert, das der eigene Ansatz bereits durch Forschungsarbeiten oder Patente „blockiert" ist und somit die eigenen Entwicklungen eventuell später nicht mehr erfolgreich vermarktet werden können. Andererseits kann das Wissen vor allem über benachbarte Technologiedomänen zu kreativen Impulsen führen, die die eigene Entwicklung u. U. sogar beschleunigen können.

Somit sollten u. a. die folgenden Fragestellungen zumindest in Grundzügen beantwortet werden können:

- In welches Technologiefeld kann der eigene Ansatz eingeordnet werden? Gibt es bereits Technologien mit vergleichbaren Funktionen, die substituiert werden könnten?
- Wurden schon Patente angemeldet?
- Wurden ähnliche Ansätze bereits auf Konferenzen thematisiert?
- Welche Experten forschen auf dem Themenfeld?
- Welche Anforderungen können durch den Funktionsumfang der Technologie abgedeckt werden?
- Für welche Nutzergruppen oder Branchen könnte die Technologie interessant werden?
- Welche Anforderungen stellt die Technologie an die Produktionsressourcen? Sind diese bereits vollständig am Markt vorhanden oder müssen hier evtl. Entwicklungsarbeiten initiiert werden?

Häufig zeigt schon der zeitliche Aufwand der ersten Recherchen, wie wichtig eine IT-basierte Unterstützung ist. So wird beispielsweise bei der Betrachtung des Umfangs und der Änderungsdynamik der größten medizinischen Datenbank MEDLINE deutlich, welches Ausmaß die verfügbaren Informationen nicht nur im medizinischen Bereich haben:

Der Bestand umfasste bereits 2004 mehr als 12 Mio. Artikel, 2000 neue Artikel wurden pro Tag neu eingestellt. Zwar ist für einen einzelnen Experten zunächst nur ein kleiner Teil neuer Artikel tatsächlich relevant, die zunehmende Komplexität neuer Technologien und die Notwendigkeit der Verknüpfung mit weiteren Technologiefeldern (z. B. Elektronik, Optik und Polymere) erweitern jedoch die zu betrachtende Informationen erheblich. Darüber hinaus darf nicht vergessen werden, dass die Literatur üblicherweise nach bestimm-

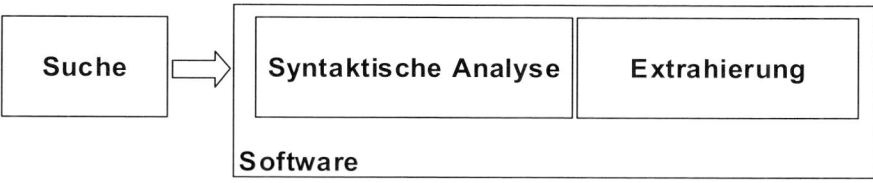

Abbildung 11:   Übersicht Elemente

ten, zum jeweiligen Zeitpunkt relevanten Aspekten analysiert wird. Werden zu einem späteren Zeitpunkt neue Aspekte wichtig (z. B. Experten), müsste der gesamte Literaturkorpus erneut durchgelesen werden.

Es wird deutlich, dass ein rein manuelles Lesen, Analysieren, Zusammenfassen und Einordnen in den eigenen Wissenskontext aller wichtigen Informationen nicht mehr sinnvoll möglich ist, es muss vielmehr eine neue Methodik entwickelt werden. Eine softwarebasierte, semantisch unterstützte halbautomatische Vorgehensweise scheint ein vielversprechender Weg zu sein, um den folgenden Praxisanforderungen zu genügen:

- Es sollte möglichst die gesamte relevante und verfügbare Literatur analysiert werden können.
- Relevante Informationen sollten identifiziert und extrahiert werden.
- Die Aufbereitung der Ergebnisse sollte so erfolgen, dass sie schnell bewertet und weiterverarbeitet werden können.
- Der Bezug der Ergebnisse sowohl zur entsprechenden Klasse (d. h. die Max Müller GmbH wird als Unternehmen erkannt und dargestellt und nicht als Experte) als auch zu den entsprechenden Kontextinformationen (d. h. zur Stelle im Originaltext) sollte erkennbar sein bzw. erhalten bleiben.
- Um die Ergebnisstruktur weiter bearbeiten zu können, sollten offene Standards für die Datenstruktur (z. B. XML) verwendet werden.

10.4.2   Elemente der semantisch unterstützten Literaturrecherche

Prinzipiell wird die semantisch unterstützte Literaturrecherche von drei wesentlichen Elementen geprägt. Zum einen kann ein wesentlich breiterer Ansatz für die Dokumentensuche gewählt werden, der dem zunächst noch unscharfen Suchprofil am Anfang einer Technologieentwicklung besser entspricht. Zum anderen beruhen die syntaktische Analyse und die Extrahierung im Einsatz von Software. Sie ist in der Lage, den Ursprungstext inhaltlich zu analysieren und semantisch zu annotieren.

Umgangssprachlich wird unter dem Begriff Semantik die Bedeutung von Zeichen bzw. natürlichsprachlicher Ausdrücke verstanden. Ausgehend von der Bedeutung einzelner Worte werden in der (Satz-)Semantik auch die Bedeutungen von Phrasen, Teilsätzen und Sätzen betrachtet. Im Bezug auf die Literaturrecherche bedeutet dies, dass die relevanten Worte und Phrasen mit der (uns intuitiv vertrauten) Bedeutung versehen – also annotiert – werden. Beispielsweise wird die Phrase „Max Müller GmbH" mit der Bedeutung „Unternehmen" versehen und wird somit in der Ergebnisdarstellung auch unter der Klasse „Unternehmen" eingeordnet.

Die Semantik wird üblicherweise von der Syntax (sie beschreibt die Regeln, nach denen Wörter oder Sätze aufgebaut sind) und der Pragmatik, d. h. der Verwendung von Text und Sprache unterschieden.

Die Anreicherung des Ursprungstextes mit Bedeutungen hat für den Nutzer wesentliche Vorteile:

- Die gewünschten Ergebnisse und damit die Struktur der Klassen kann vorgegeben werden.
- Das Ergebnis besteht in einer strukturierten XML-Datei, die z. B. zu einem HTML-Ergebnisbericht weiterverarbeitet oder als Input für weitere Analyseschritte verwendet werden kann.
- Der Status-Quo der Technik kann somit auf „Knopfdruck" erstellt werden.
- Synonyme, Abkürzungen, unterschiedliche Schreibweisen werden erkannt.
- Implizite (d. h. nicht im Text stehende) Zusammenhänge werden dargestellt

1. Suche

Die Möglichkeit, zahlreiche Dateien halbautomatisch analysieren zu können, hat auch Auswirkungen auf die Suchstrategie. Das Ziel einer „klassischen" Suchstrategie ist es, wenige Treffer zu erhalten, die dafür möglichst aussagekräftige Informationen beinhalten. Diese Strategie ist notwendig, da die menschliche Informationsverarbeitungskapazität begrenzt ist und auch nur geringfügig erhöht werden kann. Einfach gesagt, es kann nur eine relativ geringe Anzahl von Dokumenten gelesen und analysiert werden.

Prinzipiell können auf diese Weise gute Ergebnisse erzielt werden, viele Informationen in vermeintlich schlechter „gerankten" Dokumenten werden somit jedoch nicht erreicht. Darüber hinaus müssen die geeigneten Suchtermini bekannt sein, was bei neuen Technologiefeldern nicht unbedingt vorausgesetzt werden kann. Synonyme sowie unterschiedliche technische Schreibweisen und Abkürzungen stellen ebenfalls nur schwer überwindbare Hürden bestehender Suchmaschinen dar.

Die Suche im Rahmen der semantisch unterstützten Literaturanalyse kann dagegen wesentlich breiter angelegt werden. D. h. es genügt, eine Suche mit wenigen, relativ allgemein gehaltenen Begriffen, durchzuführen. Die daraus resultierende hohe Zahl von mehreren tausend Dokumenten ist mit einer handelsüblichen Hardwareausstattung innerhalb weniger Stunden vollständig analysiert.

2. Syntaktische Analyse

Im Vergleich zu Inhalten von Datenbanken erscheinen natürlichsprachliche Texte als sehr unstrukturiert. Es darf allerdings nicht vergessen werden, dass auch diese Texte den Regeln der jeweiligen Sprache gehorchen und somit sehr wohl eine nutzbare Struktur enthalten. Hier setzen die Methoden der Computerlinguistik an, die diese Regeln auf Wort-, Phrasen- und Satzstrukturen anwenden. Üblicherweise werden die folgenden Methoden unterschieden:

Tokenisierung

In diesem ersten Schritt der syntaktischen Analyse wird der Text in lexikalische Einheiten (Tokens) zerlegt. Diese Einheiten können Wörter, zusammengesetzte Wörter, Ausdrücke, Zahlen, Abkürzungen, Akronyme, Satzzeichen u. v. m. sein. Der Tokenizer teilt den Text auf und bezeichnet den Start- sowie Endpunkt der jeweiligen lexikalischen Einheit.

Beispiel:
    Dies ist ein Satz.
Ergebnis:
    Dies   [0-3]
    ist   [5-7]
    ein   [9-11]
    Satz   [13-16]
    .   [17]

Lemmatisierung

Basierend auf den Ergebnissen der Tokenisierung werden die lexikalischen Einheiten nun auf ihre Stammform, dem Lemma, reduziert. Um dies auch bei irregulären Formen (z. B. „gehen – ging") zu erreichen, werden häufig Lexika oder morphologische Regeln verwendet.

Part-of-Speech-Tagging (POS-Tagging)

Das POS-Tagging fügt nun jeder lexikalischen Einheit eine Klassifizierung entsprechend seiner Wortart hinzu. In einigen Fällen gibt es jedoch Mehrdeutigkeiten, da mehrere Wortarten zu einem Token passen. Das POS-Tagging hat daher auch die Aufgabe, aus dem jeweiligen Satzkontext heraus auf die passende Wortart zu schließen und somit diese Mehrdeutigkeiten, die eine richtige Textanalyse erschweren würden, auszuschließen. Häufig werden hierzu statistische Modelle verwendet.

Token	Lemma	POS-Tag	Wortart
Dies	dies	#DEMPRO	Demonstrativpronomen
ist	sein	#VAFIN	Finites Hilfsverb
ein	ein	#ART	Artikel
Satz	Satz	#NOUN	Nomen
.	.	#SENT	

Tabelle 1:   Ergebnis des Part-of-Speech-Taggings

3. Extrahierung

Nachdem die sprachliche Struktur analysiert worden ist, kann der Dokumenteninhalt nun extrahiert, d. h. einzelnen Kategorien zugeordnet werden. Hier können verschiedene Detaillierungsstufen abgegrenzt werden, die sich in der Ergebnisqualität, aber auch im Erstellungsaufwand deutlich unterscheiden.

Den geringsten Entwicklungsaufwand verursachen einfache Listen, die die gewünschten Treffer enthalten. Möchte man beispielsweise in den Dokumenten nach Branchen suchen, so können diese aus Branchencodes (z. B. NACE) übernommen und als einfache Wortliste eingelesen werden. Auch bei der Extrahierung von Namen, Orten und Firmen wird häufig mit Wortlisten gearbeitet. Je nach eingesetzter Software sind diese Listen bereits erstellt worden und werden zusammen mit der Software installiert.

Ein großer Nachteil dieser einfachen Wortliste ist der Effekt, dass nur die exakte Schreibweise eines Wortes, wie sie in der Wortliste definiert ist, auch gefunden wird. Unterschiedliche Schreibweisen oder Kombinationen von Wörtern (Maschinenbau, Sondermaschinenbau, Anlagenbau,…) werden konsequenterweise nur dann extrahiert, wenn sie auch so in der Wortliste berücksichtigt wurden. Abhilfe schafft hier das mächtige Werkzeug der „Regulären Ausdrücke". Beginnend mit einfachen Platzhaltern können hiermit komplexe Strukturen aufgebaut werden, die Begriffe, Phrasen oder sogar Satzstrukturen erkennen, die nicht vorher explizit definiert wurden.

So könnte es interessant sein, dass in der Klasse „Experten" nicht einfach alle Namen im Text gefunden und aufgelistet werden, sondern nur diejenigen, vor denen ein bestimmter Titel steht (z. B. Dr., Dr.-Ing., Professor, Prof. usw.). Evtl. ist auch der Lehrstuhl bzw. die Universität genannt, bei der der Experte beschäftigt ist. Alle diese Informationen haben bestimmte Strukturen („Lehrstuhl für" und eine Nominalphrase oder „Universität/Uni" und eine Stadt), wobei auch diese Strukturen oft in einer bestimmten Reihenfolge genannt sind („Lehrstuhl für Maschinenbau, Universität Stuttgart").

Den höchsten Aufwand erfordern Themenstrukturen, die in einer der standardisierten Ontologiesprachen erstellt wurden. Hiermit wird nun eine weitgehende Lesbarkeit und damit auch Austauschbarkeit der Ontologien gewährleistet, d. h. erstellte Ontologien können auch in anderen Softwareumgebungen eingesetzt werden, Kapitel 12 geht detailliert auf diesen Ansatz ein. Im Rahmen der semantisch unterstützten Literaturrecherche haben sich die relativ einfach gehaltenen Wortlisten – die ggf. mit Regulären Ausdrücken ergänzt wurden – unter Aufwands- und Nutzenaspekten als beste Alternative herausgestellt.

10.4.3   Vorgehensweise

Im Wesentlichen lassen sich fünf Schritte unterscheiden.

Abbildung 12:   Vorgehensschritte der Literaturrecherche

Schritt 1: Definition der Ergebnisstruktur

Zu Beginn der Literaturanalyse steht die Überlegung, welche Anforderungen an die Ergebnisse gestellt werden (z. B. Detaillierungsgrad, Genauigkeit und Vollständigkeit).

Darüber hinaus muss geklärt werden, welche Struktur das Ergebnis haben soll (d. h. welche Kategorien unterschieden werden sollen).

In diesem Schritt können bereits alle relevanten Klassen definiert werden, auch wenn beispielsweise Aussagen zu Branchen oder Kundenanforderungen erst in späteren Phasen der Technologieentwicklung relevant werden.

Im Rahmen des Projektes wurde bereits eine Basisstruktur entwickelt, die für den Start einer typischen Technologieentwicklung geeignet ist. Sie besteht aus den drei Hauptklassen Technologie, Markt und Forschung. Alle drei Hauptklassen werden in weitere Klassen unterteilt.

Schritt 2: Themenabgrenzung

Im vorherigen Abschnitt wurde bereits angedeutet, welche Probleme bei der Beschreibung eines neuen Technologiefeldes bestehen. Die semantisch unterstützte Literaturrecherche federt diese Probleme etwas ab, indem bereits mit einer relativ geringen Zahl von Suchbegriffen begonnen werden kann und das Suchfeld im Rahmen mehrerer Analysedurchläufe iterativ spezifiziert wird. Allerdings müssen auch diese Begriffe zunächst einmal identifiziert werden. Einen Hinweis auf geeignete Begriffe liefert die Überlegung, wo potentielle

```
┌─────────────────────────────────┐   ┌─────────────────────────────────┐
│ ▶Technologie                    │   │ ▶Markt                          │
│ ▪ Definition                    │   │ ▪ Abgrenzung (Kundenbedarf)     │
│ ▪ Prinzipien                    │   │ ▪ Volumen + Entwicklung         │
│ ▪ Einflussfaktoren              │   │ ▪ Unternehmen                   │
│     ○ Maschinenkonzepte         │   │ ▪ Kunden                        │
│     ○ Verbrauchsmaterialien     │   │ ▪ Rahmenbedingungen             │
│     ○ Eigenschaften der zu      │   │                                 │
│       bearbeitenden Materialien │   └─────────────────────────────────┘
│     ○ Fertigungsprozess         │
│     ○ Arbeitsbedingungen/-schutz│   ┌─────────────────────────────────┐
│ ▪ Eigenschaften                 │   │ ▶Forschung                      │
│     ○ Arbeitsgeschwindigkeit    │   │ ▪ Instutionen/Lehrstühle        │
│     ○ Präzision/Toleranzen      │   │ ▪ Forschungsprogramme           │
│     ○ Lärmbelastung             │   │     ○ Inhalt                    │
│     ○ Herstellkosten            │   │     ○ Volumen                   │
│     ○ Betriebskosten            │   │     ○ Zeitpunkt/-raum           │
│ ▪ Vor-/Nachteile                │   │ ▪ Thematische                   │
│ ▪ Chancen/Risiken               │   │   Schwerpunkte                  │
│                                 │   │                                 │
└─────────────────────────────────┘   └─────────────────────────────────┘
```

Abbildung 13:   Beispiel Ergebnisstruktur

Unterschiede zu bestehenden Technologiefeldern bestehen. Hieraus lassen sich zwei Suchrichtungen ableiten:

- In den meisten Fällen beruhen die Grundlagen eines neuen Technologiefeldes auf
  bereits bestehenden Technologien oder einer (neuen) Kombination dieser. Die
  Prinzipien, Eigenschaften und Funktionen lassen sich daher gut beschreiben und
  entsprechende relevante Begriffe ableiten. Konsequenterweise würde eine Suche
  auf Basis dieser Begriffe allerdings nur Ergebnisse innerhalb des bestehenden
  Technologiefeldes zulassen.
- Im zweiten Schritt konzentriert man sich daher auf die Unterschiede zu den basierenden Technologien. Wo liegen konkrete Unterschiede in den physikalischen,
  biologischen oder chemischen Prinzipien? Werden neue Funktionen oder Eigenschaften ermöglicht?

Eine Kombination aus Suchbegriffen beider Suchrichtungen ergibt ein geeignetes Set für
einen ersten Suchdurchlauf.

Schritt 3: Contentbeschaffung

Für die Beschaffung des relevanten Contents stehen zum einen Suchmaschinen und zum
anderen Datenbanken zur Verfügung. Beide decken – abhängig vom Anbieter – entweder
allgemeine Inhalte oder spezielle Themen ab. Zu berücksichtigen ist hierbei, dass vor al-

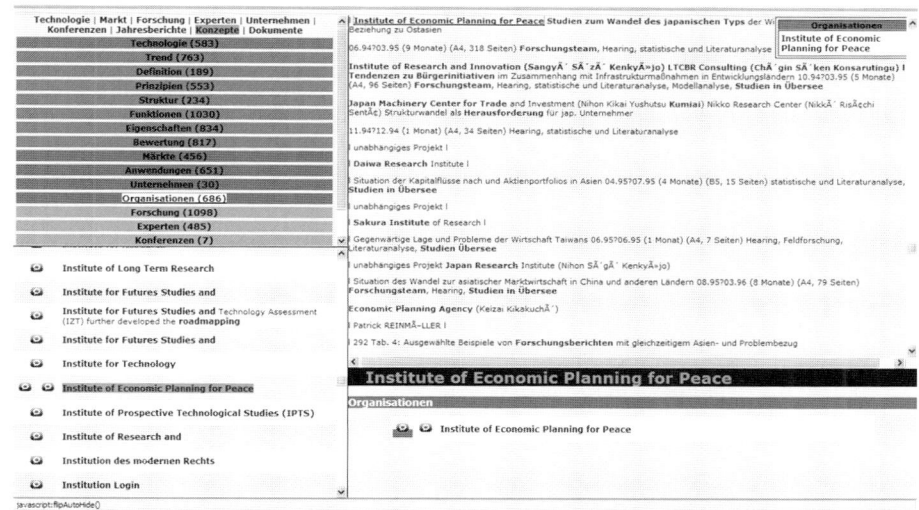

Abbildung 14:   Beispiel Textzusammenfassung

lem forschungsnahe Ergebnisse erwünscht sind. Bei der Auswahl geeigneter Suchmaschinen ist dies zu berücksichtigen. Bewährt haben sich beispielsweise Google Scholar, Scirus, CiteSeer oder Vascoda.

Die Auswahl geeigneter Datenbanken hängt hauptsächlich vom entsprechenden Technologiefeld ab. Für jeden Bereich hat sich eine Vielzahl von Datenbanken etabliert, deren Zugang teilweise kostenfrei ist. Bei den themenübergreifenden Datenbanken können Wiley Interscience, ScienceDirect, FIZ TEMA bzw. FIZ INSPEC oder ISI Web of Knowledge genannt werden. Letztere bietet neben den klassischen Suchfunktionen auch umfangreiche Möglichkeiten der Zitationsanalyse.

Für eine erste Textanalyse bietet sich der Download von ca. 30-50 Dokumenten an. Das kann bei dieser Zahl durchaus noch manuell durchgeführt werden. Bei umfangreicheren Suchdurchläufen ist jedoch der Einsatz von Download-Managern, Web-Crawlern oder Software-Agenten hilfreich, die – bei entsprechender Konfiguration – auch regelmäßige Suchanfragen als Hintergrundprozess anstoßen können.

Schritt 4: Textanalyse

Nach dem Download der Dateien kann nun mit einer ersten Textanalyse begonnen werden. Voraussetzung ist natürlich, dass die gewünschten Klassen entsprechend der eingesetzten Textanalyse, wie im vorherigen Abschnitt beschrieben, definiert wurden. Darüber hinaus kann es evtl. erforderlich sein, dass die Dateien in html- oder txt-Format umgewandelt werden müssen. Entsprechende Konverter werden aber im Allgemeinen mit der Textanaly-sesoftware mitgeliefert.

Ziel ist es zunächst, prägende Begriffe und Zusammenhänge, die in Verbindung mit dem Umfeld der eigenen Technologieentwicklung stehen, zu identifizieren. Sie dienen sowohl zur Verbesserung der Suchterme und führen damit zu besseren Suchergebnissen, als auch zur Spezifizierung der Klassenbeschreibungen, um in den (verbesserten) Sucher-gebnissen auch bessere Treffer zu erhalten.

Bei der Analyse der Treffer spielt der Kontext des Treffers eine wesentliche Rolle. Hieraus können wichtige Informationen abgeleitet werden, die zu neuen Erkenntnissen für die eigene Entwicklungstätigkeiten führen. Eine wichtige Rolle spielen darüber hinaus Experten, die relevanten Themenfeld forschen, sowie Unternehmen mit eigener For-schungstätigkeit.

Üblicherweise werden hierüber auch Beziehungen zu Forschungsprogrammen und -projekten gefunden, an denen die Experten und Unternehmen beteiligt sind. Iterativ kön-nen nun, auf Basis der besseren Suchterme und Klassen, neue Such- und Textanalysepro-zesse angestoßen werden.

Schritt 5: Informationsverdichtung

Ein wesentliches Element der Literaturanalyse stellt die Nutzung der gewonnenen Infor-mationen für die eigenen Aktivitäten dar. Die Vielzahl der Ergebnisse muss komprimiert

Zusammenfassung
Kategorie Konferenzen

X	9.html	Roadmappings, sowie die am Fraunhofer IAO durchgeführte **Studie zur IT-Unterstützung im Innovationsmanagement** (Spath (Hrsg.), Ardilio, Auernhammer (u. a) 2004). Die Zusammenstellung erhebt keinen Anspruch auf Vollständigkeit und **enthält keine Aussage über die Qualität** und den faktischen **Nutzen der Software-Produkte**.
X	20.html	Siemens - Portfoliobasiertes Roadmapping zur Ableitung erfolgsversprechender Innovationsprojekte. In: M G Möhrle and R Isenmann: **Technologie Roadmapping** - Zukunftsstrategien für Technologieunternehmen, Auflage, Springer Verlag, Heidelberg, New York, 2005, S 281-307. [FB00] FLEISHER, C S / BLENKHORN, D L : Managing Frontiers in Competitive Intelligence. **Greenwood Press**, Greenwoold, 2000.
X	9.html	Siemens wenden diese Szenario-Technik unter der Überschrift "Strategic Visioning an (Mirow/Linz 2000, 260). Abbildung 3: **Nutzung der Szenario-Technik** im Rahmen des "Strategic Visioning", Quelle: Mirow/Linz 2000, 260. Gerade mit Blick auf Nachhaltigkeitsfragen wie Ressourcen- und Klimaschutz kommt der Formulierung wünschenswerter Zukunftszustände bzw. zu erreichender Zielsetzungen eine wesentliche Bedeutung bei.
X	9.html	Software I I und Consulting GmbH **http://www.sinu sonline.com** Hilfestellung für Entwicklung und Berechnung von Szenarien: Softwaremodule für den strategischen Planungsprozess. Z B für die Umsetzung der Szenario-Technik oder Anwendung der Portfolio-Methoden.
	22.html	Software Engineering I I durchgeführt am I I Institut für Wirtschaftsinformatik der Johannes Kepler Universität Linz Arbeitsgruppe Software Engineering Altenberger S 69, A-4040 Linz, Austria Tel: +43-70-2468-9432 Fax: +43-70-2468-9430 Email: office@swe.unilinz.ac.at Leitung.
	9.html	Szenario Online I Heinz Nixdorf Institut I I Universität Paderborn http://www.unity .de/media/szen ario_online.pdf Im Szenario-Online sind verschiedene Methoden in einem Software-Paket integriert worden (Vernetzungsanalyse, Konsistenzberechnung, Clusterung und multidimensionale Skalierung).
	9.html	Szenario Online I Heinz Nixdorf Institut I I Universität Paderborn http://www.unity .de/media/szen ario_online.pdf Im Szenario-Online sind verschiedene Methoden in einem Software-Paket integriert worden (Vernetzungsanalyse, Konsistenzberechnung, Clusterung und multidimensionale Skalierung).
	9.html	Szenariotechnik I I my4sight ScMi AG I I IMIG GmbHGIC mbH **http://www.my4 sight.de/system .htm** my4sight ist ein Softwaresystem zur Unterstützung strategischer Früherkennungsprozesse von der Aufnahme verschiedener qualitativer Früherkennungsinformationen bis zur

Abbildung 15:   Beispiel einer Ergebnisdarstellung

und zur Kommunikation mit den weiteren Projektmitgliedern aufbereitet werden. Abhängig von der Zielsetzung stehen hierfür verschiedene Ansätze zur Verfügung:

Um eine höhere Anzahl von Treffern im Bezug auf den jeweiligen Kontext auswerten zu können, bietet sich eine tabellarische Zusammenfassung der einzelnen Klassen an.

In diesem Beispiel ist der Treffer mit dem entsprechenden Absatztext des Originaldokuments in einer Zeile zusammengefasst. Zusätzlich kann die erste Spalte bei einem relevanten Treffer markiert werden, um anschließend die Treffer anhand der Relevanz zu sortieren. Hunderte von Treffern können auf diese Weise in kurzer Zeit bewertet werden. Im nächsten Schritt werden die Kontextinformationen der relevanten Treffer zu Kernaussagen zusammengefasst.

Der hier skizzierte Ansatz zeigt, dass eine softwaregestützte Literaturrecherche einen deutlichen Mehrwert – vor allem bei unstrukturierten und dynamischen Technologiebereichen – gegenüber den klassischen Vorgehensweisen bietet. Nicht verschwiegen werden darf in diesem Zusammenhang der naturgemäß höhere Aufwand zur Definition der für die Textanalyse notwendigen Klassen. Sowohl in der Möglichkeit, umfassende Dokumentenbestände in kurzer Zeit analysieren zu können als auch in der Darstellung der für die Technologieentwicklungsaktivitäten relevanten Ergebnisse stellt die Vorgehensweise jedoch eine wesentliche Verbesserung dar, die den erhöhten Initialaufwand mehr als aufwiegt.

10.5   Literatur

Booch, G.; Kumbaugh, I.; Jacobson, I. (1999): Das UML-Benutzerhandbuch. 2. Aufl. Bonn: Addsion-Wesley-Longman.

Ferber, R. (2003): Information Retrieval. Suchmodelle und Data-Mining-Verfahren für Textsammlungen und das Web. 1. Aufl. Heidelberg: dpunkt-Verl.

Frank, T. (2008): Entwurf und Implementierung eines Dienstes zur automatischen Klassifikation von Texten. Diplomarbeit. Technische Universität Berlin / Fraunhofer IITB, Karlsruhe, 2008.

Grishman, R.; Sundheim, B. (1996): Message Understanding Conference-6: a brief history. In: Tsujii, J. (Hg.): Proceedings of the 16th conference on Computational linguistics-Volume 1. Morristown, NJ, USA: Association for Computational Linguistics , Bd. 1, S. 466–471.

Hoffmann, R. (2002): Entwicklung einer benutzerunterstützten automatisierten Klassifikation von Web-Dokumenten. Diplomarbeit. Technische Universität Graz.

Klinkenberg, R. (1998): Maschinelle Lernverfahren zum adaptiven Informationsfiltern bei sich verändernden Konzepten. Diplomarbeit. Technische Universität Dortmund. Online verfügbar unter / http://www-ai.cs.uni-dortmund.de/DOKUMENTE/klinkenberg_98a.pdf.gz.

Manning, C. D.; Schütze, H. (2005): Foundations of statistical natural language processing. Cambridge, Mass.: MIT Press.

Rose, T. G.; Stevenson, M.; Whitehead, M. (2002): The Reuters Corpus Volume 1. from yesterday's news to tomorrow's language resources: Proceedings of the Third International Conference on Language Resources and Evaluation. Las Palmas , S. 29–31.

Träger, S. (2005): Korpora aus dem Netz. Die Erstellung eines Fachkorpus aus Webseiten und Möglichkeiten der sprachwissenschaftlichen Nutzung. M.A. Thesis. Humbold Universität zu Berlin. Online verfügbar unter http://www2.informatik.hu-berlin.de/Forschung_Lehre/wm/journalclub/TraegerDiplomarbeit.pdf.

Vallet, D.; Fernandez, M.; Castells, P. (2005): An Ontology-Based Information Retrieval Model. In: Euzenat, Jerome; Gómez-Pérez, Asuncion (Hg.): The Semantic Web: Research and Applications (vol. 3532). Second European Semantic Web Conference, ESWC 2005, Heraklion, Crete, Greece, May 29--June 1, 2005, Proceedings. Berlin Heidelberg: Springer. 3532/2005, S. 455–470.

11 Ontologien zur Darstellung von Technologieentwicklungswissen

Uwe Laufs

Bei der Technologieentwicklung handelt es sich um ein besonders stark vernetztes und nicht ohne weiteres eingrenzbares Gebiet, das von zahlreichen inneren und äußeren Faktoren beeinflusst wird. Neben den bereits komplexen Vorgängen und Abhängigkeiten innerhalb einzelner Technologieentwicklungsprojekte kommen weitere Faktoren hinzu, beispielsweise durch das Agieren von Wettbewerbern oder marktinduzierte Gegebenheiten.

Typischerweise wird ein großer Teil des Wissens bezüglich der Technologieentwicklung nur teilweise explizit, sprich in schriftlicher Form, festgehalten. Ein beträchtlicher Teil des Wissens existiert hingegen nur implizit in den Köpfen der Beteiligten und wird informell zwischen den beteiligten ausgetauscht. Ein weiterer Teil der relevanten Informationen ist zwar in Schriftform vorhanden (beispielsweise E-Mail oder Protokolle), allerdings in dieser Form aufgrund des geringen Formalisierungsgrads, nicht direkt durch Rechnersysteme verwertbar.

Da im Umfeld der Entwicklung von Technologien ein hoher Wissensbedarf besteht und die bestehende Informationsfülle kontinuierlich steigt, ist es jedoch unabdingbar, in diesem Bereich unterstützend einzuwirken. Moderne Informationstechnologien bieten hierbei eine Fülle von Möglichkeiten, das Arbeiten in wissensintensiven Bereichen wie der Technologieentwicklung zu unterstützen. Wesentliche Grundlage hierfür ist jedoch die rechnerverständliche Repräsentation von Wissen, die im Folgenden beschrieben und in die angrenzenden und darauf aufbauenden Technologien eingeordnet wird.

11.1 Ontologien zur Repräsentation von Wissen im Umfeld der Technlologieentwicklung

Wie in Kapitel 3 gezeigt, sind Ontologien ein geeignetes Mittel, um vernetztes Wissen formal und rechnerverständlich zu repräsentieren. Durch Ontologien ist es möglich, auf einer geeigneten Granularitätsstufe relevantes Wissen über die verschiedenen Ebenen und Stages des Technologieentwicklungsprozesses hinweg zu beschreiben und die bestehenden Beziehungen sowie logische Zusammenhänge zwischen für die Technologieentwicklung relevanten Informationen maschinenverständlich abzubilden. Darüber hinaus können auch Bezüge zu relevanten Aspekten, welche die Technologieentwicklung beeinflussen, hergestellt werden. Allerdings ist der nutzbringende Einsatz von Ontologien zur Wissensreprasentation nicht ohne angrenzende Werkzeuge und Technologien möglich. Dies umfasst vor allem die Informationsbeschaffung sowie endnutzergerechte Bereitstellung wesentlicher Funktionalitäten.

Beschaffung der abzubildenden Informationen

Für die Vielzahl der nicht formal beschriebenen Informationen, die beispielsweise in Form von Dokumenten vorliegen, existiert das Mittel der semantischen Annotation. Hierbei wird eine Ontologie als formales Beschreibungsvokabular verwendet, um Dokumente oder Textpassagen, die in Dokumenten enthalten sind, bezüglich ihres Inhaltes maschinenverständlich zu beschreiben und so im Sinne der Unterstützung der Technologieentwicklung bereitzustellen (vgl. Kapitel 3).

Um Dokumente zu klassifizieren und semantisch zu annotieren können automatische und semiautomatische Verfahren verwendet werden (vgl. Kapitel 10), wodurch mit vertretbarem Aufwand ein aktueller Informationsbestand bereitgestellt werden kann.

Nutzung und Bereitstellung von repräsentiertem Wissen

Für die endnutzergerechte Bereitstellung des repräsentierten Wissens werden Softwarewerkzeuge benötigt, die dem Benutzer eine grafische Benutzungsschnittstelle zur Verfügung stellen. Hierfür können speziell für den Anwendungsfall konzipierte Softwarewerkzeuge entwickelt werden (vgl. Kapitel 12). Eine weitere Möglichkeit besteht in der Erstellung einer Wissensbasis, welche weitere Möglichkeiten zur Informationsauffindung und zur Navigation im Informationsbestand bietet (vgl. Kapitel 12).

11.2   Vorgehensmodelle für die systematische Ontologieentwicklung

Für die erfolgreiche Entwicklung von Ontologien ist ein systematisches Vorgehensmodell allein aufgrund der Komplexität unabdingbar. Da die Entwicklung von Ontologien in vielen Bereichen mit aus dem Umfeld der Softwareentwicklung bekannten Modellierungstätigkeiten vergleichbar ist, lehnen sich viele der existierenden Entwicklungsmethoden an Methoden aus diesem Bereich an (vgl. Noy 2001). Bei anwendungsorientierten Vorgehensmodellen steht darüber hinaus stets der Systemgedanke und nicht die reine Modellierung im Vordergrund, was dazu führt, dass auch weitere Aspekte, wie beispielsweise die Systemeinführung oder die Notwendigkeit späterer Wartungsaktivitäten, berücksichtigt werden.

Bezüglich der anwendungsorientierten Entwicklung ontologiebasierter Systeme zur Unterstützung wissensintensiver Prozesse existiert eine Vielzahl von Vorgehensmodellen. Hierbei handelt es sich sowohl um Prozesse zur Einführung und Wartung von Wissensmanagementsystemen sowie um Prozesse, welche die eigentliche Ontologieentwicklung betreffen.

Eine Gemeinsamkeit der meisten Vorgehensmodelle ist der betont iterative Charakter im Bezug auf die Ontologieentwicklung, worin sich diese von klassischen Entwicklungsprozessen aus dem Bereich der Softwaretechnik deutlich unterscheiden.

Eine pragmatische Kombination linearer Methodiken aus dem Umfeld der Softwaretechnik mit evolutionär iterativen Anteilen für die Ontologieentwicklungsansätze ist die Komplettierung des Ontologieentwicklungsprozesses durch einen Metaprozess (vgl. Studer 2001). Die Vorgehensweise orientiert sich hierbei an CommonKADS (vgl. Schreiber 1999), einer Methodik zur Einführung von wissensbasierten Systemen. Der Wissensmetaprozess verläuft hierbei in folgenden 5 Phasen:

1. Machbarkeitsstudie
2. Ontologie-Kickoff
3. Verfeinerung
4. Evaluation
5. Instandhaltung

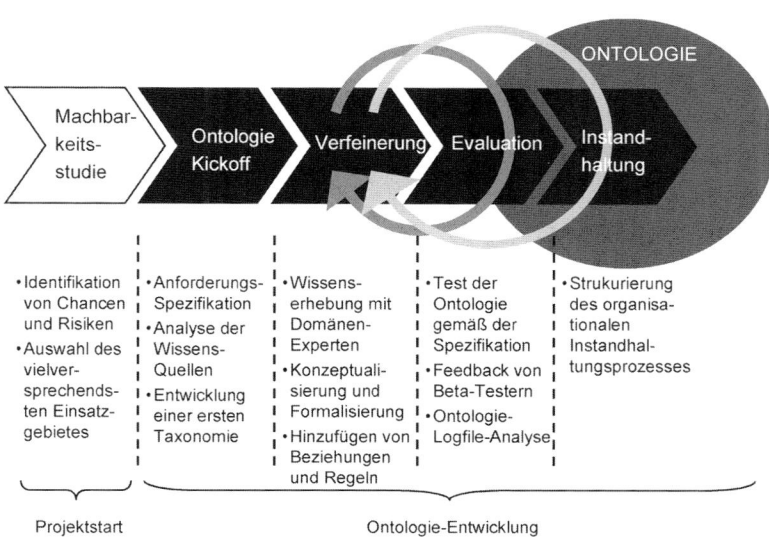

Abbildung 1:   Wissensmetaprozess (Quelle: Studer 2001)

Machbarkeitsstudie: Erster Schritt im Wissensmetaprozess ist die Machbarkeitsstudie. Anhand dieser sollen vorab wesentliche erfolgskritische Fragen geklärt werden. Hierbei werden über technologische Fragestellungen hinaus auch ökonomische und organisatorische Aspekte berücksichtigt, die für eine erfolgreiche Umsetzung relevant sind.

Ontologie-Kickoff: Die Kickoff-Phase im Wissensmetaprozess dient der Spezifikation wesentlicher Eigenschaften der zu entwickelnden oder zu integrierenden Ontologien. Diese Prozessphase kann am ehesten mit der Anforderungsanalyse in linearen Entwicklungsprozessen verglichen werden. In dieser Phase zu spezifizieren sind hierbei (vgl. Studer 2001):

- Die Definition der Domäne und des Ziels der Ontologieentwicklung
- Definition der unterstützten Anwendung
- Definition von Wissensressourcen
- Definition der Nutzer und der Nutzungsszenarien
- Kompetenzfragen: Mögliche Fragen, die vom zu entwickelnden System beantwortet werden sollen
- Wiederverwendbare Ontologien

Verfeinerung: In der Phase der Verfeinerung werden die in der Kickoff-Phase spezifizierten Anforderungen in eine Ontologie überführt. Hierzu werden zuerst die bekannten Begriffe aus der Wissensdomäne hierarchisch strukturiert. Ausgehend von dieser Taxonomie folgt dann die Wissensakquisition. Hierbei wird mit Domänenexperten die erste Basisontologie erstellt, in welcher die Ausgangstaxonomie verfeinert, korrigiert und mit Beziehungen und Regeln versehen wird.

Evaluation: Die Evaluationsphase ist Ausgangspunkt für die iterative Weiterentwicklung der Ontologie. Ausgehend von den in der Kickoff-Phase spezifizierten Anforderungen an die Ontologie wird geprüft, inwieweit die aktuelle Version der Ontologie diese erfüllt. Bei erkannten Defiziten erfolgt ein erneuter Eintritt in die Verfeinerungsphase. Dieses iterative Vorgehen wird so lange wiederholt, bis die Ontologie den gewünschten Detaillierungsgrad erreicht hat und den gestellten Anforderungen hinreichend genügt.

Instandhaltung: In der Instandhaltungsphase wird die Ontologie an, nach längerer Nutzungszeit häufig auftretende, Anforderungsänderungen oder Änderungen der Wissensdomäne angepasst. Zur Sicherstellung der Qualität folgt der Instandhaltungsphase, ähnlich zum Vorgehen in der initialen Entwicklung oft eine weitere Iteration über die Phasen der Verfeinerung und Evaluation.

11.3   Entwicklung von Ontologien zur Repräsentation von Wissen im Umfeld der Technlologieentwicklung

Die Entwicklung von Ontologien für eine komplexe und vernetzte Wissensdomäne wie die der Technologieentwicklung erfordert, neben der systematischen und methodischen Entwicklung, auch in besonderem Maße einen geeigneten Detaillierungsgrad zu finden. Des Weiteren ist die Wiederverwendung bestehender Repräsentationsmodelle allein aufgrund des Umfangs der Wissensdomäne unabdingbar.

Neben den eigentlichen Eigenschaften einer in der Entwicklung befindlichen Technologie bestehen diverse Querbezüge zu anderen Wissensdomänen. Bei der Auswahl und Modellierung angrenzender Wissensdomänen ist also im Wesentlichen der Nutzen bezüglich der informationstechnischen Unterstützung während der Technologieentwicklung als Relevanzkriterium heranzuziehen. Als relevant angesehen werden hierbei Informationen, die es ermöglichen, während der Technologieentwicklung entstehende Informationsbedarfe zu befriedigen oder hierzu bestmöglich beizutragen.

Als relevant angesehen werden können in diesem Zusammenhang die im Folgenden skizzierten Domänen.Zur Reduktion der Komplexität wird für jede der Wissensdomänen eine eigenständige Ontologie entwickelt. Die Abbildung der übergreifenden Zusammenhänge erfolgt durch eine Vernetzungsontologie, welche auch die konkrete Durchführung von Technologieentwicklungsvorhaben berücksichtigt, da diese in starker Abhängigkeit zu den anderen Wissensdomänen steht.

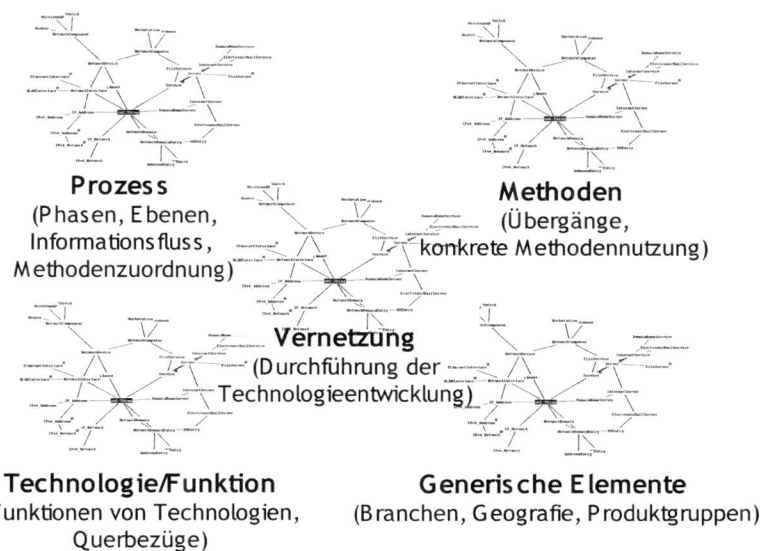

Abbildung 2:   Überblick: Ontologien zur Repräsentation von Technologiewissen

11.3.1   Generische Beschreibungselemente

Unter generischen Beschreibungselementen werden in diesem Zusammenhang Beschreibungselemente verstanden, die nicht direkt im Bezug zu Technologieentwicklungsvorhaben stehen, trotzdem aber großen Einfuß auf solche Vorhaben haben. Viele relevante Aspekte in diesem Bereich werden bereits von bestehenden standardisierten Modellen und Kategorisierungen abgedeckt, wodurch die Notwendigkeit zur Erstellung von weiteren Modellen für diese Bereiche entfällt. Neben dem Entfallen von Modellierungsaufwand ergeben sich aus der Verwendung bestehender Standards weitere Vorteile, da aufgrund der Standardisierung auch entsprechend aufbereitete Informationen zur Verfügung stehen, die diesen Standards genügen.

Abbildung von Branchen

Die „statistische Systematik der Wirtschaftszweige in der Europäischen Gemeinschaft", abgekürzt gemäß des französischsprachigen Ursprungs als NACE, ist eine Klassifikation der Europäischen Union und dient der eindeutigen Beschreibung von Branchen. Ursprünglich wurde NACE entwickelt, um europaweit vergleichbare branchenspezifische Statistiken zu ermöglichen. In der Ontologie zur Repräsentation von Technologiewissen werden die Schlüssel des NACE-Systems verwendet, um eindeutige Branchenzuordnungen zu realisieren.

Kategorisierung von Produkten

Die Gliederung und Kategorisierung von Produkten ist aufgrund der großen Menge existierender Produkte sowie der hohen Dynamik in diesem Bereich sehr aufwendig. Existierende Produktkategorisierungen bilden daher in der Regel die Produkte einer oder weniger Branchen ab oder haben einen sehr geringen Detaillierungsgrad. Ein sehr detaillierter Beschreibungsstandard für Produktgruppen ist die eCl@ss-Klassifikation. Bei eCl@ss handelt es sich um einen, unter Federführung des Instituts der deutschen Wirtschaft Köln (siehe auch IWK 2008), entwickelten Standard, welcher inzwischen einen recht hohen Verbreitungsgrad in der Industrie aufweist und unter anderem von Softwareprodukten des Herstellers SAP unterstützt wird (vgl. Kuhlins 2003). Der Standard bietet vier Detaillierungsebenen sowie weitere Beschreibungsmerkmale, wie z.B. Schlagworte.

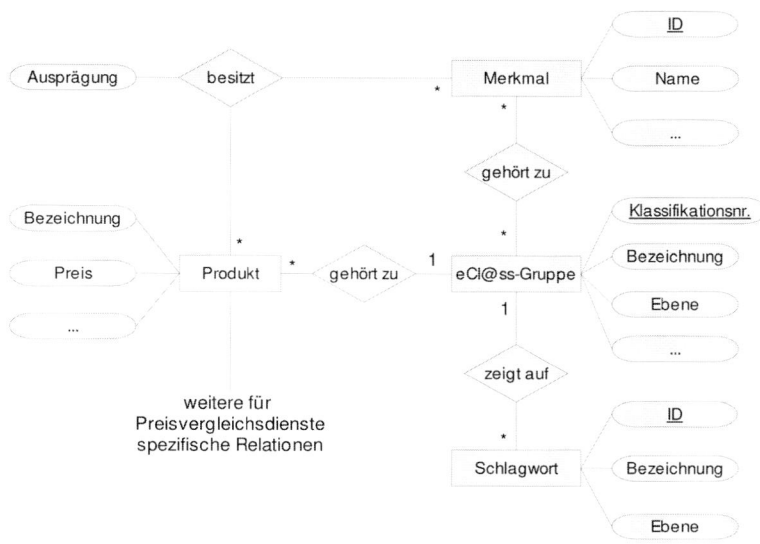

Abbildung 3:   ER-Diagramm der eCl@ss-Strukturen (Quelle: Kuhlins 2003)

Abbildung geografischer Eigenschaften

Diverse im Umfeld der Technologieentwicklung relevante Informationen sind nur eingeschränkt gültig. Beispielsweise hat ein Patent, das in Deutschland angemeldet wurde, keine
direkten Auswirkungen auf den amerikanischen Markt. Eine für Deutschland angefertigte
Marktstudie ist für den amerikanischen Markt in der Regel ebenfalls nicht aussagekräftig.
Zur Abbildung von geografischen Eigenschaften wird in den Ontologien zur Repräsentation von Technologiewissen daher auf bestehende Klassifizierungen und Standards zurückgegriffen.

Abbildung von Länderzugehörigkeiten

Zur eindeutigen Beschreibung von Länderzugehörigkeiten werden die Ländercodes der
Internationalen Organisation für Normung (ISO) nach ISO 3166 verwendet (siehe ISO
2008). Der ISO 3166 Standard wurde hierbei um einige Querbeziehungen erweitert, die
beispielsweise die Zugehörigkeit von Staaten zu Kontinenten repräsentieren.

Land	ALPHA-2	ALPHA-3	Numerisch
Dänemark	DK	DNK	208
Deutschland	DE	DEU	276
Dominica	DM	DMA	212
Dominikanische Rep.	DO	DOM	214
Dschibuti	DJ	DJI	262

Tabelle 1:   Auszug aus der ISO 3166-Kodierungstabelle

Nielsengebiete

Eine weitere verwendete Klassifikation zur detaillierten geografischen Beschreibung ist die Verwendung der Nielsengebiete (vgl. Nielsen 2008). Diese Klassifikation unterteilt die Bundesrepublik Deutschland in Regionen. Als Grundlage der Unterteilung dienen wirtschaftliche Aspekte wie die durchschnittliche Kaufkraft oder das Konsumverhalten. Die Relevanz der Nielsengebiete im Zusammenhang mit der Unterstützung der Technologieentwicklung ergibt sich aus der Notwendigkeit, die Gültigkeit regionaler Marktinformationen weiter einzuschränken, um die Vergleichbarkeit dieser Informationen zu verbessern.

Abbildung 4:   Nielsengebiete (Quelle: Nielsen 2008)

11.3.2   Technologieentwicklungsprozessspezifische Beschreibungselemente

Die formale Beschreibung für spezifische Aspekte des Technologieentwicklungsprozess kann durch die Erstellung weiterer Ontologien realisiert werden. Die entwickelten Ontologien werden im Folgenden anhand eines Beschreibungstextes und einer exemplarischen Darstellung aus der jeweiligen Wissensdomäne erläutert.

Beschreibung von Technologie und Funktion

Ein wesentlicher Aspekt im Zusammenhang mit Technologien ist deren funktionales Verhalten. Von den Funktionen einer Technologie kann abgeleitet werden, welche Anwendungsmöglichkeiten für eine Technologie bestehen. Durch die Verknüpfung mit realisierten Funktionen (realisiert durch den Einsatz einer Technologie in Produkten oder Prototypen) können weitere Schlussfolgerungen erfolgen.

Abbildung von Methoden

Eine weitere wesentliche Aufgabe bei der Unterstützung der Technologieentwicklung ist die Bereitstellung geeigneter Methoden. Hierzu sind neben der Abbildung der Methoden und der Verknüpfung mit Dokumentationsmaterial und geeigneten Werkzeugen zur Methodendurchführung auch weitere Vernetzungszusammenhänge relevant. Ein solcher Zusammenhang sind die Input-Output-Beziehungen zwischen den einzelnen Methoden. Diesbezüglich wird abgebildet, welche Art von Informationen bei der Durchführung eines bestimmten Methodentyps entsteht und von welchen anderen Methodentypen diese Informationen für die Methodendurchführung benötigt werden (vgl. dazu auch Kapitel 6)

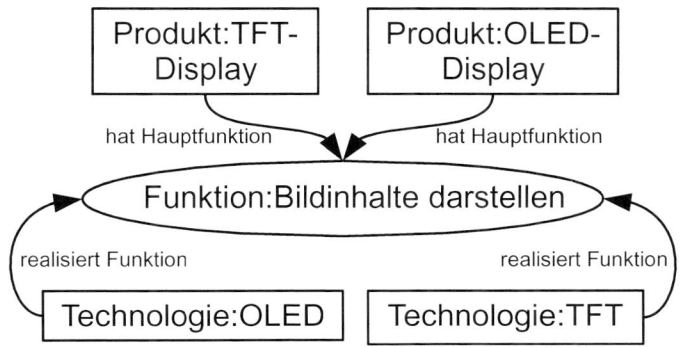

Abbildung 5:   Technologien, Funktionen und Produkte

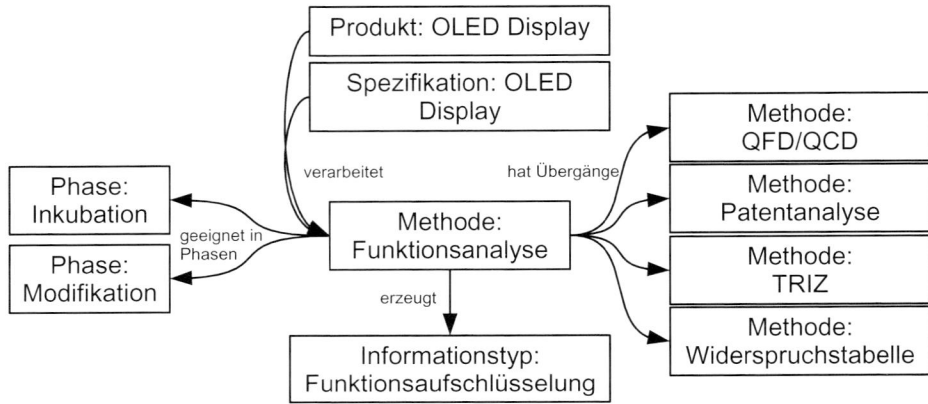

Abbildung 6:   Vernetzung von Prozess und Methoden

Modellierung des Technologieentwicklungsprozesses

Zur Beschreibung des Technologieentwicklungsprozesses werden die Bestandteile des Prozesses abgebildet. Das Modell umfasst hierbei die Abbildung der statischen Anteile des Technologieentwicklungsprozesses. Darauf aufbauend kann die Verortung dynamischer Informationen im Technologieentwicklungsprozess erfolgen, wodurch eine weitere Strukturierungsebene bereitgestellt und die Vergleichbarkeit dynamisch erstellter Arbeitsergebnisse bezüglich des logischen Ablaufs verbessert wird.

Abbildung von Entwicklungsabläufen

Weitere Möglichkeiten zur Unterstützung der Technologieentwicklung bietet die Abbildung des Ablaufs von konkreten Entwicklungsvorgängen. Die Beschreibung solcher Abläufe ermöglicht auch während der Technologieentwicklung entstandene Informationen zu strukturieren, abzulegen und so das gezielte Wiederfinden durch die an der Technologieentwicklung Beteiligten zu unterstützen. Über die reine Archivierungs- und Dokumentationsfunktionalität hinaus entstehen auch weitere Einsatzmöglichkeiten. Beispielsweise kann, durch semantische Annotation während der Technologieentwicklung erstellter Informationen, die Zuordnung dieser Informationen zu den Informationserstellern, beteiligten Organisationen oder den Methoden, mit denen die jeweiligen Informationen generiert wurden, hergestellt werden. Auf diese Weise kann, entlang der eigenen Durchführung des Technologieentwicklungsprozesses, auf bereits von anderen Beteiligten erstellte Informationen zurückgegriffen werden, da diese bereits mit dem Arbeitsablauf in Bezug stehen. Weitere Nutzungsmöglichkeiten entstehen, falls bereits Informationen zur Entwicklung

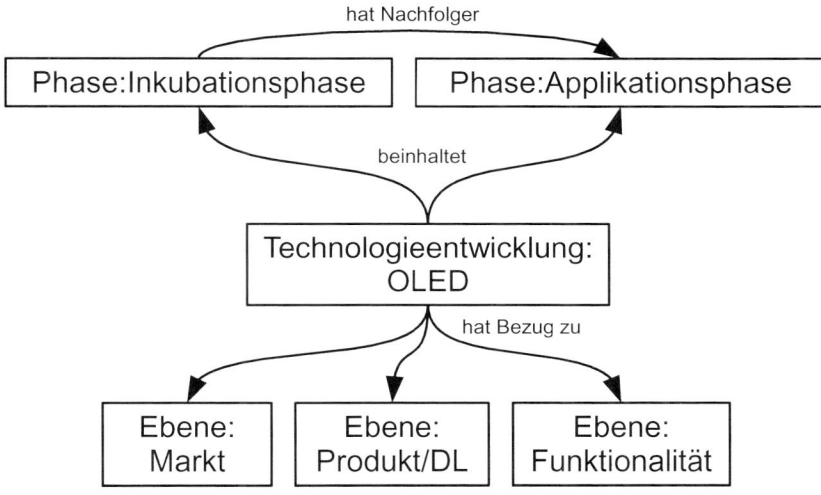

Abbildung 7:   Abbildung von Prozessstrukturen

ähnlicher oder vergleichbarer Technologien vorhanden sind. In diesem Fall können diese als Referenz zum eigenen Entwicklungsvorhaben herangezogen werden.

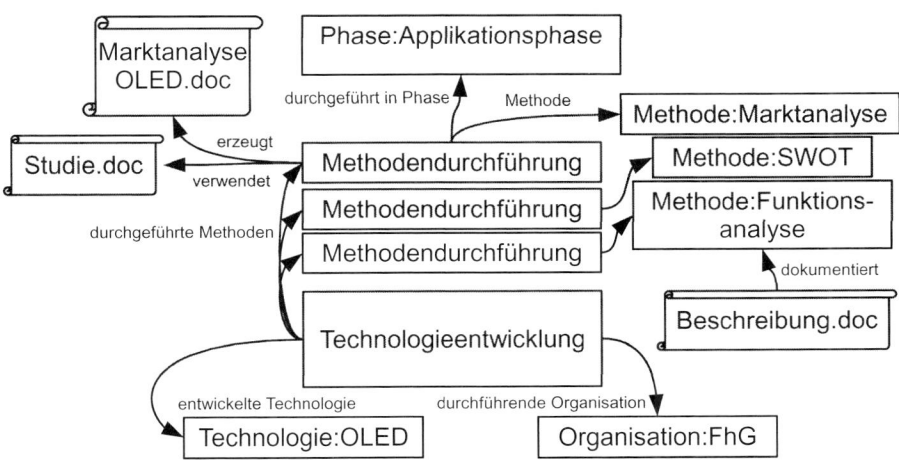

Abbildung 8:   Ablauf einer Technologieentwicklung

11.4   Literatur

Institut der deutschen Wirtschaft Köln. Online verfügbar unter http://www.iwkoeln.de, zuletzt geprüft am 21. Juli 2008.

ISO - Maintenance Agency for ISO 3166 country codes. Online verfügbar unter http://www.iso.org/iso/country_codes, zuletzt geprüft am 21. Juli 2008.

Nielsen - Deutschland. Online verfügbar unter http://de.nielsen.com/site/index.shtml, zuletzt geprüft am 21. Juli 2008.

Kuhlins, S.; Strobel, H. (2003): eCl@ss zur Produktklassifikation bei Preisvergleichsdiensten. Unveröffentlichtes Manuskript, 2003, Mannheim.

Michael Erdmann, A. M. (2001): Arbeitsgerechte Bereitstellung von Wissen. Ontologien für das Wissensmanagement. Online verfügbar unter http://www.aifb.uni-karlsruhe.de/WBS/ysu/publications/2001_wiif.pdf, zuletzt geprüft am 21. Juli 2008.

Natalya, F. N.; Deborah, L. M. (2002): Ontology Development 101. A Guide to Creating Your First Ontology. Stanford University. Online verfügbar unter http://paginas.fe.up.pt/~eol/TNE/APONT/ontology-tutorial-noy-mcguinness.pdf, zuletzt geprüft am 21. Juli 2008.

Schreiber, G. (2002): Knowledge engineering and management. The CommonKADS methodology. 3. printing. Cambridge, Mass.: MIT Press.

12   Softwarearchitektur

ULRICH BÜGEL

UWE LAUFS

HANS TRINKAUS

Die konzeptuellen Grundlagen für die Entwicklung einer integrierten Informationsplattform für das Technologieentwicklungsmanagement, die in den vorigen Kapiteln erarbeitet wurden, bilden die Basis für den im vorliegenden Kapitel dargestellten Vorschlag einer Softwarearchitektur zur Umsetzung des Konzeptes mit moderner IuK-Technologie. In Kapitel 3 wurden neueste Entwicklungen in verschiedenen Bereichen moderner IuK-Technologie vorgestellt, die für die Entwicklung der Plattform geeignet sind. Das Architekturkonzept sieht eine offene Plattform vor, in der Dienste für dedizierte Aufgaben möglichst flexibel integriert werden können. Ausgehend von den konkreten Prozessschritten zur Verarbeitung dynamischer Information (vgl. Kapitel 3.2) werden drei Architektur-Cluster definiert, wie in Abbildung 1 illustriert:

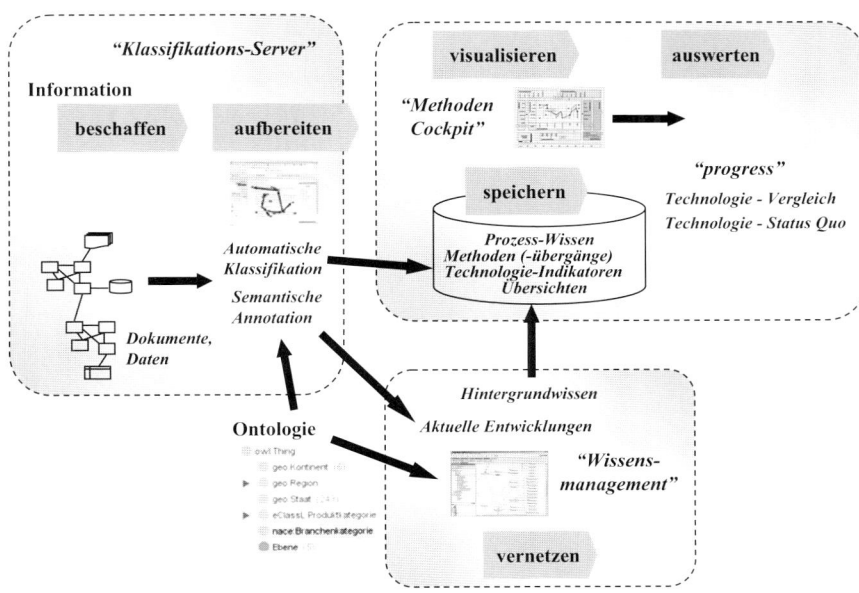

Abbildung 1:   Softwarearchitektur der Integrationsplattform

Der „*Klassifikationsserver*" (Kapitel 12.1) koordiniert alle Dienste, die zur Beschaffung und Aufbereitung der Information zusammenarbeiten und das Ergebnis in verarbeitbarer Form auf Anforderung an die Anwendungskomponenten ausliefern.

Das „*Methoden-Cockpit*" (Kapitel 12.2) unterstützt den Endanwender bei der Koordination aller Adaptionsaufgaben im Technologieentwicklungsprozess. Dazu wird im Cockpit alles Wissen über Indikatoren, Prozesse, Methoden und Ablauffolgen gespeichert. Dynamische, aktuelle Information über Indikatoren wird vom Klassifikationsserver geliefert und kann in das methodische Vorgehen des Anwenders einbezogen werden. Die Visualisierungskomponente stellt die verfügbare Information übersichtlich dar und erlaubt interaktive Eingriffe des Anwenders zur Steuerung des Entwicklungsprozesses. Dazu ist auch der Aufruf spezialisierter Auswertungskomponenten möglich.

Im „*Wissensmanagement*"-Cluster (Kapitel 12.3) wird alles verfügbare Hintergrundwissen über Technologien gesammelt, das für die Einschätzung des aktuellen Status und das Vorbereiten von Entscheidungen über Anpassungsmaßnahmen relevant sein könnte. Aufgrund der hohen Anforderungen an die interne Wissensrepräsentation (vernetzte Strukturen, Faktenwissen) besitzt die Wissensbasis eine ontologiebasierte Struktur.

Abbildung 1 verdeutlicht auch den Informationsfluss zwischen den Clustern. Der Klassifikationsserver unterstützt das Cockpit und die Auswertungskomponenten, indem er die Basis-Information beschafft, klassifiziert und daraus automatisch ermittelte Werte von Indikatoren liefert. An die Wissensbasis liefert der Klassifikationsserver neu beschafftes, aktuelles Wissen, in dem er Dokumente semantisch annotiert (vgl. Kapitel 3.3.1 und 12.1.2), die Annotationen in die Wissensbasis einspeist und über die Abfrageschnittstelle der Wissensbasis verfügbar macht. Das Cockpit nutzt die Wissensbasis, indem es bei der Darstellung des aktuellen Status und in allen Methodenübergängen vordefinierte Abfragen zur Verfügung stellt, mit denen Hintergrundwissen kontextbezogen abgefragt werden kann.

12.1   Der Klassifikationsserver

Im Folgenden wird der Entwurf und die Entwicklung eines Softwaresystems zur intelligenten Beschaffung und Aufbereitung von Information vorgestellt, die in einer Integrationsplattform für ein innovatives, integriertes Management des Technologieentwicklungsprozesses benötigt wird. Der Entwurf konzentriert sich auf zwei wesentliche Funktionen: die automatische Berechnung von Indikatoren durch Verfahren der semi-automatischen Klassifikation und die Generierung von Wissen zum Eintrag in die Wissensbasis nach dem Verfahren der semantischen Annotation. Die Funktionalität wird in Form von Webservices zur Verfügung gestellt, was eine flexible Integration in die serviceorientierte Architektur der Integrationsplattform ermöglicht.

12.1.1   Indikatorberechnung durch semi-automatische Klassifikation

Die Verfahren und Algorithmen zur automatischen Indikatorberechnung auf Basis der semi-automatischen Klassifikation wurden in Kapitel 10.2 vorgestellt. Die Architektur beschreibt den Klassifikationsserver als Web-Service (Abbildung 2). Ein Web-Client bietet Unterstützung beim Betrieb, zur Konfiguration und beim Austesten der Funktionalität an. Die Architektur unterscheidet zwischen thematischen Funktionen, die sich auf die konkrete Aufgabenstellung beziehen, z. B. die Verwaltung von Technologien und Indikatoren, sowie generischen Basisfunktionen für die Klassifikation, die auch in einem anderen Anwendungskontext eingesetzt werden können, z. B. die Verwaltung von Trainingsdokumenten oder die Erzeugung von Klassifikationsmodellen.

12.1.1.1   Generische Funktionen

Generische Funktionen des Klassifikationsservers sind unabhängig von den thematischen Aufgaben im Kontext des Technologieentwicklungsprozesses definiert und können auch in anderen Anwendungen eingesetzt werden.

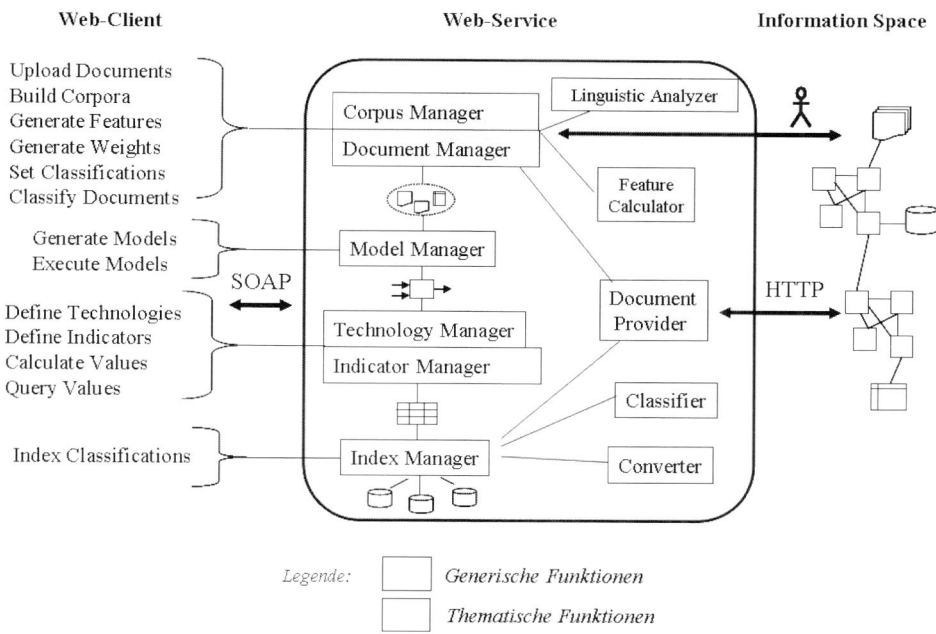

Abbildung 2:   Klassifikationsserver: Semi-automatische Klassifikation

Erstellen von Trainings-Corpora:

Zum Antrainieren der Klassifikationskomponente werden Trainingsdokumente benötigt. Diese müssen aus einem Informationsraum (z. B. aus dem Internet, aus einer Datenbank, von einer lokalen CD) beschafft werden. Mit Hilfe der Komponente „Document-Manager" können beschaffte Dokumente auf dem Klassifikationsserver abgelegt werden. Mit dem „Corpus-Manager" können hochgeladene Dokumente als Trainingsdokumente verwaltet und verarbeitet werden. Der Corpus Manager stellt Funktionen bereit für das Erstellen von Korpora, die Zuordnung von Trainingsdokumenten zu einem Korpus, das Erzeugen von Termlisten aus den Dokumentinhalten mit korpus-charakteristischen Begriffen (Merkmale, Features), die (manuelle und automatische) Erzeugung der Vektordarstellung für Korpus-dokumente sowie die manuelle Zuordnung von Klassen (Labels) zu Trainingsdokumenten.

Linguistische und statistische Analyse:

Bevor die Vektordarstellung für ein Dokument erzeugt werden kann, ist eine Aufbereitung notwendig,. Der „Linguistic Analyzer" stellt alle Funktionen für die linguistische Aufbereitung zur Verfügung. Dazu gehören beispielsweise die Reduktion der in einem Dokument vorkommenden Terme auf ihre Stammform, die Eliminierung nicht benötigter Terme und die Auflösung von Ko-Referenzen. Der „Feature Calculator" analysiert die Dokumente statistisch und erzeugt schließlich die Repräsentation im Vektorformat, z. B. die TF*IDF Repräsentation (siehe Kapitel 10.2.3). Funktionen der linguistischen und der statistischen Analyse werden sowohl bei der Bildung von Korpora eingesetzt als auch bei der späteren automatischen Klassifikation von Dokumenten.

Erstellen von Klassifikationsmodellen:

Die Komponente „Model Manager" dient zur Erzeugung von Klassifikationsmodellen aus der Vektordarstellung der Dokumente eines Trainingskorpus. Die erzeugten Modelle können dann vom Klassifikationsserver verwaltet werden. Ein erzeugtes Modell ist ein ausführbares Objekt, das zur Klassifikation neu hinzukommender Dokumente genutzt werden kann.

Klassifizieren von Dokumenten:

Die Komponente „Classifier" führt die eigentliche Klassifikation eines Dokumentes mit Hilfe eines aus einem Trainingscorpus erzeugten Modells durch. Die Klassifikation eines Dokumentes kann durch Bedienung über den Klienten direkt „ausprobiert" werden (über die Aufrufschnittstelle des „Document Manager". Im Kontext einer Indikatorberechnung wird die Klassifikationskomponente von einer thematischen Funktion (siehe unten) aufgerufen.

(Automatische) Beschaffung von Dokumenten:

Die zur Durchführung von Klassifikationen im Kontext einer Indikatorberechnung benötigten Dokumente werden von der Komponente „Document Provider" beschafft. Diese erlaubt das Einbringen von Dokumenten auf verschiedenen Wegen. Dazu gehören das manuelle Hochladen, die Beschaffung mittels Abonnement-Funktion, die Abfrage aus Datenbanken sowie das „Crawlen" nach Dokumenten im Internet. Mit den Dokumenten werden auch verfügbare Meta-Informationen beschafft und die zugehörigen Zeitstempel generiert (siehe Kapitel 10.2.2).

Konvertieren von Dokumenten:

Liegen zu beschaffende Dokumente nicht in einem Textformat vor (z. B. als pdf- oder MS-Word Dokumente), müssen diese für die weitere Bearbeitung durch Konvertierungsroutinen in Textdateien gewandelt werden.

Zur Implementierung der Basisfunktionen für die Beschaffung und Klassifikation können verfügbare Produkte in den Klassifikationsserver integriert werden:

- Als Web-Crawler für die Dokumentenbeschaffung kann beispielsweise Nutch (Nutch 2007), ein ambitioniertes Open Source Projekt mit vielfältigen Konfigurationsmöglichkeiten und hoher Leistungsfähigkeit bei großen Datenbeständen, eingesetzt werden.
- Für die Korpuserstellung, die linguistische Analyse, die Merkmalsberechnung, Modellerstellung und Klassifikation gibt es fertige Open Source Produkte mit Desktop-Bedienschnittstelle. Die Software „RapidMiner" (vgl. Mierswa/Wurst 2006) ist ein Data Mining-Werkzeug, mit dem die trainingsbasierte Klassifikation nach dem Vektorraummodell durchgeführt werden kann. Für die linguistische und statistische Vorverarbeitung von Texten ist das sog. „Word Vector Tool" in RapidMiner integriert, das Funktionen zur linguistischen und statistischen Analyse einschließlich der Erzeugung der Vektorrepräsentation zur Verfügung stellt. Der Algorithmus, den das generierte Modell später ausführen soll, kann ausgewählt werden, z. B. Bayes-Klassifikator, Entscheidungsbaum oder Support Vector Machine (durch Einbindung der Open Source Bibliothek „libsvm"). RapidMiner enthält auch verschiedene Funktionen zur Formatkonvertierung von Dokumenten.

Zur Integration in eine serviceorientierte Architektur auf der Basis von Webservices ist die Ergänzung einer Webservice-Schnittstelle erforderlich.

Die Implementierung des Klassifikationsservers auf Basis einer abstrakten Definition der Schnittstelle und der Ablaufstrukturen, z. B. durch Einsatz der Modellierungssprache UML (vgl. Booch/Rumbough 1999), erlaubt den Austausch der eingesetzten Produkte unter Beibehaltung der definierten Funktionalität mit verhältnismäßig geringem Aufwand.

12.1.1.2   Thematische Funktionen

Thematische Funktionen des Klassifikationsservers haben direkten Bezug zum Anwendungsthema (hier: die Verbesserung des Technologieentwicklungsprozesses einer Institution). Sie nutzen bei ihrer Ausführung die generischen Funktionen (siehe Kapitel 12.1.1.1).

Verwalten von Indikatorobjekten:

Die Komponente „Indicator Manager" steuert die Verwaltung von Indikatorobjekten. Für jeden definierten Indikator (siehe Liste der Indikatoren in Kapitel 8.1) kann auf dem Klassifikationsserver ein konkretes Objekt angelegt werden, dessen Attribute den Indikator beschreiben (z. B. Name, berechnete Indikatorwerte). Die Funktionalität umfasst das Erzeugen von Indikatorobjekten, das manuelle Eingeben und automatische Berechnen von Werten eines Indikators sowie das Abfragen von Indikatorwerten über einen gewissen Zeitraum (Generierung von Zeitreihen). Das manuelle Eingeben einer größeren Anzahl von Indikatorwerten kann durch das Hochladen von Excel-Dateien bewerkstelligt werden. Die automatische Berechnung von Indikatorwerten erfolgt durch Beschaffung und Klassifikation von Dokumenten aus dem konfigurierten Informationsraum mit nachfolgender Zählung; je nach Skalentyp des Indikators ist zusätzlich die Durchführung einer Informationsextraktion mit anschließender Auswertung der extrahierten Information erforderlich (siehe Kapitel 10.2.4).

Verwalten von Technologieobjekten:

Die Komponente „Technology Manager" erlaubt das Verwalten von Technologieobjekten. Für jede definierte Technologie kann ein konkretes Objekt angelegt werden, das die Technologie beschreibt. Definierte Indikatorobjekte (s.o.) können einem Technologieobjekt zugeordnet werden; dadurch wird die Relevanz eines Indikators bei der Beurteilung des Status dieser Technologie dokumentiert. Auch Technologieobjekte können zueinander in Beziehung gesetzt werden; auf diese Weise kann beispielsweise die Liste der für eine Technologie definierten Referenztechnologien angezeigt werden.

Speicherung durchgeführter Klassifikationen:

Der „Index Manager" steuert die Dokumentbeschaffung über den „Document Provider" im Kontext einer Indikatorberechnung. Die zugeordneten Beschaffungskomponenten (z. B. der Crawler) werden ausgeführt und liefern gefundene Dokumente asynchron an den „Index Manager" ab. Dieser fordert dann den „Document Manager" auf, die Dokumente zu klassifizieren. Dazu koordiniert dieser zunächst die linguistische und statistische Aufbereitung der Dokumente und veranlasst schließlich die Durchführung der Klassifikation. Aus Optimierungsgründen speichert der „Index Manager" die Ergebnisse aller zur Berechnung eines Indikatorwertes durchgeführten Klassifikationen sowie die Referenzen zu den Basisdokumenten in einem zugehörigen Index. Werden in weiteren Berechnungsläufen Dokumente gefunden, die bereits klassifiziert wurden und die sich seither nicht verändert haben, ist keine erneute Klassifikation dieser Dokumente erforderlich.

12.1.2   Semantische Annotation

Wie in Kapitel 10.3 ausgeführt, wird zur Aktualisierung des Wissens in der Wissensbasis ein Dienst benötigt, der in der Lage ist, formales Wissen aus strukturierten Quellen (z. B. Datenbanken, Programmen) und unstrukturierten Quellen (z. B. Texte, Dokumente) zu erzeugen. Der semantische Annotationsdienst des Klassifikationsservers generiert automatisch Meta-Information aus diesen Quellen und setzt sie in Bezug zu den Elementen einer Ontologie. Die Architektur des semantischen Annotationsdienstes als Webservice zeigt Abbildung 3.

Zur Erzeugung der Annotationen werden dem Annotationsdienst über die Webservice-Schnittstelle eine Referenz zu einer Ontologie in einer Ontologiesprache (z. B. die „Web Ontology Language OWL") sowie die zu annotierende Quelle (in der Abbildung illustriert am Beispiel eines Dokumentes, das Begriffe und Instanzen einer Ontologie enthält) übergeben. Zur Exploration der Ontologie hat der Annotationsdienst Zugriff zu einem weiteren Dienst („Ontology Storage + Analysis"), der Zugriffsfunktionen zu gespeicherten Ontologien zur Verfügung stellt. Für die Implementierung empfiehlt sich der Einsatz eines Semantic Web Frameworks, etwa HP-Jena (vgl. Jena 2008) oder Sesame (vgl. Sesame 2007).

Bei der Annotation strukturierter Quellen werden Struktur und Inhalt der Quelle zunächst in eine sogenannte Datenontologie konvertiert, die vor der Nutzung des Annotationsdienstes zu erstellen ist. Darunter versteht man die Repräsentation der strukturierten Quelle in einer Ontologie, die zur Eingabe-Ontologie insofern kompatibel ist, dass Elemente der

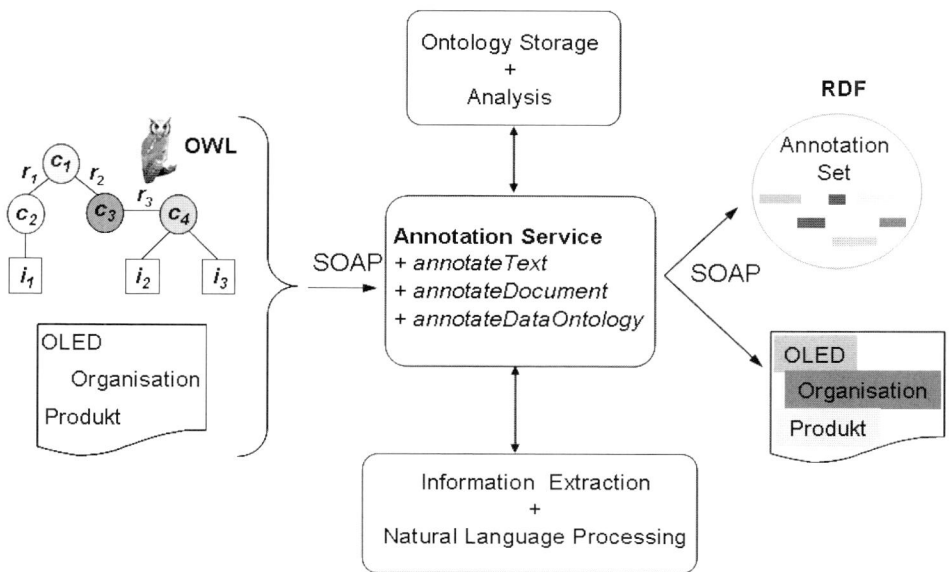

Abbildung 3:   Semantischer Annotationsdienst

Ontologien aufeinander abgebildet werden können. Dadurch erhält man Zugriff auf die strukturierte Quelle über die Abfragesprache der Ontologie; die Ergebnisse solcher Abfragen werden umgekehrt durch die Ontologie interpretierbar.

Bei der Annotation unstrukturierter Quellen nutzt der Annotationsdienst eine Software mit Funktionen zur Verarbeitung natürlicher Sprache (engl. „Natural Language Processing, NLP") und automatischen Informationsextraktion. Mit Hilfe dieser Komponente kann der Bezug bestimmter Passagen im Text zu Elementen der Ontologie (Konzepte, Instanzen, Relationen) identifiziert werden. Annotationen sind formale Beschreibungen solcher Abbildungen. In Anwendungen des Annotationsdienstes als Lesehilfe für fachspezifische Texte werden die gefundenen Annotationen durch Markierung im Text farblich illustriert und mit Hilfe eines Ontologiebrowsers in die Ontologie eingeordnet und visualisiert (wie in Abbildung 3 illustriert). Zur Generierung von Wissen werden die Annotationen in eine Sprache zur Wissensrepräsentation transformiert, z. B. die Semantic Web Sprache RDF (Resource Description Framework). Die Wissensbasis stellt eine Schnittstelle zur Verfügung, über die das so generierte Wissen eingefügt werden kann.

Die semantische Annotation von unstrukturierten Quellen erfordert den Einsatz von Werkzeugen für unterschiedliche NLP-Aspekte, z. B. den symbolischen Abgleich mit Lexika, den Einsatz statistischer Methoden für das Kategorisieren von Wörtern nach ihrer grammatikalischen Bedeutung (engl. „Part of Speech Tagging") bis zu spezialisierten Methoden für die Informationsextraktion. Die Qualität des Ergebnisses wird dabei maßgeblich durch eine fein abgestimmte Einstellung der Parameter bestimmt. Heutige Werkzeuge für das „Language Engineering", d. h. das Erstellen großer Sprachverarbeitungssysteme mit messbarer und vorhersagbarer Performanz, bieten Unterstützung bei der komplexen Konfiguration und Feinabstimmung der verschiedenen Methoden an.

Die Open Source Software GATE (General Architecture for Text Engineering) (vgl. Cunningham/Maynard 2002) ist ein Beispiel für eine solche „Werkbank", die von der Sheffied NLP Group implementiert und bereits in vielen Projekts eingesetzt wurde. Der Kern von GATE beruht auf einer Pipeline-Architektur, in die Komponenten für durchzuführende Verarbeitungsschritte eingereiht werden können. Bei einem Durchlauf generiertes Wissen kann dabei für weitere Durchläufe wieder eingesetzt werden, so dass auch lernende Zyklen entwickelt werden können. Annotationen in GATE sind Informationen, die an bestimmte Textabschnitte geheftet werden, um damit Aussagen über diese zu treffen. Für die Aufgabe der Informationsextraktion enthält GATE ein vorkonfiguriertes Informationsextraktions-Modul „ANNIE" (A Nearly New Information Extraction System) mit vorkonfigurierter Pipeline. Für die Ausführung von Komponenten zum regelbasierten NLP (siehe Kapitel 3.3.2) steht die integrierte Regelsprache JAPE (Java Annotation Patterns Engine) zur Verfügung. Der Einsatz von JAPE eignet sich besonders dann, wenn die zu analysierenden Texte eine vorgegebene Struktur besitzen (vgl. Waldschmitt 2007).

Der symbolische Abgleich von im Text auftretenden Wörten mit vorgegebenen Lexika geschieht in GATE mit Hilfe kategorisierter Wortlisten, sog. „Gazetteerlisten". Kategorisierte Wortlisten sind eine Voraussetzung für das Erkennen sog. „Named Entities" (z. B. Namen, Länder, Produkte etc.). Der Einsatz kategorisierter Wortlisten ist besonders empfehlenswert, wenn vorab sehr wenig über die Struktur der zu analysierenden Texte bekannt ist (vgl. Kopp 2007). Mit OntoGazetteer bietet GATE eine Komponente an, die es gestattet, eine Ontologie in Gazetteerlisten zu transformieren.

Neuere Forschungsaktivitäten im Bereich Informationsextraktion konzentrieren sich auf die direkte, automatische Zuordnung ontologischer Elemente zu den Textpassagen (vgl. Maynard/Peters 2006). Der Unterschied von „Ontology Based Information Extraction (OBIE)" zur „traditionellen" Informationsextraktion besteht in der Nutzung formaler Ontologien anstelle flacher Lexika oder Gazetteerlisten. Darüber hinaus können durch Einsatz von OBIE wesentlich genauere Schlüsse aus der extrahierten Information gezogen werden, indem die Fähigkeit von Ontologien zur Ableitung neuen Wissens durch den Einsatz sogenannter Reasoner genutzt wird.

12.2   Das Methoden-Cockpit

Bereits zu Beginn der Konzeption eines Werkzeuges zur Unterstützung systematischer Technologieent-wicklungen bestand der Wunsch nach einer Softwareplattform, die eine Vielfalt von Anforderungen zu integrieren vermag. Aus den fünf Innovationsebenen (*Kompetenz bis Markt*) sollten die Datenströme verknüpft werden, welche von den unterschiedlichsten Methoden (*Funktionsanalyse, KANO, etc.*) zu nicht-deterministischen Zeitabschnitten angefordert oder erzeugt werden. Ferner sollten auch die in Abbildung 1 skizzierten externen Dienste zur Informationsbeschaffung und -aufbereitung (*Klassifikations-Server*), zur Informationsauswertung (*progress*) und zum Wissensmanagement (*Ontologies*) möglichst einfach anzubinden sein. Und zusätzlich ergab sich noch während der Plattformkonzeption immer wieder neuer Änderungsbedarf. So wurde beispielsweise die anfängliche Fokussierung auf Fraunhofer-typische Anwendungsprojekte aufgegeben, um das Werkzeug später prinzipiell auch für die Anwendung in Industrie- und Wirtschaftsunternehmen bereitstellen zu können.

Die Berücksichtigung all dieser Aspekte führte dazu, ein *Cockpit* zu entwerfen, dessen Schwerpunkte auf Einfachheit, Anpassbarkeit und Transparenz liegen, wogegen Zugriffs- oder Verarbeitungsgeschwindigkeit von geringerem Interesse sind. Dies gilt zumindest für den *Prototyp* des Cockpits, der in einer ersten Version vorliegt. Seine Oberfläche wird in Abbildung 4 nochmals gezeigt und seine Struktur nachfolgend kurz vorgestellt.

Die *Top View* – der *Desktop* des Cockpits, auf dem sich alles abspielt – kann gleichzeitig auch als Abbild der Daten- und Codestruktur betrachtet werden. Die fünf Hauptkomponenten des Cockpits (vgl. Abschnitt 6.4.3) finden sich auch in den fünf Hauptordnern der Datenstruktur wieder. Weitergehende Detailstrukturen der Komponenten spiegeln sich in entsprechenden Unterordnern. In den Abbildungen 5 und 6 ist dies kurz skizziert.

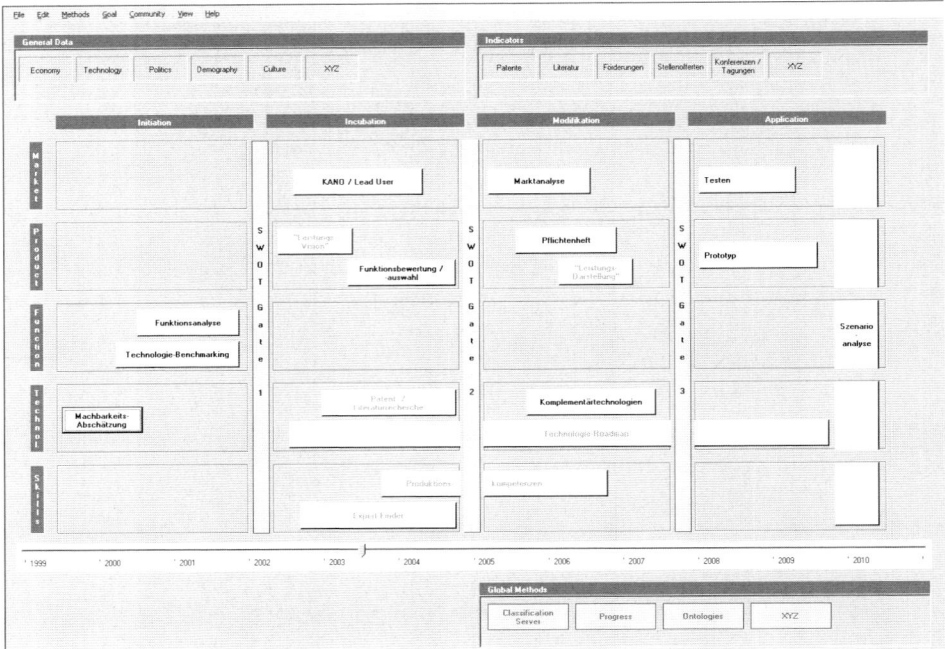

Abbildung 4:   GUI-Prototyp des Methoden-Cockpits

Die erste Hauptkomponente, die *Cockpit-Menüleiste*, ist unabhängig vom jeweiligen Anwendungsprojekt (MIPS, OLED, etc.), was zumindest für den Software-Prototyp gilt. So sind etwa die Daten zu den beteiligten Fraunhofer-Instituten (vgl. Kapitel 6, Abbildung 15) und zur elektronischen Buchversion (vgl. Kapitel 6, Abbildung 16) nur einmal abgelegt, beispielsweise in *Cockpit\Community\ITWM* oder *Cockpit\Help\Focus*.

Auch die zweite Hauptkomponente, der *General Data-Block*, ist projektunabhängig, eine ihm zugeordnete Ordnerstruktur existiert ebenfalls nur einmal.

Die Hauptkomponenten *Indicators* und *Cockpit Kernel* sind projektabhängig. Zu jeder neuen Anwendung wird daher bei Projektbeginn eine Kopie der zugehörigen Ordner inklusive ihrer Default-Dokumente erstellt und dem *User* zur Verwendung angeboten. Wechselt er im Verlauf seiner Arbeit zu einem anderen Projekt (vgl. Kapitel 6, Abbildung 13), dann referenziert das Programm entsprechend auf den dann aktuellen Ordner.

Die in Abschnitt 6.4.4 beschriebenen Informationsblöcke *General Data*, *Indicators* und *Global Methods* sind technisch realisiert als Container von interaktiven Labels. Jedem Label ist ein eigenes *Form-Objekt* zugeordnet, das für seine grafische Präsentation und Interaktion zuständig ist. Der zugehörige, ebenso in einem eigenen Modul gekapselte, Code ist beispielsweise für das Anlegen, Aktualisieren oder Löschen entsprechender Ordnerstrukturen und -inhalte verantwortlich. Damit werden auch das Hinzufügen komplett neuer Wissens-bereiche (in *General Data*), die Aufnahme zusätzlicher Indikatoren (in *Indicators*) und das Anbinden weiterer Programme (in *Global Methods*) denkbar einfach. Ein neu hinzu zu nehmendes Label integriert sich selbst in seinen Container, bei Platzbedarf erscheint am unteren Rand ein Scrolling-Pfeil. Die linear in den Containern angeordneten Labels können zur besseren Unterscheidbarkeit zusätzlich mit Icons versehen werden.

Im Kern des Cockpits liegen die Methoden-Karten als *Button-Objekte* an ihren vorgegebenen Positionen. Wie bei den Labels der *Knowledge Container* sind auch hier jedem interaktiven Button ein eigenes *Form-Objekt* sowie ein *Code-Modul* zugeordnet. Das als *private* definierte Modul-Segment ist wieder für die üblichen Aufgaben (Präsentation, Interaktion und Datenmanagement) zuständig. Ein weiteres, als *public* definiertes Segment kommt hier jedoch noch hinzu, das den *Output* für den Zugriff durch andere Methoden zur Verfügung stellt, wie in Abschnitt 6.4.5 bereits angesprochen.

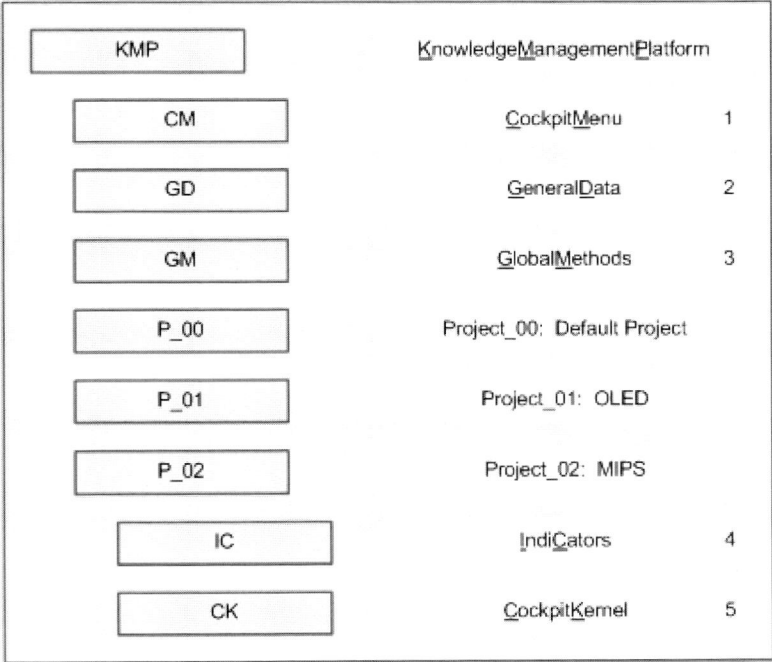

Abbildung 5:   Ordner-Grobstruktur des Methoden-Cockpits
Für den *Global Methods-Block* schließlich wurde eine zweigeteilte Struktur gewählt. Die Code-Segmente liegen im projektunabhängigen Ordnerbereich, die projektrelevanten Data-Segmente finden sich in den jeweiligen Projektordnern

Pick	Number	Task	Done	SQLonTable
☑	1	Kundenanforderungen identifizieren	12%	SELECT * FROM Activities01
☐	2	Fragebogen entwerfen	23%	SELECT * FROM Activities02
☐	3	Kundeninterviews durchführen	4%	SELECT * FROM Activities03
☐	4	Resultate auswerten	1%	SELECT * FROM Activities04
☐	5	Ergebnisse visualisieren	5%	SELECT * FROM Activities05
☐	6	Info importieren/exportieren	0%	SELECT * FROM Activities06
▦	0		0%	

cord: ⏮ ◀ | 1 ▶ ⏭ ▶* of 6   ◀ | ▶

Abbildung 6:   Task-Tabelle der Methode KANO / Lead User

Die Dynamik und Flexibilität der Methoden ist in den Tasks- und Activities-Listen abgebildet, die wiederum über Access-Tabellen gesteuert werden. Die Abbildungen 7 und 8 zeigen hierzu Beispiele.

Das Programm erkennt an den Tabelleneinträgen, ob jeweils eine Grafik oder Tabelle anzuzeigen ist, ob ein Dokument zum Lesen oder Schreiben zu öffnen ist, ob eine von vielen angebotenen Dateien zu bearbeiten ist, oderob ein externes Programm zu starten ist. Der *Cockpit Master* kann diese Tabellen mit geringem Aufwand pflegen, was projektabhängig sinnvoll sein und selbst bei laufendem Programm erfolgen kann. Analoges gilt für das übergeordnete Wechselspiel der Methoden untereinander, flexible Tabelleneinträge beschreiben den gesamten Pfad der Technologieentwicklung.

Die integrierte Informationsplattform generiert Information auf zwei Arten: Zum einen interaktiv durch das „Abarbeiten" der lokalen Methoden im Cockpit, wobei die Information im Output-Segment der jeweiligen Methode gespeichert und für Zugriffe durch andere Methoden zugänglich gemacht wird. Zum anderen halbautomatisch und daher technisch komplexer durch die Anwendung globaler Methoden, wie etwa des *Classification Servers* oder der Analysesoftware *progress* – siehe Abbildung 1. Letztere benötigt beispielsweise die zeitlichen Verläufe von Indikatoren der im aktuellen Projekt betrachteten Technologie sowie Verläufe von Indikatoren einer Referenztechnologie als Inputdaten. Alle diese Verläufe werden vom *Classification Server* bereit gestellt und zusammen mit den von *progress* gelieferten Ergebnissen im projektspezifischen Teil der Verzeichnisstruktur abgelegt, von wo sie jederzeit über die Labels des *Indicators-Containers* aufrufbar sind. Die Definition und Verwaltung von Indikator- und Technologieobjekten geschieht dagegen auch in Bezug auf die Daten völlig separat durch den *Classification Server* – siehe Abschnitt 12.1.

Number	Activity	Operation	Filter	Start	SourceFileDirectoryFormSub
1	Funktionale/dysfunktionale Fragen definieren	ReadOnly_FileOpen	Document (*.doc) |*.doc	C:\Office\Programs	C:\PP2\MIPS\M04\3...Transform\1...ln\
2	Gegenwärtige Produkte bewerten	ReadOnly_FilesOpen	Lists (*.xls) |*.xls	C:\Office\Programs	C:\PP2\MIPS\M04\3...Transform\1...ln\
3	Relative Bedeutung der Anforderungen einschatzen	ReadOnly_FilesOpen	List (*.xls) |*.xls	C:\Office\Programs	C:\PP2\MIPS\M04\3...Transform\1...ln\
4	Funktionen nach Bedeutung klassifizieren	ReadOnly_FilesOpen	Tables (*.xls)|*.xls	C:\Office\Programs	C:\PP2\MIPS\M04\2...Input\2...Local\K
5	Task-Erfüllung aktualisieren	StartProcedure			TasksDoneUpdate.sub
0					

ecord: ⏮ ◀ | 6 ▶ ⏭ ▶* of 6   ◀ | ▶

Abbildung 7:   Activities-Tabelle der Methode KANO / Lead User

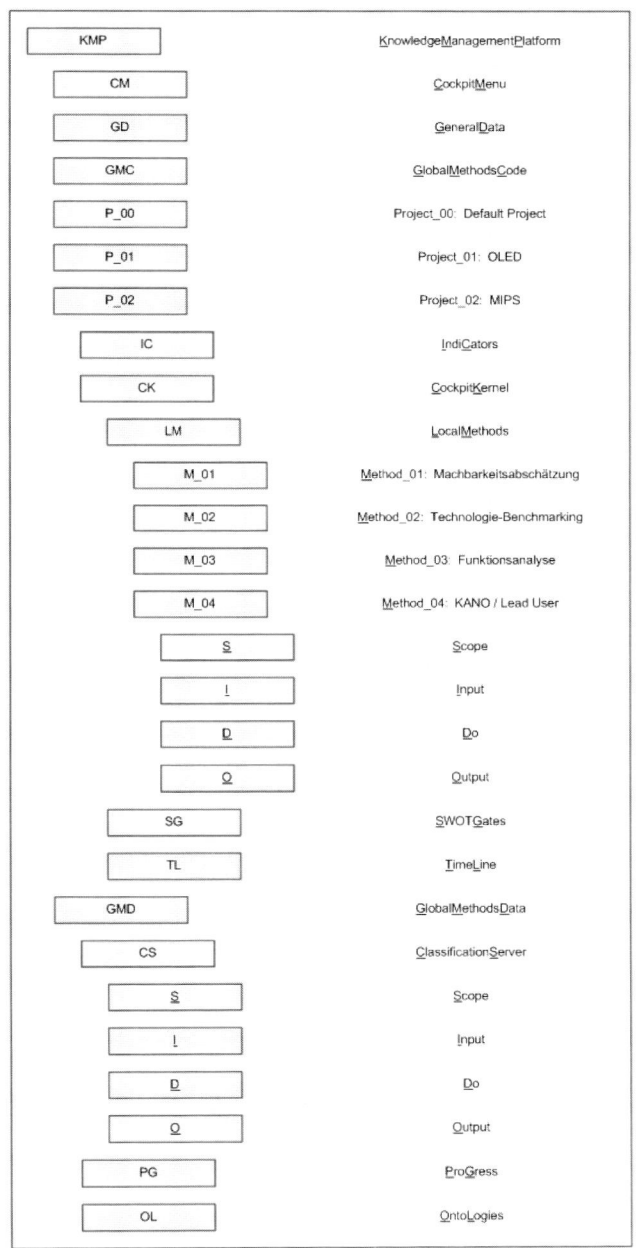

Abbildung 8:   Details der Ordner-Struktur des Methoden-Cockpits

12.3   Die Wissensbasis

Im Folgenden wird näher auf die Konzeption und die Entwicklung einer Softwarekomponente zur Verwaltung und webbasierten Bereitstellung von Informationen eingegangen, welche im Umfeld der Technologieentwicklung benötigt oder während der Technologieentwicklung erzeugt werden. Die Wissensbasis dient als Integrationselement für die informationserzeugenden Softwarekomponenten Klassifikationsserver und Methoden-Cockpit sowie als Informationsquelle zur Unterstützung des Nutzers entlang des Technologieentwicklungsprozesses. Die Hauptaufgaben der Wissensbasis werden im Folgenden kurz skizziert.

Bereitstellung eines webbasierten Zugangs zu Informationen im Umfeld der Technologieentwicklung

Wie im Kapitel 11 bereits beschrieben, werden zur formalen und informationstechnisch verwertbaren Repräsentation des Wissens im Umfeld der Technologieentwicklung Ontologien Verwendet. Die konkrete Realisierung erfolgt hierbei auf Basis der Web Ontology Language (siehe auch Kapitel 3). Um die Bereitstellung der Technologieinformationen bei möglichst geringem Aufwand zu realisieren, erfolgt die Realisierung der Wissensbasis als Webanwendung. Auf diese Weise kann die Informationsbereitstellung mit einmaliger Installation eines Servers erfolgen, weitere Installationen auf den Endgeräten hierfür entfallen. Zusätzlich ist die für die kollaborative Nutzung des Systems notwendige Mehrbenutzerfähigkeit ohne Zusatzaufwand gegeben. Der webbasierte Informationszugang umfasst auch die Bereitstellung von Such-, Visualisierungs- und Navigationsmöglichkeiten.

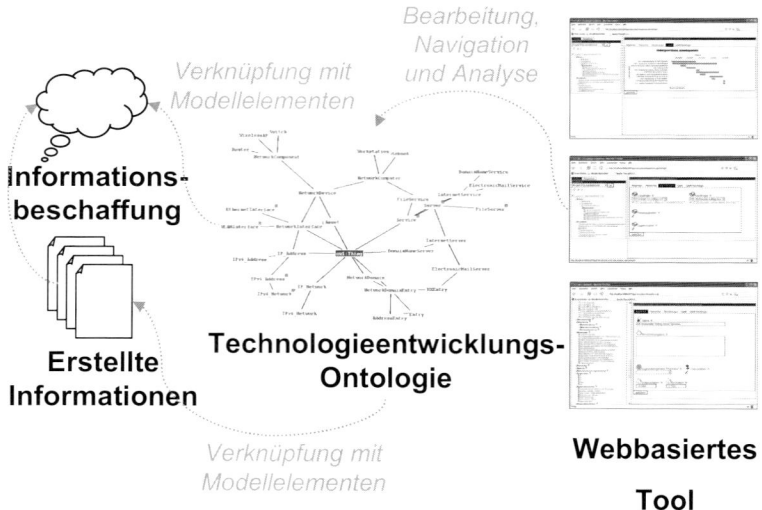

Abbildung 9:   Vernetzung von Technologieinformationen durch eine Ontologie

Synchronisation mit Methoden-Cockpit

Über Funktionalitäten zur reinen Darstellung, Bearbeitung, Suche und Analyse von Technologieinformationen hinaus, stellt die Wissensbasis einen Synchronisationspunkt dar, welcher den direkten Austausch von bei der Technologieentwicklung entstandenen Arbeitsergebnissen unter Nutzung des Methoden-Cockpits ermöglicht. Während der Fokus des Methoden-Cockpits auf der einfachen und intuitiven Unterstützung des Benutzers bei der Technologieentwicklung liegt, dient die Wissensbasis der Durchführung komplexerer Recherchen und Analysen der hoch vernetzten Informationen im Umfeld des Technologieentwicklungsprozesses. Bei der Nutzung des Methoden-Cockpits entstandene Arbeitsergebnisse können mit der Wissensbasis synchronisiert werden und so auch beispielsweise team- oder abteilungsübergreifend genutzt werden.

12.3.1   Nutzungsprozess der Wissensbasis

Die Konzeption der Wissensbasis richtet sich nach einem Nutzungsprozess, welcher sowohl den Aufbau der Wissensbasis (initiierende Prozessphasen) umfasst als auch die Anpassung und Weiterentwicklung während dem Testen sowie während der anschließenden Nutzung. Hierbei wird ein iteratives Vorgehen bei der Weiterentwicklung angenommen, da im Umfeld der Technologieentwicklung von kontinuierlich auftretenden Änderungen auch auf Modellebene auszugehen ist. Der zugrundeliegende Nutzungsprozess wird im Folgenden skizziert.

Initiierende Phasen des Nutzungsprozesses

In den initiierenden Phasen des Nutzungsprozesses der Wissensbasis ist nach dem erstmaligen Import einer OWL-Ontologie ein funktionsfähiger, initialer Prototyp inklusive Benutzerschnittstellen zu realisieren. Dieser Prototyp soll vorbereitend für die weitere Verwendung in den iterativen Phasen des Nutzungsprozesses als Ausgangspunkt dienen, um die iterative Weiterentwicklung des Prototyps hin zur endnutzergerecht-einsetzbaren Wissensbasis vorzubereiten.

Iterierende Phasen des Nutzungsprozesses

Wesentliche Herausforderungen für die Realisierung einer Wissensbasis zur Unterstützung der Technologieentwicklung ergeben sich aus der im Nutzungsprozess der Wissensbasis vorgesehenen Unterstützung von Ontologieänderungen, parallel zur Entwicklung und der Nutzung der Wissensbasis.

Bei bestehenden Abhängigkeiten zwischen Softwaremodulen und Elementen einer Ontologie kann Änderungsaufwand seitens der bestehenden Realisierung des Softwaremoduls
entstehen, sofern Abhängigkeiten zu den geänderten Ontologieelementen bestehen. Daher
sind die geforderten Funktionalitäten danach zu unterscheiden, ob sie Abhängigkeiten von
einer Ontologie aufweisen oder unabhängig von der konkret vorliegenden Ontologieaus-
prägung realisiert werden können.

12.3.2   Generizität von Funktionalitäten der Wissensbasis

Ontologieunabhängige, sprich generische Funktionalitäten sind nicht abhängig von der
Struktur der zugrundeliegenden Ontologie. Die Realisierung dieser Funktionalitäten kann
somit erfolgen, ohne Bezug auf konkrete, in einer Ontologie enthaltene Elemente zu nehmen. Änderungen auf Ontologieebene führen somit zu keinem Änderungsaufwand bezüglich der Realisierung einer ontologieunabhängigen Funktionalität. Ist eine ontologieunabhängige Funktionalität bei der früheren Nutzung der Wissensbasis bereits geeignet realisiert worden, so ist die Wiederverwendung prinzipiell auch in weiteren Anwendungsberei-
chen möglich. Beispiel für ontologieunabhängig realisierbare Funktionalitäten sind die im
Basismodul der Wissensbasis realisierten Funktionalitäten.

Bei Funktionalitäten, die nicht unabhängig von einer konkreten Ontologiestruktur realisiert
werden können, kann die Möglichkeit bestehen, diese mit vertretbarem Aufwand an die zu
verwendende Ontologiestruktur anpassbar zu machen. Die Anpassung kann hier z. B. de-
klarativ durch Konfiguration erfolgen. Änderungen von Ontologieelementen, auf die in der
Implementierung indirekt über die Konfiguration Bezug genommen wird, haben somit
Auswirkungen auf die Konfiguration, die eigentliche Implementierung der Funktionalität
kann jedoch unverändert bleiben.

Existiert bereits eine an Ontologien anpassbar realisierte Funktionalität aus der früheren
Nutzung der Wissensbasis, so ist die Wiederverwendung prinzipiell auch in weiteren An-
wendungsfällen möglich. Hierbei ist jedoch die Konfiguration der Abhängigkeiten an die
relevanten Elemente der Ontologie notwendig.

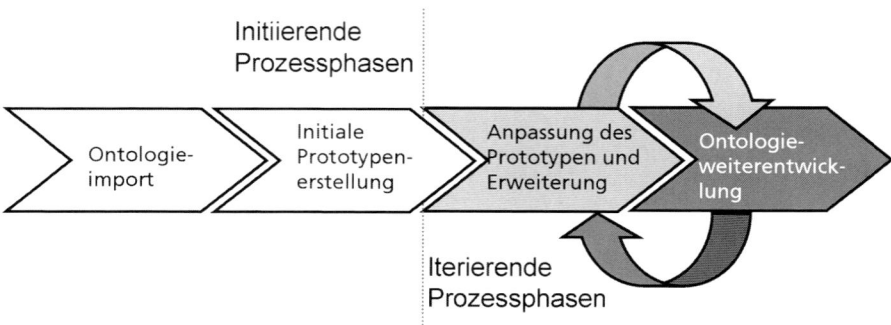

Abbildung 10:   Nutzungsprozess der Wissensbasis

Beispiel für eine an Ontologien anpassbar realisierbare Funktionalität ist ein grafisches Oberflächenelement, welches alle Instanzen einer bestimmten Ontologieklasse anzeigt, wobei die hierfür zu verwendende Ontologieklasse durch Konfiguration des Oberflächenelements festgelegt werden kann.

Für die Umsetzung ontologieabhängiger Funktionalitäten werden bei der Umsetzung zwingend Kenntnisse über die Struktur der zugrundeliegenden Ontologie benötigt. Eine konfigurierbare Realisierung ist hierbei nicht möglich oder wegen der nicht zu erwartenden Wiederverwendung beziehungsweise aufgrund des unverhältnismäßig hohen Aufwands nicht erwünscht. Die Implementierung einer solchen Funktionalität muss somit angepasst werden, falls Elemente einer Ontologie, zu denen Abhängigkeiten bestehen geändert werden.

Als Beispiel einer Funktionalität, deren Realisierung ontologieabhängig als sinnvoll erscheint, ist die Realisierung eines Moduls, welches Informationen vom Klassifikationsserver ausliest und in die Ontologie zur Technologieentwicklung einfügt. Bei dieser Funktionalität handelt es sich um eine sehr spezifische Funktionalität, da der Hauptaufwand auf der Nutzung der konkreten Schnittstellen (z. B. der Serviceschnittstelle des Klassifikationsservers) und der Transformation von Informationen mit spezifischer Datenstruktur liegt. Die Wiederverwendung einer solchen Komponente außerhalb des konkreten Nutzungsszenarios ist somit sehr unwahrscheinlich bzw. aufgrund der Vielzahl möglicher Schnittstellen und Strukturen nur sehr aufwändig allgemeingültig und konfigurierbar zu realisieren.

12.3.3   Basismodul

Die Implementierung benutzeroberflächenspezifischer Bestandteile der Wissensbasis ist vom Rest der Wissensbasis technisch getrennt. So kann die Basisfunktionalität mit einer Schnittstelle versehen werden, die nicht nur durch das Model für die Benutzungsschnitt-

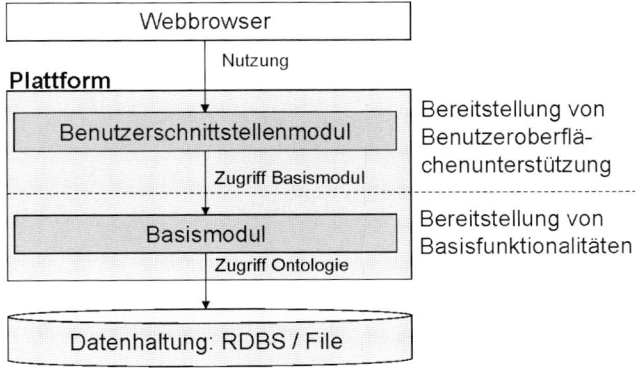

Abbildung 11:   Aufteilung in Basis- und Benutzerschnittstellenmodul

stelle, sondern auch durch weitere Applikationen hinsichtlich nötiger Erweiterungen der Wissensbasis genutzt werden können.

Das Basismodul setzt eine Mehrwert-Programmierschnittstelle um, welche, über die vom als Grundlage für die Ontologienutzung vom Jena Framework angebotenen Funktionalitäten hinaus, weitere Funktionalitäten realisiert. Das Basismodul bietet hierbei für die Benutzeroberflächenerstellung notwendigen Basisfunktionalitäten bezüglich des Zugriffs auf Ontologieinstanzdaten und der Analyse von Ontologien. Das Basismodul ist in die zwei Teilmodule Instanzzugriffsmodul und Analysemodul unterteilt.

Das Instanzzugriffsmodul dient der Realisierung der zum Ontologieinstanzzugriff benötigten Programmierschnittstelle und realisiert die benötigten Zugriffsfunktionalitäten. Auf Basis des Jena Frameworks (vgl. Jena 2008) wird die Persistenz bezüglich der Haltung von Ontologieinstanzdaten in mehreren relationalen Datenbanksystemen oder alternativ in Dateien realisiert. Das Instanzzugriffsmodul stellt eine Abstraktionsschicht über dem verwendeten Jena Framework dar. Daher erfolgt bei der Nutzung der Schnittstelle des Instanzzugriffsmoduls der Zugriff auf die Jena API indirekt. Da durch Verwendung der Schnittstellen des Zugriffsmoduls keine Verwendung der Schnittstellen des Jena Frameworks erfolgt, könnten zukünftig weitere Persistenzmechanismen über die von Jena unterstützten Mechanismen hinaus im Instanzzugriffsmodul realisiert werden. Hierdurch kann erreicht werden, dass die Verwaltung von Instanzdaten prinzipiell unter Verwendung beliebiger Persistenzmechanismen durchgeführt wird.

Prinzipiell könnte so, zumindest beim lesenden Zugriff über das Instanzzugriffsmodul, auch die transparente Integration weiterer Informationsquellen von Fremdsystemen erreicht werden. Hierbei könnten beispielsweise in einem relationalen Datenbanksystem

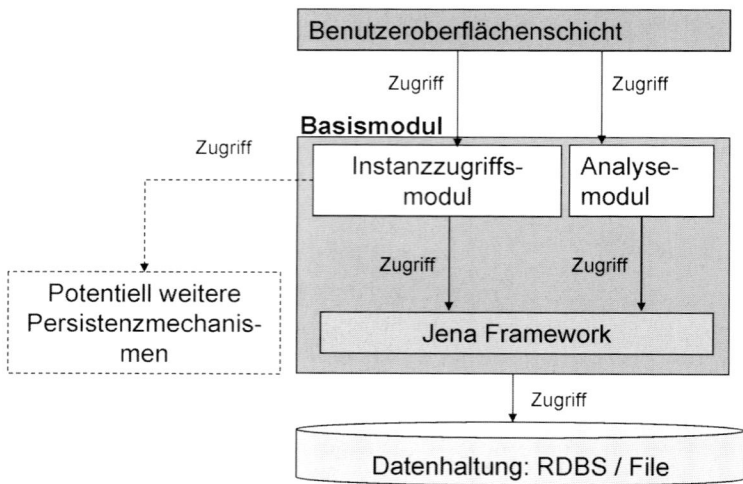

Abbildung 12:   Erweiterbarkeit des Basismoduls um die Unterstützung weiterer Persistenzmechanismen

gehaltene Ontologieinstanzdaten mit Live-Daten aus einem SAP-System kombiniert werden, was bei der Nutzung des Basismoduls transparent ist.

Lesender und schreibender Zugriff auf Ontologieinstanzen: Im Instanzzugriffsmodul werden die benötigten Funktionalitäten zum lesenden und schreibenden Zugriff auf Ontologieinstanzen realisiert.

Das Modul zur Ontologieanalyse stellt Funktionalitäten für die programmatische Nutzung bereit, mit denen Informationen über die Struktur von OWL-Ontologien in Erfahrung gebracht werden können. Dies wird unter anderem bei der automatischen Erzeugung grafischer Benutzeroberflächen zur Instanzeingabe benötigt, um beispielsweise in Erfahrung zu bringen, welche Klassen in einer Ontologie vorliegen, welche Vererbungshierarchien vorhanden sind oder welche Relationen mit welchen Kardinalitäten zwischen Klassen bestehen. Durch Einbindung des Resoners Pellet (vgl. Pellet 2008) in das Analysemodul können auch die von Pellet unterstützten und auf Basis des OWL-Sprachumfangs gegebenen Möglichkeiten im Umfeld der formalen Logik genutzt werden.

Zur Unterstützung der ontologieabhängigen Realisierung von Funktionalitäten wurde ein Zugriffsklassengenerator realisiert. Dieser erzeugt pro Ontologieklasse jeweils eine Javaklasse, welche die erforderlichen Funktionalitäten für lesende und schreibende Nutzung in Form von Java-Methoden bereitstellt.

Die programmatische Nutzung der Zugriffsklassen durch ontologieabhängig realisierte Funktionalitäten bietet den Vorteil, dass auf die Zugriffsklassen zugreifender Programmcode vom Java-Compiler überprüft wird. Bei Änderungen der Ontologiestruktur und der erfolgten erneuten Generierung der Zugriffsklassen kann daher der Java-Kompiler eine Vielzahl von Fehlern bereits zur Kompilierzeit erkennen und dem zuständigen Funktionalitätsentwickler melden und somit Auffinden von Fehlern erleichtern. Hierdurch wird das

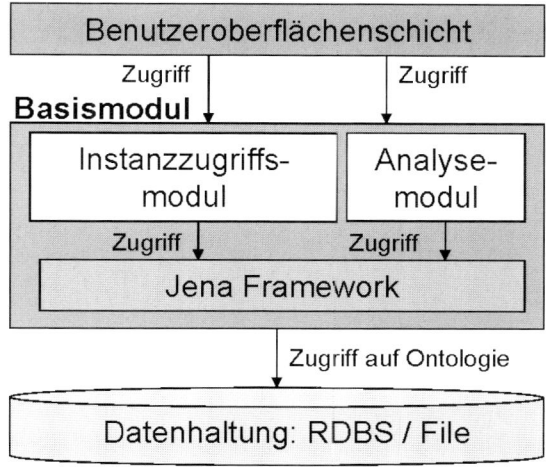

Abbildung 13:   Aufbau des Basismoduls

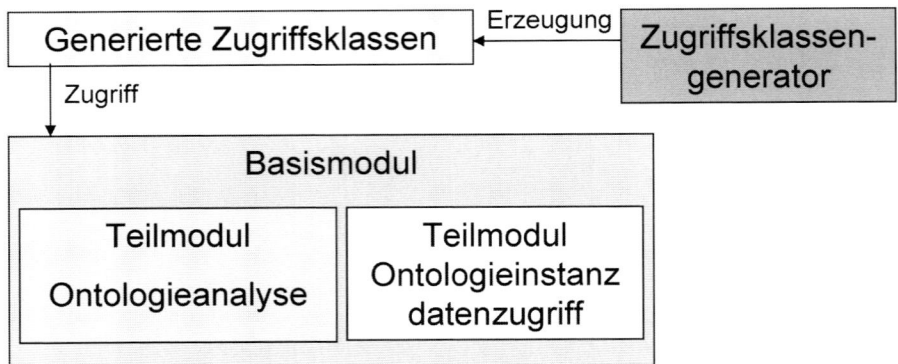

Abbildung 14:   Nutzung des Basismoduls durch generierte Zugriffsklassen

Auffinden von durch Ontologieabhängigkeiten verursachten Problemen und somit die Anpassung der Realisierung ontologieabhängig realisierter Funktionalitäten aufgrund von Ontologieänderungen vereinfacht.

12.3.4   Benutzeroberflächenmodul

Realisierung des Benutzeroberflächenmoduls

Die Benutzeroberflächenmodul dient der Zusammenführung der einzelnen Oberflächenbestandteile und zur eigentlichen Ausführung des Softwareprototypen. Sämtliche Benutzerinteraktionen werden hier abgewickelt und die Benutzeraktionen erfolgen über dieses Modul. Die Funktionalitäten zur Ermöglichung der Interaktion von Benutzern mit der Oberfläche sind in Form von Java Server Pages realisiert. Sämtliche der im Folgenden beschriebenen Oberflächenelemente sind als Java-Klassen realisiert und werden vom Benutzeroberflächenmodul zu funktionsfähigen Benutzeroberflächen zusammengefügt

Strukturierungselemente

Zur Strukturierung von Benutzungselementen werden verschiedene Elemente von der Wissensbasis bereitgestellt.

Perspektiven: Zur Realisierung mehrerer Sichten werden Perspektiven bereitgestellt. Perspektiven stellen das oberste Element in der Strukturierungshierarchie dar.

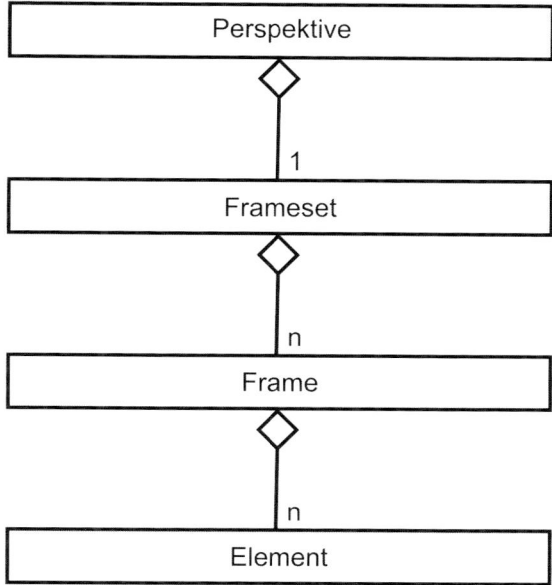

Abbildung 15:   Schematische Darstellung der Strukturierungselemente

Bildschirmbereiche: Es werden Strukturierungselemente angeboten (Frameset und Frame), um Perspektiven in weitere Bildschirmbereiche zu unterteilen. Bildschirmbereiche können beliebige Oberflächenelemente enthalten.

Containerelemente: Containerelemente sind Oberflächenelemente zur weiteren Unterteilung von Bildschirmbereichen oder anderen Containerelementen. Containerelemente können sowohl ineinander verschachtelt werden als auch sonstige Oberflächenelemente enthalten. Bereitgestellte Containerelemente sind:

- Reiter-Container zur Unterstrukturierung von Bildschirmbereichen mit Reitern
- Tabellen-Container zur Anordnung von Oberflächenkomponenten in Tabellenform

Folgende Abbildung zeigt die Strukturierung einer Perspektive durch Bildschirmbereiche und Containerelemente.

Auswahlelement für Perspektiven: Zur dynamischen Auswahl der verschiedenen, definierten Perspektiven wird ein entsprechendes Auswahlelement realisiert. Über dieses kann der Endbenutzer zur Laufzeit die darzustellende Perspektive wechseln.

Klassenbaum: Das Navigationselement Klassenbaum erzeugt dynamisch unter Verwendung des Basismoduls eine Navigation, die sich von der Klassen- und Vererbungsstruktur ableitet. Das Navigationselement ermöglicht neben dem Auswählen darzustellender Ontologieinstanzen auch das Anlegen neuer Instanzen.

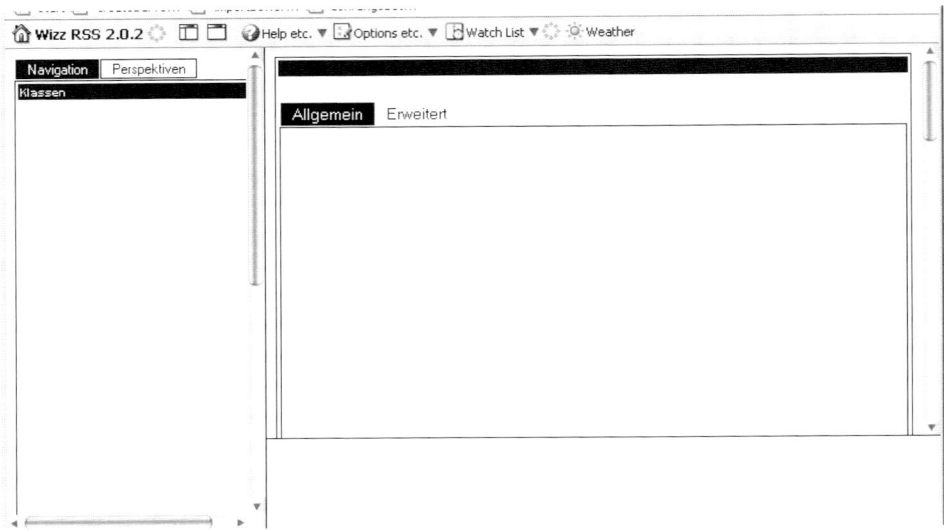

Abbildung 16:   Mit Strukturierungselementen unterteilte Perspektive

Ontologieabhängig anpassbarer Baum: Die anpassbare Oberflächenkomponente zur Navigation in hierarchischen Ontologiestrukturen kann durch Konfiguration der darzustellenden hierarchischen Ontologiestruktur an den jeweiligen Anwendungszweck angepasst werden. Hierfür werden die entsprechenden Relationspfade in der Konfigurationsdatei definiert. Die in der hierarchischen Struktur enthaltenen Ontologieinstanzen können über das Navigationselement ausgewählt und danach visualisiert und modifiziert werden. Darüber hinaus ist das Anlegen von neuen Ontologieinstanzen mit automatischer Verknüpfung in der hierarchischen Ontologiestruktur direkt über das Navigationselement möglich.

Widgets: Die realisierten Widgets dienen der Darstellung der einzelnen Elemente einer Ontologieklasse in der Benutzeroberfläche. Die Widgets beherrschen das Lesen des Werts des jeweiligen Elements einer Ontologieklasse sowie die Modifikation des Werts.

Zur Darstellung und Bearbeitung von Ontologieinstanzen sind Widgets für alle in der im Projektrahmen gegebenen Technologieentwicklungsontologie gegebenen Relations- und Attributtypen realisiert:

- Listenauswahlelemente zur Auswahl von referenzierten Instanzen
- Drop-Down-Elemente zur Referenzauswahl
- Kompakte Listenauswahlelemente, die nur referenzierte Instanzen visualisiert und die Bearbeitung der Auswahl in einem getrennten Listenauswahlelement realisiert
- Ein- und mehrzeilige Eingabefelder für Text-Attribute
- Auswahlfelder für in der Ontologie als Data Range vordefinierte Werte von Attributen

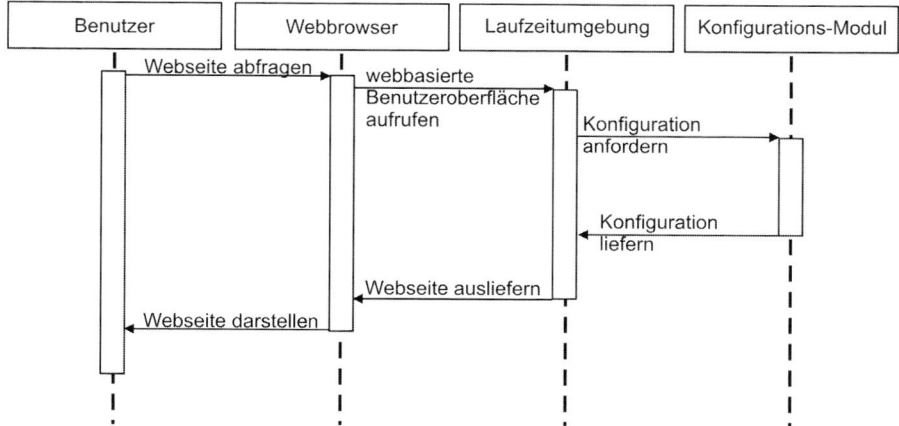

Abbildung 17:   Aggregation von Oberflächen durch das Konfigurationsmodul

- Eingabefelder für Spezialdatentypen wie Datumswerte mit automatischer Überprüfung und Formatierung des eingegebenen Werts
- Eingabefelder zur Eingabe numerischer Attributwerte mit automatischer Eingabeüberprüfung und Transformierung verschiedener Datumsdarstellungen

Konfigurationsmodul

Das Konfigurationsmodul realisiert die für die Oberflächen notwendigen Funktionalitäten bezüglich der Verwaltung, der Interpretation sowie des Lesens und Schreibens von XML-Konfigurationsdateien zur Benutzerschnittstellenkonfiguration.

Das Konfigurationsmodul bietet eine einheitliche, funktionale Schnittstelle, welche die im Umgang beim Lesen und Schreiben sowie der Defaulterzeugung von Konfigurationsdateien notwendigen Funktionalitäten bereitstellt. Für die Defaulterzeugung fordert das Konfigurationsmodul hierbei vom Defaulterzeugungsmodul die notwendigen Defaults an. Die Erzeugung benötigter Defaults wird hierbei vom Konfigurationsmodul „On Demand" in Gang gesetzt, sobald eine Oberflächenkonfiguration benötigt wird, für die keine Konfigurationsdatei besteht.

Defaulterzeugungsmodul

Vom Defaulterzeugungsmodul werden Oberflächenkonfigurationen in Form von XML-Dateien generiert. Die generierten XML-Dateien sind bereits ausreichend, um funktionsfähige Benutzeroberflächen zu erzeugen. Ausgehend von den generierten XML-Dateien kann die Anpassung des Softwareprototyps durch Modifikation oder Erweiterung

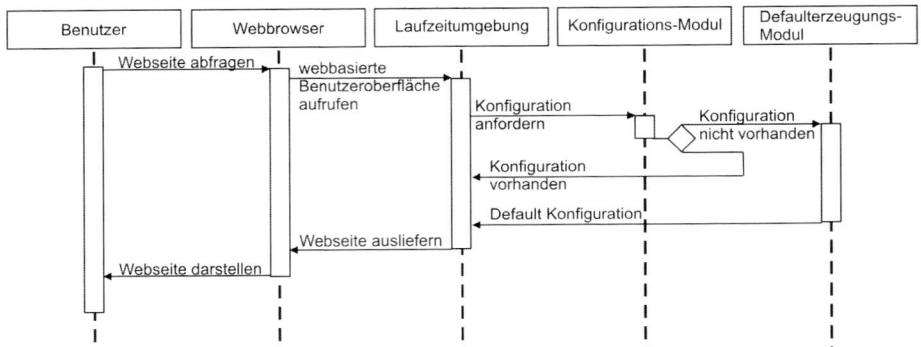

Abbildung 18:   Ablauf der Defaulterzeugung bei der Oberflächenaggregation

der XML-Dateien durchgeführt werden. Die Zuordnung von Ontologieelementen zu den für die Darstellung zu verwendenden Widgets kann durch die Definition von Zuordnungs-regeln bestimmt und angepasst werden. Dadurch können beliebige, also auch später von Funktionalitätsentwicklern realisierte Widgets, die dem Defaulterzeugungsmodul „nicht bekannt" sind, in die Defaulterzeugung miteinbezogen werden.

12.4   Literatur

Jena Semantic Web Framework. Online verfügbar unter http://jena.sourceforge.net/, zuletzt geprüft am 03.09.2008.

Nutch. Online verfügbar unter http://lucene.apache.org/nutch/, zuletzt geprüft am 03.09.2008.

Pellet: The Open Source OWL DL Reasoner. Online verfügbar unter http://pellet.owldl.com/, zuletzt geprüft am 03.09.2008.

Sesame. Online verfügbar unter http://www.openrdf.org/, zuletzt geprüft am 03.09.2008.

Booch, G.; Rumbaugh, J.; Jacobson, I. (1999): Das UML-Benutzerhandbuch. Bonn: Addison-Wesley (Professionelle Softwareentwicklung).

Cunningham, D. H.; Maynard, D. D.; Bontcheva, D. K.; Tablan, M. V. (2002): GATE: A Framework and Graphical Development Environment for Robust NLP Tools and Applications: Proceedings of the 40th Anniversary Meeting of the Association for Computational Linguistics (ACL'02). Philadelphia .

Kopp, A. (2007): Design and Implementation of an Automatic Semantic Annotation Service. Diplomar-beit. Universität des Saarlandes.

Maynard, D.; Peters, W.; Li, Y. (2006): Metrics for evaluation of ontology-based information extraction: WWW 2006 Workshop on Evaluation of Ontologies for the Web(EON). Edinburg .

Mierswa, I.; Wurst, M.; Klinkenberg, R.; Scholz, M.; Euler, T. (2006): YALE: rapid prototyping for complex data mining tasks: Proceedings of the 12th ACM SIGKDD international conference on Knowledge discovery and data mining. New York: ACM , S. 935–940.

Reinert, F.; Waldschmitt, P.; Leuchter, S.; Schönbein, R. (2007): Informationsextraktion durch Verwendung computerlinguistischer Verfahren in Texten mit Makrostruktur. In: Gesellschaft für Informatik (Hg.): Beiträge der 37. Jahrestagung der Gesellschaft für Informatik e.VV. (GI). 24.-27. September 2007. Bonn: Gesellschaft für Informatik , Bd. 1, S. 190–194.

13 Molekular geprägte Polymere – der Natur auf der Spur

KIRSTEN BORCHERS

CARMEN GRUBER-TRAUB

MELANIE DETTLING

DANIEL HEUBACH

THOMAS HIRTH

GÜNTER E.M. TOVAR

13.1 Themenrelevanz und Einordnung

Nanopartikel mit einer wählerischen Oberfläche sind das Produkt von Forschungs- und Entwicklungsarbeiten am Fraunhofer-Institut für Grenzflächen- und Bioverfahrenstechnik in Stuttgart (Fraunhofer IGB). Die Arbeiten führten zu der so genannten NANOCYTES®-Technologie. Das Ziel dieser Technologie ist es, Nanopartikel bereitzustellen, die biomimetisch – das heißt die Natur nachahmend – andere Stoffe aufgrund ihrer einzigartigen molekularen Struktur erkennen können. Dafür werden winzige Kügelchen aus Kunststoff oder glasähnlichem Material hergestellt. Die Oberflächen dieser Kügelchen bestehen aus einer nur wenige Nanometer dicken Schale, die ganz gezielt einzelne Moleküle binden

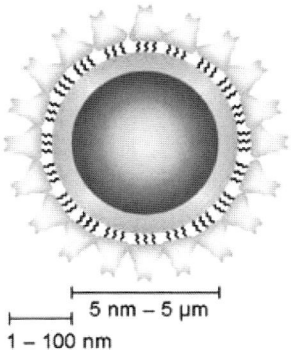

Abbildung 1:   NANOCYTES®-Technologie: Nano- oder Mikropartikel werden mit einer nanoskopischen biomimetischen Schale versehen. Diese spezifische Schale stattet die Kügelchen mit molekular erkennender Wirkung aus.

kann (Abbildung 1, vgl. Weber et al. 2006). Der Vorgang einer derartigen exklusiven Wechselwirkung zwischen zwei Molekülen oder molekülanalogen Systemen wird „molekulare Erkennung" („Schlüssel-Schloss-Prinzip") genannt. Auf dem Prinzip dieser molekularen Erkennung beruhen die Kommunikation und das Funktionieren aller biologischen Systeme.

Typische *technische* Anwendungen dieses molekularen „Schlüssel-Schloss-Prinzips" liegen sowohl in der biomedizinischen und biotechnologischen Forschung als auch in der Diagnostik – beispielsweise zum spezifischen Nachweis bestimmter Moleküle. Auch die gezielte Pharmakotherapie, also die gerichtete Verabreichung von Wirkstoffen, basiert auf dem Prinzip der molekularen Erkennung. Ähnliche Mechanismen werden zudem in rein chemischen Prozessen eingesetzt: Zum Beispiel zur selektiven Entfernung störender Komponenten, wie toxischer Stoffe oder Katalysatorgifte aus komplexen Reaktionsmischungen oder auch zur Anreicherung gewünschter Moleküle und Molekülklassen. Damit das molekulare „Schlüssel-Schloss-Prinzip" technisch nutzbar gemacht werden kann, müssen definierte molekulare Erkennungsreaktionen an den Oberflächen von Feststoffen stattfinden können. Nur so können Rezeptorstellen kontrolliert verfügbar gemacht werden. Die Zielmoleküle adsorbieren dann aufgrund ihrer Affinität zu den Rezeptorstellen an diese Oberflächen und können so aus Lösungen entfernt und gegebenenfalls für Nachweisreaktionen verwertet werden.

Es gibt zwei grundsätzlich zu unterscheidende Herangehensweisen um molekülspezifische Erkennungsstellen auf Feststoff-Oberflächen anzubringen: Ein Weg beruht auf der Ausnutzung natürlicher Erkennungsmechanismen und besteht in der Verwendung nativer biologischer „Fänger-Moleküle". Diese werden auf einem geeigneten Substrat immobilisiert – im Fall der NANOCYTES® auf den Oberflächen von Nanopartikel-Kernen. Die biologischen Bausteine, beispielsweise Proteine oder DNA-Einzelstränge, fungieren auf den Nanopartikeloberflächen als hochspezifische Fängermoleküle für spezielle komplementäre Zielmoleküle. Dieser Weg erfordert einerseits, dass ein natürliches Fängermolekül für das Zielmolekül bekannt ist. Andererseits muss dieses in ausreichend großen Mengen zur Verfügung stehen – eine Anforderung, die durch die gentechnischen und biochemischen Möglichkeiten heute immer besser realisiert werden kann. Dennoch stellen die Produktion und die Stabilisierung biologischer Makromoleküle weiterhin einen Flaschenhals dar.

Der zweite Weg besteht in der Herstellung komplett künstlicher Rezeptorstrukturen: So können zum einen strukturell aufwändige Einzelmoleküle mit molekularer Erkennungsfunktion synthetisch aufgebaut werden. Daneben nimmt in den letzten zehn Jahren die Methodik des molekularen Prägens (*molecular imprinting*) eine stürmische Entwicklung:

Beim **molekularen Prägen** wird in Gegenwart von Templatmolekülen ein polymeres Netzwerk generiert. Die Templatmoleküle sind mit dem Zielmolekül oder Abschnitten des Zielmoleküls identisch und fungieren als eine Art „molekularer Prägestempel". Nach der Polymerisation werden die Template entfernt und hinterlassen auf dem molekular geprägten Polymer (*molecularly imprinted polymer*, MIP) frei zugängliche Rezeptorstellen für die spezifische Anbindung des Zielmoleküls.

Mittlerweile ist der Übergang der MIP-Technologie aus der reinen Grundlagenforschung in erste kommerzielle Anwendungen erfolgt. So entwickelt die Firma MIP Technologies in

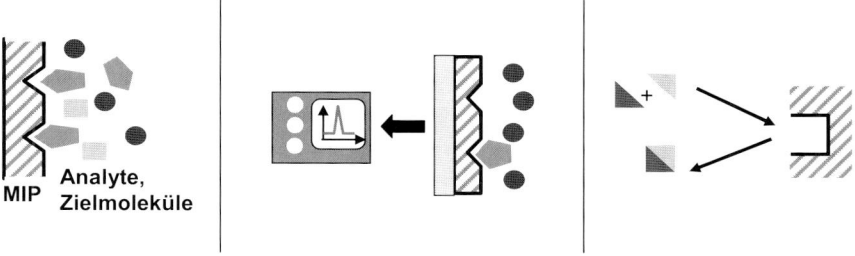

Abbildung 2:   Potenzentielle Anwendungen für molekular geprägte Polymere – links: Abtrennung und Maskierung von Störstoffen, mitte: sensorische Bauteile in Detektoren, zum Beispiel in Immunotests („künstliche Antikörper") oder zum Spurennachweis in der Lebensmittelkontrolle, rechts: biomimetische Katalyse von Bindungs- oder Spaltungsreaktionen („künstliche Enzyme").

Schweden molekular geprägtes Material, das zur Befüllung von Chromatographiesäulen für Festphasenextraktionen eingesetzt wird. Diese Säulen werden bei Dopingkontrollen zur Detektion von nicht zugelassenen Stoffen wie beispielsweise Clenbuterol verwendet.

Für weitere Anwendungsfelder – beispielsweise im Bereich der Aufreinigung (*Downstream Processing*) von Biopharmazeutika oder in der Trinkwasseraufbereitung – besteht jedoch weiterhin erheblicher Forschungsbedarf.

Der globale Markt für Biopharmazeutika betrug bereits 2005 ca. 50 Milliarden US $ mit einem jährlichen Wachstum in den letzten 5 Jahre von über 20 Prozent (vgl. Sullivan 2005). Die Kosten für das *Downstream Processing* sind dabei gewaltig: In Bezug auf die Herstellungskosten beträgt dieser Anteil 50 - 80 Prozent. Durch den Einsatz neuer Affinitätsmaterialien könnten diese Kosten vermutlich deutlich reduziert werden. Chemisch dargestellte synthetische Rezeptoren wären eine robuste und gleichzeitig verhältnismäßig kostengünstige Alternative zu den bisher für Aufreinigungsprozesse hauptsächlich eingesetzten, extrem kostenintensiven biologischen Rezeptormolekülen wie beispielsweise Antikörper.

Forschungsvorhaben auf dem Gebiet der MIP-Entwicklung werden von verschiedenen Projektträgern wie beispielsweise der Europäischen Union (EU) oder dem Bundesministerium für Bildung und Forschung (BMBF) unterstützt.

13.1.1   Stand der Technik, Anwendung, Vorteile

Molekular geprägte Polymere werden herkömmlich mittels *Bulk*-Polymerisation als Polymermonolithe hergestellt. Diese müssen dann durch Mahlen zerkleinert werden um die Prägestellen freizulegen.

In der Monomer-Vernetzer-Templat Mischung erfolgt vor der Polymerisation durch verschiedene Wechselwirkungen (Wasserstoffbrücken, ionische Wechselwirkungen, hydrophobe Wechselwirkungen, Dipol-Dipol-Wechselwirkungen, π-π-Wechselwirkungen) eine bestimmte räumliche Anordnung der Monomere um die Templatmoleküle herum. Die Vernetzung der Monomere zu einem festen polymeren Material erfolgt dann in einem durch die Anwesenheit der Templatmoleküle beeinflussten Gefüge. Für diese Art des molekularen Prägens steht eine große Anzahl an kommerziell erhältlichen Monomeren und Vernetzern zur Verfügung. Eines der am häufigsten eingesetzten Monomere ist die Methacrylsäure. Alternativ werden auch basische Monomere (beispielsweise 4-Vinylpyridin) und neutrale Monomere (beispielsweise Acrylamid) eingesetzt. Für jedes Templat muss das optimale Monomer bzw. die optimale Monomermischung ausgewählt werden, damit ein Maximum an molekülspezifischen Wechselwirkungen erzielt wird (vgl. Alexander et al. 2006). Bei den mittels *Bulk*-Polymerisation hergestellten Materialien entsteht ein Polymerblock, der zunächst durch Mahlen zu einem Granulat zerkleinert wird. Die Bindestellen sind in dem Granulat herstellungsbedingt inhomogen verteilt und werden durch das Mahlen teilweise zerstört. Durch einen Siebvorgang wird anschließend die Größenverteilung des Granulats in gewissen Grenzen eingestellt. Die einzelnen Körnchen besitzen aber eine unregelmäßige und nicht kontrollierbare Form. In Tabelle 1 sind die Vor- und Nachteile des molekular geprägten *Bulk*- beziehungsweise Granulatmaterials aufgeführt.

Molekular geprägte Materialien - Granulat	
Vorteile	Nachteile
• Spezifische Bindung von Zielmolekülen	• Ineffektiver, mehrstufiger Herstellungsprozess
• Kostengünstiges Material	• Partikelgröße 10 µm – 30 µm
• Robustes, mehrfach verwertbares Material	• Unregelmäßig geformtes Granulat

Molekular geprägte Materialien - NanoMIPS	
Vorteile	Nachteile
• Einstufiger Herstellungsprozess	• Herstellungsprozess mit vielen freien Parametern
• Partikelgröße 50 nm - 500 nm: hohes Oberfläche-zu-Volumen Verhältnis	
• Wohldefinierte sphärische Partikel	

Tabelle 1:   Vor- und Nachteile von molekular geprägtem Granulat, welches durch Polymerisation eines Materialblocks und durch anschließendes Mahlen und Sieben erzeugt wird.

Am Fraunhofer IGB werden zur direkten Synthese von molekular geprägten Nanopartikeln Zweiphasenpolymerisationen eingesetzt. Ein Vorteil dieser – vom IGB patentierten – Präge-Methode gegenüber konventionellen Ansätzen ist der einstufige Syntheseprozess und eine genau definierte Morphologie der Nanopartikel. Die geprägten Nanopartikel können

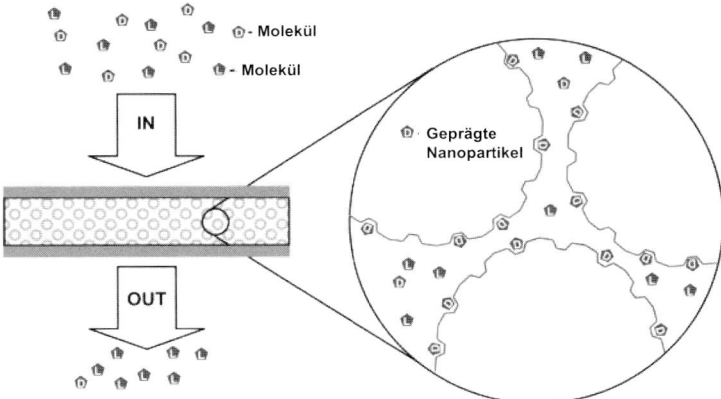

Abbildung 3:   Funktionsprinzip Kompositmembran: Ein Sandwich aus zwei handelsüblichen Filtermembranen und einer Füllschicht aus molekular geprägten Nanopartikeln stellt einen hochselektiven, molekül-spezifischen Filter dar (nach Lehmann/ Brunner/Tovar 2002c)).

nach der Synthese sofort in Suspension eingesetzt werden, Mahl- und Siebprozesse entfallen. Für spezielle Anwendungen können die Nanopartikel auch als selektive Schicht in Kompositmembranen eingebracht werden (Abbildung 3). Die Vorteile der am IGB eingesetzten Methode der Miniemulsionspolymerisation zur Herstellung der molekular geprägten Materialien im Nanopartikelformat wurden im Rahmen einer Kano-Analyse genauer herausgestellt.

Molekular geprägte Polymere sind synthetische Materialien, die eine hochselektive Anbindung bestimmter Ziel-Moleküle ermöglichen. Man kann sie also beispielsweise nutzen, um ein unerwünschtes Nebenprodukt aus einer Reaktionsmischung abzutrennen. Oder auch um Störstoffe, zum Beispiel unangenehm riechende Substanzen, zu maskieren: Diese Stoffe bleiben dann in einer Mischung wie zum Beispiel Anstrich-Farbe enthalten, sie werden aber durch ihre Bindung an die Polymeroberfläche daran gehindert in die Gasphase überzugehen und die Nase von in der Nähe befindlichen Lebewesen zu erreichen.

Aufgrund ihres Vermögens zur molekularen Erkennung nach dem Schlüssel-Schloss-Prinzip könnten molekular geprägte Materialien auch komplexe biologische Moleküle wie Proteine in bestimmten Funktionen ersetzen. So ist es denkbar, in Zukunft beispielsweise Enzyme für technische Anwendungen durch molekular geprägte Polymerstrukturen zu substituieren: Diese so genannten Biokatalysatoren können zwei Moleküle durch kurzzeitige Bindung in eine günstige Ausgangsposition für eine Reaktion miteinander bringen – eine Eigenschaft, die Nanopartikel mit entsprechenden Prägestellen auf der Oberfläche ebenso bewerkstelligen könnten. Auch im Bereich der Wasseraufbereitung könnten die molekular geprägten Polymere zur Abtrennung von hochwirksamen Spurenstoffen aus Arzneimittelrückständen, den so genannten *Micropollutants*, eingesetzt werden (Abbildung 2)

13.1.2   Öffentliches Interesse: Modell im Deutschen Museum

Das öffentliche Interesse an aktuellen Entwicklungen auf dem Gebiet der Nano- und Biotechnologie ist sehr groß. Aufgrund dieses großen Interesses präsentiert das Fraunhofer IGB die molekular geprägten Nanopartikel auf nationalen und internationalen Messen anschaulich anhand von Modellen, Produktproben und Produktblättern. In Abbildung 4 ist auf der linken Seite das am Fraunhofer IGB entwickelte Modell eines molekular geprägten Nanopartikels zu sehen. An der Oberfläche des Nanopartikels befinden sich die spezifischen Bindestellen. Zum Modell gehören auch Molekülmodelle. Nur das für die Bindestelle passende Molekül kann analog einem dreidimensionalen Puzzle auf das Nanopartikelmodell gesteckt werden.

Auf der Nanotech-Messe 2006 in Japan interessierte sich auch Außenminister Franz-Walter Steinmeier für die zukunftsweisende Technologie des molekularen Prägens. Abbildung 4 auf der rechten Seite zeigt den Leiter der Arbeitsgruppe „Biomimetische Grenzflächen" des Fraunhofer IGB PD Dr. Günter Tovar (rechts) bei der anschaulichen Demonstration des Modells im Gespräch mit Herrn Steinmeier.

Im Deutschen Museum werden die molekular geprägten Nanopartikel im Rahmen der im Aufbau befindlichen Dauerausstellung „Zentrum Neue Technologien" (ZNT) einer breiten Öffentlichkeit zugänglich gemacht. Die neuen Räumlichkeiten für das ZNT sollen 2009 eröffnet werden. Das Deutsche Museum leistet mit dem „Zentrum Neue Technologien" notwendige Aufklärungsarbeit vor allem in der Nano- und Biotechnologie. Dem interessierten Besucher werden dort unter anderem verschiedene Exponate des Fraunhofer IGB zum Funktionsprinzip und zu Einsatzmöglichkeiten molekular geprägter Nanopartikel – beispielsweise als molekülspezifisches Filtermaterial in Kompositmembranen – vorgestellt.

Abbildung 4:   Links: Modell eines molekular geprägten Nanopartikels mit spezifischen Bindestellen an der Oberfläche. Rechts: PD Dr. Günter Tovar (rechts) im Gespräch mit dem Außenminister Franz-Walter Steinmeier auf der *Nanotech*-Messe 2006 in Tokio, Japan.

13.2   Technologieprozessbeschreibung

Der Mechanismus der molekularen Erkennung wurde bereits 1894 von Emil Fischer (Fischer 184) hypothetisch am Beispiel der spezifischen Bindung von Enzym und Substrat beschrieben. Das sogenannte „Schlüssel-Schloss-Prinzip" beschreibt das Zusammenspiel von zwei oder mehreren komplementären Strukturen, die räumlich zueinander passen müssen, um eine bestimmte biologische Funktion erfüllen zu können.

Beim Verfahren des molekularen Prägens wird ein passendes Schloss gewissermaßen um einen vorhandenen Schlüssel, das Templatmolekül, herum aufgebaut (Abbildung 5).

Das heißt, es wird ein nicht polymerisierbares Templatmolekül – das spätere Zielmolekül oder ein Teil davon – in eine Lösung von Monomeren gegeben, welche dann zu einem Polymer vernetzt werden. Durch die Ausbildung von vielfachen Wechselwirkungen, wie Wasserstoffbrückenbindungen, hydrophoben Wechselwirkungen, Dipol-Dipol- und π-π-Wechselwirkungen, kommt es zunächst zur räumlichen Anordnung der funktionellen Monomere um das Templatmolekül herum. Durch die Vernetzung der Monomere zu einem Polymer werden diese Bindestellen in ihrer Position zum Templat fixiert. Somit wird die Struktur des Templatmoleküls im Polymer abgebildet. Durch Entfernung der Templatmoleküle mittels Extraktion entsteht ein molekülspezifischer Abdruck (molecular imprint) im Polymernetzwerk. Dieser Abdruck, der einen molekularen Hohlraum darstellt, ist aufgrund der starken Vernetzung des Polymers formstabil. Durch die räumliche und funktionelle Ausrichtung der Monomere besitzt das geprägte Polymer eine hohe Affinität und Selektivität gegenüber dem Templatmolekül (Abbildung 6).

Zur Herstellung molekular geprägter Polymer-Nanopartikel wird am Fraunhofer IGB beispielsweise das Verfahren der Miniemulsionspolymerisation eingesetzt. Hierbei handelt es sich um eine Heterophasenpolymerisation, bei der unter Einwirkung hoher Scherkräfte, Einsatz von Tensiden sowie von Co-Stabilisatoren in einem einstufigen Prozess homogene Nanopartikel mit einer Größe von 50 bis 300 Nanometer hergestellt werden. Die eingesetz-

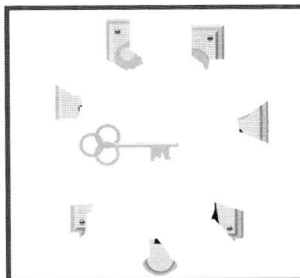 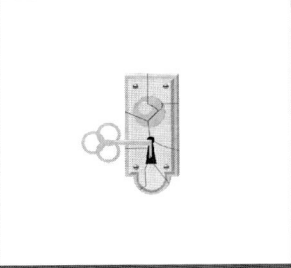 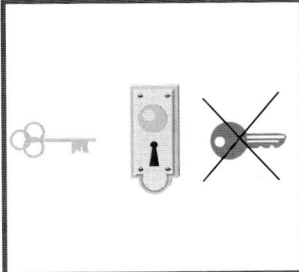

Abbildung 5:   Schematische Darstellung des synthetischen Nachbaus des Fischer'schen Schlüssel-Schloss-Prinzips (Grafiken nach Ramstrom, O., Molecular Imprinting Technology - A Way to Make Artificial Locks for Molecular Keys, http://www.molecular-imprinting.org/story/MIT.htm (1996)).

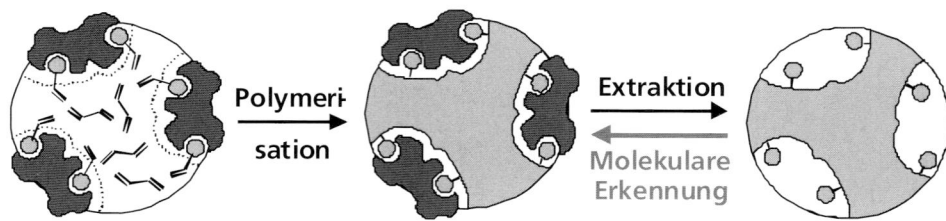

Abbildung 6:   Schema über die Herstellung von molekular geprägten Nanopartikeln und deren
                   Einsatz als synthetische Rezeptoren. Durch Templatmoleküle werden während der
                   Miniemulsionspolymerisation spezifische Bindungsstellen im Polymernetzwerk
                   ausgebildet. Die Template werden anschließend mittels Extraktion aus den hoch-
                   vernetzten Partikeln entfernt und über die dadurch erzeugten selektiven Bindestel-
                   len durch molekulare Erkennung wieder gebunden (Vaihinger et al. 2002, Abbil-
                   dung verändert nach Vaihinger et al. 2002).

ten Tenside und Co-Stabilisatoren unterdrücken weitgehend eine Koaleszenz und die Ost-
wald-Reifung der Tröpfchen. Das heißt, dass die vor Beginn der Polymerisation erzeugten
Nanotröpfchen aus Monomer, Templatmolekül und osmotischem Reagenz als so genannte
Nanoreaktoren agieren, in denen die Polymerisation unabhängig von allen anderen Nanoreaktoren stattfindet. Dadurch erhält man nahezu eine eins-zu-eins Abbildung von Tröpfchen zu Polymerpartikeln (Abbildung 8).

Mittels der klassischen Miniemulsionspolymerisation werden am Fraunhofer IGB erfolgreich molekular geprägte Nanopartikel (NanoMIPs) zur Erkennung von hydrophoben Molekülen hergestellt. Bei diesen so genannten direkten Miniemulsionen (Öl-in-Wasser-
Emulsionen), wird ein Hydrophob (beispielsweise Hexadekan) als osmotisches Reagenz
eingesetzt. Als Prägemolekül werden hierbei wasserunlösliche Substanzen eingesetzt,

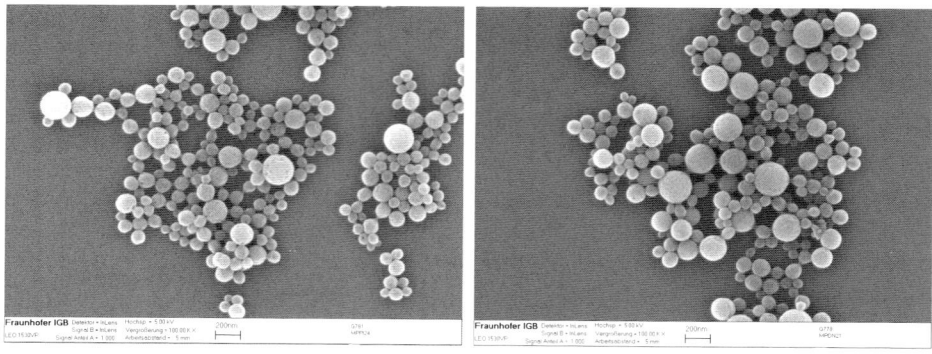

Abbildung 7:   Rasterelektronenmikroskopische Aufnahmen von mittels Miniemulsionspolymeri-
                   sation hergestellten p(4-VP-co-EGDMA)-Nanopartikeln. Links: Ungeprägte Na-
                   nopartikel. Rechts: Molekular geprägte Nanopartikel.

beispielsweise Aminosäure-Derivate wie Boc-L-Phenylalaninanilid (L-BFA). Mit einem Copolymer-System bestehend aus dem Vernetzer Ethylenglycoldimethacrylat (EGDMA) und dem funktionellen Monomer Methacrylsäure (MAA) entstehen durch photochemisch induzierte Polymerisation stabile, koagulatfreie p(MAA-co-EGDMA)-Dispersionen: Polymer-Nanopartikel mit einem hydrodynamischen Durchmesser von 50 bis 300 Nanometern und einer quantitativen Ausbeute von 98 Prozent ±2 Prozent.

Neben der direkten Miniemulsionspolymerisation wird auch die so genannte inverse Miniemulsionspolymerisation zur Herstellung von molekular geprägten Nanopartikeln eingesetzt. Mit dieser Technik können Nanopartikel zur molekularen Erkennung von hydrophilen, also „wasserliebenden" Molekülen generiert werden. Zu dieser Klasse gehören die wasserlöslichen biologischen Moleküle, beispielsweise viele Peptide und Proteine. Als osmotische Reagenzien in der Wasser-in-Öl-Miniemulsion werden Salze und Zucker eingesetzt. Abbildung 8 zeigt die Prozessschritte, die bei der direkten und indirekten Miniemulsionspolymerisation eingesetzt werden.

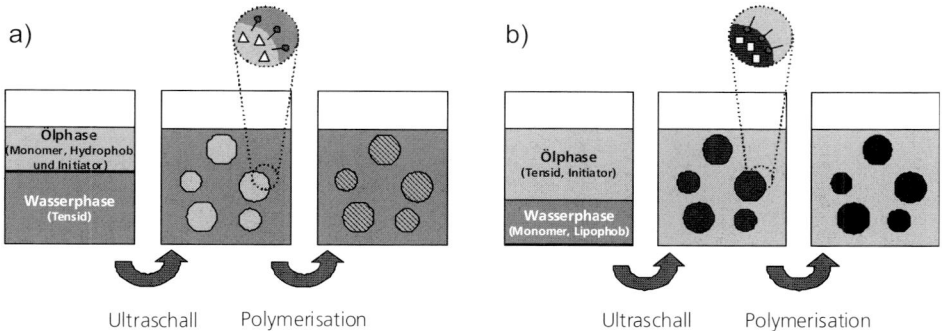

Abbildung 8:   Prozessschritte bei der direkten und der inversen Miniemulsionspolymerisation. a) Bei der direkten Miniemulsionspolymerisation wird im ersten Schritt eine Ölphase bestehend aus Monomer, Initiator und Hydrophoben Agens in einer Wasserphase durch Ultraschalleintrag dispergiert und somit eine Öl-in-Wasser-Emulsion erzeugt. b) Bei der inversen Miniemulsionspolymerisation wird hingegen eine Wasser-in-Öl-Emulsion hergestellt. Hierbei wird eine wässrige Phase aus Monomer, Wasser und Lipophoben Agens mittels Ultraschall in einer Ölphase (hydrophobes Lösemittel, Initiator und Tensid) emulgiert. Bei beiden Verfahren werden die entstehenden Tröpfchen durch Tensid und osmotischen Reagenzien stabilisiert. Unter Temperatur- oder UV-Einwirkung wird die Polymerisation innerhalb der Tröpfchen initiiert – es entsteht eine Polymerpartikelsuspension (nach Landfester 2003).

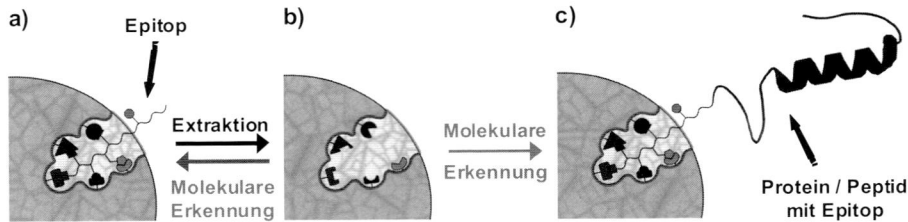

Abbildung 9:   Schematische Darstellung der „Epitop"-Prägemethode an Nanopartikeln. a) Als Templatmolekül wird die kurze Sequenz eines Peptids bzw. Proteins zur Prägung eingesetzt, b) durch Extraktion des Prägemoleküls werden spezifische Bindestellen im Nanopartikel erzeugt. An diese Partikel ist eine Anbindung a) des Prägemoleküls beziehungsweise c) des gesamten Proteins über die spezifische Bindestelle möglich.

Zur molekularen Erkennung von größeren Makromolekülen wird am Fraunhofer IGB ein Prinzip aus der Immunologie nachempfunden. Aus der Immunologie ist bekannt, dass sich ein Antikörper an eine kurzkettige spezifische Aminosäuresequenz eines Antigens – das Epitop – bindet. Verwendet man bei der Herstellung von molekular geprägten Partikeln nun ein kleines Fragment (Epitop) des Gesamtproteins als Templat, sollte es nach dem aus der Natur bekannten Vorbild möglich sein, das Gesamtprotein spezifisch an die extrahierten NanoMIPs zu binden. Voraussetzung für eine erfolgreiche Anbindung ist die freie Zugänglichkeit des als Templat verwendeten Fragments innerhalb des Proteins (Abbildung 9). Rachkov und Minoura bezeichneten eine ähnliche Vorgehensweise als Epitop-Prägemethode (vgl. Rachkov/Minoura. 2001). Die grenzflächenkontrollierte Fraunhofer-

Abbildung 10:   Labormethode zur Darstellung molekular geprägter Nanopartikel am Fraunhofer IGB. Links: Emulgierung mittels Ultraschall (vgl. Rachkov/Minoura. 2001), rechts: Doppelmantelglasreaktoren (20 mL) im UV-Reaktor.

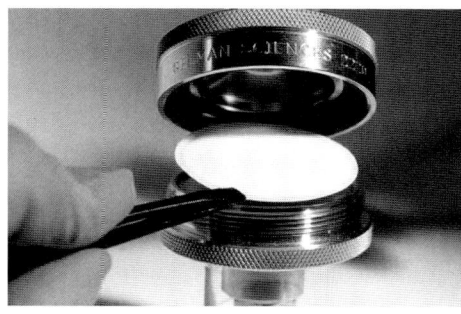 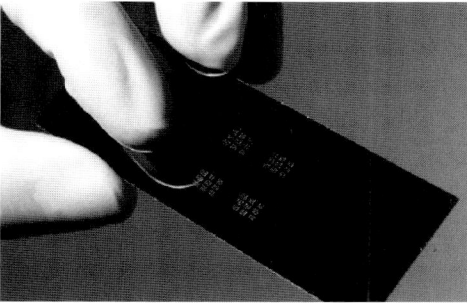

Abbildung 11:   Links: Einsatz von molekular geprägten Nanopartikel als selektive Schicht in Kompositmebranen; Rechts: Molekular geprägte Nanopartikel in Form von drei-dimensionalen Microspots auf einem Silizium-basierten Biochip.

Herstellungsmethode ist optimal für diese Herangehensweise geeignet. Am Fraunhofer IGB wurden beispielsweise Nanopartikel zur Erkennung der Proteine Cytochrom C und Curvacin erfolgreich mit Oligopeptiden als Epitope geprägt.

Ausgehend von den geringen Substanzmengen, die bei Biomolekülen als Templatmoleküle zur Verfügung stehen, und zur Reduzierung der Synthesedauer wurden am Fraunhofer IGB miniaturisierte UV-Reaktoren zur Durchführung der Miniemulsionspolymerisationen ent-wickelt (Abbildung 10).

Eine noch stärkere Miniaturisierung der Reaktionsansätze befindet sich gerade in der Ent-wicklungsphase. Neben dem Vorteil, dass hierbei geringere Substanzmengen benötigt werden, ist mit einer weiteren Miniaturisierung der Miniemulsionspolymerisation auch ein schnelleres, kostengünstigeres *Screening* für geeignete Monomer-Vernetzer-Templat Ver-hältnisse möglich.

Die molekular geprägten Nanopartikel können nach der erfolgreichen Synthese direkt in Suspension eingesetzt werden. Für großtechnische Prozesse können die molekular gepräg-ten Nanopartikel auch als selektive Schicht in Membranen oder auf Oberflächen eingesetzt werden. In Abbildung 11 sind Einsatzmöglichkeiten der molekular geprägten Nanopartikel in Kompositmembranen und im *Microarray*-Format dargestellt.

Die am Fraunhofer IGB entwickelte selektive Kompositmembran stellt in Bezug zu beste-henden Trennverfahren eine Kombination von Festphasenextraktion und affiner Membran dar. Die molekular geprägten Nanopartikel sind als selektive Schicht zwischen zwei her-kömmlichen, kommerziell erhältlichen Polymermembranen eingebracht (siehe auch Ab-bildung 3).

13.3   Stage 1: Initiierung

Der Ursprung der NanoMIP Technologie ist … einfach eine *gute Idee*.

Gute Ideen sind eine feine Sache – aber wie kommt man dazu? Die Idee zur Herstellung molekular geprägter Nanopartikel entsteht am Fraunhofer-IGB Anfang 1998. Die Technik des molekularen Prägens ist in dieser Zeit ein aktuelles Thema auf den Fachkonferenzen beispielsweise zur chemischen Analytik. Molekular geprägte Materialien werden damals ausschließlich in Form von Polymermonolithen hergestellt und anschließend durch Mahlen zu einem Granulat zerkleinert, das als Schüttstoff zur Füllung von Chromatographiesäulen verwendet wird. Das Prinzip, mit Hilfe von molekularen „Stempeln" molekülspezifische Trennmaterialien herzustellen, ist ausgesprochen attraktiv – die erreichte Selektivität der Materialien allerdings ist noch wenig überzeugend.

Dr. Günter Tovar, damals als Wissenschaftler unter Prof. Dr. Herwig Brunner am Fraunhofer IGB angestellt, überzeugt sich von der aktuellen Leistungsfähigkeit der Methodik des Molekularen Prägens zur Erzeugung molekularer Bindestellen beim Besuch einer Tagung. Während seiner eigenen Promotion hatte Günter Tovar sich am Max-Planck-Institut für Polymerforschung in Mainz mit der Biofunktionalisierung von Grenzflächen beschäftigt. Gleichzeitig erhielt er in der wissenschaftlichen Umgebung des MPI immer wieder Einblicke in die Polymerchemie. Der Grenzflächenchemiker blickt also durch die Brille der Polymerchemie auf das faszinierende Thema des molekularen Prägens und sieht reichlich Optimierungspotenzial in einer verbesserten Kontrolle des Prägeprozesses an der Polymeroberfläche – also an der Grenzfläche zwischen Polymer und Lösemittelphase (Abbildung 12).

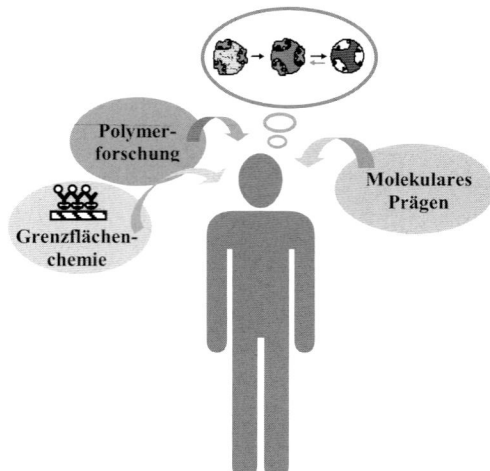

Abbildung 12:   Erfolgsfaktoren für kreative Ideen: Interdisziplinarität und regelmäßige Fortbildung auf Fachkongressen.

So entsteht ein Konzept, das die bis dahin eingesetzte *Bulk*-Polymerisation zur Herstellung der Polymermonolithen durch eine Emulsionspolymerisation ersetzen möchte. In einer Emulsionspolymerisation entstehen aus einer Emulsion von Monomertröpfchen in einem Lösemittel durch Polymerisation mikro- und nanometergroße Polymerpartikel.

Emulsionen sind Systeme mit einer enorm großen Grenzfläche. An dieser Grenzfläche soll der Prägeprozess stattfinden, denn auf die Ausbildung dieser Grenzfläche kann man Einfluss nehmen. Durch Variation der Phasen des Systems, also durch Abstimmung von Monomer-Komponente, Lösemittel und Emulgator lässt sich die Stoffverteilung in der Emulsion steuern, sodass diese Methode eine sehr effektive Kontrolle über den Prägeprozess verspricht. Vielversprechend im Hinblick auf definierte Prägeergebnisse ist außerdem, dass Mahl- und Sieb-Schritte eingespart werden können, weil durch Emulsionspolymerisationen in einer Einschritt-Synthese direkt geprägte Nano- oder Mikropartikel erzeugt werden. Damit ist die Idee also geboren – heraus aus einem umfassenden Einblick in verschiedene wissenschaftliche Disziplinen und auf der Grundlage von regelmäßig eingeholtem Input über aktuelle wissenschaftliche Fragestellungen.

Eine Patentrecherche ergibt, dass zum damaligen Zeitpunkt keine für die NanoMIP Entwicklung schädlichen Schutzrechtsanmeldungen existieren, womit dem Einstieg in die Realisierung des Konzepts eigentlich zunächst nichts mehr im Wege steht. Allein – der Einstieg in die praktische Arbeit verzögert sich. Im Labor steht keine ausreichende Arbeitskraft zur Verfügung, die die Umsetzung der Pläne entscheidend voranbringen kann. Der Mangel an Personal beziehungsweise an Mitteln stellt in dieser Stage eine Barriere auf dem Weg zum zügigen *Proof-of-Principle* in der Technologieentwicklung dar.

Durch Vorlesungstätigkeit an der Universität Stuttgart aufgebaute Kontakte eröffnen dann zunächst die Möglichkeit, am Fraunhofer IGB Studenten mit dem Thema „Molekulares Prägen an Oberflächen" zu betrauen. Erste Machbarkeitsstudien im Rahmen einer Diplomarbeit untersuchen die Emulsionspolymerisation als Vorstufe zur Herstellung molekular geprägter Filme (vgl. Steinwand 1999).

Der eigentliche Einstieg in die Entwicklung der NanoMIP Technologie kann dann 1999 starten, nachdem Günter Tovar in einem international ausgeschriebenen Wettbewerb die Finanzierung einer Nachwuchsforschergruppe gewinnt. Der grundlegende Wissensaufbau und Erwerb von Kompetenzen zur Herstellung molekular geprägter Polymer-Nanopartikel erfolgt nun mit finanzieller Unterstützung des BMBF, der Fraunhofer-Gesellschaft und des Landes Baden-Württemberg. Unter der Leitung von Dr. Günter Tovar formiert sich die Arbeitsgruppe „Biomimetische Grenzflächen", die sich die Entwicklung von funktionellen Oberflächen für molekulare Erkennungsreaktionen zur Aufgabe macht. Im Fokus der Arbeiten steht die Entwicklung geprägter Nanopartikel für chemische und biologische Anwendungen. Mit der Unterstützung seiner neuen Mitarbeiter recherchiert G. Tovar weiter nach geeigneten Methoden zur Herstellung prägbarer Polymernanopartikel. Aus den in Frage kommenden Techniken Emulsionspolymerisation, Mikro-Emulsionspolymerisation und Miniemulsionspolymerisation wird die Miniemulsionspolymerisation, aufgrund ihrer thermodynamischen und kinetischen Eigenheiten, als die am besten geeignete Methode ausgewählt.

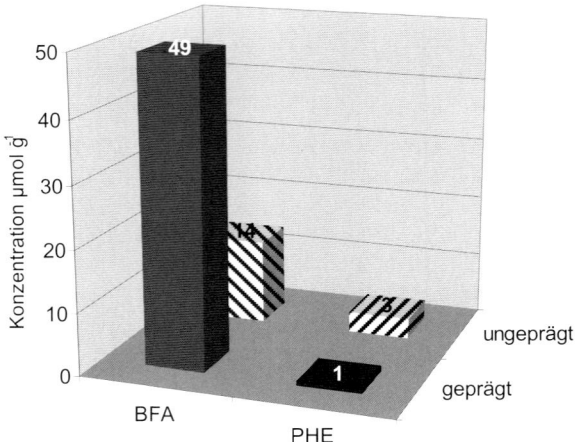

Abbildung 13:   Selektive Rückbindung des Templatmoleküls durch molekular geprägte Nanopartikel.

Für die Darstellung von Nanopartikeln in Miniemulsion wird zur effektiven Unterstützung ein **State-of-the-Art-Input** von außen eingesetzt. Wissenschaftlich mit führend auf dem Gebiet der Miniemulsionspolymerisation ist Prof. Dr. Katharina Landfester, die zum damaligen Zeitpunkt am Max Planck-Institut für Kolloid- und Grenzflächenforschung in Potsdam-Golm tätig ist (vgl. Landfester 2003; Landfester et ak. 1999). Eine Doktorandin von Tovar verbringt im Rahmen ihrer Dissertation zwei Wochen in der Arbeitsgruppe von Landfester und führt Experimente zum molekularen Prägen in Miniemulsionspolymerisation erfolgreich durch. Durch Optimierung von Syntheseparametern und Reaktionsbedingungen wird in der Folge in der Arbeitsgruppe Tovar die Methode für die Prägung am Beispiel des chiralen Aminosäurenderivates Boc-L-Phenylanilinanilid etabliert (vgl. Dettlin 2001; Vaihinger 2003). Auf der Grundlage des erarbeiteten Verfahrens ist nun die Herstellung molekular geprägter Polymernanopartikel für **wasserunlösliche Templatmoleküle in einem Einschritt-Syntheseverfahren** möglich. Das erbrachte *Proof-of-Principle* ermutigt die Arbeitsgruppe, die Arbeiten an den NanoMIPs fortzusetzen und systematisch in die Technologieentwicklung einzusteigen.

Eine SWOT-Analyse an dieser Stelle hätte die Entscheidung in einen formalen Rahmen gestellt und den Fortschritt der Technologieentwicklung dadurch auch weiterhin zu einem gewissen Maß objektivierbar gemacht. Im Rückblick hätte eine SWOT-Analyse, zum damaligen Zeitpunkt durchgeführt, das folgende Ergebnis erbracht:

Stärken: Herstellung sphärischer Nanopartikel in Einschritt-Synthese, hohes Oberfläche-zu-Volumen Verhältnis

Schwächen: hochkomplexes System mit vielen freien Parametern

Chancen: gezielte Ausrichtung der Template an der Grenzfläche→ künstliche Enzyme etc.

Risiken: die Prägung funktioniert nur mit wasserunlöslichen Templaten

Zusammenfassung: In Stage 1 wurden grundlegende Kompetenzen für die Herstellung molekular geprägter Polymernanopartikel erarbeitet. Es gelang das *Proof-of-Principle* der Einschritt-Synthese molekular geprägter Nanopartikel. Damit wurde der Übergang von der Grundlagen-Ebene auf die Technologie-Ebene vollzogen.

Erfolgsfaktoren	Barrieren	hilfreiche Methoden
Interdisziplinarität	Personalmangel	Patentrecherche
Fortbildungen		Machbarkeitsabschätzung
Vernetzung mit der Universität		
State-of-the-Art Input		
Öffentliche Förderung		

Tabelle 2:   Erfolgsfaktoren und Barrieren in der Stage 1

13.4   Stage 2: Inkubation

Die erfolgreiche Prägung von Methacrylsäure-Ethylenglycoldimethacrylat-Copolymer-Nanopartikeln (p(MAA-co-EGDMA)) mit Aminosäurederivaten als Modell-Template hat gezeigt, dass die Herstellung molekular geprägter Polymernanopartikel in Miniemulsion generell möglich ist (Abbildung 13). Im Weiteren soll nun das Augenmerk auf Templatmoleküle gerichtet werden, die potenzielle Zielmoleküle für relevante molekulare Erkennungsprozesse sind. Prinzipiell soll das Spektrum möglicher Templatmoleküle um die Klasse der wasser*löslichen* Moleküle erweitert werden. Im Rahmen einer weiteren Diplomarbeit (vgl. Kolar 2000) wird der Prozess des molekularen Prägens auch für die inverse Miniemulsionspolymerisation etabliert – ein Verfahren mit dem auch **wasserlösliche Template** zur Prägung der Nanopartikel eingesetzt werden können. Dies ist ein wichtiger Fortschritt, denn damit kann die Methode für die große Zahl wasserlöslicher biologischer Templatmoleküle angewendet werden. Die Technologie gewinnt dadurch über die klassischen Chemie und Pharmazie hinaus weitere Anwendungsfelder in der Medizin und der Biotechnologie.

Der erste formale **Meilenstein** in der Technologieentwicklung ist die Anmeldung eines Patents auf die Herstellung und Anwendung von molekular geprägten Mikrogelen mittels normaler und inverser Miniemulsionspolymerisation (Verbesserte Mikrogele und Filme

2000). Diese Schutzrechtsanmeldung ist in erster Linie hinsichtlich der weiteren Akquise von zentraler Bedeutung.

Die Ergebnisse werden außerdem regelmäßig auf wissenschaftlichen Konferenzen vorgestellt und die Arbeitsgruppe kann sich in ihrem wissenschaftlichen Umfeld etablieren. Diese Vernetzung ist ebenfalls ein wichtiger Faktor für die weitere Akquise von Projektpartnern und Projekten im Verlauf der Technologieentwicklung.

Zusammenfassung: In Stage 2 der NanoMIP-Entwicklung wurde die Technologie für die Verwendung wasserlöslicher Template angepasst. Damit wurde eine starke Erweiterung auf der Funktionalitätsebene erreicht. Die Anmeldung eines Patents stellte den ersten Schritt auf der zum Markt weisenden Produktebene dar. Die wissenschaftliche Kommunikation ermöglicht die wissenschaftlich-technologische Vernetzung für zukünftige nationale und internationale Verbundprojekte.

Für einen effektiven Übergang in die wettbewerbsorientierte Stage der Entwicklung wäre an dieser Stelle eine über die SWOT-Analyse hinausgehende Funktionsanalyse und -bewertung einsetzbar. Mit dieser Methode wird das Potenzial der neuen Technologie in Bezug zu bestehenden Markt- und Kundenanforderungen gesetzt. Diese können beispielsweise durch eine KANO-Analyse ermittelt werden. Der zu erwartende Erfüllungsgrad dieser Anforderungen wird anschließend mit dem von Alternativ-Technologien verglichen. Auf diese Weise werden frühzeitig Nischen identifiziert, die erfolgreich von der neuen Technologie besetzt werden können.

Eine derartige Funktionsbewertung der NanoMIP-Technologie wurde beispielhaft im Rahmen dieses Projekts durchgeführt.

Erfolgsfaktoren	Barrieren	hilfreiche Methoden
Schutzrechtanmeldung		KANO Analyse
Vernetzung		Funktionsbewertung
Öffentliche Förderung		

Tabelle 3:   Erfolgsfaktoren und Barrieren in der Stage 2

13.5   Stage 3: Modifikation

Den Übergang in die dritte Stage der Technologieentwicklung markiert eine weitere Doktorarbeit (vgl. Lehmann 2004). Sie hat den Ausbau der Technologie hinsichtlich der technischen Realisierung des Einsatzes von molekular geprägten Partikeln in industriellen Prozessen zum Thema.

Im Rahmen dieser Arbeit werden die weitgehend optimierten, gegen das Aminosäurederivat Boc-Phenylanilinanilid geprägten Nanopartikel als Modellsystem in eine Kompositmembran eingebracht und als Filtermodul eingesetzt (Abbildung 2, Abbildung 3). Auf der

Parameter	Wert
Dissoziationsgleichgewichtskonstante K_D	$4{,}09 \pm 0{,}69$ µM
Rate der niedrig-affinen Bindung N	$1{,}06 \pm 0{,}05$ L g^{-1}
Maximale spezifische Beladungskapazität $c_{B,max}$	$37{,}75 \pm 2{,}64$ µmol g^{-1}
Reaktionsgeschwindigkeitskonstante k_a (hoch-affin)	$0{,}0056$ µM^{-1}min^{-1}
Reaktionsgeschwindigkeitskonstante k_U (niedrig-affin)	$0{,}0455$ L g^{-1}min^{-1}

Tabelle 4:   Parameter der Affinitätseigenschaften der im NanoMIP-Modul verwendeten molekular geprägten Nanopartikel. Erstellt auf der Grundlage der Daten aus den thermodynamischen und kinetischen Experimenten unter Verwendung des erweiterten LANGMUIR-Mod

Basis experimenteller Daten wird ein Simulationsmodell erstellt. Unter Verwendung des erweiterten LANGMUIR-Modells können verschiedene Leistungsparameter für die Kompositmembran als molekülspezifischer Filter bestimmt werden (siehe Tabelle 3).

Auf der Grundlage dieser Daten wird im Weiteren eine Konkurrenzanalyse durchgeführt. Die Leistungsfähigkeit das NanoMIP-Filtermoduls wird in den Kontext des allgemeinen Stands der Technik gestellt (siehe Tabelle 4). Die Verwendung von molekular geprägten Nanopartikeln als selektive Schicht ergibt einen klaren Vorteil im Vergleich mit anderen Filtermembranen durch die stark vergrößerte spezifische Oberfläche als Austauschfläche. Mit diesem Konzept ist bei vergleichbaren Trennfaktoren und extrem großem Stoffstrom eine vielfach höhere Beladung als mit den herkömmlichen molekular geprägten Membranmaterialien realisierbar.

Die Entwicklung des Prototypen des Filtermoduls wird auf Fach-Konferenzen vorgestellt und mit Preisen ausgezeichnet (vgl. Lehman/Brunner/Tovar 2002b, 2002d, 2003a, 2003b, 2003c, 2005; Tovar et al. 2002; Lehmann/Dettling et al. 2002;2005a, 2005b; Lehmann/Borchers et al. 2005; Herold et al. 2006; Weber et al. 2004). Die Arbeit wird in mehreren wissenschaftlichen Fach-Publikationen in hochrangigen Journalen publiziert (vgl. Lehmann/Brunner/Tovar 2002a, 2002c; Lehmann/Weber et al. 2005; Herold et al. 2005;Brunner et al. 2005; Lehmann/Dettling et al. 2004). Zusätzlich wird ein Übersichtsartikel über die Entwicklung des molekularen Prägens veröffentlicht (vgl. Tovar/Kräuter/Gruber 2003). Dieser dient im Weiteren als wertvolles Hilfsmittel, um potenzielle Projektpartner zu interessieren und zu informieren.

Die Präsenz in der Öffentlichkeit gipfelt in einem zweiten wichtigen Meilenstein im Verlauf der Technologieentwicklung: Ein großes deutsches Chemieunternehmen zeigt Interesse an molekular geprägten Nanopartikeln. Es wird eine Machbarkeitsstudie in Auftrag gegeben. In dieser sollen molekular geprägte Partikel entwickelt werden, die einen öllöslichen Störstoff in einer Reaktionsmischung maskieren. Dieser Störstoff verdampft andernfalls aus der Lösung und hat einen geruchsbelästigenden Effekt. Die Maskierung des Stoffes mit Hilfe entsprechend geprägter NanoMIPs wird im Labor unter den gewählten Bedingungen nachgewiesen. Dennoch wird die Methode aus drei Gründen nicht weiter ausgebaut: Zum einen weil die NanoMIP-Materialherstellung im Vergleich zum Nutzen in der untersuchten Anwendung für das Unternehmen als zu teuer eingestuft wird. Zum anderen erweist sich die Maskierung unter Realbedingungen bei einer Prozesstemperatur von 70°C aufgrund der erhöhten Energie im System nicht als wirksam. Entscheidend ist jedoch, dass es dem Unternehmen an anderer Stelle gelingt, die Entstehung des problematischen Stoffes zu unterbinden. Die Barriere der hohen Herstellungskosten weist den Weg hin zu solchen Anwendungsfeldern, in welchen das Potenzial zu Kosteneinsparungen aufgrund eines ohnehin hohen Kostenniveaus gegeben ist. Diese Situation findet man in der Biotechnologie-Branche und im Bereich der Herstellung von Biopharmazeutika vor, weil dort für die Aufreinigung gentechnisch hergestellter Biomoleküle bislang andere biologische Rezeptormoleküle wie zum Beispiel Antikörper eingesetzt werden. Die Bereitstellung der natürlichen Rezeptoren ist sehr aufwändig und damit auch sehr teuer. Gleichzeitig hat sie eine große wirtschaftliche Bedeutung, weil sie für die Herstellung wichtiger Medikamente wie zum Beispiel Insulin benötigt werden. Die biotechnologischen *Downstream*-Prozesse sind daher Trennaufgaben, für die die Bereitstellung synthetischer Alternativmaterialien deutliche Kosteneinsparungen bedeuten können.

Im Sinne einer verstärkten Technologieentwicklung in Richtung der Prägung gegen Biomoleküle wird die inverse Synthese von Polymer-Nanopartikeln aufgegriffen und unter anderem im Rahmen einer Masterarbeit für die Prägung mit Proteinfragmenten optimiert.

Verfahren	BCP	PGP	DPI	WPI	NanoMIP
Autor [Quelle]	Shea´ [17]	Sergeyeva [18]	Yoshikawa [19]	Kobayashi [20]	**Lehmann [21]**
Trennfaktor	3,4	8,8	1,2	52	**2,3 - 6,5**
Beladung [$\mu mol\ m^{-2}$]	k.A.	0,132	k.A.	54,4	**3740**
Stoffstrom [$\mu mol\ m^{-2}\ h^{-1}$]	0,0018	12240	5,74	k.A.	**1818**

Tabelle 5:   Vergleichsparameter der NanoMIP Kompositmembran mit anderen MIP-Membranen, welche mit unterschiedlichen Verfahren hergestellt worden sind: BCP = Bulk-Crosslinking-Polymerisation, PGP = Photo-Grafting-Polymerisation, DPI = Dry-Phase-Inversion

Erstmalig werden Polymer-Nanopartikel mit Hilfe des so genannten Epitop-Ansatzes geprägt. Mit diesen Partikeln kann das Zielmolekül Cytochrom C aus einer Lösung isoliert werden (vgl. Herz 2004). Dies ist ein wegweisender Erfolg, denn derartige vollsynthetische Rezeptor-Strukturen haben das Potenzial Antikörper und andere hochspezifische biologische Rezeptormoleküle zu ersetzen.

Die Wahrnehmung des großen Potenzials molekular geprägter Materialien im Allgemeinen und die Relevanz des NanoMIP Ansatzes im Besonderen zeigt sich deutlich in der Bewilligung der Förderung eines EU-Projektes zur strategischen Weiterentwicklung der MIP-Technologie. Das Projekt hat sowohl die systematische Verbesserung des Prägeprozesses zum Inhalt als auch die Kombination der MIP-Technologie mit Komplementärtechnologien, die beispielsweise für technische Anwendungen den Einschluss des NanoMIP-Pulvers in einfach handhabbaren Trägermaterialien realisieren.

Zusammenfassung: In Stage 3 wurden NanoMIPs in ein Filtermodul integriert und die Leistungsparameter der entwickelten Kompositmembran mit anderen MIP-Filtermembranen verglichen. Mit dem Aufbau dieses Prototyps hat die Technologieentwicklung die Produktebene erreicht. Der Auftrag eines großen Chemieunternehmens für eine Machbarkeitsstudie zur Störstoffmaskierung mittels NanoMIPs stellte den ersten Kontakt zur Marktebene dar. Als Fazit aus den Ergebnissen dieser frühen Bewährungsproben entsteht eine Fokussierung auf den kostenintensiven Markt der Biopharmazeutika.

Erfolgsfaktoren	Barrieren	hilfreiche Methoden
Ingenieurwissenschaftliche Dissertation	Kostenintensive Technologie	Marktanalyse
Präsenz in der Öffentlichkeit	Alternative Problemlösungen	Pflichten- und Lastenhefte
Bau eines Prototypen		
Öffentliche Förderung		

Tabelle 6:   Erfolgsfaktoren und Barrieren in der Stage 3

13.6   Stage 4: Applikation

Für neue Projektanträge werden wirtschaftlich bedeutende Templat-Proteine ausgewählt, die in großem Maßstab erzeugt und aufgereinigt werden müssen, wie beispielsweise das Insulin. Das Vorhaben, NanoMIPs mit Insulin-Epitopen zu prägen, wird von einem großen Insulin-Hersteller positiv beurteilt und erhält öffentliche Förderung. Ebenfalls positiv beurteilt und gefördert wird das Projekt, NanoMIPs für die Antikörper-Aufreinigung herzustellen. Eine große Pharma-Firma beteiligt sich an der Umsetzung dieses Vorhabens.

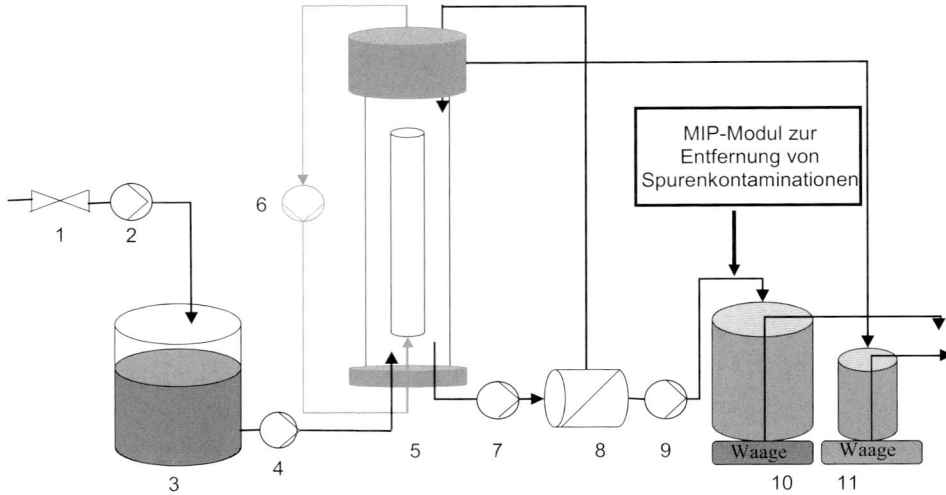

Abbildung 14:   Fließschema der Versuchsanlage zur Reinigung von Krankenhaus-Abwasser. Ein NanoMIP-Modul zur Entfernung von Arzneistoffen oder anderen Spurenkontaminationen soll an der markierten Stelle in der Zuleitung zum Filtrat-Sammelbehälter integriert werden. (1) Schieber, (2) Hebeanlage mit Shredder, (3) kühlbarer Vorratsbehälter, (4) Dosierpumpe, (5) Gaslift-Schlaufenreaktor, (6) Membran- oder Schlauchpumpe, (7, 9) Pumpe, (8) Rotationsscheibenfilter, (10, 11) Sammelbehälter, (12) NanoMIP Filter-Modul.

Die Realisierung der Adsorption von Proteinen an NanoMIPs zur Aufreinigung und anschließenden Rückgewinnung bringt eine neue Herausforderung mit sich: Die Bindung der Proteine an die mittels Epitop-Ansatz geprägten Partikel erweist sich als so fest, dass die Proteine zunächst nicht mehr von den Partikeloberflächen extrahiert werden können.

Ein weites Einsatzgebiet für NanoMIPs eröffnet sich an der Schnittstelle von Pharmazie und Umweltschutz: Diverse Arzneimittel können in Kläranlagen nicht abgebaut werden und treten als biologisch wirksame Spuren-Schadstoffe, so genannte *Micropollutants*, in messbaren Konzentrationen in Abwässern und Oberflächengewässern auf. Dazu gehören zum Beispiel auch niedermolekulare Medikamente in Krankenhaus-Abwässern. Die angesprochene Problematik wird in einer Kooperation der Abteilungen Grenzflächentechnologie und Umweltbiotechnologie am Fraunhofer IGB identifiziert. Im Rahmen eines Projektes, das vom Umweltministerium des Landes Baden-Württemberg finanziell unterstützt wird, erarbeitet das Fraunhofer IGB in Zusammenarbeit mit einem Stuttgarter Krankenhaus eine NanoMIP basierte Filter-Einheit zur Integration in eine Versuchsanlage zur Reinigung von Krankenhaus-Abwasser.

Um die systematische Anpassung der Monomer-Vernetzer-Templat Kombinationen für die zahlreicher werdenden Template bewältigen zu können, erweist es sich als notwendig, ein leistungsfähiges Hochdurchsatz-System zu entwickeln. Im Rahmen einer aktuellen Dissertation wird daher eine kontinuierliche Syntheseanlage konzipiert. Unter dem Aspekt der Automatisierbarkeit stellt die auf technologischer Ebene attraktive hohe Komplexität der Miniemulsionspolymerisation extrem hohe Anforderungen. Die Prozessführung, die im Batch-Labormaßstab erfolgreich angewendet wird, könnte an diesem Punkt der Technologieentwicklung zur Barriere werden und eine Adaptation des etablierten Synthese-Verfahrens auf einen leichter automatisierbaren Prozess notwendig machen.

Eine zweite verfahrenstechnische Dissertation hat den Aufbau einer Versuchsanlage zur Maßstabsvergrößerung der NANOCYTES®-Synthesen im Allgemeinen und der NanoMIP-Synthese im Besonderen zum Inhalt (vgl. Gose 2008). Auch hierbei wird die bislang eingesetzte Emulgiertechnik mittels Ultraschall einer kritischen Prüfung unterzogen und es werden alternative Emulgiertechniken getestet.

Zusammenfassung: In Stage 4 wurden gezielt anwendungsorientierte Aktivitäten in der NanoMIP Entwicklung verstärkt. Zum einen erfolgte eine Fokussierung auf wirtschaftlich relevante Template. Zum anderen stellen aktuelle Arbeiten die Entwicklung neuer Nano-MIPs auf eine automatisierbare und skalierbare Basis. Angesichts der neuen Ziele werden Anforderungen sichtbar, die unter Umständen grundlegende Weiterentwicklungen oder Adaptationen auf Technologie- und Funktionalitätsebene erforderlich machen. Die Maßnahmen in dieser Stage sind darauf ausgerichtet, mittelfristig eine Plattform für systematische kunden- und produktorientierte NanoMIP-Entwicklung bereitzustellen.

Erfolgsfaktoren	Barrieren	hilfreiche Methoden
Interdisziplinarität	Mangelnde Automatisierbarkeit	Patentrecherche
Marktorientierung	Mangelnde Skalierbarkeit	Machbarkeitsabschätzung
Öffentliche Förderung		
Industriekontakte		
Automatisierung		
Maßstabsvergrößerung		

Tabelle 7:   Erfolgsfaktoren und Barrieren in der Stage 4

13.7   Zusammenfassung und Fazit

Die NanoMIP-Technologie blickt heute auf eine fast zehnjährige Entwicklungsgeschichte zurück. Im Verlauf dieser Geschichte konnte die Idee, molekular geprägte Materialien in Form von wohldefinierten, sphärischen Nanopartikeln in einer Einschritt-Synthese darzustellen, erfolgreich umgesetzt werden. Wie für einen derartigen Technologie-Aufbau typisch, wurden auf diesem Weg die verschiedenen Ebenen des Knowhow-Aufbaus zyklisch mehrfach durchlaufen.

Aufgrund des verhältnismäßig hohen Herstellungspreises haben sich für NanoMIPs hochpreisige Absatzmärkte abseits der klassischen chemischen Industrie in den Bereichen Biotechnologie und Biopharmazie herauskristallisiert. Um diese Märkte langfristig mit vollsynthetischen molekülspezifischen Affinitätsmaterialien bedienen zu können, wurde die Technologie auf die Prägung mit wasserlöslichen Fragmenten komplexer Biomoleküle angepasst. Bisher wurde der Durchbruch zum produktreifen Material nicht erreicht. Nach wie vor besteht jedoch uneingeschränktes Interesse an der Methode des molekularen Prägens. Dies belegen positive Gutachten und Projektkooperationen von Seiten großer Biopharmaka-Hersteller, sowie die zunehmende öffentliche Förderung der NanoMIP-Forschung und Entwicklung.

Die Entwicklung ist nun auf einem Stand, der es erlaubt und notwendig macht, die Herstellung von geprägten Nanopartikel zu automatisieren. Zum einen müssen miniaturisierte Hochdurchsatzverfahren entwickelt werden, um für anwendungsrelevante Template systematisch und schnell Syntheseparameter optimieren zu können. Zum anderen muss der Herstellungsmaßstab vergrößert werden und adaptierte Verfahren und Protokolle für die Skalierung der Synthesevolumina müssen entwickelt werden. Der verfahrenstechnische Rahmen stellt vollständig neue Anforderungen an die Prozessführung als dies im Labormaßstab der Fall war und macht unter Umständen erneut einen Durchgang durch die Ebenen „Kompetenzen", „Technologie" und „Funktion" in der Technologieentwicklung nötig.

Im Verlauf der NanoMIP-Geschichte gab es bis dato viele Faktoren, die ihre Entwicklung begünstigten. Notwendige Voraussetzung für den kontinuierlich vorangetriebenen Technologie-Aufbau war eine fortwährende Finanzierung, die in den frühen und mittleren Phasen fast ausschließlich aus öffentlichen Förderprogrammen bestritten werden konnte. Der grundlegende Technologie-Aufbau wurde im Rahmen wissenschaftlicher Arbeiten in enger Kooperation mit der Universität geleistet. Anhand wissenschaftlicher Publikationen einerseits und mit Hilfe anschaulicher dreidimensionaler Modelle andererseits wurde das Funktionsprinzip NanoMIPs während der gesamten Entwicklungslaufzeit einem breiten Publikum zugänglich gemacht. Für das Herstellungsverfahren wurde ein Schutzrecht angemeldet.

Alles in allem erfolgte die Entwicklung auf der bewährten Grundlage des *Sophisticated Guess* und im *Trial-and-Error*-Verfahren. Die Fortschritte gründeten auf der Wachheit und der Erfahrung der beteiligten Köpfe.

Die Begleitung durch ein überschaubares Portfolio an Methoden zur systematischen Beurteilung der eingeschlagenen Route und der aktuellen Position auf dem Weg der Technologieentwicklung wäre eine ausgesprochen willkommene Hilfestellung, die einen Entwicklungsprozess an vielen Stellen beschleunigen könnte.

Analysierende Verfahren und gezielte Informationsbeschaffung können einem Entwicklungsteam in Situationen Weitsicht vermitteln, in denen eine Entscheidungsgrundlage aufgrund mangelnder Erfahrung noch fehlt. Die Anwendung eines methodisch festgelegten Systems zur Beurteilung der eigenen Arbeit erleichtert es den Beteiligten außerdem, möglichst objektiv und wenig beschränkt durch das eigene Wunschdenken Entscheidungen zu treffen. Ein Methoden-Fahrplan kann weiterhin dazu anregen, die Einschätzung unbeteiligter Experten einzuholen, Ziele zu definieren und diese nicht aus den Augen zu verlieren und in regelmäßigen Abständen das technologische Umfeld zu sondieren.

All dies sind sinnvolle und notwendige Voraussetzungen für den effizienten Verlauf einer langjährigen Technologieentwicklung. Dennoch erhalten sie im Forschungsalltag erfahrungsgemäß häufig nicht die entsprechende Priorität. Was Intelligenz, Umsicht und Disziplin auf hohem Niveau zwar wettmachen können, wäre mit Hilfe eines wohl sortierten Methodenangebots zur systematischen Technologieentwicklung vermutlich mit wesentlich kleinerem Aufwand zu realisieren.

13.8   Literatur

Alexander, C.; Andersson, H. S.; Andersson, L. I.; Ansell, R. J.; Kirsch, Nicole; Nicholls, Ian A. et al. (2006): Molecular imprinting science and technology: a survey of the literature for the years up to and including 2003. In: Journal of Molecular Recognition, Jg. 19, H. 2, S. 106–180.

Beckmann, Dieter Meister Manfred (Hg.) (2004): Technische Systeme für Biotechnologie und Umwelt. Heiligenstadt: Institut für Bioprozess- und Analysenmesstechnik e.V. (12).

Brunner, H.; Gruber-Traub, C.; Lehmann, M.; Tovar, G. E. (2005): Nanotechnologische Werkzeuge für die Biotechnologie. In: transmitter, Jg. 02/2005, S. 14–15.

DECHEMA (Hg.) (2002): DECHEMA-Statusseminar "Modulare Mikroverfahrenstechnik", DECHEMA-Kolloqium "Mikroverfahrenstechnik unter industriellen Aspekten". 28. Februar 2002. Frankfurt a.M.

DECHEMA (Hg.) (2003): 21. DECHEMA-Jahrestagung der Biotechnologen. 02.-04. April 2003. München.

DECHEMA; GVC (Hg.) (2008): ProcessNet-Jahrestagung. 7.-9. Oktober 2008. Karlsruhe.

DECHEMA; VDI (Hg.) (2002): Chemical Nanotechnology Talks III. 9.-11. Oktober 2002. Mannheim.

Dettling, M. (2001): Untersuchung der molekularen Prägung von Methacrylsäure-Ethylenglycol-dimethacrylat-Copolymernanopartikeln mit Aminosäurederivaten. Diplomarbeit. Stuttgart. FH für Wirtschaft und Technik.

Filtech Exhibitions Germany (Hg.) (2005): Filtech. 11.-13. Oktober 2005. Wiesbaden.

Fischer, E. (1894). In: Ber. Dtsch. Chem. Ges., Jg. 27, H. 2985 - 2993, S. 673–679.

Frost&Sullivan (2005): Biopharmaceutical Developments - An Emerging Technology Analysis. Frost&Sullivan. San Antonio. (Technical Insights D362).

Gose, T.; Brunner, H.; Hirth, T.; Weber, A.; Tovar, G. E. M. (2008): Versuchsanlage zur Optimierung und Maßstabsvergrößerung von Nanopartikelsyntheseprozessen am Anwendungsbeispiel von Silica Partikeln nach dem STÖBER-Prozess. In: DECHEMA; GVC (Hg.): ProcessNet-Jahrestagung. 7.-9. Oktober 2008. Karlsruhe .

GVC; DECHEMA (Hg.) (2005): Surfaces and Interfaces - Engineering at the Nanoscale. 7.-9. März 2005. Frankfurt a.M.

Herold, M.; Lehmann, M.; Brunner, H.; Tovar, G. E. (2006): Smart material composite membranes based on molecularly imprinted nanoparticles used for selective filtration. In: Filtration (Coalville, United Kingdom), Jg. 6, H. 3, S. 250–253.

Herold, M.; Tovar, G. E.; Gruber, C.; Dettling, M.; Sezgin, Saygun; Brunner, Herwig (2005): Molecular recognition by imprinted polymer nanospheres - fundamental research and applications. In: Polymer Prepr., Jg. 46, H. 2, S. 1125–1126.

Herz, M. (2004): Herstellung molekular geprägter Polymere mittels inverser Miniemulsionspolymerisation. Master Thesis. Reutlingen. Fachhochschule Reutlingen.

IKT; IAMC (Hg.) (2005): 19. Stuttgarter Kunststoff-Kolloquium. 9.-10. März 2005. Stuttgart.

Kobayashi, T. (2002): Molecularly Imprinted Polysulfone Membranes Having Acceptor Sites for Donor Dibenzofuran as Novel Membrane Adsorbents: Charge Transfer Interaction as Recognition Origin. In: Chemical Material, Jg. 14, H. 6, S. 2499–2505.

Kolar, S. (2000): Darstellung und Untersuchung molekular prägbarer Mikrogele mittels inverser Miniemulsions-polymerisation. Diplomarbeit. Reutlingen. FH für Wirtschaft und Technik.

Lehmann, M. (2004): Strukturselektive Stofftrennung durch Einsatz eines neuartigen Moduls auf Basis von molekular geprägten Nanopartikeln: Aufbau, Modellierung und Erprobung. Dissertation. Stuttgart. Universität Stuttgart.

Lehmann, M.; Borchers, K.; Brunner, H.; Tovar, G. E. (2005): Affinity composite membranes for separation of small bio-molecules based on molecularly imprinted nanoparticles. Poster. In: VDI; GVC (Hg.): 10. Aachener Membran Kolloquium. 16.-17. März 2005. Aachen .

Lehmann, M.; Brunner, H.; Tovar, G. E. (2002a): Molekular geprägte Nanopartikel als selektive Phase in Kompositmembranen für die spezifische Stofftrennung. In: Chemie Ingenieur Technik, Jg. 74, H. 5, S. 550.

Lehmann, M.; Brunner, H.; Tovar, G. E. (2002b): New composite membranes for selective separations: 4th Meeting Network Young Membrans, PhD-Euro Conference on membrane Technology. 5.-7. Juli 2002. Toulouse .

Lehmann, M.; Brunner, H.; Tovar, G. E. (2002c): Selective separations and hydrodynamic studies: a new approach using molecularity imprinted nanospheres composite membranes. In Desalination, V. 149 H. 3, S.315-321

Lehmann, M.; Brunner, H.; Tovar, G. E. (2002d): Stofftrennung in der Mikroverfahrenstechnik: Molekular geprägte Nanopartikel als selektive Phase in Kompositmembranen. In: DECHEMA (Hg.): DECHEMA-Statusseminar "Modulare Mikroverfahrenstechnik", DECHEMA-Kolloqium "Mikroverfahrenstechnik unter industriellen Aspekten". 28. Februar 2002. Frankfurt a.M .

Lehmann, M.; Brunner, H.; Tovar, G. (2003a): Downstream Processing: New Composite Membranes for Highly Specific Separation of Amino Acids. In: DECHEMA (Hg.): 21. DECHEMA-Jahrestagung der Biotechnologen. 02.-04. April 2003. München .

Lehmann, M.; Brunner, H.; Tovar, G. (2003b): High specific separation in life sciences: New composite membranes with molecularly imprinted nanospheres as selective phase. Poster. In: VDI; GVC (Hg.): 9. Aachener Membran Kolloquium. 18.-20. März 2003. Aachen .

Lehmann, M.; Brunner, H.; Tovar, G. E. (2003c): Highly selective separations in life sciences with new composite membranes: 5th Meeting Network Young Membrains. 01.-03. Oktober 2003. Barcelona .

Lehmann, M.; Brunner, H.; Tovar, G. E. (2005): Composite Membrane Modules with Thin Layer Affinity Solid Phase based on Molecularly Imprinted Nanoparticles. In: VDI; GVC (Hg.): 10. Aachener Membran Kolloquium. 16.-17. März 2005. Aachen .

Lehmann, M.; Dettling, M.; Brunner, H.; Tovar, G. E. (2004): Affinity parameters of amino acid derivative bindings to molecularly imprinted nanospheres consisting of poly[(ethylene glycol dimethacrylate)-co-(methacrylic acid)]. In: Journal of Chromatography B, Jg. 808, S. 43–50.

Lehmann, M.; Dettling, M.; Brunner, H.; Tovar, G. E. (2005a): Molekular geprägte Polymernanopartikel als Struktur-Selektoren eines Komposit-Membranmoduls zur Stofftrennung. Vortrag. In: IKT; IAMC (Hg.): 19. Stuttgarter Kunststoff-Kolloquium. 9.-10. März 2005. Stuttgart .

Lehmann, M.; Dettling, M.; Brunner, H.; Tovar, G. E. (2005b): Smart material composite membranes based on molecularly imprinted nanoparticles used for selective filtration. In: Filtech Exhibitions Germany (Hg.): Filtech. 11.-13. Oktober 2005. Wiesbaden .

Lehmann, M.; Dettling, M.; Sezgin, S.; Weber, A.; Brunner, H.; Tovar, G. E. M. (2002): Separation processes in life science: molecularly imprinted nanospheres as selective phase in new composite membranes. In: DECHEMA; VDI (Hg.): Chemical Nanotechnology Talks III. 9.-11. Oktober 2002. Mannheim .

Lehmann, M.; Weber, A.; Brunner, H.; Tovar, G. E. (2005): Engineered Bioseparation: Use of Molecularly Imprinted Polymer Nanoparticles in Composite Membranes. In: GVC; DECHEMA (Hg.): Surfaces and Interfaces - Engineering at the Nanoscale. 7.-9. März 2005. Frankfurt a.M .

Pfeiffer, D.; Schreiber, T.; Niedergall, K.; Tovar, G. E. (2006): Biomimetic nanoparticles for application in biomedicine and biotechnology. In: NanoS, H. 02, S. 20–27.

Rachkov, A.; Minoura, N. (2001): Towards molecularly imprinted polymers selective to peptides and proteins. The epitope approach. In: Biochimica et Biophysica Acta, Jg. 1544, H. 1-2, S. 255–266.

Sergeyeva, T. A.; Matuschewski, H.; Piletsky, S. A.; Bendig, J.; Schedler, Uwe; Ulbricht, Mathias (2001): Molecularly imprinted polymer membranes for substance-selective solid-phase extraction from water by surface photo-grafting polymerization. In: Journal of Chromatography A, Jg. 907, H. 1-2, S. 89–99.

Shea, K. J.; Spivak, D.; Sellergren, B. (1993): Polymer complements to nucleotide bases. Selective binding of adenine derivatives to imprinted polymers. In: Journal of the American Chemical Society, Jg. 115, H. 8, S. 3368–3369.

Steinwand, M. (1999): Untersuchung zur Emulsionspolymerisation als Vorstufe zur Darstellung molekular geprägter Filme. Praktikumsbericht. Mannheim, Stuttgart. Fachhochschule für Technik und Gestaltung, Mannheim.

Tovar, G. E.; Dettling, M.; Sezgin, S.; Lehmann, M.; Gruber, C.; Weber, A.; Brunner, H. (2002): Controlled synthesis of molecularly imprinted polymer spheres as nanoscale synthetic receptors: 2nd Internat. Workshop on Molecularly Imprinted Polymers. 15.-19. September 2002. La Grande Motte, France .

Tovar, G. E.; Kräuter, I.; Gruber, C. (2003): Molecular imprinted polymer nanospheres as fully synthetic affinity receptors. In: Topics in current chemistry, Jg. 227, S. 125–144.

Tovar, G.; Vaihinger, D.; Kräuter, I.; Weber, A.; Herold, M.; Brunner, H. (2000): Verbesserte Mikrogele und Filme.

Vaihinger, D. (2008): Untersuchung zur Darstellung, Charakterisierung und Verarbeitung von mit boc-Phenylanilinanilid molekular geprägter Mikrogele aus hochvernetzer Copolymere. Dissertation. Stuttgart. Universität Stuttgart.

Vaihinger, D.; Landfester, K.; Kräuter, I.; Brunner, H.; Tovar, Günter E. M. (2002): Molecularly imrpinted polymer nanospheres as synthetic affinity receptors obtained by miniemulsions polymerisation. In: Macromolecular Chemistry and Physics, Jg. 203, S. 1965–1973.

VDI; GVC (Hg.) (2003): 9. Aachener Membran Kolloquium. 18.-20. März 2003. Aachen.

VDI; GVC (Hg.) (2005): 10. Aachener Membran Kolloquium. 16.-17. März 2005. Aachen.

Weber, A.; Gruber-Traub, C.; Herold, M.; Borchers, K.; Tovar, Günter E. M. (2006): Biomimetic Nanoparticles. In: NanoS, Jg. 02.06, S. 20–27.

Weber, A.; Lehmann, M.; Herold, M.; Gruber-Traub, C.; Dettling, Melanie; Brunner, Herwig; Tovar, Günter E. M. (2004): Molekular geprägte polymere Nanopartikel: Affinitätsrezeptoren für biosensorische Anwendungen in der Membrantrennung. In: Beckmann, Dieter Meister Manfred (Hg.): Technische Systeme für Biotechnologie und Umwelt. Heiligenstadt: Institut für Bioprozess- und Analysenmesstechnik e.V. (12), S. 475–482.

Yoshikawa, M.; Izumi, J.; Guiver, M. D.; Robertson, G. P. (2001): Recognition and selective transport of nucleic acid components through molecularly imprinted polymeric membranes. In: Macromolecular Materials & Engineering, Jg. 286, H. 1, S. 52–59.

14 Der Weg des Free2C 3D-Displays zum Markt

KLAUS SCHENKE

14.1 Internet und Fernsehen werden dreidimensional

Die fortschreitende Integration informationstechnischer Systeme bietet den Fernseh- und Computer-Nutzern ein Spektrum neuartiger Dienste und den Zugang zu schier unüberschaubaren multimodalen Datenbeständen. Heutige Fernseher und Computermonitore sind bei der Darstellung von dreidimensionalen Datenobjekten (3D-Modelle, 3D-Grafiken, Videobilder von natürlichen oder computergenerierten räumlichen Szenen) auf die Verwendung monokularer Tiefenmerkmale beschränkt. Monokulare Merkmale wie Perspektive und Schattierung sind jedoch nur ein schwacher Ersatz für den räumlichen Eindruck, den der Mensch beim natürlichen beidäugigen Betrachten dreidimensionaler Objekte und Szenen erfährt.

Abbildung 1:   Autostereoskopisches Display des Fraunhofer HHI der neuesten Generation. Das hochqualitative „Free2C_digital" Display kann ohne Stereobrille genutzt werden und ist im Preis-Leistungsverhältnis optimiert.

Unsere heutigen Fernseher und Computermonitore sind im Prinzip Endgeräte für Zyklopen, also einäugige Wesen aus der Mythologie. Eine wesentliche Fähigkeit des menschlichen Gesichtssinnes, nämlich das räumliche Sehvermögen, wird durch diese Geräte zurzeit nicht unterstützt.

Daher befasst sich das Heinrich-Hertz-Institut (HHI) der Fraunhofer-Gesellschaft seit mehr als 25 Jahren mit der Entwicklung stereoskopischer Displaytechnologien. Der Schwerpunkt liegt dabei auf autostereoskopischen Lösungen, bei der der Anwender keine Stereobrille benötigt. Diese höhere Nutzerfreundlichkeit halten wir für eine wesentliche Voraussetzung für eine breite Nutzerakzeptanz von 3D-Bildschirmen.

Im Unterschied zu konventionellen Displays reproduzieren 3D-Displays zusätzliche Tiefenmerkmale, die sich dem Betrachter nur durch das beidäugige Sehen erschließen. Die binokulare Tiefenwahrnehmung des Menschen ist im Nahbereich besonders leistungsfähig; sie ermöglicht es, kleinste Entfernungsunterschiede zwischen zwei Objekten zu sehen und komplexe räumliche Strukturen unmittelbar und eindeutig zu erkennen. 3D-Displays sind daher prädestiniert für Anwendungen, in denen es um die schnelle und präzise Erfassung von Abständen, die Orientierung und Navigation in wechselnden räumlichen Umgebungen und die anschauliche Darstellung von Strukturen und räumlichen Effekten geht.

Typische Anwendungsbeispiele für 3D-Displays sind:

- Fernsteuerung von Fahrzeugen
- Steuerung von Robotern
- interaktive Visualisierung von Daten
- in der Konstruktion (Digital Mock-up, eine Attrappe für Testzwecke)
- in der Physik (virtueller Windkanal)
- in der Chemie (Moleküldesign)
- in der Medizin (Diagnose und Operationsplanung auf Basis computertomographischer Daten)
- in Computerspielen

Die Wirkung spezieller 3D-Effekte in Filmen und Computerspielen beruht darauf, dass man sich der Illusion von Nähe und lebensechter Präsenz (Immersion in virtuelle Welten) durch die 3D-Darstellung kaum entziehen kann.

Der gegenwärtig steigende Bedarf an 3D-Displays stützt sich auf große Fortschritte in den Informationstechnologien. Der Aufwärtstrend wird unterstützt durch die Bereitstellung von Schlüsselkomponenten, mit denen bislang unausführbare Displaykonzepte machbar wurden. Insbesondere hat die Flüssigkristall-Technologie der LCD-Flachdisplays zur Realisierung neuartiger 3D-Displays beigetragen.

14.2   Die 3D-Displaytechnologie des Fraunhofer HHI

Das Fraunhofer HHI zählt heute gemeinsam mit den Forschungslabors des Japanischen Fernsehens NHK[1] zu den Pionieren und Schrittmachern auf dem Gebiet der 3D-Displaytechnologien.

Schon zu Beginn der Forschungsarbeiten am HHI in den 80er Jahren wurde davon ausgegangen, dass 3D-Displays zum Zeitpunkt ihrer Einführung in den Markt mit qualitativ hoch entwickelten 2D-Displays konkurrieren müssen. Folglich wurden nur solche Technologien in Erwägung gezogen, die das Potenzial für Displays mit höchster Bildgüte besaßen.

Die am HHI entwickelten Verfahren sind heute im Segment der autostereoskopischen Einpersonen-Displays hinsichtlich Bildgüte und Betrachtungskomfort weltweit führend. Die HHI-Technologie wurde nominiert für den European ICT Prize 2007 und bei den 50 bahnbrechenden Innovationen „Made in Germany" (German Stars) sowie in der BMBF-Studie „100 Produkte der Zukunft" gelistet (vgl. Hänsch 2007). Den Joseph-von-Fraunhofer-Preis für exzellente anwendungsorientierte Forschungsleistungen 2006 erhielten Mitarbeiter des HHI für ihre Arbeiten zur „Interaktiven 3D-Visualisierung mit Gesteninteraktion".

Das Know-how für die Free2C Technologie ist weitgehend durch Basispatente geschützt. Derzeit gibt es 13 lebende Patentfamilien mit 26 Patenten bzw. Anmeldungen, die sich zum Teil noch in der PCT-Phase[2] befinden. International agierende Firmen sind bereits Lizenznehmer dieser Technologie.

14.2.1   Wie funktioniert dreidimensionales Sehen mit Stereobrille?

Im Unterschied zum 2D-Monitor muss das 3D-Display mindestens zwei Ansichten darstellen, die in Analogie zum beidäugigen Sehen die Objekte bzw. die bewegten Bildinhalte aus zwei unterschiedlichen Perspektiven zeigen. Wie beim natürlichen räumlichen Sehen fusioniert das Gehirn die Informationen der beiden stereoskopischen Halbbilder zu einem zusammenhängenden Raumbild.

Voraussetzung für den Stereogenuss ist allerdings, dass ein optisches Verfahren dafür sorgt, dass das linke Auge des Anwenders nur die linke Perspektive sieht und das rechte Auge nur die rechte (optische Adressierung). In der optischen Adressierung unterscheiden sich die 3D-Verfahren.

---

1 NHK: „Erfinder" des hochauflösenden Fernsehens HDTV, www.nhk-ts.co.jp/en-3dhdtv/3d03-e.html

2 Der PCT - „Patent Cooperation Treaty" – vom 19. Juni 1970 ist ein Vertrag über die internationale Zusammenarbeit auf dem Gebiet das Patentwesens und ermöglicht es, mit einer einzigen Anmeldung eine Vielzahl von nationalen oder regionalen Patenten in den Mitgliedsstaaten zu starten. D.h. zunächst ersetzt eine einzige Anmeldung bis zu 133 nationale und/oder regionale Patentanmeldungen. (vgl. Dieter Rebel, Gewerbliche Schutzrechte – Ein Praxishandbuch, 5. Auflage, Carl Heymanns Verlag, Köln, 2007, Seite 376)

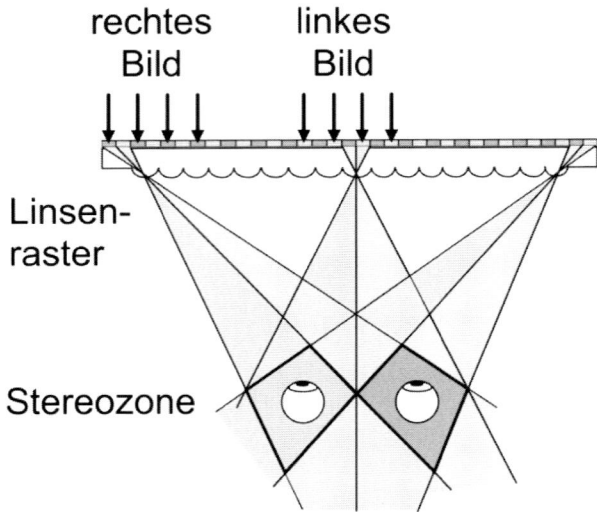

Abbildung 2:   Das Linsenrasterkonzept. Auf einem Flachdisplay werden die linke und rechte
                   Perspektive senkrecht verkämmt dargestellt. Senkrecht verlaufende Zylinderlinsen
                   vor dem Flachdisplay ersetzen die Stereobrille des Nutzers und bewirken die opti-
                   sche Adressierung. In den rautenförmigen Stereozonen sieht der Nutzer mit jedem
                   Auge ausschließlich die passende Perspektive.

Bei klassischen 3D-Displays übernimmt die Stereobrille die optische Adressierung. Die
älteste Brillen-Methode ist die Farbanaglyphentechnik. Dabei werden unterschiedlich
gefärbte und übereinander gelegte Bilder durch Rot-Grün- oder Rot-Blau-Brillen mit komplementären Farbfiltern betrachtet. Der Nachteil ist eine starke Beanspruchung des Sehsin-
nes aufgrund der Rivalisierung zweier verschieden farbiger Bilder. Außerdem lassen sich
kaum farbige Objekte darstellen.

Die Polarisationstechnik benötigt zwei (Video-)Projektoren. Auf den Projektionsobjekti-
ven befinden sich jeweils um 90 Grad versetzte Polarisationsfilter. Die Polarisationsbrille
arbeitet als Analysator und sorgt dafür, dass der Träger mit jedem Auge jeweils nur ein
stereoskopisches Halbbild sieht. Das jeweils andere Bild wird von dem gedrehten zweiten
Polarisationsfilter gesperrt. Zur Aufrechterhaltung der Polarisationsrichtung wird eine
Silberleinwand benötigt. Der größte Nachteil dieser Methode ist der mindestens 50-
prozentige Lichtverlust in den Filtern.

3D-Shutter-Brillen sind eine Möglichkeit, plastische Objekte auf einem herkömmlichen
2D-Monitor mit unverfälschten Farben darzustellen. Auf einem Monitor oder einer Lein-
wand werden im schnellen Wechsel (typisch sind 120 Hz) nacheinander das rechte und
linke stereoskopische Halbbild dargestellt. Synchron zur Bilddarstellung deckt die Shutter-
Brille jeweils ein Auge ab. Im abgedunkelten IMAX-3D-Kino funktioniert diese Technik
sehr gut. Benutzt man diese Brillen in einem nicht vollständig abgedunkelten Raum, so

flackert die Umgebung des Monitors sehr unangenehm. Der zweite Nachteil ist auch hier ein deutlicher Lichtverlust von mindestens 50 Prozent.

14.2.2 Das Display bekommt die „Stereobrille aufgesetzt"

Bei den Free2C 3D-Displays des Fraunhofer HHI kann der Nutzer auf diese Stereobrillen verzichten, da die Monitore mit einer zusätzlichen optischen Struktur versehen werden – dem 3D-Display wird quasi die „Stereobrille aufgesetzt".

Für die optische Adressierung sorgen sehr feine, vertikal verlaufende Zylinderlinsen, so dass jedes Auge nur das ihm zugeordnete stereoskopische Halbbild sehen kann (Abbildung 2).

Hinter jeder einzelnen Zylinderlinse wird ein schmaler Bildstreifen des linken und rechten Stereoteilbildes dargestellt. Das erste, dritte, fünfte usw. Pixel jeder Bildzeile zeigen zusammen die Bildinformation des rechten Teilbildes, während das zweite, vierte, sechste usw. Pixel zusammen das linke Teilbild darstellen. Die Linsenbreite (Pitch) und der Abstand der Linsenrasterplatte von der Bildschirmebene werden so berechnet, dass sich im Bereich der nominalen Betrachtungsentfernung zwei rautenförmige Stereozonen mit nahezu vollständiger Bildtrennung ergeben. Es sollte in der linken Stereozone so wenig wie möglich Restanteil des rechten Stereohalbbildes zu sehen sein und umgekehrt. Ein gerin-

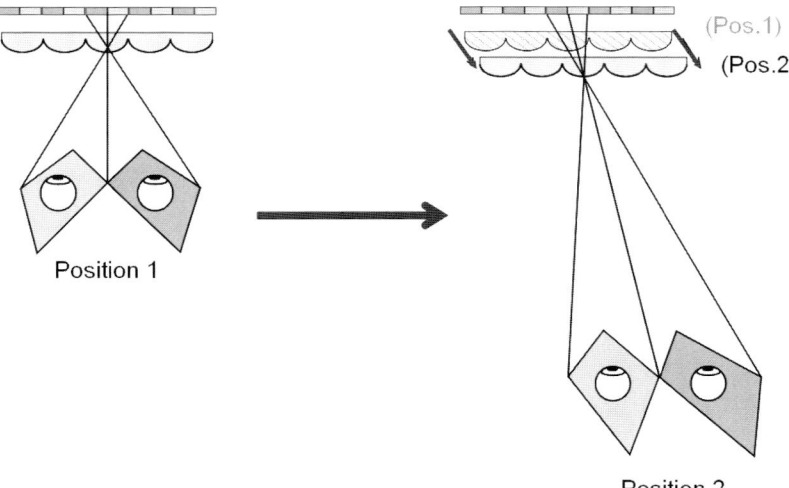

Position 1

(Pos.1)
(Pos.2)

Position 2

Abbildung 3:   Nachführung der Stereozonen bei der Bewegung des Nutzers von Position 1 nach 2. Für diesen Fall kann der Linsenrasterschirm in zwei Dimensionen mechanisch nachgeführt werden.

ges Übersprechen der Informationen zwischen dem linken und rechten Stereohalbbild ist Voraussetzung für eine hohe Stereobildqualität.

Die Linsen werden in hoher optischer Qualität durch eine spezielle Abformtechnik aus UV-aushärtendem glasklaren Lack hergestellt und in einer regulären Anordnung auf einem Glassubstrat aufgebracht (Linsenrasterplatte). Eine Zylinderlinse ist etwa so breit wie zwei Pixelstreifen des Displays – also ca. 0,5 mm bei einem 21" UXGA-Display mit 1600 x 1200 Bildpunkten.

Die Stereozone mit optimaler Bildtrennung ist nur wenige Zentimeter breit und tief. Befinden sich die Augen des Nutzers nicht in den Stereozonen, so würde er zwei Ansichten mit Störungen sehen, die er nicht mehr zu einem zusammenhängenden Raumbild fusionieren kann. Um diesen Effekt zu vermeiden und die Stereozonen wesentlich zu vergrößern, wurde das Free2C Display zusätzlich mit einem Head/Eye Tracking System ausgestattet. Dies ermöglicht es, die Augenposition des Nutzers zu dedektieren und die Stereozonen passend zur Kopfbewegung nachzuführen (Abbildung 3).

Bewegt sich der Nutzer seitlich vor dem Display, so wird ihm der Linsenrasterschirm minimal seitlich nachgeführt. Das Gleiche gilt für Bewegungen auf das Display zu oder von ihm weg. Durch diesen Betrachtungsspielraum bietet das Free2C Display dem Nutzer einen hohen Betrachtungskomfort. Der Nutzer setzt sich vor das Display und das Gerät richtet sich auf seine aktuelle Position optimal aus.

Abbildung 4:   Linke untere Ecke eines Free2C Displays. Die Linsenrasterplatte ist noch nicht montiert. Der Blick auf den Antrieb, ein Voice Coil Aktuator, ist noch frei.

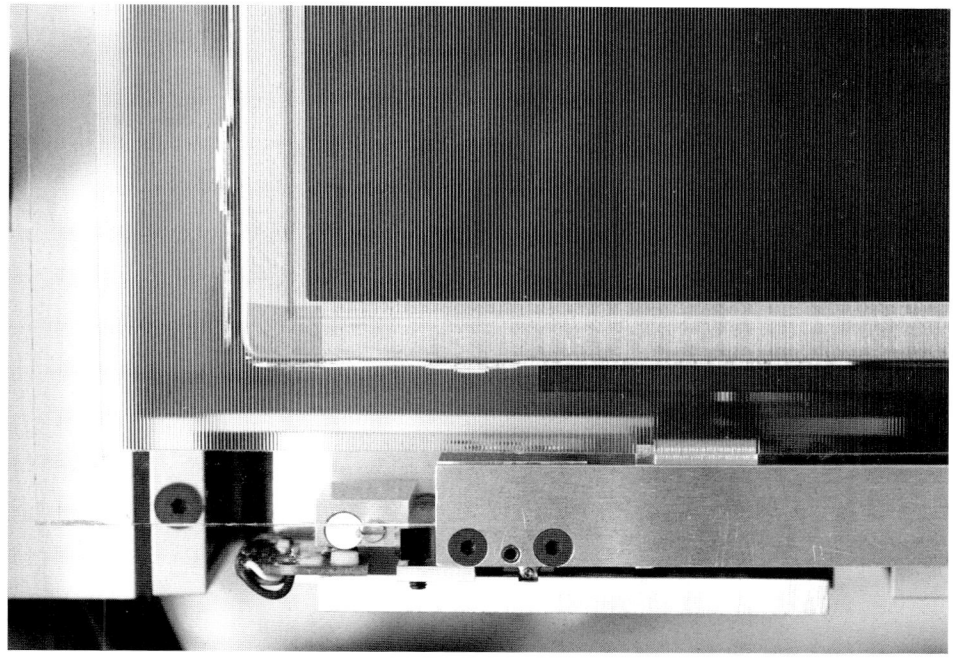

Abbildung 5:   Die Linsenrasterplatte ist montiert. Ein Head Tracking System steuert den Antrieb. Die Linsenrasterplatte wird in Abhängigkeit von der Bewegung des Nutzers neu positioniert.

14.2.3 Großer Betrachtungskomfort durch Head Tracking

Notwendige Voraussetzung für ein gutes Head Tracking ist die sichere und schnelle Bestimmung der aktuellen Augenposition. Das Head Tracking System besteht aus zwei Videokameras, die im Rahmen des Free2C Displays montiert und auf den Benutzer gerichtet sind, sowie der Head Tracking Software.

Die Head Tracking Software ermittelt die Augenpositionen des Nutzers. Befinden sich die Augen des Nutzers nicht mehr genau in der Mitte der Stereozonen so wird die X-Z-Position der Linsenrasterplatte durch eine mechanische Stelleinrichtung verändert bis die optimale Stereozone mit der neuen Augenposition übereinstimmt. Dies ist ein geschlossener Regelkreis, der nahezu in Echtzeit funktioniert. Im Idealfall merkt der Nutzer nichts von dem Head Tracking System, das für ihn arbeitet.

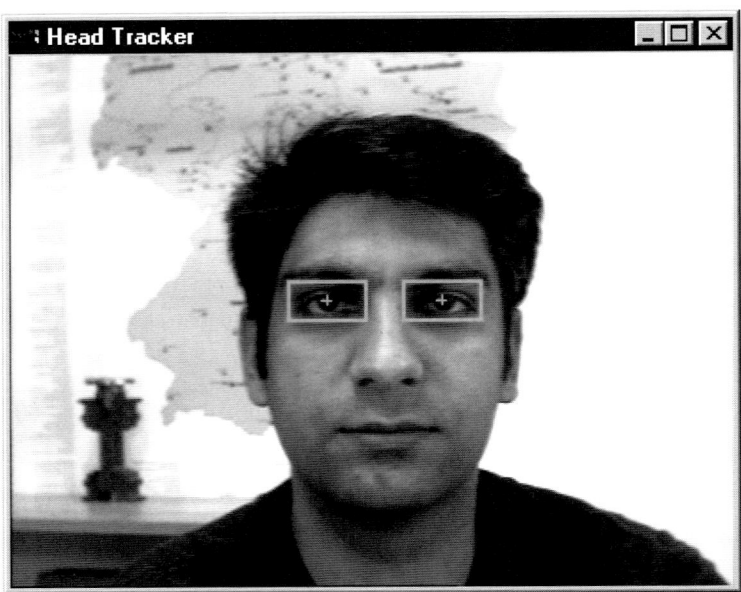

Abbildung 6:   Bild einer Head Tracking Kamera. Die HHI Head Tracking Software markiert zur
                Kontrolle die erfolgreich vermessenen Augen des Nutzers mit zwei Rechtecken.
                Die Kreuze markieren die im Bild gefundenen Pupillen.

Abbildung 4 zeigt einen Antrieb, ein Voice Coil Aktuator, in der linken unteren Ecke des Free2C Displays. Er verändert die Position der Linsenrasterplatte, die in Abbildung 5 montiert ist, in Abhängigkeit der Nutzerbewegung.

Die am HHI entwickelte videobasierte Tracking-Technik ermöglicht eine vollkommen berührungsfreie Messung der 3D-Koordinaten der Augenposition mit hoher Geschwindigkeit über eine Messrate von 120Hz.

Die Augen des Anwenders werden während der Initialisierung des Systems mittels eines Vergleichs mit einer Bilddatenbank detektiert. Die Software speichert das individuelle Augenmuster für die weitere Anwendung. Bei Kopfbewegungen werden die Augenmuster durch ein adaptives Blockmatchingverfahren im Kamerabild verfolgt. Die Lage der Pupillen kann mit einem Schwellwertoperator ermittelt werden (Abbildung 6).

14.3   Technologieentwicklung

In diesem Kapitel erfahren Sie etwas über die vier Entwicklungsphasen, die zu der Free2C Technologie führten. Erste Arbeiten zur angewandten Grundlagenforschung erfolgten am HHI bereits Anfang der 80er Jahre. Inzwischen entstand ein stattliches Portfolio von Displayvarianten aufgrund von Kundenwünschen und neuen Technologien, die den Markt bereits erreichen.

14.3.1   Stage 1 – Initiierung

Was kommt nach HDTV?
Im Auftrag des Bundesministeriums für Bildung und Forschung (BMBF) wurden am HHI ab 1981, damals noch nicht in die Fraunhofer Gesellschaft eingegliedert, erste Vorstudien zur videotechnischen Wiedergabe räumlicher Bilder durchgeführt. Anfänglich erarbeitete man „Psychooptische Grundlagen eines 3DTV-Standards" und im Anschluss „Bildgüteparameter für HDTV und 3DTV". Ziel der Projekte war die Identifikation von relevanten Parametern und deren quantitative Bestimmung für ein zukünftiges dreidimensionales Fernsehen. Die Ergebnisse wurden umfangreich publiziert [vgl. Wöpking et al. 1988; Pastor/Beldie 1989; Pastoor 1991).

Abbildung 7:   3D-Multiprojektion mit 18 Diaprojektoren. Es wurde ein Objekt aus 18 seitlich versetzten Perspektiven dargestellt.

Parallel dazu entstanden am HHI erste 3D-Multiprojektionssysteme mit 18 Diaprojektoren (Abbildung 7). Zu diesem Zeitpunkt gab es noch keine hinreichend kleinen und zugleich lichtstarken Videoprojektoren. Projiziert wurde auf einen 100" Linsenrasterschirm für 3 bis 5 Betrachter (Abbildung 8). Dargestellt wurde ein Stillleben, das aus 18 leicht seitlich versetzten Positionen aufgenommen wurde. Der Zuschauer konnte bei seitlicher Bewegung etwas um die Objekte herum sehen (Bewegungsparallaxe). Hier entstand das Know-how zur Berechnung von Linsenrasterstrukturen der späteren autostereoskopischen Displays.

Andererseits gab es am HHI erste brillengebundene Labormuster mit einem halbdurchlässigen Spiegel und zwei um 90 Grad zueinander gedrehten Röhrenmonitore (CRT). Um Experimente durchzuführen, simulierte man also einzelne Komponenten eines zukünftigen 3DTV-Systems mit der zu diesem Zeitpunkt verfügbaren Technik.

Die ARD betrat 1982 fernsehtechnisches Neuland. Unter dem Titel „Wenn die Fernsehbilder plastisch werden" zeigten alle Dritten Programme eine zweiteilige populärwissenschaftliche 3D-Sendung. Die Zuschauer erhielten beim Optiker Rot-Grün-Anaglyphen-Brillen für 70 Pfennig. Der Initiator, NDR-Redakteur Hans-Joachim Herbst, erhoffte sich bahnbrechende Wirkung. Er wollte „die Diskussion um die dritte Dimension wieder in Gang setzen", das 3D-Verfahren rehabilitieren, das einst von „einer skrupellosen Filmindustrie in Misskredit gebracht worden ist" (vgl. Spiegel 1989)

Abbildung 8:   100" Linsenrasterschirm für die Aufprojektion von 18 Diaprojektoren.

1984 präsentierte das Institut für Rundfunktechnik (IRT), das zentrale Forschungs- und Entwicklungsinstitut von ARD, ZDF, DLR, ORF, und SRG/SSR, auf der Internationalen Funkausstellung Berlin (IFA) weitere 3DTV-Testproduktionen. Die sehr beliebten Vorführungen erfolgten mit Polarisationsbrillen, zwei Videoprojektoren und zwei synchron laufenden Magnetaufzeichnungsgeräten (D1 MAZ), die durch einen Studioschnittplatz kontrolliert wurden. Diese Produktionen entstanden in Kooperation mit dem NDR unter Regie von Hans-Joachim Herbst. Bis in die Mitte der 90er Jahre wurden jeweils zur IFA neue 3D-Produktionen veröffentlicht.

Das HHI produzierte in dieser Zeit ebenfalls in Koproduktion mit dem NDR 3D-Testfilme für psychooptische Versuche mit neutralen Testpersonen. Auch bei diesen Versuchen bekamen die Testpersonen Stereobrillen für die Betrachtung einer 3D-Großprojektion.

14.3.2   Stage 2 – Inkubation

Flachbildschirme machen 3D ohne Stereobrille möglich
Anfang der 90er Jahre wurden erste noch monochrome Flachbildschirme von der Industrie hergestellt. Diese neue Technologie ermöglichte nun endlich, das schon lange bekannte Linsenrasterkonzept (vgl. Okoshi 1977)mit einem videotauglichen Monitor zu verbinden. Mit dem Know-how aus den entwickelten Multiprojektionen Mitte der 80er baute das HHI 1990 das erste Linsenrasterdisplay mit einem EL-Display (Elektrolumineszenz) und einer Auflösung von 2x 512x864 Pixel. In dieser Zeit wurden die Arbeiten am HHI durch ein

Abbildung 9:   13" Linsenrasterdisplay mit HHI Technologie von ZEISS, Auflösung 2x 240x640
                    Pixel.

Abbildung 10:   14" Linsenrasterdisplay mit HHI Technologie von ZEISS, Auflösung 2x 384x1024 Pixel.

BMBF-Projekt zum Thema „3D-Techniken für TV und Bildkommunikation" begleitet.

1993 begann eine Zusammenarbeit mit der Fa. Carl Zeiss, Oberkochen. Dabei entstand 1995 der erste Linsenraster 3D-Flachbildschirm mit Farb-LCD und Marker-basiertem Infrarot-Head-Tracking eines Fremdherstellers. Hierfür musste sich der Nutzer einen silbrig glänzenden Reflexpunkt auf seine Stirn kleben. Durch Verschieben des Linsenrasters in frontaler und lateraler Richtung wurde dem Nutzer ein angemessener Bewegungsbereich ermöglicht. Zu diesem Zeitpunkt war eine Auflösung von 2x 240x640 Pixel bei 13" noch Stand der Technik (Abbildung 9). Zwei Jahre später entstand bei Zeiss ein zweiter Prototyp mit 14" und 2x 384x1024 Pixel Auflösung (Abbildung 10).

Da man jedoch grundsätzlich bei einem autostereoskopischen Display die Auflösung für jedes Auge mindestens halbieren muss, stellte sich schon früh die Frage nach der 2D-3D-Kompatibilität. Man suchte also nach Lösungen, bei denen die 3D-Darstellung „abgeschaltet" werden konnte, um dann die volle Auflösung für eine klassische 2D-Anwendung zur Verfügung zu haben. Ein Lösungsansatz war der CabrioScreen (Abbildung 11). Der Linsenrastervorsatz konnte abgenommen werden. War der Vorsatz entfernt, so hatte der Nutzer die volle Auflösung des 2D-Displays zur Verfügung.

Die CabrioScreen-Technologie wurde 2002 durch die Firma A.C.T. Kern, Donaueschingen, lizenziert. Der CabrioScreen arbeitet mit einem Infrarot-Scanner als Head Tracker.

Das war eine preisgünstige vom HHI patentierte Lösung, die ohne Kameras und ohne Marker auf der Stirn auskam.

Ende der 90er erreichte das HHI eine schlechte Nachricht aus den deutschen Funkhäusern: Trotz der Erfolge der Kollegen des IRT mit ihren 3D-Produktionen und des langsam steigenden Interesses der Öffentlichkeit an dem Thema 3DTV entschied die Leitung der öffentlich-rechtlichen Fernsehanstalten, in der nahen Zukunft erst einmal das digitale Fernsehen (DVB-T & Co.) einzuführen. HDTV und 3DTV hatten – leider bis heute – die Nachsicht. Man versprach sich vom digitalen Fernsehen mehr finanziellen Erfolg durch die Steigerung der Anzahl der Kanäle (aufgrund von Datenkompression), interaktives Fernsehen mit Rückkanal, Video-on-Demand (dies bezeichnet die Möglichkeit, digitales Videomaterial auf Anfrage über das Internet herunterzuladen), Internet TV (IP-TV, 18 Internet Protocol Television: Übertragung von breitbandigen Anwendungen, wie Fernsehprogramme und Filme, über ein digitales Datennetz) und zeitversetztem TV. Viele dieser Neuerungen sind inzwischen eingeführt.

Dies führte dazu, dass das IRT seine Arbeiten zum Thema 3DTV von einem Tag zum anderen vollständig einstellte. Auch das HHI wurde wesentlich von dieser Entscheidung beeinflusst und musste sich für die zukünftigen FuE-Arbeiten neu orientieren.

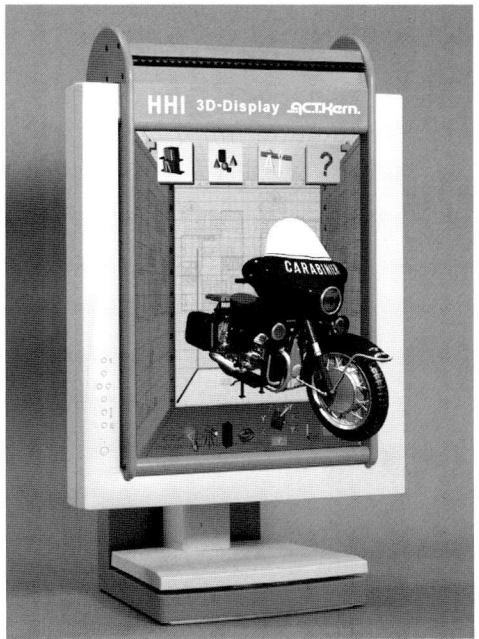

Abbildung 11:   20" CabrioScreen mit abnehmbarem Linsenrastervorsatz für volle 2D/3D-Kompatibilität. Der patentierte Head Tracker arbeitet mit einem Infrarot-Scanner, also ohne Kameras. Lizenznehmer: Fa. A.C.T. Kern, Donaueschingen.

14.3.3   Stage 3 – Modifikation

3D-Display als Endgerät für die Datenautobahn

Nach einer Analyse- und Kreativphase entstand die Vision eines 3D-Teleworking-Arbeitsplatzes mit neuen intuitiven Interaktionstechniken. Die moderne Telekommunikationstechnik orientiert sich an der Vision „jeden Dienst zu jeder Zeit für jedermann an jedem Ort"(frei nach Graham Bell) zur Verfügung zu stellen. Das erfordert einerseits die Bereitstellung leistungsfähiger Netze mit hohen Datenübertragungsraten (breitbandige digitale Glasfasernetze bis in den Heimbereich und mobile Breitbandsysteme), sowie einfach zu benutzende, ergonomisch gestaltete Endgeräte. Die durch Datennetze verbundenen Computersysteme müssen trotz ihrer möglicherweise hohen internen Komplexität als „Mittel zum Zweck" den Charakter eines einfach zu benutzenden Werkzeugs behalten – das heißt, sie müssen sich nach außen durch eine unkomplizierte intuitive Handhabung auszeichnen, um für jedermann nutzbar zu sein.

Man stellte sich den PC-Arbeitsplatz der Zukunft natürlich mit einem autostereoskopischen Display vor, an dem der Nutzer das Betriebssystem und die Applikationen nicht mehr auf einer Desktop-Oberfläche sondern mittels einer neuen Metapher, dem „Interaktionsraum" präsentiert bekommt. Da in diesem Fall unsere klassische Computermaus als zweidimensionales Eingabesystem überfordert ist, bedarf es neuer Interaktionen. Zusätzlich zu Tastatur und Maus ist der PC mit Videokameras ausgestattet. Die Videokameras

Abbildung 12:   Vision eines Teleworking-Arbeitsplatzes mit 3D-Display und videobasierten Interaktionsmöglichkeiten. Der Nutzer sieht ein räumliches Bild ohne Stereobrille. Neben konventionellen Eingabegeräten eröffnen am Display und in die Tastatur integrierte Kameras neuartige Kommunikationswege zum PC. Das Bild entstand Ende der 90er Jahre.

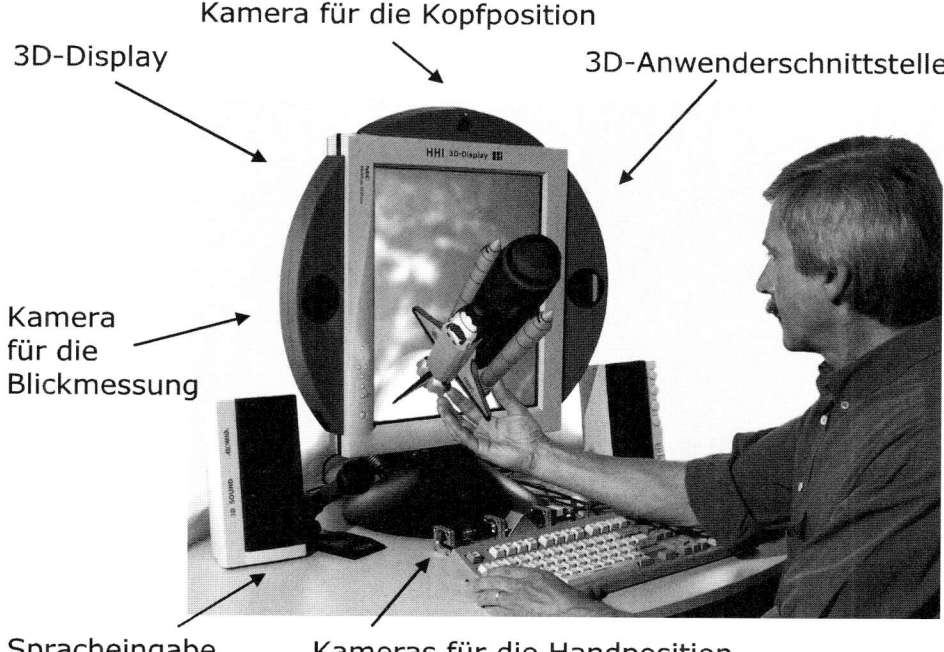

Abbildung 13:   Ein funktionsfähiger Teleworking-Arbeitsplatz wurde zur Expo2000 präsentiert.

verfolgen die Hand- und Kopfbewegungen des Nutzers. Mit diesen Daten werden Anwendungen und Bedienvorgänge in drei Dimensionen gesteuert.

Die neuen Aktivitäten des HHI wurden durch die BMBF-Projekte „Blickgesteuerte Interaktionen mit 3D-Displays" und „3D-Systeme mit multimodalen Interaktionen" geprägt. Dabei wurden erstens die Bildqualität der 3D-Displays erheblich verbessert und zweitens neue Interaktionstechnologien mit dem Display verbunden.

Inzwischen waren hochqualitative 20" SXGA[3]-Displays auf dem Markt. Ein erster funktionsfähiger Laboraufbau eines Teleworking-Arbeitsplatzes konnte den Besuchern der Expo2000 präsentiert werden (Abbildung 13).

Bei der „Face-to-Face" genannten Entwicklungsstufe drehte sich das Display um eine senkrechte Achse, um dem Betrachter Bewegungsspielraum zu ermöglichen.

Im Jahr 2000 wurde das vom HHI entwickelte videobasierte Head Tracking mit der Linsenraster-Technologie verbunden. Der videobasierte Head Tracker produziert deutlich genauere Kopfpositionen. Als Ergebnis entstand ebenfalls im Jahre 2002 der erste 20" Free2C Prototyp (Abbildung 14).

---

[3] **S**uper **E**xtended **G**raphics **A**rray, 1280 x 1024 Bildpunkte

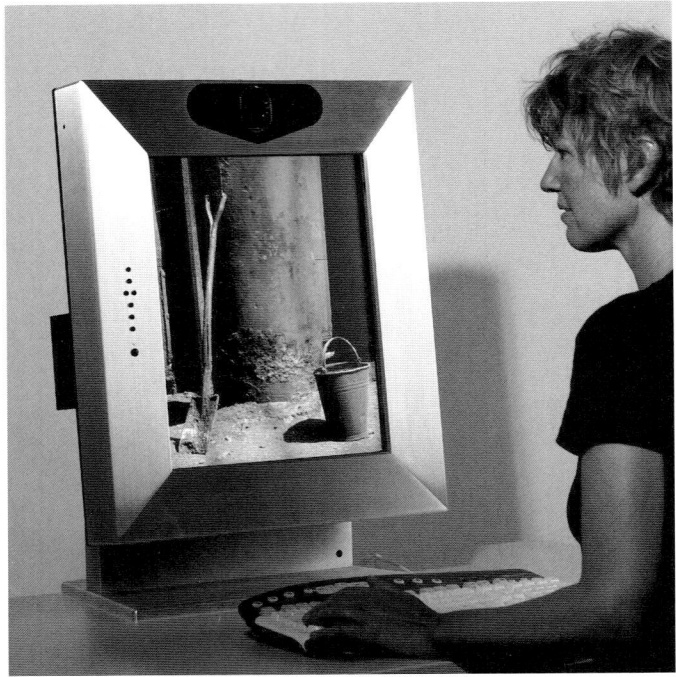

Abbildung 14:   20" Free2C Display der ersten Generation. Das SXGA Display wurde mit einem videobasierten Mono-Head-Tracker in zwei Dimensionen verschoben.

Auf Grundlage eines SXGA 20" Displays und eines Head Trackers mit Mono-Videokamera entstand ein 3D-Bildschirm mit hoher Bildqualität. Es war zu diesem Zeitpunkt das erste autostereoskopische Display, vor dem sich der Nutzer in alle drei Richtungen frei bewegen konnte. Die Stereozonen wurden ihm mit Hilfe des Head Trackers und einer Mechanik nachgeführt (vgl. Kapitel 14.2).

Diese Arbeiten wurden durch das EU-Projekt ATTEST - **A**dvanced **T**hree-dimensional **T**elevision **S**ystem Technologies finanziert. Die SXGA Free2C Technologie lizenzierte im Jahre 2003 ebenfalls die Fa. A.C.T. Kern.

Inzwischen stellte die Industrie die ersten UXGA (1600 x 1200 Pixel) Displays dem Markt zur Verfügung. 2003 konnte das HHI ein 21,3" Free2C Display der zweiten Generation vorstellen. 2004 wurde das Free2C Display nochmals durch ein erheblich verbessertes Head Tracking erweitert (Abbildung 15).

Der Head Tracker arbeitete nun mit Bildern einer 120 Hz Hochgeschwindigkeits-Stereokamera. Somit können die Positionen des Nutzers bei Entfernungsänderungen erheblich schneller und genauer durch den Tracker-Algorithmus ermittelt werden. Wenn sich ein Nutzer vor das Display setzte, ermöglichte außerdem ein neuartiger zusätzlicher Gesichts-

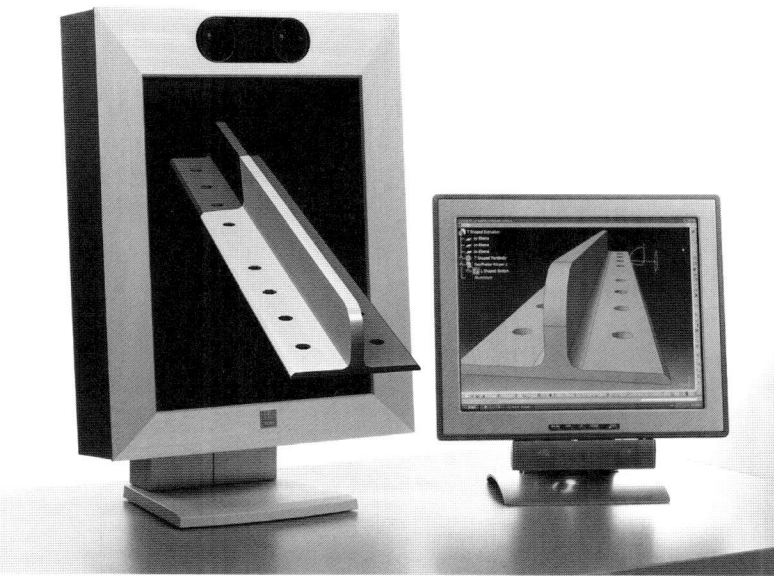

Abbildung 15:   Free2C Display der dritten Generation hier in einer CAD-Anwendung mit einem
                 2D-Monitor (rechts).

finder eine vollautomatische Initialisierung. Die Verbesserung des Head Trackers erfolgte in einem BMBF-Projekt mit Namen „mixed3D".

Auch diese Technologie wurde von unseren Lizenzpartner A.C.T. Kern lizenziert. Für diese Lizenz wurde außerdem der mechanische Aufbau des Free2C Displays für eine Serienproduktion kundenorientiert optimiert.

Bis zum Anfang des Jahres 2004 wurden die FuE-Arbeiten in starkem Maße durch das technisch Machbare induziert. Das änderte sich in der folgenden Zeit erheblich. Inzwischen gehörte das HHI der Fraunhofer-Gesellschaft an, das BMBF zog sich aus der Förderung der 3D-Display-Technologie vollständig zurück, und man musste sich wegen der durch die Fraunhofer-Gesellschaft geforderten Finanzierungsschlüssel dem Markt mehr öffnen.

14.3.4   Stage 4 – Applikation

Free2C Displays werden den Kundenwünschen angepasst
Die Displays wurden regelmäßig auf der CeBIT, der IFA, Tag der Offenen Tür der Bundesregierung, Langen Nacht der Wissenschaften usw. bei großem Publikumsinteresse präsentiert. Einerseits wurde das HHI von strategisch wichtigen Kunden eingeladen zu

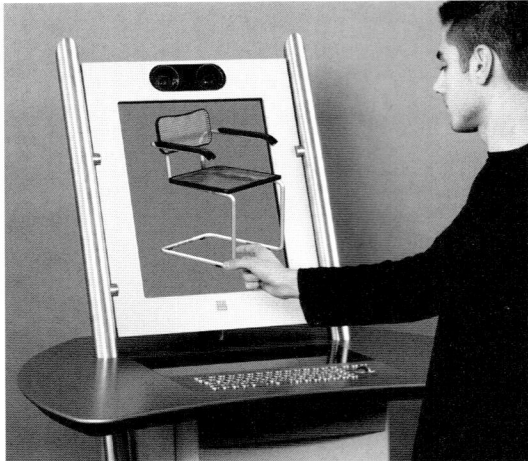

Abbildung 16:   Free2C Kiosk mit virtuellem Touchscreen. Generation 1 (links) und 2 (rechts)

weiteren Messen und Hausmessen, andererseits entstanden so neue Kundenkontakte, die zu Display-Bestellungen führten.

Erste Kunden interessierten sich für das Free2C Display wegen seines innovativen Charakters verbunden mit hoher Stereo-Bildqualität. Typisch für diese Phase war, dass das HHI jedem Kunden ein individuelles, klientenspezifisches Produktdesign anbieten konnte. Es lag nahe, den Kunden nach seiner Anwendung zu fragen, um das Gerät für ihn zu optimieren. Die unveränderten Geräte „von der Stange" wurden durch den Lizenzpartner in Donaueschingen geliefert.

Es folgen einige Beispiele für Kundenlösungen: So entstand 2004 für die Fa. RITTAL GmbH & Co. KG) ein Free2C Kiosk mit integriertem virtuellem Touchscreen für die berührungslose Handgestik-Interaktion (Abbildung 16).

2005 wurde eine Schreibtischvariante ebenfalls mit Hand Tracking mit einer Applikation zur Marktforschung an eine Fachhochschule ausgeliefert. Ebenfalls 2005 wurde ein Free2C Kiosk als Beitrag der Fraunhofer-Gesellschaft an der Wanderausstellung „Science Tunnel" nach Japan geliefert. „Die meisten der gezeigten, einzigartigen Bilder, Videos und Exponate zum Science Tunnel wurden von den 78 Max-Planck-Instituten zur Verfügung gestellt. Die Ausstellung ermöglicht einen Blick hinter die Kulissen aktueller Spitzenforschung. Dank der interaktiven Medienstationen in jedem Modul können wissenschaftliche Entdeckungen mit allen Sinnen wahrgenommen werden"[4]. Die Wanderausstellung wurde von ca. ½ Million Zuschauern besucht.

---

4 www.sciencetunnel.de/sciencetunnel_partner.htm

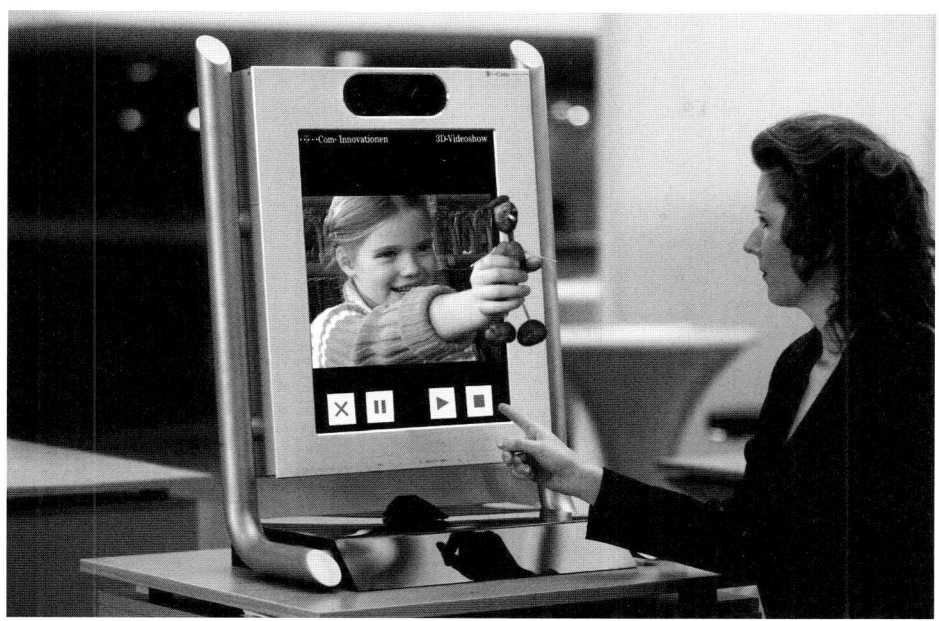

Abbildung 17:   Das 3D-Center mit einem 21,3" Free2C Display wurde zur CeBIT 2006 im Auf-
                 trag der Telekom entwickelt. Dargestellt ist ein Standbild des 3D-HD-Films „Die
                 Dritte Dimension". Bild: © Deutsche Telekom AG

Auf der CeBIT 2006 wurde das 3D-Center von der Telekom AG präsentiert. Es handelt
sich hierbei um das Free2C Display des HHI mit Hand Tracker und zusätzlichen Kameras
für die stereoskopische Videotelephonie (Abbildung 17).

Neben der Videotelephonie wurde auf dem 3D-Center der 3D-HD-Film „Die Dritte Dimension" gezeigt. Die KUK Filmproduktion GmbH produzierte dieses achtminütige 3D-
Video. Der Blick in die nahe Zukunft stellt vier Protagonisten vor, die stellvertretend für
die verschiedenen Zielgruppen die neuen dreidimensionalen Kommunikationstechniken
nutzen.

Das 3D-Center wurde von der Telekom als Endgerät für die zukünftige VDSL-
Datenleitung vorgestellt (**V**ery High Speed **D**igital **S**ubscriber **L**ine: 3D Videotelefonie, 3D
Webpage, 3D Video-On-Demand, 3D Game, 3D-Fernsehen - dies sind einige der Anwendungen, die in einem hochleistungsfähigen Breitbandnetz mit einer Datenrate von 50Mbit/s
möglich sein werden). Der damalige Vorstandsvorsitzende der Deutschen Telekom AG,
Kai-Uwe Ricke, stellte das Gerät vorab auf der 15. Internationalen Pressekonferenz der
Telekom am 2.2.2006 in Berlin mit den Worten vor: „Um das klar zu sagen, Produktkon-
zepte wie das 3D-Center sind keine Science-Fiction-Installationen. Wenn Sie so wollen,
bereiten wir mit diesen Produktkonzepten unsere nächsten Leistungsversprechen an die
Kunden vor". Und etwas später: „Warum wir das 3D-Center hier zeigen, hat gleich zwei

Gründe. Zum einen demonstrieren wir Ihnen damit den Leistungsstand unserer Entwick-lungen im Endgerätebereich, etwa bei der Bildschirmtechnologie (gemeint war die Ent-wicklung des HHI). Zum anderen – und das ist ein ganz wichtiger Punkt – zeigen wir im Zusammenhang mit dem 3D-Center, welche Anwendungen im Hochgeschwindigkeitsnetz möglich sein werden.". Das HHI hat die Komplimente des Telekom-Managements gerne entgegengenommen und als Bestätigung für die langjährige Entwicklungsarbeit gewertet.

Aufgrund des großen Erfolgs des „Science Tunnel" wurde eine zweite Wanderausstellung in einem Eisenbahnzug mit dem Namen „Science Express" von der Max-Planck-Gesellschaft für Indien zusammengestellt. Der Ausstellungszug hat seit dem Startschuss im Oktober 2007 mehr als 15.000 Kilometer in Indien zurückgelegt und weit über 1 Milli-on Besucherinnen und Besucher begeistert. An das hier gelieferte Free2C Display wurden wiederum neue sehr hohe Anforderungen gestellt. Das HHI musste ein Free2C Display liefern, dessen sensible Mechanik den 15.000 Bahnkilometern auf dem indischen Subkon-tinent und allen Stößen beim Rangieren standhalten musste. Hierfür wurden zentrale Kom-ponenten der Tracking-Komponente noch einmal kundenspezifisch verstärkt.

Auf der CeBIT 2007 präsentierte das HHI eine abgewandelte Display-Technologie mit Namen „Free2C_digital". Dieses autostereoskopische Display ist für einen breit gestreuten Massenmarkt bestimmt (Abbildung 18). Wegen vieler gleichlautender Kundenanfragen nach einem kostengünstigen und zugleich hochwertigen 3D-Display, wurde es am HHI entwickelt.

Ein Head Tracking mit einer USB-Kamera ermöglicht dem Nutzer die seitliche Bewegung vor dem Display. Im Gegensatz zu dem oben beschriebenen Free2C Display gibt es bei der Free2C_digital Technologie keine bewegten Teile. Stattdessen werden die Bildpunkte auf dem Display verschoben in Abhängigkeit von der Augenposition des Nutzers. Das HHI plant, die klassische Free2C Technologie mit der neuen des „Free2C_digital" Displays zu kombinieren. Bei dem Typ mit Namen „Free2C_hybrid" wird der Nutzer auch die Mög-lichkeit haben, sich senkrecht zum Display zu bewegen.

Die EU belebt die Forschung zum 3DTV
Trotz der Entscheidung der öffentlich-rechtlichen Fernsehanstalten in Deutschland gegen 3DTV (vgl. Kapitel 14.3.2) wird dieses Thema seit einigen Jahren international wieder aufgegriffen. Es gibt hierzu eine Reihe von Forschungsprojekten, die durch die EU finan-ziert werden.

Das Hauptziel des EU-Projektes „3DTV"[5] besteht in der integrativen Auseinandersetzung mit allen Aspekten des 3D-Fernsehens. Ein Konsortium mit 19 europäischen Partnern aus Forschung und Industrie arbeitet unter der Leitung der Bilkent University, Ankara. Die Vision des EU-Projektes für ein zukünftiges 3DTV-System zeigt die Abbildung 19.

Im EU-Projekt „3D4YOU" werden Schlüsseltechnologien für zukünftige 3D-Fernseh-Systeme entwickelt, mit dem Ziel, ein komplettes End-to-End System für hochqualitative 3D-Medien-Übertragung anzubieten.

---

[5] www.hhi.fraunhofer.de/de/abteilungen/im/forschungsprojekte/3dtv.html
www.3dtv-research.org

Grundlegend hierfür sind die Definition eines geeigneten Formats, neue 3D-Kodierungstechniken zur Übertragung des Formats, Leitlinien für 3D-Produktionen sowie Methoden, um die aufgenommenen Inhalte in das definierte Format zu konvertieren.

14.4   Zusammenfassung – Fazit – Ausblick

Das Heinrich-Hertz-Institut der Fraunhofer-Gesellschaft forscht seit mehr als 25 Jahren auf dem Gebiet des stereoskopischen Sehens und der 3D-Ausgabegeräte. Vor ca. zwölf Jahren

Abbildung 18:   Das autostereoskopische Free2C_digital Display wurde auf der CeBIT 2007 präsentiert.

begann man mit der Entwicklung autostereoskopischer und daher nutzerfreundlicher Displaytechnologien, bei denen Nutzer keine Stereobrille mehr benötigen. Es wurden in dieser Zeit eine Reihe von Multi-User- und Single-User-Displays entwickelt und in Zusammenhang mit neuen Interaktionsmethoden getestet. Außer den in diesem Beitrag beschriebenen Displays wurden 3D-Plasmadisplays, Doppellinsenraster mit Rückprojektion, Streifenraster und autostereoskopische Akkommodationsdisplays gebaut. Es stellte sich bei diesen FuE Arbeiten heraus, dass es derzeit nirgendwo auf der Welt die „eierlegende Wollmilchsau" unter den 3D-Displays gibt. Daher muss jeder 3D-Display-Hersteller seine Stärken und Schwächen evaluieren und sie zur Grundlage seiner spezifischen Entwicklungsrichtung machen. Die Stärken sind typischerweise charakterisiert durch Patente, Fach-Knowhow, Kontakte zu Kunden, zu FuE-Partnern und Lieferanten.

Andererseits verlangt der sich abzeichnende Massenmarkt für 3D-Endgeräte nach flexiblen Technologiekonzepten für ein breites Spektrum von Anwendungsszenarien. Dieses Spektrum umfasst 3D-Displayvarianten vom kleinformatigen Mobilgerät-Display für einen Betrachter über Flachbildschirme für 3D-Heimanwendungen für mehrere Zuschauer bis hin zu Projektionsdisplays für die 3D-Wiedergabe in größeren Räumen.

Die langfristigen Erfolgsaussichten für einen 3D-Massenmarkt werden trotz günstiger Voraussetzungen wesentlich von den folgenden Hauptfaktoren abhängen:

- Es muss gelingen, 3D-Displays zu entwickeln, die eine unmittelbare räumliche Wahrnehmung ohne beeinträchtigende Nebeneffekte ermöglichen. Beim heutigen Stand der Technik ist das noch nicht vollkommen gegeben, und hierin liegen auch in der Zukunft weitere technologische Herausforderungen.

Abbildung 19:   Vision des EU-Projektes „3DTV". Bild: Erdem Yücel

- Diese Displays dürfen in der Serienproduktion nicht oder nicht wesentlich teurer sein, als in Qualität und Größe vergleichbare 2D-Displays.
- 3D-Content muss in hoher Qualität und standardisierten Formaten kostenneutral verfügbar sein. Dies gilt besonders für den Unterhaltungs- und Spielebereich.

Der heilige Gral der Stereoskopie aber bleibt die rein elektro-holographische Bilderzeugung. In einer Luft-Projektion (Abbildung 19) sollten Bilder oder Videos in photorealistischer Qualität von allen Seiten mit der richtigen Perspektive dargestellt werden. Das holographische (Fernseh-) Display müsste im Prinzip alle visuell relevanten Informationen reproduzieren, die auch bei realer Anwesenheit der Zuschauer am Aufnahmeort zur Verfügung stünden. Die entstehende Wellenfront des Lichtes muss rekonstruiert werden. Die Entwicklungen stecken aber seit den frühen Arbeiten am **M**assachusetts **I**nstitute of **T**echnology (MIT, Dr. Benton), USA, und bei der **T**elecommunications **A**dvancement **O**rganisation (TAO), Japan, im Vergleich zur strahlenoptischen 3D-Bilderzeugung, immer noch in den Anfängen.

Bis zum Holodeck[6], einer täuschend echten räumlichen Darstellung virtueller Sphären und Personen, ist es noch ein sehr weiter Weg.

---

[6] Das Holodeck ist eine fiktive Simulation von virtuellen Welten aus der Science-Fiction-Serie „Star Trek".

14.5   Literatur

Däumling in der Röhre (1982). In: Spiegel, Jg. 1982, Ausgabe 6, 08.02.1982, S. 176. Online verfügbar unter http://wissen.spiegel.de/wissen/dokument/dokument.html?id=14342958&top=SPIEGEL, zuletzt geprüft am 28.08.2008.

Hänsch, T. W. (2007): 100 Produkte der Zukunft. Wegweisende Ideen, die unser Leben verändern werden. Berlin: Econ.

Okoshi, T. (1967): Three-dimensional imaging techniques. New York: Academic Press.

PASTOOR, S. (1991): 3 D-television. a survey of recent research results on subjective requirements. In: Signal processing. Image communication, Jg. 4, H. 1, S. 21–32.

PASTOOR, S. (1991): Research on 3D Imaging at Heinrich-Hertz-Institut Berlin: Proceedings of the 1991 ITE Annual Convention, The Institute of Television Engineers, Tokyo , Bd. 3, S. 611–614.

PASTOOR, S.; Beldie, I. P. (1989): Subjective Assessment of Dynamic Visual Noise Interference in 3D TV Pictures: Proceedings of the SID (3), Bd. 30, S. 211–215.

PASTOOR, S.; Schenke, K. (1989): Subjective Assessment of the Resolution of Viewing Directions in a Multi-View 3D TV System: Proceedings of the SID (3), Bd. 30, S. 217–223.

Wöpking, M.; Beldie, I. P.; PASTOOR, S. (1988): Subjective effects of displacement errors in electronically processed stereo-television pictures. In: Spatial Vision, Jg. 3, H. 1, S. 45–72.

15 Plastik beginnt zu leuchten

Armin Wedel

Andreas Holländer

Alexander Slama

Thomas Potinecke

15.1 Die Entwicklung der leuchtenden Kunststoffe

Für den Nobelpreisträger A. MacDiarmid, einer der Erfinder „synthetischer Metalle" steht fest: Das Zeitalter der Kunststoff-Elektronik ist angebrochen. Heeger, MacDiarmid und Shirakawa waren zum Ende der siebziger Jahre Pioniere auf diesem Gebiet und haben leitende Polymere zu einem Forschungsfeld mit großer Bedeutung sowohl für Chemiker als auch für Physiker gemacht. Heute gibt es viele praktische Anwendungen: Antistatische Mittel für fotografische Filme, Strahlungsschutz am Computermonitor und „intelligente" Fenster, die das Sonnenlicht aussperren können. Damit haben sie die Tür zur Entwicklung vollkommen neuer Werkstoffe aufgestoßen. Für die Entdeckung und Entwicklung dieser elektrisch leitenden Kunststoffe erhielten die drei Forscher im Jahr 2000 den Chemie-Nobelpreis.

Als Isolationsschichten, Verpackungsmaterialien, Konstruktionswerkstoffe, oder Klebstoffe sind Kunststoffe schon lange nicht mehr wegzudenken. Jetzt erobern Sie die Domänen der elektrischen und optischen Bauelemente. Displays, Solarzellen, integrierte elektronische Schaltungen, Sensoren und Wandler auf Basis halbleitender Polymere und polymerer Elektrete ermöglichen Mikrosensoren in der Bekleidung, Einwegschaltkreise auf Papier, Ultraschallsensoren in der Medizin oder intelligente Etiketten. Damit ergänzen Kunststoffe die klassische Halbleitertechnik in Bereichen, bei denen es nicht auf eine hohe Leistung, sondern auf eine möglichst einfache Herstellung und geringe Kosten ankommt.

Diese Anwendungen vereinen die einfache und schnelle Verarbeitung von Polymeren mit High-Tech-Funktionen von Halbleitern, die bisher nur mit der Siliziumtechnik zu erreichen waren. Kommerziell werden lichtemittierende Dioden (LED) gegenwärtig fast ausschließlich auf anorganischer Materialbasis aus sogenannten III/IV-Halbleitern unter Nutzung modernster Epitaxiemethoden hergestellt. Für diese LED entstand ein weltweiter Massenmarkt zunächst als Signalelemente und neuerdings auch zur Beleuchtung.

Die Herstellung mikroelektronischer Bauelemente auf der Basis anorganischer Halbleiter erfordert sowohl eine hohe Materialreinheit als auch eine außerordentliche kristalline Perfektion der Halbleiterkristalle über makroskopische Bereiche, welche im gesamten Fertigungsprozess erhalten bleiben muss. Schon beim Herstellen von einfachen Anzeigen sind aufwendige Prozesse notwendig, um größere Bauelemente auf anorganischer Basis zu realisieren. Oft können diese Bauelemente nicht im Stück gefertigt, sondern müssen aus Einzelbauelementen zusammengesetzt werden. Organische Halbleiterbauelemente erfordern im Gegensatz zu anorganischen keine kristalline Perfektion und sind daher relativ einfach, kostengünstig und auch flächiger, wenig spezifizierter und damit preiswerter auf Unterlagen abscheidbar. Das macht ihren Einsatz zur Herstellung von großflächigen und flexiblen Anzeigen und vor allen Leuchten sehr lukrativ.

Computer, Handy, Autoradio, Camcorder oder Laptop - kaum ein elektronisches Gerät kommt ohne Display aus. Doch die heute gängigen Bildschirme haben einige Nachteile. Röhrenbildschirme waren schwer und sind heute fast nur noch in Spezialanwendungen zu finden. Die Flüssigkristall- und TFT-Displays (TFT steht für Dünn-Schicht-Transistor, Thin Film Transistor) sind zwar flach, benötigen aber eine zusätzliche Lichtquelle. Anders Monitore aus organischen lichtemittierenden Dioden (OLEDs): Sie benötigen keine Hintergrundbeleuchtung, verbrauchen wenig Strom, sind sehr dünn und bieten aus jedem Blickwinkel ein brillantes Bild. Displays von morgen sind dünn, biegsam und haben eine ausgezeichnete Bildqualität unabhängig vom Winkel, mit dem das Bild betrachtet wird. Sie können einfach aufgerollt und in die Tasche gesteckt werden. Auch die Lampen von morgen sind dünn. Räume werden blendfrei, großflächig und energieeffizient erhellt. Leuchtende Kunststoffe sollen dies möglich machen.

Die sehr geringe Lichtausbeute von Glühlampen bezogen auf die eingesetzte elektrische Energie ist weithin bekannt (ca. 15 lm/W). Gasentladungslampen (Leuchtstoffröhren) und anorganische LEDs sind effizienter (ca. 70-100 lm/W bzw. 150 lm/W). Alle diese Leuchten sind mehr oder weniger konzentrierte Strahler. OLEDs haben gegenwärtig eine Effizienz von 100 lm/W, Tendenz steigend. Die Aussicht auf eine kostengünstige Rolle-zu-Rolle-Massenproduktion und die Geometrie der Strahler (dünn, flächig) geben OLED-Leuchten ein ausgesprochen großes Marktpotential.

15.2   Die OLED

Die ersten Arbeiten zu organischen Lichtemittern reichen bis in die 50er und 60er Jahre zurück. Erst mit den Arbeiten von Tang und van Slyke (vgl. Tang / van Slyke 1987) zur Lichtemission kleiner organischer Moleküle (OLED) und von Burroughes (vgl. Burroughes 90) zur Injektionslumineszenz von Polymeren (PLED) gelang der Durchbruch. Seit diesen bahnbrechenden Entdeckungen der organischen Elektrolumineszenz ist die Entwicklung stürmisch voran geschritten. Viele Produkte der Elektronik sind heute schon mit OLED Displays ausgestattet. Dazu zählen die Displays in MP3-Playern, Mobiltelefonen und in naher Zukunft auch im Fernseher. Für den Einsatz in der Beleuchtungstechnik stehen die OLEDs in Konkurrenz zu den bereits eingesetzten anorganischen Elektrolumineszenzfolien.

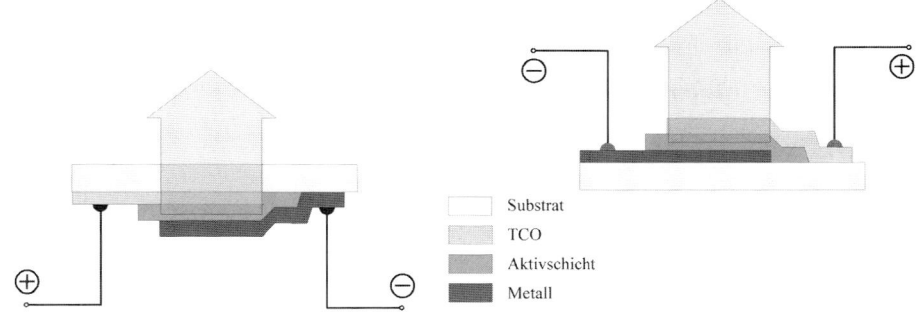

Abbildung 1:   Aufbau einer OLED in konventioneller Form (links) und in invertierter Form
                    (rechts)

Im einfachsten Aufbau besteht eine OLED aus einer Schicht eines organischen Aktivmate-
rials (Polymerschicht oder niedermolekulare organische Bausteine), welche sich zwischen
zwei elektrischen Kontakten befindet (Abbildung 1). Konventionelle OELDs (links) sind
auf transparenten Substraten aufgebaut und leuchten durch das Substrat hindurch. Die
Deckelelektrode ist meist eine nicht transparente Metallschicht. Bei invertierten OLEDs wird
eine transparente Leitschicht als Deckelektrode aufgebracht. Das Substrat muss daher nicht
transparent sein. Die Lichtauskopplung erfolgt über die Deckelektrode. Bei Verwendung
eines transparenten Substrats und einer transparenten Deckelektrode ist der Einsatz als
transparentes Display möglich. Als transparente Elektroden werden leitfähige Oxide
(TCO, transparent conducting oxide), insbesondere Indiumzinnoxid (ITO, indium tin oxide) verwendet. Für die andere Elektrode wird ein Metall mit geringer Austrittsarbeit (z. B.
Kalzium, Barium) eingesetzt, welches von einer Schicht aus Aluminium oder Silber geschützt wird. Die niedermolekularen Bausteine werden häufig aufgedampft, die Polymere
aus der Lösung verarbeitet, z. B. geschleudert (spin-coating) oder durch Tauchen (film-
casting) bzw. durch Drucken (Ink-Jet) aufgebracht. Die Aufgabe besteht bei diesen Prozessen darin, den Polymerfilm sehr dünn (ca. 100 nm), möglichst homogen und uniform auf-
zutragen.

Bei OLEDs werden die Ladungsträger aus den Kontakten in das Polymer injiziert: Löcher
(positive Ladungsträger) aus der ITO-Elektrode, Elektronen (negative Ladungsträger) aus
dem metallischen Gegenkontakt (Abbildung 2). Für eine effiziente Exitonenbildung (d. h.
die Bildung angeregter Zustände über Elektron-Loch-Paare) als Grundlage für eine hohe
Photonenausbeute ist das Angebot vieler Ladungsträger und je zur Hälfte Elektronen und
Löchern im Rekombinationsgebiet notwendig. Dieses Ladungsträgerangebot wird durch
die Ladungsträgerinjektion aus den Kontakten und durch die Leitfähigkeit in den Polymer-
schichten bestimmt. Die Materialauswahl erfolgt entsprechend mit dem Ziel, möglichst
niedrige und gleiche Potentialunterschiede zwischen elektroneninjizierendem Kontakt
(Metall) und Leitungsband einerseits und löcherinjizierendem Kontakt (ITO) und Valenzband des Polymers andererseits einzustellen. Um diese Abstimmung zu vereinfachen und
die Photonenbildung effizienter zu gestalten, werden inzwischen Mehrschichtsysteme

aufgebaut, in denen die Emissionsschicht zwischen einer Loch- und einer Elektronenleit-schicht eingebettet ist.

Neben den konventionellen Elektrodenmaterialien (ITO und Metalle) werden auch leitfä-hige Polymere, wie z. B. Polyaniline und Poly(3,4-ethylendioxythiophen) als Kontakt-schichten untersucht und in OLEDs eingesetzt. Diese Materialien haben dazu den Vorteil die Reproduzierbarkeit des Deviceaufbaus zu erhöhen und Diffusionsvorgänge vom ITO in das aktive Material zu unterbinden. Weiterhin lassen sich diese Schichten problemlos in den spin-coating Prozessen der aktiven Materialien einbinden.

Konjugierte Polymere, die Halbleitereigenschaften mit Bandabständen zwischen 1 eV und 3,5 aufweisen, wie solche auf der Basis von Poly(p-phenylen-vinylen) oder Polyfluoren, sind für den Aufbau von polymeren OLEDs interessant. Eine wichtige Aufgabenstellung bei der Optimierung und Skalierung des OLED-Aufbaus besteht darin, lösliche und verar-beitbare Materialien zu synthetisieren, was durch neue originelle Synthesewege und Modi-fizierungen gelingt. Die polymeren Materialien zeichnen sich durch eine große Struktur-vielfalt und durch viele Variationsmöglichkeiten aus, so dass unter anderem eine gezielte Einstellung der Emissionsfarben möglich ist. Mit diesen Polymeren lassen sich bei unter-schiedlichem Löslichkeitsverhalten Systeme aus mehreren Schichten herstellen. Auf die-sem Weg können die oben erwähnten Multischichten mit erhöhter Photoneneffizienz auf-gebaut werden, aber auch Schichten mit unterschiedlicher Farbe des emittierten Lichtes können kombiniert werden. So ist der Aufbau weiß emittierender OLEDs möglich, die für viele Anwendungen (Hinterleuchtungen und Segmentanzeigen) interessant sind. Die wis-senschaftliche Hauptaufgabe besteht gegenwärtig im Erreichen stabiler Arbeitsweisen der Dioden und in der Verbesserung der Langzeitstabilität der Strukturen, um den Bauelemen-ten Lebensdauern von mehr als 10.000 h zu sichern. Die Lösung dieser Aufgabe wird in der Struktur- und Materialreinheit und deren Erhalt in den Fertigungsprozessen und im Bauelementebetrieb gesucht.

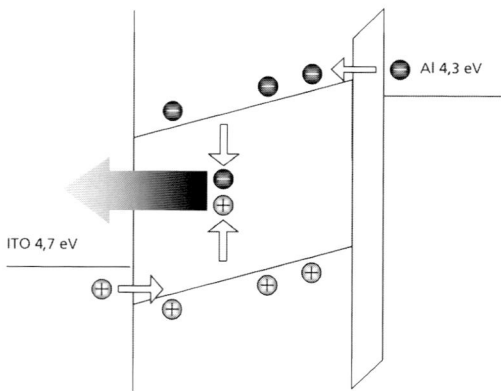

Abbildung 2:   Injektionsprozesse an einer OLED (Einschichtanordnung).

15.3   Die flexible OLED

Das gesamte OLED-Device mit Elektroden und Aktivschichten ist maximal einige wenige Mikrometer dick. Dieser Umstand legt es nahe, auch flexible OLEDs herzustellen. Damit wären aufrollbare Displays möglich, die sehr leicht und platzsparend sind. Auch die großflächige Beleuchtung, vielleicht als leuchtende Tapete, kann man sich vorstellen. Die Vorteile der flexiblen OLED liegen einerseits in der Möglichkeit völlig neuartige Produkte herzustellen. Andererseits kann mit Rolle-zu-Rolle-Verfahren produziert werden. Das Vermeiden der Handhabung von Einzelstücken wenigstens in einem Teilbereich der Herstellung gestattet den Einsatz effizienter Verfahren und damit eine kostengünstige Massenproduktion.

Die Kapselung der OLED muss ebenfalls mit einem flexiblen und transparenten Material erfolgen. Prinzipiell kann dünnes Glas verwendet werden. Aber Kunststofffolien bieten sich mit der Bruchunempfindlichkeit und der guten Verarbeitbarkeit an. Die Durchlässigkeit für Gase wie Sauerstoff und Wasserdampf ist bei Kunststoffen allerdings so groß, dass die OLED schon nach kurzer Zeit zerstört wäre. Für die Verpackung empfindlicher Lebensmittel, die z.B. durch Feuchtigkeit verdorben werden (Chips) oder von Arzneimitteln, deren Wirkstoffe durch Sauerstoff unwirksam werden, verwendet man Folien, die mit einer dünnen Schicht (einige 10 nm) aus Siliziumoxid beschichtet sind. Diese Oxidschicht kann die Durchlässigkeit von Kunststofffolien für Gase um zwei bis drei Größenordnungen reduzieren (Abbildung 3). Damit wird die Lagerbarkeit der Produkte deutlich verbessert. Für die Anwendung als Kapselmaterial für OLEDs sind diese Barriereeigenschaften allerdings noch nicht ausreichend; die Permeation muss um weitere 4 bis 5 Größenordnungen verringert werden. Solche Materialien (Barriere, flexibel, transparent) werden dann Ultrabarrierefolien (UBF) genannt. An dieser enormen technischen Herausforderung wird weltweit und auch bei Fraunhofer gearbeitet.

Um die Lösungsansätze zu verstehen, muss man wissen, in welcher Weise die Gase durch das Material hindurchtreten. Anorganische Materialien wie Oxide sind für Sauerstoff weitgehend undurchlässig. Die Schichten auf den Folien enthalten jedoch eine geringe Anzahl von Defekten, wie bei der Herstellung entstandene Löcher oder Staub, der eine geschlossene Schicht verhindert. Der Sauerstoff tritt durch diese Defekte hindurch. Bei Wasserdampf hingegen wird angenommen, dass dessen kleine Moleküle durch das Material der Schicht diffundieren. Die Permeation ist in diesem Fall materialabhängig.

Da die Defekte zwar reduziert aber praktisch nicht völlig vermieden werden können, wird in allen bekannten Ansätzen versucht, deren Auswirkungen zu minimieren. Dazu wird auf die anorganische Schicht meist ein organisches Material aufgetragen, das die Löcher füllt und Unebenheiten wie Staubkörner einebnet. Darauf wird dann eine weitere anorganische Schicht aufgebracht. Die Defekte in dieser Schicht liegen mit hoher Wahrscheinlichkeit an einer anderen Stelle als in der unteren Schicht. Sie wurden durch die Zwischenschicht entkoppelt. Damit ist eine deutliche Verringerung der Durchlässigkeit erreichbar. Durch die Wiederholung der Schichtfolge kann die Permeation weiter verringert werden.

Bei Fraunhofer arbeitet die POLO-Alianz (POLO = POLymere Oberflächen), in der Arbeitsgruppen aus 7 Instituten zusammenwirken, an Verfahren zur Herstellung von Ultrabarrierefolien als Rollenware, die für die Anwendung als OLED-Verkapselung geeignet sind. Dabei wird das Konzept verfolgt, die Barriere durch ein 3-Schicht-System zu erzeugen. Zwischen zwei anorganischen Schichten wird ein ORMOCER® (anorganisch-organisches Hybridpolymer) aufgebracht. Diese Schicht füllt und entkoppelt die Defekte und trägt selbst zur Barrierewirkung bei. Im Jahr 2008 werden Permeationswerte von $8 \cdot 10^{-4}$ g/ (m² d) für Wasserdampf und $1 \cdot 10^{-4}$ cm³/ (m² d bar) für Sauerstoff bei Zweischichtsystemen als Rollenware erreicht. Eine weitere substantielle Verbesserung dieser Werte wird mit der nächsten Ultrabarrieregeneration erwartet. Daneben werden Verarbeitungstechniken für solche Folien entwickelt, um bei der Herstellung von OLEDs das volle Potenzialnutzen zu können.

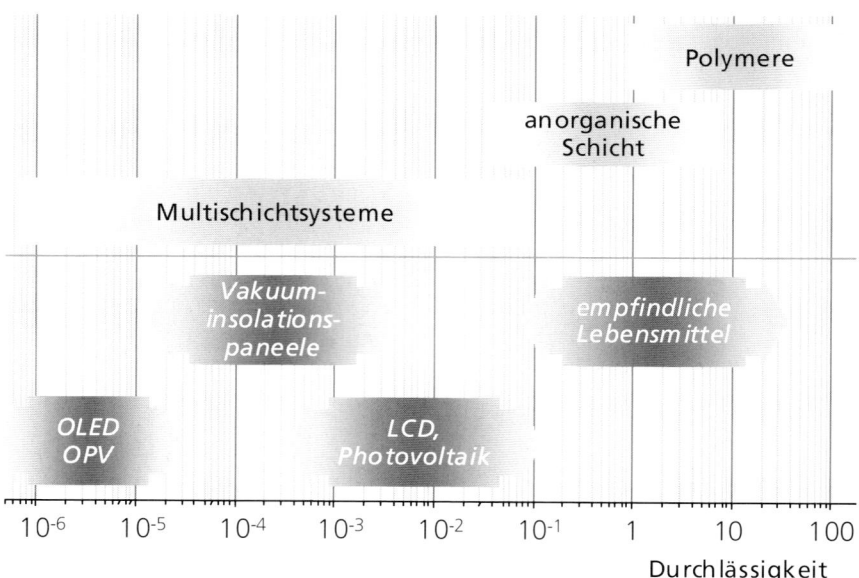

Abbildung 3:   Durchlässigkeit (Wasserdampf in g/ m².d, Sauerstoff cm³/ m².d.bar) von Kunststoffen und beschichten Folien (oben) und Anforderungen unterschiedlicher Anwendungen (unten).

15.4   Technologieentwicklung am Beispiel der OLEDs

Zur Identifikation des Ablaufprozesses einer Technologieentwicklung und der erfolgskritischen Faktoren wurde am Fraunhofer-IAP in Potsdam zusammen mit dem Fraunhofer-IAO in Stuttgart die Entwicklung der organischen Leuchtdioden untersucht. Das Beispiel der organischen Leuchtdioden in Abbildung 4 zeigt den typischen Verlauf der Technologieentwicklung auf. Entlang den vier Stages sind die inhaltlichen Arbeitsschwerpunkte den Ebenen zugeordnet. Diese stark vereinfachte Darstellung lässt auf einen wellenartigen Verlauf schließen, der seinen Startpunkt im Bereich der Funktionalität und der Technologie hat und im Bereich der Märkte und Leistungen endet. Das Zurückschwingen „Tal der Tränen" in der „Modifikation" ist auf die nicht erfüllten Anforderungen wie lange Lebensdauer, hohe Zuverlässigkeit und Massenproduzierbarkeit des ersten Prototyps zurückzuführen. Der gesamte Technologieentwicklungsprozess für OLEDs dauerte etwa zehn Jahre, beginnend bei der Identifikation der Technologie bis hin zur Einführung eines marktfähigen Produktes.

Stage 1: Initiierung
Die erste Stage „Initiierung" am Fraunhofer-IAP wurde Anfang der 90er Jahre ausgelöst, als 1989 durch die Entdeckung von Jeremy Burroughes in Cambridge, England, bekannt wurde, dass bestimmte Polymere bei Stromdurchfluss Licht emittieren. Unter Berücksichtigung der eigenen Kompetenzen und möglicher Funktionalitäten der OLEDs, die eine hohe Marktattraktivität versprachen, kam es zur Entscheidung für den Einstieg in die neue Technologie am Fraunhofer-IAP. Die Erreichung der Vision von einem neuen Geschäftsfeld zu diesem Zeitpunkt hing von der Offenheit gegenüber angrenzender Themen und der Überwindung der technischen Herausforderungen wie kostengünstige Herstellverfahren und stabile Materialien ab. Ziel der ersten Stage war, die technologischen Möglichkeiten

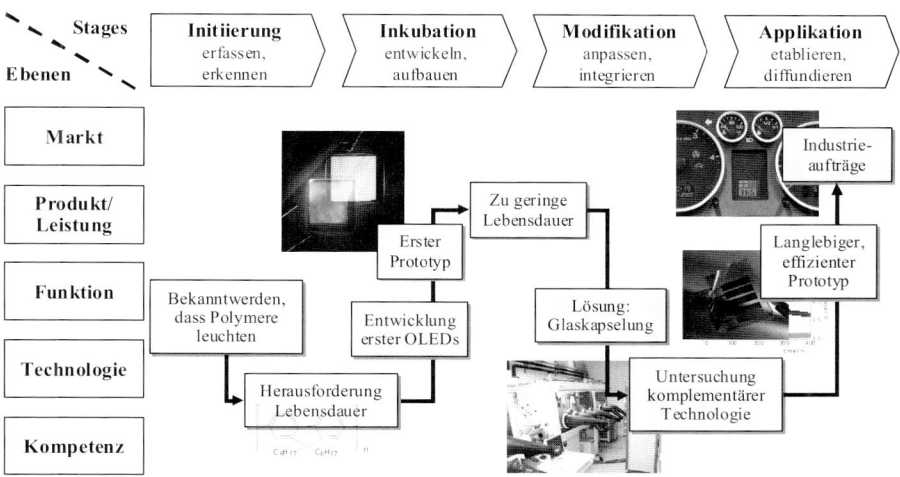

Abbildung 4:   Technologieentwicklungsprozess am Beispiel der OLEDs

der OLEDs zu erfassen und zu identifizieren. Der Schwerpunkt dabei war die Untersuchung von OLEDs an Luft, um später technische Marktreife zu erreichen. Außerdem war für die späteren Stages, neben der Bewältigung der ersten technischen Hürden, die systematische und methodengestützte Ermittlung und Umsetzung von Kundenanforderungen wie kostengünstigere Beleuchtung und ausreichend lange Lebensdauer erfolgsentscheidend. Zur Identifikation dienten regelmäßige Kontakte zu Kunden und Geschäftspartnern. Zudem wurden erste Kontakte zu OLED-Netzwerken aufgebaut, um Trends und Entwicklungsrichtungen frühzeitig zu erkennen und eigene Kompetenzen zu vermarkten. Damit waren strategische Kooperationen und Beauftragungen möglich.

Stage 2: Inkubation

In der zweiten Stage „Inkubation" wurden erste Prototypen entwickelt und der Forschungslandschaft und dem Markt vorgestellt. Für diese technischen Erfolge war der Faktor „Benötigtes Fachwissen auch über Abteilungsgrenzen hinweg schnell zusammenziehen zu können" entscheidend, wie zum Beispiel Chemiker für die Materialsynthese und Physiker für die Bauelementeherstellung. Für den nachhaltigen Bestand des neuen Themenfeldes OLED wurden neue Kompetenzen aufgebaut bzw. kombiniert. Dadurch war die neue Abteilung in der Lage, sich in der Forschungslandschaft zu etablieren und für Projekte schnell auf kompetente Industrie- und Forschungspartner zurückgreifen zu können. Um aber nachhaltig zu bestehen und marktreife Produkte anbieten zu können, mussten erst die Forderung des Marktes nach einer längeren Lebensdauer der OLEDs erfüllt werden.

Stage 3: Modifikation

Zur Erfüllung der technischen Marktanforderungen mussten in der dritten Stage „Modifikation" grundlegend neue strukturelle, finanzielle und personelle Wege eingeschlagen werden. Durch die Netzwerkkontakte und öffentliche Förderlandschaft konnten zahlreiche neue Projekte zur technischen Modifikation bearbeitet werden. Dafür wurden zudem Investitionen in exzellente Laborausstattung und Räumlichkeiten getätigt. Um für die neuen Aufgaben und die nachhaltige Bearbeitung überdurchschnittlich hohe wissenschaftliche und technologische Kompetenz aufzubauen, wurde das interdisziplinäre Team durch den Zukauf fehlender Kompetenzen gestärkt. Diese vorbereitenden Maßnahmen waren die optimalen Voraussetzungen, um schnell vielversprechende Alternativen zu identifizieren, auszuprobieren und umzusetzen, wie zum Beispiel die Arbeit unter inerten Bedingungen und die Verkapselung mit Glas.

Stage 4: Applikation

In der vierten Stage „Applikation" standen erste langlebige und effiziente Prototypen des Fraunhofer-IAP zur Akquise am Markt zur Verfügung. Ein Erfolgsfaktor dabei war das systematische Marketing zur Kommunikation der Ergebnisse und der Kompetenzen des Fraunhofer-IAP in den Außenraum. Mit zum Erfolg trug außerdem bei, dass die Zwischenergebnisse regelmäßig mit potenziellen Kunden bewertet und Anwendungsmöglichkeiten identifiziert wurden. Darauf aufbauend konnte das Fraunhofer-IAP für kundenspezifische Anwendungen OLEDs entwickeln und die Produktpalette ausweiten, wie beispielsweise flexible Displays, verschiedene Farben und die Beleuchtung großer Flächen.

15.5   Literatur

Brown, A. R.; Bradley, D. D.; Burroughes, J. H.; Holmes, A. B.; Marks, R. N.; Mackay, K. et al. (11.10.1990): Light-emitting diodes based on conjugated polymers. In: Nature, Jg. doi:10.1038/347539a0, H. 347, S. 539–541.

Tang, C. W.; Vanslyke, S. A. (September 1, 1987): Organic electroluminescent diodes. In: Applied Physics Letters, Jg. 51, S. 913–915.

16 Multischicht Röntgenoptiken: Präzision im Nanometerbereich

REINER DIETSCH

JULIA ZIEMER

ANTJE KÖNIG

16.1 Themenrelevanz und Einordnung

Das Fraunhofer-Institut für Werkstoff- und Strahltechnik (IWS) Dresden betreibt anwendungsorientierte Forschung und Entwicklung in den Bereichen Oberflächentechnik (z.B. Dünnschichttechnologie, Auftragsschweißen) und Lasertechnik (z. B. Laserschweißen, -schneiden, -beschichten, -härten). Ein wichtiger Forschungsschwerpunkt des Fraunhofer IWS ist die Präzisionsbeschichtung für optische Anwendungen. Um die entwickelten Präzisionsbeschichtungslösungen, insbesondere für die Herstellung von Röntgenoptiken, kommerziell zu vermarkten, gründete sich die Firma Applied X-ray Optics (AXO) Dresden GmbH im Jahr 2002 aus dem IWS aus.

Die Röntgenoptiken des Fraunhofer IWS Dresden und der Firma AXO bestehen aus vielen Einzelschichten, die nur wenige Atomlagen dünn sind. Mit Hilfe von ultrapräzisen Röntgenspiegeln ist es möglich, Röntgenstrahlung zu reflektieren. Daraus resultieren vielfältige Anwendungsmöglichkeiten. So kommen Multischicht-Optiken in röntgenanalytischen Messgeräten in den verschiedensten Bereichen (z. B. Life Science, Umwelttechnik, Pharmazie, Mikroelektronik und Bauindustrie) zum Einsatz. In der Biologie und Chemie werden die Röntgenoptiken beispielsweise zum Bestimmen von unbekannten Kristallstrukturen benutzt. In der Umweltanalytik helfen sie geringste Mengen schädlicher Substanzen, z. B. in Spielzeug nachzuweisen. Die Verbesserung der Herstellungsverfahren von Röntgenoptiken führt zu einer deutlichen Erweiterung der Einsatzmöglichkeiten von Messgeräten zur Röntgenanalyse und zu neuen Anwendungen in speziellen optischen Systemen.

16.2 Beschreibung der Technologie

16.2.1 Die Entdeckung der Röntgenstrahlen

Am 08. November 1895 entdeckte der Physiker Wilhelm Conrad Röntgen im Physikalischen Institut der damaligen Königlichen Universität Würzburg eine neue Art von Strahlung. Diese kann Materie, damit auch den menschlichen Körper, durchdringen und vermittelt dabei Informationen über die Struktur der durchstrahlten Materie. Da er nicht wusste, um welche Art von Strahlung es sich handelt und welche Eigenschaften sie besitzt, nannte er sie X-Strahlung. Im Ausland wird der Begriff X-Strahlung, englisch X-rays, bis heute benutzt.

Die von Röntgen entdeckte Strahlung besteht aus der sogenannten Bremsstrahlung, die durch das Abbremsen schneller Elektronen beim Aufprall auf Materie entsteht, und der charakteristischen Röntgenstrahlung (Eigenstrahlung, Röntgenfluoreszenzstrahlung) der Atome. Die charakteristische Eigenstrahlung entsteht, wenn Elektronen aus den kernnächsten inneren Schalen herausgelöst werden und Elektronen von höheren Schalen in die vakanten Positionen springen. Dabei geben sie ihre Energie in Form von Röntgenquanten mit einer für das Atom charakteristischen Wellenlänge ab.

Röntgenstrahlung ist eine energiereiche elektromagnetische Strahlung. Sie ist für das menschliche Auge unsichtbar, regt Stoffe zur Strahlungsemission („Röntgenfluoreszenz") an, schwärzt Fotoplatten und kann aufgrund ihrer hohen Photonenenergie Atome ionisieren, um nur einige Eigenschaften an dieser Stelle zu nennen.

Die Vielfalt der Anwendungsfelder von Röntgenstrahlen lässt sich erahnen, wenn man die Breite des Spektralbereiches der Röntgenstrahlung mit der des sichtbaren Lichts vergleicht. Während das elektromagnetische Spektrum des sichtbaren Lichts von etwa 400 nm bis 800 nm reicht, liegt die Wellenlänge der von Röntgen entdeckten Strahlung zwischen ca. 0,01 nm und 100 nm. Die Röntgenstrahlung überspannt also ein um drei Größenordnungenbreiteres Intervall. Dadurch ermöglicht sie ein vielfältiges Anwendungsspektrum, welches von der Medizin über die Technik und die Naturwissenschaften bis hin zur Archäologie und Kunst reicht. Einige Anwendungen werden im Folgenden beispielhaft vorgestellt.

Dass Röntgenstrahlung ein hohes Durchdringungsvermögen für die meisten Stoffe hat, wurde frühzeitig entdeckt, und führte im Wesentlichen zu Anwendungen in der medizinischen Diagnostik. Erstmals waren nichtinvasive tiefe Einblicke in den lebenden menschlichen Körper möglich. Forscher fertigten bereits Anfang 1896 die ersten medizinisch relevanten Röntgenaufnahmen an (vgl. Heuck1995, S. 29). Auch in der Kunst und in der Archäologie leistet die Röntgenstrahlung wertvolle Dienste. Mit Hilfe der Röntgentomographie können Wissenschaftler Kunstfälschungen entdecken oder das Innenleben von Mumien untersuchen, ohne dass es zu Zerstörungen der Objekte kommt (vgl. Beck 1995, S. 609ff.; Herrmann 1995, S.624ff.). Die Röntgentechnik erleichtert auch das Auffinden gefährlicher Gegenstände im Gepäck von Fluggästen und verbessert so die Sicherheit im Flugverkehr. Ein nicht ganz so alltägliches Anwendungsgebiet ist dagegen die Röntgenastronomie, deren Gegenstand die Untersuchung der von Himmelsobjekten ausgesandten Röntgenstrahlung ist. Seit den 30er Jahren ist bekannt, dass die Sonne von einer heißen Hülle, der Korona, umgeben ist. Diese besteht aus hoch angeregten Atomen und Ionen, die extrem kurzwellige Ultraviolett- und Röntgenstrahlung emittieren. Im Jahr 1949 konnte eine Gruppe um H. Friedmann bei einem Flug einer umgebauten V-2-Rakete mit Hilfe von Geiger-Müller-Zählrohren die Aktivität der Sonnenkorona nachweisen (vgl. Stuhlinger/Trümper/Weisskopf 1995, S. 563f.).

Die Entdeckung Röntgens war eine Sensation in der Wissenschaftswelt des endenden 19. Jahrhunderts. Sie schuf die praktische Grundlage für die Entwicklung völlig neuartiger spektroskopischer Systeme, deren Einsatzbereich weit über den des sichtbaren Lichtes hinausgeht.

16.2.2   Der Widerspenstigen Beugung

Röntgenstrahlung ermöglicht auf Grund ihrer extrem kurzen Wellenlänge die Entwicklung von höchstauflösenden abbildenden optischen Systemen, die man z. B. für Anwendungen in der Mikroskopie und Lithographie verwendet. Während Lichtmikroskope eine maximale Auflösung von etwa 300 nm erlauben, ist mit Röntgenmikroskopen eine Auflösung von ca. 25 nm möglich.

Die vielen vorteilhaften Eigenschaften der Röntgenstrahlen, die ihren potenziell vielfältigen Einsatzbereich begründen, erschweren gleichzeitig die technische Umsetzung in optischen Systemen. So konnte Röntgen seinerzeit kein Material finden, welches senkrecht auftreffende Röntgenstrahlung reflektiert. Die Brechzahl ist für alle Materialien nahezu eins, was eine optische Abbildung mit Linsen nahezu unmöglich macht. Auch der Versuch, eine Reflexion oder Polarisation der X-Strahlung zu erreichen, führte nur zu negativen Ergebnissen.

Mit der Erkenntnis, dass alle Materialien bis zu einem bestimmten Grad für die Strahlung durchlässig sind und diese sich somit in fast allen Stoffen geradlinig ausbreitet, wurde die Verwendung herkömmlicher Brechungslinsen und Spiegel für die Röntgenoptik unmöglich. Für die technische Nutzung der Röntgenstrahlung waren völlig neuartige Optiken erforderlich, die darüber hinaus eine extrem hohe Oberflächengüte aufweisen mussten, um das potenziell höhere Auflösungsvermögen auch technisch erreichen zu können.

Zum Lösen des Problems des niedrigen Reflexionsgrades werden im Wesentlichen drei unterschiedliche Verfahren genutzt, die im Folgenden erläutert werden.

Totalreflexion durch streifenden Einfallswinkel

Für Röntgenstrahlung ist Materie optisch dünner als Luft. Damit lässt sich ein Effekt ausnutzen, den z. B. auch Taucher beim Betrachten der Wasseroberfläche von unten beobachten: Mit flacherem Einfallswinkel steigt der Reflexionsgrad von kleiner ein Prozent bis auf Werte über 90 Prozent bei Totalreflexion an, der Taucher kann durch die Wasseroberfläche nur innerhalb eines bestimmten Kreises hindurchsehen. Außerhalb des Kreises erscheint die Wasseroberfläche wegen der Totalreflexion als idealer Spiegel. Leitet man Röntgenstrahlung mit sehr flachem Einfallswinkel, also unter streifendem Einfall, auf einen Spiegel, so erreicht man ebenfalls den gewünschten hohen Reflexionsgrad. Der Grenzwinkel der Totalreflexion auf den für Röntgenspiegel verwendeten Materialien beträgt z. B. bei CuKα-Strahlung ($\lambda = 0{,}154$ nm) ca. 0,2 ° für eine Glasoberfläche und ca. 0,5 ° für eine mit Gold beschichtete Oberfläche. Ein Beispiel für ein optisches Gerät, welches das Prinzip des streifenden Einfalls nutzt, ist das Wolter-Teleskop (vgl. Stuhlinger/Trümper/Weisskopf

1995). Die Herstellung derartiger optischer Systeme ist aufwändig und kostenintensiv. Um eine hohe Effizienz der Beugung der Strahlung zu erhalten, ist eine Anordnung erforderlich, die aus mehreren, hintereinander liegenden oder ineinander geschachtelten Spiegeln mit sehr geringen Lagetoleranzen besteht. Der geringe Einfallswinkel führt dazu, dass bereits relativ kleine Strahlquerschnitte auf relativ lange Spiegel bei der Reflexion projiziert werden, wobei die Einhaltung der Toleranzen auf der Gesamtfläche die Kosten maßgeblich bestimmt.

Braggsche Reflexion an Kristallgittern

Die zweite Möglichkeit zur Herstellung von Röntgenoptiken hängt eng mit den Entdeckungen von M. v. Laue (1912) und W. H. Bragg sowie W. L. Bragg (1915) zusammen. Die eben genannten Wissenschaftler hatten festgestellt, dass eine Überlagerung der an den Atomen gebeugten Röntgenstrahlung im periodischen Kristallgitter wie eine Reflexion an den Netzebenen des Kristalls interpretiert werden kann. Unter einem bestimmten Einfallswinkel und einer bestimmten Wellenlänge wirkt der Kristall damit wie ein Spiegel (vgl. Hümmer 1995, S. 367f.). Das bedeutet, dass Netzebenen mit einem Abstand d_{hkl}, die unter einem Winkel θ von Photonen unterschiedlicher Wellenlängen getroffen werden, genau die Wellenlänge λ reflektieren, die die Braggsche Gleichung [$n\lambda = 2d_{hkl} \sin (\theta)$] erfüllen, wobei n die Ordnung der Beugung angibt. Lange Zeit galt die Reflexion an Kristallnetzebenen als einzige Möglichkeit, Röntgenstrahlen umzulenken, zu formen oder zu monochromatisieren. Die Varianten der zur Verfügung stehenden Kristalle schränkt die Auswahl technisch realisierbarer Applikationen ein: d_{hkl} ist als physikalische Eigenschaft des jeweils eingesetzten Kristalls erstens eine konstante Größe und zweitens nach oben auf ≤ 1nm beschränkt, was die für die Beugung nutzbare Wellenlänge der Röntgenstrahlung auf ≤ 2nm begrenzt. Daher wurden Anstrengungen unternommen, Röntgenspiegel zu entwickeln, welche an die optischen Anforderungen der Anwendung (z. B. größere Wellenlängen als $\lambda = 2$nm bzw. besondere Geometrien) anpassbar sind.

Braggsche Reflexion an Multischichtoptiken

Eine Lösung für parametrisierbare Röntgenspiegel wurde mit den Multischichtoptiken gefunden. Dabei handelt es sich um künstliche, eindimensional periodische Strukturen, die in Gestalt sich abwechselnder Schichten aus zwei unterschiedlichen Materialien auf einem Trägermaterial aufgetragen sind. Solche Multischicht-Stapel können aus mehreren hundert Einzelschichten bestehen, die jeweils nur wenige Nanometer dick sind.

Anders als bei natürlichen Kristallen kann bei den Multischichtoptiken der Abstand zwischen den parallelen Gitterebenen an die Erfordernisse der Reflexionsbedingung angepasst werden. In der Braggschen Gleichung tritt an die Stelle des Netzebenenabstandes d_{hkl} die Dicke der Doppelschicht d. Zur Erfüllung der Braggschen Gleichung kann, z. B. bei parabolischen Spiegeln, wo sich mit zunehmendem Abstand zur Quelle der Einfallswinkel auf dem Spiegel stetig verringert, in gleichem Maße die Periodendicke beständig zunehmen (Gradientenmultilayer).

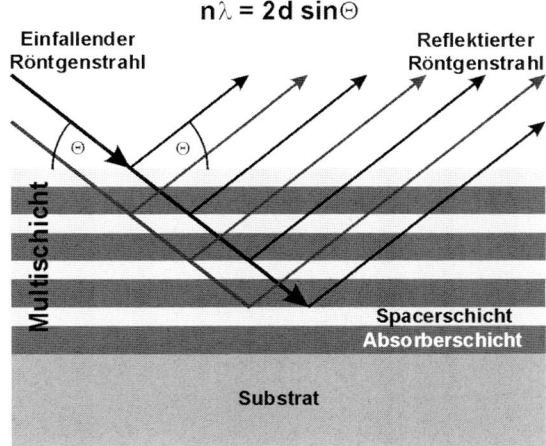

Abbildung 1:   Schema der Reflexion weicher Röntgenstrahlung an einer synthetischen Multi-
                 schicht

16.2.3   Entwicklung und Herstellung von Multischichtoptiken

Seit der Herstellung der ersten Prototypen von Multischichtoptiken in den 80er Jahren ist die Nachfrage nach gut reflektierenden Röntgenoptiken aufgrund der vielfältigen Anwendungsmöglichkeiten stetig gestiegen. Die Multischichtoptiken werden in einer Vielzahl von Anwendungen mit Röntgen- oder EUV (Extrem Ultraviolett) - Strahlung genutzt. Die wichtigsten Applikationen für Multischicht - Röntgenoptiken liegen in den Bereichen Röntgenanalytik, Röntgenmikroskopie, Röntgenastronomie, Röntgenlithographie und als Synchrotronoptik (vgl. Mai/Dietsch/Holz 2000, S. 161).

Bei der Herstellung der Röntgenoptiken werden auf ein Substrat abwechselnd Schichten von Elementen hoher und niedriger Ordnungszahl aufgebracht. Typische Materialkombinationen für Multischichtoptiken sind Mo/Si, W/Si, Ni/C, Mo/B$_4$C und Cr/Sc. Ziel der Materialpaarungen ist es, für die jeweilige Röntgenwellenlänge stark brechende Schichten (Absorber) und schwach brechende Schichten (Spacer) abzuwechseln, um periodisch wiederkehrende Reflexionsebenen mit großem Kontrast zu erzeugen. An jeder Ebene wird ein Teil des einfallenden Strahls reflektiert, während der Rest des Röntgenstrahls in die darunterliegende Schicht eintritt. Diese Teilreflexionen setzen sich an jeder Reflexionsebene periodisch fort (Abbildung 1). Wenn die Braggsche Bedingung erfüllt ist, tritt die konstruktive Interferenz der reflektierten Teilstrahlen ein und der resultierende Strahl kann einen Reflexionsgrad von bis zu 90 Prozent besitzen. Aus diesem Grund entspricht die Schichtdicke einer Materialpaarung immer der Wellenlänge der verwendeten Strahlung, dividiert durch den Sinus des Einfallswinkels.

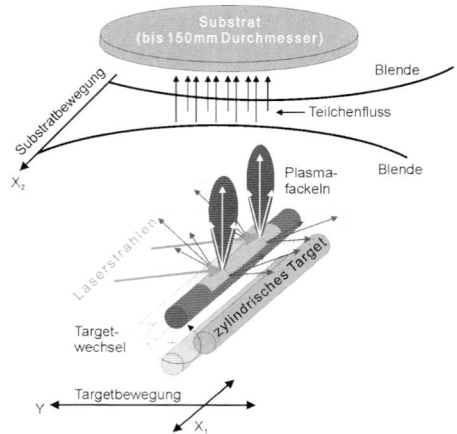

Abbildung 2:   Puls Laser Deposition (PLD) - Verfahren zur Abscheidung von Multischichten

Die Wahl der Schichtmaterialien, Periodendicken und Schichtdickenverhältnisse hängt von der jeweiligen Anwendung ab. Durch eine laterale Variation der Schichtdicken sowie durch eine Krümmung des beschichteten Substrates lassen sich die geometrischen Eigenschaften des reflektierten Strahls gezielt beeinflussen.

16.2.4   Technische Realisierung von Multischichten

Die Elektronenstrahlverdampfung, das Magnetron-Sputtern (MSD = Magnetron-Sputter-Deposition), das Ionenstrahl-Sputtern (IBSD = Ion Beam Sputter Deposition) und das Verfahren der gepulsten Laserabscheidung (PLD = Puls Laser Deposition) sind etablierte Abscheidetechnologien zur Herstellung röntgenoptischer Multischichten (vgl. Gawlitza et al. 2007).

Das letztgenannte Verfahren haben Wissenschaftler des Fraunhofer Instituts für Werkstoff- und Strahltechnik (IWS) Dresden bis zum Prinzip der Großflächen - Beschichtung weiterentwickelt, patentiert und zur industriellen Reife geführt. Beim PLD-Verfahren liefert ein Laser, z. B. ein Nd:YAG Laser, die notwendige Energie zum Materialübertrag. Der Laserstrahl trifft auf ein Beschichtungsmaterial, das sogenannte Target. Der hohe Energieeintrag des Lasers verdampft und ionisiert das Material. Anschließend scheidet sich die entstandene Plasmawolke auf dem zukünftigen Röntgenspiegel als atomar dünne Schicht ab (vgl. Dietsch et al. 2001) (Abbildung 2).

Beim Sputtern werden die Atome des Beschichtungsmaterials durch einen Stoß von energiereichen Ionen eines Gasplasmas aus der Targetoberfläche herausgeschlagen. Die Targetatome schlagen sich dann als dünne Schicht auf dem zu beschichtenden Substrat nieder.

Beim Magnetron-Sputtern wird der Abtrag noch durch ein zusätzliches statisches Magnetfeld am Target unterstützt.

Im Unterschied zum Sputtern erfolgt beim Elektronenstrahlverdampfen das Verdampfen des Beschichtungsmaterials nicht durch die Ionen eines Plasmas, sondern durch das Aufheizen mit einem Elektronenstrahl (vgl. Fraunhofer Institut für Werkstoff- und Strahltechnik, Röntgen- und EUV-Optik, http:// www.iws.fraunhofer.de/technologien/x-ray-optics/index.php, 13.05.2008). Je nach Anwendungsfall und Schichtsystem nutzt das Fraunhofer IWS das PLD-Verfahren, das Magnetron- oder das Ionenstrahlsputtern.

Um den Vorteil der kurzen Wellenlänge von Röntgenstrahlen nutzen zu können, werden an die Multischichtoptiken extreme Anforderungen hinsichtlich ihrer Oberflächengüte gestellt. Neben einem hohen Reflexionsgrad und einem guten Auflösungsvermögen sollten die Multischichten die folgenden Qualitätsmerkmale besitzen (vgl. Gawlitza et al. 2007, S. 38):

- gute Schichtdickenhomogenität, präziser Gradientenverlauf über der gesamten Spiegelfläche
- geringe Eigenspannung der Beschichtung
- hohe thermische Langzeitstabilität des Stapelaufbaus und seiner optischen Eigenschaften

Gegenwärtig können im Fraunhofer IWS Multischichtoptiken mit Dickenabweichungen kleiner 0,1 Prozent über 200 mm Substratlänge und Grenzflächenrauheiten σ (rms) im Bereich einer Atomlage hergestellt werden.

16.2.5   Fazit

Die meisten Anwendungen im Bereich der Röntgenoptik erfordern Spiegel, die auch bei steilen Einfallswinkeln einen hohen Reflexionsgrad für eine definierte Wellenlänge liefern. Technische Grundlage für das Erfüllen der optischen Anforderungen des jeweiligen Anwendungsfeldes ist hierbei der Einsatz moderner Multischichtoptiken.

Mit Hilfe von Simulationstechniken können die optischen Eigenschaften von Nanometer-Multischichten und kompletten optischen Systemen am Computer vorab berechnet und den jeweiligen Anforderungen exakt angepasst werden.

Gegenwärtige Entwicklungen zielen vorwiegend auf die Optimierung der Röntgenoptiken für spezielle Anwendungen in den Bereichen Life Science, Umwelttechnik, Pharmazie, Mikroelektronik und Bauindustrie. Die Anpassung der jeweiligen Multischichtoptiken an die Besonderheiten der verwendeten Strahlquelle, der Probe und des Detektors ist momentan eine der größten Herausforderungen für Forschung und Industrie. Eine solche Adaption geschieht beispielsweise durch die Optimierung der Materialkombinationen, die Beschichtung von asphärischen Substraten und durch eine verbesserte Langzeit- und Temperaturstabilität der Optiken. Auch in Zukunft wird die Entwicklung neuer röntgenanalytischer Messverfahren und Methoden mit der Verbesserung der Herstellungsverfahren von Röntgenoptiken korrelieren.

16.3   Technologieentwicklung

16.3.1   Stage 1: Initiierung – Mit dem Laser zu neueun Ufern

In den 80er Jahren gab es weltweit intensive Bestrebungen, röntgenoptisch aktive, dünne Multischichten herzustellen, um mittels Reflexion die charakteristische Strahlung derjenigen Elemente nachzuweisen, deren Wellenlänge mit natürlichen Kristallen nicht zugänglich war. Das betraf Röntgenstrahlung mit Wellenlängen $\lambda > 2$ nm, wie z. B. die K-Strahlung der leichten Elemente B, C, N und O, die nur mit Hilfe der sog. LSM (Layered Synthetic Microstructures) qualitativ und quantitativ bestimmt werden konnten. Auch der Bedarf an hoch reflektierenden Spiegeln für die Röntgenastronomie trieb die Forschung in diesem Bereich voran. Erste Veröffentlichungen in den 80er Jahren verdeutlichten zwei wesentliche Verfahrensansätze für die Abscheidung röntgenoptischer Multischichten. Während in den USA die Magnetronsputtertechnik favorisiert wurde (vgl. Barbee 1986), lag der Schwerpunkt in der ehemaligen UdSSR (Institut für angewandte Physik, Nishni Novgorod) auf dem Gebiet der Lasertechnik (vgl. Gaponov/Gusev/Platonov 1986).

Das Dresdner Zentralinstitut für Festkörperphysik und Werkstoffforschung (ZFW) als Einrichtung der Akademie der Wissenschaften (AdW) der DDR startete 1985 ein Projekt zur Laser-PVD als innovative und zukünftsträchtige Beschichtungstechnologie, bei dem

Abbildung 3:   Erste Anlage zur Abscheidung röntgenoptischer Multischichten im Dresdner Zentralinstitut für Festkörperphysik und Werkstoffforschung, 1986

als eine Zielstellung die Abscheidung röntgenoptischer Multischichten verfolgt wurde[1] (Abbildung 3 Erste Anlage zur Abscheidung röntgenoptischer Multischichten im Dresdner Zentralinstitut für Festkörperphysik und Werkstoffforschung, 1986).

Neben der Erweiterung wichtiger Röntgenstrukturuntersuchungstechniken wie der Röntgen-Fluoreszenzanalyse (RFA) auf Spektralbereiche, die für leichte Elemente wie z. B. Kohlenstoff oder Fluor typisch sind, sollten auch wesentliche Vorleistungen für die Röntgenlithographie, die Röntgenmikroskopie und neue Röntgenstrahlungsquellen geschaffen werden. Ausschlaggebend für die Untersuchung zur Laser-PVD für die Abscheidung röntgenoptischer Multischichten waren vorhandene Erfahrungen des ZFW im Bereich der Lasertechnologie sowie ein konkreter Bedarf an Multischicht-Spiegeln durch das DDR-Unternehmen Freiberger Präzisionsmechanik (FPM), einem Hersteller von Röntgenanalysetechnik, für den Nachweis von Kohlenstoff mittels RFA. Im Rahmen des Projektes sollte die Lasertechnologie als Alternativmethode zum von den USA betriebenen Sputtern speziell zur Abscheidung von Nickel-Kohlenstoff-Schichten eingesetzt werden.

Bis 1988 konnten viele Grundlagen zum Laserabtrag sowie zum Zusammenhang zwischen Schichtwachstum und Teilchenenergie aber auch erste anlagentechnische Voraussetzungen erarbeitet werden. Die gewonnenen Erkenntnisse wurden durch Publikationen des ZFW verbreitet. 1988 schloss sich das Unternehmen Hochvakuum Dresden (HVD) als weiterer Industriepartner dem Projekt an. Als Entwickler von vakuumtechnischen Beschichtungsanlagen, Bauelementen sowie Beschichtungstechnologien verfolgte HVD ein prinzipielles Interesse an den Forschungsarbeiten zur Abscheidung von Multischichten. Im gleichen Jahr erfolgten die Gründung eines gemeinsamen Labors durch ZFW und HVD zur Abscheidung von Kohlenstoffschichten und röntgenoptischen Multischichten sowie der Aufbau einer ersten Laserversuchsanlage zur Schichtabscheidung.

Die laserbasierte Abscheidung röntgenoptischer Multischichten kann sowohl als eine technologie- als auch marktgetriebene Entwicklung eingeschätzt werden. Die Ausrichtung des ZFW auf die Lasertechnologie sowie das Vorhandensein von Industriepartnern mit Realisierungspotenzial waren ausschlaggebend für die Aufnahme der Forschungsarbeiten.

16.3.2   Stage 2: Inkubation - Erste Erfolge unter neuen Bedingungen

Die politische Wende 1989 und die deutsche Wiedervereinigung 1990 bewirkten die Umstrukturierung und letztendlich den Rückzug der Industriepartner aus den gemeinsamen Forschungsarbeiten. Andererseits standen dem ZFW nun neue Möglichkeiten zur Verfügung: So konnten die Forschungsarbeiten mit neuer Laborausstattung und einem neuem Laser fortgeführt und 1991 in ein vom Bundesministerium für Forschung und Technologie (BMFT) gefördertes Projekt umgewandelt werden[2]. Infolge des Mauerfalls konnte die

---

[1] Abschlussbericht der Akademie der Wissenschaften, Zentralinstitut für Festkörperphysik und Werkstoffforschung Dresden zum Projekt Laser-PVD (10/85-10/88)

[2] FKZ 30 L 2016 und 13 N 5945

Projektidee im Rahmen von Tagungen, Konferenzen und Publikationen nun auch deutschland- und europaweit verbreitet und Kontakte zum Ausland geknüpft werden. 1991 wurde das ZFW in mehrere Nachfolgeinstitute aufgesplittet; das Institut für Werkstoffphysik und Schichttechnologie wurde in die Fraunhofer Gesellschaft eingegliedert und ab 1992 als neu gegründetes Fraunhofer Institut für Werkstoffphysik und Schichttechnologie (IWS) fortgeführt.

Im Rahmen des BMFT-Projekts „Untersuchung von röntgenoptischen Multischichten durch Laser-PVD" (Laufzeit 1991-93) wurden Molybdän-Silizium-Multischichten (Mo/Si), die insbesondere für die EUV-Lithographie interessant waren, im Vergleich zu kohlenstoffbasierten Schichten (Ni/C, W/C) bezüglich ihres Schichtwachstums, der Morphologie und Zusammensetzung sowie ihres Reflexionsgrades im interessierenden Wellenlängenbereich untersucht. Ausschlaggebend für die Anwendung des PLD-Verfahrens zur Multischichtsynthese waren die im IWS verfügbare apparative Ausrüstung, die in Grundlagenuntersuchungen gesammelten Erfahrungen sowie die speziellen Möglichkeiten des PLD-Verfahrens im Vergleich zu Alternativverfahren (UHV-Bedingungen, hohe Teilchenenergie, extrem glattes Schichtwachstum, amorphe Schichten; vgl. Dietsch et al. 2001). Im Fraunhofer IWS Dresden standen zwei Anlagen zur Schichtabscheidung mittels PLD zur Verfügung: ein Ultrahochvakuum-System mit Nd:YAG-Laser sowie ein Hochvakuum-System mit CO_2-Laser für Begleitversuche. Am Projekt waren weiterhin ostdeutsche FuE-Vertragspartner aus dem Bereich der Schichtcharakterisierung[3] sowie die Universität Bielefeld, die die Herstellung von Mo-Si-Schichten mittels Elektronenstrahlverdampfung als Alternativverfahren zur PLD untersuchte, beteiligt. Im Ergebnis des Projekts im Jahr 1993 konnten nicht nur erfolgreiche Abscheidungen von Mo-Si-, Ni-C- und W-C-Schichten sondern auch erste Multischicht-Stapel als funktionsfähige Röntgenspiegel vorgewiesen werden (Abbildung 4).

Da die ursprünglichen Projektpartner nach 1990 aufgrund ihrer wirtschaftlichen Umorientierung nicht mehr in der Lage waren, sich finanziell am Projekt zu beteiligen, nutzte die röntgenoptische Arbeitsgruppe des Fraunhofer IWS Publikationen und Tagungen, um die Forschungsergebnisse zu verbreiten sowie Industriepartner und Kunden zu finden. Nachdem der erste Röntgenspiegel an das Institut für Umwelttechnologie (IUT) Berlin verkauft werden konnte, ergab sich 1993 auf einer Vakuumtagung in Dresden ein erster Kontakt zu verantwortlichen Mitarbeitern der Fa. Siemens Automatisierungstechnik in Karlsruhe (später Umwandlung in Bruker axs).

Siemens benötigte zu dieser Zeit Parallelstrahloptiken zur Ausstattung von Röntgendiffraktometern. Diese röntgenanalytischen Messgeräte werden in verschiedenen Bereichen (z.B. Pharmazie, Kosmetik, Qualitätskontrolle in der Betonherstellung) eingesetzt. Die erforderlichen Optiken wurden anfänglich von der US-amerikanischen Firma Osmic auf der Basis von W/C- bzw. W/Si-Multischichten hergestellt. Es hatte sich jedoch gezeigt, dass Ni/C gegenüber W-basierten Multischichten Vorteile hinsichtlich Reflexionsgrad, Auflösungsvermögen und Kβ-Unterdrückung besitzt. Diese Nickel-Kohlenstoff-Schichten konnten mittels Sputtertechnologie, dem von der Firma Osmic verwendeten Verfahren, nicht in

---

[3] TU Dresden, Institut für Kristallographie und Festkörperphysik; Max-Planck-Institut für Mikrostrukturphysik Halle; Jenoptik Technologie GmbH Jena

Abbildung 4:   Mo/Si Multischicht

entsprechender Qualität hergestellt werden. Deshalb wurde das Fraunhofer IWS mit der Spiegelentwicklung beauftragt.

Bis 1995 erfolgte die Zusammenarbeit mit der Firma Siemens im Rahmen von Vorversuchen und Kleinprojekten. Dabei wurden die Entwicklungskosten für die Abscheidung der Multischichten durch das Fraunhofer IWS getragen, Siemens kaufte jeweils nur das beschichtete Produkt. Durch den Einsatz der am Fraunhofer IWS beschichteten Parallelstrahloptiken konnte Siemens eine deutliche Verbesserung seiner Röntgendiffraktometer und damit seiner Marktposition erzielen.

16.3.3   Stage 3: Modifikation

Für die Herstellung der Parallelstrahl-Röntgenoptiken, welche von Siemens als Göbel-Spiegel bezeichnet werden, ist es erforderlich, Multschichten mit lateralen Schichtdickengradienten abzuscheiden (Abbildung 5). Diese Beschichtung von Testgradienten stellte eine neue Herausforderung dar, bei der höchste Präzision gefordert war. Die Machbarkeit solcher Abscheidungen wurde im Rahmen eines weiteren BMBF-geförderten Projektes in den Jahren 1994 bis 1997 untersucht. Weitere Optimierungsaufgaben im Rahmen des Projektes bestanden in der Abscheidung röntgenoptischer Multischichten unter Verwendung neuer Materialien für weitere Wellenlängen sowie die Entwicklung einer Technologie zur Konturierung der auf Si-Wafern abgeschiedenen Multischicht-Spiegel. Zielstellung war es einerseits, einen größeren Markt durch individuell zugeschnittene Multischichten bedienen

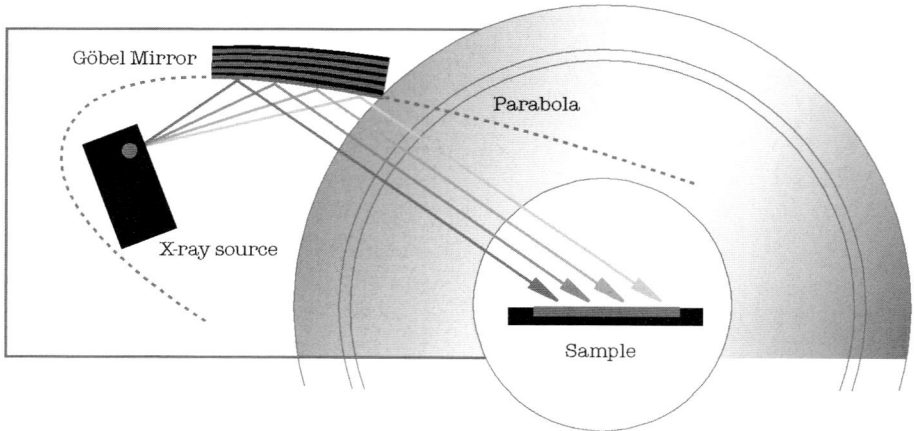

Abbildung 5:   Prinzip des Göbel-Spiegels

zu können, und zum anderen, ein fertiges Zwischenprodukt mit Serienreife anzubieten. Der industrielle Bedarf an den entsprechenden Entwicklungsarbeiten konnte durch eine Interessenbekundung der Firma Siemens als potentieller Kunde nachgewiesen werden.

Parallel zu den öffentlich geförderten Arbeiten ergab sich für den Zeitraum 1995 – 1997 ein größeres Industrieprojekt mit Siemens zur Prototypenfertigung verschiedener Spiegeltypen als Parallelstrahloptiken. Diese sollten nun als Endprodukt den parabolischen gebogenen Göbelspiegel als Ziel haben. Bis zu diesem Zeitpunkt erfolgte am IWS lediglich die Herstellung der Multischichten. Die Endfertigung der gekrümmten Spiegel führte Siemens vorher selbst durch. Zur Bewältigung dieser Aufgabe musste eine wesentliche Hürde überwunden werden: Bei der Schichtabscheidung mittels PLD entstehen – im Unterschied zur Sputtertechnologie – kleine Droplets, die sich auf der Spiegeloberfläche absetzen. Das verursacht massive Probleme bei der bisher von Dr. Göbel verwendeten Biegetechnologie, da hier sehr glatte Oberflächen benötigt werden. Zur Lösung dieses Problems wurde am Fraunhofer IWS Dresden bis zum Jahr 1997 eine neue Biegetechnologie entwickelt. Im Ergebnis des Industrieprojektes mit Siemens war das Fraunhofer IWS in der Lage, Spiegel-Endprodukte mit hohem Reflexionsgrad und hoher Reproduzierbarkeit zuverlässig zu fertigen.

Durch die Zusammenarbeit mit Siemens Karlsruhe konnte das Fraunhofer IWS seine Kompetenz und damit eine gute Marktposition im Bereich röntgenoptischer Multischichten entwickeln. Aufgrund der guten Qualität der Röntgenspiegel konnte sich das IWS gegenüber Konkurrenten, wie z. B. der Fa. Osmic, als Siemens-Zulieferer behaupten. Zur Erhöhung der Leistungs- und Wettbewerbsfähigkeit im Bereich der Röntgenspiegel erfolgte 1997 die Anschaffung eines Diffraktometers für die eigene Qualitätskontrolle. Damit war die Voraussetzung für eine zuverlässige Produktion in einer geschlossenen Entwicklungslinie gegeben. Nach erfolgreich abgeschlossenem Industrieprojekt zur reproduzierbaren

Abbildung 6:   Fraunhofer-Preis: Die Weiterentwicklung der Puls-Laser-Abscheidung durch die Preisträger ermöglicht die Fertigung ultrapräziser Röntgenspiegel. (v.l.n.r.: Dr. Hermann Mai, Dipl.-Phys. Thomas Holz, Dipl.-Phys. Reiner Dietsch)

Fertigung verschiedener Spiegeltypen startete 1997 die Pilotproduktion und anschließende Serienfertigung von Ni/C-Spiegeln für Bruker AXS, der Ausgliederung aus dem Siemens-Werk in Karlsruhe. Das Fraunhofer IWS löste damit die Firma Osmic als Lieferanten ab. 1998 wurde das Fraunhofer IWS mit dem Joseph-von-Fraunhofer-Preis für die Weiterentwicklung, Patentierung und industrielle Umsetzung der PLD-Technologie zur Herstellung von röntgenoptischen Multischichten ausgezeichnet (Abbildung 6). Bis zu diesem Zeitpunkt hatte das IWS mehr als einhundert maßgeschneiderte Präzisions-Röntgenspiegel hergestellt.[4]

In den Jahren 1998 bis 2000 setzte das Fraunhofer IWS die im BMBF-Projekt 1994-1997 durchgeführten Untersuchungen zur Abscheidung neuer Materialien und Strukturen im Rahmen der Operativen Eigenforschung fort. Zielstellung war dabei die Langzeitstabilität der erreichten Parameter, wie z. B. „Reflexionsgrad". Ein wesentlicher Schritt zur umfassenden Abscheidung röntgenoptischer Multischichten erfolgte im Jahr 2000 durch die Inbetriebnahme einer Kombinationsanlage zur PLD und zum Magnetron-Sputtern (Abbildung 7). Durch Verfügbarkeit einer weiteren Abscheidetechnologie bestand nun die Möglichkeit, für jedes Multischichtsystem das jeweils geeignetere Verfahren zu nutzen. So konnten mit der Sputtertechnologie Wolfram-Silizium-Schichten als neue Produktgruppe hergestellt werden. Das im Rahmen eines BMBF-Projekts (1999-2002) erfolgte Technologieupscaling auf der neuen Anlage resultierte zudem in der Vergrößerung der beschichteten Substratdurchmesser von bisher 4 auf 6 Zoll[5]. Durch die Kombination beider Verfahren konnte das Fraunhofer IWS ein wichtiges Alleinstellungsmerkmal bei der Abscheidung röntgenoptischer Multischichten erarbeiten.

---

[4] http://www.iws.fraunhofer.de/presse/1998/pres98_17.htm

[5] FKZ 13 N 7615 / 3

16.3.4   Stage 4: Applikation - Auf eigenen Füßen

Im Jahr 2002 erfolgte die Ausgründung der Firma Applied X-Ray Optics (AXO) Dresden GmbH aus dem Fraunhofer IWS mit der Zielstellung, Multischicht-Röntgenoptiken zu fertigen und Präzisionsbeschichtungen anzubieten. Das umfassende Know-how und eine sehr gute Marktkenntnis auf dem Gebiet der Multischicht-Abscheidung, die Verfügbarkeit einer definierten Produktgruppe sowie das Vorliegen laufender Aufträge mit Bruker AXS bildeten die Voraussetzungen für diesen Schritt in die wirtschaftliche Unabhängigkeit. Weitere Aspekte, die die Gründung der Firma AXO vorantrieben, waren der geforderte große Produktionsumfang sowie die Gründung der Firma Incoatec durch das Unternehmen Bruker AXS als potenzieller KMU-Mittbewerber.[6]

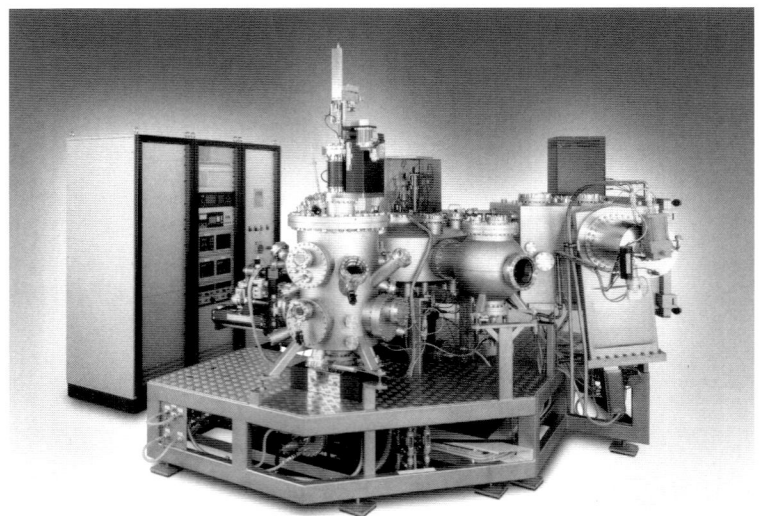

Abbildung 7:   Kombination zweier Dünnschichtverfahren (Puls-Laser-Abscheidung und Magnetron-Sputtern) in einer Anlage

---

[6] http://www.incoatec.de/History_73.html

Abbildung 8:   Parallelstrahloptik für Röntgenstrahlung

Als entscheidend für die erfolgreiche Technologieentwicklung bei der Herstellung röntgenoptischer Multischichten durch das Fraunhofer IWS Dresden können folgende Faktoren
genannt werden:

- Präsenz bei Konferenzen / Tagungen
- Branchen-Networking
- Veröffentlichungen
- Patentierung von Ergebnissen (großflächige Abscheidung mittels PLD)
- gute technische Ausstattung im Institut
- Vorlaufforschung (strategische Eigenforschung) durch das IWS zu Grundlagen
- Vorhandensein potenzieller Industriekunden
- Inanspruchnahme öffentlicher Projekte
- umfangreiches Fachwissen der Mitarbeiter
- Festanstellung der Erfahrungsträger

Im Hinblick auf die Markterfordernisse ist die AXO Dresden GmbH in der Lage, den
überwiegenden Teil der nachgefragten Röntgenspiegel herzustellen. Die Produkte als solche
– drei Spiegeltypen – sind gleich geblieben, jedoch differenzieren sich die Anforderungen
der Anwender an die Leistungsfähigkeit der Spiegel hinsichtlich ihres Reflexions- und
Auflösungsvermögens (Abbildung 8). Durch Optimierung der einzelnen Abscheideverfah-
ren können hier Steigerungen erzielt werden.

16.4   Zusammenfassung und Fazit

Röntgenoptiken stellen ein wesentliches Element für Anlagen zur Röntgenanalytik dar: Als Schlüsselelement in Röntgensystemen müssen sie an die jeweilige Anforderung angepasst werden. Derzeit können bei AXO dank der Verfügbarkeit mehrerer Verfahren (PLD sowie Sputtern) nahezu alle vom Markt geforderten Röntgenspiegel hergestellt werden. Der hohe Aufwand von ca. 20 bis 30 Prozent bei begleitenden Forschungs- und Entwicklungsarbeiten ist eine wichtige Voraussetzung für die weitere Festigung der guten Marktposition bei der Herstellung von Multischicht-Röntgenoptiken. AXO-Repräsentanten im Ausland sowie die Teilnahme an branchenrelevanten Veranstaltungen weltweit unterstützen die Vermarktung der AXO-Produkte. Die Leistungen des Unternehmens wurden 2008 unter anderem durch eine Förderung im Rahmen der BMBF-Kampagne „Deutschland - Land der Ideen" entsprechend gewürdigt.

16.5   Literatur

Barbee, T. W. (1986): Multilayers for x-ray optics. In: Optical engineering, Jg. 25, H. 8, S. 898–915.

Beck, A. (1995): Bildanalyse in der Kunst. In: Heuck, Friedrich H. W.; Macherauch, Eckard.; Rüttgers, Jürgen. (Hg.): Forschung mit Röntgenstrahlen. Bilanz eines Jahrhunderts (1895 - 1995). Berlin: Springer, S. 609–623.

Dietsch, R.; Holz, T.; Leson, A.; Mai, H.; Bahr, D.; Brügemann, L. et al. (2001): Nanometer-Multischichtsysteme für die Röntgenanalytik Herstellung und Anwendung. In: Vakuum in Forschung und Praxis, Jg. 2001, H. 4, S. 222–231.

Fraunhofer Institut für Werkstoff- und Strahlentechnik: Röntgen- und EUV-Optik. Online verfügbar unter http://www.iws.fraunhofer.de/technologien/x-ray-optics/, zuletzt geprüft am 13.05.2008.

Gaponov, S. W.; Gusev, S. A.; Platonov, J. J. et al.: J. Techn. Phys., 1984, Heft 54, S. 747 und 1986, Heft 56, S. 891 *laut AB zum Förderprojekt 13 N 5945 A*

Gawlitza, P.; Braun, S.; Leson, A.; Lipfert, S.; Nestler, M. (2007): Herstellung von Präzisionsschichten mittels Ionenstrahlsputtern. In: Vakuum in Forschung und Praxis, Jg. 19, H. 2, S. 37–43.

Herrmann, B. (1995): Röntgentechniken in Anthropologie und Archäologie. In: Heuck, Friedrich H. W.; Macherauch, Eckard.; Rüttgers, Jürgen. (Hg.): Forschung mit Röntgenstrahlen. Bilanz eines Jahrhunderts (1895 - 1995) Berlin: Springer , S. 624–632.

Heuck, H. W. (1995): Fortschritte in der Medizin – Einführung. In: Heuck, Friedrich H. W.; Macherauch, Eckard.; Rüttgers, Jürgen. (Hg.): Forschung mit Röntgenstrahlen. Bilanz eines Jahrhunderts (1895 - 1995); mit 29 Tabellen /. Berlin: Springer , S. 29–33.

Mai, H.; Dietsch, R.; Holz, T. (2000): Ultrapräzise nm-Schichtstapel als Grundlage moderner Röntgentechnologien: Innovative Mehrkomponentensysteme. Neue Legierungsüberzüge, Dispersionsschichten und Multilayer in Theorie und Praxis ; Berichtsband über das 22. Ulmer Gespräch am 11. und 12 Mai 2000 in Neu-Ulm (Donau). Bad Saulgau/Württ.: Leuze.

Stuhlinger, E.; Trümper, J. E.; Weisskopf, M. C.: Röntgenstrahlen aus dem Universum, Rüttgers, Jürgen. (Hg.) (1995): Forschung mit Röntgenstrahlen. Bilanz eines Jahrhunderts (1895 - 1995). Berlin: Springer. S. 563–576.

17 Hightech-Materialien für die Elektronik von morgen

MICHAEL P. M. JANK

ANTON J. BAUER

BERND FISCHER

ALEXANDER SLAMA

THOMAS POTINECKE

17.1 Technologische, wirtschaftliche und gesellschaftliche Relevanz

17.1.1 Rahmenbedingungen

Das vorliegende Anwendungsbeispiel thematisiert die wissenschaftlich und wirtschaftlich wichtige Suche nach neuen Materialien für die Nanoelektronik der Zukunft. Ein Kernthema sind hier Materialien hoher Dielektrizitätskonstante. Diese stellen eine zentrale technologische Anforderung der Halbleitertechnologie für die Mikro- und Nanoelektronik dar. Die Entwicklung der Mikro- und Nanoelektronik ist gekennzeichnet durch eine weiterhin fortschreitende Miniaturisierung und Erhöhung der Zahl der Funktionen und damit der Bauelemente pro Chip (Abbildung 1). Neben der damit einhergehenden Volumenreduzierung bewirkt die Verkleinerung der Strukturen, z. B. von Transistoren, vor allem eine Verbesserung der Eigenschaften von integrierten Schaltungen. So lassen sich beispielsweise der Stromverbrauch von hochintegrierten Schaltkreisen und Speichern verringern oder höhere Schaltgeschwindigkeiten und damit Rechenleistungen erzielen. Die Halbleiterindustrie stößt mit der Miniaturisierung jedoch zunehmend an physikalische Grenzen.

Die hier betrachteten Materialien hoher Dielektrizitätskonstante werden in der Halbleitertechnologie Hoch-ε-Dielektrika oder in Entlehnung aus dem englischen Sprachgebrauch, in dem die Dielektrizitätskonstante ε_r häufig mit den Symbolen k oder κ bezeichnet wird, High-k-Dielektrika genannt. Diese Dielektrika sind elektrische Isolatoren und bestimmen in den weitaus häufigsten elektronischen Bauelementen der CMOS-Technologie für Speicher- und Prozessoranwendungen, den MOSFETs (Metal-Oxide-Semiconductor Field Effect Transistors), die Kapazität eines kleinen Kondensators, der integraler Bestandteil der Transistorstruktur ist und über den der Transistor ein- und ausgeschaltet wird. Der entsprechende Anschluss am Transistor wird als Gate und das in Form einer sehr dünnen Schicht vorliegende Dielektrikum somit als Gatedielektrikum bezeichnet. Da der Kondensator aus einer vertikalen Schichtfolge Gateelektrode – Isolator – Halbleiter besteht, verwendet man für diese Anordnung den Begriff Gatestapel (englisch: Gate Stack). Die Basis

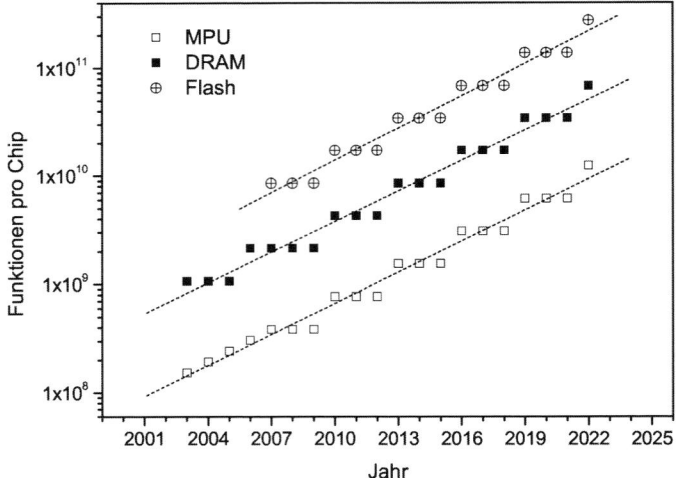

Abbildung 1:   Zahl der Funktionen pro Chip für Prozessoren (MPU), Arbeitsspeicher (DRAM)
                    und nichtflüchtige Speicherbausteine (Flash). Daten aus [ITRS07]

für elektronische Bauelemente bildet in den allermeisten Fällen das Halbleitermaterial Silicium. Als klassisches Gatedielektrikum wurde bisher vor allem Siliciumdioxid verwendet, da es auf Silicium leicht herzustellen und von seinen Material- und Grenzflächeneigenschaften in vieler Hinsicht ideal ist. Bei fortschreitender Miniaturisierung und damit Verringerung der Schichtdicke des Gatedielektrikums hat man jedoch zunehmend mit höheren Verlustströmen in den Bauelementen durch quantenmechanische Effekte zu kämpfen. So steigt der so genannte Tunnelstrom bei einer Isolatordicke unter 2 nm stark an. Für flächenmäßig kleinere Transistoren ist also eine Erhöhung der Schichtdicke des Gatedielektrikums nötig, um solche Effekte zu unterbinden. Um jedoch die Kapazität des Kondensators auf dem gewünschten Wert zu halten und damit die Funktionalität zu gewährleisten, muss gleichzeitig die Dielektrizitätskonstante des verwendeten Gatedielektrikums steigen.

Hier sind also neue, alternative Materialien für das Gatedielektrikum vonnöten, um die weitere Entwicklung der Mikro- und Nanoelektronik zu gewährleisten. Dies hat weltweit zu umfangreichen Forschungs- und Entwicklungsarbeiten geführt, bei denen eine Vielzahl an möglichen Materialkandidaten in Hinblick auf physikalische Eigenschaften, wirtschaftliche Herstellbarkeit und Kompatibilität mit der bisherigen Technologie untersucht wurde und immer noch wird.

Mikro- und Nanoelektronik sind ubiquitär, sie sind allgegenwärtig. Auf Mikro- und Nanoelektronik basierende Produkte spielen heute auf allen technischen Gebieten und in fast allen Lebensbereichen wie Gesundheit, Mobilität, Sicherheit, effizienter Energieerzeugung und -nutzung, Kommunikation und Unterhaltung eine unverzichtbare und immer größer werdende Rolle. Sie haben dadurch starke Auswirkung auf die Entwicklung unserer Gesellschaft, sowohl über die Anwendung und Abhängigkeit von diesen Produkten als auch über ihre wirtschaftliche Bedeutung. Als Schlüsseltechnologie und Innovationsmotor für z.B. den Automobilbereich, Maschinenbau oder die Kommunikationstechnik ist die Nanoelektronik ein entscheidender wirtschaftlicher Faktor für einen Hochtechnologiestandort wie Deutschland, denn auf den Basisentwicklungen zur Mikro- und Nanoelektronik fußt ein riesiger Markt. Während Materialien, Fertigungsgeräte und Halbleiterchips für die Mikro- und Nanoelektronik weltweit bereits einen Markt von 360 Milliarden US-$ umfassen, liegen die darauf basierenden elektronischen Anwendungen sogar bei 1,1 Billionen US-$, die damit verknüpften Dienstleistungen, z.B. im Bereich der Telekommunikation oder des Fernsehens, bereits bei 6,5 Billionen US-$ (vgl. Eniac 2007). Im Vergleich zu einem weltweiten Bruttoinlandsprodukt von rund 40 Billionen US-$ ein gewaltiger Wert. Bis zum Beginn der 1980er Jahre waren die Nutzer von mikroelektronischen Anwendungen vor allem im Bereich der Großrechner in Firmen, Universitäten und Forschungseinrichtungen zu finden. Ihre Anzahl belief sich weltweit auf einige 10 Millionen Nutzer. Durch den Siegeszug der Personal Computer ab den 1980er Jahren bewegten sich die weltweiten Nutzerzahlen schon bald weit über der 100-Millionen-Marke. Durch die heute verfügbaren vielfältigen digitalen Anwendungen für den Verbraucher, seien es Mobiltelefone, MP3-Player, Navigationsgeräte oder Taschencomputer, liegt die Nutzerzahl in der Größenordnung von Milliarden, wobei ein Nutzer meist mit mehr als einer Anwendung arbeitet. Die Anzahl der Menschen, deren Leben heute von Mikro- und Nanoelektronik beeinflusst wird, macht also einen erheblichen Anteil der Weltbevölkerung aus.

Die bekannteste Grundaussage zur Entwicklung der Mikro- und Nanoelektronik ist das so genannte Mooresche Gesetz. Gordon Moore, einer der Gründer der Firma Intel, hatte schon 1965 nach Marktbeobachtungen erkannt und vorausgesagt, dass sich der zeitliche Verlauf zahlreicher typischer Größen der Halbleitertechnologie und Halbleiterindustrie bei halblogarithmischer Auftragung über einen längeren Zeitraum als Gerade ergibt. Relevante Kenngrößen, wie etwa die maximal verfügbaren Speicherchipgrößen oder die Anzahl der Transistoren in den neuesten Prozessoren (Abbildung 1) nehmen über die Jahre exponentiell zu oder fallen exponentiell, wie z.B. typische Strukturgrößen von Transistoren oder die Kosten pro digitaler Funktion, letztere beispielsweise mit einem Halbierungszyklus von ein bis zwei Jahren. Moores Voraussage erwies sich als erstaunlich richtig. Es handelt sich hier jedoch nicht um ein festes Naturgesetz, so dass sich das Mooresche Gesetz im Laufe der Zeit von einer Beobachtung und Vorhersage zu einer Vorgabe der Halbleiterindustrie an sich selbst für die zukünftige Entwicklung gewandelt hat, zu einem Leitsatz, der auf einem wirtschaftlichen Abwägen zwischen Innovationskosten und angestrebtem Wachstum beruht und der die heutige Rolle der Mikroelektronik in unserer Gesellschaft und Wirtschaft erst ermöglicht hat (vgl. Eniac 2007). Die Halbleiterindustrie hat es bisher immer geschafft, diese Vorgaben zu erfüllen, ihnen in vielen Fällen sogar vorauszueilen. Die Vorgaben werden heute wesentlich von der International Technology Roadmap for Semiconductors (ITRS) definiert, einem internationalen, industriegetriebenen Gremium, das in jährlichem Update in 16 Arbeitsgruppen zu allen Aspekten der Halbleitertechnologie die Entwicklung der nächsten 15 Jahre prognostiziert und Ziele aufstellt (vgl. The International Roadmap for Semiconductors 2007).

Die Weiterentwicklung von der Mikro- zur Nanoelektronik ist neben der Verkleinerung der Strukturgrößen, die sich bereits jetzt weit unterhalb der, »Nano-Definitionsgrenze« von 100 nm bewegen, vor allem durch das Auftreten sowie die Überwindung oder das Umgehen von physikalischen, technischen und auch ökonomischen Barrieren gekennzeichnet. Diese Weiterentwicklung, nach den Vorgaben der ITRS, lässt sich mit den klassischen Technologien nur teilweise realisieren, was mit einem dringenden Bedarf an neuen Materialien, Prozessen und Bauelementkonzepten verbunden ist. Beispielsweise ergeben sich durch ballistische- oder Quanteneffekte neue Probleme, für die es in vielen Fällen noch keine Lösungsansätze gibt, aber auch neue technologische Möglichkeiten. Diese Bereiche werden angelehnt an die entsprechende Rotfärbung der Zellen in den Tabellen der ITRS auch »Red Brick Wall« genannt (mit der Definition »no manufacturable solutions exist«), die es zu durchbrechen bzw. zeitlich nach hinten zu verschieben gilt. Auf der anderen Seite wird die klassische Siliciumtechnologie auch mindestens in den nächsten 10 bis 15 Jahren noch die Grundlage der Halbleitertechnologie bilden. Vor diesem Hintergrund bilden die Hoch-ε-Dielektrika neben ihrer technologischen und damit wirtschaftlichen Bedeutung auch ein Paradebeispiel für die geschilderte Entwicklung.

Die ITRS nennt in Ihrer Ausgabe 2007 die Einführung von Hoch-ε-Dielektrika zur Unterdrückung des Tunnelstroms als eine der »Grand Challenges« für den »Near-Term«-Zeitraum bis 2015. Im ITRS-Kapitel zu den so genannten Front-End-Prozessen, d.h. den Prozessschritten vom Halbleiterausgangsmaterial bis zur unverkapselten integrierten Schaltung auf der Halbleiterscheibe, wird als erste Herausforderung das Ende der traditionellen Skalierung (siehe Abschnitt 17.2.5) und die zunehmende Bedeutung neuer Materialien und Strukturen beschrieben. Nachdem es zunächst gelang, die Einführung von Hoch-ε-Dielektrika durch andere technologische Innovationen hinauszuschieben, steht die Einführung erster Hoch-ε-Dielektrika in die Produktion durch führende Halbleiterhersteller (Intel, IBM) unmittelbar bevor. Die Einführung dieser Materialien bringt laut ITRS aber auch neue Herausforderungen mit sich. So wird zum Beispiel erwartet, dass die begrenzte thermische Stabilität der meisten Hoch-ε-Materialien engere Grenzen für die thermischen Budgets zur Dotierstoffaktivierung im Silicium setzt. Im Speicherbereich werden Hoch-ε-Materialien für stapel- und grabenartige DRAM-Kondensatoren eingesetzt und für nichtflüchtige, so genannte Flash-Speicher wird der Einsatz von Hoch-ε-Materialien ab 2009 erwartet(vgl. The Inrernational Roadmap for Semiconductors 2007).

Die Suche nach geeigneten Hoch-ε-Dielektrika ist ein herausragendes Beispiel für die Suche nach den notwendigen neuen Materialien für die Nanoelektronik. Fanden in den 1970er Jahren kaum mehr chemische Elemente Anwendung in der Mikroelektronik als die Halbleiter und ihre Dotierelemente sowie Aluminium für Leiterbahnen, ergänzt durch einige weitere Metalle in den 1980er Jahren, so ist heute fast das ganze Periodensystem, einschließlich der seltenen Erden, in den Fokus der Forschung gerückt. Für die verschiedenen Herausforderungen der Nanoelektronik gibt es meist zahlreiche Lösungsansätze, von denen nur jeweils wenige oder gar nur einer zur erfolgreichen industriellen Anwendung gelangen, und sei es, weil trotz Zielerfüllung von wissenschaftlicher Seite ökonomische Randbedingungen, z.B. an die wirtschaftliche Herstellbarkeit, oder die Inkompatibilität mit anderen beteiligten Materialien, einen Einsatz in der (Massen-)Fertigung verhindern. Dies bedeutet, dass in der Regel ein massives und breites Materialscreening erforderlich ist, das neben den wissenschaftlichen Vorgaben noch den zeitlichen und ökonomischen Regeln der

Marktentwicklung unterliegt. In der Regel ist die für ein Aufgabenfeld notwendige Forschungsleistung, wie die viele Facetten umfassende Hoch-ε-Problematik, von einer einzigen Institution oder Firma bei weitem nicht zu erbringen. Industrielle Forschung hat in vielen Fällen nah an der Produktion und nah am nächsten Technologieknoten zu erfolgen. Die in der Halbleitertechnologie finanziell immens zu Buche schlagende Geräteausstattung ist bei großen Halbleiterfirmen in der Regel deutlich umfangreicher und moderner als bei Forschungsinstituten oder gar Universitäten, aber eben oft auch durch Produktionsanforderungen gebunden und dadurch nur bedingt flexibel einsetzbar. Die Kontamination von Produktionsanlagen durch einen Testlauf mit einem neuen Material könnte hier unübersehbare Folgen haben. Daher muss es in Form einer sich zur Produktion hin verengenden Pyramide von Alternativen eine Kette geben von der breiten Grundlagenforschung mit größerem Zeithorizont, vor allem an Universitäten und Forschungsinstituten, über angewandte Vorlaufforschung und Vorbereitung für die Industrie, z.B. bei der Fraunhofer-Gesellschaft, bis hin zur Umsetzung der im Sieb verbliebenen Alternativen und zum Einfahren für die Fertigung durch die Industrie. Die Grenzen sind hierbei natürlich fließend; die Firmen werden sich z.B. in essentiellen Fragestellungen auch selbst um den Vorlauf kümmern. Die Rollen passen jedoch zu den Möglichkeiten der Akteure. Mainstream-Speicher und -Prozessoren werden heute auf Siliciumscheiben (»Wafer«) mit 300 mm Durchmesser produziert. Die Investitionen für eine entsprechende Fertigungsstätte, inklusive aller nötigen Geräte, können in der Größenordnung von Milliarden Euro liegen. Eine entsprechende prozessdurchgängige Forschungslinie auf 300 mm, die immer noch einige hundert Millionen Euro kostet, ist daher für Universitäten und öffentliche Forschungsinstitute nicht finanzierbar. Hier wird entweder nur in ausgewählten Teilbereichen auf 300 mm-Scheiben gearbeitet oder in der Breite auf kleineren Durchmessern wie 200 mm oder, insbesondere bei Universitäten, noch darunter. Ein neues dielektrisches Schichtmaterial etwa lässt sich im ersten, groben Raster des Aussiebeprozesses auf seine grundlegenden Eigenschaften hin auch auf einem Waferbruchstück untersuchen.

Außerhalb der ausgesprochenen Massenfertigung von Speichern und Prozessoren, also bei Technologien, Bauelementen und integrierten Schaltungen für spezielle Anwendungen findet die Fertigung in vielen Fällen auf 200 mm-Scheiben statt. Diese Anwendungen, etwa im Automobil- oder Telekommunikationsbereich, gibt es in großer Breite und Vielfalt, oft getragen durch klein- und mittelständische Unternehmen (KMUs). Diese machen in Summe mit entsprechenden Arbeitsplatzzahlen einen Großteil der Mikroelektronik-Industrie in Deutschland aus, auch wenn sie meist nicht im Fokus der öffentlichen und politischen Wahrnehmung stehen. Hier liegt die Stärke in der Breite und Flexibilität. Die deutliche Konzentration der – hinsichtlich der Produktpalette deutlich engeren und damit von der spezifischen Marktlage sehr abhängigen – Massenfertigung von Speichern und Prozessoren in Asien ist daher keinesfalls gleichzusetzen mit einem Ende der Mikro- und Nanoelektronik in Deutschland und Europa. Im Gegenteil, gerade im Bereich der genannten Spezialanwendungen verfügen Deutschland bzw. Europa in vielen Bereichen über führendes Know-how und halten bzw. haben das Potenzial zur Marktführerschaft, z.B. bei kundenspezifischen Schaltkreisen für die Automobilindustrie oder den Maschinenbau. Mikro- und Nanoelektronik ist somit ein essentieller »Enabler« gerade auch für die Stärken der deutschen und europäischen Industrie. Sie trägt stark zur Wertschöpfung in den jeweiligen Märkten bei oder ermöglicht diese sogar erst (vgl. ZVEI 2007). Laut ZVEI stützen sich 90% aller Innovationen im Automobil auf Elektronik. Forschungsbedarf gibt es hier unter anderem bei neuen Halbleitertechnologien. Für die Wettbewerbsfähigkeit der verschiedenen Industriesparten ist laut dem Verband die Verfügbarkeit von spezifischen Halbleitern grundlegend wichtig geworden (vgl. ZVEI 2007). Von der Elektro- und Informationstechnologie hängen laut VDE 50 Prozent der deutschen Industrieproduktion und 80 Prozent der deutschen Exporte ab (vgl. VDE 2004). KMUs, die hier wie geschildert eine bedeutende Rolle spielen, können den finanziellen Aufwand für eine eigene Forschungsabteilung kritischer Größe oft nicht betreiben, so dass sie auf externe, im eigenen Land verfügbare Forschung angewiesen sind. Die Institute der Fraunhofer-Gesellschaft stellen in Ihrer Ausrichtung hierfür einen idealen Partner dar.

Die ursprüngliche Zielrichtung der Forschung an Hoch-ε-Materialien ist im Bereich der hochleistungsfähigen Speicher und Prozessoren anzusiedeln. Diese so genannten Leading-Edge-Produkte, die beständig starker Miniaturisierung und Leistungssteigerung unterliegen und in immensen Stückzahlen hergestellt werden, waren schon immer die Treiber für Innovationen an vorderster Front. Die Kombination von Leading-Edge-Technologiekompetenz mit führendem Know-how in kunden- und anwendungsspezifischen Technologien, wie oben erläutert, erlaubt jedoch einen Transfer der Leading-Edge-Erkenntnisse in die Breite, z. B. für die Automobilindustrie, die Medizintechnik oder den Maschinenbau, bis hin zur Leistungselektronik, die in den letzten Jahren ebenfalls große Fortschritte hinsichtlich Volumenreduzierung gemacht und somit großen Bedarf an neuen Materialien und Techniken aus der Nanoelektronik hat. Die Leading-Edge-Technologie hat somit über kurz oder lang großen Einfluss auch auf andere Technologiebereiche. Aus diesem Grund ist es notwendig, Leading-Edge-Technologieforschung vor Ort zu betreiben, ohne von Zukauf von Technologie aus dem Ausland abhängig zu sein, deren Verfügbarkeit auf dem Markt nicht selten strategisch oder militärisch bedingten Beschränkungen unterliegt. Die breitgefächerte und ständig wachsende Anzahl an Anwendungen der Mikro- und Nanoelektronik bewirkt eine Entwicklung hin zur Implementierung und Integration von Systemen mit hochkomplexen Funktionalitäten, die robust, nutzergerecht und zuverlässig arbeiten müssen. Der Trend zur Diversifizierung, d.h. zur wirtschaftlich wichtigen Verbreiterung der Anwendungsfelder der klassischen CMOS-Technologie durch ergänzende Prozessschritte und Funktionalitäten, etwa aus dem Hochfrequenz-, Hochspannungs-, Leistungs- oder optoelektronischen Bereich, wird heute weltweit erkannt und anerkannt. Die technologischen Grenzen zwischen klassischen Halbleiterprozesstechnologien, Aufbau- und Verbindungstechniken und Systemtechniken verschwimmen dabei immer mehr. Auch in der Definition der ITRS wird heute der Begriff Leading-Edge nicht mehr nur unter dem Gesichtspunkt der reinen, aggressiven Skalierung im Bereich der Speicher und Prozessoren gesehen, sondern umfasst alle halbleitertechnischen Innovationen, die es erlauben, Anwendungen schneller, kostengünstiger, energiesparender oder erstmals marktfähig ausführen zu können.

Vor diesem Hintergrund hat das Fraunhofer-Institut für Integrierte Systeme und Bauelementetechnologie (IISB) die Hoch-ε-Dielektrika als zentrales Thema im Bereich der neuen Materialien für die Mikro- und Nanoelektronik schon in der Anfangsphase der Hoch-ε-Diskussion in Wissenschaft und Industrie als eines seiner wichtigen Arbeitsgebiete in der Halbleiterprozesstechnologie aufgenommen. Die enge Zusammenarbeit mit dem in Personalunion geführten Lehrstuhl für Elektronische Bauelemente an der Universität Erlangen-Nürnberg erlaubte es, im Zusammenspiel von Universitätslehrstuhl und Fraunhofer-Institut unter Nutzung der institutionellen Stärken beider Partner die Kette vom Vorlauf bis zur industriellen Anwendung in idealer Weise umzusetzen. Eine vorlauf- und grundlagenorientierte Wissensbasis konnte bereits ab Anfang der 1990er Jahre im Rahmen von großen Verbundprojekten, wie dem zunächst national und später durch die EU geförderten JESSI (Joint European Submicron Silicon Initiative) oder dem bayerischen Forschungsverbund für Oberflächentechnik (FOROB), aber auch mit dedizierten DFG-Projekten zu Materialien und Schichtabscheidungsverfahren, aufgebaut werden. Herausragende Leading-Edge-Arbeiten wie etwa zu dünnen nitridierten Oxiden im Rahmen von EU-Projekten oder zu hafnium- und zirkonbasierten Hoch-ε-Materialien für die amerikanische SEMATECH verstärkten die internationale Sichtbarkeit des IISB auf diesem Forschungsgebiet immens. Auf dieser Basis konnte in resultierenden Folgeprojekten unter Verwertung, Transfer und Ausbau des Know-hows eine breite Wertschöpfung aus dem Thema auch für das Institut erreicht werden. Mit europäischen, nationalen und bayerischen Fördergebern, in den meisten Fällen aber im Auftrag der Industrie, sowohl in Form von KMUs als auch großen Firmen, wurden hier erfolgreich breite Fragestellungen z.B. zu Gateoxiden für Siliciumcarbid-MOSFETs, zu Hoch-ε-Materialien für integrierte passive Bauelemente für analoge Schaltungen, zur Ladungsspeicherung in nichtflüchtigen Flash-Speichern oder zu Schichtabscheidetechniken behandelt. Auch aktuell werden am Institut noch wichtige Fragestellungen untersucht, wie die atomare Schichtabscheidung von zirkonbasierten Dielektrika als Speicherdielektrikum, die Weiterentwicklung der elektrischen Charakterisierung von Hoch-ε-Dielektrika durch modernste Messmethoden, der Einsatz von Hoch-ε-Dielektrika in nichtflüchtigen Flash-Speichern oder die Optimierung von metallischen Gateelektroden auf Hoch-ε-Dielektrika.

17.1.2   Einsatzgebiete für Materialien hoher Dielektrizitätskonstante

War die Erforschung von Hoch-ε-Materialien ursprünglich von den Anforderungen der höchstintegrierten Schaltungen wie Prozessoren oder DRAM-Arbeitsspeicher getrieben, so wurde mittlerweile eine Vielzahl von Technologien identifiziert, in denen diese neue Materialklasse signifikante Verbesserungen der Bauelementeparameter sowie neuartige Integrationskonzepte erwarten lässt. Unterteilt in integrierte Schaltungen und Speicherbauelemente sollen die Möglichkeiten im Folgenden dargestellt werden.

Logik- und Mixed-Signal-Schaltungen

Anwendungen der Höchstintegration finden sich in Prozessoren, die man als Herzstück in Tischrechnern und Laptops findet sowie anwenderprogrammierbaren Mikrocontrollern für den Einsatz in Gerätesteuerungen oder der Kommunikationstechnologie, aber auch in anwenderspezifischen integrierten Schaltungen (ASICs) für Produkte hoher Stückzahlen. Die Übergänge zwischen den Einsatzbereichen der jeweiligen Schaltungsklassen sind dabei fließend. Einsatzgebiete für Hoch-ε-Dielektrika in hochintegrierten Logikschaltungen finden sich im Gate-Stapel der MOS-Transistoren. Dort kommen Hoch-ε-Dielektrika zunächst in Schaltungen mit geringem Energieverbrauch, wie man sie beispielsweise für mobile Anwendungen benötigt, zur Anwendung (vgl. IBM 2008; Intel 2008). Hauptvorteil der Hoch-ε-Dielektrika ist hier der geringe Leckstrom bei gleichzeitig hoher Kapazität.

Gemischte digital-analoge Schaltungen werden unter anderem für die Realisierung von Operationsverstärkern, Schalter-Kondensator-Schaltungen, Filtern sowie Digital/Analog- und Analog/Digital-Wandlern eingesetzt (vgl. Babcock 2001). Diese Anwendungen benötigen hochpräzise passive Komponenten mit geringem Flächenbedarf. Hoch-ε-Dielektrika bieten sich aufgrund der geringen Fläche pro Kapazität als Material für den Einsatz in passiven Analog-Schaltungskomponenten an und bieten darüber hinaus die Möglichkeit, externe Komponenten, beispielsweise Stützkondensatoren für die Stabilisierung der Spannungsversorgung, mit dem Chip zu integrieren. Die Verwendung in Metall-Isolator-Metall-Strukturen erlaubt den Einsatz hoch leitfähiger Elektroden und führt zu geringen parasitären Kapazitäten (vgl. Zurcher et al. 2000; Armacost et al. 2000; Yu et al. 2003).

Halbleiterspeicher

In den zurückliegenden Jahren wurden die hochintegrierten Schaltungen als Technologietreiber von den Speicherbauelementen abgelöst. Waren zunächst DRAMs (Dynamic Random Access Memories), eingesetzt beispielsweise als PC-Arbeitsspeicher, die Bausteine mit den geringsten Strukturbreiten beziehungsweise der höchsten Funktionsdichte pro Fläche, so stehen mittlerweile die nichtflüchtigen Flash-Speicher an der Spitze der Entwicklung (vgl. The International Technology Roadmap for Semiconductors 2007). Letztere kommen in Massenspeichern wie USB-Sticks oder Speicherkarten für mobile Unterhaltungselektronik, zum Beispiel Digitalkameras, zur Anwendung. Aufgrund der rasanten Entwicklung und der stark sinkenden Preise pro Speichervolumen rücken neue Anwendungen wie Festkörper-Festplatten, die vollständig aus nichtflüchtigen Flash-Speichern bestehen werden, in den Mittelpunkt des Interesses.

Hoch-ε-Dielektrika finden sich in den Kondensatoren zukünftiger DRAM-Speicherzellen sowie in den Steueroxiden von SONOS-Flash-Speichern für die nichtflüchtige Datenspeicherung (vgl. Wang et al. 2004). Sind bei den DRAM-Bauelementen vor allem die hohen Kapazitäten pro Fläche, wiederum in Metall-Isolator-Metall-Konfiguration, gefragt (vgl. Kingon/Maria/Streiffer 2000), so ergeben sich bei den SONOS-Flash-Speichern durch den Einsatz ausgewählter Hoch-ε-Dielektrika Vorteile beim Beschreiben und Löschen der Bauelemente (vgl. Lee 2003; Lee et al. 2006).

17.2   Problemstellung

17.2.1   MOS-Feldeffekttransistoren

Aufbau und Funktionsweise von MOS-Feldeffekttransistoren

Das Kernelement der hochintegrierten Schaltungstechnologien ist der MOS-Feldeffekt-transistor, wobei MOS für die vertikale Schichtfolge Metall – Siliciumdioxid – Halblei-ter (englisch: Metal – Oxide – Semiconductor) im aktiven Bereich des Transistors steht. Aktuelle Prozessoren bestehen im Jahr 2008 aus mehreren hundert Millionen bis hin zu über einer Milliarde Transistoren, die mit höchster Genauigkeit gleichzeitig in und auf dem Siliciumsubstrat gefertigt werden und auch alle funktionieren müssen.

Der einzelne Transistor weist die in Abbildung 2 dargestellten Funktionselemente auf. Schematisch werden die Beziehungen für einen so genannten n-Kanal-Transistor auf p-dotiertem Siliciumsubstrat dargestellt. Für p-Kanal-Transistoren gelten vergleichbare Be-ziehungen mit umgekehrten Polaritäten von Dotierungen, Strömen und Spannungen (vgl. Sze 1985).

Die beiden hoch leitfähigen n^+-Gebiete bilden die Kontakte zum im eingeschalteten Zu-stand leitenden Kanal des Transistors. In den n-leitenden Gebieten sind Elektronen für den Ladungstransport verantwortlich, in p-leitenden Gebieten fehlende Elektronen, so genannte Löcher. Die Übergänge zwischen p- und n-leitenden Gebieten können, abhängig von der Polarität der angelegten Spannung, einen Stromfluss zulassen oder blockieren. Im ausge-schalteten Zustand ist bei typischen Betriebsspannungen der pn-Übergang zwischen dem Drain-Kontakt und dem Substrat in Sperr-Richtung gepolt. Ein Stromfluss zwischen den beiden n^+-Gebieten über das Substrat ist damit nicht möglich.

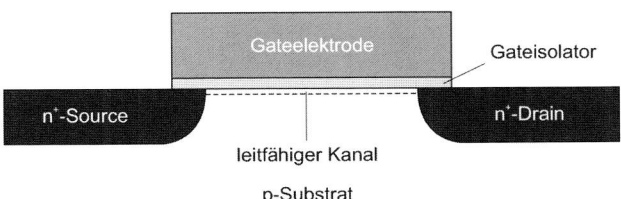

Abbildung 2:   Grundelemente eines MOS-Feldeffekttransistors. Skizziert ist ein so genannter Langkanaltransistor, mit allen Elementen, die in Technologien mit Kanallängen über 1 µm benötigt werden.

Die Schalterfunktion des Transistors wird durch die Beeinflussung der Siliciumoberfläche über das Gate erreicht. Mit der dielektrisch vom Substrat isolierten Elektrode kann in das Siliciumsubstrat ein elektrisches Feld eingekoppelt werden, über das sich in Oberflächennähe die Ladungsträgerdichte stark beeinflussen lässt. Durch dieses Feld können die im p-Halbleiter dominierenden Löcher an der Oberfläche verarmt und in einer sehr dünnen Schicht an der Halbleiter – Isolator – Grenzfläche Elektronen angesammelt werden. Zwischen den beiden n-dotierten Gebieten Source und Drain bildet sich ein leitfähiger Elektronenkanal aus.

Kernparameter und Kennlinien von MOS-Feldeffekttransistoren

Abbildung 3 zeigt die an den Kontakten messbaren Ausgangs- und Übertragungskennlinien. Für die weitere Darstellung werden als wichtigste Parameter die Ladungsträgerbeweglichkeit μ, die Einsatzspannung U_{Th} und der Drainstrom im ausgeschalteten Zustand I_{off} näher betrachtet.

Die Beweglichkeit beschreibt die Abhängigkeit zwischen der Ladungsträgergeschwindigkeit und dem elektrischen Feld zwischen Drain und Source und ist damit der wesentliche Parameter für die Limitierung der durch den Transistor zu erzielenden Stromdichte. Die Beweglichkeit wird durch Stöße mit den Atomen des Kristallgitters und, da speziell die Elektronenbeweglichkeit im oberflächennahen Kanal von Interesse ist, durch Wechselwirkung der Ladungsträger mit der Isolatorgrenzfläche definiert. In der Ausgangskennlinie (Abbildung 3 links) wirkt sich die Beweglichkeit auf den Anstieg des Drainstroms bei niedrigen Drainspannungen sowie auf den maximal bei einer bestimmten Gatespannung U_G erzielbaren Sättigungsdrainstrom aus. In der Übertragungskennlinie (Abbildung 3

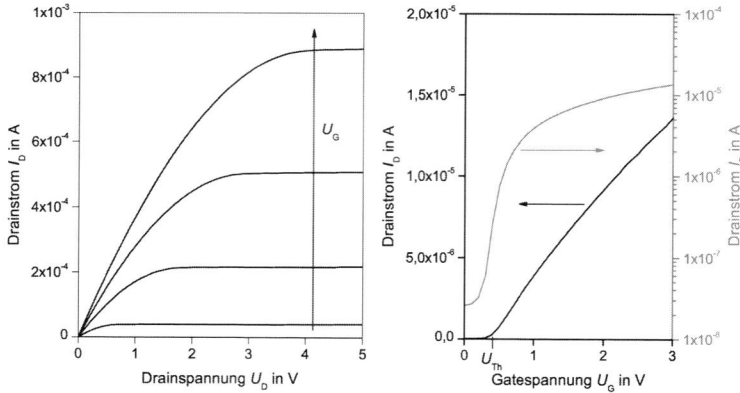

Abbildung 3:   Typische Ausgangskennlinien für verschiedene Gatespannungen U_G (links) und Übertragungskennlinien (rechts) eines MOS – Feldeffekttransistors.

rechts, schwarze Kennlinie) bestimmt die Beweglichkeit den Anstieg des Drainstroms nach Einschalten des Transistors.

Das Kriterium für das Einschalten des Transistors ist das Überschreiten der Einsatzspannung U_{Th} am Gate. Oberhalb dieser Gatespannung steigt die Dichte der Elektronen im Kanal stark an, was sich in der Übertragungskennlinie durch den linearen Anstieg des Drainstroms ausdrückt.

Für die Betrachtung des Drainstroms im ausgeschalteten Zustand wird die Übertragungskennlinie im Allgemeinen halblogarithmisch aufgetragen (Abbildung 3, rechts, graue Kennlinie). Es zeigt sich, dass bereits für Gatespannungen, die niedriger als die Einsatzspannung sind, ein Stromfluss auftritt, der jedoch um Größenordnungen unter dem Strom im eingeschalteten Zustand liegt. Ohne an dieser Stelle weiter auf die genauen Mechanismen einzugehen, erkennt man, dass im Unterschwellenbereich der Drainstrom mit sinkender Gatespannung zunächst exponentiell abnimmt, jedoch auch bei einer Gatespannung von 0V noch Leckströme zwischen Drain und Source fließen können.

Herstellung von MOS-Transistoren

Im Sinne einer knappen Übersichtsdarstellung muss an dieser Stelle auf die Behandlung wichtiger Technologieaspekte wie lateraler Isolation, Kontaktierung der Bauelemente über Metall-Leiterbahnen und Herstellung von komplementären n- und p-Kanal-Bauelementen (englisch: Complementary Metal Oxide Semiconductor, CMOS) auf einem Substrat verzichtet werden. Es sollen vielmehr nur die Schritte zur Diskussion kommen, die sich auf die in Abbildung 2 dargestellten Elemente Drain und Source sowie den Gatestapel beziehen.

Die Fertigung von MOS-Transistoren erfolgt im Allgemeinen mittels selbstjustierter Definition der Source- und Drainkontakte über den zuvor bereits aufgebrachten und strukturierten Gatestapel. Selbstjustiert bedeutet in diesem Zusammenhang, dass der Gatestapel bei der Einbringung der n-Typ Dotieratome mittels Ionenimplantation den Kanalbereich maskiert. Über dem Kanalbereich werden die Ionen in der Gateelektrode abgebremst. Die Selbstjustierung bietet den Vorteil, dass der Überlappbereich zwischen der Gateelektrode und den Source- und Draingebieten und damit parasitäre Kapazitäten minimiert werden können (vgl. Widmann/Mader/Friedrich 1996).

Da die Source- und Drain-Dotierung nach der Implantation bei Temperaturen von etwa 900°C oder darüber thermisch aktiviert werden muss, kommen für die Verwendung als Gateelektrode nur temperaturresistente Materialien in Frage. Die üblicherweise in der Halbleitertechnologie eingesetzten Metalle hingegen, speziell Aluminium mit einem Schmelzpunkt von 660°C, scheiden aus. In herkömmlichen Technologien wird aus der Gasphase abgeschiedenes, hoch n-dotiertes Polysilicium als Elektrodenmaterial verwendet, das sich aufgrund der hohen Dotierungskonzentration vergleichbar einem Metall verhält.

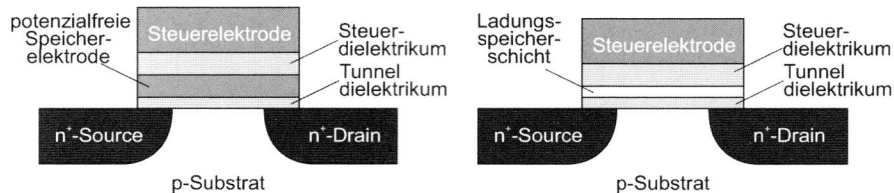

Abbildung 4:   Typische Flash-Speicherzellen mit potenzialfreier Elektrode (links) und
                     Siliciumnitrid-Ladungsspeicherschicht (SONOS-Speicher, rechts)

17.2.2   Nichtflüchtige Flash-Speicherzellen

Bei der Darstellung des Transistors wurde bereits auf die Einsatzspannung als wichtigen
Parameter hingewiesen. Neben anderen Einflussgrößen hängt diese von der im Isolator
enthaltenen, im Allgemeinen unerwünschten, Ladungsdichte ab. Dieser Umstand lässt sich
jedoch dahingehend nutzen, dass man in den Bereich des Isolators gezielt Ladungen ein-
bringt, um die Einsatzspannung dauerhaft zu verändern (vgl. Capelleti et al. 1999).

Hierzu ersetzt man den Isolator durch eine Schichtfolge Isolator – Metall (=Polysilicium) –
Isolator. Es entsteht eine potenzialfreie, komplett von Isolator umgebene Elektrode, die
durch Tunneln oder Injektion von Ladungsträgern aus dem Substrat beschrieben werden
kann (Abbildung 4 links). Die benötigten elektrischen Felder werden durch das herkömm-
liche Transistorgate eingeprägt. Das Entfernen der Ladung erfolgt durch Anlegen hoher
Felder und Tunneln der Ladung aus der potenzialfreien Elektrode in das Substrat. Gespeicherte Information bleibt bei Abtrennen der Versorgungsspannung erhalten. Daher werden
die Bauelemente als nichtflüchtige Speicherzellen bezeichnet.

Auf die Transistorkennlinie (vgl. Abbildung 3) wirkt sich die Ladungsspeicherung durch
eine Parallelverschiebung der Kurve entlang der Gatespannungs-Achse aus. Durch Messung des Drainstroms bei einer Referenzspannung wird der Zustand des Speichers ausgele-
sen.

Anstatt des Metalls kann auch eine Ladungsspeicherschicht, beispielsweise Siliciumnitrid
eingesetzt werden, in der die Ladungen ortsfest in so genannten Haftstellen eingefangen
werden (PolySilicium-Oxid-Nitrid-Oxid-Substrat, SONOS). Vorteile hat dies vor allem in
der höheren Zuverlässigkeit. So führen Schwachstellen im Tunneldielektrikum zwischen
Ladungsspeicherschicht und Substrat nicht direkt zum Verlust der Speicherladung, da sich
die Ladungen innerhalb der Speicherschicht nicht frei bewegen können. Zudem besitzen
die Flash-Speicherzellen mit Ladungsspeicherschicht Vorteile in Bezug auf die Skalierung.

17.2.3   Dynamische Speicher mit wahlfreiem Zugriff

DRAMs (englisch: Dynamic Random Access Memories) werden vor allem als Arbeits-
und Graphikspeicher in Personal-Computern eingesetzt. Da sie beim Wegnehmen der
Versorgungsspannung die gespeicherte Information verlieren, werden sie als flüchtig bezeichnet.

Das Prinzip beruht auf dem Aufladen eines Speicherkondensators über einen Zugangstran-
sistor (Abbildung 5 links, vgl. Widmann/Mader/Friedrich 1996). Der Kondensator muss
eine möglichst hohe Kapazität besitzen. Im Allgemeinen wird eine Flächenerhöhung durch
Verwendung eines tiefen Grabens (Abbildung 5 Mitte), dessen Außenwände als Kondensatorfläche dienen (vgl. Widmann/Mader/Friedrich 1996), oder Aufbau eines Stapelkonden-
sators (vgl. Inoue et al. 1989, Abbildung 5 rechts) erreicht. Neben der großen Kapazität
werden vor allem niedrige Leckströme in Kondensator und Transistor für die Funktion des
Bauelements benötigt.

17.2.4   Kenngrößen der MOS-Struktur

Als Grundlage für die weiteren Überlegungen soll an dieser Stelle eine kurze Übersicht zur
Physik der MOS-Struktur wiedergegeben werden (vgl. Sze 1985), die jedoch keinen Anspruch auf Vollständigkeit erhebt. Im Detail sollen lediglich die wichtigsten Auswahlkrite-
rien für Isolatormaterialien motiviert werden.

Zunächst soll dabei von der Funktion des Gatestapels im MOS-Transistor ausgegangen
werden. Der Strom durch den Transistor, ausgedrückt durch den Strom I_D, der in den

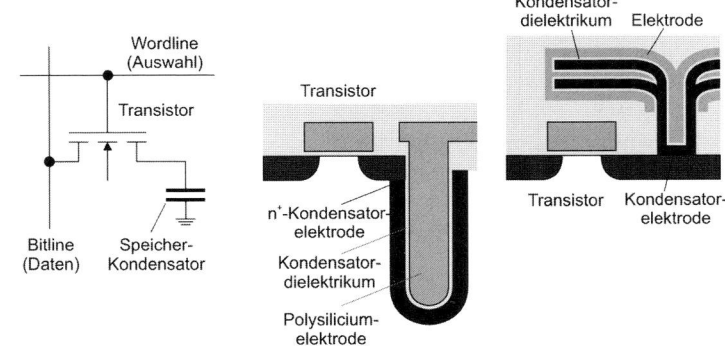

Abbildung 5:   DRAM (Dynamic Random Access Memory)-Speicherzellen. Funktionsweise
(links) und Ausführungsformen (Mitte, rechts). Zur Erhöhung der
Kondensatorfläche wird entweder ein tiefer Graben (Mitte) oder ein
Stapelkondensator (rechts) eingesetzt.

Drainkontakt hineinfließt, lässt sich für hohe Drainspannungen in erster Näherung durch

$$I_{\mathrm{D}} = \frac{1}{2} \mu C_{\mathrm{IS}} \frac{W}{L} (U_{\mathrm{G}} - U_{\mathrm{Th}})^2$$

beschreiben. Hierbei ist C_{IS} die flächennormierte Kapazität des Isolators, W die Weite und L die Länge des Kanalgebiets. Neben einer guten Beweglichkeit der Ladungsträger im Kanal ist vor allem eine hohe Kapazität notwendig, um hohe Drainströme zu erzielen. Diese Kapazität ergibt sich aus der relativen Dielektrizitätskonstante ε_{r} beziehungsweise $\varepsilon_{\mathrm{IS}}$ des Isolatormaterials und der Isolatordicke d_{IS} zu

$$C_{\mathrm{IS}} = \frac{\varepsilon_0 \varepsilon_{\mathrm{IS}}}{d_{\mathrm{IS}}} .$$

Die elektrische Feldkonstante ε_0 ist als Naturkonstante unabhängig von Material oder Bauelementedimensionen. Zur Verbesserung der Steuerwirkung des Gates auf den Kanal und zur Erzeugung hoher Gateströme ist eine Erhöhung der Dielektrizitätskonstante des Isolators oder eine Verringerung der Isolatordicke notwendig.

Weiterhin zeigt Abbildung 6 das so genannte Bändermodell einer MOS-Struktur, das heißt eine Darstellung der auf der Energieskala zulässigen Elektronenzustände aufgetragen über der Ortskoordinate, in diesem Fall vertikal durch das Bauelement aus Abbildung 2 hindurch.

Auf der rechten Seite sieht man die Bandstruktur des Halbleiters, repräsentiert durch die Energiebänder Valenzband (entspricht ortsfesten Elektronen, die in Silicium-Silicum-Bindungen eingehen) sowie Leitungsband (entspricht freien Elektronen, die zur Leitfähigkeit des Materials beitragen). Freie Elektronen können durch Anheben von Elektronen aus dem Valenz- ins Leitungsband generiert werden. Dies kann beispielsweise durch Bestrahlung mit Licht erfolgen. Auch bei Raumtemperatur befindet sich durch thermische Anregung bereits eine bestimmte Anzahl von Elektronen im Leitungsband. Die im Valenzband verbleibende, offene Bindung kann als fehlendes Elektron, als so genanntes »Loch« ebenfalls zum Stromtransport beitragen. Neben der Anregung durch Energiezufuhr können auch durch Dotierung des Halbleiters Elektronen im Leitungsband erzeugt werden. Zum Beispiel können Donatoren, die Energieniveaus direkt unterhalb der Leitungsbandkante erzeugen, ein Elektron durch Zuführen geringster Energiemengen an das Leitungsband abgeben und so zur n-Leitung beitragen. Donatoren sind in der Regel bei Raumtemperatur ionisiert, so dass ihre Elektronen vollständig zum Stromtransport beitragen können.

Innerhalb des Leitungsbandes können sich Elektronen frei bewegen. In der Regel wird diese Bewegung einerseits thermischer Natur (d. h. ungerichtet) sein, kann andererseits aber auch durch Ladungsträger-Konzentrationsgradienten oder elektrische Felder beeinflusst werden. Bewegte Elektronen besitzen zusätzlich zur potenziellen Energie der Band-

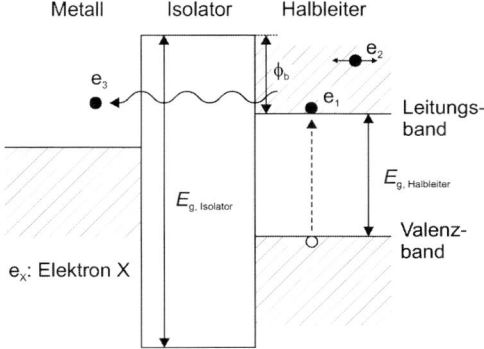

Abbildung 6:   Anhand des Bänderschemas der MOS-Struktur werden die entscheidenden Größen für die Auswahl aufeinander abgestimmter Materialien für Isolator und Gateelektrode verdeutlicht.

kante noch einen kinetischen Energieanteil, der sich im Bänderdiagramm durch ein höheres Energieniveau darstellen lässt (vgl. Elektron 2 gegenüber Elektron 1 in Abbildung 6).

Im Vergleich zum Halbleiter besitzen Isolatoren (mittlerer Teil in Abbildung 6) einen wesentlich größeren Bandabstand E_g zwischen Valenz- und Leitungsband. Dies bedeutet, dass es wesentlich höherer Energien bedarf, um Ladungsträger vom Valenz- in das Leitungsband zu heben. Bei technisch sinnvollen Temperaturen zeigen Isolatoren daher keine Leitfähigkeit.

An der Grenzfläche zwischen dem Halbleiter und dem Isolator entsteht eine Energiebarriere der Höhe ϕ_b, die nur durch hochenergetische, das heißt schnelle oder auch »heiße« Elektronen überwunden werden kann. Nur diese hochenergetischen Ladungsträger können in das Leitungsband des Isolators gelangen und damit einen Stromfluss durch den Isolator zulassen.

Neben diesem klassischen Ansatz besteht jedoch auch ein quantenmechanischer Effekt, der einen Stromtransport durch den Isolator erlaubt. Vergleichbar einer elektromagnetischen Welle, die in ein dielektrisches Material eindringen und dort teilweise absorbiert werden kann, besteht für Elektronen eine gewisse Wahrscheinlichkeit, dass sie durch den Isolator »tunneln« können. Der Prozess wird als direktes Tunneln bezeichnet, da der Tunnelpfad direkt vom Leitungsband des Halbleiters in die Gateelektrode führt (Elektron 3 in Abbildung 4). Die Tunnelwahrscheinlichkeit steigt exponentiell mit abnehmender Isolatordicke.

17.2.5   Skalierung in der Mikroelektronik

Die kontinuierliche Leistungssteigerung mikroelektronischer Schaltungen wird durch die ständige Verkleinerung der Bauelemente, im Wesentlichen der Transistoren und Leiterbahnen, erreicht (vgl. Haensch et al. 2006). Blieben die in den Schaltungen verwendeten Spannungen zunächst konstant, so ging man in der 1990er Jahren dazu über, für die Skalierung Regeln anzuwenden, die konstante maximale Felder in den Bauelementen gewährleisten. Hierfür werden entscheidende Entwurfsparameter, damit auch die Versorgungsspannung jeweils durch den Faktor α (größer als 1) dividiert oder mit α multipliziert. Die Skalierungsregeln der Konstant-Feld-Skalierung sind in Tabelle 1, die Auswirkung auf Bauelementeparameter in Tabelle 2 wiedergegeben.

Zwischen aufeinander folgenden Technologiegenerationen beträgt der Skalierungsfaktor α etwa 1,4, so dass etwa alle 18 Monate Schaltungen mit der doppelten Funktionsdichte pro Fläche die Vorgängergeneration ablösen.

17.2.6   Physikalische Grenzen der Skalierung und deren Überwindung

Die im letzten Abschnitt dargestellten Skalierungsregeln stellen jedoch nur ein idealisiertes Modell dar. In der Realität müssen verschiedene Entwurfsparameter verschieden stark skaliert werden, um funktionsfähige Schaltungen erzeugen zu können. Beispielsweise können die externen Spannungen nicht genauso schnell skaliert werden wie die geometrischen Dimensionen, da kleine Spannungen die Störanfälligkeit der Bauelemente erhöhen.

Parameter	Änderung
Versorgungsspannung U_{DD}	U_{DD} / α
Gatelänge L	L / α
Gateweite W	W / α
Isolatordicke d_{IS} (äquivalent)	d_{IS} / α
Substratdotierung N	$N \cdot \alpha$

Parameter	Änderung
Elektrisches Feld im Isolator	1
Gatefläche	$1 / \alpha^2$
Drainstrom	$1 / \alpha$
Gateverzögerung	$1 / \alpha$
Leistungsverbrauch	$1 / \alpha^2$
Leistungsdichte / Fläche	1

Tabelle 1:   Skalierungsvorschriften für die Konstant-Feld-Skalierung

Tabelle 2:   Auswirkungen der Skalierung mit konstantem Faktor α auf die Kenngrößen des MOS-Feldeffekttransistors.

Im Rahmen der Skalierung mit unterschiedlichen Geschwindigkeiten treten eine Reihe von Effekten auf, die beim Entwurf der Bauelemente berücksichtigt werden müssen, jedoch durch eine Reihe von Gegenmaßnahmen abgeschwächt werden können (vgl. Wolf 1995).

Beispielsweise war der Übergang zur Konstant-Feld-Skalierung dadurch nötig geworden, dass bei Skalierung der in Abbildung 2 wiedergegebenen Langkanal-Transistoren in Drainnähe sehr hohe elektrische Felder auftreten können. In den n-Kanal-MOS-Transistoren werden hierdurch heiße Ladungsträger erzeugt, die nach Stößen mit den Substratatomen in das Gateoxid injiziert werden und an der Grenzfläche Schädigungen hervorrufen können. Diese Schädigungen akkumulieren mit zunehmender Betriebsdauer des Bauelements und wirken sich nachteilig auf die Kanalbeweglichkeit und damit den zu erzielenden Drainstrom aus. Folge ist eine Degradation des Bauelements und ein Verlassen der vorgegebenen Bauelementespezifikation. Abhilfe schafft hier die Einführung schwach dotierter n-Gebiete zwischen dem Drainkontakt und dem Kanal. Durch Einfügen der schwach dotierten n-Gebiete wird die maximale Feldstärke verringert und die Bildung heißer Elektronen weitgehend vermieden.

Weitere skalierungsbedingte Effekte erwachsen aus der zunehmenden Wirksamkeit von Randeffekten, die zum Beispiel dazu führen, dass Elektroden- und Kanalflächen nicht mehr vollständig überlappen, worunter entweder die Ansteuerbarkeit des Kanals leidet (Schmalkanaleffekt) oder durch Streufelder verringerte Einsatzspannungen auftreten können (Ladungsteilung). Ebenso können durch die verkürzten Gatelängen die Wirkbereiche von Source und Drain überlappen und auf diese Weise ein erhöhter Leckstrom zwischen den beiden Kontakten auftreten. Zur Abschwächung dieser Effekte können eine Reihe von Gegenmaßnahmen ergriffen werden, die an dieser Stelle nicht näher angesprochen werden sollen.

Für die weitere Diskussion sind vor allem zwei Effekte ausschlaggebend, die direkt den Gatestapel, das heißt den Isolator und die Gateelektrode betreffen.

Die Dicke des Gateisolators, herkömmlich wird hierfür Siliciumdioxid verwendet, wird nach Tabelle 1 von Generation zu Generation mittels Division durch den Skalierungsfaktor verringert. Speziell für Isolatordicken kleiner 2 nm treten in Siliciumdioxid-Isolatoren direkte Tunnelvorgänge zum Vorschein und der Leckstrom erhöht sich signifikant. Obwohl Bauelemente mit hohen Gateleckströmen prinzipiell betrieben werden können, ist die Suche nach Alternativen unerlässlich. So ist vor allem in mobilen Anwendungen die Gesamtheit der Verluste ausschlaggebend für die Laufzeit der Akkumulatoren und damit für die netzunabhängige Betriebsdauer der Geräte.

Eine Beibehaltung oder langsamere Skalierung der Oxiddicke ist im Allgemeinen nicht erwünscht, da hiermit die Isolatorkapazität (Gleichung 17.1) und damit die Rechengeschwindigkeit der Schaltung verringert wird. Nach Gleichung 17.2 bietet also nur die Verwendung von Materialien mit höherer Dielektrizitätskonstante einen Ausweg. Eine detaillierte Beschreibung der hierzu verfolgten Ansätze und Probleme ist in den nächsten Abschnitten wiedergegeben.

Darüber hinaus treten auch in der Gateelektrode Effekte auf, die sich erst mit zunehmender Skalierung und Erhöhung der Isolatorkapazität auswirken. Wie oben beschrieben wird für die Gateelektrode aufgrund der gewünschten Temperaturfestigkeit Polysilicium verwendet.

Jedoch ist die Ladungsträgerdichte selbst in sehr hoch dotierten Polysiliciumschichten um mehrere Größenordnungen geringer als in Metallen, so dass im Polysilicium Verarmungseffekte auftreten, die eine zusätzliche Kapazität in Serie zum Gateisolator bewirken. Ist die Isolatordicke groß genug, so ist diese parasitäre Kapazität vernachlässigbar. Mit steigender Isolatorkapazität muss diese jedoch berücksichtigt werden. In der Folge ist Polysilicium für fortschrittliche Technologien nicht mehr als Gateelektrodenmaterial einsetzbar. Auswege finden sich einerseits in der vollständigen Reaktion des Polysiliciums mit einem Metall zu einem Metallsilicid oder im Ersatz des Polysiliciums durch eine metallische Gateelektrode. Speziell in letzterem Fall muss entweder ein temperaturresistentes Material identifiziert werden oder aber der Prozessfluss dahingehend modifiziert werden, dass das Metall erst nach Herstellung der Source- und Drain-Gebiete erzeugt wird.

Über diese skalierungsbedingten Erweiterungen hinaus gibt es eine Reihe von Ansätzen zur Verbesserung der Leistungsfähigkeit der MOS-Transistoren. Beispielsweise können durch Ausübung von mechanischem Stress auf die Kanalgebiete die Beweglichkeit erhöht oder durch die Einführung neuer Kanalmaterialien mit höherer Beweglichkeit beziehungsweise Bauelementearchitekturen mit Mehrfach-Kanälen höhere Drainströme erzielt werden. Diese Modifikationen besitzen eine direkte Auswirkung auf den Einsatz von Materialien hoher Dielektrizitätskonstante oder Metall-Gateelektroden und müssen bei der Entwicklung der Materialsysteme berücksichtigt werden.

17.2.7   Anforderungen und Rahmenbedingungen für den Einsatz von hoch-ε-Dielektrika

Das herkömmlich verwendete Siliciumdioxid lässt sich sehr einfach durch Oxidation der Siliciumoberfläche herstellen. Aufgrund des ausreichenden Angebots der Reaktionspartner Silicium und Sauerstoff bilden sich stöchiometrisch nahezu perfekte amorphe Schichten aus, die zudem qualitativ hochwertige Grenzflächen bilden. Insofern ist Siliciumdioxid als »Geschenk der Natur« anzusehen und war das ausschlaggebende Kriterium für die Durchsetzung des Siliciums gegenüber den Konkurrenten wie zum Beispiel Germanium in der Halbleitertechnologie.

Ein direktes Aufwachsen von Hoch-ε-Dielektrika ist jedoch nicht möglich. Hoch-ε-Materialien werden vorwiegend mittels chemischer Dampfphasenabscheidung, das heißt der chemischen Reaktion von Ausgangsstoffen oder der Zersetzung von Ausgangsstoff-Molekülen an der heißen Oberfläche der Siliciumscheiben, abgeschieden. Für sehr dünne Dielektrika hat sich zudem die sequentielle Abscheidung atomarer Monolagen etabliert (ALD, Atomic Layer Deposition), mit der sich eine exzellente Kontrolle des Schichtwachstums und der Stöchiometrie erzielen lässt.

Grundlegende Anforderungen hinsichtlich der elektronischen Eigenschaften ergeben sich bereits aus den in Abschnitt 17.2.4 angestellten Überlegungen. Zunächst ist es wichtig, dass das neu einzuführende Material eine deutlich höhere relative Dielektrizitätskonstante ε_r im Vergleich zu Siliciumdioxid (ε_r=3,9) aufweist (vgl. Wilk/Wallace/Anthony 2001). Zudem sind für die Unterdrückung der Ladungsträgerinjektion ausreichende Barrierenhö-

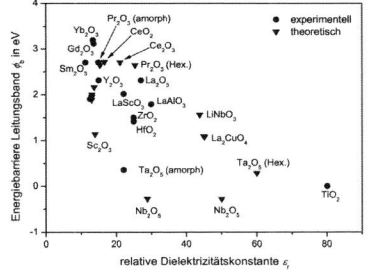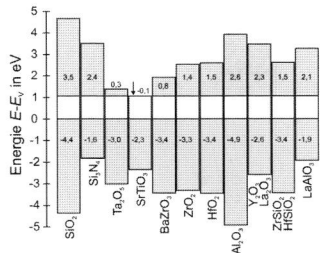

Abbildung 7:   Gegenüberstellung von Dielektrizitätskonstante und Energiebarrieren für
alternative Gatedielektrika (links, vgl. Engström et al. 2007) und Lage der
Energiebänder relativ zu den Bändern des Siliciumsubstrats (rechts, vgl.
Robertson 2000)

hen an der Halbleiter-Isolator-Grenzfläche notwendig (vgl. Robertson 2000). Für ausreichend gute Isolationseigenschaften des Materials wird ein hoher Bandabstand benötigt. Das linke Diagramm in Abbildung 7 zeigt für ausgewählte Materialkandidaten die relativen Dielektrizitätskonstanten sowie die Barrierenhöhen, die Abbildung auf der rechten Seite zeigt die Lage der Bandkanten relativ zu den Bandkanten des Siliciums.

Als weiteres Kriterium für den Einsatz in mikroelektronischen Schaltkreisen sind die Grenzflächeneigenschaften von herausragender Bedeutung. Wie oben bereits angesprochen wirkt sich die Grenzflächenqualität stark auf die Ladungsträgerbeweglichkeit und damit auf die erzielbaren Drainströme aus. Eine ultradünne Siliciumdioxidschicht zwischen dem Halbleiter und dem Hoch-ε-Dielektrikum verbessert die Grenzflächeneigenschaften deutlich, liefert jedoch ihrerseits wiederum einen Beitrag zur Reduzierung der Gatekapazität (vgl. Guha et al. 2002).

Weitere Aspekte zum Einsatz von Hoch-ε-Dielektrika betreffen die Prozessierung der Schichten. Für die Herstellung wird eine hohe chemische Stabilität der Schichten an den Grenzflächen benötigt (vgl. Engström et al. 2007; Gusev/Narayanan/Frank 2006, S.28). Das Hoch-ε-Material oder Bestandteile daraus dürfen weder mit der Gateelektrode noch mit dem Substrat reagieren, um die elektronische Funktionalität garantieren zu können. Beispielsweise soll weitgehend vermieden werden, dass Sauerstoff aus der Hoch-ε-Schicht an die Grenzfläche zum Halbleiter diffundiert und dort eine dünne Siliciumdioxidschicht bildet, welche die effektive Oxidkapazität verringert (vgl. Engström et al. 2007; Gusev/Narayanan/Frank 2006). Setzt man beispielsweise statt Hafniumoxid ein Hafniumsilicat ein, das stabilere Eigenschaften aufweist, so lässt sich die Bildung der zusätzlichen Siliciumdioxidschicht eingrenzen.

Darüber hinaus müssen die Materialien auch eine ausreichende thermische Stabilität besitzen (vgl. Böscke et al 2006; Stemmer et al. 2003). Die besten elektrischen Eigenschaften lassen sich mit amorphen Materialien erreichen. Korngrenzen in polykristallinen Schichten besitzen Defektzustände im verbotenen Band des Isolators, die zu defektunterstützten

Tunnelleckströmen führen können. Daher ist der Einsatz amorpher Materialien vorzuziehen. Eine Herstellung der Schichten ohne Auskristallisation oder Bildung von Mischphasen im Material lässt sich jedoch nur realisieren, wenn nach der Abscheidung nur noch thermische Behandlungen bei moderaten Temperaturen durchgeführt werden. Auch hier kann im Beispiel Hafniumdioxid die Beigabe von Silicium oder Stickstoff zu einer Stabilisierung der Schicht und damit der Prozessierbarkeit bei höheren Temperaturen führen.

17.3   Entwicklung des Themengebiets am Fraunhofer IISB

Vom Siliciumdioxid zu Materialien hoher Dielektrizitätskonstante

Das Fraunhofer IISB beschäftigt sich als Halbleitertechnologie-Institut seit Beginn mit der Herstellung von Gateisolator-Schichten für die Mikroelektronik, wobei anfangs der Fokus auf qualitativ hochwertigen Siliciumdioxid-Schichten lag. Ende der 1980er Jahre wurden erstmals Untersuchungen zu Schichten mit erhöhter Dielektrizitätskonstante durchgeführt. Die betrachteten Oxid-Nitrid-Oxid-Schichtfolgen oder Tantalpentoxid-Schichten zielten auf den Einsatz in DRAM-Speicherkondensatoren ab. In beiden Fällen kam auch erstmals die chemische Gasphasenabscheidung für die Herstellung von Kondensatordielektrika zum Einsatz. Die benötigten Abscheideöfen wurden als Prototypen selbst hergestellt. Mit den Untersuchungen konnten in der ersten Hälfte der 1990er Jahre umfangreiche Erfahrungen zum CVD-Verfahren sowie der Charakterisierung von Hoch-ε-Schichten gesammelt werden. Diese ermöglichten die Beteiligung an einem ersten größeren EU-Projekt zum Thema und die erfolgreiche Beantragung eines DFG-Projekts. Gleichzeitig mit dieser Entwicklung ergab sich, durch den Umzug des Instituts und den Transfer der Geräte in ein neues Reinraumlabor, die Möglichkeit, qualitativ höherwertige Ergebnisse zu erzielen.

Die Kenntnisse aus der Entwicklung von CVD-Anlagen erlaubten die Verbreiterung des Themengebiets, so dass neben Schichten hoher Dielektrizitätskonstante in der zweiten Hälfte der 1990er Jahre auch andere Materialklassen wie ferroelektrische Speicherschichten untersucht werden konnten. Hierfür wurde auf die bereits vorhandenen Prozessanlagen zurückgegriffen beziehungsweise wurden mit dem vorhandenen Know-how neue, auf die spezifische Anwendung zugeschnittene Geräte aufgebaut.

Die Erfahrungen aus den Förderprojekten der 1990er Jahre führten zum Jahrtausendwechsel zum Einstieg in die Abscheidung von hafnium- und zirkonbasierten Systemen für die Entwicklung von Hoch-ε-Dielektrika. Spezielles Ziel war hier die Entwicklung neuartiger Ausgangsstoffe für die chemische Gasphasenabscheidung, die alle benötigten Reaktionspartner in einem Molekül vereinen und damit eine deutliche Verringerung der Komplexität von Abscheideprozessen und Anlagen erlauben. Gleichzeitig wurden basierend auf den Erfahrungen aus der Untersuchung von Oxid-Nitrid-Oxid-Schichtstapeln ab 2002 Projekte zu nichtflüchtigen Speicherbauelementen eingeworben.

Nachdem sich das Fraunhofer IISB über die letzten 20 Jahre hinweg auf europäischer Ebene als Kompetenzträger für die Schichtabscheidung von Hoch-ε-Dielektrika profilieren konnte, lag der nächste Schritt auf der Hand. Seit 2006 beteiligt sich das Institut mit Geräten und Mitarbeitern als Partner in einer Forschungsallianz am Fraunhofer-Center Nanoelektronische Technologien (CNT) in Dresden, wo in enger Zusammenarbeit mit den Halbleiterherstellern Qimonda und AMD in einer produktionsnahen Umgebung ALD-Zirkonoxidschichten hergestellt und zur Serienreife entwickelt werden.

Parallel hierzu wurden am Institutsstandort Erlangen Aktivitäten zur Abscheidung von Metall-Gateelektroden aufgenommen. Da die Einführung von Hoch-ε-Materialien mit der Einführung von Metall-Elektroden einhergeht, zudem Grenzflächeneffekte zwischen Isolator und Gateelektrode bei der Untersuchung der Hoch-ε-Materialien berücksichtigt werden müssen, ist die Ausweitung der Untersuchungen auf den gesamten Gatestapel (Gateelektrode – Isolator – Halbleiter) eine logische Folge der Technologieentwicklung am Fraunhofer IISB.

17.4 Technologieentwicklung am Beispiel der Mikroelektronik

Wie der Technologieentwicklungsprozess abläuft und welche Faktoren für eine erfolgreiche Umsetzung der neuen Technologie entscheidend sind, wurde am Fraunhofer IISB in Erlangen zusammen mit dem Fraunhofer-Institut für Arbeitswirtschaft und Organisation (IAO) in Stuttgart anhand der Entwicklung der Hoch-ε-Dielektrika untersucht. Die Erfahrungsträger dieser Technologieentwicklung berichteten über entscheidende Ereignisse, Herausforderungen und Maßnahmen.

Das Kernstück des Metall-Oxid-Halbleiter-Feldeffekttransistors (MOS-Transistor) ist der Gatestapel (Abbildung 8). MOS-Transistoren finden sich in unzähligen elektronischen Anwendungen wie Handhelds, Laptops, USB-Sticks und Speicherkarten. Ziel der Forschungsarbeit ist eine verbesserte Leistungsfähigkeit der Mikroelektronik durch längere Akkulaufzeiten und schnellere Prozessoren. Erreicht werden kann dies durch geringere Schichtdicken im Gatestapel, der auf Basis von Siliciumdioxid hergestellt wird. Jedoch sind hier physikalische Grenzen gesetzt. Durch die Verringerung der Siliciumdioxid-Schichtdicke nehmen die Gate-Leckströme zu, die es eigentlich zu verhindern gilt.

Ziel ist, bei gleicher elektrischer Funktion herkömmliches Siliciumdioxid als Gatedielektrikum durch alternative Materialien zu ersetzen und damit Verluste durch Gate-Leckströme zu verringern. Dafür kommen Isolatoren mit möglichst hoher Dielektrizitätskonstante in Frage. Zudem wird an alternativen Metallelektroden geforscht. Die erfolgreiche Technologieentwicklung mündet in neue Herstellungsverfahren für die verwendeten Dünnschichten. Ein zusätzlicher Aspekt besteht in der Entwicklung neuer Schicht- und Grenzflächencharakterisierungstechniken, die gleichzeitig mit der Prozessentwicklung angegangen wurde. Nur mit diesen Verfahren war und ist es möglich, die

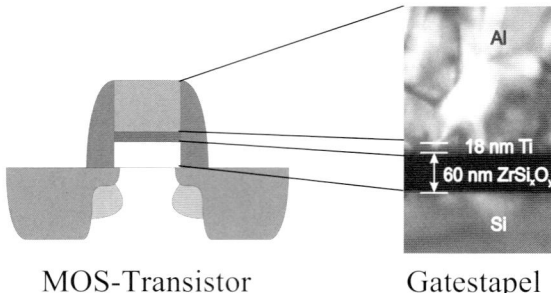

MOS-Transistor   Gatestapel

Abbildung 8:   Aufbau eines MOS-Feldeffekttransistors mit Hoch-ε-Dielektrikum. Links:
                    schematischer Querschnitt durch einen Kurzkanal-MOS-Feldeffekttransistor,
                    rechts: Transmissionselektronenmikroskopische Aufnahme des Gatestapels

hergestellten Schichten weitestgehend zu charakterisieren und Korrelationen zwischen Prozessparametern und elektrischen Eigenschaften der Schichtsysteme nachzuweisen. Beispiele sind Strom-Spannung-Messverfahren zur Charakterisierung von Defekten und deren Dichten, Rasterkraft- und Tunnelstromtechniken zur hochaufgelösten Charakterisierung von Oberflächenqualitäten und Identifikation von Schwachstellen sowie Kapazitäts-Spannungs-Messungen zur Charakterisierung von Grenzflächen- und Volumeneigenschaften der dielektrischen Schichten.

Abbildung 9 zeichnet schematisch die wesentlichen Arbeitsschwerpunkte in den fünf Ebenen über 15 Jahre Technologieentwicklungszeit auf. Ausgangspunkt ist eine Mischung aus Market-Pull, wie zum Beispiel der Bedarf an leistungsfähigeren Speichern und Prozessoren, und Technology-Push durch alternative Gatestapel-Materialien.

Auf dem Weg zur Marktreife und Umsatzgenerierung verdeutlicht die abstrahierte Darstellung einen mäanderartigen Verlauf. Dieser ist charakteristisch für einen Technologieentwicklungsprozess. Die Ursache dafür ist in der Regel auf instabile Prototypen in der Anfangsphase zurückzuführen, die eine Modifikation der ersten technischen Umsetzungen bedingen, um Marktreife zu erreichen. Ziel der leistungsfähigeren Technologieentwicklung ist vor allem, sich dieses typischen Verlaufs im Klaren zu sein und sich darauf vorzubereiten. So kann schnell mit effektiven Maßnahmen und einer effizienten Umsetzung reagiert werden. Als methodische Unterstützung zur Risikominimierung und Absicherung wurde das Audit zur Steigerung der Technologientwicklungsfähigkeit entwickelt, das die entscheidenden Erfolgsfaktoren überprüft und zielgerichtet auf Maßnahmen verweist.

Stage 1: Initiierung
Seit Beginn der ersten Stage »Initiierung« bestand am Fraunhofer IISB die Ambition, bessere Speicher und schnellere Prozessoren durch neue, leistungsfähigere Dielektrika zu ermöglichen. Als Auswahlkriterium der Ansätze wurde auf Durchführbarkeit und hohe Erfolgswahrscheinlichkeit gesetzt. Für die Planung und Umsetzung der alternativen Dielektrika wurden die künftigen Mitglieder des zu bildenden interdisziplinären Teams

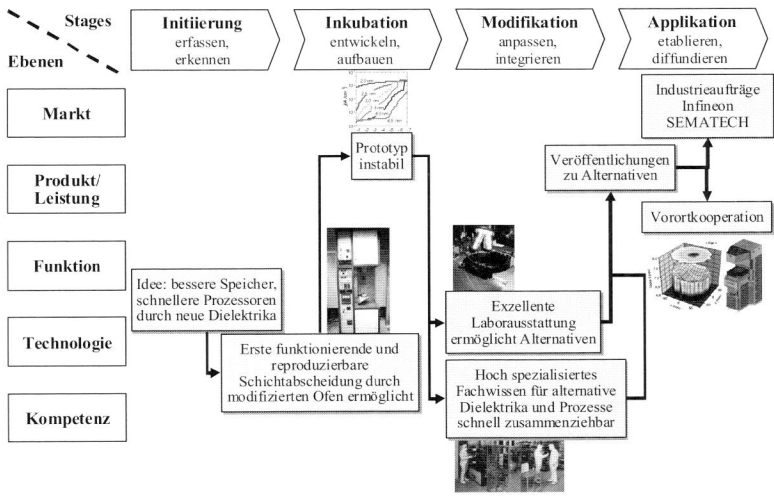

Abbildung 9:   Technologieentwicklungsprozess am Beispiel der Mikroelektronik (Hoch-ε-
Dielektrika)

schnell zusammengeführt. Die notwendigen Budgets für das Personal und die nötigen Sachmittel konnten durch eine erfolgreiche Akquisition von Forschungsprojekten gewährleistet werden. Die vorhandene Infrastruktur, ein Reinraum, erlaubte eine Forschung auf damaligem Laborstandard, um das Thema am Institut grundlegend aufzubauen und zu etablieren.

Stage 2: Inkubation

Ziel der zweiten Stage »Inkubation« war, die technischen Fähigkeiten einer funktionierenden und reproduzierbaren Schichtabscheidung aufzuzeigen. Da es auf dem Markt für den neuen technischen Ansatz noch keine Standardlösungen gab, wurde durch den Umbau eines vorhandenen Geräts ein auf die Anwendung zugeschnittener Ofen für die Gasphasenabscheidung aus metallorganischen Ausgangsstoffen am Institut entwickelt. Mit dem Ofen konnten grundlegende Erfahrungen zur Prozessentwicklung der MOCVD gesammelt werden. Jedoch erwies sich die vielversprechende Lösung als nicht stabil und damit nicht marktreif.

Stage 3: Modifikation

Die Herausforderung in der dritten Stage »Modifikation« war, rechtzeitig vor der Konkurrenz erfolgreiche Alternativen zu identifizieren. Der entscheidende Erfolgsfaktor dabei war die Offenheit der Beteiligten für neue Ideen und Trends. Dies wurde erreicht durch Weiterbildung, durch Fachliteratur, Kooperation mit Experten aus der Chemie, Konferenzbesuche zum Trendabgleich und der Identifikation neuer Trends sowie durch Kundenkontakte zur Bewertung des neu eingeschlagenen Weges. Um die industriellen Anforderungen zu erfüllen, wurde auf höchstem Level geforscht. Dafür wurde eine neue, exzellente Laborausstattung beschafft und die Infrastruktur optimiert. Zudem wurde das hoch spezialisierte Fachwissen für die alternativen Dielektrika und Prozesse durch Promotionsarbeiten unterstützt. Dies erlaubte eine frühzeitige Identifikation und Beherrschung vielversprechender Materialalternativen und Prozesse mit deutlich höherem Potenzial als frühere Technologien.

Stage 4: Applikation

Mit der vierten Stage »Applikation« war es dem Fraunhofer IISB gelungen, Forschungsarbeit bei der Industrie vor Ort und für die Industrie anzubieten. Damit war es dem Institut möglich, sich am Forschungs- und Industriemarkt zu etablieren und mittel- bis langfristig Bestand zu haben. Die entscheidenden Erfolgsfaktoren für die Zielerreichung waren das Marketing durch Veröffentlichungen und Veranstaltungen zu den neuen Forschungsergebnissen, die Anpassung der Hardware auf den Kundenbedarf und die aktive Suche nach Kunden für neue, gemeinsame Geschäftsmodelle.

17.5   Literatur

Armacost, M.; Augustin, A.; Felsner, P.; Feng, Y.; Friese, G.; Heidenreich, J. et al. (2000): A high reliability metal insulator metal capacitor for 0.18 µm copper technology: Technical digest. San Francisco, CA, December 10 - 13, 2000. Piscataway, NJ: IEEE Service Center , S. 157.

Babcock, J. A.; Balster, S. G.; Pinto, A.; Dirnecker, C.; Steinmann, P.; Jumpertz, R.; El-Kareh, B. (2001): Analog characteristics of metal-insulator-metal capacitors usingPECVD nitride dielectrics. In: Electron Device Letters, IEEE, Jg. 22, H. 5, S. 230–232.

Böscke, T.; Kudelka, S.; Sanger, A.; Muller, J.; Krautschneider, W. (2006): Investigation of the high temperature stability of TiN-Al$_2$O$_3$-TiN capacitors for sub 50nm deep trench DRAM. In: Solid-State Device Research Conference, 2006. ESSDERC 2006. Proceeding of the 36th European, S. 391–394.

Böscke, T. S.; Govindarajan, S.; Fachmann, C.; Heitmann, J.; Avellan, A.; Schroder, U. et al. (2006): Tetragonal Phase Stabilization by Doping as an Enabler of Thermally Stable HfO$_2$ based MIM and MIS Capacitors for sub 50nm Deep Trench DRAM. In: Electron Devices Meeting, 2006. IEDM'06. International, S. 1–4.

Cappelletti, P.; Golla, C.; Olivo, P.; Zanoni, E.; Cappelletti, Paulo (2000): Flash memories. 2. print. Boston, Mass.: Kluwer Acad. Publ.

Engström, O.; Raeissi, B.; Hall, S.; Buiu, O.; Lemme, M. C.; Gottlob, H. D. B. et al. (April 2007): Navigation aids in the search for future high-k dielectrics: Physical and electrical trends. In: Solid-State Electronics, Jg. 51, H. 4, S. 622–626.

European Nanoelectronics Initiative Advisory Council (Hg.) (2007): Strategic Research Agenda 2007. 2. Aufl. Online verfügbar unter www.eniac.eu, zuletzt geprüft am 04.09.2008.

Guha, S.; Gusev, E.; Copel, M.; Ragnarsson, L. A.; Buchanan, D. A. (2002): Theme Article-Compatibility Challenges for High-k Materials Integration into CMOS Technology. In: MRS Bulletin, Jg. 2002.

Gusev, E. P.; Narayanan, V.; Frank, M. M.: Advanced high-k dielectric stacks with poly-Si and metal gates. Recent progress and current challenges. In: IBM Journal of Research and Development, Jg. 2006, H. 50, S. 387.

Haensch, W.; Nowak, J.; Dennard, R.; Solomon, P.; Byrant, A.; Dokumaci, O.H. et al. (2006): Silicon CMOS devices beyond scaling. In: IBM Journal of Research and Development, H. 50, S. 339.

IBM. Online verfügbar unter http://www.ibm.com, zuletzt geprüft am 04.09.2008.

Inoue, S.; Horiguchi, F.; Masuoka, F.; Nitayama, A. (1989): A spread stacked capacitor (SSC) cell for 64MBIT DRAMS: Electron Devices Meeting, 1989. IEDM '89. Technical Digest., International. 12/03/1989 - 12/06/1989 , S. 31.

INTEL. Online verfügbar unter http://www.intel.com, zuletzt geprüft am 04.09.2009.

ITRS: The International Technology and Roadmap for Semiconductors. Online verfügbar unter www.itrs.net, zuletzt geprüft am 04.09.2008.

Kingon, A. I.; Maria, J. P.; Streiffer, S. K. (2000): Alternative dielectrics to silicon dioxide for memory and logic devices. In: Nature, Jg. 406, H. 6799, S. 1032–1038.

Lee, C. H.; Choi, K. I.; Cho, M. K.; Song, Y. H.; Park, K. C.; Kim, K. (2003): Novel SONOS Structure of SiO2/SiN/Al2O3 with TaN metal gate for multi-giga bit flash memories: Technical digest : Washington, DC, December 08-10, 2003. Piscataway, NJ: IEEE Operations Center , S. 613.

Lee, C. H.; Kang, C.; Sim, J.; Lee, J. S.; Kim, J.; Shin, Y. et al. (2006): Charge Trapping Memory Cell of TANOS (Si-Oxide-SiN-Al2O3-TaN) Structure Compatible to Conventional NAND Flash Memory: Non-Volatile Semiconductor Memory Workshop, 2006. IEEE NVSMW 2006. 21st , S. 54–55.

Lemberger, M.; Paskaleva, A.; Zürcher, S.; Bauer, A. J.; Frey, L.; Ryssel, H. (2003): Zirconium silicate films obtained from novel MOCVD precursors. In: Journal of Non-Crystalline Solids, Jg. 322, H. 1-3, S. 147–153.

Robertson, J. (2000): Band offsets of wide-band-gap oxides and implications for future electronic devices. In: Journal of Vacuum Science & Technology B: Microelectronics and Nanometer Structures, Jg. 18, S. 1785.

Robertson, J. (2005): Interfaces and defects of high-K oxides on silicon. In: Solid State Electronics, Jg. 49, H. 3, S. 283–293.

Stemmer, S.; Li, Y.; Foran, B.; Lysaght, P. S.; Streiffer, S. K.; Fuoss, P.; Seifert, S. (2003): Grazing-incidence small angle x-ray scattering studies of phase separation in hafnium silicate films. In: Applied Physics Letters, Jg. 83, S. 3141.

Sze, S. M. (1985): Semiconductor devices, physics and technology.

VDE – Verband der Elektrotechnik Elektronik Informationstechnik e. V. (2004): VDE Technologie-Barometer 2004. Herausgegeben von VDE – Verband der Elektrotechnik Elektronik Informationstechnik e. V.

Wang, X.; Liu, J.; Bai, W.; Kwong, D. L. (2004): A novel MONOS-type nonvolatile memory using high-/spl kappa/dielectrics for improved data retention and programming speed. In: Electron Devices, IEEE Transactions on, Jg. 51, H. 4, S. 597–602.

Widmann, D.; Mader, H.; Friedrich, H. (1996): Technologie hochintegrierter Schaltungen: Springer.

Wilk, G. D.; Wallace, R. M.; Anthony, J. M. (2001): High-k gate dielectrics: Current status and materials properties considerations. In: Journal of Applied Physics, Jg. 89, S. 5243.

Wolf, S.; Tauber, R. N. (1995): Silicon processing for the VLSI era. Vol. 3, The submicron MOSFET: Lattice Press.

Yu, X.; Zhu, H.; Hu, H.; Chin, A.; Li, M. F.; Cho, B. J. et al. (2003): A high-density MIM capacitor (13 fF/$\mu m2$) using ALD HfO2 dielectrics. In: Electron Device Letters, IEEE, Jg. 24, S. 63.

Zürcher, P.; Alluri, P.; Chu, P.; Duvallet, A.; Happ, C.; Henderson, R. et al. (2000): Integration of thin film MIM capacitors and resistors into coppermetallization based RF-CMOS and Bi-CMOS technologies. In: Electron Devices Meeting, 2000. IEDM Technical Digest. International, S. 153–156.

ZVEI - Zentralverband Elektrotechnik und Elektronikindustrie e. V. (Hg.) (2007): Hightech-Strategie Deutschland. Empfehlungen der Elektrotechnik- und Elektronikindustrie. 2. aktualisierte Auflage.